全国电力行业"十四五"规划教材
高等教育新型电力系统系列教材

Dynamic Power System Stability and Control

动态电力系统稳定与控制

主编　徐衍会
编写　王　彤　郑　乐　郭春义
主审　李庚银

中国电力出版社
CHINA ELECTRIC POWER PRESS

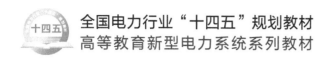

内 容 提 要

本书为全国电力行业"十四五"规划教材，新型电力系统系列教材。

本书系统地叙述了电力系统各元件的动态模型、稳定性的机理和控制措施。

全书内容共17章。第1章介绍了电力系统的基本结构和动态特性；第2章阐述了电力系统稳定性的概念与分类；第3～9章介绍电力系统动态分析中常用元件的数学模型，包括同步发电机组动态数学模型、新能源发电单元模型、新能源场站动态等值模型、交流网络元件模型、柔性交流输电装备模型、高压直流输电系统模型、负荷模型；第10～17章阐述了电力系统功角稳定性，次同步振荡与轴系扭振，新型电力系统次/超同步振荡，新型电力系统同步稳定性、电压稳定性、频率稳定性，电力系统失步解列控制。本书力求突出电力系统稳定性问题的物理本质，对新能源并网系统新型稳定形态和电力系统各类稳定问题的分析与控制进行了充分论述。

本书可以作为电气工程专业的研究生教材，也可以供电力系统科研人员和工程技术人员参考。

图书在版编目（CIP）数据

动态电力系统稳定与控制/徐衍会主编.—北京：中国电力出版社，2024.8

ISBN 978-7-5198-8420-8

Ⅰ.TM712

中国国家版本馆CIP数据核字第20248MT440号

出版发行：中国电力出版社
地　　址：北京市东城区北京站西街19号（邮政编码100005）
网　　址：http://www.cepp.sgcc.com.cn
责任编辑：牛梦洁
责任校对：黄　蓓　李　楠
装帧设计：郝晓燕
责任印制：吴　迪

印　　刷：固安县铭成印刷有限公司
版　　次：2024年8月第一版
印　　次：2024年8月北京第一次印刷
开　　本：787毫米×1092毫米　16开本
印　　张：20
字　　数：445千字
定　　价：64.00元

前 言

电力系统稳定性是电力系统规划、设计和调度运行部门关注的首要问题。电力系统稳定性一旦遭到破坏，将造成巨大的经济损失和灾难性后果，很多国家都经历过惨痛的教训。进入21世纪以来，风电、光伏等新能源发展迅猛，高压直流和柔性交流输电技术广泛应用，直流负荷快速增长，电力系统源—网—荷呈现“电力电子化”发展趋势。随着碳达峰、碳中和目标的提出，构建新型电力系统成为我国能源电力转型升级的方向。电力系统动态特性将由旋转电机主导的机电暂态过程向电力电子装备主导的电磁暂态过程转变。

关于动态电力系统的理论和分析方法，国内外曾出版过一些专著和教材，几部非常有益的书籍已经有20～30年的历史，近年来，电力系统也出现了一些新的稳定性问题，传统的稳定性分析与控制方法无法解决。因此，需要一本能够反映动态电力系统稳定与控制新进展、新成果的教材。华北电力大学开设了“动态电力系统分析与控制”和“动态电力系统理论与方法”等研究生课程，经过多年的教学和研究实践，组织编写《动态电力系统稳定与控制》。本书旨在反映当前国内外电力系统动态分析领域的最新发展，注重行业的前沿性和创新性，同时注重知识点的综合性和完整性。

本书共17章，包括电力系统的基本结构和动态特性，电力系统稳定性的概念与分类，电力系统动态分析中常用元件的数学模型，电力系统稳定性分析与控制方法等内容。其中，第1～3、7、9～10、12～13章由徐衍会教授执笔，第4～5、11、15～17章由王彤教授执笔，第6、14章由郑乐副教授执笔，第8章由郭春义教授执笔，全书由徐衍会教授统稿。本书作者指导的研究生曹宇平、李真、赵诗萌、谷铮、滕先浩、薛元亮在攻读学位期间，进行了大量卓有成效的研究，这些研究成果是本书不可或缺的组成部分。在本书的撰写过程中，博士研究生成蕴丹、李佳晏、李文韬、胡加伟、相禹维、赵薇，硕士研究生张金、陈颖、马铭浩、黎宇彬、高镱滈、任晋、王依潇、黄世楼、李鸿恩、杨扬、郑佳杰、郝晓宇等协助作者完成了大量的文字和绘图工作。

本书的有关研究工作得到国家自然科学基金项目（52377102）、国家重点研发计划项目（2021YFB2400800）、国家电网公司和南方电网公司科技项目支持，在此一并表示感谢。

本书由华北电力大学李庚银教授仔细审阅，并提出了很多宝贵的意见和建议，受益匪浅，在此表示诚挚的谢意。

因编者水平所限，书中疏漏和不妥之处在所难免，希望广大读者不吝指正。

编　者

2024年2月

目录

第 1 章

电力系统的基本结构和动态特性

1.1 电力系统的发展历史

1831 年，法拉第提出了电磁感应定律。次年，法国物理学家皮克斯成功研制世界上第一台发电机。1866 年西门子发明了自励式直流发电机。1879 年爱迪生发明了电灯。1875 年，世界上第一座火电厂在巴黎北火车站建成，标志着电力时代的到来。1882 年，中国第一座发电厂在上海建成，点燃了外滩的 15 盏弧光灯。

1882 年，爱迪生电力照明公司在美国纽约的皮埃尔大街站建造了世界上第一个完整的电力系统。这是一个直流系统，由蒸汽机驱动 6 台 110kW 的直流发电机，通过 110V 电缆为半径大约 1.5km 范围内 59 个用户的 6200 盏白炽灯供电。在此后的几年内，类似的直流系统在世界上大多数大城市投入运行。1884 年斯普莱克开发了直流电动机，电动机负荷也加入直流输电系统。尽管直流系统得到广泛应用，但其局限性明显显露出来，因为它只能在很短的距离内从发电机向负荷供电。为了将输电损耗和电压降落限制在可接受的水平，长距离输电系统必须采用高电压，而高电压对于发电机和用户都是无法接受的，因此必须采用恰当的方法进行电压变换。

高拉德和吉布开发了变压器和交流输电技术，西屋公司获得了这些专利权。1886 年斯坦利开发和试验了商业实用的变压器，并在马萨诸塞州的大白灵顿组建了交流配电系统。1889 年，第一条单相交流输电线路在美国俄勒冈州的威拉姆特瀑布和波特兰之间建成并投运，输电电压 4kV，输电距离 21km。随着特斯拉的多相系统开发，交流系统变得愈发具有吸引力。1888 年，特斯拉持有关于交流电动机、发电机、变压器和输电系统的专利，西屋公司购买了这些发明专利，这些专利奠定了电力系统交流输电的基础。1891 年，第一条三相交流输电线路在德国投入运行，从劳芬到法兰克福全长 178km，输电电压 15.2kV，输送功率 200kW。从此，交流输电很快取代了直流输电，结束了电力工业应该采用直流还是交流作为标准的激烈争论。

在交流输电的初期，各种不同的频率都曾被采用过，例如 25、50、60、125、133Hz，这使系统互联出现了问题。最终，北美洲电力系统采用 60Hz 作为交流输电系统的标准频率，我国和世界上绝大多数国家采用 50Hz 作为交流输电系统的标准频率。

远距离大功率输送电力的需求使得交流电网的电压等级不断提升。1923 年，美国建成 230kV 交流输电线路。1954 年，美国建成 345kV 交流输电线路。1964 年，第一条

500kV 交流输电线路在苏联投运。1965—1969 年，加拿大、苏联和美国先后建成 735、750kV 和 765kV 输电线路。1985 年，苏联建成 1150kV 特高压交流输电线路，后因苏联解体、线路雷击跳闸率过高而分段降压运行。2009 年，世界上第一条商业化运行的 1000kV 特高压交流输电线路在中国投运，我国成为当今世界交流输电电压等级最高的国家。

20 世纪 50 年代，随着可控汞弧阀的发展，高压直流（HVDC）输电在某些情况下变得更为经济。高压直流输电与交流输电的经济性成本随输电距离改变而变化，二者存在一个交叉点，对于架空线路大约为 500km，对于电缆线路是 50km。高压直流输电在远距离大容量输电方面更具有吸引力。

1954 年，世界上第一个商用的高压直流输电工程在瑞典建成，通过 100kV、20MW 的 96km 海底电缆将瑞典本土和哥特兰岛互联。由于汞弧阀具有制造技术复杂、价格昂贵、运行维护不便等缺点，高压直流输电的发展受到了很大的限制。20 世纪 70 年代初，晶闸管阀的发展使高压直流输电变得更加具有吸引力，换流器拓扑同样采用 6 脉动桥式整流器（Graetz 桥）。1972 年，加拿大伊尔河直流背靠背工程投运，这是世界上首个全部采用晶闸管阀的高压直流工程，直流电压 80kV，额定容量 320MW，将魁北克和新不伦瑞克之间实现非同步电网的互联。1989 年，我国建成葛洲坝—上海±500kV 直流输电线路，实现华中和华东两大区域电网直流互联。2010 年，我国建成向家坝—上海±800kV 特高压直流输电示范工程、云南—广东±800kV 特高压直流输电工程，成为直流输电电压等级最高的国家。2019 年，我国准东—皖南±1100kV 特高压直流输电工程投运，输电距离 3324km，输送容量 1200 万 kW，这是迄今为止世界上输电距离最远、电压等级最高、输电容量最大的直流输电线路。

20 世纪 90 年代初，基于可控关断器件和脉冲宽度调制（PWM）技术的电压源换流器开始应用于直流输电，国际电气与电子工程师协会（Institute of Electrical and Electronics Engineers，IEEE）和国际大电网会议（International Council on Large Electric Systems，CIGRE）将其命名为电压源换流器型直流输电（Voltage Source Converter based High Voltage Direct Current Transmission，VSC - HVDC），在我国被称为柔性直流输电。柔性直流输电技术采用的换流元件是双向可控电力电子器件，其典型的代表是绝缘栅双极型晶体管（Insulated Gate Bipolar Transistor，IGBT）。1997 年，世界首个柔性直流输电试验工程——赫尔斯扬工程投入运行，额定功率 3MW，直流电压±10kV。早期投运的柔性直流输电工程大都基于两电平、三电平电压源换流器。2010 年，美国旧金山投运的柔性直流输电工程采用了模块化多电平换流器，其换流理论不是基于 PWM，而是阶梯波逼近。2011 年，上海南汇风电场柔性直流输电工程建成并投运，直流电压为±30kV，额定功率 18MW。2013 年，广东南澳三端柔性直流输电工程建成投运，直流电压±160kV，额定功率 200MW，是世界上首个多端柔性直流输电工程。2020 年，张北四端柔性直流电网工程投运，直流电压±500kV，单端最大容量 3000MW，是世界首个柔性直流电网工程。2022 年，白鹤滩—江苏特高压直流输电工程投运，直流电压±800kV，输送容量 8000MW，受端换流站采用常规直流与柔性直流混合、级联、多端直流技术。

经过140多年的发展，电力系统经历了从无到有，从直流到交流、再到交直流混合电网的变迁，在无数电力科技工作者的努力下取得了令人瞩目的巨大成就，在国民经济和社会发展中起到了关键作用。

1.2 电力系统的基本结构

电力系统由发电、输电、变电、配电、用电设备组成。图1-1为现代电力系统的基本构成。

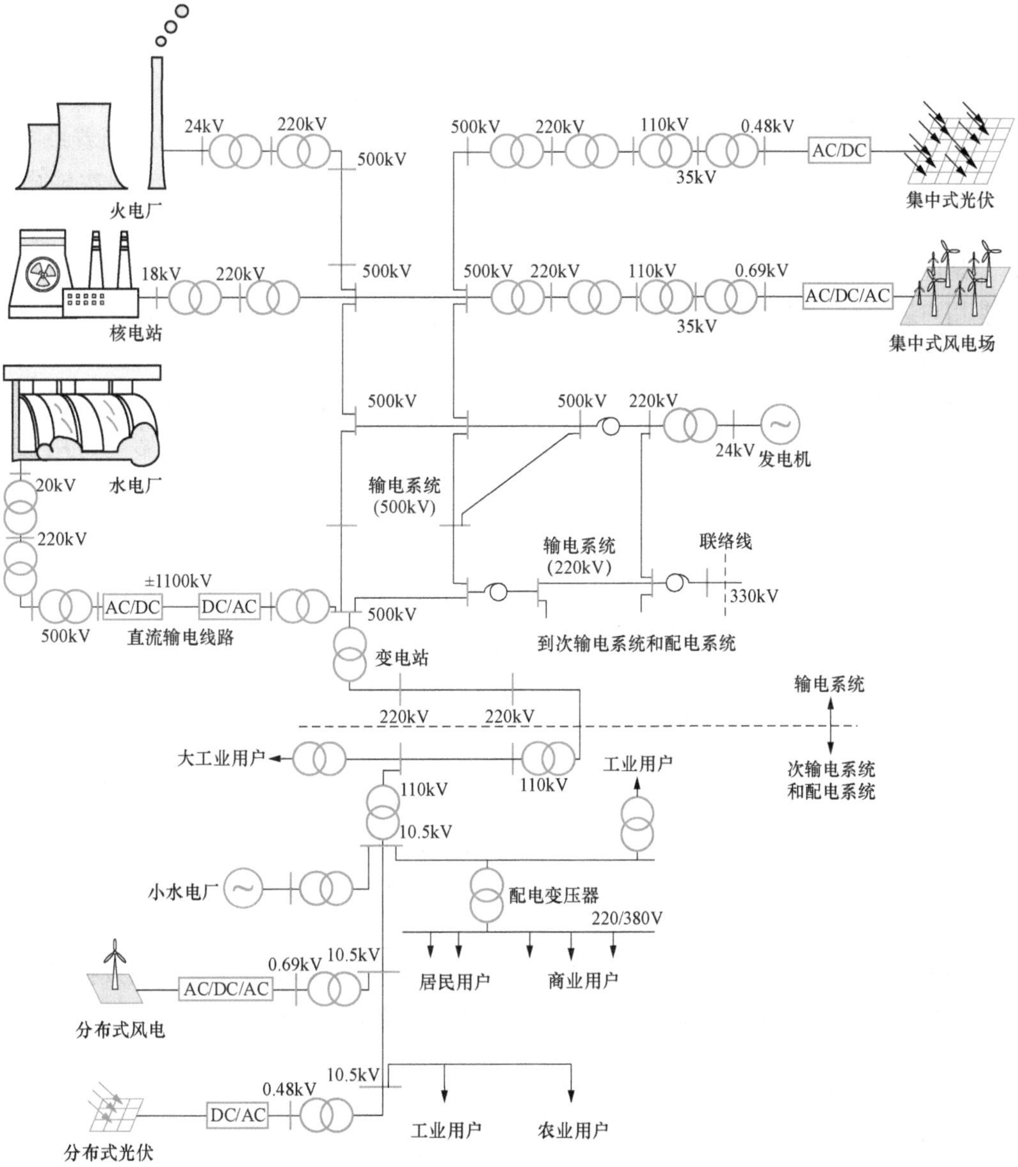

图1-1 现代电力系统的基本构成

传统的一次能源，例如化石燃料通过燃烧，核能通过核裂变转换为热能，再经由原动机、发电机转换为机械能、电能。风电、光伏等新能源，需要经过逆变器并入交流同步电网。由于一次能源往往距离负荷中心较远，需要经过变压器提升电压以三相交流或者变换为直流的形式进行电能的远距离传输。由于用电设备的电压等级较低且非常分散，电能要经过变压器降低电压并通过配电网供给用电设备。负荷主要分为工业用户、农业用户、商业用户、居民用户等。一些分布式开发的风电、光伏和小水电厂，通常接入配电网。

输电网连接电力系统中的大型发电厂和主要负荷中心，形成了整个系统的骨干并运行在最高电压水平，通常电压等级在 220kV 及以上。发电厂和输电网组成的输电系统经常被称为主电力系统。

输电系统将电力从输电变电站输送至配电变电站。大工业用户通常由次输电系统直接供电，本身也可能有自备电厂。次输电和输电系统之间没有固定的界限，随着系统的发展，更高一级电压水平的输电变得必要时，原来的输电线路则可能起到次输电的功能。

配电系统是将电力送往用户的最后一级，一次配电电压通常在 10～35kV，较小的工业用户通过这一电压等级的主馈线供电。二次配电的馈线以 220/380V 电压等级向商业和居民用户供电。

相邻电网的互联通常在输电系统的层面上实现。整个系统由很多发电厂、大量新能源场站和几层输电网组成，使电力系统能够承受非正常的偶然故障而不影响对用户的供电。

1.3 电力系统的动态特性

传统的电力系统主要由火电、水电、核电等常规机组提供电能，系统的运行状态随着电力负荷的变化而改变。电力负荷取决于用户的用电行为，随着季节、昼夜、气温等因素的变化而变化。电力系统的运行特点是功率必须实时平衡，否则系统频率、电压等物理量将发生较大偏移。常规机组有燃料、水库等一次能源的存储，其出力大小可以随着负荷的需求进行调节，从而保证电力系统可靠地向负荷供电。

新型电力系统中包含大量的风电、光伏发电，这些新能源发电的出力取决于风力、光照强度等因素，具有不确定性和随机性。因此，新型电力系统运行面临着负荷变化、新能源出力变化双重挑战。新型电力系统的可靠运行，一方面需要常规机组发挥更大的调节作用，另一方面也需要新能源机组具备调频调压能力，甚至需要配置一定容量的储能和调动柔性负荷参与功率调节。

电力系统在运行中如果没有发生扰动，系统的频率、电压、功率等物理量基本保持恒定，我们把这种运行状态称为电力系统的稳态。显然，绝对的稳态是不存在的，电力系统的运行状态时刻在发生变化，是一个典型的动态系统，在强调其动态特性时往往称为动态电力系统。

电力系统在运行中常常受到各种扰动，这些扰动使电力系统处于动态过程之中。作为一个高度非线性的动态系统，电力系统的动态行为受大量设备的影响。不同类型和严重程度的扰动，会引起不同响应速率和特性的元件参与到电力系统动态过程中。按照时间尺度，动态电力系统的过渡过程可以分为电磁暂态、机电暂态和中长期动态过程。

电磁暂态过程重点分析短路故障后系统中电压、电流、磁链的变化，此时可以认为同步发电机的转速保持不变，这是因为机械运动过程比电磁过程要慢得多。

机电暂态过程主要是由于发电机组的机械转矩与电磁转矩之间的不平衡引起的，重点分析发电机组转子运动规律，即电力系统中同步发电机组的同步稳定运行问题。

中长期动态过程是电力系统遭受严重的扰动后使系统频率、电压、潮流产生较大或长期的偏移，以致引起一些缓慢变化的过程，例如锅炉动态、发电机组过励磁保护动作、有载调压变压器分接头变化等。

严格来讲，电力系统的动态特性受系统中每一个主要元件的影响，设备的特性和建模将在本书的第 3～9 章进行介绍，关于这些特性的知识对于理解和研究电力系统稳定性是至关重要的。

第 2 章

电力系统稳定性的概念与分类

早在 20 世纪 20 年代，电力系统稳定性问题就已经被人们所认知，远方的水电站经长距离输电线向城市负荷中心供电，在短路甚至非常微小的扰动下发电机都可能失去同步，不稳定的原因是同步力矩不足，这将会导致静态失稳或者失去暂态稳定。

20 世纪 60 年代，北美互联电力系统形成，在电网互联提高经济性和可靠性的同时，也使电力系统稳定性问题更加复杂，系统失去稳定的后果也更为严重。1965 年 11 月 9 日，北美东北部电网大停电使人们更加清楚地认识到了这一点。因此，电力工业界更多关注于电力系统的暂态稳定问题。通过采用快速清除故障、高起始响应励磁机、串联电容补偿等措施，电力系统暂态稳定性得到很大的改善。

随着快速励磁系统在限制第一摆暂态不稳定和提高静态稳定功率极限方面的作用被广泛认同，其应用变得越来越普遍。然而，高响应励磁系统在某些情况下会造成功率摇摆阻尼的下降，于是振荡失稳成为电力工作者关心的问题。高响应励磁机在改善暂态稳定的同时，会引起负阻尼作用导致本地电厂模式的小信号不稳定。这个问题可以采用电力系统稳定器解决。

上述稳定性问题受发电机转子角动态和功角关系的影响，属于转子角稳定性问题，主要目标是使发电机保持同步。然而，电力系统即使不失去同步也可能产生不稳定问题。例如，一台同步发电机通过一条输电线向负荷供电，可能出现电压崩溃。这种情况下保持同步不是主要问题，进行电压稳定分析和控制是关键。1983 年 12 月 27 日，瑞典南部电力系统发生电压崩溃，造成大停电事故。1987 年 1 月 12 日，法国西部电网也发生了电压崩溃，造成大停电事故。两起电压崩溃事故都是由于系统无功不充足导致有载调压变压器动作，从而使负荷增加。

串联电容补偿可以显著提高交流线路的输电能力。但当线路串联电容补偿的电气谐振频率与汽轮发电机组轴系的扭振频率互补时，会导致机电扭振相互作用，从而造成汽轮发电机组主轴的扭振破坏。20 世纪 70 年代开始发生过多起汽轮发电机组次同步谐振与轴系扭振事件。在风电场远距离功率外送采用串联电容补偿输电线路时，在一定条件下也存在诱发次同步谐振的风险。2009 年 10 月，美国得克萨斯州的 345kV 输电系统中一条线路故障跳开，串补（串联补偿）度从 50%提高到 75%，引起双馈风机 20Hz 左右的次同步谐振，造成风电场大量机组跳机以及撬棒电路损坏。2012 年 12 月，我国华北地区的大型风电场也多次发生了串补引发的次同步谐振现象，振荡频率 6～8Hz。

随着新能源并网容量的增加，柔性直流等电力电子器件的广泛采用，电力系统振荡问题更加复杂，且有向宽频带发展的趋势。2015年7月1日，新疆哈密地区直驱风电场并网系统产生次同步谐波，造成花园电厂3台660MW火电机组扭应力保护动作跳机，天中特高压直流降功率运行。2017年4月10日，南方电网鲁西换流站观测到持续不衰减的1270Hz高频谐波谐振现象，瞬时前馈和长控制延时导致柔直在高频段呈现负阻抗特性，输电网由于运行方式变化呈现容抗，二者相互作用引发高频谐波谐振。自2020年6月投运以来，张北柔性直流电网工程发生了多起次同步振荡、中高频振荡事件；2021年12月31日，张北柔直中都站发生3500Hz高频振荡，引起柔直系统高频分量快速保护跳闸。

2.1 基本概念和定义

电力系统稳定是指电力系统能够运行于正常条件下的平衡状态，在遭受干扰后能够恢复到可以容许的平衡状态。由于系统结构和运行方式的不同，电力系统不稳定可以通过不同的形式表现出来。

传统上，电力系统稳定性是指各发电机组保持同步运行的能力。同步稳定性主要受发电机组转子角的动态和功角关系的影响，因此这种稳定性也称为转子角稳定性或者功角稳定性。

电力系统在不失去同步的情况下，也可能发生不稳定。例如，由于负荷侧电压的崩溃而变得不稳定。此时，保持同步不是问题，所关心的问题是电压的稳定和控制，负荷特性对电压稳定性具有重要影响。

按照扰动的大小，可以进一步对稳定性问题进行分类。例如，功角稳定性可以分为小干扰下的静态稳定性和大扰动下的暂态稳定性。小扰动包括负荷的变化、风吹线路舞动导致参数改变等，大扰动包括输电线的短路、失去一台发电机、直流闭锁等。在给定条件下，通常只有有限数量设备的响应对稳定性影响很大。因此，可以做出一些假定来简化问题并集中于对稳定性的关键影响因素。对稳定性的分类非常有助于分析系统稳定面临的突出问题并采取有针对性的措施。

2.2 稳定性的分类

(1) IEEE/CIGRE对电力系统稳定问题的分类。IEEE/CIGRE联合工作组于2004年提出的电力系统稳定性定义为“在给定的初始运行方式下，一个电力系统受到扰动后能够重新获得运行平衡点，且在该平衡点大部分系统状态量都未越限，从而保持系统完整性的能力”，并提出如图2-1所示的电力系统稳定性分类。

近年来，随着以电力电子换流器为接口的设备大量并网，系统中出现了由电力电子设备主导的新型稳定问题。为此，国内外很多学者都提出了对电力系统稳定性分类的改进方案。IEEE PES于2020年4月发布了《含高渗透率电力电子接口设备电力系统的动

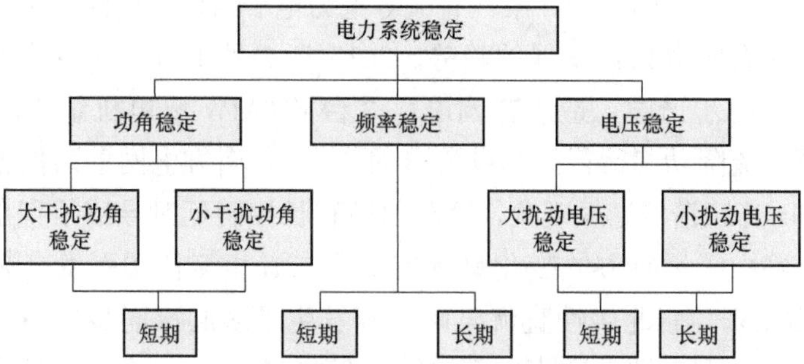

图 2-1　IEEE/CIGRE 对电力系统稳定问题的分类

态行为特征与稳定性定义》技术报告，对电力系统稳定性分类进行了扩展，新增了谐振稳定和换流器驱动稳定，如图 2-2 所示。

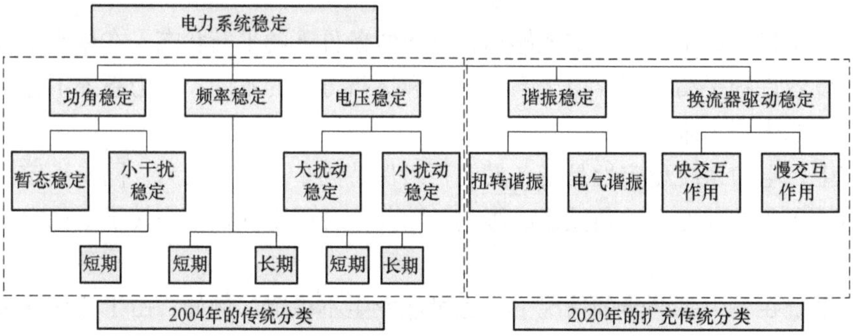

图 2-2　IEEE PES 对电力系统稳定问题的新分类

(2) GB 38755—2019 对电力系统稳定问题的分类。电力行业标准 DL 755—2001《电力系统安全稳定导则》定义电力系统稳定性为“电力系统受到事故扰动后保持稳定运行的能力”，通常根据动态过程的特征和参与动作的元件及控制系统，将稳定性的研究划分为功角稳定、频率稳定、电压稳定。经过十几年的发展，《电力系统安全稳定导则》这一重要指导性标准文件再次更新，并由行业标准升级为国家标准。GB 38755—2019《电力系统安全稳定导则》给出的电力系统稳定性定义为“电力系统受到扰动后保持稳定运行的能力”，并将其分为功角稳定、频率稳定和电压稳定三大类及若干子类，如图 2-3 所示。

图 2-3 所描述的稳定性问题以具有关注单一稳定平衡点的 Lyapunov 稳定性为基础，属于电力系统机电暂态分析的范畴。

(3) Kundur（昆德）对电力系统稳定问题的分类。著书《电力系统稳定与控制》的加拿大著名教授昆德将电力系统稳定性划分为角度稳定、中期和长期稳定、电压稳定三大类，并对小信号稳定进行了更细致的划分，具有丰富的内涵。具体分类如图 2-4 所示。

2.2.1　角度稳定性

角度稳定性的含义非常广泛，既包括发电机转子之间角度的稳定性，即功角稳定

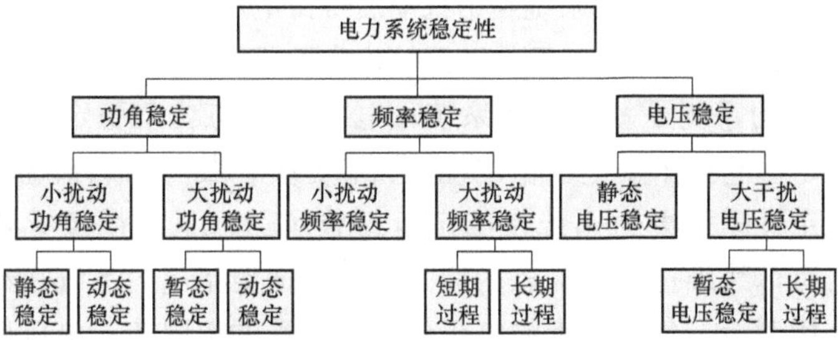

图 2-3　GB 38755—2019 对电力系统稳定问题的分类

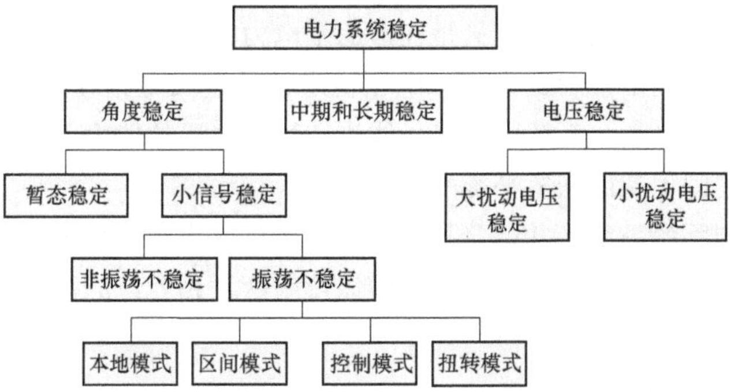

图 2-4　KUNDUR 对电力系统稳定问题的分类

性，又包括发电机组轴系中各质量块之间的扭转角稳定性，也称为扭转模式稳定性，还包括锁相环锁相角的稳定性。

（1）功角稳定性。功角稳定性是研究各并网运行发电机组之间是否能够保持同步运行。此时，每一个发电机组轴系看作一个刚体，所关心的是发电机组转子之间的运行稳定性。根据扰动的大小，功角稳定性又可以分为小扰动功角稳定性和大扰动功角稳定性。

（2）扭转角稳定性。在功角稳定分析中，将发电机组转子作为一个刚体，研究各发电机组转子之间的相对摇摆。实际上，发电机组转子由原动机转子、发电机转子和励磁机转子等几个部分组成。如果原动机是汽轮机，则原动机转子又包括高压转子、中压转子、低压转子。因此，需要用多质量块弹性轴系模型来表达汽轮发电机组轴系扭转特性。相对于水轮发电机组，汽轮发电机组转子更加细长，在受到扰动以后更容易发生转子各质量块之间的扭转，严重情况下扭转模式不稳定会造成轴系的破坏。

（3）锁相角稳定性。风电和光伏发电机组通过电力电子变流器接入电网，在物理结构和控制策略方面均与传统的同步发电机组有很大不同。目前，大部分直驱风机和光伏发电单元采用跟网型变流器，跟网型变流器最核心的同步单元为锁相环。锁相环采集PCC 点（公共连接点）的三相电压，经过派克变换到 dq 坐标系。然后，通过 PI 环节和负反馈，控制锁相环输出的锁相角。当锁相环锁相失败时，锁相角失去稳定，导致新能源机组与电网之间失去同步稳定性，由此产生失步振荡现象。

2.2.2　电压稳定性

IEEE 电压稳定研究工作小组给出了关于电压稳定、电压崩溃的定义。电压稳定性是指在给定的运行状态下，电力系统经历扰动后维持电压的能力。而电压崩溃是指由于电力系统电压处于不稳定状态，从而导致系统内大面积、大幅度的电压下降的过程。

CIGRE 指出电力系统是一个动态系统，电压稳定与功角稳定、频率稳定一并组成了电力系统稳定。它提出了电压稳定性定义和分类，其与动态系统稳定性定义和分类类似。电压稳定性是指电力系统在给定运行状态运行下，在经受某一给定的扰动后，电力系统所有母线维持稳定电压的能力。电压崩溃指电力系统在给定运行点运行时，在经受给定扰动后，负荷附近的电压低于可接受的极限值，电压崩溃可能是系统性的，也可能是局部的。

为了国际标准的统一，2004 年 IEEE/CIGRE 联合工作组在经过讨论后，给出电力系统电压稳定性的统一定义。该定义是在考虑了电力系统失稳的扰动大小、物理特性以及研究问题必须计及的因素后提出的。电压稳定性的定义是指在给定初始运行状态下，电力系统在遭受到扰动后，系统中所有母线维持稳定电压的能力，它依赖于负荷需求与系统向负荷供电之间保持或恢复平衡的能力。

我国在参照国际统一定义并结合我国近期的研究成果做出规定，电压稳定性指电力系统受到小的或大的扰动后，系统电压能够保持或恢复到允许的范围内，不发生电压崩溃的能力。

2.2.3 频率稳定性

电力系统遭受严重扰动，例如特高压直流闭锁，将造成送端和受端系统均产生严重的功率不平衡，如果系统有功调节能力不足，将导致系统频率严重偏离额定值。频率稳定性是指电力系统受到严重扰动后，发电和负荷需求出现大的不平衡，系统仍能保持稳定频率的能力。根据动态过程和时间尺度的不同，将频率稳定分为短期暂态频率稳定和长期频率稳定。为有效减少电网有功功率不平衡并维持系统频率稳定，可采取低频减载和高频切机等控制手段。

随着新能源占比的不断提高，电力系统的惯量和有功功率调节能力逐渐降低，电力系统的频率稳定性问题将更加突出。在现有频率紧急控制措施的基础上，为了更好地维持频率稳定性，一方面需要配置更大容量的储能装置，另一方面也需要使新能源发电机组具有有功调节能力。虚拟同步机技术和构网型变流器，将在维持新型电力系统频率稳定方面发挥作用。

2.3 本章小结

电力系统稳定性始终是电力系统调度、规划等部门关心的首要问题。本章介绍了电力系统稳定问题的发展历程、稳定性的概念和定义，以及电力系统稳定性的分类。随着电力系统中电源、电网、负荷的不断变化，电力系统稳定性变得更加复杂，需要更加深入的理论分析并引入更为有效的方法开展研究。

第 3 章

同步发电机组动态数学模型

3.1 引　　言

火力发电厂、水力发电厂、核电厂等采用同步发电机组。同步发电机组在电力系统中占有很大的比重，其动态特性对电力系统具有重要影响。本章将从同步发电机模型、励磁系统模型、原动机及调速系统模型三个方面对同步发电机组模型进行介绍。

3.2 同步发电机模型

同步发电机的结构如图 3-1 所示。转子以电角速度 ω 旋转，转子的 q 轴（交轴）领先于转子的 d 轴（直轴）90°。定子上有三个绕组在空间中静止，分别是 a、b、c 三相绕组；转子上有三个绕组，分别为励磁绕组、D 阻尼绕组、Q 阻尼绕组。

除此之外，凸极机转子磁极上两端短接的阻尼条和隐极机转子整块铁芯中的涡流回路，在暂态过程中会感应出电流，由于没有外界强制电源，因此感应电流会随着时间衰减，最终会随着暂态过程结束而衰减到零，稳态时是没有电流的。为了在分析中表达这种产生出感应电流的效应，将阻尼条构成的回路和铁芯中涡流回路等效为转子 d 轴和 q 轴上的阻尼绕组。与励磁绕组同轴的称为 d 轴（直轴）阻尼绕组，用 D 表示；与励磁绕组垂直的称为 q 轴（交轴）阻尼绕组，用 Q 表示。

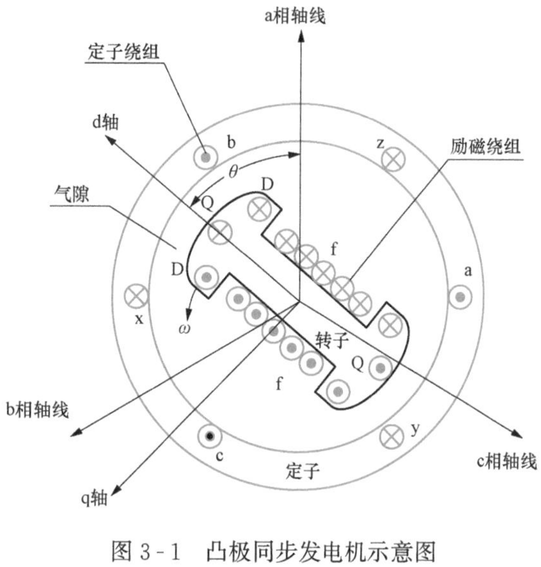

图 3-1　凸极同步发电机示意图

3.2.1　同步发电机的基本方程

3.2.1.1　abc 坐标下的同步发电机回路方程

为了建立同步发电机回路方程，首先需要确定磁链、电压和电流的正方向。本书按照如下规则定义正方向。

(1) 定子绕组。定子上有三个绕组，分别是 a、b、c 三相绕组，a 相绕组轴线正方向与转子 d 轴的夹角为 θ，b 相和 c 相绕组轴线正方向与 a 相绕组轴线正方向逆时针互差 120°。定子绕组磁链的正方向与绕组轴线的正方向相同，产生负向磁链的电流方向为电流的正方向，产生负向电流的电压方向为电压的正方向。这样定义定子绕组正方向的好处是，当从定子端向负荷侧看过去时，正方向电压则产生正方向电流。

(2) 转子绕组。转子上有三个绕组，分别是励磁绕组、D 阻尼绕组和 Q 阻尼绕组。定义转子上励磁绕组和 D 阻尼绕组的轴线正方向为 d 轴正方向，Q 阻尼绕组的轴线正方向为 q 轴正方向。转子上，绕组磁链的正方向与绕组轴线正方向相同，产生正向磁链的电流方向为电流的正方向，产生正向电流的电压方向为电压的正方向。

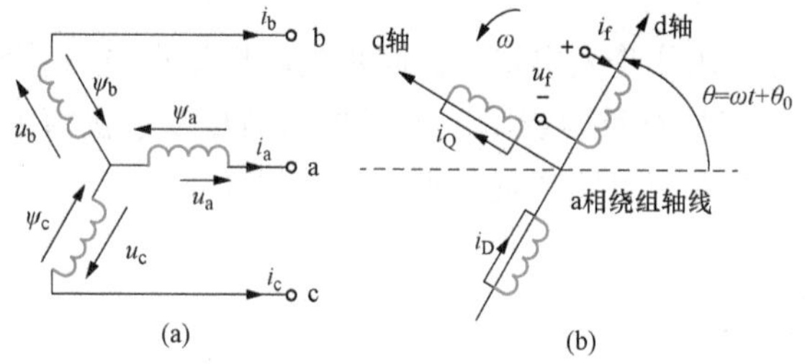

图 3-2　同步发电机各绕组回路

(a) 定子；(b) 转子

将图 3-1 描述成图 3-2 的电路图，箭头方向表示正方向。

同步发电机六个绕组回路分别由定子三个绕组回路和转子三个绕组回路构成。图 3-2 中，i_a、i_b、i_c 分别表示定子 a、b、c 三相绕组电流，u_a、u_b、u_c 分别表示定子 a、b、c 三相绕组电压，Ψ_a、Ψ_b、Ψ_c 分别表示定子 a、b、c 三相绕组磁链。i_f、i_D、i_Q 分别表示转子上的励磁绕组、D 阻尼绕组和 Q 阻尼绕组电流，u_f 表示励磁绕组电压，ω 表示转子旋转的电角速度。

根据磁链、电压和电流正方向的定义，可以列写图 3-2 所示的同步发电机六个回路的电压方程和磁链方程。

(3) 同步发电机电压方程。定子上 a、b、c 三相绕组电压方程可以用式 (3-1) 表示，其中 r_a、r_b、r_c 分别表示 a、b、c 三相绕组的电阻，$\dot{\Psi}$ 表示磁链对时间的导数，即 $\dot{\Psi}=\mathrm{d}\Psi/\mathrm{d}t$。

$$
\begin{aligned}
u_a &= -r_a i_a + \dot{\Psi}_a \\
u_b &= -r_b i_b + \dot{\Psi}_b \\
u_c &= -r_c i_c + \dot{\Psi}_c
\end{aligned} \tag{3-1}
$$

为方便描述，将式 (3-1) 写成矩阵形式，则有

$$
\begin{bmatrix} u_a \\ u_b \\ u_c \end{bmatrix} = \begin{bmatrix} r_a & & \\ & r_b & \\ & & r_c \end{bmatrix} \begin{bmatrix} -i_a \\ -i_b \\ -i_c \end{bmatrix} + \begin{bmatrix} \dot{\Psi}_a \\ \dot{\Psi}_b \\ \dot{\Psi}_c \end{bmatrix} \tag{3-2}
$$

简记为

$$
\boldsymbol{u}_{abc} = -\boldsymbol{r}_S \boldsymbol{i}_{abc} + \dot{\boldsymbol{\Psi}}_{abc} \tag{3-3}
$$

其中

$$\boldsymbol{u}_{abc}=\begin{bmatrix}u_a\\u_b\\u_c\end{bmatrix}\quad \boldsymbol{r}_S=\begin{bmatrix}r_a&&\\&r_b&\\&&r_c\end{bmatrix}\quad \boldsymbol{i}_{abc}=\begin{bmatrix}i_a\\i_b\\i_c\end{bmatrix}\quad \dot{\boldsymbol{\Psi}}_{abc}=\begin{bmatrix}\dot{\Psi}_a\\\dot{\Psi}_b\\\dot{\Psi}_c\end{bmatrix} \tag{3-4}$$

用 Ψ_f表示励磁绕组的磁链、r_f表示励磁绕组的电阻，则励磁绕组的电压方程可以表示为

$$u_f=r_f i_f+\dot{\Psi}_f \tag{3-5}$$

由于阻尼绕组没有对应的强制电压源，因此阻尼绕组的电压方程则表示为

$$\begin{aligned}0&=r_D i_D+\dot{\Psi}_D\\0&=r_Q i_Q+\dot{\Psi}_Q\end{aligned} \tag{3-6}$$

式中：Ψ_D、Ψ_Q分别为 D 阻尼绕组和 Q 阻尼绕组的磁链；r_D、r_Q分别为 D 阻尼绕组和 Q 阻尼绕组的电阻。

由式（3-5）和式（3-6），可以得到转子上三个绕组电压方程的矩阵形式，有

$$\begin{bmatrix}u_f\\0\\0\end{bmatrix}=\begin{bmatrix}r_f&&\\&r_D&\\&&r_Q\end{bmatrix}\begin{bmatrix}i_f\\i_D\\i_Q\end{bmatrix}+\begin{bmatrix}\dot{\Psi}_f\\\dot{\Psi}_D\\\dot{\Psi}_Q\end{bmatrix} \tag{3-7}$$

简记为

$$\boldsymbol{u}_{fDQ}=\boldsymbol{r}_R\boldsymbol{i}_{fDQ}+\dot{\boldsymbol{\Psi}}_{fDQ} \tag{3-8}$$

其中

$$\boldsymbol{u}_{fDQ}=\begin{bmatrix}\boldsymbol{u}_f\\0\\0\end{bmatrix}\quad \boldsymbol{r}_R=\begin{bmatrix}r_f&&\\&r_D&\\&&r_Q\end{bmatrix}\quad \boldsymbol{i}_{fDQ}=\begin{bmatrix}i_f\\i_D\\i_Q\end{bmatrix}\quad \dot{\boldsymbol{\Psi}}_{fDQ}=\begin{bmatrix}\dot{\Psi}_f\\\dot{\Psi}_D\\\dot{\Psi}_Q\end{bmatrix} \tag{3-9}$$

将式（3-3）和式（3-8）联立，可得到同步发电机六个回路的电压方程的矩阵形式

$$\begin{bmatrix}\boldsymbol{u}_{abc}\\\boldsymbol{u}_{fDQ}\end{bmatrix}=\begin{bmatrix}\boldsymbol{r}_S&\\&\boldsymbol{r}_R\end{bmatrix}\begin{bmatrix}-\boldsymbol{i}_{abc}\\\boldsymbol{i}_{fDQ}\end{bmatrix}+\begin{bmatrix}\dot{\boldsymbol{\Psi}}_{abc}\\\dot{\boldsymbol{\Psi}}_{fDQ}\end{bmatrix} \tag{3-10}$$

（4）同步发电机磁链方程。由图 3-1 可知，同步发电机六个绕组互相耦合，因此各绕组的磁链包括本绕组的自感磁链和其他绕组与本绕组间的互感磁链。各绕组的磁链方程可用矩阵形式表示

$$\begin{bmatrix}\Psi_a\\\Psi_b\\\Psi_c\\\Psi_f\\\Psi_D\\\Psi_Q\end{bmatrix}=\begin{bmatrix}L_{aa}&M_{ab}&M_{ac}&M_{af}&M_{aD}&M_{aQ}\\M_{ba}&L_{bb}&M_{bc}&M_{bf}&M_{bD}&M_{bQ}\\M_{ca}&M_{cb}&L_{cc}&M_{cf}&M_{cD}&M_{cQ}\\M_{fa}&M_{fb}&M_{fc}&L_{ff}&M_{fD}&M_{fQ}\\M_{Da}&M_{Db}&M_{Dc}&M_{Df}&L_{DD}&M_{DQ}\\M_{Qa}&M_{Qb}&M_{Qc}&M_{Qf}&M_{QD}&L_{QQ}\end{bmatrix}\begin{bmatrix}-i_a\\-i_b\\-i_c\\i_f\\i_D\\i_Q\end{bmatrix} \tag{3-11}$$

式中：L 为绕组自感；M 为两绕组之间的互感；下标 a、b、c、f、D、Q 分别表示 a、b、c 三相绕组、励磁绕组、D 阻尼绕组和 Q 阻尼绕组。

简写为分块矩阵的形式，有

$$\begin{bmatrix} \boldsymbol{\psi}_{abc} \\ \boldsymbol{\psi}_{fDQ} \end{bmatrix} = \begin{bmatrix} \boldsymbol{M}_{SS} & \boldsymbol{M}_{SR} \\ \boldsymbol{M}_{RS} & \boldsymbol{M}_{RR} \end{bmatrix} \begin{bmatrix} -\boldsymbol{i}_{abc} \\ \boldsymbol{i}_{fDQ} \end{bmatrix} \tag{3-12}$$

$$\begin{aligned} \boldsymbol{M}_{SS} &= \begin{bmatrix} L_{aa} & M_{ab} & M_{ac} \\ M_{ba} & L_{bb} & M_{bc} \\ M_{ca} & M_{cb} & L_{cc} \end{bmatrix} \quad \boldsymbol{M}_{SR} = \begin{bmatrix} M_{af} & M_{aD} & M_{aQ} \\ M_{bf} & M_{bD} & M_{bQ} \\ M_{cf} & M_{cD} & M_{cQ} \end{bmatrix} \\ \boldsymbol{M}_{RS} &= \begin{bmatrix} M_{fa} & M_{fb} & M_{fc} \\ M_{Da} & M_{Db} & M_{Dc} \\ M_{Qa} & M_{Qb} & M_{Qc} \end{bmatrix} \quad \boldsymbol{M}_{RR} = \begin{bmatrix} L_{ff} & M_{fD} & M_{fQ} \\ M_{Df} & L_{DD} & M_{DQ} \\ M_{Qf} & M_{QD} & L_{QQ} \end{bmatrix} \end{aligned} \tag{3-13}$$

式中：$\boldsymbol{M}_{SS}$为定子上三个绕组之间的自感和互感矩阵；$\boldsymbol{M}_{RR}$为转子上三个绕组之间的自感和互感矩阵；$\boldsymbol{M}_{SR}$和$\boldsymbol{M}_{RS}$分别为定子绕组和转子绕组之间互感矩阵。

（5）同步发电机回路方程。将同步发电机磁链方程带入电压方程，即将式（3-12）代入式（3-10），可得

$$\begin{bmatrix} \boldsymbol{u}_{abc} \\ \boldsymbol{u}_{fDQ} \end{bmatrix} = \begin{bmatrix} \boldsymbol{r}_{S} & \\ & \boldsymbol{r}_{R} \end{bmatrix} \begin{bmatrix} -\boldsymbol{i}_{abc} \\ \boldsymbol{i}_{fDQ} \end{bmatrix} + \frac{d}{dt}\left(\begin{bmatrix} \boldsymbol{M}_{SS} & \boldsymbol{M}_{SR} \\ \boldsymbol{M}_{RS} & \boldsymbol{M}_{RR} \end{bmatrix} \begin{bmatrix} -\boldsymbol{i}_{abc} \\ \boldsymbol{i}_{fDQ} \end{bmatrix} \right) \tag{3-14}$$

同步发电机电阻和电感均为已知量，即式（3-14）中 $\boldsymbol{r}_{S}$、$\boldsymbol{r}_{R}$、$\boldsymbol{M}_{SS}$、$\boldsymbol{M}_{RR}$、$\boldsymbol{M}_{SR}$、$\boldsymbol{M}_{RS}$均为已知量，可以通过式（3-14）来求解同步发电机各绕组电流。

3.2.1.2 派克变换

（1）同步发电机回路方程的特点。同步发电机回路电压方程和磁链方程中，定子各绕组的电磁变量（电压、电流、磁链）之间的关系是按 a、b、c 三相绕组列写的，也就是在空间静止不动的三相坐标系下描述的。转子各绕组的电磁变量则是对于随转子一起旋转的 dq 两相坐标系列写的。通过前述分析可知，磁链方程式中出现变系数的主要原因是转子的旋转导致定、转子绕组间产生了相对运动，从而使定、转子绕组间的互感系数发生相应的周期性变化。

同步发电机转子在旋转的过程中，定子和转子绕组之间的相对位置周期性变化，在凸极机中有些磁路的磁导也随着转子的旋转做周期性变化。因此，同步发电机各绕组的自感系数以及各绕组之间的互感系数随着转子的旋转而不断发生变化，式（3-14）是一个变系数微分方程，在数学上很难求解。

要想求解同步发电机的运行变量，需要将变系数微分方程组通过坐标变换的方法转换为常系数微分方程组进行求解。经典派克变换是同步发电机运行变量的求解中一种最常用的线性变换。

（2）派克变换的基本原理。根据双反应理论，任何一组三相对称定子电流所产生的合成基波旋转磁场，总可以用轴线互相垂直的两个绕组所产生的基波合成旋转磁场来代替。根据这一理论，考虑用直轴 d、交轴 q 作为两个互相垂直的轴线，并在这两个轴线方向上分别放置一个等效定子绕组，用这两个等效的定子绕组所产生的电枢反应磁场来

代替原来三相定子绕组所产生的电枢反应磁场，如图 3-3（a）所示。

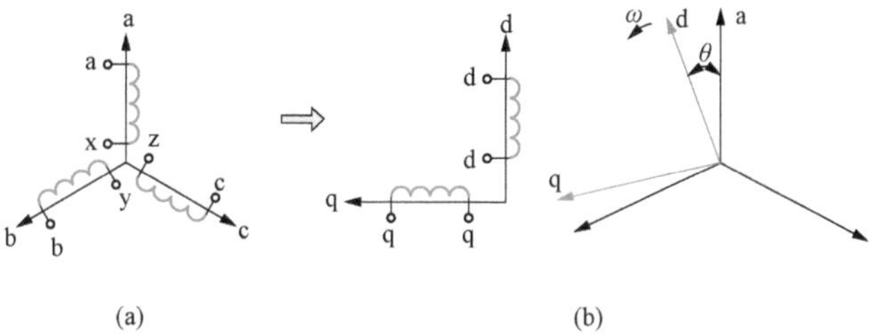

图 3-3 应用双反应理论分析凸极同步发电机电枢反应

（a）用空间中互相垂直的旋转绕组替代静止的三相绕组；

（b）静止的三相绕组轴线与等效绕组轴线

不妨设静止的 a、b、c 三相绕组中流过电流为 i_a、i_b、i_c，旋转的定子 d 轴和 q 轴等效绕组的电流为 i_d、i_q。为方便描述，将静止的 a、b、c 三相绕组的轴线和等效绕组的轴线画在一张图里，如图 3-3（b）所示。其中，ω 为定子等效垂直绕组的旋转电角速度，$\theta=\omega t+\theta_0$，θ_0表示 $t=0$ 时刻对应的定子等效的 d 轴绕组与静止的 a 相绕组的夹角。

由于 d 轴和 q 轴正交，当考虑定子三相电流不平衡时，各相电流中都含有大小相等相位相同的零序电流，记作 i_0，且 $i_0=(i_a+i_b+i_c)/3$。因此要产生相同的电枢反应磁场，a、b、c 三相绕组上的电流 i_a、i_b、i_c 应该等于 d 轴和 q 轴上绕组的电流 i_d、i_q分别在 a、b、c 三相绕组轴线上的投影之和再加上各相零序电流，即

$$
\begin{aligned}
i_a &= i_d\cos\theta - i_q\sin\theta + i_0 \\
i_b &= i_d\cos(\theta-120°) - i_q\sin(\theta-120°) + i_0 \\
i_c &= i_d\cos(\theta+120°) - i_q\sin(\theta+120°) + i_0
\end{aligned}
\tag{3-15}
$$

将式（3-15）写成矩阵形式，可得

$$
\begin{bmatrix} i_a \\ i_b \\ i_c \end{bmatrix} = \begin{bmatrix} \cos\theta & -\sin\theta & 1 \\ \cos(\theta-120°) & -\sin(\theta-120°) & 1 \\ \cos(\theta+120°) & -\sin(\theta+120°) & 1 \end{bmatrix} \begin{bmatrix} i_d \\ i_q \\ i_0 \end{bmatrix} \tag{3-16}
$$

式（3-16）系数矩阵可逆，因此不难得到

$$
\begin{bmatrix} i_d \\ i_q \\ i_0 \end{bmatrix} = \frac{2}{3} \begin{bmatrix} \cos\theta & \cos(\theta-120°) & \cos(\theta+120°) \\ -\sin\theta & -\sin(\theta-120°) & -\sin(\theta+120°) \\ 1/2 & 1/2 & 1/2 \end{bmatrix} \begin{bmatrix} i_a \\ i_b \\ i_c \end{bmatrix} \tag{3-17}
$$

式（3-17）被称为经典派克变换，简称为派克变换。其中系数矩阵被称为派克变换矩阵，记作 $\boldsymbol{P}$；式（3-16）中的变换矩阵被称为派克反变换矩阵，记作 $\boldsymbol{P}^{-1}$，则有

$$
\begin{aligned}
\boldsymbol{P} &= \frac{2}{3} \begin{bmatrix} \cos\theta & \cos(\theta-120°) & \cos(\theta+120°) \\ -\sin\theta & -\sin(\theta-120°) & -\sin(\theta+120°) \\ 1/2 & 1/2 & 1/2 \end{bmatrix} \\
\boldsymbol{P}^{-1} &= \begin{bmatrix} \cos\theta & -\sin\theta & 1 \\ \cos(\theta-120°) & -\sin(\theta-120°) & 1 \\ \cos(\theta+120°) & -\sin(\theta+120°) & 1 \end{bmatrix}
\end{aligned}
\tag{3-18}
$$

将派克变换简记为矩阵形式，有

$$\begin{aligned} \boldsymbol{i}_{\mathrm{dq0}} &= \boldsymbol{P}\boldsymbol{i}_{\mathrm{abc}} \\ \boldsymbol{i}_{\mathrm{abc}} &= \boldsymbol{P}^{-1}\boldsymbol{i}_{\mathrm{dq0}} \end{aligned} \tag{3-19}$$

其中

$$\boldsymbol{i}_{\mathrm{dq0}} = \begin{bmatrix} i_{\mathrm{d}} \\ i_{\mathrm{q}} \\ i_0 \end{bmatrix} \tag{3-20}$$

除了同步发电机的定子三相电流，定子绕组的三相电压和三相磁链等物理量也都可以进行这种变换。即

$$\begin{aligned} \boldsymbol{u}_{\mathrm{dq0}} &= \boldsymbol{P}\boldsymbol{u}_{\mathrm{abc}} \\ \boldsymbol{u}_{\mathrm{abc}} &= \boldsymbol{P}^{-1}\boldsymbol{u}_{\mathrm{dq0}} \\ \boldsymbol{\psi}_{\mathrm{dq0}} &= \boldsymbol{P}\boldsymbol{\psi}_{\mathrm{abc}} \\ \boldsymbol{\psi}_{\mathrm{abc}} &= \boldsymbol{P}^{-1}\boldsymbol{\psi}_{\mathrm{dq0}} \end{aligned} \tag{3-21}$$

经过派克变换后，同步发电机的绕组回路从图 3-2 等效成了图 3-4。

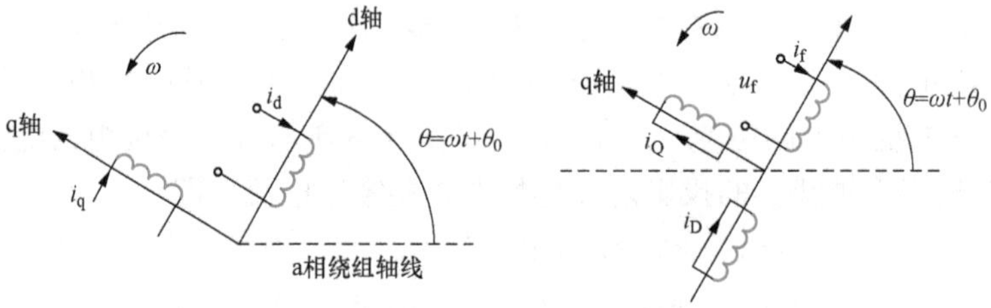

图 3-4　派克变换后同步发电机等效绕组回路

根据图 3-4 列写同步发电机回路方程时，同步发电机各绕组的自感系数及各绕组之间的互感系数将表现为常数。

(3) 对磁链方程进行派克变换。利用式 (3-19) 和式 (3-21) 对同步发电机磁链方程 (3-12) 进行派克变换，即将式 (3-12) 中的 abc 坐标系下的电流和磁链通过线性变换，转换为 dq0 坐标系下的电流和磁链，并使得转换后的方程与式 (3-12) 等价。

重写式 (3-12)

$$\begin{bmatrix} \boldsymbol{\psi}_{\mathrm{abc}} \\ \boldsymbol{\psi}_{\mathrm{fDQ}} \end{bmatrix} = \begin{bmatrix} \boldsymbol{M}_{\mathrm{SS}} & \boldsymbol{M}_{\mathrm{SR}} \\ \boldsymbol{M}_{\mathrm{RS}} & \boldsymbol{M}_{\mathrm{RR}} \end{bmatrix} \begin{bmatrix} -\boldsymbol{i}_{\mathrm{abc}} \\ \boldsymbol{i}_{\mathrm{fDQ}} \end{bmatrix}$$

用 $\boldsymbol{E}_3$ 表示三阶单位矩阵，即

$$\boldsymbol{E}_3 = \begin{bmatrix} 1 & & \\ & 1 & \\ & & 1 \end{bmatrix} \tag{3-22}$$

给式 (3-12) 等号两边同乘以分块对角矩阵 $\begin{bmatrix} \boldsymbol{P} & \\ & \boldsymbol{E}_3 \end{bmatrix}$，可得

$$\begin{bmatrix} \boldsymbol{P} & \\ & \boldsymbol{E}_3 \end{bmatrix} \begin{bmatrix} \boldsymbol{\psi}_{abc} \\ \boldsymbol{\psi}_{fDQ} \end{bmatrix} = \begin{bmatrix} \boldsymbol{P} & \\ & \boldsymbol{E}_3 \end{bmatrix} \begin{bmatrix} \boldsymbol{M}_{SS} & \boldsymbol{M}_{SR} \\ \boldsymbol{M}_{RS} & \boldsymbol{M}_{RR} \end{bmatrix} \begin{bmatrix} -\boldsymbol{i}_{abc} \\ \boldsymbol{i}_{fDQ} \end{bmatrix} \tag{3-23}$$

将式（3-23）改写为

$$\begin{bmatrix} \boldsymbol{P} & \\ & \boldsymbol{E}_3 \end{bmatrix} \begin{bmatrix} \boldsymbol{\psi}_{abc} \\ \boldsymbol{\psi}_{fDQ} \end{bmatrix} = \begin{bmatrix} \boldsymbol{P} & \\ & \boldsymbol{E}_3 \end{bmatrix} \begin{bmatrix} \boldsymbol{M}_{SS} & \boldsymbol{M}_{SR} \\ \boldsymbol{M}_{RS} & \boldsymbol{M}_{RR} \end{bmatrix} \begin{bmatrix} \boldsymbol{P} & \\ & \boldsymbol{E}_3 \end{bmatrix}^{-1} \begin{bmatrix} \boldsymbol{P} & \\ & \boldsymbol{E}_3 \end{bmatrix} \begin{bmatrix} -\boldsymbol{i}_{abc} \\ \boldsymbol{i}_{fDQ} \end{bmatrix} \tag{3-24}$$

可得

$$\begin{bmatrix} \boldsymbol{P\psi}_{abc} \\ \boldsymbol{\psi}_{fDQ} \end{bmatrix} = \begin{bmatrix} \boldsymbol{PM}_{SS}\boldsymbol{P}^{-1} & \boldsymbol{PM}_{SR} \\ \boldsymbol{M}_{RS}\boldsymbol{P}^{-1} & \boldsymbol{M}_{RR} \end{bmatrix} \begin{bmatrix} -\boldsymbol{Pi}_{abc} \\ \boldsymbol{i}_{fDQ} \end{bmatrix} \tag{3-25}$$

化简后可得

$$\begin{bmatrix} \boldsymbol{\psi}_{dq0} \\ \boldsymbol{\psi}_{fDQ} \end{bmatrix} = \begin{bmatrix} \boldsymbol{PM}_{SS}\boldsymbol{P}^{-1} & \boldsymbol{PM}_{SR} \\ \boldsymbol{M}_{RS}\boldsymbol{P}^{-1} & \boldsymbol{M}_{RR} \end{bmatrix} \begin{bmatrix} -\boldsymbol{i}_{dq0} \\ \boldsymbol{i}_{fDQ} \end{bmatrix} \tag{3-26}$$

将式（3-12）～式（3-14）及式（3-18）带入式（3-26），可得派克变换后自感和互感系数的具体表达式

$$\boldsymbol{PM}_{SS}\boldsymbol{P}^{-1} = \begin{bmatrix} L_d & & \\ & L_q & \\ & & L_0 \end{bmatrix} \quad \boldsymbol{PM}_{SR} = \begin{bmatrix} m_{af} & m_{aD} & \\ & & m_{aQ} \\ & & \end{bmatrix} \quad \boldsymbol{M}_{RS}\boldsymbol{P}^{-1} = \begin{bmatrix} \frac{3}{2}m_{af} & & \\ \frac{3}{2}m_{aD} & & \\ & \frac{3}{2}m_{aQ} & \end{bmatrix} \tag{3-27}$$

其中

$$\begin{aligned} L_d &= l_0 + m_0 + \frac{3}{2}l_2 \\ L_q &= l_0 + m_0 - \frac{3}{2}l_2 \\ L_0 &= l_0 - 2m_0 \end{aligned} \tag{3-28}$$

式中：l_0为自感的平均值；l_2为自感变化部分的幅值；m_0为互感的平均值。

将式（3-27）带入式（3-26），可得派克变换后的同步发电机磁链方程

$$\begin{bmatrix} \Psi_d \\ \Psi_q \\ \Psi_0 \\ \Psi_f \\ \Psi_D \\ \Psi_Q \end{bmatrix} = \begin{bmatrix} L_d & 0 & 0 & m_{af} & m_{aD} & 0 \\ 0 & L_q & 0 & 0 & 0 & m_{aQ} \\ 0 & 0 & L_0 & 0 & 0 & 0 \\ \frac{3}{2}m_{af} & 0 & 0 & L_{ff} & M_{fD} & 0 \\ \frac{3}{2}m_{aD} & 0 & 0 & M_{fD} & L_{DD} & 0 \\ 0 & \frac{3}{2}m_{aQ} & 0 & 0 & 0 & L_{QQ} \end{bmatrix} \begin{bmatrix} -i_d \\ -i_q \\ -i_0 \\ i_f \\ i_D \\ i_Q \end{bmatrix} \tag{3-29}$$

对比式（3-12）和式（3-29）可以发现，同步发电机定子采用在空间静止的 abc 三相坐标系描述时，由于定转子之间有相对运动，定转子绕组之间的自感和互感系数随

时间发生变化；对于凸极机，由于磁路磁阻随时间周期变化，因此定子绕组自感和互感系数也随时间发生变化。根据双反应原理进行线性变换，采用在空间中正交的dq旋转坐标系中的等效dq轴定子绕组替换空间静止的a、b、c三相绕组，同步发电机自感和互感系数表现为常数，式（3-29）从数学上证明了这一点。

经典派克变换虽然被广泛使用，但它有两个缺点：根据式（3-29）可以看出，经典派克变换后，磁链方程中的系数矩阵不对称，即出现了互感系数不可逆的问题；经典派克变换前后，功率不守恒，即出现了 $u_a i_a + u_b i_b + u_c i_c \neq u_d i_d + u_q i_q$ 的问题。采用正交派克变换可以解决这些问题，本书不做详细介绍了。

在目前采用的派克变换情况下，磁链方程中互感系数不可逆的问题，只要将各量改为标幺值并适当选取基准值即可克服。“x_{ad}基值系统”决定了励磁绕组的电流基准值，即当励磁绕组流过其基准电流值时，产生的交链定子磁链与定子d轴电流分量为定子电流基准值时产生的d轴电枢反应磁链相等。采用这种标幺制后不但互感系数是可逆的，而且还存在

$$m_{af*} = m_{fa*} = m_{aD*} = m_{Da*} = x_{ad*} \tag{3-30}$$

$$m_{aQ*} = m_{Qa*} = x_{aq*} \tag{3-31}$$

在“x_{ad}基值系统”中，所有d轴互感系数的标幺值与d轴电枢反应电抗标幺值相等，q轴互感系数的标幺值与q轴电枢反应电抗标幺值相等。因此磁链方程可以写为

$$\begin{bmatrix} \Psi_d \\ \Psi_q \\ \Psi_0 \\ \Psi_f \\ \Psi_D \\ \Psi_Q \end{bmatrix} = \begin{bmatrix} x_d & 0 & 0 & x_{ad} & x_{ad} & 0 \\ 0 & x_q & 0 & 0 & 0 & x_{aq} \\ 0 & 0 & x_0 & 0 & 0 & 0 \\ x_{ad} & 0 & 0 & x_f & x_{ad} & 0 \\ x_{ad} & 0 & 0 & x_{ad} & x_D & 0 \\ 0 & x_{aq} & 0 & 0 & 0 & x_Q \end{bmatrix} \begin{bmatrix} -i_d \\ -i_q \\ -i_0 \\ i_f \\ i_D \\ i_Q \end{bmatrix} \tag{3-32}$$

式中：x_d 为同步发电机直轴同步电抗；x_q 为同步发电机交轴同步电抗；x_0 为同步发电机零序电抗；x_f 为同步发电机励磁绕组自感电抗；x_D 为同步发电机直轴阻尼绕组自感电抗；x_Q 为同步发电机交轴阻尼绕组自感电抗；x_{ad}为同步发电机直轴电枢反应电抗；x_{aq}表示同步发电机交轴电枢反应电抗。

定义 x_σ 为同步发电机等效定子绕组漏抗，$x_{f\sigma}$为同步发电机励磁绕组漏抗，$x_{D\sigma}$为同步发电机直轴阻尼绕组漏抗，$x_{Q\sigma}$为同步发电机交轴阻尼绕组漏抗，有关系式

$$\begin{aligned} x_\sigma &= x_d - x_{ad} = x_q - x_{aq} \\ x_{f\sigma} &= x_f - x_{ad} \\ x_{D\sigma} &= x_D - x_{ad} \\ x_{Q\sigma} &= x_Q - x_{aq} \end{aligned} \tag{3-33}$$

（4）对电压方程进行派克变换。对同步发电机回路电压方程式（3-10）进行派克变换，即将式（3-10）中的abc坐标系下的电流、电压和磁链通过线性变换，转换为dq0坐标系下的电流、电压和磁链，并使得转换后的方程式与式（3-10）等价。

重写式（3-10）

$$\begin{bmatrix} \boldsymbol{u}_{\mathrm{abc}} \\ \boldsymbol{u}_{\mathrm{fDQ}} \end{bmatrix} = \begin{bmatrix} \boldsymbol{r}_{\mathrm{S}} & \\ & \boldsymbol{r}_{\mathrm{R}} \end{bmatrix} \begin{bmatrix} -\boldsymbol{i}_{\mathrm{abc}} \\ \boldsymbol{i}_{\mathrm{fDQ}} \end{bmatrix} + \begin{bmatrix} \dot{\boldsymbol{\psi}}_{\mathrm{abc}} \\ \dot{\boldsymbol{\psi}}_{\mathrm{fDQ}} \end{bmatrix}$$

给式（3-10）等号两边同乘以分块对角矩阵$\begin{bmatrix} \boldsymbol{P} & \\ & \boldsymbol{E}_3 \end{bmatrix}$，可得

$$\begin{bmatrix} \boldsymbol{P} & \\ & \boldsymbol{E}_3 \end{bmatrix} \begin{bmatrix} \boldsymbol{u}_{\mathrm{abc}} \\ \boldsymbol{u}_{\mathrm{fDQ}} \end{bmatrix} = \begin{bmatrix} \boldsymbol{P} & \\ & \boldsymbol{E}_3 \end{bmatrix} \begin{bmatrix} \boldsymbol{r}_{\mathrm{S}} & \\ & \boldsymbol{r}_{\mathrm{R}} \end{bmatrix} \begin{bmatrix} -\boldsymbol{i}_{\mathrm{abc}} \\ \boldsymbol{i}_{\mathrm{fDQ}} \end{bmatrix} + \begin{bmatrix} \boldsymbol{P} & \\ & \boldsymbol{E}_3 \end{bmatrix} \begin{bmatrix} \dot{\boldsymbol{\psi}}_{\mathrm{abc}} \\ \dot{\boldsymbol{\psi}}_{\mathrm{fDQ}} \end{bmatrix} \tag{3-34}$$

将式（3-34）改写为

$$\begin{bmatrix} \boldsymbol{P} & \\ & \boldsymbol{E}_3 \end{bmatrix} \begin{bmatrix} \boldsymbol{u}_{\mathrm{abc}} \\ \boldsymbol{u}_{\mathrm{fDQ}} \end{bmatrix} = \begin{bmatrix} \boldsymbol{P} & \\ & \boldsymbol{E}_3 \end{bmatrix} \begin{bmatrix} \boldsymbol{r}_{\mathrm{S}} & \\ & \boldsymbol{r}_{\mathrm{R}} \end{bmatrix} \begin{bmatrix} \boldsymbol{P} & \\ & \boldsymbol{E}_3 \end{bmatrix}^{-1} \begin{bmatrix} \boldsymbol{P} & \\ & \boldsymbol{E}_3 \end{bmatrix} \begin{bmatrix} -\boldsymbol{i}_{\mathrm{abc}} \\ \boldsymbol{i}_{\mathrm{fDQ}} \end{bmatrix} + \begin{bmatrix} \boldsymbol{P} & \\ & \boldsymbol{E}_3 \end{bmatrix} \begin{bmatrix} \dot{\boldsymbol{\psi}}_{\mathrm{abc}} \\ \dot{\boldsymbol{\psi}}_{\mathrm{fDQ}} \end{bmatrix} \tag{3-35}$$

可得

$$\begin{bmatrix} \boldsymbol{P}\boldsymbol{u}_{\mathrm{abc}} \\ \boldsymbol{u}_{\mathrm{fDQ}} \end{bmatrix} = \begin{bmatrix} \boldsymbol{P}\boldsymbol{r}_{\mathrm{S}}\boldsymbol{P}^{-1} & \boldsymbol{0} \\ \boldsymbol{0} & \boldsymbol{r}_{\mathrm{R}} \end{bmatrix} \begin{bmatrix} -\boldsymbol{P}\boldsymbol{i}_{\mathrm{abc}} \\ \boldsymbol{i}_{\mathrm{fDQ}} \end{bmatrix} + \begin{bmatrix} \boldsymbol{P}\dot{\boldsymbol{\psi}}_{\mathrm{abc}} \\ \dot{\boldsymbol{\psi}}_{\mathrm{fDQ}} \end{bmatrix} \tag{3-36}$$

化简后可得

$$\begin{bmatrix} \boldsymbol{u}_{\mathrm{dq0}} \\ \boldsymbol{u}_{\mathrm{fDQ}} \end{bmatrix} = \begin{bmatrix} \boldsymbol{r}_{\mathrm{S}} & \boldsymbol{0} \\ \boldsymbol{0} & \boldsymbol{r}_{\mathrm{R}} \end{bmatrix} \begin{bmatrix} -\boldsymbol{i}_{\mathrm{dq0}} \\ \boldsymbol{i}_{\mathrm{fDQ}} \end{bmatrix} + \begin{bmatrix} \boldsymbol{P}\dot{\boldsymbol{\psi}}_{\mathrm{abc}} \\ \dot{\boldsymbol{\psi}}_{\mathrm{fDQ}} \end{bmatrix} \tag{3-37}$$

式（3-37）中的$\boldsymbol{P}\dot{\boldsymbol{\psi}}_{\mathrm{abc}}$为

$$\boldsymbol{P}\dot{\boldsymbol{\psi}}_{\mathrm{abc}} = \boldsymbol{P}(\boldsymbol{P}^{-1}\boldsymbol{\psi}_{\mathrm{dq0}})' = \boldsymbol{P}(\boldsymbol{P}^{-1}\dot{\boldsymbol{\psi}}_{\mathrm{dq0}} + \dot{\boldsymbol{P}}^{-1}\boldsymbol{\psi}_{\mathrm{dq0}}) = \dot{\boldsymbol{\psi}}_{\mathrm{dq0}} + \boldsymbol{P}\dot{\boldsymbol{P}}^{-1}\boldsymbol{\psi}_{\mathrm{dq0}} \tag{3-38}$$

将式（3-38）带入式（3-37），有

$$\begin{bmatrix} \boldsymbol{u}_{\mathrm{dq0}} \\ \boldsymbol{u}_{\mathrm{fDQ}} \end{bmatrix} = \begin{bmatrix} \boldsymbol{r}_{\mathrm{S}} & \boldsymbol{0} \\ \boldsymbol{0} & \boldsymbol{r}_{\mathrm{R}} \end{bmatrix} \begin{bmatrix} -\boldsymbol{i}_{\mathrm{dq0}} \\ \boldsymbol{i}_{\mathrm{fDQ}} \end{bmatrix} + \begin{bmatrix} \dot{\boldsymbol{\psi}}_{\mathrm{dq0}} \\ \dot{\boldsymbol{\psi}}_{\mathrm{fDQ}} \end{bmatrix} + \begin{bmatrix} \boldsymbol{P}\dot{\boldsymbol{P}}^{-1}\boldsymbol{\psi}_{\mathrm{dq0}} \\ 0 \end{bmatrix} \tag{3-39}$$

将$\boldsymbol{P}$和$\boldsymbol{P}^{-1}$的表达式（3-18）带入$\boldsymbol{P}\dot{\boldsymbol{P}}^{-1}$，可得式（3-40），其中$\omega$为同步速

$$\boldsymbol{P}\dot{\boldsymbol{P}}^{-1} = \begin{bmatrix} 0 & -\omega & 0 \\ \omega & 0 & 0 \\ 0 & 0 & 0 \end{bmatrix} \tag{3-40}$$

将式（3-40）代入式（3-39）并展开，假设同步发电机定子电阻相等，均等于r，则有

$$\begin{bmatrix} u_{\mathrm{d}} \\ u_{\mathrm{q}} \\ u_0 \\ u_{\mathrm{f}} \\ 0 \\ 0 \end{bmatrix} = \begin{bmatrix} r & & & & & \\ & r & & & 0 & \\ & & r & & & \\ & & & r_{\mathrm{f}} & & \\ & 0 & & & r_{\mathrm{D}} & \\ & & & & & r_{\mathrm{Q}} \end{bmatrix} \begin{bmatrix} -i_{\mathrm{d}} \\ -i_{\mathrm{q}} \\ -i_0 \\ i_{\mathrm{f}} \\ i_{\mathrm{D}} \\ i_{\mathrm{Q}} \end{bmatrix} + \begin{bmatrix} \dot{\Psi}_{\mathrm{d}} \\ \dot{\Psi}_{\mathrm{q}} \\ \dot{\Psi}_0 \\ \dot{\Psi}_{\mathrm{f}} \\ \dot{\Psi}_{\mathrm{D}} \\ \dot{\Psi}_{\mathrm{Q}} \end{bmatrix} + \begin{bmatrix} -\omega\Psi_{\mathrm{q}} \\ \omega\Psi_{\mathrm{d}} \\ 0 \\ 0 \\ 0 \\ 0 \end{bmatrix} \tag{3-41}$$

式（3-41）为派克变换后的同步发电机电压方程。比较派克变换前后同步发电机电压方程式（3-10）和式（3-41）不难发现，派克变换后定子电压方程多了附加项 $\omega\Psi$。该项是由将空间静止的abc坐标系转换为与转子一起旋转的dq坐标系所引起的，被称为速度电动势或旋转电动势，当同步发电机稳态运行时 $\omega=1$，旋转电动势为常数，与 Ψ_d、Ψ_q呈正比。

式（3-41）等号右边第一项是由相应绕组的电阻引起的电压降，称为欧姆电压项，等号右边第二项称为变压器电动势，同步发电机在稳态运行时，由于磁链为常数，对应的变压器电动势为零。

3.2.1.3 dq0坐标下的同步发电机基本方程

将式（3-32）和式（3-41）共12个方程，称为同步发电机经过坐标变换（或称为派克变换）而得到的基本方程，也称为派克方程。

定子上有9个变量：Ψ_d、Ψ_q、Ψ_0、i_d、i_q、i_0、u_d、u_q、u_0；转子上有7个变量：Ψ_f、Ψ_D、Ψ_Q、i_f、i_D、i_Q、u_f。上述表达式中的16个运行变量，除了按照定子和转子来区分外，还可以按照直轴和交轴进行区分。直轴上有8个变量：Ψ_d、Ψ_f、Ψ_D、i_d、i_f、i_D、u_d、u_f；交轴上有5个变量：Ψ_q、Ψ_Q、i_q、i_Q、u_q；零轴变量有3个：Ψ_0、i_0、u_0。

零轴变量只有在同步发电机三相不对称运行的情况下才会产生。若研究三相对称的问题，则零轴变量均为零，即 $\Psi_0=0$、$i_0=0$、$u_0=0$，此时，对应的同步发电机派克方程可以简化为

$$\begin{cases}\Psi_d=-x_d i_d+x_{ad}i_f+x_{ad}i_D\\ \Psi_q=-x_q i_q+x_{aq}i_Q\\ \Psi_f=-x_{ad}i_d+x_f i_f+x_{ad}i_D\\ \Psi_D=-x_{ad}i_d+x_{ad}i_f+x_D i_D\\ \Psi_Q=-x_{aq}i_q+x_Q i_Q\end{cases} \tag{3-42}$$

$$\begin{cases}u_d=-ri_d+\dot{\Psi}_d-\omega\Psi_q\\ u_q=-ri_q+\dot{\Psi}_q+\omega\Psi_d\\ u_f=r_f i_f+\dot{\Psi}_f\\ 0=r_D i_D+\dot{\Psi}_D\\ 0=r_Q i_Q+\dot{\Psi}_Q\end{cases} \tag{3-43}$$

得到同步发电机派克方程的前提条件是等效定子d轴初始位置与转子d轴重合。由此，图3-4可以用图3-5表示。

将观察点放在同步发电机上，不难发现，经过派克变换后，同步发电机定转子之间没有相对运动，原来旋转的同步发电机经过派克变换后，等效为两个互相垂直的静止设备。d轴上等效为一个三绕组变压器，q轴上等效为一个双绕组变压器。可以采用研究静止的变压器的研究方法来分析同步发电机运行变量之间的关系，得到结果之后，再经过派克反变换就可以方便得到a、b、c三相绕组的运行变量。

3.2.2　功率、力矩及转子运动方程

3.2.2.1　同步发电机的电磁转矩和功率

发电机电磁转矩的准确公式为

$$M_E = \Psi_d i_q - \Psi_q i_d \quad (3-44)$$

它可表示发电机处于任意暂态过程时的电磁转矩。

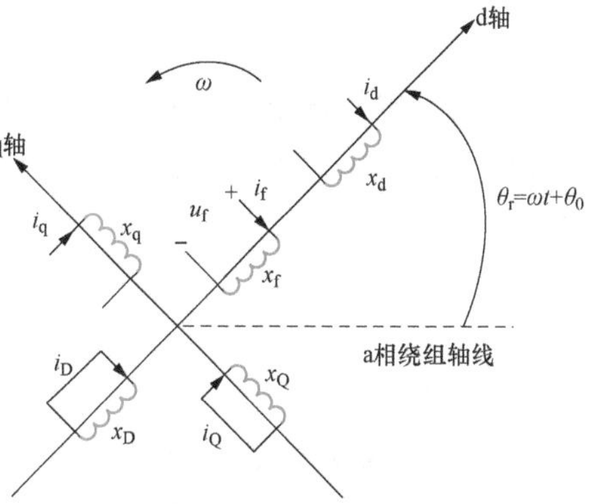

图3-5　派克变换后同步发电机等效绕组相对静止

严格地讲，分析同步发电机受到干扰后的机电暂态过程，必须将转子运动方程和上一节介绍的同步发电机基本方程联立求解，此时不能再认为基本电压方程中发电机电动势的 $s=(\omega-\omega_0)/\omega_0=0$，需要将 ω 视为一个变量。但是，在解决工程实际问题时，往往针对所要解决问题的主要方面进行分析，面对次要方面的问题作必要简化。例如，在计算短路电流时，近似地认为发电机转速保持同步转速，即不考虑转子运动的变化，从数学上讲，即取消了转子运动方程。同样，在分析稳定性问题时，对发电机的电磁暂态过程作某些近似简化。这种简化主要包含下列两个方面：

(1) 只计及发电机定子电流中的正序基频交流分量产生的电磁转矩（或功率），而忽略暂态过程中定子电流的其他分量，因为直流分量和负序分量等所产生的转矩（或功率）往往是交变的。这也就是说，可以忽略定子的暂态过程，而用发电机的等效电动势和阻抗计算定子的正序基频电流，以决定其电磁功率（或同步功率）。从数学上看，即同步发电机基本方程中定子回路的两个方程 $\dot{\Psi}_d=\dot{\Psi}_q=0$，该两个方程变为代数方程。

(2) 对于发电机励磁系统暂态过程的不同简化，将影响发电机等效电动势的取值。若假设励磁回路电压、电流无变化，即励磁电流为常数，则发电机的空载电动势为常数。当不计阻尼绕组时则认为暂态电动势在发电机受到干扰的瞬间是不变的，若再近似地认为自动调节励磁装置的作用能补偿暂态电动势的衰减，则可用恒定的暂态电动势作为发电机的等效电动势。最极端的情况是假设自动调节励磁装置的作用极强，则近似认为发电机端电压不变。

在讨论同步发电机的电磁功率时，往往在以下几个假设条件下进行：

(1) 略去发电机定子绕组电阻。

(2) 设机组转速接近同步转速，$\omega\approx1$。

(3) 不计定子绕组中的电磁暂态过程。

(4) 发电机的某个电动势，例如空载电动势或暂态电动势甚至端电压为恒定。

3.2.2.2　同步发电机组的转子运动方程

为了便于对电力系统的稳定性问题进行准确的分析和计算，必须首先建立描述发电机转子运动的动态方程。

根据旋转物体的力学定律，同步发电机组转子的机械角加速度与作用在转子轴上的不平衡转矩之间有如下关系

$$J\alpha = J\frac{\mathrm{d}\Omega}{\mathrm{d}t} = \Delta M = M_{\mathrm{T}} - M_{\mathrm{E}} \tag{3-45}$$

式中：J 为发电机转子转动惯量；α 为转子机械角加速度；Ω 为转子机械角速度；t 为时间，ΔM 为作用在转子轴上的不平衡转矩；M_{T} 为原动机机械转矩；M_{E} 为发电机电磁转矩。

3.3 励磁系统模型

3.3.1 励磁系统动态模型

励磁系统向发电机提供励磁功率，起着调节电压的作用并控制并列运行发电机的无功功率分配。按励磁功率源的不同，励磁系统分为三类：直流励磁系统、交流励磁系统、静止励磁系统。直流励磁机时间常数较大，响应速度较慢，价格较高，一般只用于中小型发电机。大容量发电机组广泛采用交流励磁和静止励磁。实际的电力系统中，励磁系统种类繁多，所以一般系统分析程序中均有多种典型的励磁系统模型供选用。以一种典型的可控硅励磁调节器的励磁系统为例，传递函数方框图如图 3-6 所示。

基本方程式为

$$\begin{cases} T_{\mathrm{A}}\dfrac{\mathrm{d}U_{\mathrm{R}}}{\mathrm{d}t} = -U_{\mathrm{R}} + K_{\mathrm{A}}(U_{\mathrm{ref}} - U_{\mathrm{t}} + U_{\mathrm{S}} - U_{\mathrm{F}}) \\ T_{\mathrm{L}}\dfrac{\mathrm{d}E_{\mathrm{f}}}{\mathrm{d}t} = -(K_{\mathrm{L}} + S_{\mathrm{E}})E_{\mathrm{f}} + U_{\mathrm{R}} \\ T_{\mathrm{F}}\dfrac{\mathrm{d}U_{\mathrm{F}}}{\mathrm{d}t} = -U_{\mathrm{F}} + \dfrac{K_{\mathrm{F}}}{T_{\mathrm{L}}}[U_{\mathrm{R}} - (K_{\mathrm{L}} + S_{\mathrm{E}})E_{\mathrm{f}}] \end{cases} \tag{3-46}$$

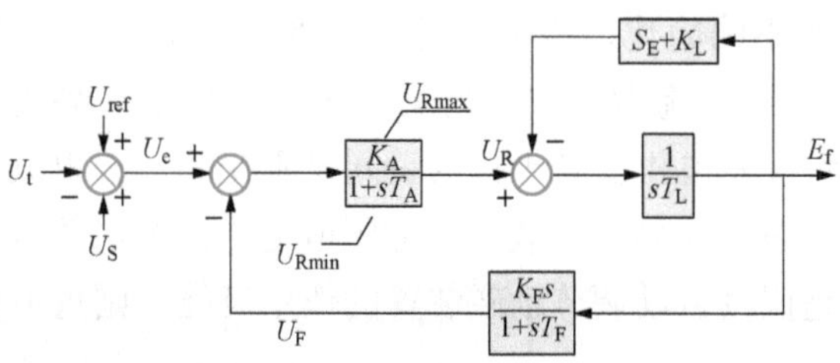

图 3-6　励磁系统模型传递函数方框图

当需要考虑励磁系统的具体影响时，可将励磁系统模型细化。发电机励磁系统有不同的分类方式，按照强励上升速度分为快速励磁系统和常规励磁系统。按照励磁电源来自发电机本身还是其他分为自励励磁系统和他励励磁系统。自励励磁系统有自并励静止励磁系统、自复励静止励磁系统。自并励励磁系统以其响应速度快、发电机轴系短、经济等特点，在国外大型发电机组中早已得到广泛应用。近年来，我国电力发展迅速，电网容量不断扩大，国内大型发电机组已经广泛采用自并励励磁系统方式，且其优越性得到进一步证实。

3.3.2 电力系统稳定器模型

在远距离输电并且联系薄弱的电力系统中，采用快速励磁控制后，减弱了系统的阻尼能力，严重时将导致电网发生低频振荡。因此，必须采取相应的措施来改善电力系统运行的稳定性。电力系统稳定器（Power System Stabilizer，PSS）可产生正阻尼转矩以抵消励磁控制引起的负阻尼转矩，可迅速而有效地平息低频振荡，并降低振荡时的超调量，保障电力系统的动态稳定性，在现代电网中得到了广泛的应用。

PSS在理想情况下会产生一个纯正的阻尼转矩，此时PSS传递函数的相位特性与待补偿的发电机的相位特性相反。然而，发电机的相位特性会随运行条件的变化而改变，在实际运行中采用略欠补偿的方法，除增加系统阻尼外，还可使同步转矩微小增加。

PSS除能抑制本机低频振荡外，还能有效地抑制区域电网低频振荡，即对于在0.1～2.0Hz间的振荡都有抑制作用。因此，为保证电网的安全，电网中主要发电厂的励磁调节器应投入PSS功能。

典型的PSS模型包括一个滤波环节，为保证励磁控制系统的正常运行及机组安全，必须把干扰信号彻底清除。另外还有一个增益环节和两个超前－滞后环节，方框图如3-7所示。

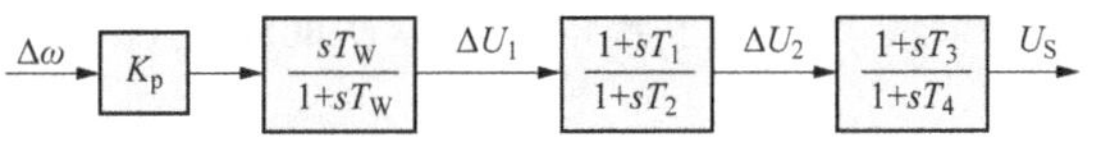

图3-7 典型PSS方框图

一般情况下，K_p为比例系数，T_W为隔直环节时间常数，T_1、T_2、T_3、T_4为超前滞后时间常数。按照IEEE Std 421.5-1992标准，PSS分为PSS1A、PSS2A、PSS2B、PSS3B、PSS4B等模型，如图3-8～图3-12所示。

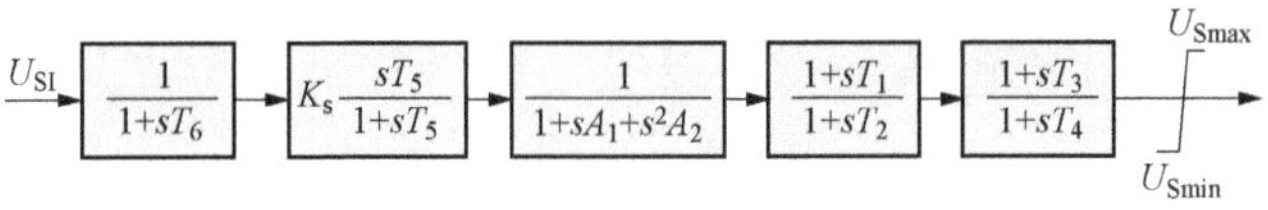

图3-8 IEEE PSS1A模型传递函数框图

3.3.2.1 PSS1A模型

图中，T_1、T_2、T_3、T_4为超前滞后时间常数，T_5为隔直环节时间常数，T_6为惯性环节时间常数，A_1和A_2可用于补偿稳定器的增益和相位，U_{Smax}和U_{Smin}为输出幅值上下限值。

PSS1A模型为单输入控制器，一般取转速、频率或功率作为输入信号，目前较多采用电功率信号，它具有易于测量、不易引入干扰、不会激发轴系扭振等优点。

3.3.2.2 PSS2A模型

采用电功率信号作为PSS输入时，PSS本身不能区分系统和原动机功率波动，造成无功波动，出现“反调”现象。PSS2A模型可有效解决该问题，其传递函数模型如图3-9所示。

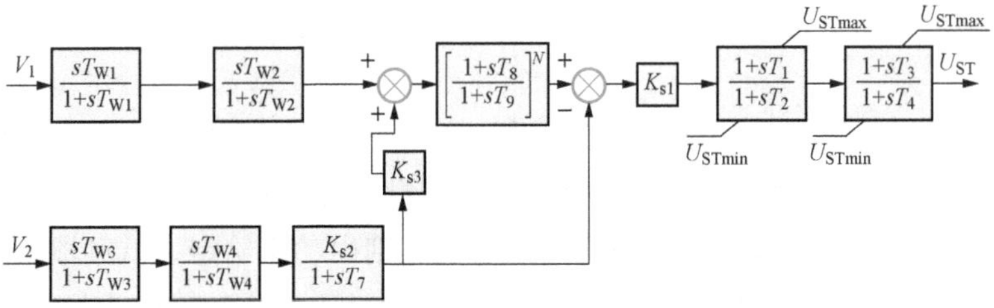

图3-9 IEEE PSS2A模型传递函数框图

图中，T_{W1}、T_{W2}、T_{W3}、T_{W4}为隔直环节时间常数，K_{s1}为PSS增益，K_{s2}为电功率信号积分运算补偿因子，K_{s3}为信号匹配因子，T_1、T_2、T_3、T_4为超前滞后时间常数，T_7为惯性时间常数，T_8、T_9为陷波器时间常数。

PSS2A为双输入控制系统，输入V_1为转子角速度，V_2为机组电功率，综合信号的输入可避免有功功率快速变化时的无功功率波动。角频率的信号中可能夹杂有机组的轴系扭振的高频信号，具有极强破坏作用，必须进行高频滤波。因此输入信号的位置不能互换。

3.3.2.3 PSS2B模型

该模型在PSS2A的基础上，增加了一级超前滞后环节，使相位补偿更具灵活性，如图3-10所示。为更好地对轴的扭转振荡进行滤波，可设$T_{10}=0$。此外，在转速和电功率两个输入端加了限幅环节，从而限制稳定器的工作范围。

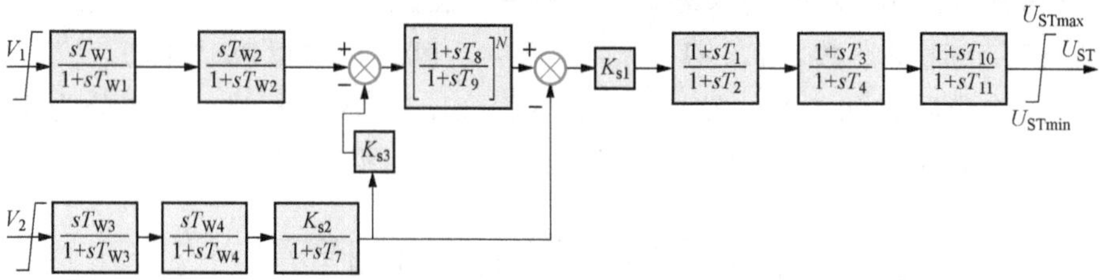

图3-10 IEEE PSS2B模型传递函数框图

图中各变量含义与PSS2A相同。

3.3.2.4 PSS3B模型

PSS3B也是双输入型PSS，输入量与PSS2A相同，相当于一个频率单输入的PSS与一个功率单输入的PSS叠加（见图3-11），协调运行，我国使用较少。

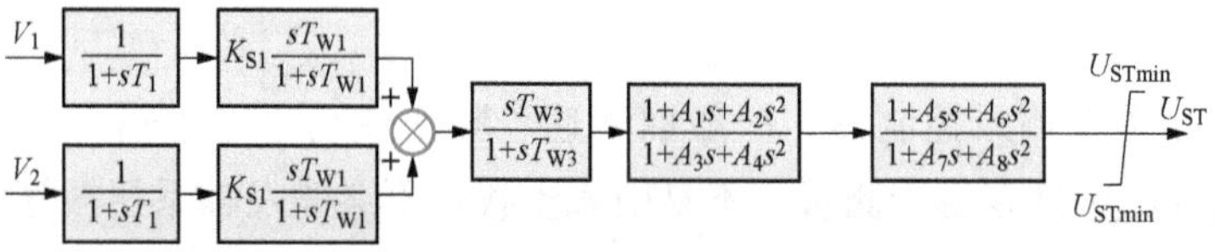

图3-11 IEEE PSS3B模型传递函数框图

图中，A_1～A_8所在的两个环节用于相位补偿，其余各变量含义与PSS2A相同。

3.3.2.5 PSS4B模型

加拿大魁北克电力局于2000年提出了PSS4B型稳定器，传递函数框图如图3-12所示。

PSS4B稳定器将转速、功率信号分为低、中和高三个频段，各频段可单独调节增益、相位、输出限幅及滤波器参数，从而为不同频段的低频振荡提供适当的阻尼。低频和中频段输入由转速信号转换后得到，高频段输入则由功率给定。低频段是指系统中全部机组共同波动，对应于频率飘动模式（0.04～0.1Hz），中频段为区域间振荡模式（0.1～1.0Hz），高频段指本地振荡模式（1.0～4.0Hz）。

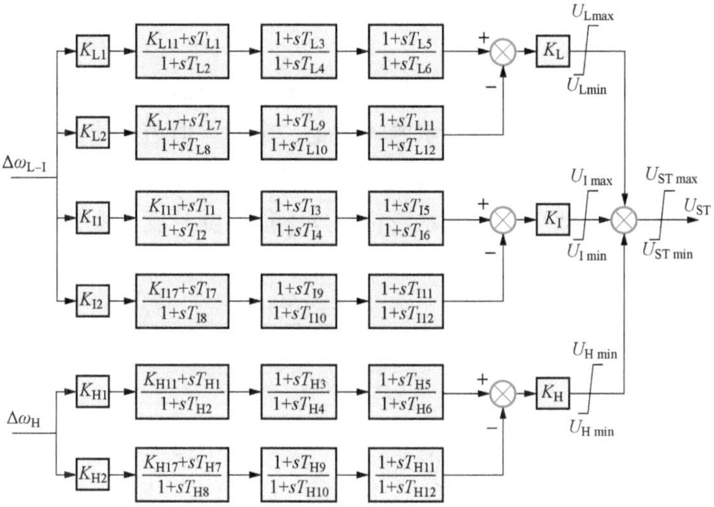

图 3-12 IEEE PSS4B 模型传递函数框图

3.4 原动机及调速系统模型

3.4.1 原动机模型

目前电力系统中的原动机主要是汽轮机和水轮机，原动机的数学模型实际上就是汽轮机的蒸汽容积和水轮机的水锤效应的表示方式，两者的物理机理完全不同。

3.4.1.1 汽轮机模型

对于汽轮机，汽门开度 μ 的改变导致进汽量的改变，使汽轮机输出功率 P_T 变动。汽轮机由于调节汽门和第一级喷嘴之间有一定的空间存在，当汽门开启或关闭时，进入汽门的蒸汽量虽有改变，但这个空间的压力却不能立即改变。这就形成了机械功率滞后于汽门开度变化的现象，称为汽容效应。在大容量汽轮机中，汽容对调节过程的影响很大。

汽容效应在数学上可以用一个一阶惯性环节来模拟为

$$G=\frac{K_T}{1+sT_{ch}} \tag{3-47}$$

时域方程为

$$T_{ch}\frac{dP_T}{dt}+P_T=K_T\mu \tag{3-48}$$

式中：K_T 为放大倍数；T_{ch} 为汽容时间常数，一般取 $T_{ch}=0.1\sim0.4s$。

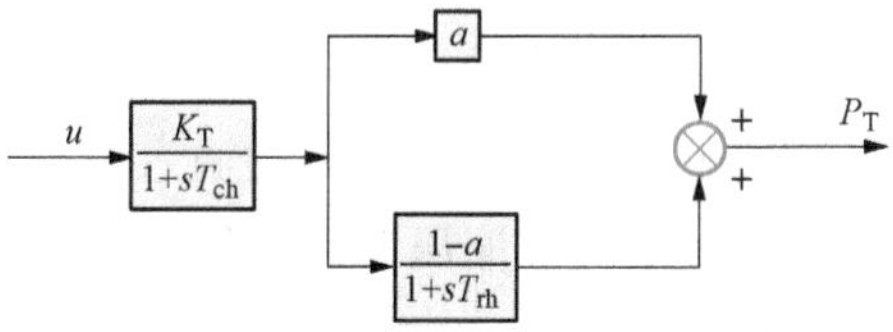

图 3-13 再热式汽轮机传递函数图

对于再热式汽轮机，还要考虑再热段充汽延时，其传递函数可以用图 3-13 表示。

图中 a 和 $1-a$ 分别为高压汽缸和中低压汽缸功率占汽轮机总功率的比例，一般 $a=$

0.21～0.3，T_{rh}为再热器时间常数，一般取 $T_{rh}=7\sim11s$。

3.4.1.2　水轮机模型

对于水轮机，则要考虑到水锤效应的影响。水锤效应是由流动着的水的惯性所引起的。压力导管中的水在稳态情况下，水的流速是一定的，但当迅速关小导向叶片的开度时，导管中的压力将急剧上升，而当迅速开大导向叶片的开度时，导管中的压力将急剧下降。这种现象称为水锤效应。它使水轮机功率不能追随开度的变化而有一个滞延。水轮机的传递函数为

$$G(s)=\frac{1-sT_W}{1+0.5sT_W} \tag{3-49}$$

时域方程为

$$0.5T_W\frac{dP_T}{dt}+P_T=\mu-T_W\frac{d\mu}{dt} \tag{3-50}$$

式中：T_W为水锤时间常数。

3.4.2　调速系统模型

调速系统通常分为机械—液压调速器和电气—液压调速器。早期的机械—液压调速器采用一只离心飞摆控制进汽阀。但是机械—液压型调速器死区较大，动态性能指标较差，且难于综合其他信号参与调节，逐渐被淘汰。随后发展了电气—液压调速器，现在投运的大型汽轮发电机组大多采用微机型电气—液压调速器，原理图示于图 3-14 中。调速系统模型如图 3-15 所示。

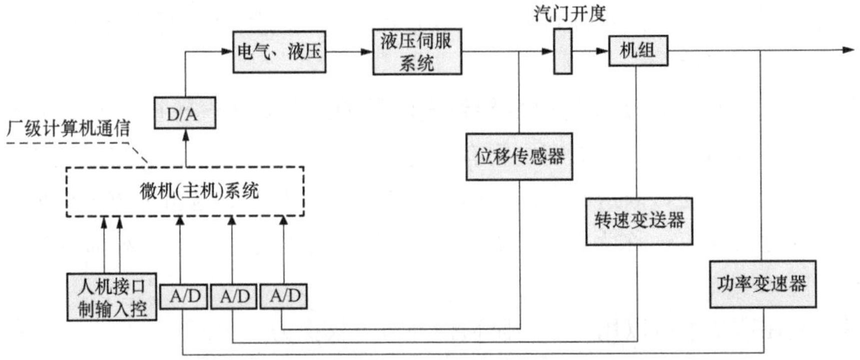

图 3-14　微机型电气—液压调速器原理框图

微机型电气—液压调速器原理框图如图 3-14 所示，其控制电路部分的功能用微机来实现，调速器的调节控制规律由计算机实现。首先要建立数学模型以及制定运行中的控制原则，然后编程用软件实现其控制规律。也就是主机根据采集到的实时信息，按预先确定的控制规律进行调节量计算，计算结果经 D/A 输出去控制电气、液压转换，再由液压伺服系统控制原动机的输入功率，完成调速或调节功率的任务。

微机型电气—液压调速器使用了 CPU 主机后，可以充分发挥计算机高速运算和逻辑判断优势，除了完成调速和负载控制功能外，还可实现机组自启动控制功能；在接近额定转速时，可使发电机转速跟踪电网频率快速同期并列等功能；如果是汽轮机，在启

动过程还附有热应力管理功能等，从而极大地提高了电厂自动化程度。

电气—液压转换器把调节量由电量转换成非电量油压。液压系统由继动器、错油门和油动机组成。

微机型调速器的延迟时间可忽略不计，调速器输入与输出之间的传递函数关系可以近似表示为

$$\mu(s)=\frac{K_n}{1+sT_n}\left[\Delta P_c-\frac{1}{R}\Delta f(s)\right] \tag{3-51}$$

式中：K_n为调速器静态增益（放大倍数）；T_n为调速器时间常数，通常 0.05～0.25s；R 为调速器调差系数；ΔP_c 为输出功率与功率设定值之差；Δf 为频率变化。

将原动机模型式（3-50）和调速器模型式（3-51）级联，就可以得到原动机系统的模型。再与同步发电机组的转子运动方程联立，即为包含 P_T 变化的模型，显然为四阶模型。如果把前面的励磁系统也包含进去，机电暂态模型将扩展为六阶模型。

汽轮机调速系统的三个基本功能是速度、负荷控制，超速保护和超速跳闸。正常运行时的速度、负荷控制是由调速系统控制调节汽门来实现的。速度控制使调速系统具有下降特性，以保证并列运行的发电机组之间合理地分配负荷。典型的调速系统下降率整定为 5%，相当于增益为 20。负荷控制通过调整速度、负荷参考值来实现。

超速保护的目标是限制汽轮发电机的转速以防止机组超速跳闸。它由两部分组成：超速预测器和超速感应器。超速预测器在发电机出口断路器断开且汽轮机功率超过额定值的 30%时快速关闭调节汽门和中间截止汽门；超速感应器在转子转速超过额定值的 103%时快速关闭调节汽门和中间截止汽门，当转速低于额定值的 103%时调节汽门和中间截止汽门再度被打开。大型汽轮发电机组的超速保护功能由超速保护控制器（Over-speed Protection Controller，OPC）来实现。

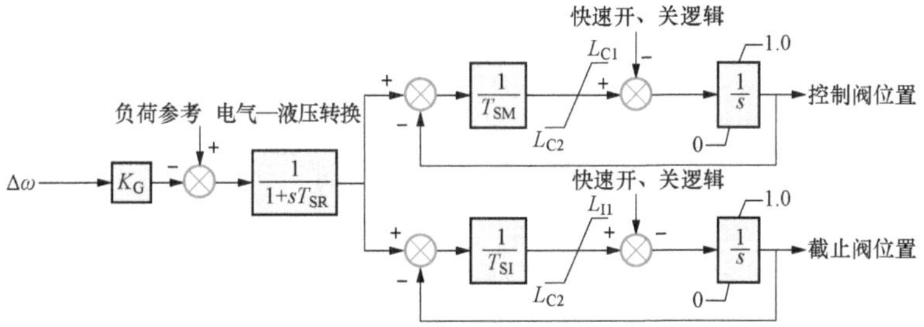

图 3-15　调速系统模型

超速跳闸是在转速超过额定值的 110%时迅速关闭主汽门、调节汽门和中间截止汽门，防止汽轮发电机组严重超速引起重大事故。发生超速跳闸后，锅炉中的大量蒸汽将经过旁路进入凝汽器，重新启动汽轮机需要很长的时间。

3.4.3　超速保护控制模型

3.4.3.1　超速保护控制的原理

汽轮机的蒸汽做功流程如图 3-16 所示，其中主蒸汽来自锅炉的过热器，箭头所指方向为蒸汽流动方向，再热器的作用是为了提高机组的效率。再热器中存有大量蒸汽，

当转速飞升时如果只关闭高压调节阀门，再热器中的蒸汽会继续对汽轮机做功，因此在转速控制中必须考虑再热器中蒸汽的作用。

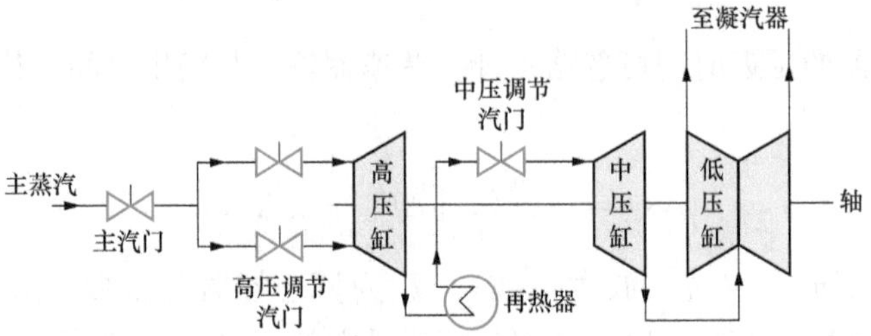

图 3-16　汽轮机蒸汽流动示意图

新投产的机组一般都安装新型的数字电液调速系统，由转速测量机构测得转速，经微处理器计算后给出对应的电信号，然后与给定值进行比较，再经电液转换装置变成油压信号来控制相应的伺服滑阀，引起油动机行程变化控制调节阀门开度。大型汽轮发电机组为了防止转速过高威胁机组的安全，均设有超速保护控制系统。该系统包括超速保护控制器、快关汽门、危急保安系统部分。

快关汽门是为了改进电力系统稳定性而设置的一种保护措施，以避免汽轮机功率和发电机电磁功率的不平衡引起功角增大，使发电机组失步，导致系统失去稳定。快关汽门是当发电机负荷下跌，汽轮机的功率在额定负荷的 50％以上时，汽轮机和发电机的功率差超过 30％时，迅速关闭中压调节汽门（也有同时关闭高压调节汽门的）。在0.3～1s 内，如果汽轮机功率和发电机功率相等，则重新打开中压调节阀门，如果仍有变化，上述过程只能在 10s 后动作。

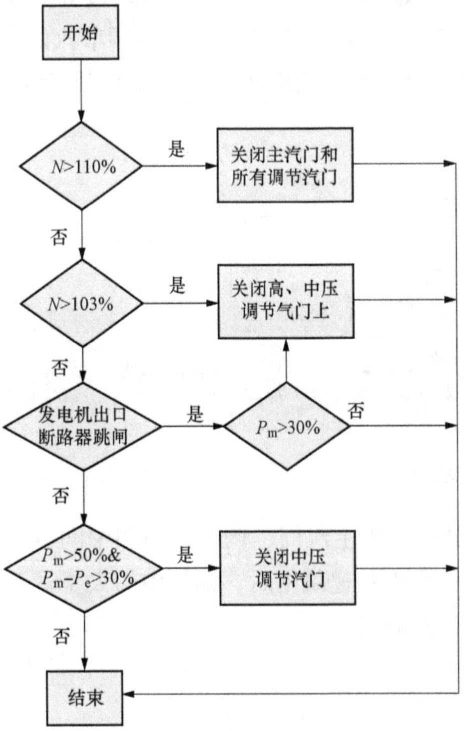

图 3-17　超速保护控制系统流程图

危急保安系统是当转速超过 110％额定转速时，迅速关闭主汽门，高压调节汽门和中压调节汽门，切除汽轮机，防止汽轮发电机组严重超速引起重大事故。危急保安系统一旦动作，锅炉中的大量蒸汽将经过旁路释放，汽轮机再启动则需要很长时间，并且整个过程将花费大量资金。因此，目前的大型汽轮发电机组设有超速保护控制器（OPC）来控制转速，防止危急保安系统动作。

3.4.3.2　超速保护控制系统的模型

超速保护控制系统的流程如图 3-17 所示。

3.5 本章小结

本章介绍了同步发电机组的结构、参数、功率、力矩、转子运动方程、abc 坐标下的基本方程以及经过派克变换后的 dq0 坐标下的基本方程；介绍了直流励磁机和交流励磁机的主要系统类型和数学模型，并对电力系统稳定器（PSS）模型——PSS1A、PSS2B、PSS3B、PSS4B 等模型加以详细介绍；介绍了汽轮机、水轮机等原动机模型、调速系统模型以及超速保护控制系统的模型。

第 4 章

新能源发电单元模型

4.1 引　　言

新能源机组是新型电力系统的重要组成部分，其数学模型的建立是新型电力系统动态稳定分析与控制的基础。本章针对双馈风力发电机组、直驱风电机组、光伏发电单元，分别介绍其基本结构、机侧和网侧控制器模型，为后续章节研究奠定基础。

4.2 双馈风电机组模型

双馈风力发电机结构如图 4 - 1 所示，主要包括异步发电机及其传动系统，转子侧换流器及其控制系统和网侧换流器及其控制系统。

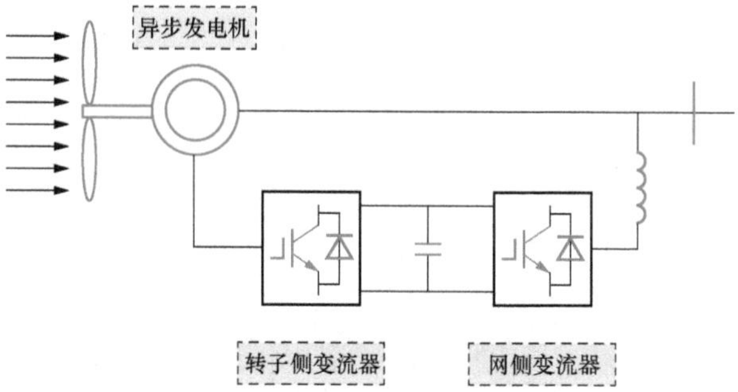

图 4 - 1　双馈风力发电机结构图

忽略电机定子磁链暂态过程，异步发电机的动态模型为

$$
\begin{aligned}
\frac{\mathrm{d}E'_{\mathrm{x}}}{\mathrm{d}t} &= \omega_{\mathrm{s}}\left(-\frac{R_{\mathrm{dr}}}{X_{\mathrm{rr}}}E'_{\mathrm{x}}+s_{\mathrm{d}}E'_{\mathrm{y}}+\frac{R_{\mathrm{dr}}X_{\mathrm{m}}^{2}}{X_{\mathrm{rr}}^{2}}I_{\mathrm{dsy}}-\frac{X_{\mathrm{m}}}{X_{\mathrm{rr}}}U_{\mathrm{ry}}\right)\\
\frac{\mathrm{d}E'_{\mathrm{y}}}{\mathrm{d}t} &= \omega_{\mathrm{s}}\left(-s_{\mathrm{d}}E'_{\mathrm{x}}-\frac{R_{\mathrm{dr}}}{X_{\mathrm{rr}}}E'_{\mathrm{y}}-\frac{R_{\mathrm{dr}}X_{\mathrm{m}}^{2}}{X_{\mathrm{rr}}^{2}}I_{\mathrm{dsx}}+\frac{X_{\mathrm{m}}}{X_{\mathrm{rr}}}U_{\mathrm{rx}}\right)\\
\frac{\mathrm{d}s_{\mathrm{d}}}{\mathrm{d}t} &= \frac{1}{T_{\mathrm{J}}}(P_{\mathrm{de}}-P_{\mathrm{dm}})
\end{aligned}
\tag{4-1}
$$

式中：E'_{x}、U_{rx}和E'_{y}、U_{ry}分别为定子暂态电动势和转子绕组电压的 x 轴、y 轴分量；I_{dsx}和I_{dsy}分别为定子绕组电流的 x 轴、y 轴分量；s_{d}为转差率；R_{dr}为转子绕组电阻；X_{m}为

励磁电抗，$X_{rr}=X_m+X_r$，其中 X_r为转子漏抗，T_J为电机惯性时间常数；P_{de}为电磁功率；P_{dm}为机械功率；ω_s为同步角频率。

考虑直流电压动态特性，中间电容器的动态模型为

$$\frac{dU_{dc}}{dt}=\frac{P_r-P_{r3}}{C_d U_{dc}} \tag{4-2}$$

式中：P_r为转子侧换流器输出到中间电容器的有功功率；P_{r3}为网侧换流器输出到交流侧的有功功率；C_d为中间电容器的电容值；U_{dc}为电容器的直流电压。

滤波电抗的动态模型为

$$\begin{aligned}\frac{dI_{r3x}}{dt}&=I_{r3y}+(U_{1x}-U_{dsx})/X_{r3}\\ \frac{dI_{r3y}}{dt}&=-I_{r3x}+(U_{1y}-U_{dsy})/X_{r3}\end{aligned} \tag{4-3}$$

式中：I_{r3x}、U_{1x}和I_{r3y}、U_{1y}分别为网侧换流器交流侧电流和电压的 d 轴、q 轴分量；X_{r3}为滤波电抗值。

转子侧换流器的控制目标是通过控制励磁电压，使定子侧的有功功率和无功功率实现解耦独立控制。转子侧换流器的控制结构见图 4-2。

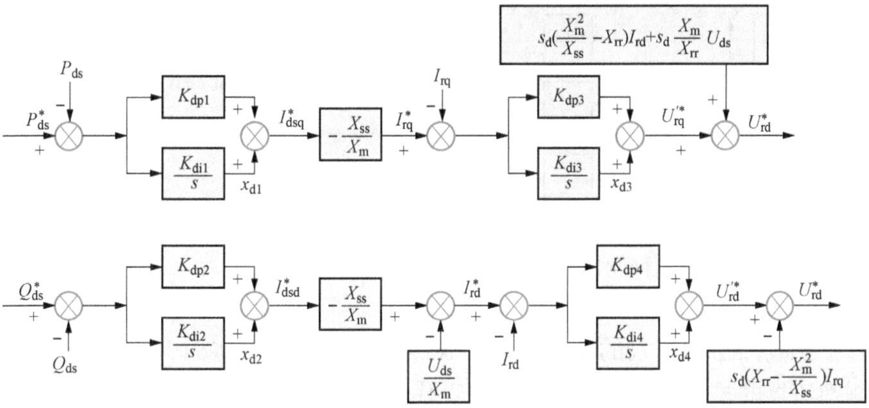

图 4-2 双馈风力发电机转子侧换流器控制结构图

转子侧换流器的动态模型为

$$\begin{aligned}\frac{dx_{d1}}{dt}&=K_{di1}(P_{ds}^*-P_{ds})\\ \frac{dx_{d2}}{dt}&=K_{di2}(Q_{ds}^*-Q_{ds})\\ \frac{dx_{d3}}{dt}&=K_{di3}(I_{rq}^*-I_{rq})\\ \frac{dx_{d4}}{dt}&=K_{di4}(I_{rd}^*-I_{rd})\end{aligned} \tag{4-4}$$

式中：x_{d1}、x_{d2}、x_{d3}和 x_{d4}为引入的状态变量；K_{di1}、K_{di2}、K_{di3}和 K_{di4}为相应 PI 控制器的积分系数；P_{ds}和 Q_{ds}分别为定子输出的有功功率和无功功率；I_{rd}和 I_{rq}分别为转子绕

组电流的 d 轴、q 轴分量。上标 * 表示对应物理量的参考值。根据转子侧换流器的控制结构图可以写出以下代数方程

$$\begin{aligned} I_{dsd}^* &= K_{dp2}(Q_{ds}^* - Q_{ds}) + x_{d2} \\ I_{dsq}^* &= K_{dp1}(P_{ds}^* - P_{ds}) + x_{d1} \end{aligned} \tag{4-5}$$

$$\begin{aligned} I_{rd}^* &= -I_{dsd}^* X_{ss}/X_m - U_{ds}/X_m \\ I_{rq}^* &= -I_{dsq}^* X_{ss}/X_m \end{aligned} \tag{4-6}$$

$$\begin{aligned} U_{rd}'^* &= K_{dp4}(I_{rd}^* - I_{rd}) + x_{d4} \\ U_{rq}'^* &= K_{dp3}(I_{rq}^* - I_{rq}) + x_{d3} \end{aligned} \tag{4-7}$$

$$\begin{aligned} U_{rd} &= U_{rd}'^* + s_d\left(X_{rr} - \frac{X_m^2}{X_{ss}}\right) I_{rq} \\ U_{rq} &= U_{rq}'^* - s_d\left(X_{rr} - \frac{X_m^2}{X_{ss}}\right) I_{rd} + s_d \frac{X_m}{X_{ss}} U_{ds} \end{aligned} \tag{4-8}$$

式中：K_{dp1}、K_{dp2}、K_{dp3} 和 K_{dp4} 为相应 PI 控制器的比例系数。

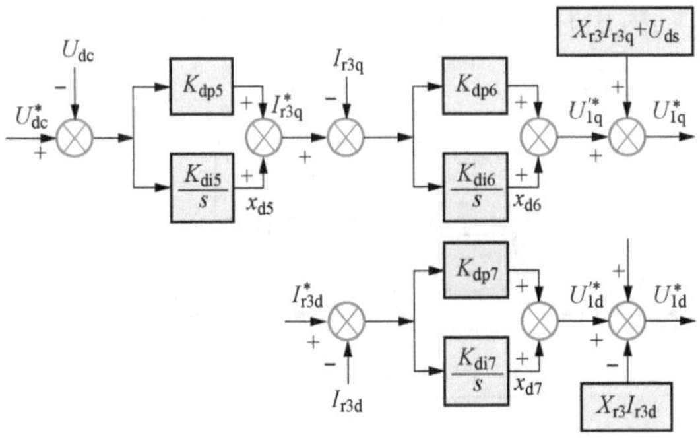

图 4-3　双馈风力发电机网侧换流器控制结构图

网侧换流器的控制目标是维持中间电容电压稳定，并控制转子侧与电网的无功功率。网侧换流器的控制结构图见图 4-3。

网侧换流器的动态模型为

$$\begin{aligned} \frac{dx_{d5}}{dt} &= K_{di5}(U_{dc}^* - U_{dc}) \\ \frac{dx_{d6}}{dt} &= K_{di6}(I_{r3d}^* - I_{r3d}) \\ \frac{dx_{d7}}{dt} &= K_{di7}(I_{r3q}^* - I_{r3q}) \end{aligned} \tag{4-9}$$

式中：x_{d5}、x_{d6} 和 x_{d7} 为引入的状态变量，K_{di5}、K_{di6} 和 K_{di7} 相应 PI 控制器的积分系数。根据网侧换流器的控制结构图可以写出以下代数方程

$$I_{r3q}^* = K_{dp5}(U_{dc}^* - U_{dc}) + x_{d5} \tag{4-10}$$

$$\begin{aligned} U_{1d}'^* &= K_{dp6}(I_{r3d}^* - I_{r3d}) + x_{d6} \\ U_{1q}'^* &= K_{dp7}(I_{r3q}^* - I_{r3q}) + x_{d7} \end{aligned} \tag{4-11}$$

$$\begin{aligned} U_{1d} &= U_{1d}'^* - X_{r3} I_{r3q} \\ U_{1q} &= U_{1q}'^* + X_{r3} I_{r3d} + U_{ds} \end{aligned} \tag{4-12}$$

4.3 直驱风电机组模型

直驱永磁同步发电机结构见图 4-4，其主要包括永磁同步发电机、机侧换流器、直流稳压电容及网侧换流器。

永磁同步发电机数学模型为

$$L_d \frac{dI_{psd}}{dt} = \omega L_q I_{psq} - R_s I_{psd} - U_{psd}$$
$$L_q \frac{dI_{psq}}{dt} = -\omega L_d I_{psd} - R_s I_{psq} - U_{psq} + \omega \Psi_f \tag{4-13}$$

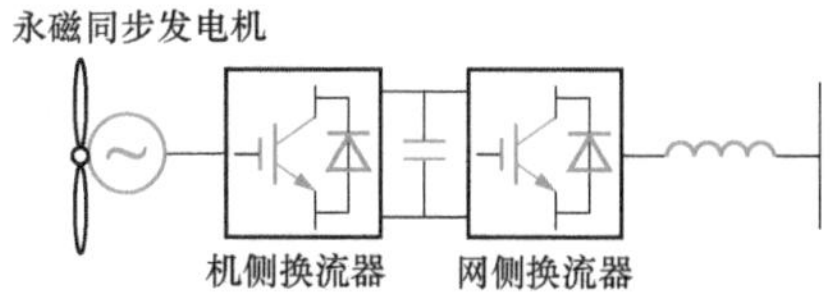

图 4-4 直驱永磁同步发电机结构图

式中：I_{psd}和I_{psq}分别为发电机定子电流的 d 轴和 q 轴分量；U_{psd}和U_{psq}分别为发电机定子电压的 d 轴和 q 轴分量；ω 为发电机电角速度；R_s为定子电阻；L_d和L_q分别为发电机定子的 d 轴和 q 轴电感；Ψ_f为转子永磁体磁链。

基于单质量块模型的永磁同步风力发电机的转子运动方程为

$$\frac{J_w}{N_p}\frac{d\omega}{dt} = T_w - T_e - D_r(\omega - \omega_{ref}) \tag{4-14}$$

式中：D_r为转子阻尼系数；J_w为转子的惯性时间常数；N_p为发电机转子的极对数；ω_{ref}为转子转速参考值；T_w为发电机的机械转矩；T_e为发电机的电磁转矩。

直流稳压电容的数学模型为

$$\frac{dV_{dc}}{dt} = \frac{P_{ps} + P_g}{C_{dc}V_{dc}} \tag{4-15}$$

式中：C_{dc}为中间电容器电容；V_{dc}为直流稳压电容直流电压；P_{ps}为机侧换流器有功功率；P_g为网侧换流器有功功率。

直驱风力发电机机侧换流器的控制目标为控制发电机的转速，从而调节其输出有功功率。机侧换流器的控制框图见图 4-5。

直驱风力发电机网侧换流器的控制目标为保证接入电网中的电压稳定，并控制无功功率输出。网侧换流器的控制框图见图 4-6。

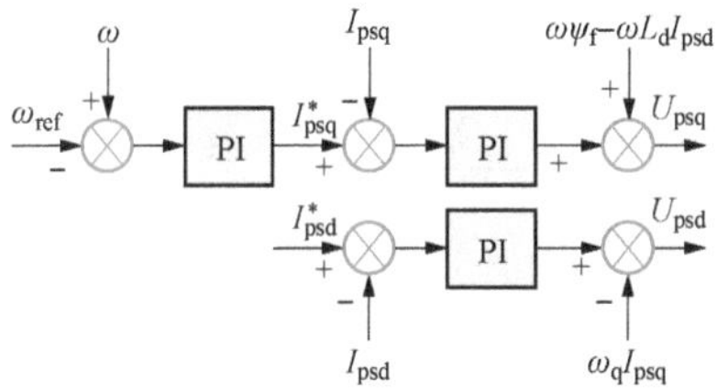

图 4-5 直驱风力发电机机侧换流器控制框图

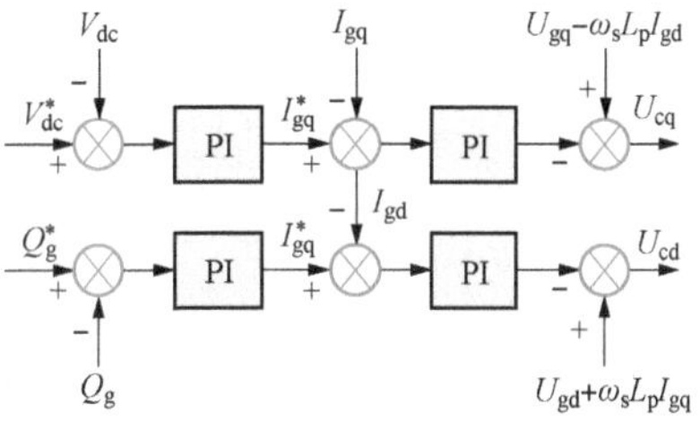

图 4-6 直驱风力发电机网侧换流器控制框图

网侧换流器与电网间的滤波电感为 L_p，其数学模型为

$$L_p \frac{dI_{gd}}{dt} = U_{gd} - U_{cd} + \omega_s L_p I_{gq}$$
$$L_p \frac{dI_{gq}}{dt} = U_{gq} - U_{cq} - \omega_s L_p I_{gd} \tag{4-16}$$

式中：I_{gd}和I_{gq}分别为网侧换流器交流侧电流的 d 轴、q 轴分量；U_{cd}和U_{cq}分别为网侧换流器交流侧电压的 d 轴、q 轴分量；U_{gd}和U_{gq}分别为电网电压的 d 轴、q 轴分量。

4.4 光伏发电单元模型

典型光伏发电系统的基本结构如图 4-7 所示。其中，I_{array}为光伏阵列输出电流，C_{dc}为直流滤波电容，V_{dc}为电容电压，V_d+jV_q为 dq 坐标系下换流器交流侧端口电压，$V_{dqv}+jV_{qpv}$为 dq 坐标系下并网点电压，$I_{dqv}+jI_{qpv}$和 $P_{pv}+jQ_{pv}$分别为注入电网的电流和功率，L_{pv}为滤波电感。

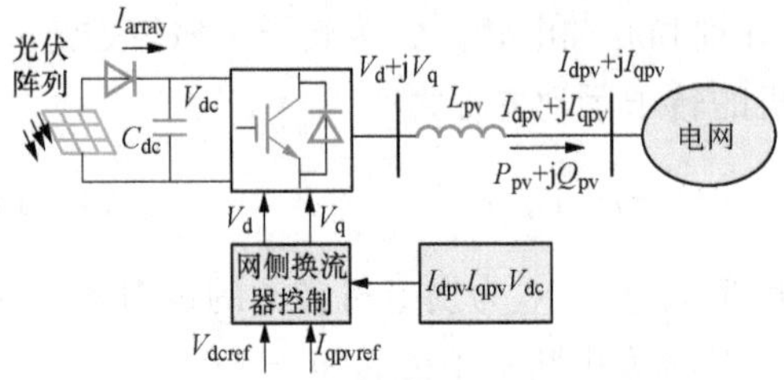

图 4-7 典型光伏发电系统的基本结构

网侧换流器采用矢量控制，其控制结构如图 4-8 所示，包括直流电压控制外环、d 轴电流控制内环、q 轴电流控制内环。其中，V_{dcref}、I_{dpvref}和 I_{dqvref}分别为直流电容电压控制参考值、网侧换流器交流侧 d、q 轴电流控制参考值。X_1、X_2和 X_3分别为各 PI 控制器积分环节输出的状态变量，K_{p1}、K_{i1}、K_{p2}、K_{i2}、K_{p3}和 K_{i3}分别为各 PI 控制器的比例环节和积分环节的增益。将 d 轴固定在并网电压上，因此 $V_{qpv}=0$。为实现单位功率运行，设定 $I_{dpvref}=0$。

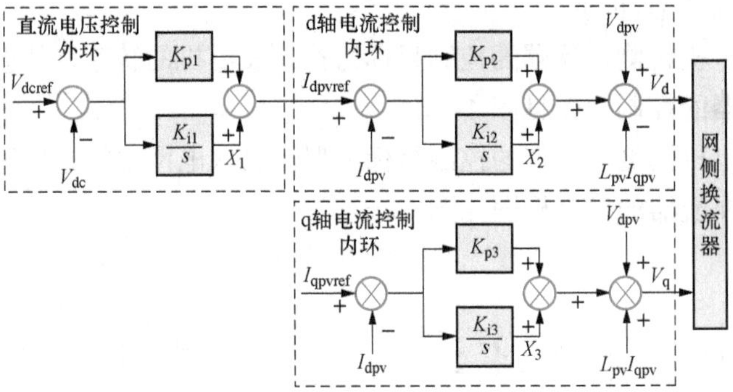

图 4-8 网侧换流器控制结构

由图 4-8 可得，网侧换流器滤波电感的电压方程为

$$\begin{cases}\dfrac{dI_{dpv}}{dt}=\dfrac{\omega_0}{L_{pv}}(V_d-V_{dpv}+L_{pv}I_{qpv})\\\dfrac{dI_{qpv}}{dt}=\dfrac{\omega_0}{L_{pv}}(V_q-V_{qpv}-L_{pv}I_{dpv})\end{cases}\tag{4-17}$$

式中：ω_0为电力系统工频角速度。

4.5 本章小结

本章介绍了双馈风力发电机、直驱风电发电机及光伏发电系统的工作原理，并分别介绍了风电机组和光伏发电的数学动态模型，本章的工作为研究以新能源为主体的新型电力系统分析与控制奠定了基础。

第 5 章

新能源场站动态等值模型

5.1 引　言

新能源场站由成百上千台新能源发电单元组成，如果对每台新能源发电单元进行详细建模，模型计算将花费大量的时间，难以实际工程应用。为此，建立新能源场站动态等值模型对于提高大规模新能源并网系统的计算效率具有重要意义。利用新能源场站动态等值建模已成为分析新能源场站有功功率输出特性、指导新能源发电单元控制策略、评估大规模新能源场站并网对电网稳定性影响的技术手段。

新能源场站动态等值方法大致分为单机等值和多机等值两类，前者是指用一个等值的新能源发电单元来等值整个场站。受地形、尾流效应和时间滞后的影响，大型新能源场站的风速分布普遍不均匀，各机组通常工作在不同的运行状态，因此难以全面反映整个场的动态特性。后者则根据机组运行状态相同或相似的原则，将新能源场站动态划分为多个机群，并对同一机群的机组参数进行等值，最后利用几台机组对场站进行表征，以达到简化场站模型的目的，相比于单机等值方法，其精度较高，是目前较为常用的方法。

以风电场为例，多机等值法的一个重要方面是对机组按照分群指标进行动态分群。在机群划分的过程中，可以选取风电机组的容量、型号、风速、输出特性、状态变量、运行控制区域、尾流效应、桨距角动作情况等作为指标。多机等值法的另一个重要方面是对群内机组进行动态等值，目前主要包括容量加权法、模型降阶法以及参数辨识法。

（1）容量加权法。根据风电机组的容量确定权重，由各风电机组的参数加权和得到等值机组的综合参数。然而，容量加权法缺乏严格的理论基础，其精度难以保证，对于其能否准确反映风电并网系统中复杂的动态特性，还需进一步探讨与验证。

（2）模型降阶法。通过特征值分析法来考察风电场模型简化后主导状态变量的情况，在保留风电机组的主导变量基础上，利用模型降阶方法进一步降低风电系统的模型阶数。

（3）参数辨识方法。目前针对等值机组的参数辨识仍以等值前后风电场的输出特性的误差为优化目标，主要采用如粒子群算法、蚁群算法及人工智能算法等参数优化方法对等值机组的参数进行识别。

5.2 风电机组分群算法

风电机组分群算法是显著提高风电场等值模型精度的主要方法。在实际运行过程中，风电机组输出特性会发生动态变化。为此，结合风机输出轨迹间的余弦相似度和形态相似距离，建立分群指标，在距离相似性度量的基础上充分保证了曲线轨迹形状或轮廓的相似性。已有的研究结果表明，形态相似距离（MSD）可以结合轨迹的大小和形状来评价相似性。n 维向量 $\boldsymbol{x}_i$ 与 $\boldsymbol{x}_y$ 之间的形态相似距离定义为

$$d_{\mathrm{MSD}}(\boldsymbol{x}_i,\boldsymbol{x}_j)=S_2(\boldsymbol{x}_i,\boldsymbol{x}_j)\times\left[2-\frac{ASD(\boldsymbol{x}_i,\boldsymbol{x}_j)}{S_1(\boldsymbol{x}_i,\boldsymbol{x}_j)}\right] \tag{5-1}$$

式中：$S_1(\boldsymbol{x}_i,\ \boldsymbol{x}_j)$、$S_2(\boldsymbol{x}_i,\ \boldsymbol{x}_j)$ 分别为 n 维向量 x_i 与 x_y 之间的曼哈顿距离与传统欧式距离，$ASD(\boldsymbol{x}_i,\ \boldsymbol{x}_j)=\sum_{k=1}^{n}(\boldsymbol{x}_{ik}-\boldsymbol{x}_{jk})$，即

$$d_{\mathrm{MSD}}(\boldsymbol{x}_i,\boldsymbol{x}_j)=\sqrt{\sum_{k=1}^{n}(\boldsymbol{x}_{ik}-\boldsymbol{x}_{jk})^2}\times\left[2-\frac{\left|\sum_{k=1}^{n}(\boldsymbol{x}_{ik}-\boldsymbol{x}_{jk})\right|}{\sum_{k=1}^{n}\left|\boldsymbol{x}_{ik}-\boldsymbol{x}_{jk}\right|}\right] \tag{5-2}$$

分析可知，任意 2 个向量 $\boldsymbol{x}_i$ 与 $\boldsymbol{x}_j$ 之间的形态相似距离满足以下约束

$$d_{\mathrm{MSD}}(\boldsymbol{x}_i,\boldsymbol{x}_j)\in[S_2(\boldsymbol{x}_i,\boldsymbol{x}_j),2S_2(\boldsymbol{x}_i,\boldsymbol{x}_j)] \tag{5-3}$$

余弦相似度 $C_{\cos}$ 以数据向量间的夹角余弦值来对两个向量方向的一致性关系进行表征，向量相似程度与其绝对值大小呈正比。$C_{\cos}$ 可以提高轨迹间相似性度量的精度，使分群结果更加准确。假设 x_i、x_j 为任意两台双馈风力发电机的输出特性时间序列，$\boldsymbol{x}_i$ 与 $\boldsymbol{x}_j$ 之间的 $C_{\cos}$ 定义为

$$C_{\cos}(\boldsymbol{x}_i,\boldsymbol{x}_j)=\cos(\boldsymbol{x}_i,\boldsymbol{x}_j)=\frac{\boldsymbol{x}_i\cdot\boldsymbol{x}_j}{|\boldsymbol{x}_i||\boldsymbol{x}_j|} \tag{5-4}$$

结合式（5-1）、式（5-4），可以得到风机输出特性轨迹相似度的评价指标为

$$v_{\mathrm{ik}}=\frac{d_{\mathrm{MSD}}(\boldsymbol{x}_i,\boldsymbol{x}_j)}{|C_{\cos}(\boldsymbol{x}_i,\boldsymbol{x}_j)|} \tag{5-5}$$

由此可以得到整个风电场两两机组输出特性时间序列相似程度组成的方阵 $\boldsymbol{V}$，将其作为分群的评价指标，并采用 K-Means 聚类算法对风电场内的机组进行机群划分。

同时，引入轮廓系数法作为对双馈风力发电机分群结果的评价，以准确分析其合理性。根据分群结果，样本 i 的轮廓系数 $\boldsymbol{K}_i$ 可表示为

$$\boldsymbol{K}_i=\frac{\min(\boldsymbol{b})-a}{\max[a,\min(\boldsymbol{b})]} \tag{5-6}$$

式中：a 为样本 i 与同一群组中其他样本之间的平均距离；$\boldsymbol{b}$ 为向量，其元素是样本 i 与不同群组中样本之间的平均距离。

$\boldsymbol{K}_i$ 的取值范围为［−1，1］。$\boldsymbol{K}_i$ 值越大，风力发电机的分群结果越合理。反之，$\boldsymbol{K}_i<0$ 则表示目前的分群结果不合理，存在更合理的机群划分方案。

具体的计算步骤如下：

(1) 量测得到风电场内各台风力发电机功率输出特性的时间序列，取 K 个机组的时间序列作为初始聚类中心。

(2) 根据距离中心最近的原则，结合式 (5-2)、式 (5-4)、式 (5-5) 分别计算其他双馈风力发电机输出特性的时间序列与各聚类中心的机群分类指标 v，将其分配到各个相应的机群中。

(3) 针对每个机群，计算所有时间序列的平均值 a_i，并建立标准测度函数 E。

$$E=\sum_{i=1}^{K}\sum_{\xi\in g_i}v\ (\xi,a_i)^2 \tag{5-7}$$

式中：g_i为第 i 个机群中所有双馈风力发电机输出特性时间序列的集合；ξ 为 g_i内的各时间序列样本。

(4) 利用 a_i替代原来的聚类中心，重复执行步骤 b-d，直至 E 收敛。

(5) 当各机群间的时间序列样本相似度满足精度要求时算法结束，实现双馈风电场的机群划分。

(6) 利用式 (5-6) 计算轮廓系数。如果轮廓系数不能满足条件，则重新选择初始聚类点。如果所有初始聚类点都不能满足条件，则重新输入 K 值进行分群。

5.3 群内等值参数辨识方法

5.3.1 基于参数辨识的控制器参数等值方法

扩展卡尔曼滤波 (EKF) 算法是卡尔曼滤波算法的扩展应用，即通过对卡尔曼滤波算法的线性化和离散化处理，实现其在非线性系统中的应用。在 EKF 算法的基础上引入基于 Sage－Husa 估值器自适应技术，即自适应扩展卡尔曼滤波 (AEKF) 算法，通过实时估计随机噪声的统计特征来提高聚合参数的辨识精度，基于 AEKF 算法的风电聚合参数辨识过程如下。

(1) 初始化。基于 4.3 节中所构建的直驱风力发电机的非线性动态模型，选取初始的状态变量 $\boldsymbol{x}_0=[I_{sd},\ I_{sq},\ \omega,\ V_{dc},\ I_{gd},\ I_{gq}]^T$，将待辨识的风电聚合参数作为扩展状态变量 $\boldsymbol{x}'=[L_f,\ L_d,\ L_q,\ \Psi_f,\ C_{dc}]^T$，输入变量为 $u_0=[U_{gd\_eq},\ U_{gq\_eq},\ U_{cd\_eq},\ U_{cq\_eq},\ U_{sd\_eq},\ U_{sq\_eq}]^T$。

其中，$U_{gd\_eq}=\frac{1}{S_{eq}}\sum_{i=1}^{M}U_{gdi}S_i$，$U_{gq\_eq}=\frac{1}{S_{eq}}\sum_{i=1}^{M}U_{gqi}S_i$，$U_{cd\_eq}=\frac{1}{S_{eq}}\sum_{i=1}^{M}U_{cdi}S_i$，$U_{cq\_eq}=\frac{1}{S_{eq}}\sum_{i=1}^{M}U_{cqi}S_i$，$U_{sd\_eq}=\frac{1}{S_{eq}}\sum_{i=1}^{M}U_{sdi}S_i$，$U_{sq\_eq}=\frac{1}{S_{eq}}\sum_{i=1}^{M}U_{sqi}S_i$，$S_{eq}=\sum_{i=1}^{M}S_i$，$M$ 为风电场内直驱风力发电机的台数，S_i 表示第 i 台直驱风机的容量。

(2) 状态预测值计算

$$\hat{x}_{k/k-1}=\hat{x}_{k-1}+f(\hat{x}_{k-1},\hat{u}_{k-1})T+q_{k-1} \tag{5-8}$$

式中：$\hat{x}_{k/k-1}$为 t_{k-1}时刻对 t_k 时刻状态预测值；$\hat{x}_{k-1}$为 t_{k-1}时刻的状态变量预测值；$\hat{u}_{k-1}$为 t_{k-1}时刻的输入变量预测值；q_{k-1}为系统过程噪声均值；T 为采样步长。

(3) 状态误差协方差矩阵预测

$$\boldsymbol{P}_{k/k-1}=\boldsymbol{\Phi}_{k/k-1}\boldsymbol{P}_{k-1}\boldsymbol{\Phi}_{k/k-1}^{\mathrm{T}}+\boldsymbol{Q}_k \tag{5-9}$$

式中：$\boldsymbol{\Phi}_{k/k-1}=I+\partial f(\hat{x}_{k-1})/\partial x_{k-1}\cdot T$ 为状态转移矩阵，$\boldsymbol{P}_{k-1}$为 t_{k-1}时刻的状态误差协方差矩阵；$\boldsymbol{P}_{k/k-1}$为 t_k 时刻的状态误差协方差矩阵预测值；$\boldsymbol{Q}_k$ 为系统过程噪声协方差矩阵。

(4) 卡尔曼滤波增益

$$\boldsymbol{K}_k=\boldsymbol{P}_{k/k-1}\boldsymbol{H}_k^{\mathrm{T}}(\boldsymbol{H}_k\boldsymbol{P}_{k/k-1}\boldsymbol{H}_k^{\mathrm{T}}+\boldsymbol{R}_k)^{-1} \tag{5-10}$$

式中：$\boldsymbol{K}_k$ 为 t_k 时刻的卡尔曼滤波增益矩阵；$\boldsymbol{H}_k=\partial h(\hat{x}_{k/k-1})/\partial\hat{x}_{k/k-1}$是对应于 t_k 时刻状态预测值的量测矩阵；$\boldsymbol{R}_k$ 为测量噪声协方差矩阵。

(5) 状态误差协方差矩阵更新

$$\boldsymbol{K}_k=\boldsymbol{P}_{k/k-1}\boldsymbol{H}_k^{\mathrm{T}}(\boldsymbol{H}_k\boldsymbol{P}_{k/k-1}\boldsymbol{H}_k^{\mathrm{T}}+\boldsymbol{R}_k)^{-1} \tag{5-11}$$

(6) 更新状态预测值

$$\hat{x}_k=\hat{x}_{k/k-1}+\boldsymbol{K}_k(z_k-\hat{z}_k) \tag{5-12}$$

式中：$\hat{z}_k=H_k\hat{x}_{k/k-1}+r_k$ 为 t_k 时刻量测预测值，r_k 为测量噪声平均值，风电场内各台风力发电机对应量测量的容量加权结果作为 t_k 时刻辨识过程的量测值，即 $\boldsymbol{z}_k=[I_{\mathrm{gd\_eq}}, I_{\mathrm{gq\_eq}}, I_{\mathrm{sd\_eq}}, I_{\mathrm{sq\_eq}}, V_{\mathrm{dc\_eq}}, \omega_{\mathrm{eq}}]^{\mathrm{T}}$，$I_{\mathrm{gd\_eq}}=\dfrac{1}{S_{\mathrm{eq}}}\sum\limits_{i=1}^{M}I_{\mathrm{gd}i}S_i$，$I_{\mathrm{gq\_eq}}=\dfrac{1}{S_{\mathrm{eq}}}\sum\limits_{i=1}^{M}I_{\mathrm{gq}i}S_i$，$I_{\mathrm{sd\_eq}}=\dfrac{1}{S_{\mathrm{eq}}}\sum\limits_{i=1}^{M}I_{\mathrm{sd}i}S_i$，$I_{\mathrm{sq\_eq}}=\dfrac{1}{S_{\mathrm{eq}}}\sum\limits_{i=1}^{M}I_{\mathrm{sq}i}S_i$，$V_{\mathrm{dc\_eq}}=\dfrac{1}{S_{\mathrm{eq}}}\sum\limits_{i=1}^{M}V_{\mathrm{dc}i}S_i$，$\omega_{\mathrm{eq}}=\dfrac{1}{S_{\mathrm{eq}}}\sum\limits_{i=1}^{M}\omega_iS_i$。

(7) 随机噪声估计。为了将自适应技术引入 EKF 算法，使用 Sage－Husa 估计器实时估计过程噪声协方差和测量噪声协方差。无偏噪声估计器的递推形式为

$$q_k=\frac{1}{k}\sum_{j=1}^{k}[\hat{x}_{j/j}-f(\hat{x}_{j-1/j-1})] \tag{5-13}$$

$$\boldsymbol{Q}_k=\frac{1}{k}\sum_{j=1}^{k}\{[\hat{x}_{j/j}-f(\hat{x}_{j-1/j-1})-q_k][\hat{x}_{j/j}-f(\hat{x}_{j-1/j-1})-q_k]^{\mathrm{T}}\} \tag{5-14}$$

$$r_k=\frac{1}{k}\sum_{j=1}^{k}[z_j-h(\hat{x}_{j/j-1})] \tag{5-15}$$

$$\boldsymbol{R}_k=\frac{1}{k}\sum_{j=1}^{k}\{[z_j-h(\hat{x}_{j/j-1})-r_k][z_j-h(\hat{x}_{j/j-1})-r_k]^{\mathrm{T}}\} \tag{5-16}$$

式中：$\hat{x}_{j/j}$为 t_j 时刻的状态更新值。

为了避免发散，可以使用有偏噪声估计器

$$\boldsymbol{Q}_k=\frac{1}{k}[(k-1)Q_{k-1}+K_k\varepsilon_k\varepsilon_k^{\mathrm{T}}K_k] \tag{5-17}$$

$$\boldsymbol{R}_k=\frac{1}{k}[(k-1)R_{k-1}+\varepsilon_k\varepsilon_k^{\mathrm{T}}] \tag{5-18}$$

式中，$\varepsilon_k=z_k-\hat{z}_k$。

有偏噪声估计器可以防止滤波器发散，但会导致较大的估计误差。因此，将无偏噪声估计器和有偏噪声估计器结合，在保证迭代收敛的前提下使聚合参数的辨识过程具有

较高的精度，计算公式如下

$$\boldsymbol{Q}_k = \begin{cases} \text{式(5-14)}, \boldsymbol{Q}_k \text{ 若为半正定} \\ \text{式(5-17)}, \boldsymbol{Q}_k \text{ 若为非半正定} \end{cases} \tag{5-19}$$

$$\boldsymbol{R}_k = \begin{cases} \text{式(5-16)}, \boldsymbol{R}_k \text{ 若为正定} \\ \text{式(5-18)}, \boldsymbol{R}_k \text{ 若为非正定} \end{cases} \tag{5-20}$$

基于自适应扩展卡尔曼滤波的动态聚合方法通过上述步骤实现，最终获得等值模型的参数，其参数辨识过程如图 5-1 所示。

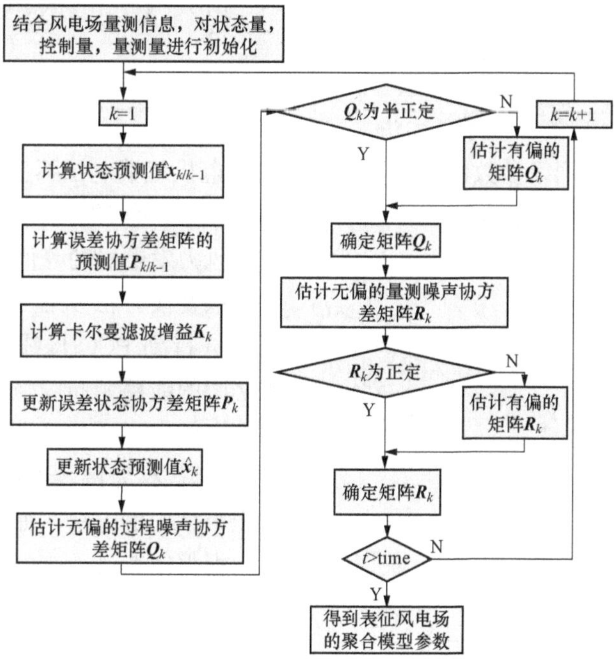

图 5-1 基于自适应扩展卡尔曼滤波的风电聚合参数辨识过程

5.3.2 风电场其他参数等值方法

5.3.2.1 风速等值方法

假设同一机群由 n_f个双馈风力发电机组成，则等值前第 i 个双馈风力发电机的有功功率输出为 P_i。根据风功率曲线，可以认为 P_i与输入风速 v_i之间存在如下的函数关系

$$P_i = f(v_i) \tag{5-21}$$

通过计算同一机群中双馈风力发电机的平均有功功率，再利用风功率曲线回溯得到等值风速为

$$v_{eq} = f^{-1}\left(\frac{1}{n_f}\sum_{i=1}^{n_f} P_i\right) = f^{-1}\left(\frac{1}{n_f}\sum_{i=1}^{n_f} f(v_i)\right) \tag{5-22}$$

5.3.2.2 电气参数等值方法

风电机组电气参数可以利用容量加权的思想进行等值，具有较高的精度，由式(5-23) 得出

$$
\begin{cases}
S_{\mathrm{eq}}=\sum\limits_{i=1}^{n_{\mathrm{f}}}S_i,P_{\mathrm{eq}}=\sum\limits_{i=1}^{n_{\mathrm{f}}}P_i,Q_{\mathrm{eq}}=\sum\limits_{i=1}^{n_{\mathrm{f}}}Q_i \\
D_{\mathrm{eq}}=\sum\limits_{i=1}^{n_{\mathrm{f}}}\dfrac{S_iD_i}{S_{\mathrm{eq}}},T_{\mathrm{J-eq}}=\sum\limits_{i=1}^{n_{\mathrm{f}}}\dfrac{S_iT_{\mathrm{J}i}}{S_{\mathrm{eq}}} \\
R_{\mathrm{s-eq}}=\sum\limits_{i=1}^{n_{\mathrm{f}}}\dfrac{S_iR_s}{S_{\mathrm{eq}}},R_{\mathrm{r-eq}}=\sum\limits_{i=1}^{n_{\mathrm{f}}}\dfrac{S_iR_{\mathrm{r}}}{S_{\mathrm{eq}}} \\
\sum\limits_{i=1}^{n_{\mathrm{f}}}X_{\mathrm{m-eq}}=\sum\limits_{i=1}^{n_{\mathrm{f}}}\dfrac{S_iX_{\mathrm{m}}}{S_{\mathrm{eq}}},X_{\mathrm{r-eq}}=\sum\limits_{i=1}^{n_{\mathrm{f}}}\dfrac{S_iX_{\mathrm{r}}}{S_{\mathrm{eq}}},X_{\mathrm{s-eq}}=\sum\limits_{i=1}^{n_{\mathrm{f}}}\dfrac{S_iX_{\mathrm{s}}}{S_{\mathrm{eq}}}
\end{cases}
\tag{5-23}
$$

式中：n_{f}为机群中的风电机组的数量。

5.3.2.3　集电网络参数等值方法

针对风电场集电网络参数的等值，根据各台风电机组端电压不变为等值原则，将风力发电机之间的辐射结构转化为纯并联结构，从而适应不同的分群算法，实现风电场中任意风力发电机的等值。

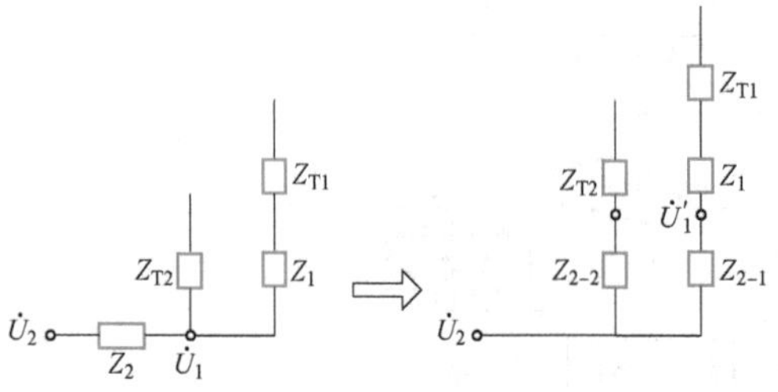

图 5-2　并行网络变换法

该变换方法从径向连接的末端开始，逐步进行到 PCC 母线，将两台风力发电机之间的线路阻抗 Z_i分解为若干个 Z_{i-n}，并将它们串联到与 Z_i相连的风力发电机分支上。以 Z_2为例，说明将阻抗 Z_i分解成若干个 Z_{i-n}的方法，如图 5-2 所示。

根据图 5-2，末端电压可以表示为

$$
\begin{cases}
\dot{U}_1=\dfrac{\dot{U}_2[Z_{\mathrm{T2}}//(Z_{\mathrm{T1}}+Z_1)]}{Z_2+Z_{\mathrm{T2}}//(Z_{\mathrm{T1}}+Z_1)} \\
\dot{U}_1'=\dfrac{\dot{U}_2Z_{\mathrm{T2}}}{Z_{2-2}+Z_{\mathrm{T2}}}=\dfrac{\dot{U}_2(Z_{\mathrm{T1}}+Z_1)}{Z_{2-1}+Z_{\mathrm{T1}}+Z_1}
\end{cases}
\tag{5-24}
$$

根据端电压恒定的原则，在集电网络的转换过程中，应保持$\dot{U}_1=\dot{U}_1'$，由式（5-24），Z_{2-1}和 Z_{2-2}可表示为

$$
\begin{cases}
Z_{2-1}=\dfrac{Z_2(Z_{\mathrm{T1}}+Z_1)}{Z_{\mathrm{T2}}//(Z_{\mathrm{T1}}+Z_1)} \\
Z_{2-2}=\dfrac{Z_2Z_{\mathrm{T2}}}{Z_{\mathrm{T2}}//(Z_{\mathrm{T1}}+Z_1)}
\end{cases}
\tag{5-25}
$$

结合上述变换方法对支路阻抗进行变换，并对已按照式（5-25）进行变换的支路阻抗进行合并与修正，修正值为

$$
Z_n'=Z_{\mathrm{T}}+Z_{i-n}\quad i\geqslant n \tag{5-26}
$$

如图 5-3 所示，按上述方法完成网络变换后，所有风力发电机都成为纯并联结构，等值集电阻抗可由直接并联法确定。

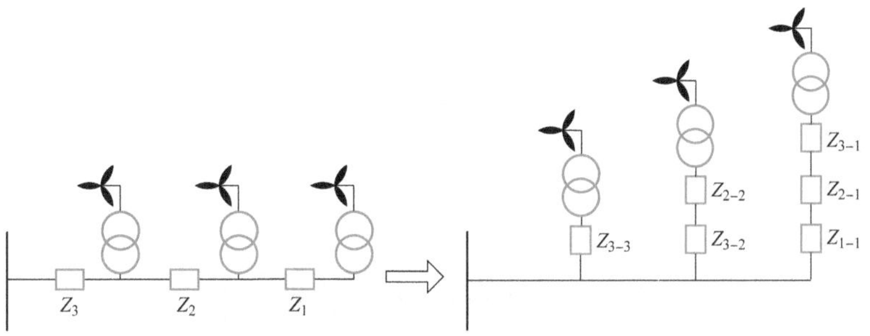

图 5-3 线路阻抗变换过程

5.3.3 风电场动态等值步骤

根据前文所述方法，完整的风电场动态等值过程如下：

（1）通过施加扰动，仿真得到各风电机组及 PCC 母线功率输出特性的时间序列。

（2）根据步骤（1）中得到的相关数据，利用式（5-2）、式（5-4）、式（5-5）建立相似度评价指标，实现风电机组进行分群。

（3）针对同群机组，由式（5-22）～式（5-26）得出等值机组的风速、发电机的电气参数，以及集电线路阻抗，并利用参数辨识方法确定等值机组控制参数，最终得到多机等值模型。

5.4 本 章 小 结

本章以风电场为例介绍了新能源场站的动态等值方法。通过量测得到的风力发电机输出特性时间序列作为样本数据，结合输出轨迹间的形态相似距离及余弦相似度建立机群划分指标；介绍了基于扩展卡尔曼滤波算法的风电场等值模型参数辨识方法，在扩展卡尔曼滤波算法中引入自适应技术，采用 Sage-Husa 估计器对过程噪声协方差和量测噪声协方差矩阵进行实时估计，将无偏噪声估计和有偏噪声估计相结合，在迭代过程中对随机噪声进行自适应化处理，保证风电等值参数辨识的收敛性和准确性。最后，介绍了新能源场站集电网络等值方法，对于新能源场站等值建模具有一定的借鉴意义。

第 6 章

交流网络元件模型

6.1 引　言

本章主要介绍电力系统分析中常用的交流输电线和变压器的数学模型，输电线路模型有两大类模型，分别是行波模型和等值的集中参数元件模型，其应用场景不尽相同，本章仅对电力系统分析中常用的输电线路集中参数模型加以说明。其集中参数元件模型又可以分为“π”型或“T”型等值电路以及多“π”节或多“T”节等值电路等多种类型，实际应用中“π”型比“T”型等值电路应用更为方便且广泛。本章以“π”型等值电路为基础，对“π”型等值电路的准稳态模型和电磁暂态模型在常用的几种坐标下加以推导和说明，给出结果，以便工程人员实际需要时选用，当精度要求较高且仅用“π”型等值电路不能满足其要求时，可扩展为多“π”节等值电路来描写线路或采用行波模型。

本章给出了变压器在常用坐标下的准稳态模型和电磁暂态模型。并且在发电机忽略定子暂态而采用实用模型时，网络元件采用准稳态模型与之接口，这种模型常用于机电暂态，只计及工频电量；而当发电机计及定子暂态，采用派克方程描写时，网络元件应采用电磁暂态模型与之接口，以便计及暂态电量，这种模型常用于电磁暂态分析。元件接口时应注意标幺值基值的统一及坐标的变换。

6.2 交流线路准稳态模型

在分析电力系统机电暂态时，发电机一般采用实用模型，输电线路一般忽略电磁暂态而采用代数方程描写的准稳态模型，只计及工频分量，忽略线路上的非周期和高频分量，这是因为对同步电机转子摇摆稳定分析影响不大。但对于有些物理问题，如过电压分析、冲击电流及冲击力矩分析等，需要计及线路上的非周期分量和高频分量时，则应采用电磁暂态模型。

输电线路数学模型主要是指线路两端电压和两端电流间的函数关系。在不同坐标下这种函数关系的数学表达式是不同的。常用的坐标为 abc 相坐标和 xy 同步旋转坐标。本节推导这两种坐标下的输电线路“π”型等值电路相应的准稳态模型。

6.2.1 abc 相坐标准稳态模型

设三相对称参数的输电线路“π”型等值电路中的阻抗支路如图 6-1（a）所示，

r_s、X_s、X_m分别为输电线路各相的集中等值电阻、自感抗和两相间的互感抗。根据电路理论，用复数符号表示的abc三相工频电量间关系如下

$$\begin{bmatrix}\dot{U}_{aa'}\\ \dot{U}_{bb'}\\ \dot{U}_{cc'}\end{bmatrix}=\begin{bmatrix}Z_{aa} & Z_{ab} & Z_{ac}\\ Z_{ba} & Z_{bb} & Z_{bc}\\ Z_{ca} & Z_{cb} & Z_{cc}\end{bmatrix}\begin{bmatrix}\dot{I}_{a}\\ \dot{I}_{b}\\ \dot{I}_{c}\end{bmatrix} \tag{6-1}$$

或简化作

$$\dot{U}_{abc}^{(L)}=\boldsymbol{Z}_{abc}^{(L)}\dot{I}_{abc}^{(L)} \tag{6-2}$$

阻抗阵$Z_{abc}^{(L)}$中

$$Z_{aa}=Z_{bb}=Z_{cc}=r_s+jX_s$$
$$Z_{ab}=Z_{ac}=Z_{ba}=Z_{bc}=Z_{ca}=Z_{cb}=jX_m$$

由于$Z_{abc}^{(L)}$是一个满阵，它反映了abc三相间的耦合关系，对计算很不方便，因此在实际电力系统分析中，一般只在三相参数不对称时才考虑采用abc相坐标。

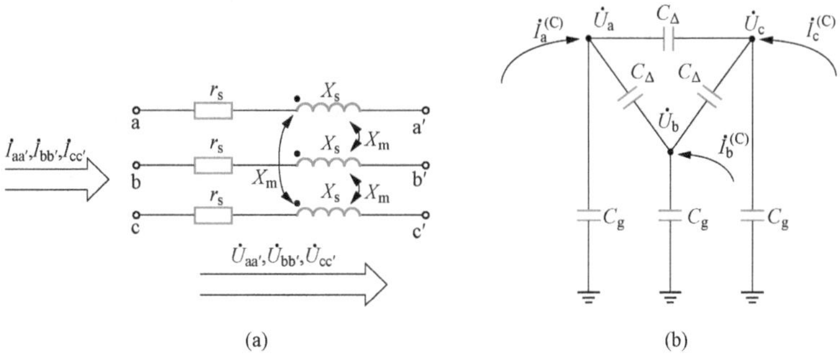

图6-1 三相输电线路的阻抗支路和电容支路

(a) 阻抗支路；(b) 电容支路

同理，对于输电线路“π”型等值电路的电容支路［见图6-1 (b)］，若设三相参数对称，线间电容为C_Δ，对地电容C_g为其值为线路全长相应电容值的1/2，两电容支路参数相同挂在线路阻抗支路两侧，构成“π”型等值电路，用复数符号表示的电容支路三相工频电量有如下关系

$$\begin{bmatrix}\dot{I}_{a}\\ \dot{I}_{b}\\ \dot{I}_{c}\end{bmatrix}=\begin{bmatrix}Y_{aa} & Y_{ab} & Y_{ac}\\ Y_{ba} & Y_{bb} & Y_{bc}\\ Y_{ca} & Y_{cb} & Y_{cc}\end{bmatrix}\begin{bmatrix}\dot{U}_{a}\\ \dot{U}_{b}\\ \dot{U}_{c}\end{bmatrix} \tag{6-3}$$

简记作

$$\dot{\boldsymbol{I}}_{abc}^{(C)}=\boldsymbol{Y}_{abc}^{(C)}\dot{\boldsymbol{U}}_{abc}^{(C)} \tag{6-4}$$

$\boldsymbol{Y}_{abc}^{(C)}$中元素有

$$Y_{aa}=Y_{bb}=Y_{cc}=j\omega_0(2C_\Delta+C_g)\overset{\text{def}}{=}Y_s$$
$$Y_{ab}=Y_{ac}=Y_{ba}=Y_{bc}=Y_{ca}=Y_{cb}=-j\omega_0C_\Delta\overset{\text{def}}{=}Y_m$$

式中：Y_s为线路电容支路自导纳；Y_m为线路电容支路互导纳；$\omega_0=1$p. u. 。

同样地，由于$\boldsymbol{Y}_{abc}^{(C)}$是满阵，反映了三相间的静电耦合，计算十分不便，实用中很少采用。

6.2.2 xy 同步坐标实数域准稳态模型

当把网络负序和零序分量的作用通过插入正序网适当地点的等值阻抗支路来计入时，只需考虑正序网与发电机、负荷的接口，这种接口有时需在实数域内进行，故下面给出实数域的输电网络准稳态模型，准稳态模型中相分量与 xy 坐标的关系如图 6-2 所示。

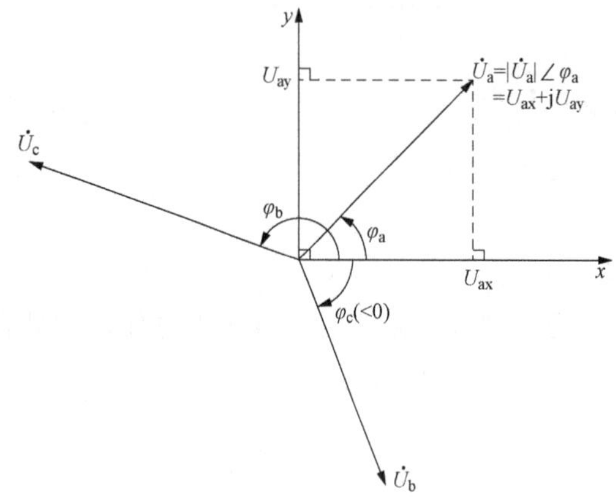

图 6-2 准稳态模型中相分量与 xy 坐标的关系

设对于正序网有节点电压方程

$$\boldsymbol{Y}\dot{\boldsymbol{U}}=\dot{\boldsymbol{I}} \tag{6-5}$$

若网络有 n 个节点，则矩阵 $\boldsymbol{Y}$ 为 n 维方阵。由前面的复数符号法的定义可知，式中各复数电量 $\dot{f}$（可为 $\dot{U}$ 或 $\dot{I}$）相对 xy 同步坐标轴的关系如图 6-3 所示。即 $\dot{f}=f_x+jf_y$，其实部、虚部f_x和f_y分别为 $\dot{f}$ 在 x 和 y 同步坐标轴上的投影。对于式（6-5）若将实部、虚部分开，设

$$\boldsymbol{Y}=\boldsymbol{G}+j\boldsymbol{B},\ \dot{\boldsymbol{U}}=\boldsymbol{U}_x+j\boldsymbol{U}_y,\ \dot{\boldsymbol{I}}=\boldsymbol{I}_x+j\boldsymbol{I}_y \tag{6-6}$$

则由标量关系$(g+jb)(u_x+ju_y)=i_x+ji_y$，可实数化为

$$\begin{bmatrix} g & -b \\ b & g \end{bmatrix}\begin{bmatrix} u_x \\ u_y \end{bmatrix}=\begin{bmatrix} i_x \\ i_y \end{bmatrix}$$

故对于式（6-5）及式（6-6），有相应矩阵形式的增阶实数方程

$$\begin{bmatrix} \boldsymbol{G} & -\boldsymbol{B} \\ \boldsymbol{g} & \boldsymbol{G} \end{bmatrix}\begin{bmatrix} \boldsymbol{U}_x \\ \boldsymbol{U}_y \end{bmatrix}=\begin{bmatrix} \boldsymbol{I}_x \\ \boldsymbol{I}_y \end{bmatrix} \tag{6-7}$$

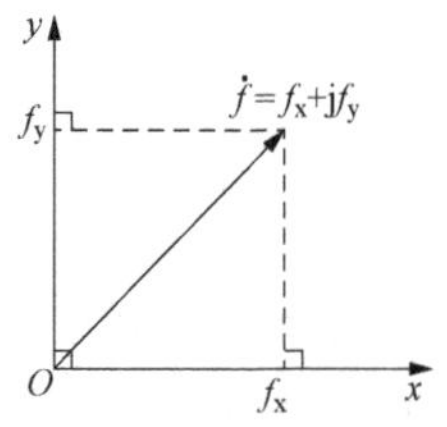

图 6-3 复数电量 $\dot{f}$ 的实数化

式（6-7）即为网络 xy 同步坐标下实数域的准稳态模型。显然对 n 个节点的网络，式（6-7）中导纳矩阵已增阶为 $2n$ 维。

6.3 交流线路电磁暂态模型

当电力系统分析中涉及工频分量以外的成分时，输电线路常采用电磁暂态模型，并用微分方程来描写，本节将导出在常用的几种坐标下的线路电磁暂态模型，并加以简单讨论。这里的输电线路电磁暂态模型仍以集中参数的“π”型等值电路为基础，不考虑分布参数模型。

6.3.1 abc 相坐标电磁暂态模型

由于要讨论的不是工频分量，故 abc 相坐标下的电量不能用复数向量表示，而是用瞬时值（实数）表示。参考图 6-1（a），当三相参数对称时，线路阻抗支路电量的瞬时值写为

$$\begin{bmatrix} u_{aa'} \\ u_{bb'} \\ u_{cc'} \end{bmatrix} = \begin{bmatrix} r_s + pL_s & pL_m & pL_m \\ pL_m & r_s + pL_s & pL_m \\ pL_m & pL_m & r_s + pL_s \end{bmatrix} \begin{bmatrix} i_a \\ i_b \\ i_c \end{bmatrix} \tag{6-8}$$

式（6-8）左边为线路压降；i_a、i_b、i_c 为线路阻抗支路电流；r_s、L_s、L_m 为线路电阻、自感及相间互感；$p=\frac{d}{dt}$为时间导数算子。

式（6-8）可简记为

$$\boldsymbol{u}_{abc}^{(L)} = (\boldsymbol{r}_{abc} + p\boldsymbol{L}_{abc})\boldsymbol{i}_{abc}^{(L)} \tag{6-9}$$

同理对于电容支路，参考图 6-1（b），当三相参数对称时，瞬时值电量关系为

$$\begin{bmatrix} i_a \\ i_b \\ i_c \end{bmatrix} = \begin{bmatrix} pC_s & pC_m & pC_m \\ pC_m & pC_s & pC_m \\ pC_m & pC_m & pC_s \end{bmatrix} \begin{bmatrix} u_a \\ u_b \\ u_c \end{bmatrix} \tag{6-10}$$

式中，$C_s=C_g+2C_\Delta$、$C_m=-C_\Delta$分别为线路电容支路的自电容及互电容。

式（6-10）可简记为

$$\boldsymbol{i}_{abc}^{(C)} = p\boldsymbol{C}_{abc}\boldsymbol{u}_{abc}^{(C)} \tag{6-11}$$

6.3.2 dq 旋转坐标电磁暂态模型

由于 abc 坐标下三相电量互相耦合，计算量大，故作线性变换转化为旋转坐标下的模型加以分析。常见的是用派克变换，转换到转速为 ω 的 dq 旋转坐标，当 $\omega=1$ 时，即为 xy 同步坐标。下面予以推导。

由图 6-1（a），式（6-8）可改写作

$$\begin{cases} \boldsymbol{u}_{abc} = p\boldsymbol{\Psi}_{abc} + \boldsymbol{r}_{abc}\boldsymbol{i}_{abc} \\ \boldsymbol{\Psi}_{abc} = \boldsymbol{L}_{abc}\boldsymbol{i}_{abc} \end{cases} \tag{6-12}$$

$$\boldsymbol{L}_{abc} = \begin{bmatrix} L_s & L_m & L_m \\ L_m & L_s & L_m \\ L_m & L_m & L_s \end{bmatrix}$$

式中：$\boldsymbol{r}_{abc}=\mathrm{diag}\,(r_s,\ r_s,\ r_s)$；$\boldsymbol{\Psi}_{abc}$为三相线路的磁链。

为将 abc 坐标化为 dq 旋转坐标，对式（6-12）两边左乘派克变换阵。

$$\boldsymbol{P} = \frac{2}{3}\begin{bmatrix} \cos\theta_a & \cos\theta_b & \cos\theta_c \\ -\sin\theta_a & -\sin\theta_b & -\sin\theta_c \\ \frac{1}{2} & \frac{1}{2} & \frac{1}{2} \end{bmatrix}$$

式中：θ_a、θ_b、θ_c 分别为观察坐标 d 轴领先 a 轴、b 轴、c 轴的电角度。另外，q 轴领先 d 轴 90°电角度，则和同步电机定子电压方程相似，式（6-12）可化为

$$\begin{cases} u_d = p\boldsymbol{\Psi}_d - \omega\boldsymbol{\Psi}_q + ri_d \\ u_q = p\boldsymbol{\Psi}_q + \omega\boldsymbol{\Psi}_d + ri_d \\ u_0 = p\boldsymbol{\Psi}_0 + ri_0 \end{cases} \tag{6-13}$$

及

$$\begin{cases} \boldsymbol{\Psi}_d = X_d i_d \\ \boldsymbol{\Psi}_q = X_q i_q \\ \boldsymbol{\Psi}_0 = X_0 i_0 \end{cases} \tag{6-14}$$

式中：$\omega=\frac{d\theta_i}{dt}(i=a、b、c)$为 d 轴旋转速度；$X_d=X_q=X_s-X_m=X$ 等于工频下的线路正序电抗标幺值；$X_0=X_s+2X_m$等于工频下的线路零序电抗标幺值。由式（6-14）可见，dq0 坐标下各分量磁路实现了解耦，从而有利于加快计算速度。

将式（6-14）代入式（6-13），消去磁通量，并把 d 轴、q 轴分量合并为复数形式方程，可得

$$u_d + ju_q = [r_s + (p + j\omega)X](i_d + ji_q) \tag{6-15}$$

式（6-15）可简记作

$$\hat{u}^{(L)} = [r_s + (p + j\omega)X]\hat{i}^{(L)} \tag{6-16}$$

式中：$X=X_s-X_m$为工频下线路正序电抗标幺值。

下面对式（6-15）作简单讨论。

（1）式（6-15）可方便地和 dq 坐标的发电机方程接口，但多机系统下各发电机转速 ω 不同，相应 dq 坐标也不同，则在多机系统，用 $\omega=1$ 的 xy 同步坐标表示更为方便，这将在 6.3.3 节推导。

（2）据式（6-15）的特点，建立线路阻抗支路电磁暂态模型十分方便，只要把准稳态正序网参数(r_s+jX)改为 $[r_s+(p+j\omega)X]$，即可方便列出式（6-15）。

（3）同理，线路电容支路可以同样推导出［见图 6-1（b）］

$$\hat{i}^{(C)} = i_d^{(C)} + ji_q^{(C)} = [(p + j\omega)C]\hat{u}^{(C)} \tag{6-17}$$

式中：C 为线路正序电容支路标幺值，$C=C_g+3C_\Delta$，工频下电纳标幺值和相应电容标幺值相等。

（4）式（6-16）中算子 $p=\frac{d}{dt}$所在项和变压器电动势对应，而“$j\omega$”相应项为速度电动势，其中 j 反映了矢量的合成关系，不要和工频分量的复数符号混为一谈。

（5）数值计算时可将式（6-15）及式（6-17）实部、虚部分开，化为实数方程进行计算，但式（6-15）及式（6-17）物理概念清晰，立式方便。

（6）阻抗支路独立的零轴分量方程为

$$u_0^{(L)} = (r_s + pX_0)i_0^{(L)} \tag{6-18}$$

式中：$X_0=X_s+2X_m$为工频下的线路零序电抗标幺值。

式中不含有速度电动势项，且与 d 轴、q 轴分量独立。

（7）式（6-15）与式（6-18）构成了完整的线路阻抗支路 dq0 坐标电磁暂态模型。

而电容支路的完整模型为式（6-16）及式（6-19）。

$$i_0^{(C)} = pC_0 u_0^{(C)} \tag{6-19}$$

式中：$C_0=C_g$［见图6-1（b）］为线路零序电容标幺值。

6.3.3 xy同步坐标电磁暂态模型

对于式（6-15）、式（6-17），若令 $\omega=1$（p.u.），相应的$\hat{u}$，$\hat{i}$即为（u_x+ju_y），（i_x+ji_y），记作$\dot{U}$，$\dot{I}$，即xy同步坐标下用复数形式表示的瞬时值矢量。则对于阻抗支路和电容支路分别有

$$\begin{cases} \dot{u}^{(L)} = [r_s + (p+j)X]\dot{i}^{(L)} \\ \dot{i}^{(C)} = (p+j)C\dot{u}^{(C)} \end{cases} \tag{6-20}$$

零轴分量方程不变，故式（6-18）～式（6-20）构成了xy同步坐标下的线路电磁暂态模型。

同样地，式（6-20）中X和C均为正序参数（标幺值）。应当指出，对于式（6-20），令 $p\to 0(t\to\infty)$，即化为准稳态模型

$$\begin{cases} \dot{U}^{(L)} = (r_s + jX)\dot{I}^{(L)} \\ \dot{I}^{(C)} = jC\dot{U}^{(C)} \end{cases} \tag{6-21}$$

若考虑到工频下，$C(\text{p.u.}) = \omega_0 C(\text{p.u.})$，式（6-21）即为线路正序分量的准稳态模型。但式（6-20）和式（6-21）有本质不同，式（6-20）中$\dot{u}$，$\dot{i}$为瞬时值矢量，相应式（6-20）为电磁暂态微分方程模型，而式（6-21）中$\dot{U}$，$\dot{I}$在机电暂态分析中为50Hz工频相量，不是瞬时值。相应式（6-21）为代数方程，准稳态模型。这点应特别加以注意。

以上讨论了abc、dq0和xy0坐标下的输电线路电磁暂态模型。abc坐标面向物理元件，较易理解，但由于线路各相电量的相互耦合，计算工作量大，一般仅在参数不对称时使用。dq0坐标的模型在三相参数对称的单机无穷大系统分析中得到优先使用，因其有利于与发电机接口计算，但在多机系统，则不甚方便。xy0坐标在三相参数对称的多机系统中得到优先使用，在电力系统次同步振荡及轴系扭振研究中就采用此模型。但有些物理问题中输电线路要用行波模型来精确描写其电磁暂态过程，就不能用上述集中参数的“π”型等值电路来描写输电线路的电磁暂态了。

6.4 变压器准稳态模型

电力系统分析中通常忽略变压器励磁之路而只考虑其短路阻抗，并计及变比及联结组别的影响。变压器的模型主要是建立其高、低侧的电压和电流间的函数关系。这里设变压器三相参数对称，直接讨论012对称分量下的准稳态模型，以便建立相应012序网。

在正序或负序网中，变压器计及变比和短路阻抗，且三相参数对称时，可用图

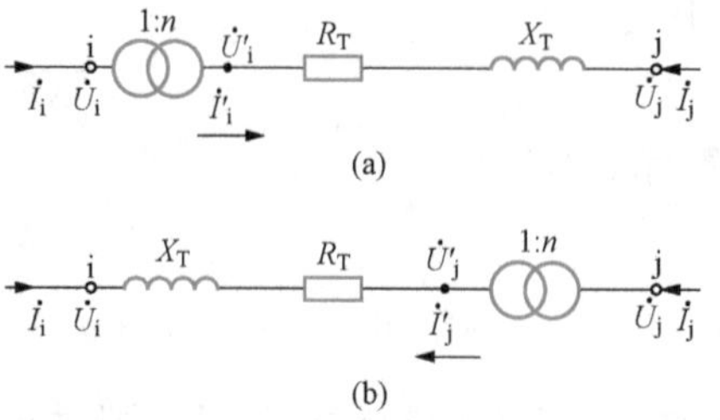

图 6-4　变压器准稳态模型（正、负序电量用）
（a）准稳态模型形式之一；（b）准稳态模型形式之二

6-4表示。变压器联结组别的影响在后面另行讨论，这里暂不予考虑。由于变压器为静止元件，正序、负序参数及相应模型相同，故以正序分量为例进行模型推导。

设变压器变比为 1∶n，短路阻抗为 R_T+jX_T（p. u.），则对于图 6-4（a）可列出$\dot U'_i$，$\dot I'_i$和$\dot U_j$，$\dot I_j$间的函数关系为

$$\begin{bmatrix}\dot I'_i\\ \dot I_j\end{bmatrix}\begin{bmatrix}Y_T & -Y_T\\ -Y_T & Y_T\end{bmatrix}\begin{bmatrix}\dot U'_i\\ \dot U_j\end{bmatrix}\tag{6-22}$$

式中，$Y_T=\dfrac{1}{R_T+jX_T}$。

对变比为 1∶n 的理想变压器可列出

$$\begin{cases}\dot I'_i=\dfrac{1}{n}\dot I_i\\ \dot U'_i=n\dot U_i\end{cases}\tag{6-23}$$

将式（6-23）代入式（6-22），消去$\dot U'$和$\dot I'$，整理后得

$$\begin{bmatrix}\dot I_i\\ \dot I_j\end{bmatrix}=\begin{bmatrix}n^2Y_T & -nY_T\\ -nY_T & Y_T\end{bmatrix}\begin{bmatrix}\dot U_i\\ \dot U_j\end{bmatrix}=\begin{bmatrix}Y_{ii} & Y_{ij}\\ Y_{ji} & Y_{jj}\end{bmatrix}\begin{bmatrix}\dot U_i\\ \dot U_j\end{bmatrix}\tag{6-24}$$

由式（6-24）可知，i 节点自导纳$Y_{ii}=\left.\dfrac{\dot I_i}{\dot U_i}\right|_{\dot U_j=0}$，即 j 节点相对中性点电压为 0 时，i 侧的视在导纳，$Y_{ii}=n^2Y_T$，相当于把短路导纳Y_T 变比折合到 i 侧。同理，j 节点自导纳$Y_{jj}=\left.\dfrac{\dot I_j}{\dot U_j}\right|_{\dot U_i=0}$，即 i 节点相对中性点电压为 0 时，j 节点的视在导纳。此外式（6-24）中，i、j 节点转移导纳有下列关系

$$Y_{ij}=Y_{ji}=-\sqrt{Y_{ii}Y_{jj}}\tag{6-25}$$

即该（2×2）导纳阵对称，行列式为零。根据上述性质可方便计算变压器（2×2）节点导纳阵元素值。对于图 6-4（b）中的变压器参数，可和式（6-25）相似列出相应模型为

$$\begin{bmatrix}\dot I_i\\ \dot I_j\end{bmatrix}=\begin{bmatrix}Y_T & -\dfrac{Y_T}{n}\\ -\dfrac{Y_T}{n} & \dfrac{Y_T}{n^2}\end{bmatrix}\begin{bmatrix}\dot U_i\\ \dot U_j\end{bmatrix}$$

据式（6-24）或式（6-25）可方便地将变压器支路追加到网络正序、负序网中去。

下面讨论接线方式对变压器两侧正序、负序电量相位和赋值的影响。

对于 Yy，YNyn，Dd，Yyn 连接的变压器，一般均采用 12 点接线，变压器两侧正

序、负序电量相位分别相同，故式（6－24）反映了实际的变压器两侧正序或负序电量相位。

对于 Yd 或 YNd 接线的变压器，变压器两侧的正序、负序电量相位均不相同，这点应予以注意，下面以 Yd11 接线为例作说明［参见图 6－5（a）］，设 Yd 两侧相绕组匝数比为

$$N_1 : N_2 = 1 : 1$$

对于电流分量，有

$$\begin{cases} \dot{I}_{ad} = \dot{I}_{a} - \dot{I}_{b} = \dot{I}_{AY} - \dot{I}_{AY} \\ \dot{I}_{bd} = \dot{I}_{b} - \dot{I}_{c} = \dot{I}_{BY} - \dot{I}_{CY} \\ \dot{I}_{cd} = \dot{I}_{c} - \dot{I}_{a} = \dot{I}_{CY} - \dot{I}_{AY} \end{cases}$$

当 $\dot{\boldsymbol{I}}_{ABC,Y}$为正序时见［见图 6－5（b）］，d 侧线电流 $\dot{\boldsymbol{I}}_{abc,d}$比 Y 侧线电流 $\dot{\boldsymbol{I}}_{ABC,Y}$领先 30°电角度；反之，当 $\dot{\boldsymbol{I}}_{ABC,Y}$为负序时［见图 6－5（c）］，d 侧线电流 $\dot{\boldsymbol{I}}_{abc,d}$比 Y 侧线电流 $\dot{\boldsymbol{I}}_{ABC,Y}$落后 30°电角度。二者幅值差 $\sqrt{3}$倍。

对于电压向量，有

$$\begin{cases} \dot{U}_{ab,d} = \dot{U}_{ad} - \dot{U}_{bd} = -\dot{U}_{BY} \\ \dot{U}_{bc,d} = \dot{U}_{bd} - \dot{U}_{cd} = -\dot{U}_{CY} \\ \dot{U}_{ca,d} = \dot{U}_{cd} - \dot{U}_{ad} = -\dot{U}_{AY} \end{cases}$$

变压器两侧电压相位，对于正序分量，$\dot{U}_{ab,d}$比$\dot{U}_{AB,Y}$领先 30°［见图 6－5（d）］，而对于负序分量，$\dot{U}_{ab,d}$比$\dot{U}_{AB,Y}$落后 30°［见图 6－5（e）］，二者幅值也差 $\sqrt{3}$倍。对于 Yd 接线引起的幅值变化，可由两侧标幺值基值选取解决，以便使两侧额定线电压标幺值之

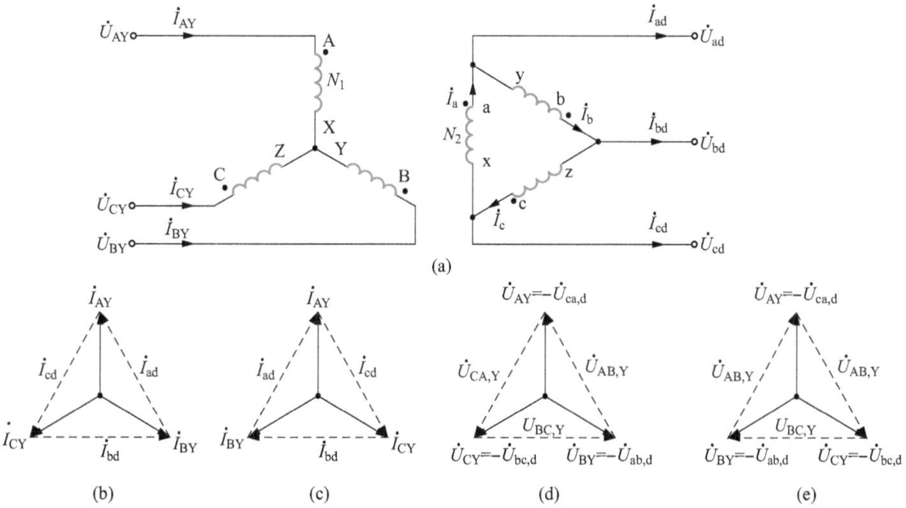

图 6－5 Yd11 接线变压器及其电量关系

（a）变压器接线图；（b）正序电流关系；（c）负序电流关系；（d）正序电压关系；（e）负序电压关系

比为 1∶1。而 Yd 联结组别引起的相位问题，则在电网分析中可取一侧为基准侧，认为计算电量均为折合到这一侧的正序、负序分量，当需要计算另一侧实际的正序、负序分量时，据联结组别分别旋转相应角度即可。

变压器的零序等值电路与连接方式有关。高压侧或低压侧任一侧的三相绕组可能 y 接、yn 接或 d 接，两侧绕组的接线可能有如图 6-6 所示 6 种组合。若变压器为三单相变压器，或五心柱变压器两侧线电压标幺值变比为 1∶1，则变压器短路阻抗 Z_T 和两侧电网的连接关系示于图 6-6（b），其中 YNyn 连接的变压器，零序分量数学模型和正序、负序分量数学模型完全相同。对于 YNd 连接的变压器，将短路阻抗按变比折合到 YN 侧后，跨接于该节点与零序电压参考点之间，而另一侧（d 接的一侧）则为开路。而除 YNyn 及 YNd 接线外，其他各种接线均可视为两侧零序网和变压器连接处开路，这样连接有利于保证不同电压等级的电网零序电量不互相影响，有助于零序电量保护的整定。对于三心柱变压器，由于其零序励磁阻抗 Z_{m0} 不能认为无穷大，应予以计入［见图 6-6（c）］。

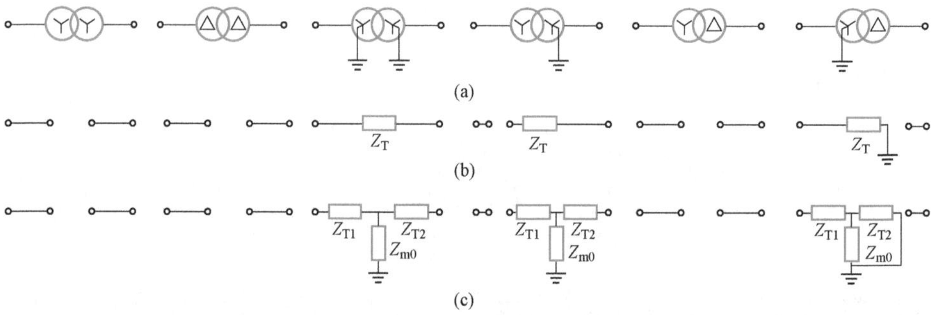

图 6-6　变压器接线方式及其对零序电路的影响

（a）变压器接线方式；（b）零序等值电路（三单相或五心柱变压器）；（c）零序等值电路（三心柱变压器）

对于变压器的正序等值电路方程［式（6-24）或式（6-25）］，若把实部、虚部分开，可得到正序分量 xy 同步坐标下的增阶实数方程，具体做法与输电线路相同，可参见式（6-5）～式（6-7），这里不再重复。在暂态稳定分析中，有些计算方法要求发电机和网络元件用实数域方程接口，需作此处理。

6.5　变压器电磁暂态模型

变压器在忽略励磁电流时，其电磁暂态模型的导出和线路阻抗支路相似，但需进一步考虑变比及组别的影响。

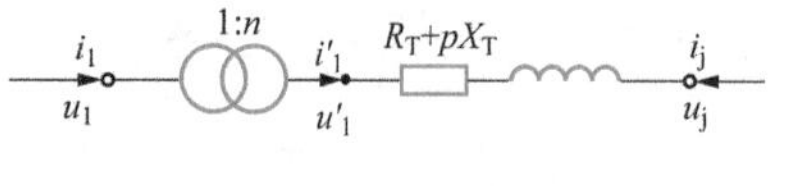

图 6-7　YNyn 接线变压器各相等值电路

下面先推导 abc 坐标下的电磁暂态模型，再转化为 xy 同步坐标，在推导中先设变压器接线为 YNyn 型，其两侧中性点接地，且变压器三相参数对称，则其各相等值电路如图 6-7 所示。在本节，均假定变压器励磁阻抗为无穷大，以简化推导过程。

其中R_T、X_T为各相绕组的电阻和漏抗标幺值，工频下$L_T=X_T$（p.u.）不予区分。

6.5.1 abc 相坐标电磁暂态模型

对于图 6-7 的电路，可以列出如下电量关系

$$\begin{bmatrix} R_T+pL_T & 0 & 0 \\ 0 & R_T+pL_T & 0 \\ 0 & 0 & R_T+pL_T \end{bmatrix}\begin{bmatrix} i'_{ia} \\ i'_{ib} \\ i'_{ic} \end{bmatrix}=\begin{bmatrix} u'_{ia}-u_{ja} \\ u'_{ib}-u_{jb} \\ u'_{ic}-u_{jc} \end{bmatrix} \tag{6-26}$$

$$\boldsymbol{i}'_{i,abc}=\begin{bmatrix} i'_{ia} \\ i'_{ib} \\ i'_{ic} \end{bmatrix}=-\boldsymbol{i}_{j,abc} \tag{6-27}$$

对于变比为 1∶n 的变压器，两侧电量关系为

$$\begin{cases} \boldsymbol{i}_{i,abc}=n\boldsymbol{i}'_{i,abc} \\ \boldsymbol{u}_{i,abc}=\dfrac{\boldsymbol{u}'_{i,abc}}{n} \end{cases} \tag{6-28}$$

将式（6-28）代入式（6-26），消去$\boldsymbol{i}'_{i,abc}$及$\boldsymbol{u}'_{i,abc}$，并根据式（6-27）关系，补上$i_{j,abc}$3 个方程，则可得

$$\begin{bmatrix} \dfrac{\boldsymbol{i}_{i,abc}}{n} \\ \boldsymbol{i}_{j,abc} \end{bmatrix}=\begin{bmatrix} \boldsymbol{Z}_T^{-1} & -\boldsymbol{Z}_T^{-1} \\ -\boldsymbol{Z}_T^{-1} & \boldsymbol{Z}_T^{-1} \end{bmatrix}\begin{bmatrix} n\boldsymbol{u}_{i,abc} \\ \boldsymbol{u}_{j,abc} \end{bmatrix} \tag{6-29}$$

式中

$$\boldsymbol{Z}_T=\mathrm{diag}(R_T+pL_T, R_T+pL_T, R_T+pL_T)$$

从而最后有

$$\begin{bmatrix} \boldsymbol{i}_{i,abc} \\ \boldsymbol{i}_{j,abc} \end{bmatrix}=\begin{bmatrix} n^2\boldsymbol{Y}_T & -n\boldsymbol{Y}_T \\ -n\boldsymbol{Y}_T & \boldsymbol{Y}_T \end{bmatrix}\begin{bmatrix} \boldsymbol{u}_{i,abc} \\ \boldsymbol{u}_{j,abc} \end{bmatrix}$$

$$\boldsymbol{Y}_T=\mathrm{diag}\left(\frac{1}{R_T+pL_T},\frac{1}{R_T+pL_T},\frac{1}{R_T+pL_T}\right)=\boldsymbol{Z}_T^{-1} \tag{6-30}$$

式（6-30）和式（6-24）所示的变压器准稳态模型的形式相同，反映了变压器两侧电流和电压在 YNyn 连接时，abc 坐标下瞬时值关系，Y_T中含有算子$p=\dfrac{\mathrm{d}}{\mathrm{d}t}$，故是微分方程形式。

变压器接线的影响在推导完 xy 同步旋转坐标下的变压器电磁暂态模型后一并讨论。

6.5.2 xy 同步坐标电磁暂态模型

设变压器接线为 YNyn，对于式（6-29）两边左乘$\boldsymbol{Z}_T$改写为

$$\begin{cases} \dfrac{\boldsymbol{Z}_T\boldsymbol{i}_{i,abc}}{n}=n\boldsymbol{u}_{i,abc}-\boldsymbol{u}_{j,abc} \\ \boldsymbol{Z}_T\boldsymbol{i}_{j,abc}=-(n\boldsymbol{u}_{i,abc}-\boldsymbol{u}_{j,abc}) \end{cases} \tag{6-31}$$

对变压器三绕组作派克变换，即对上式两边左乘派克变换阵

$$\boldsymbol{P}=\frac{2}{3}\begin{bmatrix}\cos\theta_a & \cos\theta_b & \cos\theta_c\\ -\sin\theta_a & -\sin\theta_b & -\sin\theta_c\\ \frac{1}{2} & \frac{1}{2} & \frac{1}{2}\end{bmatrix}$$

可以转化为 dq 旋转坐标下的电量，其中 d 轴领先静止的 a 轴、b 轴、c 轴的角度分别为 θ_a、θ_b、θ_c，dq 轴旋转速度 $\omega=\frac{d\theta_i}{dt}$（$i=a$、$b$、$c$），则式（6-31）转化为

$$\begin{cases}\dfrac{\boldsymbol{PZ}_T\boldsymbol{i}_{i,abc}}{n}=n\boldsymbol{u}_{i,dq0}-\boldsymbol{u}_{j,dq0}\\ \boldsymbol{PZ}_T\boldsymbol{i}_{j,abc}=-(n\boldsymbol{u}_{i,dq0}-\boldsymbol{u}_{j,dq0})\end{cases}\tag{6-32}$$

由矩阵求导性质，即

$$\boldsymbol{A}p\boldsymbol{B}=p(\boldsymbol{AB})-(p\boldsymbol{A})\boldsymbol{B},\text{以及}[(p\boldsymbol{P})\boldsymbol{P}^{-1}]=\begin{bmatrix}0 & 1 & 0\\ -1 & 0 & 0\\ 0 & 0 & 0\end{bmatrix}\omega$$

可导出

$$\boldsymbol{PZ}_T\boldsymbol{i}_{i,abc}=\boldsymbol{Z}_T\boldsymbol{i}_{i,dq0}+\omega\boldsymbol{L}_T\begin{bmatrix}i_{iq}\\ -i_{id}\\ 0\end{bmatrix}=(\boldsymbol{Z}_T+\omega\boldsymbol{L}_T\boldsymbol{A})\boldsymbol{i}_{i,dq0}\tag{6-33}$$

式中，$\boldsymbol{L}_T=\text{diag}(L_T, L_T, L_T)$，$\boldsymbol{A}=\begin{bmatrix}0 & 1 & 0\\ -1 & 0 & 0\\ 0 & 0 & 0\end{bmatrix}$，$\boldsymbol{Z}_T$ 定义同式（6-29）。

将式（6-33）代入式（6-32），经整理可得

$$\begin{cases}\dfrac{(\boldsymbol{Z}_T+\omega\boldsymbol{L}_T\boldsymbol{A})\boldsymbol{i}_{i,dq0}}{n}=n\boldsymbol{u}_{i,dq0}-\boldsymbol{u}_{j,dq0}\\ (\boldsymbol{Z}_T+\omega\boldsymbol{L}_T\boldsymbol{A})\boldsymbol{i}_{j,dq0}=-(n\boldsymbol{u}_{i,dq0}-\boldsymbol{u}_{j,dq0})\end{cases}\tag{6-34}$$

式（6-34）左边第一项反映了欧姆电动势和变压器电动势，第二项反映了由于在旋转坐标上观察静止元件而产生的速度电动势。

当 $\omega=0$ 时，速度电动势为零，当 $\omega=1$（p.u.）时，dq0 坐标转化为 xy 同步旋转坐标，相应方程为

$$\begin{cases}\dfrac{(\boldsymbol{Z}_T+\boldsymbol{L}_T\boldsymbol{A})\boldsymbol{i}_{i,xy0}}{n}=n\boldsymbol{u}_{i,xy0}-\boldsymbol{u}_{j,xy0}\\ (\boldsymbol{Z}_T+\boldsymbol{L}_T\boldsymbol{A})\boldsymbol{i}_{j,xy0}=-(n\boldsymbol{u}_{i,xy0}-\boldsymbol{u}_{j,xy0})\end{cases}\tag{6-35}$$

由式（6-35）可知，零轴分量是独立的，对于 YNyn 接变压器有

$$\begin{cases}\dfrac{(R_T+pL_T)i_{i0}}{n}=nu_{i0}-u_{j0}\\ (R_T+pL_T)i_{j0}=-(nu_{i0}-u_{j0})\end{cases}\tag{6-36}$$

而对于 x 和 y 同步坐标分量，可表示为复数形式，即 $\dot{u}=u_x+ju_y$，$\dot{i}=i_x+ji_y$，相应方程据式（6-35）可导出，即将式（6-35）中第一式的 x 和 y 分量方程改写为

$$\begin{cases}\dfrac{(R_T+pL_T)i_{ix}-L_Ti_{iy}}{n}=nu_{ix}-u_{jx}\\[2mm]\dfrac{(R_T+pL_T)i_{iy}+L_Ti_{ix}}{n}=nu_{iy}-u_{jy}\end{cases}\tag{6-37}$$

将式（6-37）中第二式乘以 j 再与第一式相加，得

$$\frac{[R_T+(p+j)L_T]\dot{i}_i}{n}=n\dot{u}_i-\dot{u}_j\tag{6-38}$$

同理，对于式（6-35），零轴分量单独考虑后，复数形式的 xy 分量方程为

$$[R_T+(p+j)L_T]\dot{i}_j=-(n\dot{u}_i-\dot{u}_j)\tag{6-39}$$

式（6-38）和式（6-39）可合并写为（参见图 6-7）

$$\begin{bmatrix}\dot{i}_i\\ \dot{i}_j\end{bmatrix}=\begin{bmatrix}n^2Y_T & -nY_T\\ -nY_T & Y_T\end{bmatrix}\begin{bmatrix}\dot{u}_i\\ \dot{u}_j\end{bmatrix}\tag{6-40}$$

式中，$Y_T=\dfrac{1}{R_T+(p+j)L_T}$。

将式（6-40）与变压器准稳态模型式（6-24）相比较，二者十分相似，其区别在于把L_T 前的“j”换成“$p+j$”。对于式（6-40），当 $t\to\infty$，$p\to 0$ 时，考虑到工频下 $X_T=L_T$（p. u.），即转化为式（6-24）。而式（6-40）中“$p+j$”因子中“p”的相应项反映了变压器电动势，而“j”的相应项为速度电动势项，“j”反映了矢量相加关系。据式（6-36）与式（6-40）可直接建立 YNyn 连接变压器在 xy 坐标下的电磁暂态模型，实际计算时可根据式（6-40）建立方程，再将实部、虚部分开，化为 xy 坐标下的实数方程作数值计算。

6.6 本章小结

本章推导了输电线路和双绕组变压器在常用的坐标下的准稳态模型和电磁暂态模型。在变压器电磁暂态模型推导中，变比和接线方式引起的问题应予以注意。本章所讨论的输电线路是以集中参数“π”型等值电路为基础的，所讨论的变压器限于三单相变压器组或五心柱三相变压器，因而只计及变比和短路阻抗而忽略励磁电流。这在一般电力系统分析中已能满足要求。对于长距离输电线路可采用多“π”型等效电路及波过程模型，其中多“π”型电路可在本章介绍的模型基础上予以扩展，不再介绍，而波过程模型可参阅电磁暂态分析的有关文献。

第 7 章

柔性交流输电装备模型

7.1 引　言

1986 年，美国电力专家提出了柔性交流输电系统（Flexible AC Transmission Systems，FACTS）的概念，并定义为“建立在电力电子或其他静止型控制器基础之上的、能提高可控性和增大电力传输能力的交流输电系统”。1997 年 IEEE PES 冬季会议上正式对 FACTS 做了定义，即是装有电力电子型或其他静止型控制器以加强可控性和增大电力传输能力的交流输电系统。2000 年后，柔性交流输电装备如静止无功补偿器（SVC）、静止同步补偿器（STATCOM）、晶闸管控制串联电容器（TCSC）等逐渐进入成熟商业化应用，几大电气公司均开发系列产品，在电网中广泛应用。

FACTS 采用电力电子装置和控制技术对系统主要参数，如电压、电流、相位、功率和阻抗等进行灵活控制，结构基础是电力电子器件与其他无源元件（如电容器、电抗器等）的组合，目的是要增强系统传输能力，保证电能质量，并增强系统稳定性和安全性。

柔性交流输电装备分为并联型、串联型、串并联型补偿设备。并联型补偿设备有 SVC、STATCOM 等，串联设备有 TCSC、静止同步串联补偿器（SSSC）等，串并型补偿设备有统一潮流控制器（UPFC）等。

随着科技的发展，出现了许多新型 FACTS 装置，如可控避雷器、变压器电力电子分接开关、变压器有源电压调节器，以及将 FACTS 和常规设备结合，开发全固态换流器和电抗器、变压器等常规设备混合拓扑的装置。FACTS 技术随着电力电子器件的发展逐代演变，采用定制化设计（沟道结构、衬底厚度）等技术，增大器件安全区域，是未来柔性输电技术发展趋势。

7.2 静止无功补偿器模型

7.2.1 SVC 简介

静止无功补偿器（Static Var Compensator，SVC），是一种并联型的静止无功发生器，一般采用晶闸管作为开关器件，通过投切或相位控制对电容、电感等无源元件进行系统无功功率补偿控制。

由于采用了晶闸管作为控制的核心，SVC 的动态无功功率调节能力优秀，具有体积小、重量轻、反应速度快、控制灵活等特点，可以很好地满足系统对快速无功功率补偿的需求。虽然 SVC 在运行时电流的波形会畸变，输出产生谐波，但由于其可调节范围大、技术可靠、容量受限小和性价比高等优点，并具有事故时的电压支持作用，能够维持电压水平、消除电压闪变和平息系统振荡，目前已被广泛用于电力系统补偿无功功率和提高动态电压稳定性。

SVC 种类繁多，包括晶闸管控制电抗器（Thyristor Controlled Reactor，TCR）、晶闸管投切电抗器（Thyristor Switched Reactor，TSR）、晶闸管投切电容器（Thyristor Switched Capacitor，TSC）、磁阀式可控电抗器（Magnetic Control Reactor，MCR），以及混合装置如 TCR＋TSC、TCR＋固定电容器（Fixed Capacitor，FC）或机械投切电容器（Mechanically Switched Capacitor，MSC）等。

1974 年，美国通用电气公司生产了世界第一台商用 SVC。1980 年，西门子公司生产了世界第一台 TCR＋FC 型静止无功补偿装置，又在 1984 年生产了第一台 TSC 型静止无功补偿装置。早期我国的 SVC 装置主要依靠进口，但在研究人员的刻苦钻研下，1997 年我国研制出了首台国产静止无功补偿装置，并成功在鞍钢的生产线上投运。2008 年，世界首套 500kV 直流融冰兼 SVC 装置在湖南益阳投运。2010 年，国内首个 TCR＋TSC 组合型可移动静止无功补偿装置应用示范工程在福建泉州 220kV 贵峰变电站成功投运，标志着我国 SVC 技术进一步发展。2014 年中电普瑞科技公司获得巴西国家调度中心的设备入网认证，标志着我国 SVC 技术已达到主流国际市场认可的水平。

7.2.2 SVC 工作原理与数学模型

7.2.2.1 TCR

晶闸管控制电抗器，是一种并联型晶闸管控制的电抗器，通过控制晶闸管的触发角 α，它的有效电抗可以连续变化，使流过电抗器的电流得到连续性控制，从而调节补偿的无功功率大小。

如图 7-1 所示，基本的单相 TCR 由反并联的一对晶闸管 VT1、VT2 与电抗器串联组成，电抗器可近似看作纯电感。反并联的一对晶闸管就像一个双向开关，晶闸管 VT1 在供电电压的正半波导通，VT2 在供电电压的负半波导通。晶闸管的触发角以其两端之间电压的过零点作为起始点，触发角在 90°～180°范围内变化。触发角为 90°时全导通，触发角增大，流过电抗器的电流逐渐减小，触发角为 180°时晶闸管全关断，控制触发角变化会导致谐波产生。

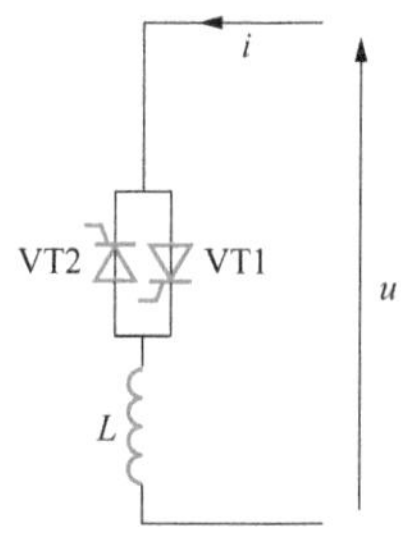

图 7-1 单相 TCR 结构

单相 TCR 的数学表达式为

$$u = -L\frac{\mathrm{d}i}{\mathrm{d}t} \tag{7-1}$$

式中：u 和 i 分别为 TCR 的电压和电流，u 和 i 为非关联参考方向；L 为电抗器的电感。

TCR 通常以三角形方式连接，能使 3 及 3 的倍数次谐波经三相电感环流而不流入电网，如图 7-2 所示。电抗器被分成两段，对称地连接在晶闸管的两侧，这种结构除了分压作用，还可以避免单个电抗器故障导致装置无法使用。

7.2.2.2　TSC

晶闸管投切电容器，是一种并联连接的、晶闸管投切的电容器，通过控制晶闸管阀的导通与关断，使其有效电抗阶梯式变化，向系统供应无功功率。由于采用了晶闸管代替机械开关，TSC 大幅提升了耐用性，同时有效地降低了故障率，并且可以准确控制电容器投切的时间，从而有效抑制其投切时对系统产生的冲击。

TSC 的单相结构如图 7-3 所示，由反并联的晶闸管 VT1 与 VT2、电容器和电抗器组成。电抗器能抑制电容器投入电网时出现的冲击电流，还可以与电容器构成滤波回路，由于电感很小，在简化电路图中一般不画出。

单相 TSC 的数学表达式为

$$u=-L\frac{\mathrm{d}i}{\mathrm{d}t}-u_{\mathrm{C}}(0)-\frac{1}{C}\int_{0}^{t}i\mathrm{d}\xi \tag{7-2}$$

式中：u 和 i 分别为 TSC 的电压和电流，u 和 i 为非关联参考方向；L 为电抗器的电感；C 为电容器的电容；$u_{\mathrm{C}}(0)$为电容器两端的初始电压。

TSC 投切时刻的选取：晶闸管端电压的过零点，即电网电压和电容器端电压相等的时刻，且同时满足晶闸管为正向电压和门极上有触发脉冲信号这两个条件后，晶闸管导通，电容器投入系统；当关闭晶闸管的门极触发脉冲信号后，晶闸管会在电流过零点自动闭锁，电容器退出系统。这种投切方式不仅无需考虑电容器残压，而且投切速度快、投资小、合闸涌流小和无电弧重燃问题。

实际工程中，一般将电容器分成几组，如图 7-4 所示，可以根据需求改变投入电容器的容量，为系统提供断续可调的无功功率。

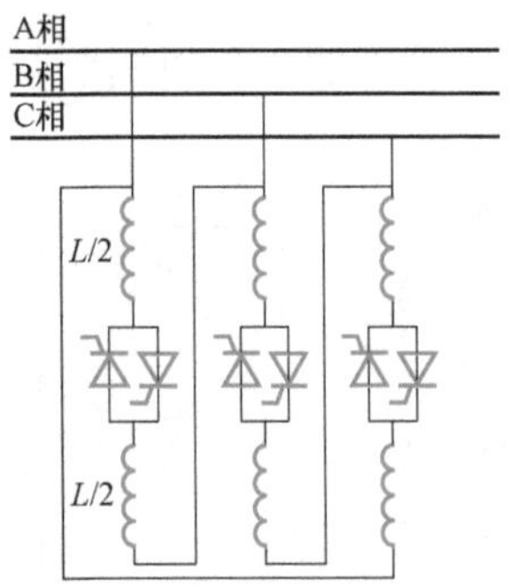

图 7-2　TCR 三角形方式连接

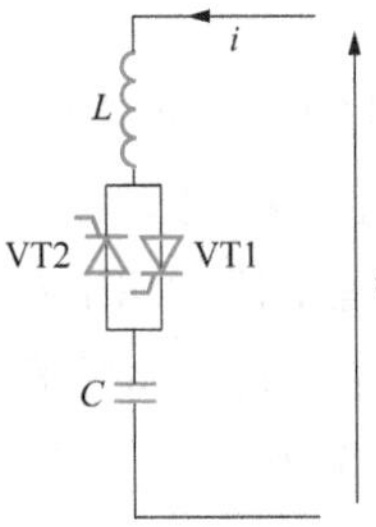

图 7-3　TSC 的单相结构

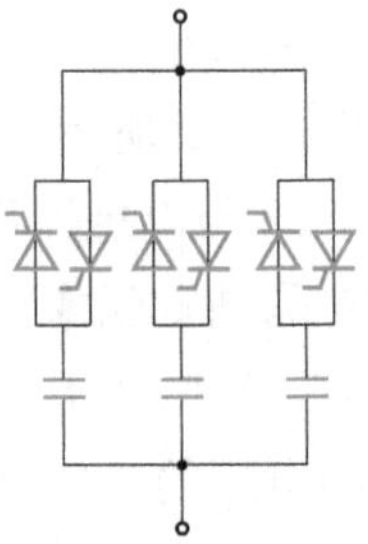
图 7-4　分组投切单相简图

7.3　静止同步补偿器模型

7.3.1　STATCOM 简介

静止同步补偿器（Static Synchronous Compensator，STATCOM），也称为静止无

功发生器（Static Var Generator，SVG），是基于全控型电力电子器件所形成的并联型无功补偿控制装置，不依赖电容、电感元件产生容性或感性无功。从理论上可以将STATCOM分为电压源型和电流源型，但由于电流源换流器相比电压源换流器产生损耗大，且可能对重要特性参数产生不良影响，同时考虑运行效率等，目前主要采用电压源换流器（Voltage Source Converter，VSC）技术，因此本书中提到的STATCOM指采用电压源换流器技术的动态无功补偿装置。

STATCOM的输出可以变化以控制电力系统中的特定参数，可在动态电压控制、功率振荡阻尼、暂态稳定和电压闪变控制等方面改善电力系统功能，如灵活控制等效电源幅值相位实现动态无功补偿。此外，与传统的无功补偿装置相比，它还具有控制速度快、控制精度高、输出谐波小、损耗低、运行范围宽、可靠性高等优点，自问世以来，便得到了广泛关注并飞速发展，在电力领域逐渐占据更重要的地位。

1980年日本研制了世界上第一台STATCOM，容量为±20Mvar。1986年，美国西屋公司和美国电力研究协会（EPRI）合作研制出首台基于GTO的STATCOM，容量为±1Mvar。1999年3月，±20Mvar STATCOM在河南洛阳220kV朝阳变电站的并网成功，标志着我国成为世界上第四个拥有大容量STATCOM制造技术的国家。2011年开始，中国南方电网有限责任公司相继投产了四套容量为±200Mvar的STATCOM装置，为当时世界上容量最大的STATCOM装置。

7.3.2 STATCOM工作原理与数学模型

随着电网电压等级和功率容量的不断增大，以及目前电力电子器件耐压水平和容量的限制，传统的STATCOM在高电压、大功率的使用场景下通常需要通过变压器与系统相连接，而加入过多变压器会对系统稳定性造成影响，同时也不经济。在几种比较成熟的拓扑结构中，H桥级联拓扑结构的STATCOM因其模块化结构，无需功率器件串联即可输出足够高的电压和能够输出多电平电压的特点，在高压大容量的场合应用越来越广泛，因此主要介绍H桥级联型STATCOM。

H桥级联型STATCOM由VSC和交流侧电感构成，通过电感并联接入电网与负载之间，级联各单元直流侧由电容提供电压支撑，每相的输出为各单元输出的叠加。其中VSC的每一相都由多个完全相同的H桥单元串联组成，通过增加或减少串联的H桥单元数就可以调整输出电压的电平数，适用于不同电压等级；同时增加H桥单元数可扩展装置容量，适用于大容量的场合。

图7-5所示为H桥级联型STATCOM星形接线和角形接线的结构图。星形接线每一相所承受的电压为电网相电压，角形接线每一相所承受的电压为线电压，故角形接线每一相所承受电压为星形接线的$\sqrt{3}$倍。星形接线由于三相存在公共连接点，各相之间存在耦合，无法实现各相输出电流和直流侧电容电压的独立控制；角形接线各相两端都与电网相连，因此各相可以互不干扰，实现独立控制。但在相同电压等级且器件耐压水平一定的情况下，角形接线所需的H桥单元级联数目多于星形连接。目前星形和角形这两种接线方式在工程上都有一定的应用，从单台装置成本考虑，采用星形连接所需H桥单元数目少，价格低，更适用于中高压配电网，因此本节仅讨论星形接线方式的H

桥级联型 STATCOM。

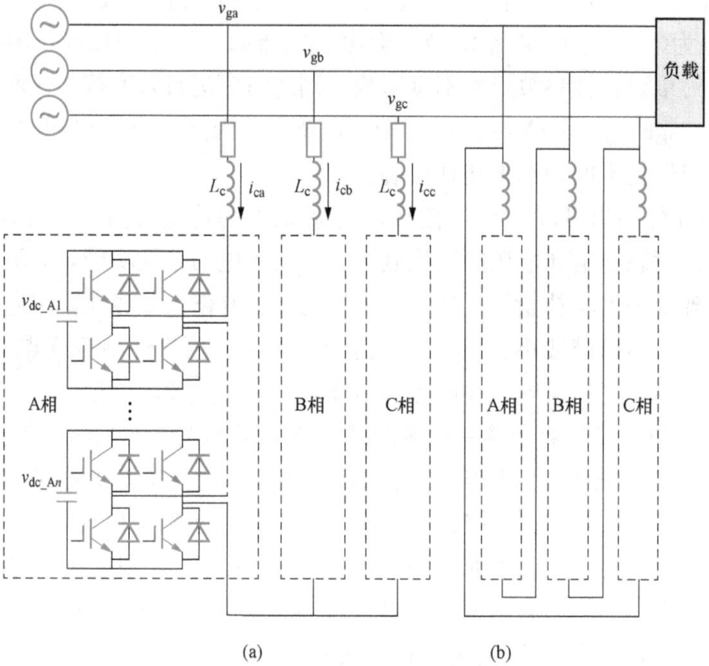

图 7-5　H 桥级联型 STATCOM 结构

(a) 星形接法；(b) 角形接法

H 桥单元为单相全桥结构，如图 7-6 所示，由一个电容器、4 个 IGBT 和 4 个反并联二极管组成。直流侧电容为装置提供电压支撑，通过调制可以在输出端产生交流电压，经过电感与电网相连。根据电网的运行情况，可以调整 STATCOM 的输出电压，向电网注入感性或容性电流，实现动态补偿无功功率。

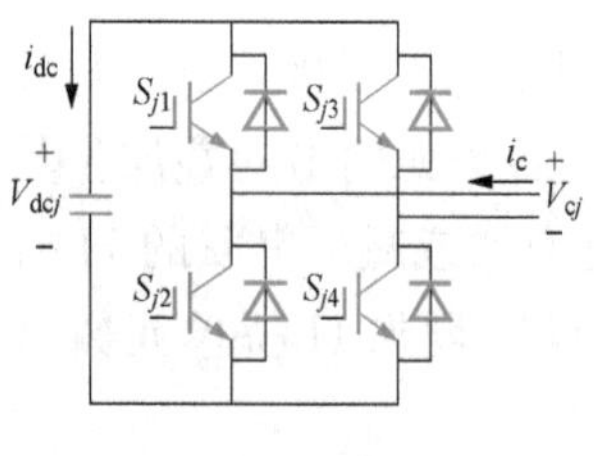

图 7-6　H 桥模块拓扑结构图

为便于分析，假设 IGBT 与二极管都是理想器件，不存在开关损耗，同时忽略线路上的损耗，并认为直流侧电容电压保持稳定。

V_{dcj} 为直流侧电压，V_{oj} 为输出电压，S_{j1}、S_{j2}、S_{j3}、S_{j4} 分别代表 4 个 IGBT 的开关状态，定义 1 表示开通状态，0 表示关断，j 为第 j 个 H 桥单元。由于上下串联的两个 IGBT 一般用作互补输出，因此 4 个 IGBT 组合有 4 种开关状态。

$S_{j1}=1$、$S_{j3}=1$ 时，模块处于旁路状态，输出电压 $V_{oj}=0$，如图 7-7（a）所示；$S_{j1}=0$、$S_{j3}=0$ 时，模块处于旁路状态，输出电压 $V_{oj}=0$，如图 7-7（b）所示；$S_{j1}=1$、$S_{j3}=0$ 时，模块处于正向导通状态，输出电压 $V_{oj}=+V_{dcj}$，如图 7-7（c）所示；$S_{j1}=0$、$S_{j3}=1$ 时，模块处于反向导通状态，输出电压 $V_{oj}=-V_{dcj}$，如图 7-7（d）所示。

可以看出，H 桥模块的输出电压 V_{oj} 一共有 0、$+V_{dcj}$、$-V_{dcj}$ 三种状态，表达式为

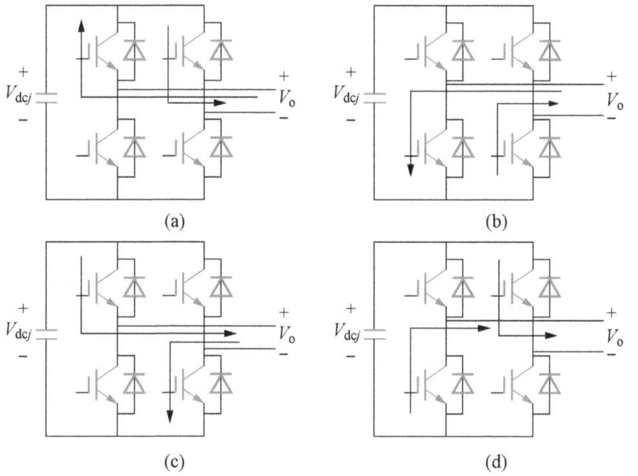

图 7-7　H 桥模块运行模式

(a)、(b) 旁路状态；(c) 正向导通；(d) 反向导通

$$V_{oj} = (S_{j1} - S_{j3})V_{dcj} \tag{7-3}$$

由于一相的输出电压为 N 个 H 桥模块输出电压的叠加，则一相的输出电压V_o为

$$V_o = \sum_{j=1}^{N}(S_{j1} - S_{j3})V_{dcj} \tag{7-4}$$

由式（7-4）可以看出，每相输出从$-NV_{dc}$到$+NV_{dc}$共 $2N+1$ 个电平，实际输出电平数与具体调制策略有关。当级联 H 桥的数目越多时，产生的电平数也越高，输出电压的波形越接近正弦波，从而提高输出波形的质量。

图 7-5 中，v_{ga}、v_{gb}、v_{gc}为公共连接点的三相电网电压，v_{ca}、v_{cb}、v_{cc}为 STATCOM 三相输出电压，i_{ca}、i_{cb}、i_{cc}为 STATCOM 的输出电流，L_C为 STATCOM 的交流侧滤波电感，v_{dc_Aj}（j=1、2、…、n）分别为 STATCOM 装置三相中第 j 个 H 桥单元的直流侧电容电压值，n 是一相中串联的 H 桥单元数。

由于 H 桥级联型 STATCOM 三相结构完全相同，工作原理也相同，因此仅取其中一相分析。在稳态情况下，仅考虑基波分量时，H 桥级联型 STATCOM 可以看作一个与电网频率相同，电压大小和相位均可调节的电压源，$\dot{I}$ 为流入装置的电流。系统的单相等效电路如图 7-8 所示。

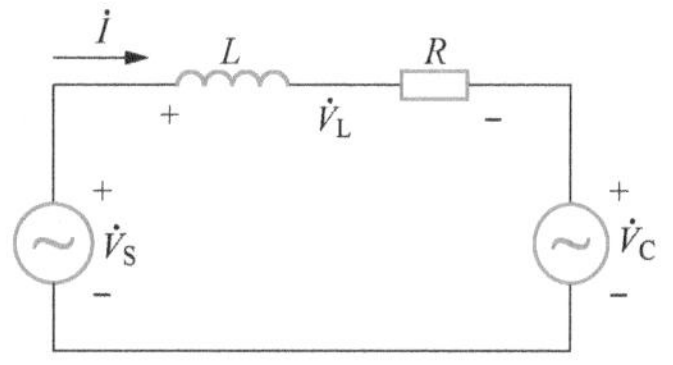

图 7-8　系统的单相等效电路图

STATCOM 的单相数学表达式为

$$\begin{cases} \dot{V}_S = \dot{V}_L + \dot{V}_C \\ V_L = Ri + L\dfrac{di}{dt} \end{cases} \tag{7-5}$$

式中：L 为滤波电抗器；R 为线路损耗和开关损耗的等效电阻；$\dot{V}_S$为公共连接点处电网电压；$\dot{V}_C$为 STATCOM 装置的输出电压；$\dot{V}_L$为滤波电感和线路损耗的电压降。

由于忽略线路损耗、IGBT 和二极管的开关损耗，即忽略有功损耗，$R=0$，则此时电压与电流的相量关系如图 7 - 9 所示。

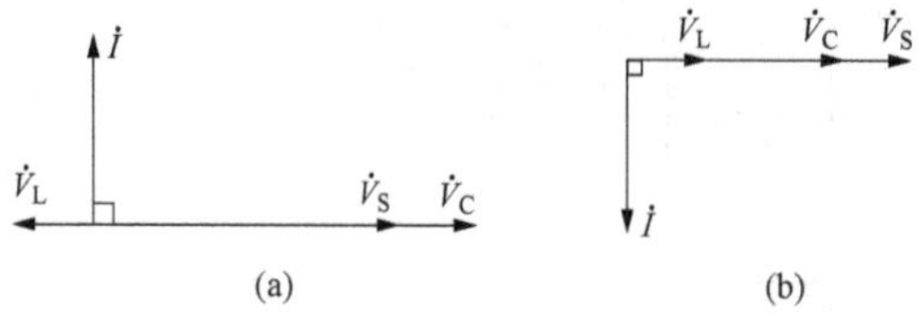

图 7 - 9　忽略有功损耗的电压电流相量图

(a) 电流超前电网电压；(b) 电流落后电网电压

由图 7 - 9 可得，输出电压V_C 和电网电压V_S同相位，改变V_C 的大小就能够改变电网流向装置的电流，即能够改变装置输出电流的大小和方向，从而改变 STATCOM 输出的无功功率：

（1）当V_C 的幅值大于V_S的幅值时，V_L与V_S相位相反，I 超前$V_S\pi/2$，补偿装置吸收容性无功功率，即发出感性无功功率。

（2）当V_C 的幅值小于V_S的幅值时，V_L与V_S相位相同，I 滞后$V_S\pi/2$，补偿装置吸收感性无功功率，即发出容性无功功率。

（3）当V_C 的幅值等于V_S的幅值时，电网流向补偿装置的电流为 0，不存在无功功率交换。

可见，STATCOM 装置发出的无功功率的大小和性质，取决于装置输出电压的大小。由于装置输出电压可以连续快速调节，因此可以根据电网运行状况对装置进行实时调整，实现无功功率的动态补偿。

7.4　静止同步串联补偿器模型

7.4.1　SSSC 简介

静止同步串联补偿器（State Synchronous Series Compensation，SSSC）作为 FACTS 家族中的重要一员，是串联在输电线路上的补偿装置，用直流电容器作为能量存储单元的 DC/AC 电压源变换器，一般通过耦合变压器串联连接到线路上。它不仅可以提高输电线路传输能力，而且还可以通过 SSSC 装置的控制改变线路有功功率的流向、提高电力网络的潮流和电压的可控性、改善电力系统的静态和暂态稳定性。

SSSC 装置对输电系统进行控制的基本原理是向线路注入一个与线路电流相差 90°的可控电压，以快速控制线路的有效阻抗，从而进行有效的系统控制。SSSC 的响应速度非常快，为 SSSC 设计阻尼控制器，可以有效地阻尼次同步振荡。

7.4.2　SSSC 工作原理与数学模型

SSSC 主电路由 VSC 构成，拓扑采用 H 桥级联型星接结构，拓扑结构如图 7 - 10 所示。SSSC 经耦合变压器（Y/Y）串接于线路中。L、C 分别为滤波电感和滤波电容；R 为装置损耗。每相链节由 N 个 H 桥模块构成。

SSSC 一般由电压型变换器、耦合变压器、直流环节及控制系统组成，变压器串联接入电力系统，直流环节可以为电容器、直流电容、储能器等。SSSC 原理接线图如图 7 - 11 所示。

U_1是系统端电压，U_2是负荷端电压，U_S是 SSSC 的注入补偿电压，I 是线电流。

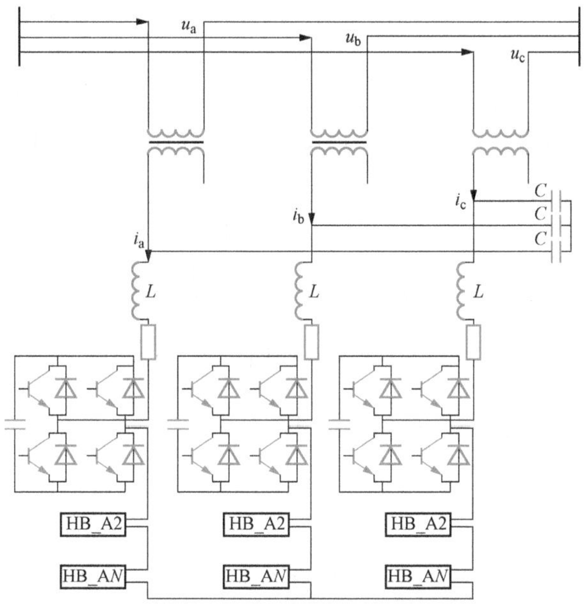

图 7-10　H 桥级联型星接 SSSC 拓扑结构

SSSC 由变流器产生一幅值和相角可控的三相正弦注入电压（它的相位在 0°～360°可调）。注入电压大小不受线路电流或系统阻抗影响，且与线路电抗压降相位相反（容性调节）或相同（感性调节），可以起到类似串联电容或串联电感的作用。容性补偿时，注入电压滞后线路电流 90°，使得线路输送功率能力提高；感性补偿时，注入电压超前线路电流 90°，减小线路输送功率，图 7-12 是含 SSSC 的简单电力系统图。

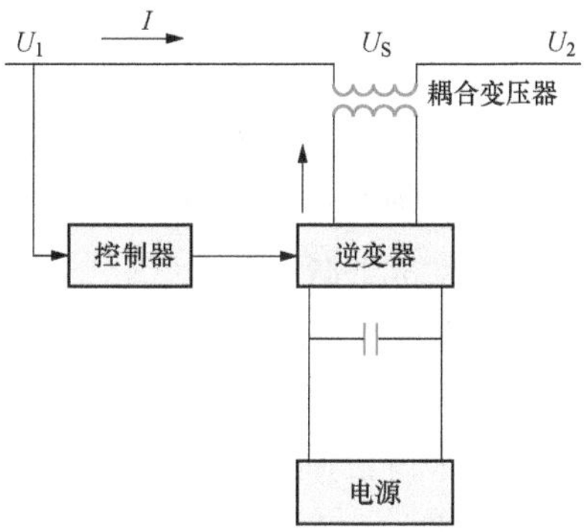

图 7-11　SSSC 原理接线图

图 7-12 是一简单电力系统，因实际系统是联网结构，对某一输电系统两端都是“电源”，所以此处采用双端等效电源表示两端系统，假设系统潮流方向是由 A→B，即U_1是发送端电压，U_2是受端电压，X_L是线路阻抗，线路中传输的有功功率、无功功率可表示为

$$\begin{cases} P=\dfrac{U_1U_2}{X_L}\sin(\delta_1-\delta_2)=\dfrac{U^2}{X_L}\sin\delta \\ Q=\dfrac{U_1U_2}{X_L}[1-\cos(\delta_1-\delta_2)]=\dfrac{U^2}{X_L}(1-\cos\delta) \end{cases} \tag{7-6}$$

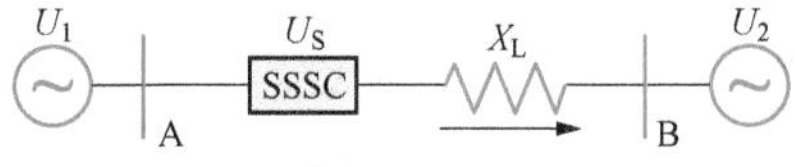

图 7-12　含 SSSC 的简单电力系统图

式中：U_1 和 δ_1 为系统电压幅值和相角；U_2 和 δ_2 为受端电压幅值和相角。简化起见，设 $\delta=\delta_1-\delta_2$，$U=U_1-U_2$。

由式（7-6）可知，只改变线路阻抗即可影响

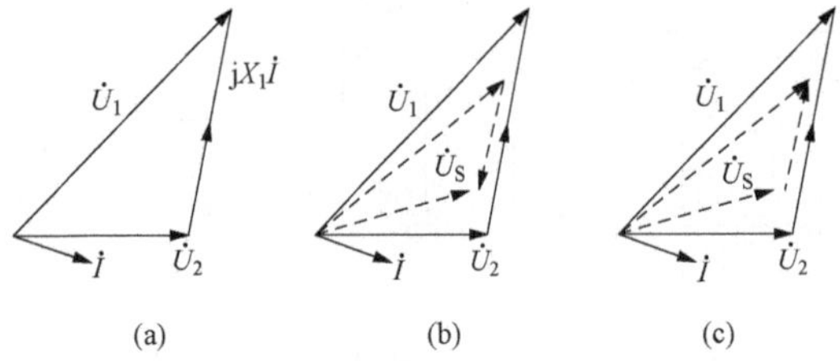

图 7-13 SSSC 补偿向量图

(a) 无补偿；(b) 容性补偿；(c) 感性补偿

系统潮流。SSSC 等效为一同步交流电源，输出电压为U_S，当 SSSC 注入的可控电压与线路电抗上的压降相位相反（容性补偿）或相同（感性补偿），可起到类似串联电容或电感的作用。即当容性补偿时有功功率随注入电压U_S幅值的增加而增加，感性补偿时则有功功率随注入电压U_S幅值增加而减小。图 7-13 给出的是 SSSC 无补偿、容性补偿、感性补偿向量图。

7.5 晶闸管控制串联电容器模型

7.5.1 TCSC 简介

晶闸管控制串联电容器（Thyristor Controlled Series Compensation，TCSC），也称为可控串联补偿，通过将电容器与晶闸管控制的串联电抗器并联，采用晶闸管相控方式来调节电抗器、电容器的等效阻抗，改变电容器、电抗器的串联补偿度，得到一个可连续快速调节的串联补偿系统。

若仅串联固定电容器补偿，不仅控制不灵活，动态响应差，而且可能会引起次同步振荡，而运用 TCSC 能够连续快速调节，有效抑制次同步振荡。同时 TCSC 可以控制线路潮流，改善线路电压分布，降低网损。对于远距离输电线路，改变电容器、电抗器的串联补偿度能够减小输电线路的阻抗，缩短电气距离，因此 TCSC 能够提高系统的输送能力和暂态稳定性，具有广阔的应用前景。

1992 年，德国西门子公司在美国西部电力局投运第一台晶闸管控制 TCSC 装置，是世界首个可以连续控制的 TCSC 装置。2003 年，我国第一套 TCSC 装置在广西平果站建成投运，承受电压等级为 500kV，固定串补度为 35%，补偿量为 350Mvar，可控串补度为 5%，补偿量为 55Mvar，是亚洲首个可控串补工程。2004 年，由中国电力科学研究院自主研制的 TCSC 装置在甘肃成碧 220kV 变电站建成投运，可控部分补偿度为 50%，是世界首套 220kV/95.4Mvar 混合复用固定和可控串补。2007 年，由国内自主研发的 TCSC 装置在黑龙江冯屯顺利投入运行，补偿容量为 652Mvar，是世界串补度最高、串补量最大的 500kV 可控串补。TCSC 作为一项具有高可靠性和经济性的电力系统调节技术，在现代电网中的应用越来越广。

7.5.2 TCSC 工作原理与数学模型

如图 7-14 所示，TCSC 的主电路由电容器、晶闸管控制的串联电抗器、金属氧化物压敏电阻器（Metal Oxide Varistor，MOV）和旁路断路器 CB 并联组成。

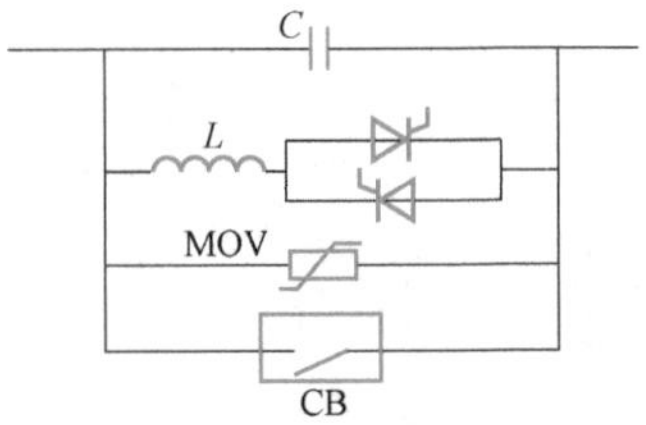

图 7-14 TCSC 主电路结构图

其中，MOV 相当于是一个非线性电阻器，跨接在电容器上，能承受较大的电流冲击，具有较快的响应速度，防止电容器上产生过电压；同时在故障情况下，它还能使电容器保持接入状态，能够提高系统的暂态稳定性。旁路断路器 CB 用来控制整个 TCSC 是否投入运行，作为电容器的二级保护，它可以在发生严重故障或设备不正常运行时将电容器旁路，使 TCSC 从线路中退出。

由于 TCSC 正常工作时 MOV 和断路器对 TCSC 装置的作用可以忽略，因此通常将 TCSC 主电路中的 MOV 和断路器删去，理想状态下 TCSC 仅由电容器和晶闸管控制的串联电抗器并联组成，简化后的主电路如图 7-15 所示。

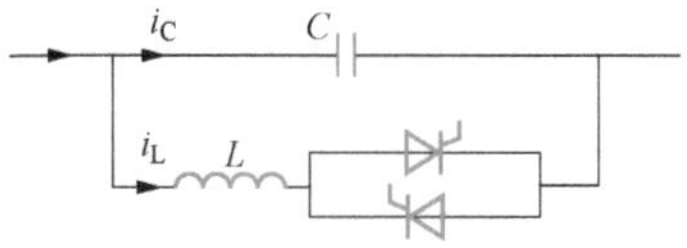

图 7-15 简化后的 TCSC 主电路结构图

TCSC 的数学表达式为

$$i = i_C + i_L = C\frac{\mathrm{d}u}{\mathrm{d}t} + i_L(0) + \frac{1}{L}\int_0^t u\mathrm{d}\xi \tag{7-7}$$

式中：u 为 TCSC 两端的电压；i 为流过 TCSC 的电流；$i_L(0)$为流过电感 L 的初始电流；u 和 i 为关联参考方向。

TCSC 通过改变晶闸管的触发角 α 来改变流过电感支路的电流，即采用晶闸管相控方式，来调节电抗器、电容器的等效阻抗，从而快速、连续平滑地调节 TCSC 的基频阻抗，为系统提供可控的串联补偿。

将 TCSC 看作固定电容器和可变电抗器并联，设电容器的阻抗值为$X_C = 1/\omega C$，电感的阻抗值为$X_L(\alpha) = X_L = \omega L$，$X_L(\alpha)$由触发角 α 决定，则 TCSC 的基波阻抗 $X_{TCSC}(\alpha)$为

$$X_{TCSC}(\alpha) = (-X_C)//X_L(\alpha) = \frac{X_C X_L(\alpha)}{X_C - X_L(\alpha)}, \alpha \in \left[0, \frac{\pi}{2}\right] \tag{7-8}$$

由式（7-8）可得，存在谐振点α_r，将$X_{TCSC}(\alpha)$分为容性和感性两个区域。由于 $\dot{I} = \dot{I}_C + \dot{I}_L$，当$|\dot{I}_C| < |\dot{I}_L|$，即$X_C > X_L$时，线路电流与电感支路电流同相位，$\dot{U}_C$领先于线路电流 90°，并联阻抗呈感性，TCSC 处于感性微调模式，此时触发角的控制范围是 $\alpha \in [90°, \alpha_r)$，相量图如图 7-16（a）所示。当$|\dot{I}_C| > |\dot{I}_L|$，即$X_C < X_L$时，线路电流与电容电流同相位，$\dot{U}_C$滞后线路电流 90°，并联阻抗呈容性，TCSC 处于容性微调模式，此时触发角的控制范围是 $\alpha \in (\alpha_r, 180°]$，相量图如图 7-16（b）所示。当$X_C = X_L$，即 $\alpha = \alpha_r$时，TCSC 会出现并联谐振，电路等效阻抗为无穷大，对外电路来说相当于开路，这种情况对于 TCSC 运行是不可接受的。

经过推导可得，TCSC 的稳态基频阻抗$X_{TCSC}(\alpha)$表达式为α_r

$$X_{TCSC} = \frac{1}{\omega C} - \frac{k^2(2\beta + \sin 2\beta)}{\pi\omega C(k^2 - 1)} + \frac{4k^2\cos^2\beta}{\pi\omega C(k^2 - 1)^2}(k\tan k\beta - \tan\beta) \tag{7-9}$$

式中：$\beta = \pi - \alpha$；$k = \omega_0/\omega$；ω 为基波角频率；ω_0 为自然谐振频率，$\omega_0 = 1/\sqrt{LC}$。

对应的X_{TCSC}-α 曲线如图 7-17 所示。

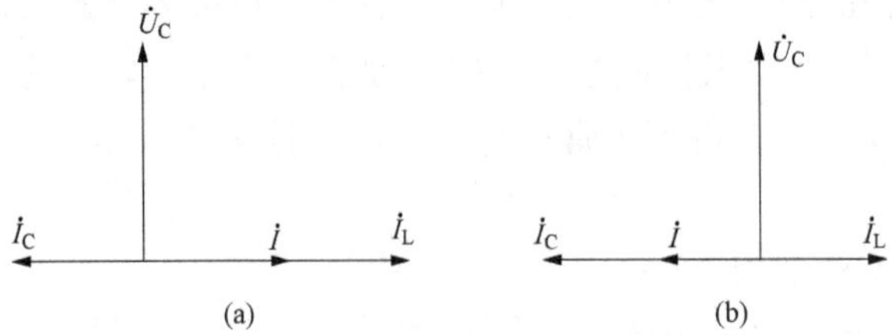

图 7-16　TCSC 主电路结构图

(a) $I_C<I_L$的相量图；(b) $I_C>I_L$的相量图

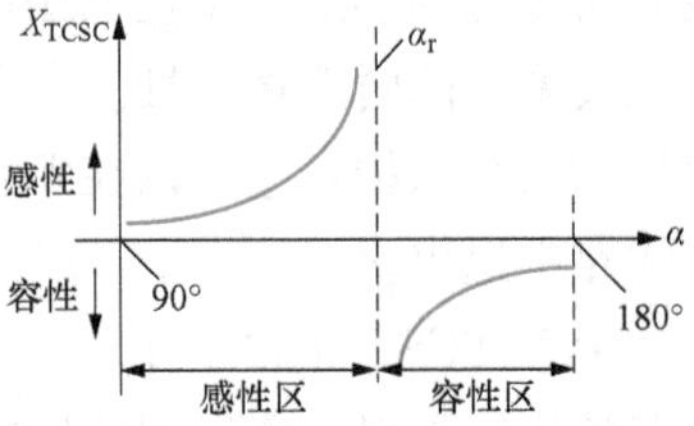

图 7-17　TCSC 稳态阻抗与触发延迟角关系示意图

TCSC 有四种运行模式：闭锁模式、旁路模式、容性微调模式和感性微调模式。

（1）闭锁模式：晶闸管始终处于关断状态，晶闸管支路相当于开路，TCSC 相当于固定的串联电容器。TCSC 的阻抗等于固定电容的容抗。TCSC 在投入前必先运行于该模式，是 TCSC 运行的最基本模式。

（2）旁路模式：晶闸管全导通，电容器被旁路，TCSC 阻抗呈小感抗。该模式通常在系统故障期间运行，以减小故障电流、减少 MOV 所吸收的能量、保护电容器。

（3）容性微调模式：TCSC 通常运行在该模式，此时可控串补的容抗值大于基本容抗值，小于最大值，且容抗值连续可调。可通过调节容抗值，在稳态运行时优化系统潮流分布，降低网损；同时可提高系统暂态稳定性，抑制系统振荡。

（4）感性微调模式：TCSC 呈现为一连续可调的感性电抗，此模式下的电容电压波形畸变比较严重，谐波分量较大，但线路电流的波形仍基本呈正弦。

为了使 TCSC 在工程应用中获得所需的补偿电压和工作特性，实际装置中需要将这些基本补偿装置串联起来，形成工程上可用的设备。

7.6　统一潮流控制器模型

7.6.1　UPFC 简介

统一潮流控制器（United Power Flow Controller，UPFC），是一种串并联结合的双向变流器，它基于 STATCOM 和 SSSC，联合了 STATCOM 较强的无功补偿、节点电压维持能力和 SSSC 较强的线路电压补偿、线路潮流控制能力，并通过背靠背的公共直流母线连接形式将两者有效结合起来，实现对线路多功能的综合控制，是柔性交流输电系统中最具有实际应用价值的装置。

UPFC 主要有四大功能：调节线路母线或节点电压幅值、调节线路电压相角差、线路串联补偿和既能调节母线或节点电压幅值，又能实现相位调节或串联补偿。

7.6.2　UPFC 工作原理与数学模型

UPFC 的结构如图 7-18 所示，其中逆变器 VSC1 通过耦合变压器与输电线路并联，功能类似于 STATCOM；逆变器 VSC2 通过一个交接变压器串联接入输电线路，功能类似于 SSSC。两个逆变器通过共用的直流母线连接成背靠背的形式，共用一组直流母线电容，这种拓扑结构能实现两个逆变器交流端之间的有功功率双向流动，同时每个逆变器都可以在其交流输出端发出感性或容性无功功率。

逆变器 VSC2 通过串联在输电线路中的变压器向电网注入幅值和相位可调的电压，相当于一个基频交流同步电压源，从而实现对线路有功和无功功率的准确调节，同时可以提高线路输送能力。

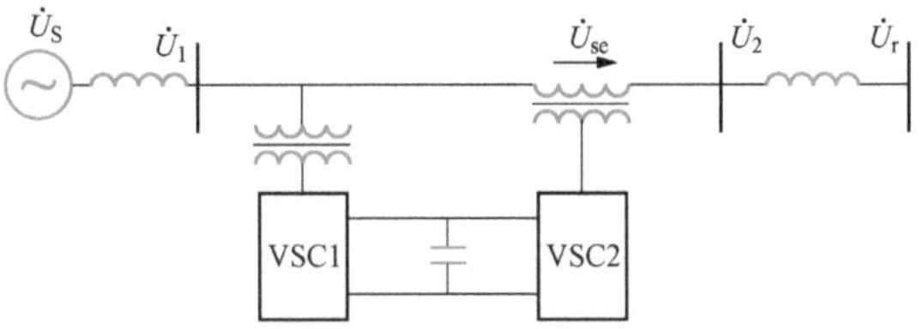

图 7-18　UPFC 拓扑结构图

逆变器 VSC1 的主要功能有两点：一是进行有功调节，通过从电网上吸收有功功率来维持直流侧电容电压的恒定，提供逆变器 VSC2 与电网发生功率交换所需的有功功率。二是进行无功调节，能够产生或吸收可控的无功功率，为线路提供独立的并联无功补偿。

UPFC 等值电路如图 7-19 所示。

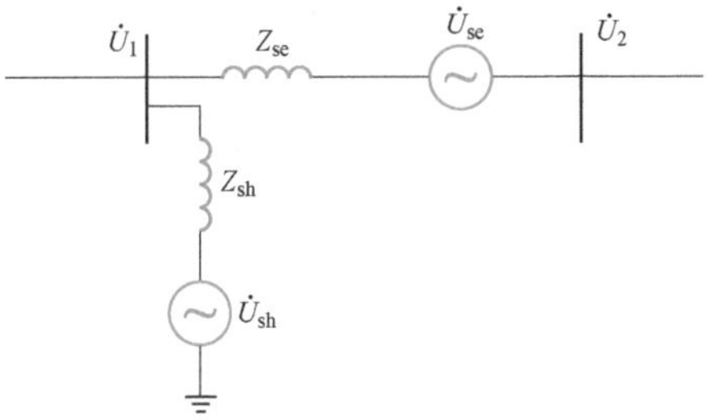

图 7-19　UPFC 等值电路图

UPFC 的数学表达式为

$$\dot{U}_1 = \dot{U}_2 + \dot{U}_{se} + \dot{I}_{se} Z_{se} = \dot{U}_{sh} + \dot{I}_{sh} Z_{sh} \tag{7-10}$$

式中：Z_{sh}和Z_{se}分别为并联和串联变压器的阻抗；$\dot{U}_{sh} = U_{sh}\angle\theta_{sh}$为并联电压源；$\dot{U}_{se} = U_{se}\angle\theta_{se}$为串联电压源；$\dot{I}_{sh}$为并联电流；$\dot{I}_{se}$为串联电流；有功功率 $P_{sh} + P_{se} = 0$。

UPFC 四大功能：电压调节功能，串联补偿电压$\dot{U}_{se}$与线路电压方向相同或相反时，UPFC 只调节电压的大小，不改变电压相位；串联补偿功能，补偿电压$\dot{U}_{se}$与线路电流垂直，有功功率交换为 0；相角补偿功能，不改变电压的大小，只改变电压相角，相当于移相器；多功能潮流控制，根据系统需要改变电压大小和相位。

7.7　本 章 小 结

FACTS 采用电力电子装置和控制技术对系统主要参数进行灵活控制，增强系统传输能力，保证电能质量，并增强系统稳定性和安全性。本章先后介绍了 FACTS 装置中的 SVC、STATCOM、SSSC、TCSC、UPFC 的结构和工作原理，实际工程中可根据需求采用不同装置。

第 8 章

高压直流输电系统模型

8.1 引　　言

我国能源资源与负荷需求逆向分布，具备远距离大容量输电技术优势的电网换相换流器高压直流输电（Line Commutated Converter based High Voltage Direct Current，LCC - HVDC）系统已经在国内外得到了广泛工程应用，成为能源规模化外送和大范围配置的主要输电方式。近年来，模块化多电平换流器的高压直流输电（Modular Multilevel Converter based HVDC，MMC - HVDC）系统，因其具有模块化设计、谐波含量低、损耗小等技术优势，在电网异步互联、跨区域电力输送、新能源规模化送出、孤岛和弱系统供电等领域得到了广泛关注和工程应用。

直流输电技术已经并将继续在电力能源输送和大范围配置中发挥不可替代的作用，因此保障其稳定运行是国民经济和社会发展的重大需求。然而，不同类型直流输电系统具有换流器类型多样、运行工况多变、耦合机理复杂等特点，在联接弱交流电网、参数配置不合理、协同运行机制缺乏等情况下，可能出现耦合振荡失稳现象，给电网的安全稳定运行带来威胁。

为了探究交直流混联系统之间的相互作用机理及耦合振荡模式，针对传统直流输电模型，采用模块化建模方法，将 LCC 换流站划分为换流器、交直流系统及控制系统 3 个基本单元，对 3 个基本单元的动态模型分别进行描述。针对柔性直流输电模型，首先采用模块化建模方法，将 VSC 换流站划分为换流器、交流系统及控制系统 3 个基本单元，建立了两电平 VSC - HVDC 系统的动态模型；其次考虑了能够详细地反映 MMC 内部复杂的谐波动态过程（即子模块电容电压波动、桥臂环流及考虑环流抑制器的控制效果）的换流器模型与包含环流抑制的控制系统模型，构建了 MMC - HVDC 系统的动态模型。高压直流输电系统动态模型的建立为探讨主电路和控制环节对系统稳定性的影响规律，揭示系统振荡模式及模态特征，为新型电力系统研究提供了模型基础。

8.2 常规直流输电模型

8.2.1 LCC - HVDC 系统的动态模型

LCC - HVDC 系统的结构示意图如图 8 - 1（a）所示，整流侧和逆变侧均采用基于晶闸管器件的 12 脉动 LCC 换流器，图 8 - 1（b）为系统等效电路图。

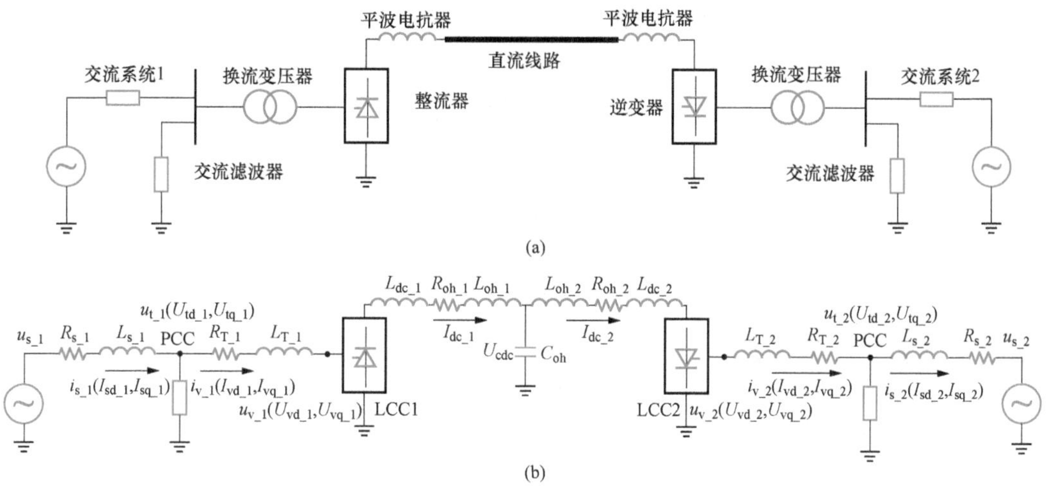

图 8 - 1　LCC - HVDC 系统的结构图

（a）示意图；（b）等效电路图

其中，$u_{s\_1}(u_{s\_2})$ 为整流侧（逆变侧）交流系统电压；$R_{s\_1}(R_{s\_2})$、$L_{s\_1}(L_{s\_2})$ 分别为整流侧（逆变侧）交流电源的等值电阻和电感；$i_{s\_1}(i_{s\_2})$ 为整流侧（逆变侧）交流系统的电流；$u_{t\_1}(u_{t\_2})$ 为整流侧（逆变侧）系统交流母线电压，即公共连接点（Point of Common Coupling，PCC）电压，锁相环（Phase Locked Loop，PLL）通过跟踪 PCC 电压为 LCC 系统提供参考相位；$R_{T\_1}(R_{T\_2})$、$L_{T\_1}(L_{T\_2})$ 分别为整流侧（逆变侧）换流变压器的等值电阻和电感；$i_{v\_1}(i_{v\_2})$ 为整流侧（逆变侧）LCC 换流器出口侧的交流电流；$u_{v\_1}(u_{v\_2})$ 为整流侧（逆变侧）LCC 换流器出口侧的交流电压，$L_{dc\_1}(L_{dc\_2})$ 为整流侧（逆变侧）平波电抗器的电感值，直流线路等效为 T 型结构。

8.2.2　换流器模型

基于 LCC - HVDC 系统的工作原理，其交直流侧的电压、电流关系可由式（8 - 1）描述

$$\begin{cases} i_{va} = I_{dc}S_{ai} \\ i_{vb} = I_{dc}S_{bi} \\ i_{vc} = I_{dc}S_{ci} \end{cases} \tag{8-1}$$

$$U_{dc} = u_{va}S_{au} + u_{vb}S_{bu} + u_{vc}S_{cu}$$

式中：i_{va}、i_{vb}、i_{vc}为换流器出口侧的交流电流；I_{dc}为直流电流；S_{ai}、S_{bi}、S_{ci}为直流电流与交流三相电流之间的开关函数；同理，u_{va}、u_{vb}、u_{vc}为换流器出口侧的交流电压；U_{dc}为直流电压；S_{au}、S_{bu}、S_{cu}为交流三相电压与直流电压之间的开关函数。

整流站开关函数表达式如式（8 - 2）所示，逆变站开关函数表达式如式（8 - 3）所示。

$$\begin{cases}S_{a,u/i}=A_{u/i}\cos(\omega t-\varphi)\\S_{b,u/i}=A_{u/i}\cos\left(\omega t-\varphi-\dfrac{2}{3}\pi\right)\\S_{c,u/i}=A_{u/i}\cos\left(\omega t-\varphi+\dfrac{2}{3}\pi\right)\end{cases}\tag{8-2}$$

$$\begin{cases}S_{a,u/i}=A_{u/i}\cos(\omega t+\varphi)\\S_{b,u/i}=A_{u/i}\cos\left(\omega t+\varphi-\dfrac{2}{3}\pi\right)\\S_{c,u/i}=A_{u/i}\cos\left(\omega t+\varphi+\dfrac{2}{3}\pi\right)\end{cases}\tag{8-3}$$

式中：φ 为系统功率因数角。

A_u、A_i为 LCC 换流器换相过程的电压、电流修正系数为

$$\begin{cases}A_u=\dfrac{2\sqrt{3}}{\pi}\cos\left(\dfrac{\mu}{2}\right)\\A_i=\dfrac{2\sqrt{3}}{\pi}\dfrac{\sin\left(\dfrac{\mu}{2}\right)}{\dfrac{\mu}{2}}\end{cases}\tag{8-4}$$

式中：μ 为换相重叠角。

建立换流站的状态空间模型主要用于求解其在系统交流侧的等效电流源，即换流器出口侧的交流电流 i_v。该电流可通过对式（8-1）进行 dq 变换求得，整流站换流器出口侧的交流电流（I_{vd_1}，I_{vq_1}）表达式如式（8-5）所示，逆变站换流器出口侧的交流电流表达式（I_{vd_2}，I_{vq_2}）如式（8-6）所示。

$$\begin{cases}I_{vd\_1}=2I_{dc\_1}A_i\cos(-\varphi)\\I_{vq\_1}=-2I_{dc\_1}A_i\sin(-\varphi)\end{cases}\tag{8-5}$$

$$\begin{cases}I_{vd\_2}=2I_{dc\_2}A_i\cos\varphi\\I_{vq\_2}=-2I_{dc\_2}A_i\sin\varphi\end{cases}\tag{8-6}$$

8.2.3 交直流系统模型

8.2.3.1 交流系统

（1）交流电源。由图 8-1 可知，交流电源由交流电压源和等效戴维南阻抗等值，本章并不针对发电机进行建模，仅采用了等值交流系统模型。根据图 8-1（b）所示的 LCC 系统等效电路图，可得系统等值交流电源在 dq 坐标系下的状态空间方程，以逆变侧电流参考方向为例，交流系统模型可以表示为

$$L_s\frac{d}{dt}\begin{bmatrix}I_{sd}\\I_{sq}\end{bmatrix}=\begin{bmatrix}U_{td}\\U_{tq}\end{bmatrix}-\begin{bmatrix}U_{sd}\\U_{sq}\end{bmatrix}+\omega L_s\begin{bmatrix}-I_{sq}\\I_{sd}\end{bmatrix}-R_s\begin{bmatrix}I_{sd}\\I_{sq}\end{bmatrix}\tag{8-7}$$

式中：I_{sd}、I_{sq}为交流电流 i_s的 d、q 轴电流分量；U_{sd}、U_{sq}为交流系统电压 u_s的 d、q 轴分量。

假设 u_s的表达式如式（8-8），则 U_{sd}、U_{sq}可用式（8-9）表示

$$u_s=V_m\cos(\omega_0 t+\alpha_0)\tag{8-8}$$

$$\begin{cases} U_{\mathrm{sd}} = V_{\mathrm{m}}\cos[\theta-(\omega_0 t+\alpha_0)] \\ U_{\mathrm{sq}} = V_{\mathrm{m}}\sin[(\omega_0 t+\alpha_0)-\theta] \end{cases} \tag{8-9}$$

式中：α_0为交流 PCC 母线电压与系统电压之间的相角差。

（2）交流滤波器。图 8-2 中所示的交流滤波器具体结构与 CIGRE 标准测试模型中的交流滤波器相同，且整流站与逆变站交流滤波器结构相同（参数不同），具体如图8-2所示。

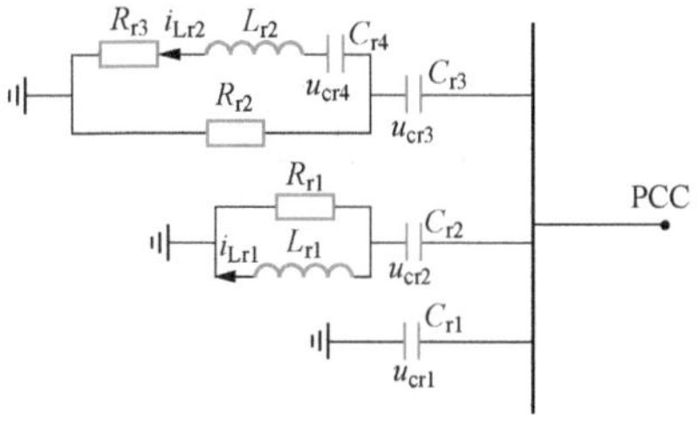

图 8-2　交流滤波器结构

因整流站与逆变站交流滤波器结构相同，其相应的状态空间方程形式也相同，如式（8-10）所示

$$\begin{cases}
C_{\mathrm{r1}}\dfrac{\mathrm{d}}{\mathrm{d}t}\begin{bmatrix}U_{\mathrm{td}}\\U_{\mathrm{tq}}\end{bmatrix} = \begin{bmatrix}I_{\mathrm{vd}}\\I_{\mathrm{vq}}\end{bmatrix} - \begin{bmatrix}I_{\mathrm{sd}}\\I_{\mathrm{sq}}\end{bmatrix} - \left(\begin{bmatrix}I_{\mathrm{Lr1d}}\\I_{\mathrm{Lr1q}}\end{bmatrix} + \begin{bmatrix}(U_{\mathrm{td}}-U_{\mathrm{cr2d}})/R_{\mathrm{r1}}\\(U_{\mathrm{tq}}-U_{\mathrm{cr2q}})/R_{\mathrm{r1}}\end{bmatrix}\right) - \\
\qquad \left(\begin{bmatrix}I_{\mathrm{Lr2d}}\\I_{\mathrm{Lr2q}}\end{bmatrix} + \begin{bmatrix}(U_{\mathrm{td}}-U_{\mathrm{cr3d}})/R_{\mathrm{r2}}\\(U_{\mathrm{tq}}-U_{\mathrm{cr3q}})/R_{\mathrm{r2}}\end{bmatrix}\right) + \omega C_{\mathrm{r1}}\begin{bmatrix}-U_{\mathrm{tq}}\\U_{\mathrm{td}}\end{bmatrix} \\
C_{\mathrm{r2}}\dfrac{\mathrm{d}}{\mathrm{d}t}\begin{bmatrix}U_{\mathrm{cr2d}}\\U_{\mathrm{cr2q}}\end{bmatrix} = \begin{bmatrix}I_{\mathrm{Lr1d}}\\I_{\mathrm{Lr1q}}\end{bmatrix} + \begin{bmatrix}(U_{\mathrm{td}}-U_{\mathrm{cr2d}})/R_{\mathrm{r1}}\\(U_{\mathrm{tq}}-U_{\mathrm{cr2q}})/R_{\mathrm{r1}}\end{bmatrix} + \omega C_{\mathrm{r2}}\begin{bmatrix}-U_{\mathrm{cr2q}}\\U_{\mathrm{cr2d}}\end{bmatrix} \\
L_{\mathrm{r1}}\dfrac{\mathrm{d}}{\mathrm{d}t}\begin{bmatrix}I_{\mathrm{Lr1d}}\\I_{\mathrm{Lr1q}}\end{bmatrix} = \begin{bmatrix}U_{\mathrm{td}}\\U_{\mathrm{tq}}\end{bmatrix} - \begin{bmatrix}U_{\mathrm{cr2d}}\\U_{\mathrm{cr2q}}\end{bmatrix} + \omega L_{\mathrm{r1}}\begin{bmatrix}-I_{\mathrm{Lr1q}}\\I_{\mathrm{Lr1d}}\end{bmatrix} \\
C_{\mathrm{r3}}\dfrac{\mathrm{d}}{\mathrm{d}t}\begin{bmatrix}U_{\mathrm{cr3d}}\\U_{\mathrm{cr3q}}\end{bmatrix} = \begin{bmatrix}I_{\mathrm{Lr2d}}\\I_{\mathrm{Lr2q}}\end{bmatrix} + \begin{bmatrix}(U_{\mathrm{td}}-U_{\mathrm{cr3d}})/R_{\mathrm{r2}}\\(U_{\mathrm{tq}}-U_{\mathrm{cr3q}})/R_{\mathrm{r2}}\end{bmatrix} + \omega C_{\mathrm{r3}}\begin{bmatrix}-U_{\mathrm{cr3q}}\\U_{\mathrm{cr3d}}\end{bmatrix} \\
C_{\mathrm{r4}}\dfrac{\mathrm{d}}{\mathrm{d}t}\begin{bmatrix}U_{\mathrm{cr4d}}\\U_{\mathrm{cr4q}}\end{bmatrix} = \begin{bmatrix}I_{\mathrm{Lr2d}}\\I_{\mathrm{Lr2q}}\end{bmatrix} + \omega C_{\mathrm{r4}}\begin{bmatrix}-U_{\mathrm{cr4q}}\\U_{\mathrm{cr4d}}\end{bmatrix} \\
L_{\mathrm{r2}}\dfrac{\mathrm{d}}{\mathrm{d}t}\begin{bmatrix}I_{\mathrm{Lr2d}}\\I_{\mathrm{Lr2q}}\end{bmatrix} = \begin{bmatrix}U_{\mathrm{td}}\\U_{\mathrm{tq}}\end{bmatrix} - \begin{bmatrix}U_{\mathrm{cr3d}}\\U_{\mathrm{cr3q}}\end{bmatrix} - \begin{bmatrix}U_{\mathrm{cr4d}}\\U_{\mathrm{cr4q}}\end{bmatrix} - R_{\mathrm{r3}}\begin{bmatrix}I_{\mathrm{Lr2d}}\\I_{\mathrm{Lr2q}}\end{bmatrix} + \omega L_{\mathrm{r2}}\begin{bmatrix}-I_{\mathrm{Lr2q}}\\I_{\mathrm{Lr2d}}\end{bmatrix}
\end{cases} \tag{8-10}$$

8.2.3.2　直流系统

如图 8-1 所示，直流线路采用集中参数模型，具体等效为 T 型结构，根据图 8-1 线路结构，可列写直流系统状态空间方程为

$$\begin{cases}
(L_{\mathrm{dc_1}}+L_{\mathrm{oh_1}})\dfrac{\mathrm{d}I_{\mathrm{dc_1}}}{\mathrm{d}t} = U_{\mathrm{dc_1}} - U_{\mathrm{cdc}} - R_{\mathrm{oh_1}}I_{\mathrm{dc_1}} \\
C_{\mathrm{oh}}\dfrac{\mathrm{d}U_{\mathrm{cdc}}}{\mathrm{d}t} = I_{\mathrm{dc_1}} - I_{\mathrm{dc_2}} \\
(L_{\mathrm{dc_2}}+L_{\mathrm{oh_2}})\dfrac{\mathrm{d}I_{\mathrm{dc_2}}}{\mathrm{d}t} = U_{\mathrm{cdc}} - U_{\mathrm{dc_2}} - R_{\mathrm{oh_2}}I_{\mathrm{dc_2}}
\end{cases} \tag{8-11}$$

式中：$L_{\mathrm{oh\_1}}$（$L_{\mathrm{oh\_2}}$）为整流侧（逆变侧）线路等效电感；$R_{\mathrm{oh\_1}}$（$R_{\mathrm{oh\_2}}$）为整流侧（逆变侧）线路等效电阻；C_{oh}为线路等效电容；U_{cdc}为直流线路等效电容电压；$U_{\mathrm{dc\_1}}$（$U_{\mathrm{dc\_2}}$）为整流站（逆变站）出口直流电压。

U_{dc_1}表示为

$$U_{dc\_1}=2\left(\frac{3\sqrt{2}}{\pi}\right)\frac{U_{t\_1}}{T_{r\_1}}\cos\varphi_1 \tag{8-12}$$

式中：T_{r_1}为整流站变压器的变比；φ_1为整流侧系统功率因数角；U_{t_1}为整流侧交流母线电压有效值，可由交流电压 d 轴分量U_{td_1}和 q 轴分量U_{tq_1}得到，见式（8-13）。

$$U_{t\_1}=\sqrt{3/2(U_{td\_1}^2+U_{tq\_1}^2)} \tag{8-13}$$

同理，逆变站出口直流电压也可由式（8-14）得到。

$$U_{dc\_2}=2\left(\frac{3\sqrt{2}}{\pi}\right)\frac{U_{t\_2}}{T_{r\_2}}\cos\varphi_2 \tag{8-14}$$

式中：T_{r_2}为逆变站变压器的变比；φ_2为逆变侧系统功率因数角；U_{t_2}为逆变侧交流母线电压有效值。

8.2.4 控制系统模型

8.2.4.1 锁相环 PLL

PLL 环节的控制原理可等效为图 8-3 所示的结构框图。

其相应的状态空间方程为

$$\begin{cases}\dfrac{d\theta}{dt}=\omega\\[2mm]\dfrac{d\omega}{dt}=-K_{pPLL}\dfrac{dU_{tq}}{dt}-K_{iPLL}U_{tq}\end{cases} \tag{8-15}$$

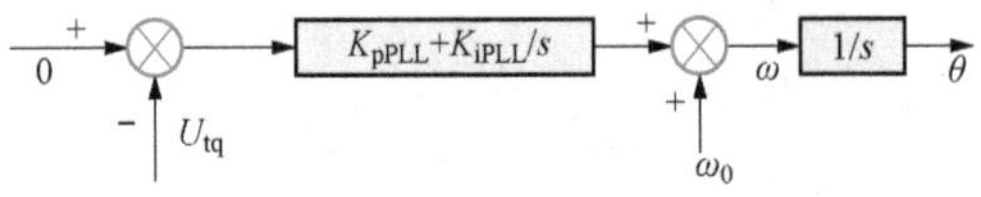

图 8-3 PLL 结构

式中：ω、θ 分别为 PLL 环节输出的角频率和相位；U_{tq}为交流母线电压 u_t的 d、q 轴分量；K_{pPLL}、K_{iPLL}分别为 PLL 环节的比例与积分增益。

8.2.4.2 整流侧控制器

当整流站采用 CIGRE 标准测试模型的定直流电流控制方式时，其控制原理如图 8-4 所示。

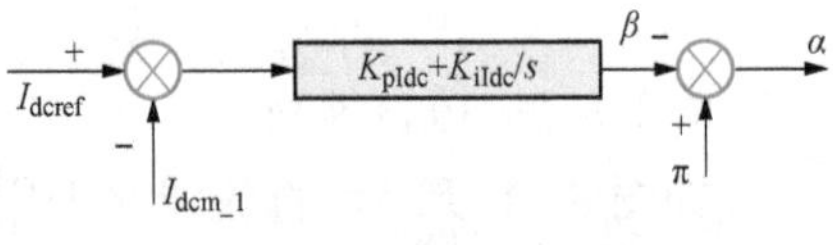

图 8-4 整流站定直流电流控制器

其中，I_{dcref}为定电流控制器的参考值；I_{dcm_1}为整流站直流电流的测量值；K_{pIdc}与K_{iIdc}分别为定电流 PI 控制器的比例与积分增益。

对于定电流控制系统，其相应的状态空间方程为

$$\begin{cases}\dfrac{dx_{1\_1}}{dt}=I_{dcref}-I_{dcm\_1}\\[2mm]\pi-\alpha=K_{pIdc}\dfrac{dx_{1\_1}}{dt}+K_{iIdc}x_{1\_1}\end{cases} \tag{8-16}$$

定电流控制器的输入信号 I_{dcm_1}由 LCC-HVDC 系统的直流电流 I_{dc_1}经过一阶惯性环节（测量环节）得到，其相应的状态空间方程为

$$T_{mIdc}\frac{dI_{dcm\_1}}{dt}=I_{dc\_1}-I_{dcm\_1} \tag{8-17}$$

式中：T_{mIdc}为一阶惯性环节的时间常数。

8.2.4.3 逆变侧控制器

（1）定直流电压控制器。当逆变站采用定直流电压控制时，其控制原理如图8-5所示。

其中，U_{dcref}为定电压控制器的参考值；U_{dcm_2}为逆变站直流电压的测量值；K_{pUdc}与K_{iUdc}分别为定直流电压PI控制器的比例与积分增益。

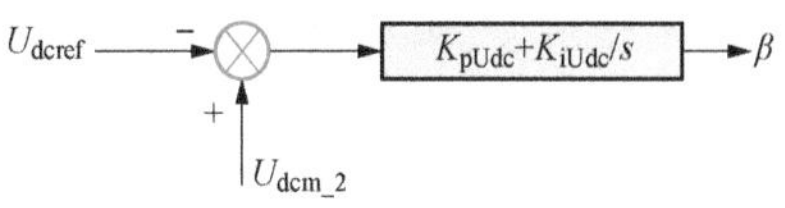

图8-5 逆变站定直流电压控制器

对于定直流电压控制系统，其相应的状态空间方程为

$$\begin{cases}\dfrac{\mathrm{d}x_{1\_2}}{\mathrm{d}t}=U_{dcm\_2}-U_{dcref}\\\beta=K_{pUdc}\dfrac{\mathrm{d}x_{1\_2}}{\mathrm{d}t}+K_{iUdc}x_{1\_2}\end{cases}\tag{8-18}$$

定电压控制器的输入信号U_{dcm_2}由LCC-HVDC系统的逆变站直流电压U_{dc_2}经过一阶惯性环节得到，其相应的状态空间方程为

$$T_{mUdc}\frac{\mathrm{d}U_{dcm\_2}}{\mathrm{d}t}=U_{dc\_2}-U_{dcm\_2}\tag{8-19}$$

式中：T_{mUdc}为一阶惯性环节的时间常数。

（2）定关断角控制器。当逆变站采用定关断角控制方式时，其控制原理如图8-6所示。

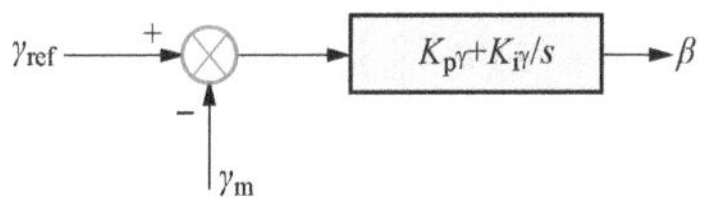

图8-6 逆变站定关断角控制器

其相应的状态空间方程为

$$\begin{cases}\dfrac{\mathrm{d}x_{1\_2}}{\mathrm{d}t}=\gamma_{ref}-\gamma_m=e_\gamma\\\beta=K_{p\gamma}\dfrac{\mathrm{d}x_{1\_2}}{\mathrm{d}t}+K_{i\gamma}x_{1\_2}\end{cases}\tag{8-20}$$

式中：γ_{ref}为定关断角控制器的参考值；γ_m为系统关断角的测量值；$K_{p\gamma}$与$K_{i\gamma}$分别为定关断角PI控制器的比例与积分增益。

定关断角控制器的输入信号γ_m由LCC-HVDC系统的关断角γ经过一阶惯性环节得到，其相应的状态空间方程为

$$T_{m\gamma}\frac{\mathrm{d}\gamma_m}{\mathrm{d}t}=\gamma-\gamma_m\tag{8-21}$$

式中：$T_{m\gamma}$为一阶惯性环节的时间常数。

基于上述动态模型，进行线性化后可得到相应的小信号模型，如式（8-22）所示

$$\frac{\mathrm{d}\Delta\boldsymbol{X}}{\mathrm{d}t}=\boldsymbol{A}\Delta\boldsymbol{X}+\boldsymbol{B}\Delta\boldsymbol{U}\tag{8-22}$$

对于整流站采用定电流控制，逆变站采用定关断角控制的LCC-HVDC系统，式（8-22）中的状态变量$\boldsymbol{X}=[U_{td_1}$，U_{tq_1}，U_{cr2d_1}，U_{cr2q_1}，U_{cr3d_1}，U_{cr3q_1}，U_{cr4d_1}，U_{cr4q_1}，I_{Lr1d_1}，I_{Lr1q_1}，I_{Lr2d_1}，I_{Lr2q_1}，I_{sd_1}，I_{sq_1}，x_{1_1}，I_{dcm_1}，$\theta_{\_1}$，$\omega_{\_1}$，

I_{dc_1}，U_{cdc}，I_{dc_2}，U_{td_2}，U_{tq_2}，U_{cr2d_2}，U_{cr2q_2}，U_{cr3d_2}，U_{cr3q_2}，U_{cr4d_2}，U_{cr4q_2}，I_{Lr1d_2}，I_{Lr1q_2}，I_{Lr2d_2}，I_{Lr2q_2}，I_{sd_2}，I_{sq_2}，x_{1_2}，g_m，$\theta_{\_2}$，$\omega_{\_2}]^T$，输入变量 $\boldsymbol{U}=[I_{dcref}, g_{ref}]^T$。

而对于整流站采用定电流控制，逆变站采用定直流电压控制的 LCC - HVDC 系统，状态变量 $\boldsymbol{X}=[U_{td\_1}$，U_{tq_1}，U_{cr2d_1}，U_{cr2q_1}，U_{cr3d_1}，U_{cr3q_1}，U_{cr4d_1}，U_{cr4q_1}，I_{Lr1d_1}，I_{Lr1q_1}，I_{Lr2d_1}，I_{Lr2q_1}，I_{sd_1}，I_{sq_1}，x_{1_1}，I_{dcm_1}，$\theta_{\_1}$，$\omega_{\_1}$，I_{dc_1}，U_{cdc}，I_{dc_2}，U_{td_2}，U_{tq_2}，U_{cr2d_2}，U_{cr2q_2}，U_{cr3d_2}，U_{cr3q_2}，U_{cr4d_2}，U_{cr4q_2}，I_{Lr1d_2}，I_{Lr1q_2}，I_{Lr2d_2}，I_{Lr2q_2}，I_{sd_2}，I_{sq_2}，x_{1_2}，U_{dcm_2}, $\theta_{\_2}$，$\omega_{\_2}]^T$；输入变量 $\boldsymbol{U}=[I_{dcref}, U_{dcref}]^T$。

8.3 柔性直流输电模型

本节针对已投运柔性直流输电工程中所采用的两种电压源型换流器，即两电平换流器和模块化多电平换流器，分别介绍了两种 VSC 连接有源交流网络时的动态模型及线性化小信号模型。为了提高模型的灵活性与通用性，采用模块化建模方法，将 VSC 换流站划分为换流器、交流系统及控制系统 3 个基本单元；考虑 VSC 整流站与逆变站的数学模型基本相同，本节以单端 VSC 系统为例，对上述 3 个基本单元的动态模型分别展开具体的描述。

8.3.1 两电平 VSC - HVDC 系统的动态模型

单端两电平 VSC 联接交流系统的单相等效电路如图 8 - 7 所示，其中，u_s为交流系统线电压；R_s、L_s分别为交流系统的等效电阻和电感；i_s为流过交流系统的相电流；u_t为交流侧公共连接点处的电压；R_T、L_T 分别为联接变压器的等效损耗电阻和电感；C_f为交流滤波器的等值电容；i_{cf}为流经滤波电容的电流；i_v为流过联接变压器支路的相电流；u_v为换流器的交流侧输出电压；α 、δ 则分别表示 u_s与 u_t之间、u_v与 u_t之间的相角差；C 表示两电平 VSC 直流侧电容；U_{dc}、I_{dc}则分别为直流电压、直流电流。

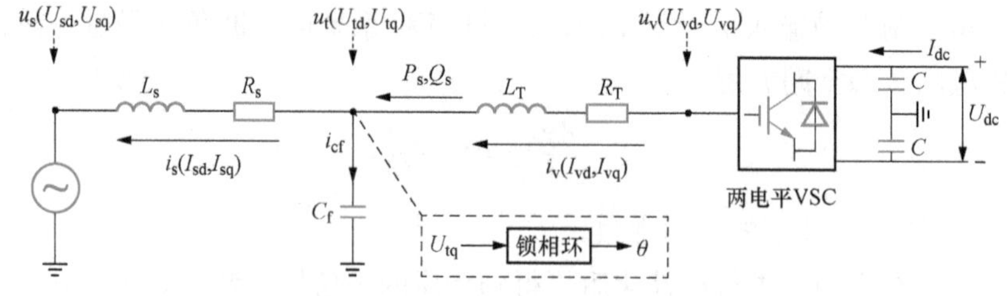

图 8 - 7　单端两电平 VSC 联接交流系统的单相等效电路图

8.3.1.1　换流器模型

两电平换流器的等效电路结构如图 8 - 8 所示，图中 j=a、b、c 分别表示交流系统的三相。

根据基尔霍夫电压定律（即 KVL），在交流侧针对每相电路均可列出

$$u_v - u_t = R_T i_v + L_T \frac{di_v}{dt} \tag{8-23}$$

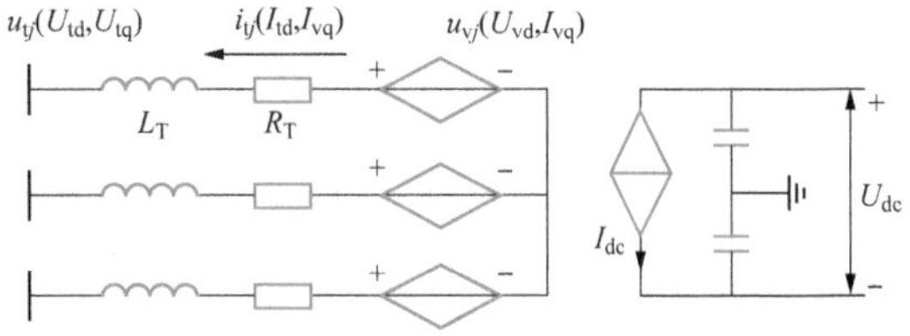

图 8-8　两电平换流器的等效电路图

将式（8-23）变换到 dq 坐标系下，即可得到动态模型

$$L_T \frac{d}{dt}\begin{bmatrix} I_{vd} \\ I_{vq} \end{bmatrix} = \begin{bmatrix} U_{vd} \\ U_{vq} \end{bmatrix} - \begin{bmatrix} U_{td} \\ U_{tq} \end{bmatrix} + \omega L_T \begin{bmatrix} -I_{vq} \\ I_{vd} \end{bmatrix} - R_T \begin{bmatrix} I_{vd} \\ I_{vq} \end{bmatrix} \tag{8-24}$$

其中，换流器交流侧输出的等效电压 U_{vd}、U_{vq} 可以通过后续内容中控制系统的数学模型［如式（8-31）所示］求取。

8.3.1.2　交流系统模型

如图 8-7 所示，交流系统等效为电压源串联等效阻抗的方式；此外，为了便于描述，将交流侧滤波器的等值电容 C_f 一并归入交流系统中。

根据基尔霍夫电压、电流定律（即 KVL、KCL），交流系统的动态特性可描述为

$$\begin{cases} u_t - u_s = i_s R_s + L_s \dfrac{di_s}{dt} \\ C_f \dfrac{du_t}{dt} = i_v - i_s \end{cases} \tag{8-25}$$

将式（8-25）变换到 dq 坐标系下，即可得到交流系统的动态模型

$$\begin{cases} L_s \dfrac{d}{dt}\begin{bmatrix} I_{sd} \\ I_{sq} \end{bmatrix} = \begin{bmatrix} U_{td} \\ U_{tq} \end{bmatrix} - \begin{bmatrix} U_{sd} \\ U_{sq} \end{bmatrix} + \omega L_s \begin{bmatrix} -I_{sq} \\ I_{sd} \end{bmatrix} - R_s \begin{bmatrix} I_{sd} \\ I_{sq} \end{bmatrix} \\ C_f \dfrac{d}{dt}\begin{bmatrix} U_{td} \\ U_{tq} \end{bmatrix} = \begin{bmatrix} I_{vd} \\ I_{vq} \end{bmatrix} - \begin{bmatrix} I_{sd} \\ I_{sq} \end{bmatrix} + \omega C_f \begin{bmatrix} -U_{tq} \\ U_{td} \end{bmatrix} \end{cases} \tag{8-26}$$

8.3.1.3　控制系统模型的建立

两电平 VSC-HVDC 的控制系统主要由锁相环 PLL 和经典的电流矢量控制（Vector Current Control，VCC，又称“d-q 解耦控制”）两部分构成，下面将依次对两种控制器所对应的动态数学模型进行详细介绍。

（1）锁相环 PLL。由图 8-7 可知，PLL 控制器用于跟踪交流侧 PCC 点电压 u_t（U_{td}，U_{tq}），其基本控制原理框图如图 8-9 所示，其中，θ 为 PLL 输出的锁相角，ω 为 PLL 输出的角频率（ω_0 为交流系统额定角频率）；K_{pPLL}、K_{iPLL} 分别为 PLL 控制器的比例和积分增益。

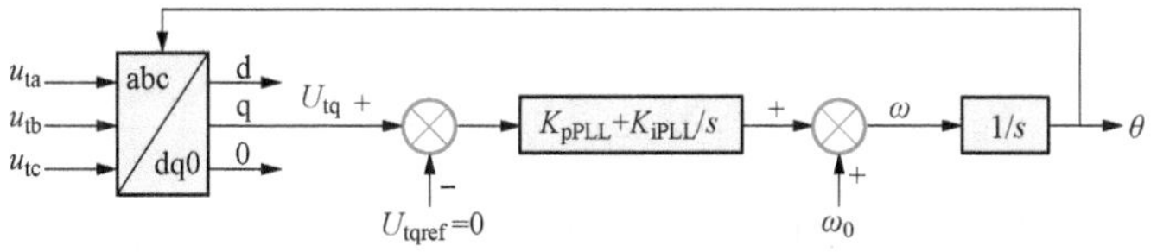

图 8-9　PLL 的基本控制原理框图

由图 8-9 可知，PLL 的动态模型为

$$\begin{cases} \dfrac{d\theta}{dt} = \omega \\ \dfrac{d\omega}{dt} - K_{pPLL} \dfrac{dU_{tq}}{dt} = K_{iPLL} U_{tq} \end{cases} \tag{8-27}$$

（2）电流矢量控制器 VCC。目前，柔性直流输电系统广泛采用电流矢量控制 VCC，其控制原理如图 8-10 所示。

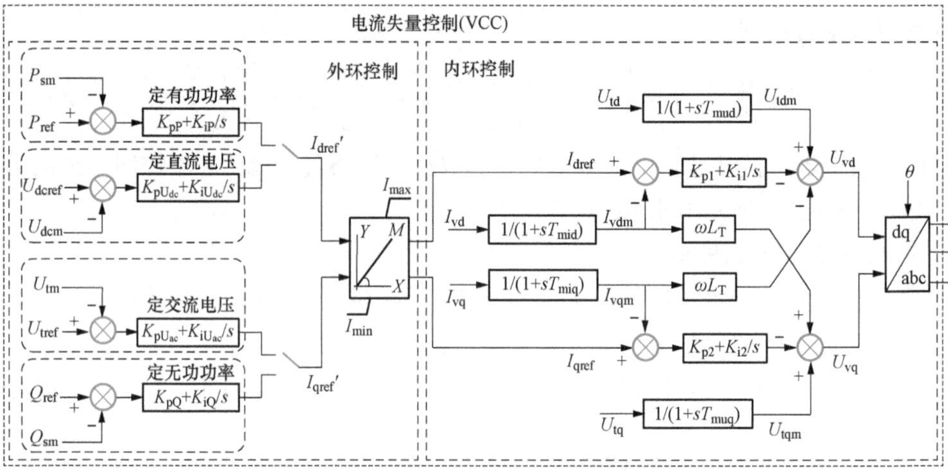

图 8-10　VCC 控制框图——两电平 VSC 场景

VCC 主要由内环电流控制器和外环功率控制器构成，其基本控制方式由外环功率控制器决定。外环功率控制器控制两类物理量，即有功功率类（包括交流侧有功功率、直流侧电压、交流系统频率等）和无功功率类（包括交流侧无功功率和交流侧电压）。柔性直流输电系统的每一端必须在有功和无功功率类物理量中各选一个物理量进行控制；同时，柔性直流输电系统中必须有一端控制直流电压，例如，对于两端 VSC-HVDC 系统，通常一端采用定直流电压控制（以保证直流电压恒定），另一端采用定有功功率控制（以控制传输的有功功率）。

如图 8-10 所示，VCC 内环控制部分包含四个一阶惯性环节，用以反映控制器对交流电压或电流信号的测量，该环节可描述如下

$$\begin{cases} \dfrac{dI_{vdm}}{dt} = \dfrac{I_{vd} - I_{vdm}}{T_{mid}} \\ \dfrac{dI_{vqm}}{dt} = \dfrac{I_{vq} - I_{vqm}}{T_{miq}} \\ \dfrac{dU_{tdm}}{dt} = \dfrac{U_{td} - U_{tdm}}{T_{mud}} \\ \dfrac{dU_{tqm}}{dt} = \dfrac{U_{tq} - U_{tqm}}{T_{muq}} \end{cases} \tag{8-28}$$

式中：I_{vdm}、I_{vqm}分别表示联接变压器支路的电流 I_{vd}、I_{vq} 经一阶滤波所得的测量电流；T_{mid}、T_{miq}分别为 d、q 轴电流测量环节的惯性时间常数；U_{tdm}、U_{tqm}分别表示交流侧公

共连接点处的电压 U_{td}、U_{tq} 经一阶滤波所得的测量电压；T_{mud}、T_{muq} 分别为 d、q 轴电压测量环节的惯性时间常数。

图 8 - 10 中，VCC 控制器主要包括四个 PI 环节，将内环及外环各 PI 环节的输入偏差量对时间的积分分别记作状态变量 x_1、x_2、x_3、x_4；VCC 的外环控制基于有功类参考值（有功功率 P_{ref} 或直流电压 U_{dcref}）、无功类参考值（无功功率 Q_{ref} 或交流侧电压有效值 U_{tref}）为内环控制提供电流参考值 I_{dref}、I_{qref}，然后由内环控制生成换流器的参考电压 U_{vd}、U_{vq}。图 8 - 10 中 VCC 的动态模型可描述如下

$$\begin{cases}\dfrac{dx_3}{dt}=P_{ref}-\dfrac{3}{2}(U_{tdm}I_{vdm}+U_{tqm}I_{vqm}),I_{dref}=K_{pP}\dfrac{dx_3}{dt}+K_{iP}x_3\\ \dfrac{dx_4}{dt}=Q_{ref}-\dfrac{3}{2}(U_{tdm}I_{vqm}-U_{tqm}I_{vdm}),I_{qref}=K_{pQ}\dfrac{dx_4}{dt}+K_{iQ}x_4\end{cases}\tag{8 - 29}$$

式中：P_{ref} 与 Q_{ref} 为 VCC 采用定有功功率与定无功功率控制方式下，外环控制器所输入的参考值；I_{dref}、I_{qref} 为外环控制器的有功类、无功类控制的输出；K_{pP}、K_{iP} 与 K_{pQ}、K_{iQ} 分别为定有功功率与定无功功率外环中 PI 环节的比例、积分增益。

$$\begin{cases}\dfrac{dx_3}{dt}=U_{dcref}-U_{dc},I_{dref}=K_{pUdc}\dfrac{dx_3}{dt}+K_{iUdc}x_3\\ \dfrac{dx_4}{dt}=U_{tref}-\sqrt{\dfrac{3}{2}(U_{tdm}^2+U_{tqm}^2)},I_{qref}=K_{pUac}\dfrac{dx_3}{dt}+K_{iUac}x_4\end{cases}\tag{8 - 30}$$

式中：U_{dcref} 与 U_{tref} 为 VCC 采用定直流电压与定交流电压控制方式下，外环控制器所输入的参考值；I_{dref}、I_{qref} 为外环控制器的有功类、无功类控制的输出；K_{pUdc}、K_{iUdc} 与 K_{pUac}、K_{iUac} 分别为定有功功率与定无功功率外环中 PI 环节的比例、积分增益。

$$\begin{cases}\dfrac{dx_1}{dt}=I_{dref}-I_{vdm},\ U_{vd}=U_{tdm}-\omega L_T I_{vqm}-\left(K_{p1}\dfrac{dx_1}{dt}+K_{i1}x_1\right)\\ \dfrac{dx_2}{dt}=I_{qref}-I_{vqm},U_{vq}=U_{tqm}+\omega L_T I_{vdm}-\left(K_{p2}\dfrac{dx_2}{dt}+K_{i2}x_2\right)\end{cases}\tag{8 - 31}$$

式中：U_{vd} 与 U_{vq} 为内环电流控制器输出的 VSC 交流侧参考电压；K_{p1}、K_{i1} 与 K_{p2}、K_{i2} 分别为内环 d 轴电流与 q 轴电流控制中 PI 环节的比例、积分增益。

8.3.1.4　两电平 VSC 换流站模型

基于式（8 - 24）、式（8 - 26）～式（8 - 31），可得两电平 VSC 换流站的动态模型（16 阶），其一般形式如下

$$\frac{d\boldsymbol{X}}{dt}=\boldsymbol{F}(\boldsymbol{X},\boldsymbol{U})\tag{8 - 32}$$

式中：状态变量矩阵 $\boldsymbol{X}=[I_{vd},I_{vq},I_{sd},I_{sq},U_{td},U_{tq},I_{vdm},I_{vqm},U_{tdm},U_{tqm},\theta,\omega,x_1,x_2,x_3,x_4]^T_{16\times1}$；输入变量矩阵 $\boldsymbol{U}=[P_{ref},Q_{ref}]^T_{2\times1}$ 或 $\boldsymbol{U}=[U_{dcref},U_{tref}]^T_{2\times1}$。

8.3.2　MMC - HVDC 系统的动态模型

MMC - HVDC 系统单端换流站的电路结构如图 8 - 11 所示，包含换流站主电路的单相示意图、换流器的三相电路结构及子模块的拓扑三部分。

其中：①在换流站主电路中，交流系统采用戴维南等效电路（即等效电压源 u_s 串联等效阻抗 $Z_s=R_s+j\omega L_s$ 的形式），u_t 为交流侧 PCC 点处的电压，R_T、L_T 分别为反

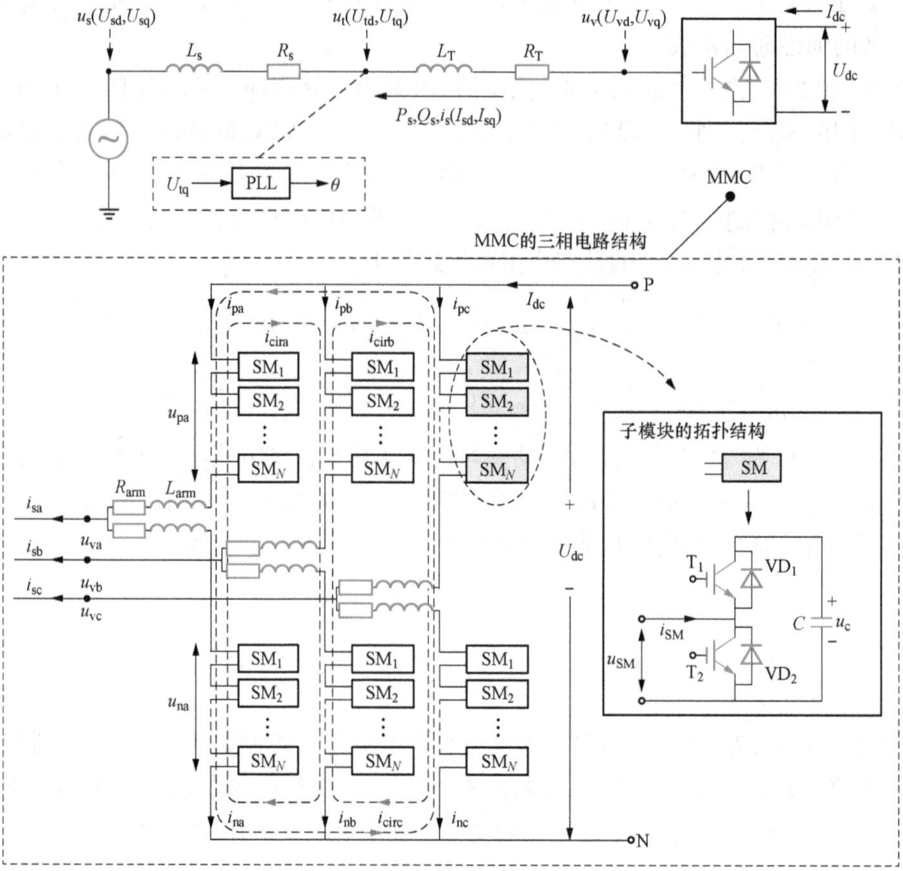

图 8 - 11　MMC - HVDC 系统单端换流站的电路结构

映联接变压器的等效损耗电阻和电感，u_v为换流器的交流侧输出电压，i_s为流过交流系统的电流，α 、δ 则分别表示电压 u_s与 u_t之间、u_v与 u_t之间的相角差，U_{dc}、I_{dc}分别为直流电压、直流电流；②在 MMC 三相拓扑中，N 表示各相上、下桥臂级联的子模块数目，R_{arm}、L_{arm}和 C 分别表示桥臂电阻、桥臂电感和子模块电容，各相上、下桥臂的电压及电流分别用 u_{pj}、u_{nj}及 i_{pj}、i_{nj}表示（其中 j=a、b、c），u_c 表示子模块的电容电压。

将图 8 - 11 所示的 MMC 系统与图 8 - 7 所示的两电平 VSC 系统进行对比，易知两种换流器的结构存在明显差异，进而导致对应状态空间模型的差异。区别于两电平 VSC 系统，MMC 系统中：①换流器所采用的模块化结构使其具有复杂的内部谐波动态特性（即子模块电容电压波动、桥臂环流及考虑环流抑制器的控制效果），这也是 MMC 与两电平 VSC 在建模时最为显著的差异；②换流器内分布于各相上、下桥臂中的桥臂电感及电阻的存在，使得 MMC 的三相等效受控电压源电路（如图 8 - 12 所示）区别于两电平 VSC（如图 8 - 8 所示），也进而影响控制系统中 VCC 环节生成的基频电压调制波（如图 8 - 13 中所示，阴影部分标识出区别于两电平 VSC 的控制环节）；③MMC系统交流侧公共连接点处无对地电容。在明确了上述不同点的前提下，着重介绍 MMC 建模时区别于两电平 VSC 的环节，主要体现在如下两个方面：①考虑 MMC 内部谐波动态过程的换流器模型的建立；②考虑环流抑制的控制系统模型的建立。

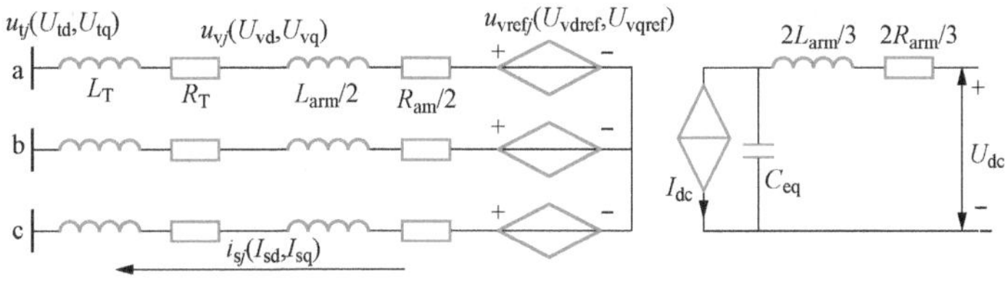

图 8-12 模块化多电平换流器的三相等效电路图

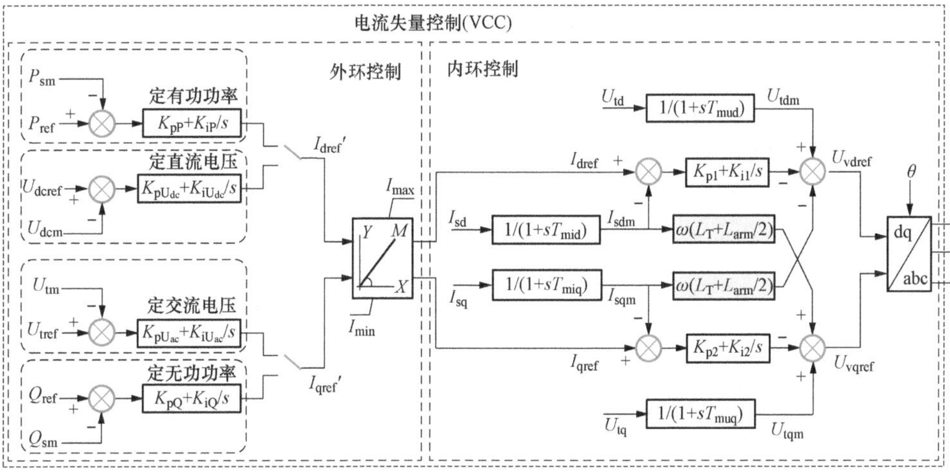

图 8-13 VCC 控制框图——MMC 场景

8.3.2.1 考虑 MMC 内部谐波动态过程的换流器模型

（1）MMC 的开关函数模型。

如图 8-11 中 MMC 的三相电路结构所示，通过桥臂子模块的投入和切除，换流器桥臂上生成阶梯波电压，当桥臂子模块的数目足够多时，可认为桥臂输出电压是连续的，下述推导过程均基于该假设。

以 MMC 内部 a 相上桥臂为例，建立该上桥臂的平均开关函数模型，详细过程如下。

设 MMC 单个桥臂子模块数为 N，单个子模块的开关状态记作“S_{pi}”（其中 p 表示上桥臂，i 则表示该子模块的标号，且 $i=1、2、3、\cdots、N$），S_{pi} 可表示为

$$\begin{cases} S_{pi}=1 & T_1\text{ 导通 }T_2\text{ 关断} \\ S_{pi}=0 & T_2\text{ 导通 }T_1\text{ 关断} \end{cases} \tag{8-33}$$

则单个子模块的开关函数模型可表示为

$$\begin{cases} S_{pi}i_{p}=C\dfrac{du_{cpi}}{dt} \\ u_{pi}=S_{pi}u_{cpi} \end{cases} \tag{8-34}$$

式中：C 为子模块电容；u_{cpi} 为第 i 个子模块的电容电压；u_{pi} 为该子模块端口的输出电压。

假设开关频率足够大，且通过子模块电容电压平衡控制能够取得理想的均压效果，即单个桥臂上所有子模块的电容电压在任意时刻彼此相等，记为 u_{cp}，则将该桥臂所有子模块的开关函数模型［如式（8-34）所示］相加，可得

$$\begin{cases}\sum_{i=1}^{N} S_{pi} i_{p} = NC\dfrac{du_{cp}}{dt} \\ u_{p} = \sum_{i=1}^{N} S_{pi} u_{cp}\end{cases} \tag{8-35}$$

基于工程上常用的最近电平逼近调制策略，上桥臂投入的子模块数目可描述为（此时暂不考虑环流抑制控制作用时所附加的二倍频分量）

$$\sum_{i=1}^{N} S_{pi} = \frac{1-M\sin\omega t}{2}N \tag{8-36}$$

式中：M 为换流器的调制比。

将式（8-36）代入式（8-35）中，可得 a 相上桥臂的平均开关函数模型为

$$\begin{cases}\dfrac{1-M\sin\omega t}{2} i_{p} = C\dfrac{du_{cp}}{dt} \\ u_{p} = \dfrac{1-M\sin\omega t}{2} N u_{cp}\end{cases} \tag{8-37}$$

同理，可得 a 相下桥臂的平均开关函数模型

$$\begin{cases}\dfrac{1+M\sin\omega t}{2} i_{n} = C\dfrac{du_{cn}}{dt} \\ u_{n} = \dfrac{1+M\sin\omega t}{2} N u_{cn}\end{cases} \tag{8-38}$$

式中：u_{cn}为下桥臂子模块的电容电压。

MMC 的平均开关函数模型是进行其内部稳态特性和动态特性分析的基础，大多数反映其内部特性的数学模型都是从平均开关函数模型出发展开的。

基于平均开关函数模型，可进行 MMC 内部的谐波特性分析，即推导子模块电容电压波动、偶次环流等内部谐波的解析表达式，下面各小节将会陆续进行详细介绍。

（2）MMC 内部的谐波特性。

根据 MMC 的运行原理，子模块的开关动作（可用开关函数描述）将流过桥臂的电流与子模块电容上的电压耦合起来，进而将 MMC 系统交、直流侧电气量耦合起来，实现交、直流侧能量的传递。如图 8-11 所示，以一个子模块为例，假设桥臂电流与开关函数已经确定的条件下，系统存在以下交、直流电气量的耦合关系。

1）电容电流：桥臂电流通过子模块的开关动作，流入到子模块直流电容中。

2）电容电压波动：流入子模块电容中的电流将引起电容电压的波动。

3）子模块端口电压波动：理想情况下电容电压为直流，并通过开关动作输出到子模块端口处；电容电压存在波动分量时，该波动分量同样会通过开关动作耦合到子模块

的端口，在端口电压上产生额外波动分量。

4）（单相）桥臂电压波动：如图 8-11 所示，MMC 的单个桥臂包含 N 个子模块，称每相的上、下两个桥臂构成换流器一个基本的“相单元”，则一个相单元中的所有子模块在交流端口的电压波动之和，即构成（单相）桥臂电压波动。这个波动电压分量是贯穿上、下桥臂的，因此将会带来贯穿桥臂的电流，即桥臂间的环流电流。

5）桥臂环流：桥臂的波动电压会通过桥臂电感与电阻在桥臂中产生波动电流，由此形成在三个相单元之间循环流动的电流。该循环电流在对称情况下不会流出 MMC 进入交流系统，仅由换流器的三个相单元为其提供通路。

由上述耦合关系可知，桥臂电流与子模块电容电压通过开关动作相互作用、相互影响，形成复杂的“MMC 内部谐波动态过程”，将该动态过程及特性归结如下：

1）MMC 的桥臂电流通过开关动作耦合到直流侧（即子模块直流电容），产生流入直流电容的电流。

2）流入电容的电流导致电容上的电压波动，其中 MMC 子模块电容电压波动包含所有频率成分，其中，奇次频率成分在上、下桥臂之间的幅值相同、相位相反，而偶次频率成分在上、下桥臂之间具有相同的幅值和相位。

3）电容上的电压波动通过开关动作耦合，使子模块端口电压出现波动，同时使得 MMC 在交流侧输出的相电压存在谐波。对称情况下 MMC 在交流侧输出的相电压中，仅存在奇次谐波。

4）每相上、下桥臂所有子模块电容电压波动的累加，在该相桥臂之间形成一个等效的交流谐波电压源，且该谐波电压源仅包含偶次谐波分量。若三相桥臂所等效的交流谐波电压源为正序或者负序，则所产生的电流将只在三相桥臂中流动，形成桥臂内环流，不会流入直流线路中；若三相谐波电压源呈零序，则所产生的电流将流出桥臂，流入到直流线路中，进而形成直流线路上的谐波电流。

5）三相桥臂上等效的正序或负序偶次谐波电压源，产生仅在三相桥臂间循环流动的环流。MMC 桥臂环流中只包含 2、4、6 等偶次谐波分量，其中以 2 次谐波分量幅值最大，各次谐波幅值随谐波次数的增加呈递减趋势。

由此可见，MMC 内部的谐波动态行为直接导致了换流器在交、直流侧表现出谐波特性。因此，在建立用以进行系统级稳定性分析的 MMC 数学模型时，考虑换流器内部的子模块电容电压波动、偶次桥臂环流等谐波动态过程，同时考虑环流抑制控制对该动态过程的影响是非常有必要的。

当 MMC 稳态运行时，桥臂电流由直流分量 $I_{dc}/3$，基频分量 $i_s/2$ 及偶数次环流分量组成（仅考虑二倍频环流，忽略四阶及以上分量），则单个相单元的上、下桥臂电流可表示为

$$\begin{cases} i_p = \dfrac{1}{3}I_{dc} - \dfrac{1}{2}I_s\sin(\omega t + \beta_1) + I_{cir}\sin(2\omega t + \beta_2) \\ i_n = \dfrac{1}{3}I_{dc} + \dfrac{1}{2}I_s\sin(\omega t + \beta_1) + I_{cir}\sin(2\omega t + \beta_2) \end{cases} \tag{8-39}$$

式中：i_p、i_n分别为上、下桥臂电流，I_s和 β_1、I_{cir}和 β_2分别为基频分量、二倍频分量所

对应的幅值和相角。

子模块电容电压由直流分量和交流波动分量组成，交流波动分量主要包括基频、二倍频和三倍频分量（忽略更高次分量），则子模块电容电压可表示为

$$\begin{aligned}u_{c}&=u_{c\_dc}+u_{c\_ac1}+u_{c\_ac2}+u_{c\_ac3}\\&=u_{c\_dc}+u_{c\_ac1}\sin(\omega t+\theta_1)+u_{c\_ac2}\sin(2\omega t+\theta_2)+u_{c\_ac3}\sin(3\omega t+\theta_3)\end{aligned} \tag{8-40}$$

式中：u_{c_dc}为子模块电容电压的直流分量；u_{c_acj}和θ_j（$j=1$、2、3）分别为电容电压基频、二倍频、三倍频分量的幅值和相角。

此外，MMC对称稳态运行时，三个相单元间桥臂电流、子模块电容电压和桥臂电压的基频分量均为正序对称，子模块电容电压和桥臂电压的二倍频分量为负序对称，子模块电容电压的三倍频分量为零序对称。

（3）子模块电容电压波动的动态描述。

由式（8-35）可知，对于单个桥臂而言，MMC的平均开关函数模型可描述为

$$S_{p(n)}i_{p(n)}=C\frac{\mathrm{d}u_{cp(n)}}{\mathrm{d}t} \tag{8-41}$$

$$u_{p(n)}=NS_{p(n)}u_{cp(n)} \tag{8-42}$$

式中：$i_{p(n)}$和$u_{p(n)}$分别为单相上（下）桥臂的电流和电压；$u_{cp(n)}$则为该桥臂子模块的电容电压（忽略桥臂上各个子模块电容电压之间的差异）；$S_{p(n)}$为单相上（下）桥臂的平均开关函数。稳态运行时，单相上、下桥臂的平均开关函数（即S_p、S_n）可表达为

$$\begin{cases}S_p=\dfrac{\dfrac{U_{dcn}}{2}-M\dfrac{U_{dcn}}{2}\sin(\omega t+\alpha)+U_{cir}\sin(2\omega t+\varphi)}{U_{dcn}}\\[2ex]S_n=\dfrac{\dfrac{U_{dcn}}{2}+M\dfrac{U_{dcn}}{2}\sin(\omega t+\alpha)+U_{cir}\sin(2\omega t+\varphi)}{U_{dcn}}\end{cases} \tag{8-43}$$

式中：U_{dcn}表示直流电压额定值；开关函数中的基频分量［即$MU_{dcn}\sin(\omega t+\alpha)/2$］表示由电流矢量控制器VCC生成的基频参考电压；$M$和$\alpha$分别为调制比和基频参考电压的相角；二倍频分量［即$U_{cir}\sin(2\omega t+\varphi)$］是为抑制相间环流而叠加在开关函数上的电压修正分量，由环流抑制控制器生成，U_{cir}和φ分别为二倍频电压分量的幅值和相角。

推导过程将以MMC单相上桥臂为例展开，对于该相下桥臂的子模块电容电压，其直流分量、二倍频分量和上桥臂相等，而基频分量、三倍频分量和上桥臂的极性相反。将式（8-39）和式（8-43）代入式（8-41），可得

$$C\frac{\mathrm{d}u_c}{\mathrm{d}t}=A_{dc}+A_1+A_2+A_3 \tag{8-44}$$

式中：A_{dc}、A_1、A_2、A_3分别表示直流分量、基频交流分量、二倍频交流分量和三倍频交流分量，其具体表达式为

$$\begin{cases}A_{dc}=\dfrac{1}{6}I_{dc}+\dfrac{1}{8}MI_{s}\cos(\alpha-\beta_1)+\dfrac{U_{cir}I_{cir}}{2U_{dcn}}\cos(\varphi-\beta_2)\\A_1=-\dfrac{1}{4}I_s\sin(\omega t+\beta_1)-\dfrac{1}{6}MI_{dc}\sin(\omega t+\alpha)-\dfrac{1}{4}MI_{cir}\cos(\omega t+\beta_2-\alpha)\\\qquad-\dfrac{1}{4}I_s\dfrac{U_{cir}}{U_{dcn}}\cos(\omega t+\varphi-\beta_1)\\A_2=\dfrac{1}{2}I_{cir}\sin(2\omega t+\beta_2)+\dfrac{I_{dc}U_{cir}}{3U_{dcn}}\sin(2\omega t+\varphi)-\dfrac{1}{8}MI_{s}\cos(2\omega t+\alpha+\beta_1)\\A_3=\dfrac{1}{4}MI_{cir}\cos(3\omega t+\alpha+\beta_2)+\dfrac{I_sU_{cir}}{4U_{dcn}}\cos(3\omega t+\varphi+\beta_1)\end{cases}\tag{8-45}$$

由式（8-44）和式（8-45）可得三相abc坐标系下子模块电容电压波动的动态描述。

进一步地，应用dq变换或傅里叶级数变换，可将对称的三相交流分量变换为dq旋转坐标系下的直流分量。所采用的基频和二倍频的dq变换矩阵（分别记为$\boldsymbol{P}_1$、$\boldsymbol{P}_2$）为

$$\boldsymbol{P}_1=\frac{2}{3}\begin{bmatrix}\cos(\omega t) & \cos\left(\omega t-\dfrac{2}{3}\pi\right) & \cos\left(\omega t+\dfrac{2}{3}\pi\right)\\ \sin(\omega t) & \sin\left(\omega t-\dfrac{2}{3}\pi\right) & \sin\left(\omega t+\dfrac{2}{3}\pi\right)\end{bmatrix}$$

$$\boldsymbol{P}_2=\frac{2}{3}\begin{bmatrix}\cos(2\omega t) & \cos\left(2\omega t+\dfrac{2}{3}\pi\right) & \cos\left(2\omega t-\dfrac{2}{3}\pi\right)\\ \sin(2\omega t) & \sin\left(2\omega t+\dfrac{2}{3}\pi\right) & \sin\left(2\omega t-\dfrac{2}{3}\pi\right)\end{bmatrix}$$

例如，三相基频参考电压u_{varef}、u_{vbref}、u_{vcref}通过$\boldsymbol{P}_1$变换到dq坐标系中可表示为

$$\begin{cases}U_{vdref}=\dfrac{1}{2}U_{dcn}M\sin\alpha\\U_{vqref}=\dfrac{1}{2}U_{dcn}M\cos\alpha\end{cases}$$

同理，交流电流和子模块电容电压基频分量通过$\boldsymbol{P}_1$变换后可表示为dq旋转坐标系下的直流量（I_{sd}，I_{sq}）和（u_{c_1d}，u_{c_1q}）；二倍频环流、子模块电容电压二倍频分量以及环流抑制附加于电压调制波上的二倍频修正量，通过$\boldsymbol{P}_2$变换后对应的直流量分别为（I_{cird}，I_{cirq}）、（u_{c_2d}，u_{c_2q}）以及（U_{cird}，U_{cirq}）。

对于式（8-44）和式（8-45）所描述的MMC子模块电容电压的动态方程，同样也可变换为相应旋转坐标系下的动态方程。

1）电容电压的直流分量。子模块电容电压直流分量的动态方程为

$$\frac{du_{c\_dc}}{dt}=\frac{1}{6C}I_{dc}+\frac{1}{8C}MI_{s}\cos(\alpha-\beta_1)+\frac{U_{cir}I_{cir}}{2CU_{dcn}}\cos(\varphi-\beta_2)\tag{8-46}$$

将式（8-46）的等号右侧用dq坐标系下的直流分量表示，可得

$$\frac{du_{c\_dc}}{dt}=\frac{1}{6C}I_{dc}+\frac{U_{vqref}I_{sq}}{4CU_{dcn}}+\frac{U_{vdref}I_{sd}}{4CU_{dcn}}+\frac{U_{cirq}I_{cirq}}{2CU_{dcn}}+\frac{U_{cird}I_{cird}}{2CU_{dcn}}\tag{8-47}$$

2）电容电压的基频分量。子模块电容电压基频分量的动态方程为

$$\frac{\mathrm{d}u_{c\_ac1}}{\mathrm{d}t}=-\frac{1}{4C}I_s\sin(\omega t+\beta_1)-\frac{1}{6C}MI_{dc}\sin(\omega t+\alpha)-\frac{1}{4C}MI_{cir}\cos(\omega t+\beta_2-\alpha)-\frac{1}{4C}\frac{U_{cir}I_s}{U_{dcn}}\cos(\omega t+\varphi-\beta_1) \tag{8-48}$$

将三个相单元中子模块电容电压的基频分量通过 $\boldsymbol{P}_1$ 变换至 dq 坐标系下，可得

$$\begin{cases}\dfrac{\mathrm{d}u_{c\_1d}}{\mathrm{d}t}=-\dfrac{1}{4C}I_{sd}-\dfrac{I_{dc}}{6C}M\sin\alpha-\dfrac{1}{4C}MI_{cir}\cos(\beta_2-\alpha)-\dfrac{U_{cir}I_s}{4CU_{dcn}}\cos(\varphi-\beta_1)-\omega u_{c\_1q}\\ \dfrac{\mathrm{d}u_{c\_1q}}{\mathrm{d}t}=-\dfrac{1}{4C}I_{sq}-\dfrac{I_{dc}}{6C}M\cos\alpha-\dfrac{1}{4C}MI_{cir}\sin(\alpha-\beta_2)-\dfrac{U_{cir}I_s}{4CU_{dcn}}\sin(\beta_1-\varphi)+\omega u_{c\_1d}\end{cases} \tag{8-49}$$

进而，以 dq 坐标系下的直流分量表示，式（8-49）可写为

$$\begin{cases}\dfrac{\mathrm{d}u_{c\_1d}}{\mathrm{d}t}=-\omega u_{c\_1q}-\dfrac{1}{4C}I_{sd}-\dfrac{I_{dc}U_{vdref}}{3CU_{dcn}}-\dfrac{U_{vqref}I_{cirq}}{2CU_{dcn}}-\dfrac{U_{vdref}I_{cird}}{2CU_{dcn}}-\dfrac{U_{cirq}I_{sq}}{4CU_{dcn}}-\dfrac{U_{cird}I_{sd}}{4CU_{dcn}}\\ \dfrac{\mathrm{d}u_{c\_1q}}{\mathrm{d}t}=\omega u_{c\_1d}-\dfrac{1}{4C}I_{sq}-\dfrac{I_{dc}U_{vqref}}{3CU_{dcn}}-\dfrac{U_{vdref}I_{cirq}}{2CU_{dcn}}+\dfrac{U_{vqref}I_{cird}}{2CU_{dcn}}-\dfrac{U_{cirq}I_{sd}}{4CU_{dcn}}+\dfrac{U_{cird}I_{sq}}{4CU_{dcn}}\end{cases} \tag{8-50}$$

3）电容电压的二倍频分量。子模块电容电压二倍频分量的动态方程为

$$\frac{\mathrm{d}u_{c\_ac2}}{\mathrm{d}t}=\frac{1}{2C}I_{cir}\sin(2\omega t+\beta_2)+\frac{I_{dc}U_{cir}}{3CU_{dcn}}\sin(2\omega t+\varphi)-\frac{1}{8C}MI_s\cos(2\omega t+\alpha+\beta_1) \tag{8-51}$$

将三个相单元中子模块电容电压的二倍频分量通过 $\boldsymbol{P}_2$ 转换至 dq 坐标系下，再同理式（8-49）变换至式（8-50）的过程，最终可写为

$$\begin{cases}\dfrac{\mathrm{d}u_{c\_2d}}{\mathrm{d}t}=-2\omega u_{c\_2q}+\dfrac{1}{2C}I_{cird}+\dfrac{I_{dc}U_{cird}}{3CU_{dcn}}-\dfrac{U_{vqref}I_{sq}}{4CU_{dcn}}+\dfrac{U_{vdref}I_{sd}}{4CU_{dcn}}\\ \dfrac{\mathrm{d}u_{c\_2q}}{\mathrm{d}t}=2\omega u_{c\_2d}+\dfrac{1}{2C}I_{cirq}+\dfrac{I_{dc}U_{cirq}}{3CU_{dcn}}+\dfrac{U_{vdref}I_{sq}}{4CU_{dcn}}+\dfrac{U_{vqref}I_{sd}}{4CU_{dcn}}\end{cases} \tag{8-52}$$

4）电容电压的三倍频分量。子模块电容电压三倍频分量的动态方程为

$$\frac{\mathrm{d}u_{c\_ac3}}{\mathrm{d}t}=\frac{1}{4C}MI_{cir}\cos(3\omega t+\alpha+\beta_2)+\frac{I_sU_{cir}}{4CU_{dcn}}\cos(3\omega t+\varphi+\beta_1) \tag{8-53}$$

将三个相单元中子模块电容电压的三倍频分量通过傅里叶变换（由于三相交流系统的三倍频为零序分量，此时采用类似前述的 dq 变换不能将三相三倍频分量转化为空间旋转的直流分量）转换为另一旋转坐标系（xy 坐标系）下的直流量表达式，即电容电压波动的三倍频分量 u_{c_ac3} 也可表示为

$$u_{c\_ac3}=u_{c\_3x}\sin(3\omega t)+u_{c\_3y}\cos(3\omega t) \tag{8-54}$$

对式（8-54）进行求导，有

$$\frac{\mathrm{d}u_{c\_ac3}}{\mathrm{d}t}=\left[\frac{\mathrm{d}u_{c\_3x}}{\mathrm{d}t}\sin(3\omega t)+3\omega u_{c\_3x}\cos(3\omega t)\right]+\left[\frac{\mathrm{d}u_{c\_3y}}{\mathrm{d}t}\cos(3\omega t)-3\omega u_{c\_3y}\sin(3\omega t)\right]$$

$$= \left(-3\omega u_{c\_3y} + \frac{du_{c\_3x}}{dt}\right)\sin(3\omega t) + \left(3\omega u_{c\_3x} + \frac{du_{c\_3y}}{dt}\right)\cos(3\omega t) \quad (8-55)$$

同时，对式（8-53）进行进一步整理，可得

$$\begin{aligned}\frac{du_{c\_ac3}}{dt} &= \frac{1}{4C}MI_{cir}\cos(3\omega t+\alpha+\beta_2)+\frac{I_sU_{cir}}{4CU_{dcn}}\cos(3\omega t+\varphi+\beta_1)\\ &= \left[-\frac{1}{4C}MI_{cir}\sin(\alpha+\beta_2)-\frac{I_sU_{cir}}{4CU_{dcn}}\sin(\varphi+\beta_1)\right]\sin(3\omega t)+\\ &\quad\left[\frac{1}{4C}MI_{cir}\cos(\alpha+\beta_2)+\frac{I_sU_{cir}}{4CU_{dcn}}\cos(\varphi+\beta_1)\right]\cos(3\omega t)\end{aligned} \quad (8-56)$$

观察式（8-55）与式（8-56），令等式右侧 $\sin(3\omega t)$ 项、$\cos(3\omega t)$ 项的系数对应相等，再同理式（8-49）变换至式（8-50）的过程，最终整理为

$$\begin{cases}\dfrac{du_{c\_3x}}{dt} = 3\omega u_{c\_3y} - \dfrac{I_{cirq}U_{vdref}}{2CU_{dcn}} - \dfrac{I_{cird}U_{vqref}}{2CU_{dcn}} - \dfrac{U_{cird}I_{sq}}{4CU_{dcn}} - \dfrac{U_{cirq}I_{sd}}{4CU_{dcn}}\\ \dfrac{du_{c\_3y}}{dt} = -3\omega u_{c\_3x} + \dfrac{I_{cirq}U_{vqref}}{2CU_{dcn}} - \dfrac{I_{cird}U_{vdref}}{2CU_{dcn}} + \dfrac{U_{cirq}I_{sq}}{4CU_{dcn}} - \dfrac{U_{cird}I_{sd}}{4CU_{dcn}}\end{cases} \quad (8-57)$$

（4）桥臂电流的动态描述。

将式（8-40）和式（8-43）代入式（8-42），可得到桥臂电压直流分量、基频分量和二倍频分量（忽略其他高频成分）的表达式。需要注意的是，桥臂电压三倍频分量为零序，可通过选择合适的变压器联络组别使对应的零序电流不会流入交流系统，因此可以忽略三倍频桥臂电压的影响。

1）桥臂电流的直流分量。上桥臂电压的直流分量（记为 u_{arm_dc}）表达式为

$$u_{arm\_dc} = \frac{1}{2}Nu_{c\_dc} - \frac{1}{4}NMu_{c1}\cos(\alpha-\theta_1) + \frac{NU_{cird}}{2U_{dcn}}u_{c2}\cos(\varphi-\theta_2) \quad (8-58)$$

针对桥臂电流中直流分量的流通回路，以及其在直流侧形成的电压降，依据 KVL 可得

$$U_{dc} = 2u_{arm\_dc} + \frac{2}{3}R_{arm}I_{dc} + \frac{2}{3}L_{arm}\frac{dI_{dc}}{dt} \quad (8-59)$$

将式（8-58）代入式（8-59），进一步整理可得

$$\begin{aligned}\frac{dI_{dc}}{dt} = &\frac{3U_{dc}}{2L_{arm}} - \frac{R_{arm}I_{dc}}{L_{arm}} - \frac{3Nu_{c\_dc}}{2L_{arm}} + \frac{3NU_{vqref}u_{c\_1q}}{2L_{arm}U_{dcn}} +\\ &\frac{3NU_{vdref}u_{c\_1d}}{2L_{arm}U_{dcn}} - \frac{3NU_{cirq}u_{c\_2q}}{2L_{arm}U_{dcn}} - \frac{3NU_{cird}u_{c\_2d}}{2L_{arm}U_{dcn}}\end{aligned} \quad (8-60)$$

式（8-60）即描述出桥臂电流中直流分量的动态特性，同理基于 KVL 可分别得到桥臂基频电流（I_{sd}，I_{sq}）和二倍频环流（I_{cird}，I_{cirq}）的动态方程。

2）桥臂电流的基频分量。上桥臂基频电压分量表达式为

$$\begin{aligned}u_{arm\_ac1} = &-\frac{1}{2}NMu_{c\_dc}\sin(\omega t+\alpha) + \frac{NU_{cir}u_{c\_3x}}{2U_{dcn}}\cos(\omega t-\varphi) - \frac{NU_{cir}u_{c\_3y}}{2U_{dcn}}\sin(\omega t-\varphi) +\\ &\frac{1}{2}Nu_{c1}\sin(\omega t+\theta_1) + \frac{NU_{cir}}{2U_{dcn}}u_{c1}\cos(\omega t+\varphi-\theta_1) - \frac{1}{4}NMu_{c2}\cos(\omega t+\theta_2-\alpha)\end{aligned} \quad (8-61)$$

从交流侧来看，根据 KVL 可得

$$u_{t} = -u_{arm\_ac1} + L_{eq}\frac{di_{s}}{dt} + R_{eq}i_{s} \tag{8-62}$$

式中：$L_{eq}=L_{T}+L_{arm}/2$，$R_{eq}=R_{T}+R_{arm}/2$。

将式（8-61）代入式（8-62），并通过 $\boldsymbol{P}_1$ 变换到 dq 坐标系下，整理可得

$$\left\{\begin{aligned} \frac{dI_{sd}}{dt} =& -\frac{R_{eq}}{L_{eq}}I_{sd} + \frac{U_{td}}{L_{eq}} + \frac{Nu_{c\_1d}}{2L_{eq}} + N\frac{-2u_{c\_dc}U_{vdref} - U_{vqref}u_{c\_2q} - U_{vdref}u_{c\_2d}}{2U_{dcn}L_{eq}} + \\ & N\frac{U_{cirq}u_{c\_1q} + U_{cird}u_{c\_1d} + u_{c\_3x}U_{cirq} + u_{c\_3y}U_{cird}}{2U_{dcn}L_{eq}} - \omega I_{sq} \\ \frac{dI_{sq}}{dt} =& -\frac{R_{eq}}{L_{eq}}I_{sq} + \frac{U_{tq}}{L_{eq}} + \frac{Nu_{c\_1q}}{2L_{eq}} + N\frac{-2u_{c\_dc}U_{vqref} - U_{vdref}u_{c\_2q} + U_{vqref}u_{c\_2d}}{2U_{dcn}L_{eq}} + \\ & N\frac{U_{cirq}u_{c\_1d} - U_{cird}u_{c\_1q} + u_{c\_3x}U_{cird} - u_{c\_3y}U_{cirq}}{2U_{dcn}L_{eq}} + \omega I_{sd} \end{aligned}\right. \tag{8-63}$$

式中：U_{td} 与 U_{tq} 为 PCC 点电压 u_{t} 的 d 轴与 q 轴分量。

3）桥臂间的二倍频环流电流。桥臂电压的二倍频分量为

$$\begin{aligned} u_{arm\_ac2} =& \frac{NU_{cir}u_{c\_dc}}{U_{dcn}}\sin(2\omega t + \varphi) + \\ & \frac{1}{4}NMu_{c1}\cos(2\omega t + \theta_{1} + \alpha) + \frac{1}{2}Nu_{c2}\sin(2\omega t + \theta_{2}) - \\ & \frac{1}{4}NMu_{c\_3x}\cos(2\omega t - \alpha) + \frac{1}{4}NMu_{c\_3y}\sin(2\omega t - \alpha) \end{aligned} \tag{8-64}$$

依据二倍频环流的流通路径，由 KVL 可得

$$2u_{arm\_ac2} + 2L_{arm}\frac{di_{cir}}{dt} + 2R_{arm}i_{cir} = 0 \tag{8-65}$$

然后通过 $\boldsymbol{P}_2$ 进行 dq 变换整理可得

$$\left\{\begin{aligned} \frac{dI_{cird}}{dt} =& -2\omega I_{cirq} - \frac{Nu_{c\_2d}}{2L_{arm}} - \frac{Nu_{c\_dc}U_{cird}}{L_{arm}U_{dcn}} - \frac{R_{arm}}{L_{arm}}I_{cird} + \\ & \frac{NU_{vdref}u_{c\_1d} - NU_{vqref}u_{c\_1q} + Nu_{c\_3x}U_{vqref} + Nu_{c\_3y}U_{vdref}}{2L_{arm}U_{dcn}} \\ \frac{dI_{cirq}}{dt} =& 2\omega I_{cird} - \frac{Nu_{c\_2q}}{2L_{arm}} - \frac{Nu_{c\_dc}U_{cirq}}{L_{arm}U_{dcn}} - \frac{R_{arm}}{L_{arm}}I_{cirq} + \\ & \frac{NU_{vdref}u_{c\_1q} + NU_{vqref}u_{c\_1d} + Nu_{c\_3x}U_{vdref} - Nu_{c\_3y}U_{vqref}}{2L_{arm}U_{dcn}} \end{aligned}\right. \tag{8-66}$$

（5）考虑 MMC 内部谐波动态过程的换流器模型。

本章所建立的 MMC 模型考虑了子模块电容电压的直流分量、基频分量、二倍频分量及三倍频分量，同时也考虑了桥臂电流的直流分量、基频分量及二倍频环流。由前述子模块电容电压波动的动态方程可以看出：

1）对称三相系统中的基频分量可依据变换矩阵 $\boldsymbol{P}_1$ 转化为 dq 坐标系下的直流分量，

例如电容电压的基频分量 $u_{c\_ac1}(u_{c\_1d},\ u_{c\_1q})$、桥臂电流的基频分量 $i_s(I_{sd},\ I_{sq})$。

2）对称三相系统中的二倍频分量可依据变换矩阵 $\boldsymbol{P}_2$ 转化为 dq 坐标系下的直流分量，例如电容电压的二倍频分量 $u_{c\_ac2}(u_{c\_2d},\ u_{c\_2q})$、桥臂电流的二倍频环流 $i_{cir}(I_{cird},\ I_{cirq})$。

3）对称三相系统中的三倍频分量可依据傅里叶变换转化为 xy 坐标系下的直流分量，例如电容电压的三倍频分量 $u_{c\_ac3}(u_{c\_3x},\ u_{c\_3y})$。

由前述推导过程，最终可得到一个 12 阶的 MMC 系统主电路动态模型，其一般形式为

$$\begin{cases}\dfrac{d\boldsymbol{X}_{mmc}}{dt}=\boldsymbol{F}(\boldsymbol{X}_{mmc},\boldsymbol{U}_{mmc})\\ \boldsymbol{Y}_{mmc}=\boldsymbol{G}(\boldsymbol{X}_{mmc},\boldsymbol{U}_{mmc})\end{cases}\tag{8-67}$$

式中：状态变量矩阵 $\boldsymbol{X}_{mmc}=[u_{c\_dc},\ u_{c\_1d},\ u_{c\_1q},\ u_{c\_2d},\ u_{c\_2q},\ u_{c\_3x},\ u_{c\_3y},\ I_{dc},\ I_{sd},\ I_{sq},\ I_{cird},\ I_{cirq}]^T_{12\times1}$，输入变量矩阵 $\boldsymbol{U}_{mmc}=[U_{td},\ U_{tq},\ U_{dcn},\ \omega,\ U_{vdref},\ U_{vqref},\ U_{cird},\ U_{cirq}]^T_{8\times1}$，输出变量矩阵 $\boldsymbol{Y}_{mmc}=[U_{dc},\ I_{dc}]^T_{2\times1}$。其中，$u_{c\_dc}$、$I_{dc}$、$U_{dcn}$、$U_{dc}$ 分别表示子模块电容电压直流分量、直流电流、直流电压额定值及其实际值；$u_{c\_1d(q)}$、$I_{sd(q)}$、$U_{td(q)}$、$U_{vd(q)ref}$ 分别表示子模块电容电压的基频分量、交流电流、PCC 点电压及 VCC 输出的基频调制电压的 d（q）轴分量；$u_{c\_2d(q)}$、$I_{cird(q)}$、$U_{cird(q)}$ 分别表示子模块电容电压的二倍频分量、二倍频环流及环流抑制控制器输出的二倍频调制电压的d（q)轴分量；u_{c_3x}、u_{c_3y} 则为子模块电容电压的三倍频分量。

在换流器模型中，PCC 点电压（U_{td}，U_{tq}）通过与交流系统模型互联可消去，MMC 系统所连接的交流系统模型为

$$u_t-u_s=i_sR_s+L_s\frac{di_s}{dt}\tag{8-68}$$

将式（8-68）变换到 dq 坐标系下，即可得到交流系统的动态模型

$$\begin{cases}U_{sd}=U_{td}-R_sI_{sd}-L_s\dfrac{dI_{sd}}{dt}-\omega L_sI_{sq}\\ U_{sq}=U_{tq}-R_sI_{sq}-L_s\dfrac{dI_{sq}}{dt}+\omega L_sI_{sd}\end{cases}\tag{8-69}$$

8.3.2.2　考虑环流抑制的控制系统模型

如图 8-14 所示，MMC-HVDC 的控制系统主要包括锁相环、电流矢量控制 VCC 与环流抑制控制（Circulating Current Suppression Control，CCSC）三部分。

其中，锁相环 PLL 和电流矢量控制 VCC 的模型与两电平 VSC-HVDC 系统基本一致，但由于 MMC 与两电平 VSC 存在明显差异，故此处仍给出 MMC-HVDC 控制系统中的 PLL 和 VCC 模型，详细推导过程不再赘述。

由于 MMC 系统交流侧无对地电容，故为了降低模型阶数、便于模型建立，在推导 PLL 的动态模型时选择不同于两电平 VSC 系统的状态变量，即

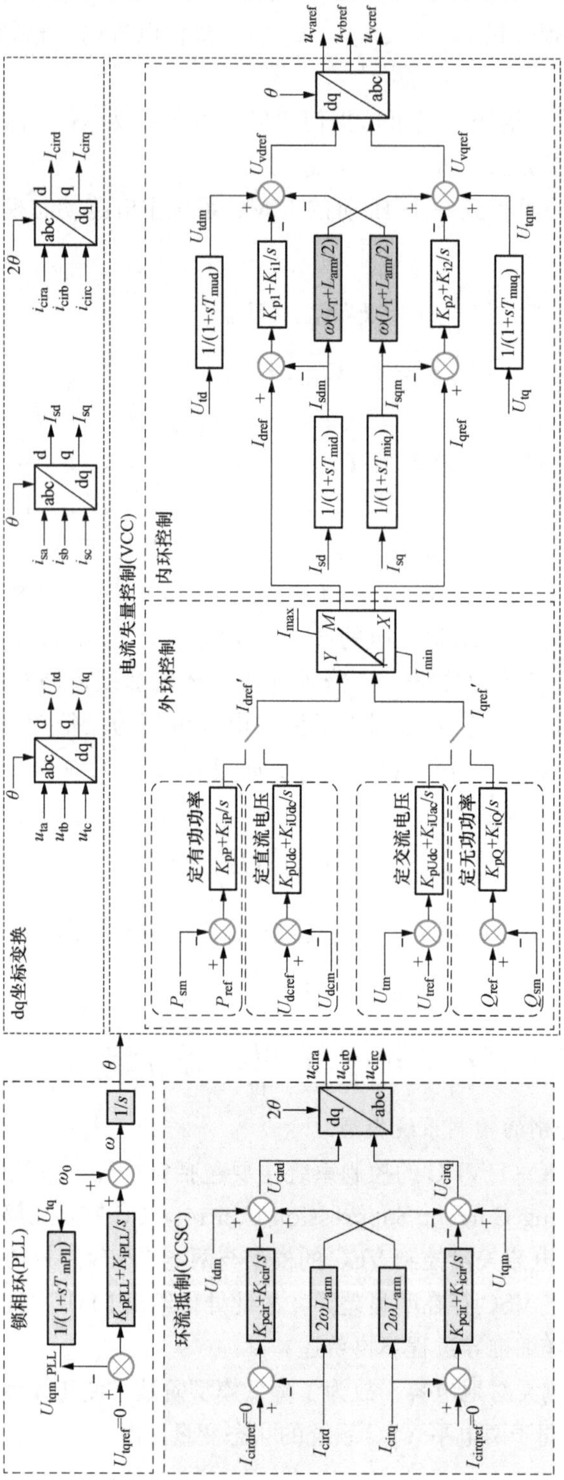

图 8-14 MMC-HVDC 的控制系统

$$\begin{cases}\dfrac{\mathrm{d}U_{\mathrm{tqm\_PLL}}}{\mathrm{d}t}=(U_{\mathrm{tq}}-U_{\mathrm{tqm\_PLL}})/T_{\mathrm{mpll}}\\\dfrac{\mathrm{d}x_5}{\mathrm{d}t}=U_{\mathrm{tqm\_PLL}}\\\dfrac{\mathrm{d}x_{\mathrm{pll}}}{\mathrm{d}t}=-K_{\mathrm{pPLL}}\dfrac{\mathrm{d}x_5}{\mathrm{d}t}-K_{\mathrm{iPLL}}x_5\end{cases}\tag{8-70}$$

式中：T_{mpll}为一阶惯性环节的时间常数；$U_{\mathrm{tqm_PLL}}$为锁相环对PCC处q轴电压分量U_{tq}的测量值。

由于MMC桥臂电感的存在，VCC控制器的动态模型最终可描述为

$$\begin{cases}\dfrac{\mathrm{d}I_{\mathrm{sdm}}}{\mathrm{d}t}=(I_{\mathrm{sd}}-I_{\mathrm{sdm}})/T_{\mathrm{mid}}\\\dfrac{\mathrm{d}I_{\mathrm{sqm}}}{\mathrm{d}t}=(I_{\mathrm{sq}}-I_{\mathrm{sqm}})/T_{\mathrm{miq}}\\\dfrac{\mathrm{d}U_{\mathrm{tdm}}}{\mathrm{d}t}=(U_{\mathrm{td}}-U_{\mathrm{tdm}})/T_{\mathrm{mud}}\\\dfrac{\mathrm{d}U_{\mathrm{tqm}}}{\mathrm{d}t}=(U_{\mathrm{tq}}-U_{\mathrm{tqm}})/T_{\mathrm{muq}}\end{cases}\tag{8-71}$$

$$\begin{cases}\dfrac{\mathrm{d}x_3}{\mathrm{d}t}=P_{\mathrm{ref}}-\dfrac{3}{2}(U_{\mathrm{tdm}}I_{\mathrm{sdm}}+U_{\mathrm{tqm}}I_{\mathrm{sqm}}),I_{\mathrm{dref}}=K_{\mathrm{pP}}\dfrac{\mathrm{d}x_3}{\mathrm{d}t}+K_{\mathrm{iP}}x_3\\\dfrac{\mathrm{d}x_4}{\mathrm{d}t}=Q_{\mathrm{ref}}-\dfrac{3}{2}(U_{\mathrm{tdm}}I_{\mathrm{sqm}}-U_{\mathrm{tqm}}I_{\mathrm{sdm}}),\ I_{\mathrm{qref}}=K_{\mathrm{pQ}}\dfrac{\mathrm{d}x_4}{\mathrm{d}t}+K_{\mathrm{iQ}}x_4\end{cases}\tag{8-72}$$

$$\begin{cases}\dfrac{\mathrm{d}x_3}{\mathrm{d}t}=U_{\mathrm{dcref}}-U_{\mathrm{dc}},I_{\mathrm{dref}}=K_{\mathrm{pUdc}}\dfrac{\mathrm{d}x_3}{\mathrm{d}t}+K_{\mathrm{iUdc}}x_3\\\dfrac{\mathrm{d}x_4}{\mathrm{d}t}=U_{\mathrm{tref}}-\sqrt{\dfrac{3}{2}(U_{\mathrm{tdm}}^2+U_{\mathrm{tqm}}^2)},\ I_{\mathrm{qref}}=K_{\mathrm{pUac}}\dfrac{\mathrm{d}x_4}{\mathrm{d}t}+K_{\mathrm{iUac}}x_4\end{cases}\tag{8-73}$$

$$\begin{cases}\dfrac{\mathrm{d}x_1}{\mathrm{d}t}=I_{\mathrm{dref}}-I_{\mathrm{sdm}},\ U_{\mathrm{vdref}}=U_{\mathrm{tdm}}-\omega\left(L_{\mathrm{T}}+\dfrac{L_{\mathrm{arm}}}{2}\right)I_{\mathrm{sqm}}-\left(K_{\mathrm{p1}}\dfrac{\mathrm{d}x_1}{\mathrm{d}t}+K_{\mathrm{i1}}x_1\right)\\\dfrac{\mathrm{d}x_2}{\mathrm{d}t}=I_{\mathrm{qref}}-I_{\mathrm{sqm}},\ U_{\mathrm{vqref}}=U_{\mathrm{tqm}}+\omega\left(L_{\mathrm{T}}+\dfrac{L_{\mathrm{arm}}}{2}\right)I_{\mathrm{sdm}}-\left(K_{\mathrm{p2}}\dfrac{\mathrm{d}x_2}{\mathrm{d}t}+K_{\mathrm{i2}}x_2\right)\end{cases}\tag{8-74}$$

对比式（8-31）与式（8-74）可见MMC系统与两电平VSC系统在建模时，由于换流器拓扑而产生的区别；而式（8-72）与式（8-29）中交流电流的差异［即式（8-72）交流电流采用（I_{sdm}，I_{sqm}），式（8-29）采用（I_{vdm}，I_{vqm}）体现出两种换流器交流侧等效电路的差异。

环流抑制控制器CCSC采用如图8-15所示的dq解耦结构，其动态方程为

$$\begin{cases}\dfrac{\mathrm{d}f_1}{\mathrm{d}t}=I_{\mathrm{cirdref}}-I_{\mathrm{cird}}\\\dfrac{\mathrm{d}f_2}{\mathrm{d}t}=I_{\mathrm{cirqref}}-I_{\mathrm{cirq}}\end{cases}\tag{8-75}$$

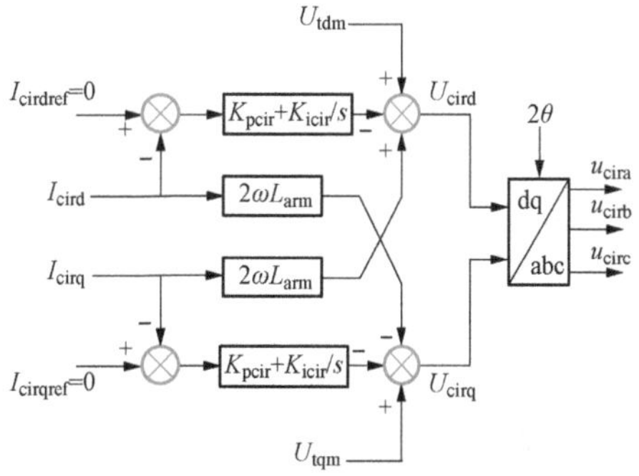

图8-15 环流抑制控制器的结构

CCSC控制器的输出为二倍频电压调制分

量，可描述为

$$\begin{cases} U_{\text{cird}} = -2\omega L_{\text{arm}} I_{\text{cirq}} - \left(K_{\text{pcir}} \dfrac{\mathrm{d}f_1}{\mathrm{d}t} + K_{\text{icir}} f_1\right) \\ U_{\text{cirq}} = 2\omega L_{\text{arm}} I_{\text{cird}} - \left(K_{\text{pcir}} \dfrac{\mathrm{d}f_2}{\mathrm{d}t} + K_{\text{icir}} f_2\right) \end{cases} \tag{8 - 76}$$

MMC - HVDC 换流站完整的控制系统模型由前述锁相环 PLL 模型、电流矢量控制 VCC 模型和环流抑制控制 CCSC 模型三部分组成，最终构成一个 13 阶动态模型，其一般形式为

$$\begin{cases} \dfrac{\mathrm{d}\boldsymbol{X}_{\text{ctl}}}{\mathrm{d}t} = \boldsymbol{F}(\boldsymbol{X}_{\text{ctl}}, \boldsymbol{U}_{\text{ctl}}) \\ \boldsymbol{Y}_{\text{ctl}} = \boldsymbol{G}(\boldsymbol{X}_{\text{ctl}}, \boldsymbol{U}_{\text{ctl}}) \end{cases} \tag{8 - 77}$$

式中：控制系统的状态变量为 $\boldsymbol{X}_{\text{ctl}} = [I_{\text{sdm}}, I_{\text{sqm}}, U_{\text{tdm}}, U_{\text{tqm}}, U_{\text{tqm\_PLL}}, x_1, x_2, x_3, x_4, f_1, f_2, x_5, x_{\text{pll}}]^{\text{T}}_{13\times1}$；对于功率控制站，输入变量为 $\boldsymbol{U}_{\text{ctl}} = [I_{\text{sd}}, I_{\text{sq}}, U_{\text{td}}, U_{\text{tq}}, P_{\text{ref}}, Q_{\text{ref}}, U_{\text{dc}}, I_{\text{cirdref}}, I_{\text{cirqref}}, I_{\text{cird}}, I_{\text{cirq}}]^{\text{T}}_{11\times1}$，输出变量为 $\boldsymbol{Y}_{\text{ctl}} = [U_{\text{vdref}}, U_{\text{vqref}}, U_{\text{cird}}, U_{\text{cirq}}, \omega, \theta_{\text{PLL}}]^{\text{T}}_{6\times1}$；对于电压控制站，输入变量为 $\boldsymbol{u}_{\text{ctl}} = [I_{\text{sd}}, I_{\text{sq}}, U_{\text{td}}, U_{\text{tq}}, U_{\text{dcref}}, U_{\text{tref}}, U_{\text{dc}}, I_{\text{cirdref}}, I_{\text{cirqref}}, I_{\text{cird}}, I_{\text{cirq}}]^{\text{T}}_{11\times1}$，输出变量相应为 $\boldsymbol{Y}_{\text{ctl}} = [U_{\text{vdref}}, U_{\text{vqref}}, U_{\text{cird}}, U_{\text{cirq}}, \omega, \theta_{\text{PLL}}]^{\text{T}}_{6\times1}$。

8.3.2.3 MMC 换流站模型

基于式（8 - 67）、式（8 - 69）和式（8 - 77），可得 MMC 换流站的动态模型（25 阶），其一般形式为

$$\frac{\mathrm{d}\boldsymbol{X}}{\mathrm{d}t} = \boldsymbol{F}(\boldsymbol{X}, \boldsymbol{U}) \tag{8 - 78}$$

式中：状态变量矩阵 $\boldsymbol{X} = \begin{bmatrix} \boldsymbol{X}^{12\times1}_{\text{mmc}} \\ \boldsymbol{X}^{13\times1}_{\text{ctl}} \end{bmatrix} = [u_{\text{c\_dc}}, u_{\text{c\_1d}}, u_{\text{c\_1q}}, u_{\text{c\_2d}}, u_{\text{c\_2q}}, u_{\text{c\_3x}}, u_{\text{c\_3y}}, I_{\text{dc}}, I_{\text{sd}}, I_{\text{sq}}, I_{\text{cird}}, I_{\text{cirq}}, I_{\text{sdm}}, I_{\text{sqm}}, U_{\text{tdm}}, U_{\text{tqm}}, U_{\text{tqm\_PLL}}, x_1, x_2, x_3, x_4, f_1, f_2, x_5, x_{\text{pll}}]^{\text{T}}_{25\times1}$，其中各元素的物理含义见表 8 - 1；输入变量矩阵 $\boldsymbol{U} = [P_{\text{ref}}, Q_{\text{ref}}]^{\text{T}}_{2\times1}$ 或 $\boldsymbol{U} = [U_{\text{dcref}}, U_{\text{tref}}]^{\text{T}}_{2\times1}$。

表 8 - 1　MMC 系统状态变量的物理含义

MMC 系统	物理意义	状态变量
换流器内部	子模块电容电压直流、基频、二倍频及三倍频电压分量	$u_{\text{c\_dc}}, u_{\text{c\_1d}}, u_{\text{c\_1q}}, u_{\text{c\_2d}}, u_{\text{c\_2q}}, u_{\text{c\_3x}}, u_{\text{c\_3y}}$
	桥臂二倍频环流	$I_{\text{cird}}, I_{\text{cirq}}$
直流侧	直流电流	I_{dc}
交流侧	交流电流	$I_{\text{sd}}, I_{\text{sq}}$
测量系统	电流、电压测量值	$I_{\text{sdm}}, I_{\text{sqm}}, U_{\text{tdm}}, U_{\text{tqm}}, U_{\text{tqm\_PLL}}$
VCC 控制器	内环 d、q 轴积分环节	x_1, x_2
	外环 d、q 轴积分环节	x_3, x_4

续表

MMC 系统	物理意义	状态变量
CCSC 控制器	d、q 轴控制	f_1，f_2
PLL 控制器	积分环节	x_5，x_{pll}

8.4 本章小结

本章采用模块化建模方法，详细考虑了换流器、控制系统及交直流系统的动态特性，建立了传统直流输电和柔性直流输电的动态模型，为揭示系统振荡模式并提出有效振荡抑制措施提供了理论依据。

第 9 章

负 荷 模 型

9.1 引 言

负荷是电力系统中能量的消耗者，由大量用电设备组成，分为个别用户、电力线路、变电站，以及整个电力系统的负荷。对于大电网稳定性分析而言，负荷包含了220kV降压变电站母线连接的所有元件和用电设备，包括配电网络、无功补偿装置、分布式电源、用电设备等。

负荷模型是描述负荷吸收的功率与节点电压、系统频率之间关系的数学表达式。按照是否反映动态过程，负荷模型分为静态模型和动态模型两种。负荷静态模型是代数方程组，常用的负荷静态模型是多项式模型和幂函数模型；负荷动态模型是包含微分关系的方程组，常用的负荷动态模型是感应电动机模型，按照微分的阶次分为一阶感应电动机模型和三阶感应电动机模型等。感应电动机是电力负荷的实际设备，有明确的物理意义。因此，感应电动机模型也称为机理式负荷动态模型。

建立负荷模型的方法主要包括基于元件的负荷建模方法和基于量测的负荷建模方法。前者又被称为统计综合法，后者也被称为总体测辨法。统计综合法是在确定用电设备模型的基础上，根据负荷组成和元件的连接关系，通过聚合方法得出变电站母线处的等值负荷模型。总体测辨法是选定合适的负荷模型结构，根据变电站母线处实际量测的数据，通过参数辨识的方法获得负荷模型参数。

9.2 负 荷 静 态 模 型

负荷静态模型主要包括多项式模型和幂函数模型，二者都属于输入输出式模型。如果只描述负荷吸收功率与节点电压的关系，则为负荷电压静特性模型；如果计及频率变化的影响，则为频率相关的负荷静态模型。

9.2.1 多项式模型

只计及负荷电压特性而忽略频率特性时，负荷多项式模型为

$$\begin{cases} P = P_0\left[a_P\left(\dfrac{U^2}{U_0}\right)^2 + b_P\left(\dfrac{U}{U_0}\right) + c_P\right] \\ Q = Q_0\left[a_Q\left(\dfrac{U^2}{U_0}\right)^2 + b_Q\left(\dfrac{U}{U_0}\right) + c_Q\right] \end{cases} \tag{9-1}$$

式中：P_0、Q_0、U_0分别为在基准点运行时负荷有功功率、无功功率和负荷母线电压幅值；a_P、b_P、c_P 分别为恒定阻抗、恒定电流、恒定功率负荷的有功功率占总有功功率的百分比，且有 $a_P+b_P+c_P=1$；a_Q、b_Q、c_Q分别为恒定阻抗、恒定电流、恒定功率负荷的无功功率占总无功功率的百分比，且有 $a_Q+b_Q+c_Q=1$。此多项式模型包括三个部分：第一项为恒定阻抗部分（Z），第二项为恒定电流部分（I），第三项为恒定功率部分（P），所以多项式模型也称为 ZIP 模型。

计及负荷频率特性的多项式模型可写为

$$\begin{cases} P = P_0\left[a_P\left(\dfrac{U}{U_0}\right)^2 + b_P\left(\dfrac{U}{U_0}\right) + c_P\right]\left(1 + \dfrac{\mathrm{d}P_*}{\mathrm{d}f_*}\bigg|_{f_0}\Delta f_*\right) \\ Q = Q_0\left[a_Q\left(\dfrac{U}{U_0}\right)^2 + b_Q\left(\dfrac{U}{U_0}\right) + c_Q\right]\left(1 + \dfrac{\mathrm{d}Q_*}{\mathrm{d}f_*}\bigg|_{f_0}\Delta f_*\right) \end{cases} \tag{9-2}$$

式中：P_*、Q_* 为以稳态功率；P_0、Q_0 为基准值下的标幺值；f_* 为工频基值下的标幺值。

EPRI 组织的早期研究中采用了改进形式的多项式模型，有

$$\begin{cases} P = P_0(1 + p_1\Delta U) \\ Q = 0.5P_0(1 + q_1\Delta U + q_2\Delta U^2) + (Q_0 - 0.5P_0)(1 + 2\Delta U + \Delta U^2) \end{cases} \tag{9-3}$$

式中：p_1为有功电压一次项系数；q_1、q_2为无功电压一次和二次项系数。

在实际应用中，往往根据仿真分析的具体需要，选择多项式模型的重要项派生出若干实用模型。

9.2.2 幂函数模型

幂函数模型的一般形式为

$$\begin{cases} P = P_0(U/U_0)^{n_{pu}}(f/f_0)^{n_{pf}} \\ Q = Q_0(U/U_0)^{n_{qu}}(f/f_0)^{n_{qf}} \end{cases} \tag{9-4}$$

式中：n_{pu}为负荷有功功率电压特性系数；n_{pf}为负荷有功功率频率特性系数；n_{qu}为负荷无功功率电压特性系数；n_{qf}为负荷无功功率频率特性系数。

在不考虑频率变化，只计算节点电压影响的前提下，模型为

$$\begin{cases} P = P_0(U/U_0)^{n_{pu}} \\ Q = Q_0(U/U_0)^{n_{qu}} \end{cases} \tag{9-5}$$

当电压波动范围较小时，这种模型是普遍常用的模型。

由 EPRI 负荷建模计划所支持开发的软件包 LOADSYN 中采用了以下的静态模型

$$\begin{cases} \dfrac{P}{P_0} = P_{a1}\left(\dfrac{U}{U_0}\right)^{K_{PV1}}(1 + K_{PF1}\Delta f) + (1 - P_{a1})\left(\dfrac{U}{U_0}\right)^{K_{PV2}} \\ \dfrac{Q}{Q_0} = Q_{a1}\left(\dfrac{U}{U_0}\right)^{K_{QV1}}(1 + K_{QF1}\Delta f) + \left(\dfrac{Q_0}{P_0} - Q_{a1}\right)\left(\dfrac{U}{U_0}\right)^{K_{QV2}}(1 + K_{QF2}\Delta f) \end{cases} \tag{9-6}$$

式中：U 为节点电压；U_0 为节点电压初值；Δf 为频率与额定值的偏差的标幺值；有功功率公式中第一项表示与频率有关的负荷元件，第二项表示与频率无关的负荷元件；P_{a1}为有功功率中与频率相关部分负荷占有功功率的比例；K_{PV1}为有功的频率相关部分

的电压指数；K_{PV2}为有功的频率无关部分的电压指数；K_{PF1}为有功负荷的频率灵敏系数；P_0为节点有功负荷初值；无功功率公式中第一项表示所有负荷元件的无功需求，第二项表示输电线路的无功损耗和无功补偿设备所提供的无功功率；Q_{a1}为无功功率中与频率相关部分负荷占无功功率的比例，由各种类型负荷元件的有功功率和功率因数决定；K_{QV1}、K_{QV2}为无功的频率相关部分的电压指数；K_{QF1}、K_{QF2}为无功负荷的频率灵敏系数；Q_0为节点无功负荷初值。

9.3 负荷动态模型

9.3.1 机理式负荷动态模型

9.3.1.1 感应电动机电磁暂态模型

考虑负荷动态特性的电力系统电磁暂态分析，需采用感应电机电磁暂态模型。这里按照电动机惯例规定正方向：电流流入电动机时为正；向电机方向看时，其电压的正方向与电流的正方向一致；各相正方向电流产生的磁链为正值。

（1）电压方程

$$\begin{cases} U_{ds} = R_s I_{ds} - \omega_s \Psi_{qs} + \dfrac{d\Psi_{ds}}{dt} \\ U_{qs} = R_s I_{qs} + \omega_s \Psi_{ds} + \dfrac{d\Psi_{qs}}{dt} \\ 0 = U_{dr} = R_r I_{dr} - (\omega_s - \omega_r)\Psi_{qr} + \dfrac{d\Psi_{dr}}{dt} \\ 0 = U_{qr} = R_r I_{qr} + (\omega_s - \omega_r)\Psi_{dr} + \dfrac{d\Psi_{qr}}{dt} \end{cases} \tag{9-7}$$

式中：U、I、Ψ、R、ω分别表示电压、电流、磁链、电阻和角速度；下标 s 表示定子侧的物理量，下标 r 表示转子侧的物理量。

（2）磁链方程

$$\begin{cases} \Psi_{ds} = L_{s\sigma} I_{ds} + L_{sr}(I_{ds} + I_{dr}) \\ \Psi_{qs} = L_{s\sigma} I_{qs} + L_{sr}(I_{qs} + I_{qr}) \\ \Psi_{dr} = L_{r\sigma} I_{dr} + L_{sr}(I_{ds} + I_{dr}) \\ \Psi_{qr} = L_{r\sigma} I_{qr} + L_{sr}(I_{qs} + I_{qr}) \end{cases} \tag{9-8}$$

式中：L_{sr}为定、转子互感系数；$L_{s\sigma}$为定子漏感系数；$L_{r\sigma}$为转子漏感系数。

（3）转子运动方程

$$T_J \frac{d\omega_r}{dt} = T_E - T_M \tag{9-9}$$

式中：T_J为惯性时间常数；T_E、T_M分别为电磁转矩和机械转矩。

电磁转矩为

$$T_E = \Psi_{qr} I_{dr} - \Psi_{dr} I_{qr} \tag{9-10}$$

机械转矩有不同的表现形式

$$
\begin{aligned}
T_{\mathrm{M}} &= T_0[\alpha+(1-\alpha)\omega_{\mathrm{r}}^P] \\
T_{\mathrm{M}} &= T_0\omega_{\mathrm{r}}^P \\
T_{\mathrm{M}} &= T_0(A\omega_{\mathrm{r}}^2+B\omega_{\mathrm{r}}+C) \\
T_{\mathrm{M}} &= T_{\mathrm{M0}}+\beta_0\Delta\omega_{\mathrm{r}},\Delta\omega_{\mathrm{r}}=\omega_{\mathrm{r}}-\omega_{\mathrm{r0}}
\end{aligned} \tag{9-11}
$$

式中：α 为与转速无关的阻力矩系数；P 为转速有关的阻力矩的幂指数；T_0为稳态机械转矩；A、B、C、β_0为转矩系数。

（4）功率方程。根据瞬时功率理论，电机的功率方程为

$$
\begin{cases}
P=U_{\mathrm{d}}I_{\mathrm{d}}+U_{\mathrm{q}}I_{\mathrm{q}} \\
Q=U_{\mathrm{q}}I_{\mathrm{d}}-U_{\mathrm{d}}I_{\mathrm{q}}
\end{cases} \tag{9-12}
$$

9.3.1.2 感应电动机机电暂态模型

忽略定子绕组的暂态过程，则可得到机电暂态模型。令 $p\Psi_{\mathrm{ds}}=p\Psi_{\mathrm{qs}}=0$，$p$ 为微分算子，使得电压方程变为代数方程。令暂态电动势和暂态电抗分别为

$$
\begin{cases}
E'_{\mathrm{d}}=\dfrac{L_{\mathrm{sr}}}{L_{\mathrm{r}\sigma}+L_{\mathrm{sr}}}f\Psi_{\mathrm{qr}} \\
E'_{\mathrm{q}}=\dfrac{L_{\mathrm{sr}}}{L_{\mathrm{r}\sigma}+L_{\mathrm{sr}}}f\Psi_{\mathrm{dr}} \\
X'=f\left(L_{\mathrm{s}\sigma}+L_{\mathrm{sr}}-\dfrac{L_{\mathrm{sr}}^2}{L_{\mathrm{r}\sigma}+L_{\mathrm{sr}}}\right)
\end{cases} \tag{9-13}
$$

（1）定子电压方程

$$
\begin{cases}
U_{\mathrm{d}}=R_{\mathrm{s}}I_{\mathrm{d}}+X'I_{\mathrm{q}}+E'_{\mathrm{d}} \\
U_{\mathrm{q}}=R_{\mathrm{s}}I_{\mathrm{q}}-X'I_{\mathrm{d}}+E'_{\mathrm{q}}
\end{cases} \tag{9-14}
$$

（2）电动势方程

$$
\begin{cases}
T'_{\mathrm{d0}}\dfrac{\mathrm{d}E'_{\mathrm{d}}}{\mathrm{d}t}=-E'_{\mathrm{d}}+(X-X')I_{\mathrm{q}}+(\omega_{\mathrm{r}}-f)E'_{\mathrm{q}}T'_{\mathrm{d0}} \\
T'_{\mathrm{d0}}\dfrac{\mathrm{d}E'_{\mathrm{q}}}{\mathrm{d}t}=-E'_{\mathrm{q}}-(X-X')I_{\mathrm{d}}+(\omega_{\mathrm{r}}-f)E'_{\mathrm{d}}T'_{\mathrm{d0}}
\end{cases} \tag{9-15}
$$

式中：X 为定子自电抗，$X=f(L_{\mathrm{s}\sigma}+L_{\mathrm{sr}})$；$T'_{\mathrm{d0}}$为转子绕组时间常数，$T'_{\mathrm{d0}}=(L_{\mathrm{r}\sigma}+L_{\mathrm{sr}})/R_{\mathrm{r}}$。

（3）转子运动方程

$$
\frac{\mathrm{d}\omega_{\mathrm{r}}}{\mathrm{d}t}=[(P-I^2R_{\mathrm{s}})/f-(T_{\mathrm{m0}}+\beta_0\Delta\omega_{\mathrm{r}})]/T_{\mathrm{j}} \tag{9-16}
$$

（4）功率方程

$$
\begin{cases}
P=U_{\mathrm{d}}I_{\mathrm{d}}+U_{\mathrm{q}}I_{\mathrm{q}} \\
Q=U_{\mathrm{q}}I_{\mathrm{d}}-U_{\mathrm{d}}I_{\mathrm{q}}
\end{cases} \tag{9-17}
$$

（5）相量形式方程。采用大写字母上加点代表相量，令

$$
\begin{cases}
\dot{E}'=E'_{\mathrm{q}}+\mathrm{j}E'_{\mathrm{d}} \\
\dot{U}=U_{\mathrm{d}}+\mathrm{j}U_{\mathrm{q}} \\
\dot{I}=I_{\mathrm{d}}+\mathrm{j}I_{\mathrm{q}}
\end{cases} \tag{9-18}
$$

则电压方程［式（9-14）］的相量形式为

$$\dot{U}=(R_s+jX')\dot{I}+\dot{E}' \tag{9-19}$$

电动势方程［式（9-15）］的相量形式为

$$T'_{d0}\frac{d\dot{E}'}{dt}=-\dot{E}'+j(X-X')\dot{I}+j(\omega_r-f)\dot{E}'T'_{d0} \tag{9-20}$$

9.3.1.3　感应电动机机械暂态模型

在上述机电暂态模型的基础上，进一步忽略转子暂态，忽略所有电磁暂态，只考虑机械暂态，即可得到机械暂态模型。

忽略转子绕组暂态，即设 $p\Psi_{dr}=p\Psi_{qr}=0$。由式（9-15）可知，$pE'_d=pE'_q=0$，代入式（9-20）得

$$0=-\dot{E}'+j(X-X')\dot{I}+j(\omega_r-f)\dot{E}'T'_{d0}$$

即

$$\dot{E}'=\frac{j(X-X')}{1-jT'_{d0}(\omega_r-f)}\dot{I} \tag{9-21}$$

将式（9-21）代入式（9-19）可得

$$\dot{U}=Z_\Sigma\dot{I} \tag{9-22}$$

其中

$$Z_\Sigma=R_S+jX'+\frac{j(X-X')}{1-jT'_{d0}(\omega_r-f)}=R_\Sigma+jX_\Sigma$$

令定子阻抗 $Z_S=R_S+jX_S$，转子阻抗 $Z_r=R_r/s+jX_r$，互阻抗 $Z_m=jX_S$，则可证明

$$Z_\Sigma=Z_S+\frac{Z_rZ_m}{Z_r+Z_m} \tag{9-23}$$

由式（9-22）和式（9-23）可得电动机T型等值电路如图9-1所示。

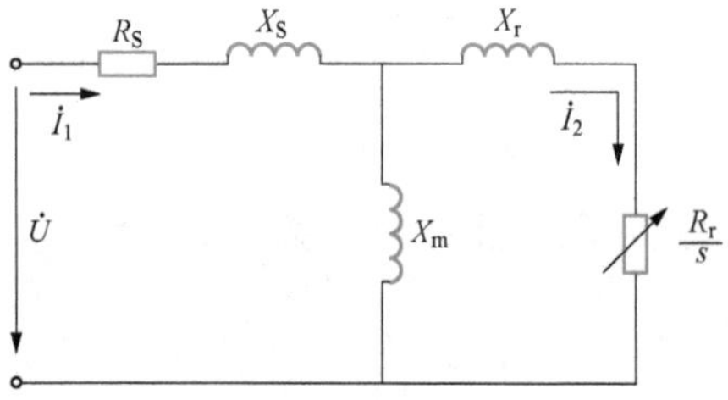

图9-1　电动机T型等值电路

由式（9-20）及式（9-22）可得

$$P=\frac{U^2}{R_\Sigma^2+X_\Sigma^2}R_\Sigma=U^2G_\Sigma \tag{9-24}$$

式中：G_Σ 为从电动机端口看进去的导纳的电导部分，应注意的是它与滑差 s 有关。

机械暂态的状态方程是一阶的，即只有转子运动方程，由式（9-25）得

$$T_M=T_0[(1-s)f]^\beta \tag{9-25}$$

进一步推导可得

$$T_E=[U^2G_\Sigma-I^2R_S]/f=\frac{U^2(R_\Sigma-R_S)}{(R_\Sigma^2+X_\Sigma^2)f} \tag{9-26}$$

$$\frac{ds}{dt}=\left\{T_0[(1-s)f]^\beta-\frac{U^2(R_\Sigma-R_S)}{(R_\Sigma^2+X_\Sigma^2)f}\right\}/(T_jf) \tag{9-27}$$

9.3.1.4　国外负荷电动机模型参数

（1）IEEE负荷建模工作组推荐的电动机模型参数见表9-1。

表 9-1　　IEEE 负荷建模工作组推荐的电动机模型参数

负荷类型	模型参数								
	R_S（p. u.）	x_{S0}（p. u.）	x_m（p. u.）	R_r（p. u.）	x_{r0}（p. u.）	A	B	T_J（s）	L_{Fm}（p. u.）
IEEE-1（小型工业电动机）	0.0310	0.1000	3.2000	0.0180	0.1800	1.0	0	1.4000	0.6000
IEEE-2（大型工业电动机）	0.0130	0.0670	3.8000	0.0090	0.1700	1.0	0	3.0000	0.8000
IEEE-3（水泵）	0.0130	0.1400	2.4000	0.0090	0.1200	1.0	0	1.6000	0.7000
IEEE-4（厂用电）	0.0130	0.1400	2.4000	0.0090	0.1200	1.0	0	3.0000	0.7000
IEEE-5（民用综合电动机）	0.0770	0.1070	2.2200	0.0790	0.0980	1.0	0	1.4800	0.4600
IEEE-6（民用和工业综合电动机）	0.0350	0.0940	2.8000	0.0480	0.1630	1.0	0	1.8600	0.6000
IEEE-7（空调综合电动机）	0.0640	0.0910	2.2300	0.0590	0.0710	0.2	0	0.6800	0.8000

（2）WSCC 推荐的典型电动机参数见表 9-2。

表 9-2　　WSCC 推荐的典型电动机参数

参数	默认值	大型工业电动机	小型工业电动机
R_S（p. u.）	0.0068	0.0130	0.0310
L_1（p. u.）	0.1000	0.0670	0.1000
L_m（p. u.）	3.4000	3.8000	3.2000
L_S（p. u.）	3.5000	3.8700	3.3000
R_2（p. u.）	0.0180	0.0090	0.0180
L_2（p. u.）	0.0700	0.1700	0.1800
T_J（s）	1.000	3.000	1.4000
T'_o(s)	0.5300	1.1700	0.5000
L'（p. u.）	0.1700	0.2300	0.2700
D（p. u.）	2.0000	2.0000	2.0000

（3）部分元件电动机模型参数见表 9-3。

表 9-3　　部分元件电动机模型参数

负荷名称	R_S	x_S	R_m	R_r	x_r	A	B	T_J	L_{Fm}
热泵加热器	0.033	0.076	2.4	0.048	0.062	0.2	0.0	0.56	0.6
热泵式中央空调	0.033	0.076	2.4	0.048	0.062	0.2	0.0	0.56	0.6

续表

负荷名称	R_S	x_S	R_m	R_r	x_r	A	B	T_J	L_{Fm}
中央空调	0.033	0.076	2.4	0.048	0.062	0.2	0.0	0.56	0.6
室用空调	0.10	0.10	1.8	0.09	0.062	0.2	0.0	0.56	0.6
电冰箱和冷冻柜	0.056	0.087	2.4	0.053	0.082	0.2	0.0	0.56	0.5
洗碗机	0.11	0.14	2.8	0.11	0.065	1.0	0.0	0.56	0.5
洗衣机	0.11	0.12	2.0	0.11	0.13	1.0	0.0	3.0	0.4
衣服烘干机	0.12	0.15	1.9	0.13	0.14	1.0	0.0	2.6	0.4
商业热泵	0.53	0.83	1.9	0.036	0.68	0.2	0.0	0.56	0.6
热泵式商业空调	0.53	0.83	1.9	0.036	0.68	0.2	0.0	0.56	0.6
商业中央空调	0.53	0.83	1.9	0.36	0.68	0.2	0.0	0.56	0.6
商业室用空调	0.10	0.10	1.8	0.09	0.06	0.2	0.0	0.56	0.6
泵、风扇和其他电动机	0.079	0.12	3.2	0.0562	0.12	1.0	0.0	1.4	0.7
小型工业电动机	0.031	0.10	3.2	0.18	0.18	1.0	0.0	1.4	0.6
大型工业电动机	0.031	0.67	3.8	0.009	0.17	1.0	0.0	3.0	0.8
农用水泵	0.25	0.088	3.2	0.16	0.17	1.0	0.0	0.8	0.7
发电厂辅机	0.031	0.14	2.4	0.009	0.12	1.0	0.0	3.0	0.7

（4）电动机模型参数见表 9-4。

表 9-4　　电动机模型参数

负荷类型	R_S（p.u.）	x_{S0}（p.u.）	x_m（p.u.）	R_r（p.u.）	x_{r0}（p.u.）	T_J（s）
综合负荷电动机	0.001	0.23	3.0	0.02	0.23	1.326
大型负荷电动机	0.007	0.0818	3.62	0.0062	0.0534	3.2
小型工业电动机	0.078	0.065	2.67	0.044	0.049	1.0

9.3.2　非机理式负荷动态模型

非机理模型注重于如何恰当地描述输入与输出之间的关系，但不能体现模型所代表的物理意义。其本质是将负荷整体看作“黑箱”，根据经验挑选能够恰当描述输入输出关系的模型结构，然后对模型参数进行辨识。常见的非机理负荷动态模型有以下几种。

9.3.2.1　微分方程形式的负荷模型

当作用函数中不含导数项时，输入输出方程为

$$\frac{d^n y}{dt^n} + k_1 \frac{d^{n-1} y}{dt^{n-1}} + \cdots + k_{n-1} \frac{dy}{dt} + k_n y = f(y, t) \tag{9-28}$$

式中：k_1、…、k_n 为微分方程系数；y 为变量；t 为时间。

当作用函数中含导数项时，输入输出方程为

$$
\begin{aligned}
&\frac{\mathrm{d}^n y}{\mathrm{d}t^n}+k_1\frac{\mathrm{d}^{n-1}y}{\mathrm{d}t^{n-1}}+\cdots+k_{n-1}\frac{\mathrm{d}y}{\mathrm{d}t}+k_n y\\
&=a_0\frac{\mathrm{d}^m u}{\mathrm{d}t^m}+a_1\frac{\mathrm{d}^{m-1}u}{\mathrm{d}t^{m-1}}+\cdots+a_{m-1}\frac{\mathrm{d}u}{\mathrm{d}t}+a_m u
\end{aligned}
\tag{9-29}
$$

式中：k_1、…、k_n，a_0、a_1、…、a_m 为微分方程系数；y、n 为变量。

9.3.2.2　差分方程形式负荷模型

在单输入输出条件下，其形式为

$$
\begin{aligned}
&y(k)+k_1 y(x-1)+\cdots+k_n y(x-n)\\
&=p_0 u(x)+p_1 u(x-1)+\cdots+p_m u(x-m)
\end{aligned}
\tag{9-30}
$$

式中：k_1、…、k_n，p_0、p_1、…、p_m 为差分方程系数；n、m 为输出输入的阶次；x 为采样次数。

9.3.2.3　传递函数模型

其一般形式为

$$
G(s)=\frac{Y(s)}{U(s)}=\frac{k_0 s^n+k_1 s^{n-1}+\cdots+k_{n-1}s+k_n}{s^m+p_1 s^{m-1}+\cdots+p_{n-1}s+p_n}
\tag{9-31}
$$

式中：k_1、k_2、…、k_n，p_0、p_1、…、p_m 为传递函数系数；s 为拉氏算子；m 为传递函数阶次。

9.3.2.4　状态空间模型

其一般形式为

$$
\begin{cases}
\dot{x}=Ax+Bu\\
y=Cx+Du
\end{cases}
\tag{9-32}
$$

式中：A、B、C、D 为状态空间系数矩阵；x、y、u 为变量；$\dot{x}$ 为变量 x 的一阶导数。

9.3.2.5　时间离散模型

其一般形式为

$$
P_k=\sum_{i=1}^{n_\mathrm{p}}a_{\mathrm{p}i}P_{k-i}+\sum_{i=0}^{n_\mathrm{v}}b_{\mathrm{p}i}V_{k-i}+\sum_{i=0}^{n_\mathrm{f}}c_{\mathrm{p}i}f_{k-i}
\tag{9-33}
$$

式中：$a_{\mathrm{p}i}$、$b_{\mathrm{p}i}$、$c_{\mathrm{p}i}$分别为第 i 次采样的有功功率、电压、频率系数；k 为第 k 次采样；n_p、n_v、n_f 分别为有功功率、电压、频率的采样次数。

9.4　综合负荷模型

电力系统负荷具有复杂性，单独的负荷静态模型或负荷动态模型都难以准确描述整个系统的负荷特性，因此诞生了综合负荷模型。典型的综合负荷模型结构包括感应电动机并联恒阻抗模型、感应电动机并联 ZIP 模型以及考虑配电网支路的综合负荷模型等。

9.4.1　感应电动机并联恒阻抗模型

由于感应电动机正常运行时对功率因数有一定的要求，因此一般采用感应电动机并联恒阻抗的形式，从而保证感应电动机的初始滑差在一定的范围之内，其余部分的功率由恒阻抗消耗。典型的三阶感应电动机模型的状态方程为

$$\begin{cases}\dfrac{\mathrm{d}\dot{E}'}{\mathrm{d}t}=-\mathrm{j}s\dot{E}'-[\dot{E}'-\mathrm{j}(X-X')\dot{I}]/T' \\ 2H\dfrac{\mathrm{d}s}{\mathrm{d}t}=T_{\mathrm{m}}-T_{\mathrm{e}} \\ \dot{U}=\dot{E}'+(R_s+\mathrm{j}X')\dot{I}\end{cases} \tag{9-34}$$

其中

$$T'=\frac{X_{\mathrm{r}}+X_{\mathrm{m}}}{R_{\mathrm{r}}} \tag{9-35}$$

$$X=X_{\mathrm{s}}+X_{\mathrm{m}} \tag{9-36}$$

$$X'=X_{\mathrm{s}}+\frac{X_{\mathrm{m}}X_{\mathrm{r}}}{X_{\mathrm{m}}+X_{\mathrm{r}}} \tag{9-37}$$

或将实部与虚部分开，写成下面的格式

$$\begin{cases}\dfrac{\mathrm{d}E'_{\mathrm{d}}}{\mathrm{d}t}=-\dfrac{1}{T'}[E'_{\mathrm{d}}+(X-X')I_{\mathrm{q}}]-(\omega-1)E'_{\mathrm{q}} \\ \dfrac{\mathrm{d}E'_{\mathrm{q}}}{\mathrm{d}t}=-\dfrac{1}{T'}[E'_{\mathrm{q}}-(X-X')I_{\mathrm{d}}]+(\omega-1)E'_{\mathrm{d}} \\ \dfrac{\mathrm{d}\omega}{\mathrm{d}t}=-\dfrac{1}{2H}[(A\omega^2+B\omega+C)T_0-(E'_{\mathrm{q}}I_{\mathrm{d}}+E_{\mathrm{q}}'I_{\mathrm{q}})]\end{cases} \tag{9-38}$$

$$\begin{cases}I_{\mathrm{d}}=\dfrac{1}{R_{\mathrm{s}}^2+X'^2}[R_{\mathrm{s}}(U_{\mathrm{d}}-E'_{\mathrm{d}})+X'(U_{\mathrm{q}}-E'_{\mathrm{q}})] \\ I_{\mathrm{q}}=\dfrac{1}{R_{\mathrm{s}}^2+X'^2}[R_{\mathrm{s}}(U_{\mathrm{q}}-E'_{\mathrm{q}})-X'(U_{\mathrm{d}}-E'_{\mathrm{d}})]\end{cases} \tag{9-39}$$

一阶感应电动机模型与三阶感应电动机模型不同在于是否考虑定子暂态过程，在上式中令 $\mathrm{d}E'/\mathrm{d}t$，认为 E' 恒定，就是一阶感应电动机模型。

9.4.2 感应电动机并联 ZIP 模型

感应电动机并联 ZIP 的模型采用三阶感应电动机与静态 ZIP 部分并联的模型结构，如图 9-2 所示。

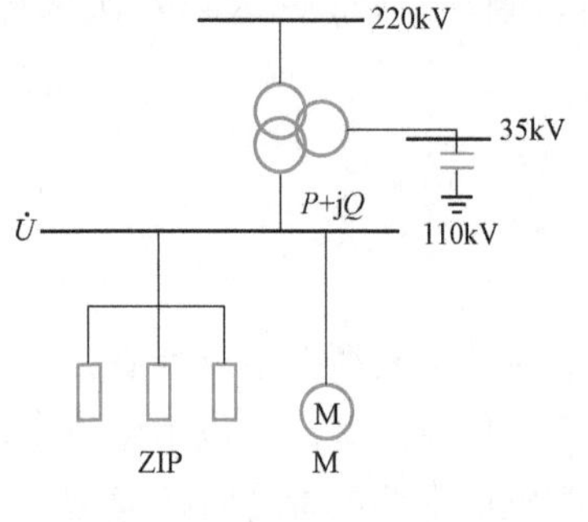

图 9-2 综合负荷模型结构

感应电动机模型与上面的相同，静特性部分采用扩展的 ZIP 模型，如式（9-44）所示

$$\begin{cases}P=P_0\left[k_{\mathrm{PZ}}\left(\dfrac{U}{U_0}\right)^2+k_{\mathrm{PI}}\left(\dfrac{U}{U_0}\right)+k_{\mathrm{PP}}\right] \\ Q=Q_0\left[k_{\mathrm{QZ}}\left(\dfrac{U}{U_0}\right)^2+k_{\mathrm{QI}}\left(\dfrac{U}{U_0}\right)+k_{\mathrm{QP}}\right]\end{cases} \tag{9-40}$$

式中：k_{PZ}、k_{PI}、k_{PP} 的取值区间为［0，1］；k_{QZ}、k_{QI}、k_{QP} 的取值区间为［−10，10］；等式约束条件为 $k_{\mathrm{PZ}}+k_{\mathrm{PI}}+k_{\mathrm{PP}}=1$，$k_{\mathrm{QZ}}+k_{\mathrm{QI}}+k_{\mathrm{QP}}=1$。

注意到 k_{QZ}、k_{QI}、k_{QP} 的取值区间为［−10，10］，这与经典的 ZIP 模型不同，所以称之为扩展的 ZIP 模型。而扩展的原因是实际负荷的无功部分对电压变化的灵敏度是非常大的，实测辨识结果表明，$\Delta Q/\Delta U$ 的标幺值比在

2p. u. ～8p. u. 范围内。

综合负荷模型共有 14 个独立参数，它包括三阶感应电动机部分 8 个参数，即：$[R_s, X_s, X_m, R_r, X_r, H, A, B]^T$ 和扩展 ZIP 部分的 4 个参数，即：$[k_{PZ}, k_{PP}, k_{QZ}, k_{QP}]^T$，以及新定义的两个 K_{pm} 和 M_{lf}。其中，A 与 B 是扭矩系数，A 与速度的平方呈正比，B 与速度呈正比；K_{pm} 用来分配初始有功功率，M_{lf} 为额定初始负荷率系数。设负荷总的初始有功功率为 P_0，总的无功为 Q_0，感应电动机的初始有功为 P'_0，则定义 K_{pm} 为

$$K_{pm} = P'_0/P_0 \tag{9-41}$$

定义 M_{lf} 为

$$M_{lf} = \left(\frac{P'_0}{S_{MB}}\right)/\left(\frac{U_0}{U_B}\right) \tag{9-42}$$

通过引入 K_{pm} 和 M_{lf}，改进的综合负荷模型结构可以保证完全消除负荷幅值的时变性带来的影响。即：如果负荷组成成分比例恒定，无论负荷的大小如何变化，都可以用一组参数来拟合所有的负荷。

从式（9-41）、式（9-42），可推导出

$$P'_0 = KP_0 \tag{9-43}$$

$$S_{MB} = \left(\frac{P'_0}{M_{lf}}\right)/\left(\frac{U_0}{U_B}\right) = \left(\frac{P_0 K_{pm}}{M_{lf}}\right)/\left(\frac{U_0}{U_B}\right) \tag{9-44}$$

式中：S_{MB} 为感应电动机的额定容量。

由式（9-44）可以看出，模型结构中感应电动机的容量能够自动跟踪负荷的总的有功功率初值 P_0 的变化，所以是一种容量自适应的模型结构。而且，相对于 IEEE-95 推荐模型，综合负荷模型参数的维数大大降低，从而可以用基于量测的建模方法进行参数辨识。

9.4.3 考虑配电网支路的综合负荷模型

考虑配电网支路的综合负荷模型在经典综合负荷模型的基础上还包括了对配电网阻抗参数、受端母线并联电容补偿设备的描述，如图 9-3 所示。

该模型在实际母线与负荷之间设置了一个虚拟母线，实际母线与虚拟母线之间是配电网等值阻抗 $R_D + jX_D$，虚拟母线上除了有静态负荷和感应电动机负荷以外，还增加了并联电容补偿设备。

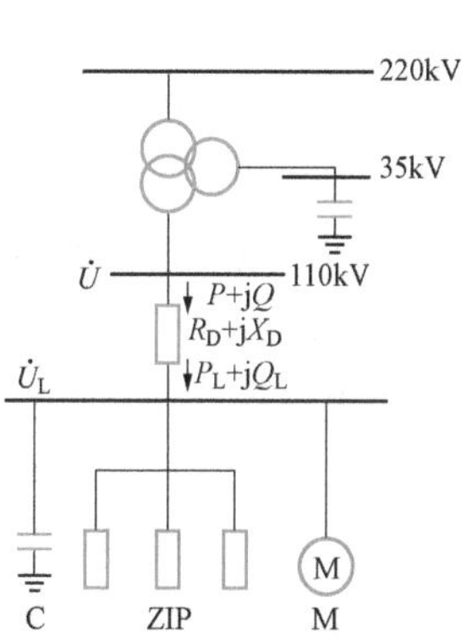

图 9-3 考虑配电网支路的综合负荷模型结构示意图

9.4.4 综合负荷模型参数获取方法

二十世纪三四十年代学者们已经开始认识到负荷模型对电力系统分析的重要性，并对负荷的静态和动态特性进行了初步的研究。但这个时期由于电力系统分析是采用人工计算的，难以采用复杂的负荷模型。二十世纪五六十年代，随着数字电子计算机技术的发展和应用，人们大量采用计算机进行复杂电力系统的仿真。由于电力系统仿真计算精度、系统

分析广度和深度要求的提高，以发电机为中心，原动机、调节系统等元件的建模都向前迈进了一步。与此同时，负荷建模工作有了新进展，除了提出了恒阻抗、恒电流、恒功率模型外，还在计算中采用了感应电动机负荷模型和多项式、幂指数等负荷模型。这些负荷模型参数在当时是定性估计的。

9.4.4.1　统计综合法

1976 年美国电力科学研究院（EPRI）开始主持一项庞大的负荷模型研究项目，其主要目的是为电力公司建立一套基于统计综合的负荷建模方法。研究工作在加拿大和美国同时展开。该项目从理论、现场实验、数据收集、系统软硬件开发和数据处理程序等方面全面开展。经过多年的努力，开发了采用统计综合法建立负荷模型中最具影响的软件包 LOADSYN。该软件使用时需提供三种数据：负荷类型数据，即各类负荷（民用、工业、商业等）在总负荷中所占百分比；负荷的构成数据，即各种用电设备（荧光灯、电动机、空调等）所占比例；负荷元件平均特性。使用者可仅提供第一种数据，后两种数据采用软件包提供的典型值。所有这一切就构成了基于元件的建模方法的雏形。

统计综合法以统计学为基础，首先将综合负荷看作是个别负荷的集合，通过分析个别负荷的组成和其负荷元件（即用电器）的平均特性得到个别负荷的负荷模型，然后统计各类个别负荷所占比重，综合这些数据最终得到整体负荷模型。统计综合法是建立在统计资料齐全、负荷特性精确的基础之上，通常需要三种资料，包括：①负荷元件的平均特性；②负荷的组成；③变电站负荷的分类和组成。其中负荷的组成和负荷元件的平均特性是统计综合法进行综合负荷建模的关键。

典型的变电站负荷特性调查的详细步骤具体如下：

（1）首先，分析 220kV 变电站的电气主接线图，对全网范围内所有 220kV 变电站进行调查统计，得到 220kV 变电站的变压器（主变压器台数、容量、最大最小负荷以及相应的平均功率因数、集中无功功率补偿容量等）、线路、无功补偿等的相关数据。

（2）记录 220kV 变电站所有负荷出线在调查时的有功功率、无功功率、电流、电压、功率因数等负荷数据。

（3）对电网内所有负荷进行合理的分类和划归，调查得到详细的负荷组成数据。

综合统计法的优点是有明确具体的物理模型和清晰、便于理解的建模思路，整体建模方法对于电力系统的负荷建模工作都适用，只需要调整其分类原则和适应性地修改一些负荷特性参数。统计综合法的缺点是需要对大量电力用户的负荷设备进行调查，元件分类复杂且各设备的特性及负荷模型差异较大，而且所能统计的仅是各类负荷的容量，但实际功率与其在工作时的特点和模式有关，导致采用容量来替代负荷功率进行统计的误差较大，会造成最终的统计结果准确度难以接受。统计综合法需要消耗大量人力物力，不可能随时进行，甚至不能经常进行。负荷的时变性和随机性，导致该方法还有很大的改进空间。

9.4.4.2　总体测辨法

二十世纪八十年代，系统辨识理论迅速发展，为负荷模型总体测辨法的产生提供了基础，但在八十年代后才逐渐得到广泛的重视。美国、日本、加拿大、中国等在实际系统中研制和投运了大批电力负荷特性记录仪，记录了大量数据，开展了很多基于总体测辨法的研究。除了我国以外，其他国家进行的都是静特性的研究。

总体测辨法是基于量测的负荷建模方法，其基本思想是将负荷群看成一个整体，通过在负荷点安装测量记录装置，现场采集负荷所在母线的电压、频率、有功、无功数据，选择一个合适的负荷模型结构，然后根据系统辨识理论确定负荷模型结构和参数。总体测辨法所获得的模型参数是以模型响应能最好地拟合所观测到的负荷响应数据为目标，所以负荷模型具有符合实际的特点。该方法不必详细知道负荷内部的复杂构成。

直接通过现场试验或基于 PMU、宽频量测装置得到电网故障后负荷波动数据，大大减少了耗时耗力的统计工作量。且在某一电压等级母线上长期记录负荷波动数据，通过较长时间尺度下的负荷波动情况进行模型结构的选择和参数的辨识，可在一定程度上满足负荷模型的时变性要求。另外由于总体测辨法是将总体负荷看作“灰箱”，只关注其输入输出特性，故在负荷组成比较复杂、统计工作繁复难以进行时，优越性得到很大体现。这种方法得到的负荷模型结构较为简单，参数容易处理辨识，而且现代系统理论又为其提供了有力的理论依据，故成为目前应用最为广泛的负荷建模方法。

总体测辨法建模流程如图 9-4 所示。

总体测辨法的核心部分主要有以下两个环节：模型结构的选择和参数辨识方法的确定。负荷模型结构可以采用感应电动机并联 ZIP 的综合负荷模型结构，也可以采用考虑配电网支路的综合负荷模型结构。

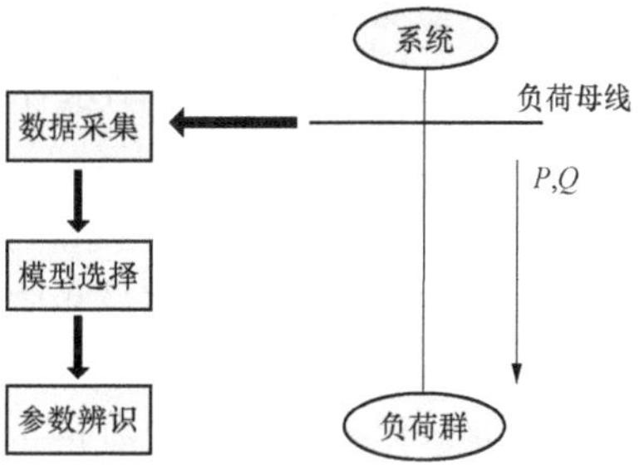

图 9-4　总体测辨法建模流程图

负荷模型的参数辨识采用现代辨识法，即预先假定模型的结构和定义误差准则函数，根据测量对象的输入输出数据，通过极小化模型与对象输出数据之间的误差准则函数来确定模型参数。遗传算法（Genetic Algorithm，GA）是一种常用的现代辨识算法。它摒弃了传统的搜索方式，模拟自然界生物进化过程，采用人工进化的方式对目标空间进行随机化搜索。它将问题域中的可能解看作是群体的一个个体或染色体，并将每一个体编码成符号串形式，模拟达尔文的遗传选择和自然淘汰的生物进化过程，对群体反复进行基于遗传学的操作（遗传、交叉和变异），根据预定的目标适应度函数对每个个体进行评价，依据适者生存、优胜劣汰的进化规则，不断得到更优的群体，同时以全局并行搜索方式来搜索优化群体中的最优个体，求得满足要求的最优解。所以，遗传算法具有良好的全局收敛性能。

基于遗传算法的负荷模型辨识的具体步骤为：

（1）确定负荷模型以及负荷模型中待辨识参数的辨识范围。

（2）通过 PMU 获得系统量测信息，记录输入输出量的数据。

（3）用遗传算法的群体初始化程序产生一组参数矢量。以实际系统的扰动量作为仿真系统的输入信号，在产生的参数矢量的条件下对仿真系统做仿真，记录仿真系统的输出（与实际系统输出相对应）。

（4）仿真系统输出与实际系统输出进行比较：当仿真输出与它所对应的实际系统输出误差为0或足够小时，则可认为这组参数矢量即为所求的辨识参数，辨识完成；否则，利用构成的误差函数，采用遗传算法来修正产生的参数矢量后，重新进行仿真系统与实际系统的输出比较。这一过程不断进行，直到得到满意的误差。

遗传算法具体流程如下：随机生成 $N\times n$ 个样本（$N\geqslant 2$，$n\geqslant 2$），然后把它们分成 N 个子种群，每个种群包含 n 个样本，对每个子种群独立运行各自的遗传算法，记它们为（$i=1$、2、…、N）。这 N 个遗传算法最好在设置特性上有较大的差异，这样就可以为将来的高层遗传算法产生更多种类的优良模式。

在每个子种群的遗传算法运行到一定代数后，将 N 个遗传算法的结果种群记录到二维数组 R［1，2…，N，1，2，…，n］中，则 R［i，j］（$i=1$、2、…、N，$j=1$、2、…、n）表示的结果种群的第 j 个个体。同时将 N 个结果的平均适应度值记录在数组 A［1，2，…，N］中，A［i］表示的结果种群的平均适应度值。高层遗传算法与普通遗传算法的操作相类似，也可以分成如下三个步骤：

（1）选择。基于数组 A［1，2，…，N］，即 N 个遗传算法的平均适应度值，对数组 R 代表的结果种群进行选择操作，一些结果种群由于它们的平均适应度值高而被复制，甚至复制多次，另一些结果种群因为它们的平均适应度值低而被淘汰。

（2）交叉。如果 R［i，1，2，…，n］和 R［j，1，2，…，n］被随机匹配在一起，而且从位置 x 进行交叉（$1\leqslant i$，$j\leqslant N$；$1\leqslant x\leqslant n-1$），则 R［i，1，2，…，n］和 R［j，1,2，…，n］相互交换相应的部分。这一步骤相当于交换的结果种群的 $n-x$ 的个体。

（3）变异。以很小的概率将少量的随机生成的新个体替换 R［1，2，…，N，1，2，…，n］中随机抽取的个体。

至此，高层遗传算法的第一轮运行结束。N 个遗传算法可以从相应的新的 R［1，2，…，N，1，2，…，n］种群继续各自的操作。在 N 个再次各自运行到一定代数后，再次更新数组 R［1，2，…，N，1，2，…，n］和 A［1，2，…，N］，并开始高层遗传算法的第二轮运行。如此下去直至得到满意的结果。

9.5 本章小结

本章介绍了电力系统分析中常用的负荷静态模型、负荷动态模型和综合负荷模型。负荷静态模型因其结构简单在暂态稳定分析程序中广泛应用，采用适应性较强的负荷静态模型可以模拟低于某个电压值后功率开始减少直至为零及其后的恢复过程，适用于模拟荧光灯、电子器件及电动机负荷的静态特性。负荷动态模型分为机理式负荷动态模型和非机理式负荷动态模型。机理式负荷动态模型以物理定律为基础，通过负荷平衡关系式推导得到，非机理式负荷动态模型注重描述系统的输入输出关系。最常用的负荷动态模型是感应电动机模型，关于电动机参数，推荐小型工业电动机、大型工业电动机、水泵、厂用电、民用综合电动机、民用和工业综合电动机、空调综合电动机等不同电动机的典型参数，适用于电动机不停转情况下的大规模电力系统动态仿真。对于基于量测的负荷建模，推荐综合负荷模型。

电力系统运行的稳定性取决于发电机组的功率输出与电力负荷的连续匹配。负荷特性对电力系统的稳定性具有重要影响，建立准确的负荷模型非常重要。电力负荷具有复杂性、随机性、时变性等特征，如何获得精准的负荷模型是一个长期的挑战。随着分布式光伏、风电大量接入配电网，导致大电网安全稳定分析中的负荷变电站的负荷特性发生显著变化，在一些分布式电源接入比例较高的变电站，将同时具有负荷和电源的特征，形成一种“特殊负荷”。含有分布式电源的“特殊负荷”模型是广大电力工作者需要解决的新问题。

第 10 章

电力系统小干扰功角稳定性分析与控制

10.1 引　　言

电力系统小干扰功角稳定性，是指电力系统受到小干扰后保持同步运行的能力。所谓小干扰，是指扰动足够小，在进行系统分析时可以将描述电力系统动态的方程线性化。例如，系统中负荷的小量变化，架空输电线因风吹舞动引起的线间距离的微小改变等，都属于小干扰。电力系统几乎时时刻刻都会受到小的干扰，因此小干扰稳定性问题就是确定系统的某个运行状态能否保持的问题。电力系统受到小干扰后，功角失去稳定的结果一般有两种形式：①由于缺乏同步转矩，发电机功角持续增大；②由于缺乏阻尼转矩，发电机功角增幅振荡。现代电力系统中的小干扰功角稳定性问题通常是阻尼不足引起的系统振荡问题。

对于系统在小干扰下的动态行为分析可以将系统的非线性微分方程组在运行工作点附近进行线性化处理，将复杂的非线性微分方程组变成线性微分方程组，然后应用线性系统理论分析电力系统在小扰动下的稳定性。系统采用线性微分方程组的模型可以计及调节器元件的动态，从而实现严格准确的小扰动稳定分析，工程中称之为动态稳定分析。

本章将综述动态系统稳定性的基本概念，阐述用于小干扰稳定性的分析技术，描述系统小干扰稳定性问题的特性，并给出提高电力系统小干扰功角稳定性的措施。

10.2 动态系统稳定性的基本概念

像电力系统这样的动态系统的行为可以用如下的一阶非线性常微分方程组来描述

$$\dot{\boldsymbol{x}} = \boldsymbol{f}(\boldsymbol{x},\boldsymbol{u},t) \tag{10-1}$$

$$\boldsymbol{y} = \boldsymbol{g}(\boldsymbol{x},\boldsymbol{u},t) \tag{10-2}$$

式中：$\boldsymbol{x}=[x_1, x_2, \cdots, x_n]^{\mathrm{T}}$ 为状态向量，$\boldsymbol{u}=[u_1, u_2, \cdots, u_r]^{\mathrm{T}}$ 为输入向量，$\boldsymbol{y}=[y_1, y_2, \cdots, y_m]^{\mathrm{T}}$ 为输出向量，时间用 t 表示，状态变量对时间的导数用 $\dot{\boldsymbol{x}}$ 表示，$\boldsymbol{f}=[f_1, f_2, \cdots, f_n]^{\mathrm{T}}$ 为 n 维可微函数（称为向量场），$\boldsymbol{g}=[g_1, g_2, \cdots, g_m]^{\mathrm{T}}$ 为 m 维非线性函数，把状态变量、输入变量和输出变量联系在一起。

如果状态变量的导数不是时间的显函数，系统称为自治系统，在这种情况下式

(10-1) 和式 (10-2) 可以简化为

$$\dot{\boldsymbol{x}} = \boldsymbol{f}(\boldsymbol{x},\boldsymbol{u}) \tag{10-3}$$

$$\boldsymbol{y} = \boldsymbol{g}(\boldsymbol{x},\boldsymbol{u}) \tag{10-4}$$

10.2.1　状态的概念

一个系统的状态代表了有关系统在任意时刻 t_0 的一组最少信息，它能概括系统在时刻 t_0 以前由于输入的作用而产生的行为结果，并且能作为系统在 t_0 时刻以后发生新的变化时的初始条件。

状态变量可以是系统中的各种物理量，例如功角、角速度、电压等，或者是描述系统动态的微分方程相关的抽象数学变量。状态变量的选择不是唯一的。但这并不意味着任何动态系统的状态不是唯一的，而是指表示系统状态信息的方式不是唯一的。系统的状态可以在一个 n 维欧几里得空间，即状态空间上来表示。当选择不同的状态变量来描述系统时，实际上是在选择不同的坐标系统。当系统状态发生变化时，在状态空间上随系统状态变化所形成的点的集合成为状态轨迹。

10.2.2　平衡点

当输入 $\boldsymbol{u}$ 可以表达为时间 t 的函数或者一个给定状态 $\boldsymbol{x}$ 的反馈函数时，式 (10-3) 可以变为无激励方程

$$\dot{\boldsymbol{x}} = \boldsymbol{f}(\boldsymbol{x}) \tag{10-5}$$

对于状态空间中的点 $\boldsymbol{x}=\boldsymbol{x}_0$，只要系统状态从 $\boldsymbol{x}_0$ 开始，在将来任何时刻都将保持在 x_0 点不变，那么该点就是状态方程的平衡点。平衡点是状态变量的所有微分同时为零的点，满足

$$\boldsymbol{f}(\boldsymbol{x}_0) = 0 \tag{10-6}$$

式中：$\boldsymbol{x}_0$ 为状态向量 $\boldsymbol{x}$ 在平衡点的值。

一个线性系统只有一个平衡点，而非线性系统可能存在多个平衡点。

10.2.3　动态系统的稳定性

线性系统的稳定性是完全独立于输入的，也独立于有限的初始状态。非线性系统的稳定性取决于输入的类型、幅值和初始状态。通常，根据状态向量在状态空间的区域大小来划分非线性系统的稳定性。

(1) 局部稳定。当系统受到小干扰后仍能回到围绕平衡点的小区域内，则说明这个系统在这个平衡点上是局部稳定的，也称为小范围稳定。如果随着时间的推移，系统返回到原来的平衡点，则称为是小范围渐近稳定的。

(2) 全局稳定。对于上述自由系统，如果原点是渐近稳定的，且从状态空间的每一点出发的状态，随着时间趋于无穷大都能趋近于原点，那么就称该系统是全局渐近稳定的，也称为大范围渐近稳定的。

显然，全局渐近稳定的先决条件是系统必须具有唯一的平衡点，实际工程中总是希望系统具有全局渐近稳定性，如果系统不是全局渐近稳定的，那么问题就转化为确定渐近稳定的最大范围。

对于线性系统，如果它是渐近稳定的，那么一定也是全局渐近稳定的。因此，对于

线性系统可以统称为渐近稳定，而不必区分全局渐近稳定和渐近稳定。

10.3 李雅普诺夫第一法

非线性系统的小范围稳定性是由系统线性化后特征方程的根所确定的，这是 19 世纪俄国学者李雅普诺夫提出的理论，被称为李雅普诺夫第一法。对于式（10-5）所示的非线性动力系统，在平衡点受到一个小扰动，则有

$$\boldsymbol{x} = \boldsymbol{x}_0 + \Delta\boldsymbol{x} \tag{10-7}$$

式中：前缀 Δ 为小偏差。

将式（10-7）代入式（10-5），并将非线性函数在平衡点用泰勒级数展开，忽略二阶以上各项，可得

$$\dot{\boldsymbol{x}} = \dot{\boldsymbol{x}}_0 + \Delta\dot{\boldsymbol{x}} = \boldsymbol{f}(\boldsymbol{x}_0) + \frac{\partial \boldsymbol{f}}{\partial \boldsymbol{x}}\Delta\boldsymbol{x} \tag{10-8}$$

可以得出

$$\Delta\dot{\boldsymbol{x}} = \frac{\partial \boldsymbol{f}}{\partial \boldsymbol{x}}\Delta\boldsymbol{x} = \boldsymbol{A}\Delta\boldsymbol{x} \tag{10-9}$$

式中：$\boldsymbol{A}$ 为系统的状态矩阵，又称为雅克比矩阵。

$$\boldsymbol{A} = \begin{bmatrix} \frac{\partial \boldsymbol{f}_1}{\partial \boldsymbol{x}_1} \cdots \frac{\partial \boldsymbol{f}_1}{\partial \boldsymbol{x}_n} \\ \vdots \quad \vdots \\ \frac{\partial \boldsymbol{f}_n}{\partial \boldsymbol{x}_1} \cdots \frac{\partial \boldsymbol{f}_n}{\partial \boldsymbol{x}_n} \end{bmatrix}$$

非线性系统的小干扰稳定性是由系统线性化后状态矩阵 $\boldsymbol{A}$ 的特征值来确定：

（1）当状态矩阵 $\boldsymbol{A}$ 的所有特征值均具有负的实部时，那么原始的非线性系统在平衡点是渐进稳定的。

（2）当状态矩阵 $\boldsymbol{A}$ 特征值出现一个正实根或一对具有正实部的共轭复根时，则系统是不稳定的，正实根对应于非周期性失稳，正实部的共轭复根则对应于振荡失稳。

（3）当系统矩阵 $\boldsymbol{A}$ 的特征值具有零实部时，则系统处于稳定的边界，基于线性化方程不能说明任何一般性问题。

由上述描述可以看出，李雅普诺夫第一法的本质是：由非线性系统的线性化方程逼近的稳定性来描述非线性系统在一个平衡点附近的局部稳定性。一个必须要注意的问题是：应用李雅普诺夫第一法研究电力系统小扰动稳定性的理论基础是扰动应该足够小。

10.4 系统方程的线性化

对式（10-3）和式（10-4）所示系统施加扰动，令

$$\boldsymbol{x} = \boldsymbol{x}_0 + \Delta\boldsymbol{x}$$

$$\boldsymbol{u} = \boldsymbol{u}_0 + \Delta\boldsymbol{u}$$

其中前缀Δ表示小偏差，所以

$$\dot{\boldsymbol{x}}=\dot{\boldsymbol{x}}_0+\Delta\dot{\boldsymbol{x}}=\boldsymbol{f}[(\boldsymbol{x}_0+\Delta\boldsymbol{x}),(\boldsymbol{u}_0+\Delta\boldsymbol{u})] \tag{10-10}$$

由于假定的扰动很小，所以非线性函数 $\boldsymbol{f}(\boldsymbol{x},\ \boldsymbol{u})$ 可以被泰勒展开，忽略二阶及以上高阶项可得

$$\begin{aligned}\dot{x}_i&=\dot{x}_{i0}+\Delta\dot{x}_i=f_i[(\boldsymbol{x}_0+\Delta\boldsymbol{x}),(\boldsymbol{u}_0+\Delta\boldsymbol{u})]\\&=f_i[(\boldsymbol{x}_0,\boldsymbol{u}_0)]+\frac{\partial f_i}{\partial x_1}\Delta x_1+\cdots+\frac{\partial f_i}{\partial x_n}\Delta x_n+\frac{\partial f_i}{\partial u_1}\Delta u_1+\cdots\frac{\partial f_i}{\partial u_r}\Delta u_r\end{aligned} \tag{10-11}$$

由于 $x_{i0}=f_i$ $(x_0,\ u_0)$，可得

$$\Delta\dot{x}_i=\frac{\partial f_i}{\partial x_1}\Delta x_1+\cdots+\frac{\partial f_i}{\partial x_n}\Delta x_n+\frac{\partial f_i}{\partial u_1}\Delta u_1+\cdots\frac{\partial f_i}{\partial u_r}\Delta u_r \tag{10-12}$$

同理可得

$$\Delta y_j=\frac{\partial g_j}{\partial x_1}\Delta x_1+\cdots+\frac{\partial g_j}{\partial x_n}\Delta x_n+\frac{\partial g_j}{\partial u_1}\Delta u_1+\cdots\frac{\partial g_j}{\partial u_r}\Delta u_r \tag{10-13}$$

因此，式（10-3）和式（10-4）的线性化表达式为

$$\Delta\dot{\boldsymbol{x}}=\boldsymbol{A}\Delta\boldsymbol{x}+\boldsymbol{B}\Delta\boldsymbol{u} \tag{10-14}$$

$$\Delta\boldsymbol{y}=\boldsymbol{C}\Delta\boldsymbol{x}+\boldsymbol{D}\Delta\boldsymbol{u} \tag{10-15}$$

式中：$\Delta\boldsymbol{x}$ 为 n 维状态向量增量；$\Delta\boldsymbol{y}$ 为 m 维输出向量增量；$\Delta\boldsymbol{u}$ 为 r 维输入向量增量；$\boldsymbol{A}$ 为 $n\times n$ 的状态矩阵；$\boldsymbol{B}$ 为 $n\times r$ 的控制或输入矩阵；$\boldsymbol{C}$ 为 $m\times n$ 的输出矩阵；$\boldsymbol{D}$ 为 $m\times r$ 的前馈矩阵。

其中

$$\begin{aligned}\boldsymbol{A}=\begin{bmatrix}\dfrac{\partial f_1}{\partial x_1}&\cdots&\dfrac{\partial f_1}{\partial x_n}\\\cdots&\cdots&\cdots\\\dfrac{\partial f_n}{\partial x_1}&\cdots&\dfrac{\partial f_n}{\partial x_n}\end{bmatrix}\quad\boldsymbol{B}=\begin{bmatrix}\dfrac{\partial f_1}{\partial u_1}&\cdots&\dfrac{\partial f_i}{\partial u_r}\\\cdots&\cdots&\cdots\\\dfrac{\partial f_n}{\partial u_1}&\cdots&\dfrac{\partial f_n}{\partial u_r}\end{bmatrix}\\\boldsymbol{C}=\begin{bmatrix}\dfrac{\partial g_1}{\partial x_1}&\cdots&\dfrac{\partial g_1}{\partial x_n}\\\cdots&\cdots&\cdots\\\dfrac{\partial g_m}{\partial x_1}&\cdots&\dfrac{\partial g_m}{\partial x_n}\end{bmatrix}\quad\boldsymbol{D}=\begin{bmatrix}\dfrac{\partial g_1}{\partial u_1}&\cdots&\dfrac{\partial g_1}{\partial u_r}\\\cdots&\cdots&\cdots\\\dfrac{\partial g_m}{\partial u_1}&\cdots&\dfrac{\partial g_m}{\partial u_r}\end{bmatrix}\end{aligned} \tag{10-16}$$

式（10-14）称为状态方程，式（10-15）称为输出方程，二者组成了系统的状态空间描述。

系统状态矩阵 $\boldsymbol{A}$ 的特征值可以由式（10-17）确定

$$|\boldsymbol{A}-\lambda\boldsymbol{I}|=0 \tag{10-17}$$

式中：$\boldsymbol{I}$ 为单位阵；λ 为特征值。

特征值可以为实数或者复数。实数特征值对应一个非振荡模式，负实数特征值表示衰减模式，正实数特征值表示非周期不稳定。对于电力系统这样的物理系统而言 $\boldsymbol{A}$ 为实数矩阵，其复数特征值总以共轭对形式出现，可以记为

$$\lambda=\sigma\pm\mathrm{j}\omega \tag{10-18}$$

显然，特征值的实部决定了振荡的衰减与否，负实部表示衰减振荡，正实部表现增幅振荡；虚部则决定了振荡的角频率，振荡的频率（Hz）为

$$f=\frac{\omega}{2\pi} \tag{10-19}$$

阻尼比定义为

$$\zeta=\frac{-\sigma}{\sqrt{\sigma^2+\omega^2}} \tag{10-20}$$

阻尼比 ζ 确定了振荡幅值衰减率和衰减特性。振荡幅值衰减的时间常数为$\frac{1}{|\sigma|}$。

10.5 状态矩阵的特征行为

对任意特征值λ_i，满足式（10-17）的列向量$\boldsymbol{\phi}_i$被称为特征值λ_i的右特征向量。因此

$$\mathbf{A}\boldsymbol{\phi}_i=\lambda_i\boldsymbol{\phi}_i,\ i=1、2、\cdots、n \tag{10-21}$$

特征向量$\boldsymbol{\phi}_i$有如下形式

$$\boldsymbol{\phi}_i=\begin{bmatrix}\phi_{1i}\\ \phi_{2i}\\ \vdots\\ \phi_{ni}\end{bmatrix}$$

同理，行向量$\boldsymbol{\Psi}_i$满足

$$\boldsymbol{\Psi}_i\mathbf{A}=\lambda_i\boldsymbol{\Psi}_i,\ i=1、2、\cdots、n \tag{10-22}$$

被称为λ_i的左特征向量。

对应不同特征值的左右特征向量正交。换句话说，若$\lambda_i\neq\lambda_j$，则

$$\boldsymbol{\Psi}_j\boldsymbol{\phi}_i=0 \tag{10-23}$$

然而，对同一特征值的

$$\boldsymbol{\Psi}_i\boldsymbol{\phi}_i=C_i \tag{10-24}$$

式中：C_i是不为 0 的常数，常设为 1，则有

$$\boldsymbol{\Psi}_i\boldsymbol{\phi}_i=1 \tag{10-25}$$

10.5.1 模态矩阵

为了更简洁地描述 **A** 的特征性质，引入如下矩阵

$$\boldsymbol{\Phi}=[\boldsymbol{\varphi}_1\quad\boldsymbol{\varphi}_2\quad\cdots\quad\boldsymbol{\varphi}_n] \tag{10-26}$$

$$\boldsymbol{\Psi}=[\boldsymbol{\Psi}_1^{\mathrm{T}}\quad\boldsymbol{\Psi}_2^{\mathrm{T}}\quad\cdots\quad\boldsymbol{\Psi}_n^{\mathrm{T}}]^{\mathrm{T}} \tag{10-27}$$

$$\boldsymbol{\Lambda}=\begin{bmatrix}\lambda_1 & & & \\ & \lambda_2 & & \\ & & \ddots & \\ & & & \lambda_n\end{bmatrix} \tag{10-28}$$

上述矩阵皆为 $n\times n$ 阶。由上式可推出

$$\boldsymbol{A\Phi}=\boldsymbol{\Phi A} \tag{10-29}$$

$$\boldsymbol{\Psi\Phi}=\boldsymbol{I},\ \boldsymbol{\Psi}=\boldsymbol{\Phi}^{-1} \tag{10-30}$$

$$\boldsymbol{\Phi}^{-1}\boldsymbol{A\Phi}=\boldsymbol{\Lambda} \tag{10-31}$$

10.5.2 动态系统的自由运动

根据状态方程式（10-14），自由运动（零输入）可表示为 $\boldsymbol{\Phi}\Delta\dot{\boldsymbol{z}}=\boldsymbol{A\Phi}\Delta\boldsymbol{z}$

$$\Delta\dot{\boldsymbol{x}}=\boldsymbol{A}\Delta\boldsymbol{x} \tag{10-32}$$

为解耦，设新的状态向量 $\Delta\boldsymbol{z}$，且

$$\Delta\boldsymbol{x}=\boldsymbol{\Phi}\Delta\boldsymbol{z} \tag{10-33}$$

式中：$\boldsymbol{\Phi}$ 为式（10-26）所定义的模态矩阵。

将上式代入式（10-32）得

$$\boldsymbol{\Phi}\Delta\dot{\boldsymbol{z}}=\boldsymbol{A\Phi}\Delta\boldsymbol{z} \tag{10-34}$$

新的状态方程变为

$$\Delta\dot{\boldsymbol{z}}=\boldsymbol{\Phi}^{-1}\boldsymbol{A\Phi}\Delta\boldsymbol{z} \tag{10-35}$$

得

$$\Delta\dot{\boldsymbol{z}}=\boldsymbol{\Lambda}\Delta\boldsymbol{z} \tag{10-36}$$

式（10-36）和式（10-32）的主要区别在于 $\boldsymbol{\Lambda}$ 是对角阵，而一般情况下 $\boldsymbol{A}$ 不是。

式（10-36）表示 n 个不耦合一阶（标量）方程

$$\Delta\dot{z}_i=\lambda\Delta z_i,\ i=1、2、\cdots、n \tag{10-37}$$

公式变形的作用在于解耦状态方程。

式（10-37）是一个简单一阶微分方程，解如下

$$\Delta z_i(t)=\Delta z_i(0)\mathrm{e}^{\lambda_i t} \tag{10-38}$$

式中：$\Delta z_i(0)$ 是 Δz_i的初始值。

代入式（10-33），原始状态向量响应如下

$$\Delta x(t)=\boldsymbol{\Phi}\Delta\boldsymbol{z}(t)=[\boldsymbol{\phi}_1,\boldsymbol{\phi}_2,\cdots,\boldsymbol{\phi}_n]\begin{bmatrix}\Delta z_1(t)\\ \Delta z_2(t)\\ \vdots\\ \Delta z_n(t)\end{bmatrix} \tag{10-39}$$

得

$$\Delta x(t)=\sum\nolimits_{i=1}^{n}\boldsymbol{\phi}_i\Delta z_i(0)\mathrm{e}^{\lambda_i t} \tag{10-40}$$

$$\Delta z(t)=\boldsymbol{\Phi}^{-1}\Delta\boldsymbol{x}(t)=\boldsymbol{\Psi}\Delta\boldsymbol{x}(t) \tag{10-41}$$

于是

$$\Delta z_i(t)=\boldsymbol{\Psi}_i\Delta\boldsymbol{x}(t) \tag{10-42}$$

当 $t=0$ 时

$$\Delta z_i(0)=\boldsymbol{\Psi}_i\Delta\boldsymbol{x}(0) \tag{10-43}$$

用 c_i表示$\boldsymbol{\Psi}_i\Delta\boldsymbol{x}(0)$，可变为

$$\Delta x(t)=\sum_{i=1}^{n}\boldsymbol{\Psi}_i c_i(0)\mathrm{e}^{\lambda_i t} \tag{10-44}$$

即，第 i 个状态变量的时间响应如下

$$\Delta x_i(t)=\phi_{i1}c_1 e^{\lambda_1 t}+\phi_{i2}c_2 e^{\lambda_2 t}+\cdots+\phi_{in}c_n e^{\lambda_n t} \tag{10-45}$$

10.5.3　模态、灵敏度和参与因子

（1）模态和特征向量。$\Delta\boldsymbol{x}$ 和 $\Delta\boldsymbol{z}$ 状态向量下系统响应，分别与下式有关

$$\Delta\boldsymbol{x}(t)=\boldsymbol{\Phi}\Delta\boldsymbol{z}(t)=[\boldsymbol{\phi}_1\quad\boldsymbol{\phi}_2\quad\cdots\quad\boldsymbol{\phi}_n]\Delta\boldsymbol{z}(t) \tag{10-46A}$$

及

$$\Delta\boldsymbol{z}(t)=\boldsymbol{\Psi}\Delta\boldsymbol{x}(t)=[\boldsymbol{\Psi}_1^{\mathrm{T}}\ \boldsymbol{\Psi}_2^{\mathrm{T}}\cdots\boldsymbol{\Psi}_n^{\mathrm{T}}]^{\mathrm{T}}\Delta\boldsymbol{x}(t) \tag{10-46B}$$

从式（10-46A）可见，右特征向量给出了模态，即一个模式被激励时状态变量的相对活动。每个右特征向量的元素为一个复数，元素的幅值给出了对应模式的状态变量的活动程度，元素的角度给出了对应模式的状态变量的相位偏移。

从式（10-46B）可见，左特征向量确定了哪一种原始状态变量的组合仅显示某个模式，左特征向量的某个元素表示了这个活动对某个振荡模式的权重。

（2）特征值灵敏度。式（10-21）定义了特征值与特征向量，对a_{kj}（$\boldsymbol{A}$ 中第 k 行，第 j 列的元素）求导

$$\frac{\partial\boldsymbol{A}}{\partial a_{kj}}\boldsymbol{\phi}_i+A\frac{\partial\boldsymbol{\phi}_i}{\partial a_{kj}}=\frac{\partial\lambda_i}{\partial a_{kj}}\boldsymbol{\phi}_i+\lambda_i\frac{\partial\boldsymbol{\phi}_i}{\partial a_{kj}}$$

左乘$\boldsymbol{\Psi}_i$，化简公式，得

$$\boldsymbol{\Psi}_i\frac{\partial\boldsymbol{A}}{\partial a_{kj}}\boldsymbol{\phi}_i=\frac{\partial\lambda_i}{\partial a_{kj}}$$

除第 k 行，第 j 列的元素为 1 以外，其余$\frac{\partial\boldsymbol{A}}{\partial a_{kj}}$都是 0，因此

$$\frac{\partial\lambda_i}{\partial a_{kj}}=\boldsymbol{\Psi}_{ik}\phi_{ji} \tag{10-47}$$

特征值 λ_i对状态矩阵元素 a_{kj} 的灵敏度等于左特征向量元素$\boldsymbol{\Psi}_{ik}$和右特征向量元素ϕ_{ji}的乘积。

（3）参与因子。作为状态变量和模式之间联系的一种度量，引入参与矩阵 $\boldsymbol{P}$ 的概念，结合左右特征向量

$$\boldsymbol{P}=[\boldsymbol{p}_1,\ \boldsymbol{p}_2,\ \cdots,\ \boldsymbol{p}_n] \tag{10-48A}$$

其中

$$\boldsymbol{p}_i=\begin{bmatrix}p_{1i}\\p_{2i}\\\vdots\\p_{ni}\end{bmatrix}=\begin{bmatrix}\phi_{1i}\boldsymbol{\Psi}_{i1}\\\phi_{2i}\boldsymbol{\Psi}_{i2}\\\vdots\\\phi_{ni}\boldsymbol{\Psi}_{in}\end{bmatrix} \tag{10-48B}$$

式中：ϕ_{ki}为模态矩阵$\boldsymbol{\Phi}$ 第 k 行，第 i 列的元素，且右特征向量$\boldsymbol{\phi}_i$的第 k 个项；$\boldsymbol{\Psi}_{ik}$ 为模态矩阵$\boldsymbol{\Phi}$ 第 i 行，第 k 列的元素，且左特征向量$\boldsymbol{\Psi}_i$的第 k 个项。

由式（10-48）可得出参与因子如下

$$p_{ki}=\frac{\partial\lambda_i}{\partial a_{kk}} \tag{10-49}$$

式中：λ_i为特征值；a_{kk}为$\boldsymbol{A}$的对角线元素。

参与因子p_{ki}表示第i个模式中第k个状态变量的相对参与程度，它是一个无量纲的量。

10.5.4 可控性与可观测性

由于式（10-14）中矩阵$\boldsymbol{A}$为非对角阵，变量之间存在耦合，为解耦作如下变换，取$\Delta\boldsymbol{x}=\boldsymbol{\Phi}\Delta\boldsymbol{z}$，其中$\boldsymbol{\Phi}$为矩阵$\boldsymbol{A}$对应的模态矩阵，可得

$$\begin{aligned}\boldsymbol{\Phi}\Delta\dot{\boldsymbol{z}}&=\boldsymbol{A\Phi}\Delta\boldsymbol{z}+\boldsymbol{B}\Delta\boldsymbol{u}\\ \Delta\boldsymbol{y}&=\boldsymbol{C\Phi}\Delta\boldsymbol{z}+\boldsymbol{D}\Delta\boldsymbol{u}\end{aligned} \tag{10-50}$$

进一步写为

$$\begin{aligned}\Delta\dot{\boldsymbol{z}}&=\boldsymbol{\Lambda}\Delta\boldsymbol{z}+\boldsymbol{B}'\Delta\boldsymbol{u}\\ \Delta\boldsymbol{y}&=\boldsymbol{C}'\Delta\boldsymbol{z}+\boldsymbol{D}\Delta\boldsymbol{u}\end{aligned} \tag{10-51}$$

式中：$\boldsymbol{\Lambda}=\boldsymbol{\Phi}^{-1}\boldsymbol{A\Phi}$为对角阵；$\boldsymbol{B}'=\boldsymbol{\Phi}^{-1}\boldsymbol{B}=\boldsymbol{\Psi B}$为模态可控性矩阵；$\boldsymbol{C}'=\boldsymbol{C\Phi}$为模态可观测性矩阵。

模态可控性与可观测性矩阵分别表示为

$$\boldsymbol{B}'=\begin{bmatrix}\Psi_{11} & \Psi_{12} & \cdots & \Psi_{1n}\\ \Psi_{21} & \Psi_{22} & \cdots & \Psi_{2n}\\ & & \cdots & \\ \Psi_{n1} & \Psi_{n2} & \cdots & \Psi_{nn}\end{bmatrix}\begin{bmatrix}b_1\\ b_2\\ \vdots\\ b_n\end{bmatrix}=\begin{bmatrix}\sum_{j=1}^{n}\Psi_{1j}b_j\\ \sum_{j=1}^{n}\Psi_{2j}b_j\\ \vdots\\ \sum_{j=1}^{n}\Psi_{nj}b_j\end{bmatrix} \tag{10-52}$$

$$\boldsymbol{C}'=\begin{bmatrix}c_1\\ c_2\\ \vdots\\ c_n\end{bmatrix}^{\mathrm{T}}\begin{bmatrix}\phi_{11} & \phi_{12} & \cdots & \phi_{1n}\\ \phi_{21} & \phi_{22} & \cdots & \phi_{2n}\\ & & \cdots & \\ \phi_{n1} & \phi_{n2} & \cdots & \phi_{nn}\end{bmatrix}=\begin{bmatrix}\sum_{i=1}^{n}c_i\phi_{i1}\\ \sum_{i=1}^{n}c_i\phi_{i2}\\ \vdots\\ \sum_{i=1}^{n}c_i\phi_{in}\end{bmatrix}^{\mathrm{T}} \tag{10-53}$$

如果矩阵$\boldsymbol{B}'$的第i行为零，输入信号对第i个模态不起作用，称第i个模态不可控；如果$\boldsymbol{C}'$的第j列为零，则输出信号不包含第j个模态的信息，称第j个模态不可观测。然而，即使各模态都是可控的或者可观测的，其可控与可观测的程度也不一样，定义为

$$b_{ci}=\frac{\left|\sum_{j=1}^{n}\Psi_{ij}b_j\right|}{\|\boldsymbol{B}'_{\infty}\|} \tag{10-54}$$

$$c_{oj}=\frac{\left|\sum_{i=1}^{n}c_i\phi_{ij}\right|}{\|\boldsymbol{C}'_{\infty}\|} \tag{10-55}$$

式中：b_{ci} 为第 i 个模态的可控度；c_{oj} 为第 j 个模态的可观测程度。

10.6 单机无穷大系统小干扰功角稳定性分析

一台发电机（或者将一座发电厂等值成一台发电机）通过输电线连接到一个非常大的系统，可以用图 10-1 所示的单机无穷大系统来描述。单机无穷大系统是指外部电网中同步机容量远大于目前的研究对象，其电压和频率保持恒定。对于这样简单接线的电力系统进行分析有助于理解小干扰稳定性的基本概念，在认知了现象的物理本质并获得分析技术后，就能更好地研究大型复杂电力系统的小干扰稳定性。

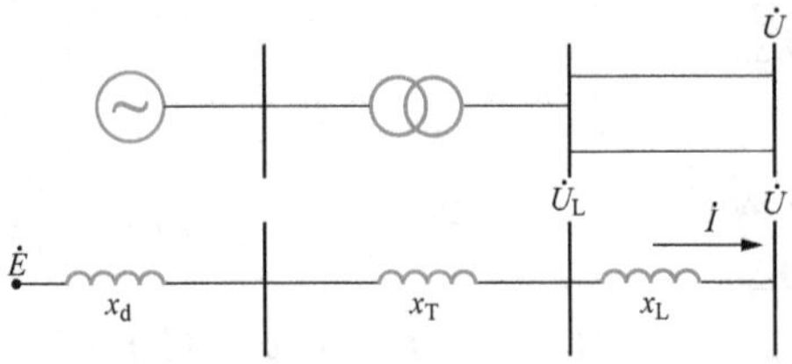

图 10-1 单机无限大系统示意图

严格地讲，发电机的状态方程应该包括回路方程和转子运动方程。如果不考虑发电机励磁调节器的作用，即认为发电机的空载电动势 E_q 恒定，单机无限大系统在平衡点受到扰动后的动态过程可以用发电机转子运动方程来描述。

$$\begin{aligned}\frac{d\delta}{dt}&=(\omega-1)\omega_0\\\frac{d\omega}{dt}&=\frac{1}{T_J}\left(P_T-\frac{E_qU}{x_{d\Sigma}}\sin\delta\right)\end{aligned}\tag{10-56}$$

式中：T_J 为转子惯性时间常数；P_T 为原动机机械功率。

这是一组非线性微分方程。系统运行在平衡点时，发电机角速度为同步速 ω_0，初始功角为 δ_0。由于静态稳定是研究系统某一个运行状态下受到小干扰后的运行状况，故可以把系统状态变量的变化看作在原来的运行情况上叠加了一个小的偏移。当系统受到一个小干扰，可以用线性化方法来表示状态变量

$$\begin{aligned}\delta&=\delta_0+\Delta\delta\\\omega&=1+\Delta\omega\end{aligned}\tag{10-57}$$

将式（10-57）代入式（10-56）可得

$$\begin{aligned}\frac{d\Delta\delta}{dt}&=\Delta\omega\omega_0\\\frac{d\Delta\omega}{dt}&=\frac{1}{T_J}\left[P_T-\frac{E_qU}{x_{d\Sigma}}\sin(\delta_0+\Delta\delta)\right]\end{aligned}\tag{10-58}$$

在式（10-58）中发电机电磁功率表达式为非线性函数，在平衡点附近进行泰勒级数展开，然后略去偏移量的二阶及以上的高次项，可近似求得 P_E 与 $\Delta\delta$ 的线性关系，即

$$\begin{aligned}P_E&=\frac{E_qU}{x_{d\Sigma}}\sin(\delta_0+\Delta\delta)=\frac{E_qU}{x_{d\Sigma}}\sin\delta_0+\left(\frac{dP_E}{d\delta}\right)_{\delta=\delta_0}\Delta\delta+\frac{1}{2!}\left(\frac{d^2P_E}{d\delta^2}\right)_{\delta=\delta_0}\Delta\delta^2+\cdots\\&\approx\frac{E_qU}{x_{d\Sigma}}\sin\delta_0+\left(\frac{dP_E}{d\delta}\right)_{\delta=\delta_0}\Delta\delta=P_0+\Delta P_E=P_T+\Delta P_E\end{aligned}\tag{10-59}$$

式中：P_E 为发电机电磁功率；P_0 为某一运行情况下的输送功率。

将式（10-59）代入式（10-58）可得

$$\begin{aligned}\frac{d\Delta\delta}{dt} &= \Delta\omega\omega_0 \\ \frac{d\Delta\omega}{dt} &= -\frac{1}{T_J}\left(\frac{dP_E}{d\delta}\right)_{\delta=\delta_0}\Delta\delta\end{aligned} \tag{10-60}$$

式（10-60）写成矩阵的形式为

$$\begin{bmatrix}\Delta\dot{\delta} \\ \Delta\dot{\omega}\end{bmatrix} = \begin{bmatrix}0 & \omega_0 \\ -\frac{1}{T_J}\left(\frac{dP_E}{d\delta}\right)_{\delta_0} & 0\end{bmatrix}\begin{bmatrix}\Delta\delta \\ \Delta\omega\end{bmatrix} \tag{10-61}$$

式（10-61）的一般形式与式（10-32）一致，其系数矩阵即为系统状态矩阵 **A**，通过计算状态矩阵的特征值可以判断系统的小干扰稳定性，计算表达式为

$$\begin{vmatrix}0-\lambda & \omega_0 \\ -\frac{1}{T_J}\left(\frac{dP_E}{d\delta}\right)_{\delta_0} & 0-\lambda\end{vmatrix} = 0 \tag{10-62}$$

求得特征值为

$$\lambda_{1,2} = \pm\sqrt{-\frac{\omega_0}{T_J}\left(\frac{dP_E}{d\delta}\right)_{\delta_0}} = \pm\sqrt{-\frac{\omega_0}{T_J}S_E} \tag{10-63}$$

式中：S_E为整步功率系数，$S_E=\left(\frac{dP_E}{d\delta}\right)_{\delta_0}$。

（1）当 $S_E<0$ 时，存在一个正实部的特征值，单机无限大系统受到小干扰后将非周期地失去同步，所以系统是不稳定的，失稳形式为非周期性失稳。

（2）当 $S_E>0$ 时，特征值为一对共轭纯虚根，单机无限大系统受到小干扰后将作等幅值振荡。振荡频率为

$$f = \frac{1}{2\pi}\sqrt{\frac{\omega_0}{T_J}\left(\frac{dP_E}{d\delta}\right)_{\delta=\delta_0}} \tag{10-64}$$

一般转子惯性时间常数 T_J为 5～10s，整步功率系数 S_E为 0.5p.u.～1p.u.，振荡频率 f 约 1Hz，通常称为低频振荡。上述振荡频率是在无阻尼情况下计算得出的，所以也称为系统的自然振荡频率。

（3）当 $S_E=0$ 时，特征值为零重根，系统此时被称为临界状态，该临界状态称为功角静态稳定极限，相应最大传输功率称为静态稳定极限功率。实际系统无法在临界状态稳定运行。

实际上，发电机组转子在运动过程中会受到机械阻尼的作用，包括摩擦和风阻等，显然当计及机械阻尼时，上述（2）的情况下系统是稳定的。

发电机组的阻尼作用不仅包括由轴承摩擦和发电机转子与气体摩擦所产生的机械阻尼作用，还包括由发电机转子闭合绕组（包括铁心）所产生的电气阻尼作用。机械阻尼作用主要与发电机的实际转速有关，电气阻尼作用主要与相对转速有关，要对其作用精确计算是十分复杂的。当发电机与系统之间发生振荡时，转子回路特别是阻尼绕组中将

有感应电流而产生阻尼转矩。为了对阻尼作用的性质有基本了解，假定阻尼作用所产生的转矩（或功率）都与转速呈线性关系，总的阻尼功率可近似表达为

$$P_{\mathrm{D}} = D\Delta\omega \tag{10-65}$$

式中：D 为阻尼功率系数。

计及阻尼功率后，线性化的发电机转子运动方程为

$$\begin{aligned}\frac{\mathrm{d}\Delta\delta}{\mathrm{d}t} &= \Delta\omega\omega_0 \\ \frac{\mathrm{d}\Delta\omega}{\mathrm{d}t} &= -\frac{1}{T_{\mathrm{J}}}\left[D\Delta\omega + \left(\frac{\mathrm{d}P_{\mathrm{E}}}{\mathrm{d}\delta}\right)_{\delta=\delta_0}\Delta\delta\right]\end{aligned} \tag{10-66}$$

式（10-66）的矩阵形式为

$$\begin{bmatrix}\Delta\dot{\delta} \\ \Delta\dot{\omega}\end{bmatrix} = \begin{bmatrix} 0 & \omega_0 \\ -\dfrac{1}{T_{\mathrm{J}}}\left(\dfrac{\mathrm{d}P_{\mathrm{E}}}{\mathrm{d}\delta}\right)_{\delta_0} & -\dfrac{D}{T_{\mathrm{J}}}\end{bmatrix}\begin{bmatrix}\Delta\delta \\ \Delta\omega\end{bmatrix} \tag{10-67}$$

其系数矩阵的特征值可以通过下列特征方程

$$\begin{vmatrix} 0-\lambda & \omega_0 \\ -\dfrac{1}{T_{\mathrm{J}}}\left(\dfrac{\mathrm{d}P_{\mathrm{E}}}{\mathrm{d}\delta}\right)_{\delta_0} & -\dfrac{D}{T_{\mathrm{J}}}-\lambda\end{vmatrix} = \lambda^2 + \frac{D}{T_{\mathrm{J}}}\lambda + \frac{\omega_0}{T_{\mathrm{J}}}\left(\frac{\mathrm{d}P_{\mathrm{E}}}{\mathrm{d}\delta}\right)_{\delta_0} = 0 \tag{10-68}$$

求得

$$\lambda_{1,2} = -\frac{D}{2T_{\mathrm{J}}} \pm \frac{1}{2T_{\mathrm{J}}}\sqrt{D^2 - 4\omega_0 T_{\mathrm{J}}\left(\frac{\mathrm{d}P_{\mathrm{E}}}{\mathrm{d}\delta}\right)_{\delta_0}} \tag{10-69}$$

特征值具有负实部的条件为

$$S_{\mathrm{E}} = \left(\frac{\mathrm{d}P_{\mathrm{E}}}{\mathrm{d}\delta}\right)_{\delta_0} > 0,\ D > 0 \tag{10-70}$$

即整部功率系数大于零，且阻尼功率系数大于零时，系统在小干扰下是稳定的。

（1）当 $S_{\mathrm{E}}<0$ 时，无论 D 是正还是负，总有一个正实部的特征值，系统受到扰动后将非周期失去稳定，但若在正阻尼情况时过程会慢一些。

（2）当 $S_{\mathrm{E}}>0$ 时，系统的稳定性取决于阻尼功率系数 D。

1）$D>0$ 时，系统是稳定的。一般阻尼功率系数不是很大，特征值为一对负实部的共轭复根，系统受到小干扰后将作衰减振荡。

2）$D<0$ 时，系统不稳定。特征值为一对正实部的共轭复根，系统受到小干扰后在负阻尼作用下振荡发散，即系统振荡失稳。

可见，阻尼对于系统的小干扰功角稳定性具有重要作用。

10.7 多机系统小干扰功角稳定性分析

10.7.1 网络方程

将网络中的各个元件用它们的等值电路模拟，这样便可以用导纳矩阵表示网络方程。注意到网络方程本身就是线性的，可以直接写出在 x、y 坐标下节点注入电流偏差

与节点电压偏差之间的关系，并把它表示成实数矩阵关系式

$$\boldsymbol{I}=\boldsymbol{Y}\boldsymbol{V}$$

即

$$\begin{bmatrix}\Delta I_1\\ \vdots\\ \Delta I_i\\ \vdots\\ \Delta I_n\end{bmatrix}=\begin{bmatrix}Y_{11} & \cdots & Y_{1i} & \cdots & Y_{1n}\\ \vdots & & \vdots & & \vdots\\ Y_{i1} & \cdots & Y_{ii} & \cdots & Y_{in}\\ \vdots & & \vdots & & \vdots\\ Y_{n1} & \cdots & Y_{ni} & \cdots & Y_{nn}\end{bmatrix}\begin{bmatrix}\Delta V_1\\ \vdots\\ \Delta V_i\\ \vdots\\ \Delta V_n\end{bmatrix} \tag{10-71}$$

其中

$$\Delta\boldsymbol{I}_i=\begin{bmatrix}\Delta I_{ix}\\ \Delta I_{iy}\end{bmatrix},\Delta\boldsymbol{V}_i=\begin{bmatrix}\Delta V_{ix}\\ \Delta V_{iy}\end{bmatrix},\boldsymbol{Y}_{ij}=\begin{bmatrix}G_{ij} & -B_{ij}\\ B_{ij} & G_{ij}\end{bmatrix}\quad (i,j=1、2、\cdots、n)$$

实际上，对于各个负荷节点，利用它的注入电流和节点电压偏差之间的关系 $\Delta\boldsymbol{I}_{\mathrm{L}}=\Delta\boldsymbol{Y}_{\mathrm{L}}\Delta\boldsymbol{V}_{\mathrm{L}}$，对式（10-71）进行化简。例如，设节点 i 为负荷节点，则可以得出

$$\begin{bmatrix}\Delta I_{ix}\\ \Delta I_{iy}\end{bmatrix}=-\begin{bmatrix}G_{\mathrm{xx}i} & -B_{\mathrm{xy}i}\\ B_{\mathrm{yx}i} & G_{\mathrm{yy}i}\end{bmatrix}\begin{bmatrix}\Delta V_{ix}\\ \Delta V_{iy}\end{bmatrix}=-\boldsymbol{Y}_{\mathrm{L}i}\Delta\boldsymbol{V}_i \tag{10-72}$$

式中的 $G_{\mathrm{xx}i}$、$B_{\mathrm{xy}i}$、$B_{\mathrm{yx}i}$、$G_{\mathrm{yy}i}$ 可由该节点的稳定运行参数代入式（10-73）进行计算得出。

将式（10-72）带入式（10-71）中可得

$$\begin{bmatrix}\Delta\boldsymbol{I}_1\\ \vdots\\ 0\\ \vdots\\ \Delta\boldsymbol{I}_n\end{bmatrix}=\begin{bmatrix}\boldsymbol{Y}_{11} & \cdots & \boldsymbol{Y}_{1i} & \cdots & \boldsymbol{Y}_{1n}\\ \vdots & & \vdots & & \vdots\\ \boldsymbol{Y}_{i1} & \cdots & \boldsymbol{Y}'_{ii} & \cdots & \boldsymbol{Y}_{in}\\ \vdots & & \vdots & & \vdots\\ \boldsymbol{Y}_{n1} & \cdots & \boldsymbol{Y}_{ni} & \cdots & \boldsymbol{Y}_{nn}\end{bmatrix}\begin{bmatrix}\Delta\boldsymbol{V}_1\\ \vdots\\ \Delta\boldsymbol{V}_i\\ \vdots\\ \Delta\boldsymbol{V}_n\end{bmatrix} \tag{10-73}$$

相当于消去了式（10-71）中的节点 i 注入电流偏差 ΔI_i，即节点 i 的电流偏差变为零；同时，导纳矩阵的第 i 个对角子块通过计算变成 $\boldsymbol{Y}'_{ii}=\boldsymbol{Y}_{ii}+\boldsymbol{Y}_{\mathrm{L}i}$，而其他元素不变。可以对所有负荷节点均采取这样的方式进行处理，经过处理后的节点电流偏差除了各发电机节点和各整流器、逆变器的交流母线节点以外，其他所有节点的值都为零。可以得出，最后的导纳矩阵除了对应于各负荷节点的对角子块改变以外，其余子块均保持不变，该矩阵仍是一个稀疏的分块对称矩阵。

假定网络中节点编号的次序为各发电机节点、换流器交流母线节点、其他节点。在此情况下，经过消去全部负荷节点的注入电流偏差，最后所得到的网络方程式可以写成式（10-74）的分块矩阵形式

$$\begin{bmatrix}\Delta\boldsymbol{I}_{\mathrm{G}}\\ \Delta\boldsymbol{I}_{\mathrm{D}}\\ 0\end{bmatrix}=\begin{bmatrix}\boldsymbol{Y}_{\mathrm{GG}} & \boldsymbol{Y}_{\mathrm{GD}} & \boldsymbol{Y}_{\mathrm{GL}}\\ \boldsymbol{Y}_{\mathrm{DG}} & \boldsymbol{Y}_{\mathrm{DD}} & \boldsymbol{Y}_{\mathrm{DL}}\\ \boldsymbol{Y}_{\mathrm{LG}} & \boldsymbol{Y}_{\mathrm{LD}} & \boldsymbol{Y}_{\mathrm{LL}}\end{bmatrix}\begin{bmatrix}\Delta\boldsymbol{V}_{\mathrm{G}}\\ \Delta\boldsymbol{V}_{\mathrm{D}}\\ \Delta\boldsymbol{V}_{\mathrm{L}}\end{bmatrix} \tag{10-74}$$

式中：$\Delta\boldsymbol{I}_{\mathrm{G}}$和 $\Delta\boldsymbol{V}_{\mathrm{G}}$分别为由全部发电机节点注入电流和节点电压偏差所组成的向量；$\Delta\boldsymbol{I}_{\mathrm{D}}$和 $\Delta\boldsymbol{V}_{\mathrm{D}}$为由全部换流器交流母线节点注入电流和节点电压偏差所组成的向量；$\Delta\boldsymbol{V}_{\mathrm{L}}$

为其他节点的电压偏差所组成的向量。

10.7.2 全系统的线性化微分方程组

由同步发电机、励磁系统、PSS 和调速系统方程式以及考虑负荷变化时的网络方程，可以组成整个电力系统的方程式，它们描述了整个系统各个运行参数之间的关系以及变化规律。其中，由各发电机组的方程式可以组成全部发电机组的方程式，即

$$p\Delta x_{g} = \boldsymbol{A}_{G}\Delta x_{g} + \boldsymbol{B}_{G}\Delta V_{g} \tag{10-75}$$

$$\Delta I_{g} = \boldsymbol{C}_{G}\Delta x_{g} + \boldsymbol{D}_{G}\Delta V_{g} \tag{10-76}$$

式中：下标 g 为发电机组；$\boldsymbol{A}_{G}$、$\boldsymbol{B}_{G}$、$\boldsymbol{C}_{G}$、$\boldsymbol{D}_{G}$ 为系数矩阵。

其中

$$\Delta x_{g} = [\Delta x_{g1}^{T} \quad \Delta x_{g2}^{T} \quad \cdots \quad \Delta x_{gm}^{T}]^{T}$$

$$\boldsymbol{A}_{G} = diag\{A_{Gi}\},\boldsymbol{B}_{G} = diag\{B_{Gi}\},\boldsymbol{C}_{G} = diag\{C_{Gi}\},\boldsymbol{D}_{G} = diag\{D_{Gi}\},(i = 1、2、\cdots、m)$$

式中：m 为发电机组数。

由两端直流输电系统的方程式（8-57）、式（8-64）可以组成全部两端直流输电系统的方程式

$$\boldsymbol{p\Delta x}_{D} = \boldsymbol{A}_{D}\boldsymbol{\Delta x}_{D} + \boldsymbol{B}_{D}\boldsymbol{\Delta V}_{D} \tag{10-77}$$

$$\boldsymbol{\Delta I}_{D} = \boldsymbol{C}_{D}\boldsymbol{\Delta x}_{D} + \boldsymbol{D}_{D}\boldsymbol{\Delta V}_{D} \tag{10-78}$$

式中：下标 D 为两端直流输电系统。

其中

$$\Delta x_{D} = [\Delta x_{d1}^{T} \quad \Delta x_{d2}^{T} \quad \cdots \quad \Delta x_{dm}^{T}]^{T}$$

$$\boldsymbol{A}_{D} = diag\{A_{di}\},\boldsymbol{B}_{D} = diag\{B_{di}\},\boldsymbol{C}_{D} = diag\{C_{di}\},\boldsymbol{D}_{D} = diag\{D_{di}\},(i = 1、2、\cdots、l)$$

式中：l 为两端直流输电系统个数。

将式（10-76）和式（10-78）代入式（10-72）中并消去 $\boldsymbol{\Delta I}_{G}$ 和 $\boldsymbol{\Delta I}_{D}$，再将结果与式（10-75）和式（10-77）一起构成矩阵关系，见式（10-79）

$$\left.\begin{aligned}
\boldsymbol{\Delta x} &= [\boldsymbol{\Delta x}_{G} \quad \boldsymbol{\Delta x}_{D}]^{T} \\
\boldsymbol{\Delta y} &= [\boldsymbol{\Delta V}_{G} \quad \boldsymbol{\Delta V}_{D} \quad \boldsymbol{\Delta V}_{L}]^{T} \\
\overline{\boldsymbol{A}} &= \begin{bmatrix} \boldsymbol{A}_{G} & 0 \\ 0 & \boldsymbol{A}_{D} \end{bmatrix} \\
\overline{\boldsymbol{B}} &= \begin{bmatrix} \boldsymbol{B}_{G} & 0 & 0 \\ 0 & \boldsymbol{B}_{D} & 0 \end{bmatrix} \\
\overline{\boldsymbol{B}} &= \begin{bmatrix} \boldsymbol{B}_{G} & 0 & 0 \\ 0 & \boldsymbol{B}_{D} & 0 \end{bmatrix} \\
\overline{\boldsymbol{D}} &= \begin{bmatrix} \boldsymbol{Y}_{GG} - \boldsymbol{D}_{G} & \boldsymbol{Y}_{GD} & \boldsymbol{Y}_{GL} \\ \boldsymbol{Y}_{DG} & \boldsymbol{Y}_{DD} - \boldsymbol{D}_{D} & \boldsymbol{Y}_{DL} \\ \boldsymbol{Y}_{LG} & \boldsymbol{Y}_{LD} & \boldsymbol{Y}_{LL} \end{bmatrix}
\end{aligned}\right\} \tag{10-79}$$

再根据

$$\boldsymbol{A} = \overline{\boldsymbol{A}} - \overline{\boldsymbol{B}}\overline{\boldsymbol{D}}^{-1}\overline{\boldsymbol{C}} \tag{10-80}$$

求得状态矩阵 **A**。接下来就可以根据李雅普诺夫线性化方法通过矩阵 **A** 的特征值来研究非线性系统的稳定性。

10.7.3 小扰动稳定性分析的步骤

对于小干扰稳定性的分析，可以采用线性化的处理方法，所以用于小干扰稳定性分析的复杂系统数学模型是一组线性微分代数方程。对于复杂多机电力系统，特征值计算一般采用数值迭代方法，通过消去数学模型（微分代数方程）中的代数方程，形成系统状态矩阵，然后计算状态矩阵的特征值。特征值计算的步骤如下：

（1）对给定的系统稳态运行情况进行潮流计算，求出系统各发电机节点和负荷节点的电压、电流和功率稳态值。

（2）形成式（10－71）中的导纳矩阵。

（3）根据负荷电压静特性参数，由已知的各负荷的功率及负荷节点电压的稳态值 $P_{(0)}$、$Q_{(0)}$、$V_{x(0)}$、$V_{y(0)}$，求出对应矩阵中的 G_{xx}、B_{xy}、B_{yx}、G_{yy}，并用它们修改导纳矩阵中对应于各负荷节点的对角子块。

（4）由各发电机节点电压、电流稳态值，依次计算出相应的各发电机组中所有变量的初值。

（5）根据各发电机、励磁系统、PSS和原动机及其调速系统所采用的数学模型，构建出各发电机组的线性化方程。

（6）进行给定运行情况的潮流计算，确定矩阵 **A** 各元素的值。

（7）计算矩阵 **A** 的特征值，根据小干扰法判断系统的稳定性。

10.8 电力系统强迫振荡

强迫振荡是系统对周期性输入的响应。周期性输入包括汽轮机阀门摆动，水力或者热力系统动态，周期性负荷波动等。强迫振荡的特征取决于外部周期性扰动和系统本身的属性。在周期性输入的作用下，即使系统的阻尼为正，依然会发生振荡现象。因此，即使发电机励磁系统安装了PSS，系统中仍然可能发生低频振荡。当电力系统中周期性扰动的频率接近系统的固有频率时，会引起大幅度强迫功率振荡。

10.8.1 单机无限大系统强迫振荡

（1）原动机系统扰动引发的强迫振荡。对单机无穷大系统而言，线性化发电机转子运动方程为

$$M\frac{\mathrm{d}^2\Delta\delta}{\mathrm{d}t^2}+K_{\mathrm{D}}\frac{\mathrm{d}\Delta\delta}{\mathrm{d}t}+K_{\mathrm{s}}\Delta\delta=\Delta P_{\mathrm{m}} \tag{10-81}$$

式中：M 为转子惯性常数；K_{D}为阻尼系数；K_{s}为同步转矩系数；$\Delta\delta$ 为转子角偏移；ΔP_{m}为原动机功率变化量。

当原动机功率不能忽略不计时，令

$$\Delta P_{\mathrm{m}}=A\sin(\omega t) \tag{10-82}$$

式中：A 为扰动幅值；ω 为扰动频率。

则运动方程为

$$M\frac{\mathrm{d}^2\Delta\delta}{\mathrm{d}t^2}+K_\mathrm{D}\frac{\mathrm{d}\Delta\delta}{\mathrm{d}t}+K_\mathrm{s}\Delta\delta=A\sin(\omega t) \tag{10-83}$$

式（10-83）为二阶常系数非齐次微分方程，其解由通解 $\Delta\delta_1(t)$ 与特解 $\Delta\delta_2(t)$ 组成，有

$$\Delta\delta(t)=\Delta\delta_1(t)+\Delta\delta_2(t) \tag{10-84}$$

$$\begin{cases}\Delta\delta_1(t)=\mathrm{e}^{-\frac{K_\mathrm{D}}{2M}}[C_1\cos(\beta x)+C_2\sin(\beta x)]\\ \Delta\delta_2(t)=B\sin(\omega t-\varphi)\end{cases} \tag{10-85}$$

其中

$$\begin{cases}B=\dfrac{A}{\sqrt{(K_\mathrm{s}-M\omega^2)^2+K_\mathrm{D}^2\omega^2}}=\dfrac{A}{K_\mathrm{s}\sqrt{(1-\upsilon^2)^2+4\zeta^2\upsilon^2}}\\ \varphi=\arctan\left(\dfrac{K_\mathrm{D}\omega}{K_\mathrm{s}-M\omega^2}\right)=\arctan\left(\dfrac{2\zeta\upsilon}{1-\upsilon^2}\right)\\ \upsilon=\dfrac{\omega}{\omega_\mathrm{n}}\\ \zeta=\dfrac{K_\mathrm{D}}{2\omega_\mathrm{n}M}\end{cases} \tag{10-86}$$

当原动机系统持续性周期小扰动频率与系统固有频率一致或接近时将发生强迫振荡。其振荡频率与扰动频率相同，其振幅与扰动幅值、阻尼系数、发电机转动惯量等因素有关。

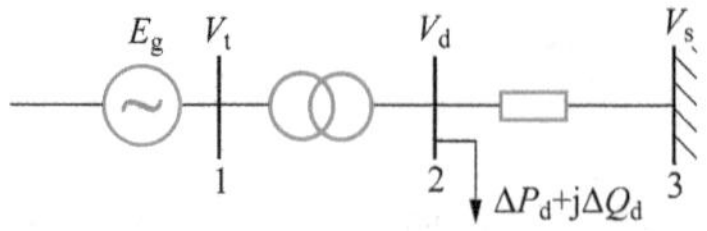

图 10-2 单机无穷大系统

（2）负荷侧引发的强迫振荡。单机无穷大系统如图 10-2 所示，发电机采用经典模型，发电机内电势为 $E_\mathrm{g}\angle\delta$，节点 2 为负荷节点，引入周期性负荷扰动为 ΔP_d、ΔQ_d，节点电压为 $V_\mathrm{d}\angle\theta_\mathrm{d}$，节点 3 为无穷大节点，节点电压为 $V_\mathrm{s}\angle 0°$。

节点注入功率方程线性化后表示为

$$\begin{bmatrix}\Delta P_\mathrm{e}\\ \Delta Q_\mathrm{e}\\ \Delta P_\mathrm{d}\\ \Delta Q_\mathrm{d}\end{bmatrix}=\begin{bmatrix}H_\mathrm{gg} & N_\mathrm{gg} & H_\mathrm{gd} & N_\mathrm{gd}\\ M_\mathrm{gg} & L_\mathrm{gg} & M_\mathrm{gd} & L_\mathrm{gd}\\ H_\mathrm{dg} & N_\mathrm{dg} & H_\mathrm{dd} & N_\mathrm{dd}\\ M_\mathrm{dg} & L_\mathrm{dg} & M_\mathrm{dd} & L_\mathrm{dd}\end{bmatrix}\begin{bmatrix}\Delta\delta\\ \Delta E_\mathrm{g}\\ \Delta\theta_\mathrm{d}\\ \Delta V_\mathrm{d}\end{bmatrix} \tag{10-87}$$

式中：H、N、M、L 分别为 P_e、Q_e、P_d、Q_d 对 δ、E_g、θ_d、V_d 的偏导数。经典模型情况下，$\Delta E_\mathrm{g}=0$，消去 $\Delta\theta_\mathrm{d}$、ΔV_d 可以求得

$$\Delta P_\mathrm{e}=K_\mathrm{s}\Delta\delta+K_\mathrm{P}\Delta P_\mathrm{d}+K_\mathrm{Q}\Delta Q_\mathrm{d} \tag{10-88}$$

式中：K_P 和 K_Q 分别为有功负荷扰动与无功负荷扰动的相关系数。

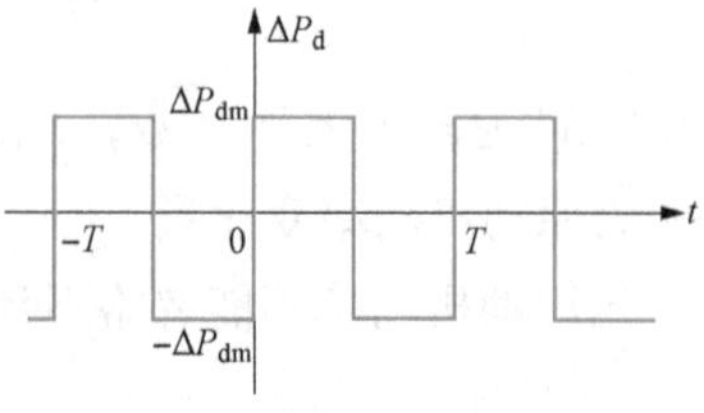

图 10-3 周期性方波负荷扰动

为方便分析，假设扰动负荷的有功幅值为 ΔP_dm，占空比为 50%的方波，如图 10-3 所示。有方波的数

学表达式为

$$\Delta P_{\mathrm{d}}=\begin{cases}\Delta P_{\mathrm{dm}} & \left(nT\leqslant t\leqslant nT+\dfrac{T}{2}\right)\\ -\Delta P_{\mathrm{dm}} & \left(nT-\dfrac{T}{2}\leqslant t\leqslant nT\right)\end{cases}\quad n\in Z,\quad \Delta Q_{\mathrm{d}}=0 \tag{10-89}$$

式中：Z 为整数集。

任何具有周期为 T 的波函数 $f(t)$ 都可以表示为三角函数所构成的级数之和，则该方波可傅里叶分解为

$$\begin{aligned}\Delta P_{\mathrm{d}}&=\frac{4\Delta P_{\mathrm{dm}}}{\pi}\left(\sin\omega t+\frac{1}{3}\sin 3\omega t+\frac{1}{5}\sin 5\omega t+\cdots\right)\\&=\frac{4\Delta P_{\mathrm{dm}}}{\pi}\sum_{n=1}^{\infty}\frac{1}{2n-1}\sin[(2n-1)\omega t]\end{aligned} \tag{10-90}$$

发电机线性化转子运动方程为

$$\begin{cases}\dfrac{\mathrm{d}\Delta\delta}{\mathrm{d}t}=\omega_0\Delta\omega\\ T_{\mathrm{J}}\dfrac{\mathrm{d}\Delta\omega}{\mathrm{d}t}=\Delta P_{\mathrm{T}}-\Delta P_{\mathrm{e}}-K_{\mathrm{D}}\Delta\omega\end{cases} \tag{10-91}$$

若不计机械功率变化，即 $\Delta P_{\mathrm{T}}=0$，可得

$$\frac{T_{\mathrm{J}}}{\omega_0}\frac{\mathrm{d}^2\Delta\delta}{\mathrm{d}t^2}+\frac{K_{\mathrm{D}}}{\omega_0}\frac{\mathrm{d}\Delta\delta}{\mathrm{d}t}+K_{\mathrm{s}}\Delta\delta=-K_{\mathrm{P}}\Delta P_{\mathrm{d}} \tag{10-92}$$

即

$$\frac{T_{\mathrm{J}}}{\omega_0}\frac{\mathrm{d}^2\Delta\delta}{\mathrm{d}t^2}+\frac{K_{\mathrm{D}}}{\omega_0}\frac{\mathrm{d}\Delta\delta}{\mathrm{d}t}+K_{\mathrm{s}}\Delta\delta=-\frac{4K_{\mathrm{P}}\Delta P_{\mathrm{dm}}}{\pi}\left(\sin\omega t+\frac{1}{3}\sin 3\omega t+\frac{1}{5}\sin 5\omega t+\cdots\right) \tag{10-93}$$

当 $\Delta P_{\mathrm{d}}=\Delta P_{\mathrm{dm}}\sin\omega t$ 时，式（10-92）的特解为 $\Delta\delta(t)=B\sin(\omega t-\varphi)$，由线性方程解的可叠加性，式（10-93）的解可看作若干非齐次项为正弦量的方程的解的叠加，当只取 ΔP_{d}傅里叶分解的前三项，可得强迫振荡的振幅和相位分别为

$$B=\frac{-4K_{\mathrm{P}}\Delta P_{\mathrm{dm}}}{\pi K_{\mathrm{s}}}\left(\frac{1}{\sqrt{(1-\upsilon^2)^2+(2\zeta\upsilon)^2}}+\frac{1}{\sqrt{[1-(3\upsilon)^2]^2+(6\zeta\upsilon)^2}}+\frac{1}{\sqrt{[1-(5\upsilon)^2]^2+(10\zeta\upsilon)^2}}\right) \tag{10-94}$$

$$\varphi=\arctan\frac{2\zeta\upsilon}{1-\upsilon^2}+\arctan\frac{6\zeta\upsilon}{1-(3\upsilon)^2}+\arctan\frac{10\zeta\upsilon}{1-(5\upsilon)^2} \tag{10-95}$$

式中：$\upsilon=\omega/\omega_{\mathrm{n}}$为频率比，$\omega_{\mathrm{n}}=\sqrt{\omega_0K_{\mathrm{s}}/T_J}$为系统固有振荡频率；$\zeta=K_{\mathrm{D}}/(2\omega_{\mathrm{n}}T_{\mathrm{J}})$为阻尼比。

当 $\upsilon\approx1$ 时，系统发生强迫振荡。当负荷扰动为正弦波时，强迫振荡的振幅为

$$B_{\mathrm{sin}}=\frac{-K_{\mathrm{P}}\Delta P_{\mathrm{dm}}}{2\zeta K_{\mathrm{s}}}$$

相位为$\varphi_{\mathrm{sin}}=90^\circ$，而扰动为方波时，强迫振荡的振幅为

$$B_{\mathrm{squ}}=\frac{-4}{\pi}\frac{K_{\mathrm{P}}\Delta P_{\mathrm{dm}}}{K_{\mathrm{s}}}\left(\frac{1}{2\zeta}+\frac{1}{\sqrt{8^2+(6\zeta)^2}}+\frac{1}{\sqrt{24^2+(10\zeta)^2}}\right)$$

系统的阻尼比一般在0.1～0.2，强迫振荡幅值的后两项可以忽略不计，从物理意义的角度考虑，因为谐波的频率偏离共振频率且谐波幅值比较低。相位为

$$\varphi_{squ} = 90^\circ + \arctan\frac{-3\zeta}{4} + \arctan\frac{-5\zeta}{12}$$

可见发生周期性方波负荷扰动时振荡幅值更大，主要因为方波的基波幅值比正弦波幅值略大，并且相位稍有滞后。

10.8.2 多机系统强迫振荡

（1）原动机系统扰动引发的强迫振荡。多自由度系统的振动微分方程一般可以描述为

$$\boldsymbol{M}\ddot{\boldsymbol{X}} + \boldsymbol{C}\dot{\boldsymbol{X}} + \boldsymbol{K}\boldsymbol{X} = 0 \tag{10-96}$$

式中：$\boldsymbol{X}$为n维状态变量；$\boldsymbol{M}$为$n\times n$阶质量矩阵；$\boldsymbol{K}$为$n\times n$阶刚度矩阵；$\boldsymbol{C}$为$n\times n$阶特征向量耦合矩阵。

根据多自由度振动方程，系统受到$\boldsymbol{F}\sin(\omega_d t)$扰动时，$\boldsymbol{F}$为$n$维列向量，强迫扰动微分方程可以表述为

$$\boldsymbol{M}\ddot{\boldsymbol{X}} + \boldsymbol{C}\dot{\boldsymbol{X}} + \boldsymbol{K}\boldsymbol{X} = \boldsymbol{F}\sin(\omega_d t) \tag{10-97}$$

取坐标变换$x=\boldsymbol{\Phi}z$，式中$\boldsymbol{\Phi}$为正则矩阵，则式（10-97）可以转化为

$$\ddot{\boldsymbol{Z}} + \boldsymbol{C}_N\dot{\boldsymbol{Z}} + \boldsymbol{K}_N\boldsymbol{Z} = \boldsymbol{F}_N\sin(\omega_d t) \tag{10-98}$$

式中：$\boldsymbol{F}_N=\boldsymbol{\Phi}^T\boldsymbol{F}$。

多自由度振动方程可以解耦表示为

$$\ddot{z}_i + 2\xi_i\omega_i\dot{z}_i + \omega_i^2 z_i = F_{Ni}\sin(\omega_d t) \tag{10-99}$$

式中：ξ_i为i阶振型阻尼比；ω_i为i阶振型固有频率。

振动方程式（10-99）的通解为

$$z_{i1} = e^{-\xi_i\omega_i t} z_{i0}\cos(\omega_i t) + [\dot{z}_{i0} + z_{i0}\omega_i\xi_i]\sin(\omega_i t)/\omega_i \tag{10-100}$$

振动方程的特解为

$$\begin{cases} z_{i2} = F_i\sin(\omega_d t - \theta_i) \\ F_i = \dfrac{F_{Ni}}{\omega_i{}^2}\dfrac{1}{\sqrt{(1-\nu_i{}^2)^2 + (2\xi_i\nu_i)^2}} \\ \theta_i = \arctan\dfrac{2\xi_i\nu_i}{1-\nu_i{}^2} \\ \nu_i = \dfrac{\omega_d}{\omega_i} \end{cases} \tag{10-101}$$

可以看出，系统的振荡由两部分组成，其中的自由振荡部分受阻尼ξ_i的作用，不断衰减至零；强迫振荡部分为等幅振荡，幅值F_i与阻尼ξ_i、固有振荡频率ω_i有关。阻尼越小，扰动源频率ω_d越接近于固有振荡频率ω_i，幅值F_i越大。故通过提高阻尼ξ_i可以降低幅值F_i。

（2）负荷侧引发的强迫振荡。对于m台发电机、n个节点的多机系统，在发电机节点增加内电势节点，其编号为1、2、…、m，原网络发电机和负荷节点编号依次为$m+$

1、$m+2$、…、$m+n$，则各节点的注入功率可以表示为

$$\begin{cases} P_i = \sum_{j=1}^{n+m} V_i V_j \left[G_{ij}\cos(\varphi_i-\varphi_j)+B_{ij}\sin(\varphi_i-\varphi_j)\right] \\ Q_i = \sum_{j=1}^{n+m} V_i V_j \left[G_{ij}\sin(\varphi_i-\varphi_j)-B_{ij}\cos(\varphi_i-\varphi_j)\right] \end{cases} \tag{10-102}$$

式中：$i=1$、2、…、$n+m$；$\boldsymbol{\varphi}=[\boldsymbol{\delta}^{\mathrm{T}}, \boldsymbol{\theta}^{\mathrm{T}}]$ 为所有节点相角，$\boldsymbol{\delta}=[\delta_1, \delta_2, \cdots, \delta_m]^{\mathrm{T}}$ 为发电机功角，$\boldsymbol{\theta}=[\theta_1, \theta_2, \cdots, \theta_n]^{\mathrm{T}}$ 为原网络节点电压相角。

将式（10-102）在稳定平衡点线性化，可得

$$\begin{cases} \Delta P_i = \sum_{j=1}^{n+m} H_{ij}\Delta\varphi_j + \sum_{j=1}^{n+m} N_{ij}\Delta V_j \\ \Delta Q_i = \sum_{j=1}^{n+m} M_{ij}\Delta\varphi_j + \sum_{j=1}^{n+m} L_{ij}\Delta V_j \end{cases} \tag{10-103}$$

式中：$i=1$、2、…、$n+m$。

可将式（10-103）写为矩阵形式

$$\begin{bmatrix} \Delta\boldsymbol{P}_m \\ \Delta\boldsymbol{Q}_m \\ \Delta\boldsymbol{P}_n \\ \Delta\boldsymbol{Q}_n \end{bmatrix} = \begin{bmatrix} \boldsymbol{H}_{mm} & \boldsymbol{N}_{mm} & \boldsymbol{H}_{mn} & \boldsymbol{N}_{mn} \\ \boldsymbol{M}_{mm} & \boldsymbol{L}_{mm} & \boldsymbol{M}_{mn} & \boldsymbol{L}_{mn} \\ \boldsymbol{H}_{nm} & \boldsymbol{N}_{nm} & \boldsymbol{H}_{nn} & \boldsymbol{N}_{nn} \\ \boldsymbol{M}_{nm} & \boldsymbol{L}_{nm} & \boldsymbol{M}_{nn} & \boldsymbol{L}_{nn} \end{bmatrix} \begin{bmatrix} \Delta\boldsymbol{\delta}_m \\ \Delta\boldsymbol{V}_m \\ \Delta\boldsymbol{\theta}_n \\ \Delta\boldsymbol{V}_n \end{bmatrix} \tag{10-104}$$

假设只考虑负荷的电压静特性，则

$$\begin{cases} \Delta P_i = \alpha_{\mathrm{p}i}\Delta V_i \\ \Delta Q_i = \alpha_{\mathrm{q}i}\Delta V_i \end{cases} \tag{10-105}$$

式中：$\alpha_{\mathrm{p}i}=\left.\dfrac{\mathrm{d}P_i}{\mathrm{d}V_i}\right|_0$；$\alpha_{\mathrm{q}i}=\left.\dfrac{\mathrm{d}Q_i}{\mathrm{d}V_i}\right|_0$；$i=1$、2、…、$n$。

将式（10-105）代入式（10-104），各负荷节点的功率偏移乘以负号后，移到等号右边，修正矩阵中的相应元素，则除了周期性扰动负荷节点外，等号左边其余节点的 ΔP_n、ΔQ_n 均为 0，等号右边的 N_{nn} 和 L_{nn} 则修正为 N'_{nn} 和 L'_{nn}。

发电机取经典模型，内电势保持恒定，即 $\Delta V_m=0$，因此忽略第 2 列，并且可以不考虑发电机的无功功率偏移 ΔQ_m，则式（10-104）可以整理为

$$\begin{bmatrix} \Delta\boldsymbol{P}_m \\ \Delta\boldsymbol{P}_n \\ \Delta\boldsymbol{Q}_n \end{bmatrix} = \begin{bmatrix} \boldsymbol{H}_{mm} & \boldsymbol{H}_{mn} & \boldsymbol{N}_{mn} \\ \boldsymbol{H}_{nm} & \boldsymbol{H}_{nn} & \boldsymbol{N}'_{nn} \\ \boldsymbol{M}_{nm} & \boldsymbol{M}_{nn} & \boldsymbol{L}'_{nn} \end{bmatrix} \begin{bmatrix} \Delta\boldsymbol{\delta}_m \\ \Delta\boldsymbol{\theta}_n \\ \Delta\boldsymbol{V}_n \end{bmatrix} = \begin{bmatrix} \boldsymbol{J}_{mm} & \boldsymbol{J}_{mn} \\ \boldsymbol{J}_{nm} & \boldsymbol{J}_{nn} \end{bmatrix} \begin{bmatrix} \Delta\boldsymbol{\delta}_m \\ \Delta\boldsymbol{\theta}_n \\ \Delta\boldsymbol{V}_n \end{bmatrix} \tag{10-106}$$

为分析方便，假定网络中 l 节点存在有功负荷扰动，则 $\Delta\boldsymbol{P}_n=[0, \cdots, 0, \Delta P_l, \cdots, 0]^{\mathrm{T}}$，$\Delta\boldsymbol{Q}_n=[0, \cdots, 0, \cdots, 0]^{\mathrm{T}}$。消去式（10-106）中的 $\Delta\theta_n$ 和 ΔV_n，并令 $\Delta S_n=[\Delta P_n, \Delta Q_n]^{\mathrm{T}}$，可以得到

$$\Delta\boldsymbol{P}_m = (\boldsymbol{J}_{mm}-\boldsymbol{J}_{mn}\boldsymbol{J}_{nn}^{-1}\boldsymbol{J}_{nm})\Delta\boldsymbol{\delta}_m + \boldsymbol{J}_{mn}\boldsymbol{J}_{nn}^{-1}\Delta\boldsymbol{S}_n = \boldsymbol{K}_{\mathrm{s}}\Delta\boldsymbol{\delta}_m + \boldsymbol{K}_{\mathrm{d}}\Delta\boldsymbol{S}_n \tag{10-107}$$

式中 $\boldsymbol{K}_{\mathrm{s}}=\boldsymbol{J}_{mm}-\boldsymbol{J}_{mn}\boldsymbol{J}_{nn}^{-1}\boldsymbol{J}_{nm}$，$\boldsymbol{K}_{\mathrm{d}}=\boldsymbol{J}_{mn}\boldsymbol{J}_{nn}^{-1}$，将 $\boldsymbol{K}_{\mathrm{d}}$ 展开得

$$\boldsymbol{K}_{\mathrm{d}} = \frac{\begin{bmatrix} H_{mn}L'_{nn}-N_{mn}N'_{nn} \\ -H_{mn}M_{nn}+N_{mn}H_{nn} \end{bmatrix}}{\begin{bmatrix} H_{nn} & N'_{nn} \\ M_{nn} & L'_{nn} \end{bmatrix}} \tag{10-108}$$

取$\boldsymbol{K}_{\mathrm{d}}$中与有功负荷扰动相关的元素，即其第$l$列，表示为$\boldsymbol{K}_{\mathrm{P}}=[K_{\mathrm{P1}}, K_{\mathrm{P2}}, \cdots, K_{\mathrm{P}m}]^{\mathrm{T}}$，则发电机电磁功率变化可以表示为

$$\Delta P_{ei}=K_{si}\Delta\delta_{mi}+K_{\mathrm{P}i}\Delta P_{l}, \quad i=1、2、\cdots、m \tag{10-109}$$

K_{si}为同步系数，$K_{\mathrm{P}i}$为负荷扰动有功功率相关因子，表示机组电磁功率变化中与负荷扰动直接相关部分的系数，这样便将发电机的电磁功率偏移表示为转子角偏移和负荷扰动的函数。$K_{\mathrm{P}i}$为实数，即负荷扰动与由它引起的各机组电磁功率扰动分量是同步变化的，其大小由负荷与机组间的电气距离决定。

发电机线性化转子运动方程为

$$\begin{cases}\dfrac{\mathrm{d}\Delta\delta_i}{\mathrm{d}t}=\omega_0\Delta\omega_i\\ T_{\mathrm{J}i}\dfrac{\mathrm{d}\Delta\omega_i}{\mathrm{d}t}=\Delta\mathrm{P}_{\mathrm{T}i}-\Delta\mathrm{P}_{ei}-\mathrm{K}_{\mathrm{D}i}\Delta\omega_i\end{cases} \tag{10-110}$$

式中：$i=1、2、\cdots、m$。

考虑周期性负荷扰动引发的强迫功率振荡，忽略发电机机械功率变化，即$\Delta P_{\mathrm{T}i}=0$，将式（10-109）中ΔP_{ei}代入式（10-110），得到强迫项分别为$-K_{\mathrm{P}i}\Delta P_l$的常系数线性非齐次微分方程组

$$\frac{T_{\mathrm{J}i}}{\omega_0}\frac{\mathrm{d}^2\Delta\delta_i}{\mathrm{d}t^2}+\frac{K_{\mathrm{D}i}}{\omega_0}\frac{\mathrm{d}\Delta\delta_i}{\mathrm{d}t}+K_{si}\Delta\delta_i=-K_{\mathrm{P}i}\Delta P_l \tag{10-111}$$

线性化的状态方程可以写为矩阵形式

$$\dot{\boldsymbol{x}}=\boldsymbol{A}\boldsymbol{x}+\boldsymbol{B}\boldsymbol{u} \tag{10-112}$$

为了消除方程间的耦合，采用模态坐标，可令$x=\boldsymbol{\Phi}z$，得系统新的坐标方程

$$\dot{\boldsymbol{z}}=\boldsymbol{\Phi}^{-1}\boldsymbol{A}\boldsymbol{\Phi}z+\boldsymbol{\Phi}^{-1}\boldsymbol{B}\boldsymbol{u}=\boldsymbol{\Lambda}z+\boldsymbol{\Phi}^{-1}\boldsymbol{B}\boldsymbol{u} \tag{10-113}$$

式中：$\boldsymbol{\Phi}$为$\boldsymbol{A}$的右特征向量矩阵。

由于状态方程只计入转子摇摆方程，当n机系统正常稳定运行，通常含有反映机电振荡模式的$n-1$对共轭复特征根，其相应特征向量也是共轭复数向量，有特征向量矩阵$\boldsymbol{\Phi}=[\boldsymbol{\Phi}_1, \boldsymbol{\Phi}_2, \cdots, \boldsymbol{\Phi}_{n-1}, \boldsymbol{\Phi}_1^*, \boldsymbol{\Phi}_2^*, \cdots, \boldsymbol{\Phi}_{n-1}^*]$，左特征向量矩阵$\boldsymbol{\Psi}=\boldsymbol{\Phi}^{-1}=[\boldsymbol{\Psi}_1^{\mathrm{T}}, \boldsymbol{\Psi}_2^{\mathrm{T}}, \cdots, \boldsymbol{\Psi}_{n-1}^{\mathrm{T}}, \boldsymbol{\Psi}_1^{*\mathrm{T}}, \boldsymbol{\Psi}_2^{*\mathrm{T}}, \cdots, \boldsymbol{\Psi}_{n-1}^{*\mathrm{T}}]^{\mathrm{T}}$，所以采用复模态方法，模态坐标也可以表示为共轭复数的形式，即$\boldsymbol{z}=[\boldsymbol{z}_1, \boldsymbol{z}_2, \cdots, \boldsymbol{z}_{n-1}, \boldsymbol{z}_1^*, \boldsymbol{z}_2^*, \cdots, \boldsymbol{z}_{n-1}^*]^{\mathrm{T}}$。第$r$阶振荡模式的特征值$\lambda_r=-\alpha_r+\mathrm{j}\omega_{\mathrm{d}r}$，定义$\omega_{nr}=|\lambda_r|$为第$r$阶振荡模式的固有频率，阻尼比$\zeta_r=\alpha_r/\omega_{nr}$，阻尼振荡频率$\omega_{\mathrm{d}r}=\sqrt{1-\zeta_r^2}\omega_{nr}$。

采用模态坐标后，系统解耦方程可以写成

$$\begin{bmatrix}\dot{\boldsymbol{z}}\\ \dot{\boldsymbol{z}}^*\end{bmatrix}=\begin{bmatrix}\boldsymbol{\Lambda} & \\ & \boldsymbol{\Lambda}\end{bmatrix}\begin{bmatrix}z\\ z^*\end{bmatrix}+\boldsymbol{\Phi}^{-1}(-\boldsymbol{K}_{\mathrm{P}}\Delta P_l) \tag{10-114}$$

式中：$\Delta P_l=\dfrac{4\Delta P_{lm}}{\pi}\left(\sin\omega t+\dfrac{1}{3}\sin3\omega t+\dfrac{1}{5}\sin5\omega t+\cdots\right)$为负荷扰动，取$\Delta P_{Lm}=\dfrac{4\Delta P_{lm}}{\pi}$。

因此，系统第r阶振荡模式解耦方程为

$$\begin{cases}\dot{\boldsymbol{z}}_r=\lambda_r\boldsymbol{z}_r+\boldsymbol{\Psi}_r(-\boldsymbol{K}_{\mathrm{P}}\Delta P_l)\\ \dot{\boldsymbol{z}}_r=\lambda_r^*\boldsymbol{z}_r^*+\boldsymbol{\Psi}_r^*(-\boldsymbol{K}_{\mathrm{P}}\Delta P_l)\end{cases} \tag{10-115}$$

采用复相量法求解，即取 $\Delta\widetilde{P}_l=\Delta\widetilde{P}_{Lm}\left(e^{j\omega t}+\frac{e^{j3\omega t}}{3}+\frac{e^{j5\omega t}}{5}\right)$参与运算，其中 $\Delta\widetilde{P}_{Lm}$ 为复相量。下面公式中的变量也表示为复相量形式。则解耦方程的解为

$$\begin{cases} \boldsymbol{z}_r=-\dfrac{\widetilde{\boldsymbol{\Psi}}_r\boldsymbol{K}_P\Delta\widetilde{P}_{Lm}}{j\omega-\tilde{\lambda}_r}\left(e^{j\omega t}+\dfrac{e^{j3\omega t}}{3}+\dfrac{e^{j5\omega t}}{5}\right) \\ \boldsymbol{z}_r^*=-\dfrac{\widetilde{\boldsymbol{\Psi}}_r^*\boldsymbol{K}_P\Delta\widetilde{P}_{Lm}}{j\omega-\tilde{\lambda}_r^*}\left(e^{j\omega t}+\dfrac{e^{j3\omega t}}{3}+\dfrac{e^{j5\omega t}}{5}\right) \end{cases} \tag{10-116}$$

系统强迫振荡的稳态解为 $n-1$ 对共轭模态响应的叠加，其解为

$$\begin{aligned} x(t)&=\sum_{r=1}^{n-1}\widetilde{\boldsymbol{\Phi}}_r\boldsymbol{z}_r+\widetilde{\boldsymbol{\Phi}}_r^*\boldsymbol{z}_r^* \\ &=\sum_{r=1}^{n-1}\left[\frac{j\omega(\widetilde{\boldsymbol{\Phi}}_r\widetilde{\boldsymbol{\Psi}}_r+\widetilde{\boldsymbol{\Phi}}_r^*\widetilde{\boldsymbol{\Psi}}_r^*)-(\widetilde{\boldsymbol{\Phi}}_r\widetilde{\boldsymbol{\Psi}}_r\tilde{\lambda}_r^*+\widetilde{\boldsymbol{\Phi}}_r^*\widetilde{\boldsymbol{\Psi}}_r^*\tilde{\lambda}_r)}{(j\omega-\tilde{\lambda}_r)(j\omega-\tilde{\lambda}_r^*)}\cdot\boldsymbol{K}_P\Delta\widetilde{P}_{Lm}\left(e^{j\omega t}+\frac{e^{j3\omega t}}{3}+\frac{e^{j5\omega t}}{5}\right)\right] \end{aligned} \tag{10-117}$$

第 i 个状态变量的解为

$$\begin{aligned} x_i(t)&=\sum_{r=1}^{n-1}\left[\frac{j\omega(\tilde{\varphi}_{ir}\widetilde{\Psi}_{rl}+\tilde{\varphi}_{ir}^*\widetilde{\Psi}_{rl}^*)-(\tilde{\lambda}_r^*\tilde{\varphi}_{ir}\widetilde{\Psi}_{rl}+\tilde{\lambda}_r\tilde{\varphi}_{ir}^*\widetilde{\Psi}_{rl}^*)}{\omega_{nr}^2-\omega^2+j2\zeta_r\omega_{nr}\omega}\cdot K_{Pi}\Delta\widetilde{P}_{Lm}\left(e^{j\omega t}+\frac{e^{j3\omega t}}{3}+\frac{e^{j5\omega t}}{5}\right)\right] \\ &=\sum_{r=1}^{n-1}\left[\frac{\dfrac{1}{\omega_{nr}^2}(a+jb)\cdot K_{Pi}\Delta\widetilde{P}_{Lm}}{1-\left(\dfrac{\omega}{\omega_{nr}}\right)^2+j2\zeta_r\dfrac{\omega}{\omega_{nr}}}\left(e^{j\omega t}+\frac{e^{j3\omega t}}{3}+\frac{e^{j5\omega t}}{5}\right)\right] \end{aligned} \tag{10-118}$$

其中 $a=-(\tilde{\lambda}_r^*\tilde{\varphi}_{ir}\widetilde{\Psi}_{rl}+\tilde{\lambda}_r\tilde{\varphi}_{ir}^*\widetilde{\Psi}_{rl}^*)$，$b=\tilde{\varphi}_{ir}\widetilde{\Psi}_{rl}+\tilde{\varphi}_{ir}^*\widetilde{\Psi}_{rl}^*$。

频率比 $\upsilon=\omega/\omega_{nr}$，则第 r 阶振荡模式时域响应为

$$\begin{aligned} x_i^r(t)&=\mathrm{Im}\left[\frac{\dfrac{a}{\omega_{nr}^2}+j\dfrac{\upsilon_r b}{\omega_{nr}}}{1-\upsilon_r^2+j2\zeta_r\upsilon_r}K_{Pi}\Delta\widetilde{P}_{Lm}\left(e^{j\omega t}+\frac{e^{j3\omega t}}{3}+\frac{e^{j5\omega t}}{5}\right)\right] \\ &=B_{il}^r\left[\sin(\omega t-\phi_{il}^r)+\frac{1}{3}\sin(3\omega t-\phi_{il}^r)+\frac{1}{5}\sin(5\omega t-\phi_{il}^r)\right] \end{aligned} \tag{10-119}$$

其中$B_{il}^r=\sqrt{\dfrac{\left(\dfrac{a}{\omega_{nr}^2}\right)^2+\left(\dfrac{\upsilon_r b}{\omega_{nr}}\right)^2}{(1-\upsilon_r^2)^2+(2\zeta_r\upsilon_r)^2}}|K_{Pi}||\Delta\widetilde{P}_{Lm}|$，$\phi_{il}^r=\arctan\dfrac{2\zeta_r\upsilon_r a-(1-\upsilon_r^2)\upsilon_r b\,\omega_{nr}}{a(1-\upsilon_r^2)+2\zeta_r\upsilon_r^2 b\,\omega_{nr}}$。

当扰动频率 ω 与系统第 r 阶模式的固有频率 ω_{nr} 相近时，第 r 阶振荡模式的稳态响应振幅比其他阶模式相应大得多，可以近似将其认为是系统总响应。

为了便于分析，将复特征值和复特征向量元素表示为 $\tilde{\varphi}_{ir}=|\varphi_{ir}|e^{j\gamma_{ir}}$，$\widetilde{\Psi}_{rl}=|\Psi_{rl}|e^{j\sigma_{rl}}$，$\tilde{\lambda}_r=\omega_{nr}e^{j\phi_r}$，则第 i 个状态变量时域解为

$$\begin{aligned} x_i(t)\approx\mathrm{Im}\Big\{&\frac{|\tilde{\varphi}_{ir}||\widetilde{\Psi}_{rl}||K_{Pi}||\Delta\widetilde{P}_{Lm}|}{2\zeta_r\omega_{nr}}\left[e^{j(\gamma_{ir}+\sigma_{rl})}+e^{-j(\gamma_{ir}+\sigma_{rl})}\right. \\ &\left.+e^{j(\gamma_{ir}+\sigma_{rl}-\varphi_r+\frac{\pi}{2})}+e^{-j(\gamma_{ir}+\sigma_{rl}-\phi_r-\frac{\pi}{2})}\right]\left(e^{j\omega_{nr}t}+\frac{e^{j3\omega_{nr}t}}{3}+\frac{e^{j5\omega_{nr}t}}{5}\right)\Big\} \end{aligned} \tag{10-120}$$

弱阻尼模式下，阻尼比 ζ_r 较小，即特征值实部远小于虚部，$\phi_r \approx \pi/2$。则式（10-120）可以整理为

$$
\begin{aligned}
x_i(t) &\approx \mathrm{Im}\left[\frac{|\widetilde{\varphi}_{ir}||\widetilde{\Psi}_{rl}||K_{\mathrm{P}i}||\Delta\widetilde{P}_{Lm}|}{\zeta_r\omega_{nr}}\mathrm{e}^{\mathrm{j}(\gamma_{ir}+\sigma_{rl})}\left(\mathrm{e}^{\mathrm{j}\omega_{nr}t}+\frac{\mathrm{e}^{\mathrm{j}3\omega_{nr}t}}{3}+\frac{\mathrm{e}^{\mathrm{j}5\omega_{nr}t}}{5}\right)\right] \\
&= \frac{|\widetilde{\varphi}_{ir}||\widetilde{\Psi}_{rl}||K_{\mathrm{P}i}||\Delta\widetilde{P}_{Lm}|}{\zeta_r\omega_{nr}}\left[\sin(\gamma_{ir}+\sigma_{rl}+\omega_{nr}t)+\frac{1}{3}\sin(\gamma_{ir}+\sigma_{rl}+3\omega_{nr}t)\right. \\
&\quad \left.+\frac{1}{5}\sin(\gamma_{ir}+\sigma_{rl}+5\omega_{nr}t)\right]
\end{aligned}
\tag{10-121}
$$

非正弦周期性负荷引发强迫振荡幅值与该模式的阻尼大小成反比，与负荷扰动大小、特征向量模值及负荷扰动有功功率相关因子成正比。在相关因子较高的节点上施加与固有频率相同或相近的负荷扰动更容易引发大幅度的强迫功率振荡。周期性正弦波负荷扰动与周期性方波负荷扰动情况相比较，方波负荷扰动下强迫功率振荡状态变量稳态时域响应明显大于正弦波负荷扰动。

10.9 提升小干扰功角稳定性的控制措施

10.9.1 自由振荡的控制措施

（1）电力系统稳定器的阻尼控制。随着电力系统的不断发展和电网规模的不断扩大，具有快速调节性能的自动控制装置逐渐增多，从而降低了系统的阻尼，使系统的稳定性受到影响。在发电机的励磁系统上加装电力系统稳定器（power system stabilizer，PSS）来抑制低频振荡，特别是本地振荡模式，是一种经济、有效、使用最广泛的方法。

典型的 PSS 由放大、隔直、相位补偿、限幅等环节组成，其模型结构如图 10-4 所示。

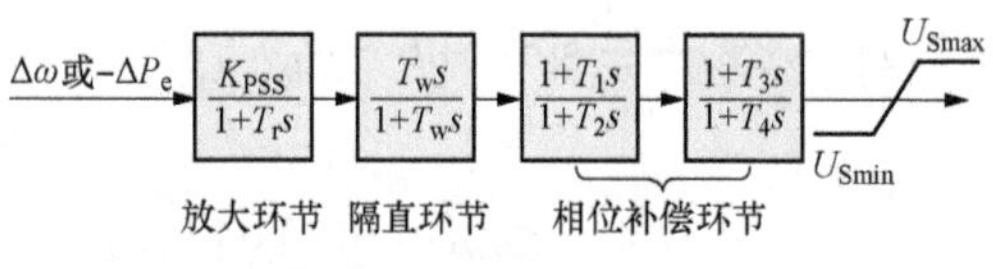

图 10-4 PSS 模型结构

PSS 抑制低频振荡的基本思想是：以 $\Delta\omega$ 或 $-\Delta P_{\mathrm{e}}$ 作为 PSS 的输入信号，将其进行适当的移相和放大，经限幅后输出到励磁电压调节器的附加信号输入端，并调节发电机的励磁电压，从而使发电机的电磁转矩中产生一个阻尼低频振荡的电气转矩增量，达到抑制低频振荡的目的。

转速偏差信号 $\Delta\omega$、电磁功率偏差信号 $-\Delta P_{\mathrm{e}}$ 与电磁转矩偏差信号 ΔT_{e} 的矢量图可用图 10-5 表示。若电气阻尼系数为负且其幅值大于机械阻尼系数时，系统就会不稳定。由图中相位关系可知，当 ΔT_{e} 滞后于 $\Delta\omega$ 的相位在 90°～270°，即 ΔT_{e} 位于第 3 或第 4 象限时，电气阻尼系数 ΔT_{D} 就是负的，可能导致系统不稳定。PSS 提供的附加电磁转矩 $\Delta T_{\mathrm{e}}'$ 若位于第 1 或第 2 象限，即与 $\Delta\omega$ 相位差在 −90°～90°，就可提供正的电阻尼，有利于抑制低频振荡。

（2）鲁棒控制策略。

1）包含不确定性的鲁棒 H_2/H_∞ 模型数学描述。

考虑由于参数测量误差和参数估计误差引起的不确定性，多目标鲁棒 H_2/H_∞ 混合控制问题的线性时不变系统为

$$\begin{cases} \dot{x}(t)=(\boldsymbol{A}+\Delta\boldsymbol{A})x(t)+\boldsymbol{B}_1w(t)+(\boldsymbol{B}_2+\Delta\boldsymbol{B}_2)u(t) \\ \boldsymbol{z}_\infty=\boldsymbol{C}_\infty x(t)+\boldsymbol{E}_\infty w(t)+\boldsymbol{D}_\infty u(t) \\ \boldsymbol{z}_2=\boldsymbol{C}_2x(t)+\boldsymbol{E}_2w(t)+\boldsymbol{D}_2u(t) \end{cases} \tag{10-122}$$

式中：矩阵 $\boldsymbol{A}$、$\boldsymbol{B}_1$、$\boldsymbol{B}_2$、$\boldsymbol{C}_\infty$、$\boldsymbol{D}_\infty$、$\boldsymbol{E}_\infty$、$\boldsymbol{C}_2$、$\boldsymbol{D}_2$、$\boldsymbol{E}_2$ 为描述名义系统模型的已知实常数矩阵；$\Delta\boldsymbol{A}$ 和 $\Delta\boldsymbol{B}_2$ 为反映电力系统模型中参数测量和参数估计不确定性的未知摄动实矩阵。

假定其是范数有界的，且具有如下形式

$$[\Delta\boldsymbol{A} \quad \Delta\boldsymbol{B}_2]=\boldsymbol{HF}[\boldsymbol{E}_1 \quad \boldsymbol{E}_2] \tag{10-123}$$

其中，$\boldsymbol{H}$，$\boldsymbol{E}_1$ 和 $\boldsymbol{E}_2$ 为已知的常数矩阵，反映了不确定参数的结构信息，$\boldsymbol{F}^{\mathrm{T}}\boldsymbol{F}\leqslant\boldsymbol{I}$。

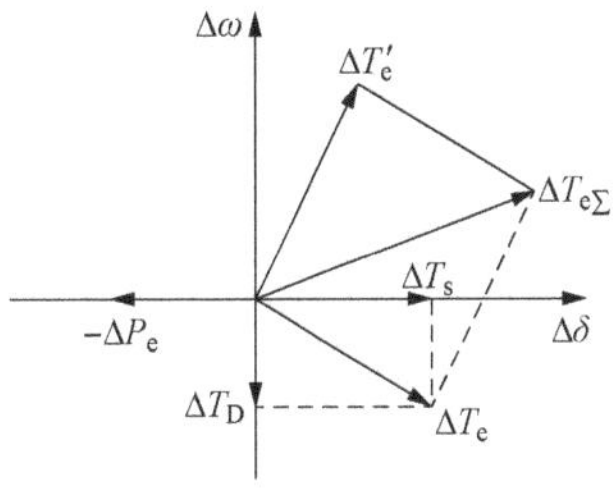

图 10-5 转速偏差、电磁功率偏差、电磁转矩偏差信号的矢量图

由上述各矩阵形成的包含不确定性的鲁棒 H_2/H_∞ 摄动增广矩阵为

$$\boldsymbol{P}=\begin{bmatrix} \boldsymbol{A}+\Delta\boldsymbol{A} & \begin{bmatrix}\dfrac{1}{\sqrt{\boldsymbol{\varepsilon}}} & \boldsymbol{E}\end{bmatrix} & \boldsymbol{B}_2+\Delta\boldsymbol{B}_2 \\ \begin{bmatrix}\boldsymbol{C}_\infty \\ \boldsymbol{E}_1\end{bmatrix} & \begin{bmatrix}\boldsymbol{E}_\infty \\ \boldsymbol{0}\end{bmatrix} & \begin{bmatrix}\boldsymbol{D}_\infty \\ \boldsymbol{E}_2\end{bmatrix} \\ \boldsymbol{C}_2 & \boldsymbol{E}_2 & \boldsymbol{D}_2 \\ \boldsymbol{I} & \boldsymbol{0} & \boldsymbol{0} \end{bmatrix} \tag{10-124}$$

2）包含不确定性的多胞体模型数学描述。

式（10-124）考虑了测量误差和参数估计误差带来的不确定性，但未考虑系统运行点变化造成的不确定性，为此将凸多胞体模型融入包含不确定性的鲁棒 H_2/H_∞ 摄动增广矩阵中，以不同运行点作为凸多胞体模型的顶点，可得凸多胞体中任意第 k 个胞组的表达式为

$$\boldsymbol{S}_k=\begin{bmatrix} \boldsymbol{A}_k+\Delta\boldsymbol{A}_k & \begin{bmatrix}\dfrac{1}{\sqrt{\boldsymbol{\varepsilon}}} & \boldsymbol{E}_k\end{bmatrix} & \boldsymbol{B}_{2k}+\Delta\boldsymbol{B}_{2k} \\ \begin{bmatrix}\boldsymbol{C}_{\infty k} \\ \boldsymbol{E}_{1k}\end{bmatrix} & \begin{bmatrix}\boldsymbol{E}_{\infty k} \\ \boldsymbol{0}\end{bmatrix} & \begin{bmatrix}\boldsymbol{D}_{\infty k} \\ \boldsymbol{E}_{2k}\end{bmatrix} \\ \boldsymbol{C}_{2k} & \boldsymbol{E}_{2k} & \boldsymbol{D}_{2k} \\ \boldsymbol{I} & \boldsymbol{0} & \boldsymbol{0} \end{bmatrix} \tag{10-125}$$

包含 n 个胞组的鲁棒 H_2/H_∞ 多胞体摄动模型可表示为

$$\boldsymbol{S}\{\boldsymbol{S}_1,\boldsymbol{S}_2,\cdots,\boldsymbol{S}_n\}=\left\{\sum\nolimits_1^N\alpha_i\boldsymbol{S}_i:\sum\nolimits_i\alpha_i=1,\alpha_i\geqslant 0\right\} \tag{10-126}$$

如果 $\boldsymbol{S}_1$ 为基准运行情况，$\boldsymbol{S}_2$ 表示联络线断开情况，那么 $(1-\alpha)\boldsymbol{S}_1+\alpha\boldsymbol{S}_2$ 表示联络

线间的阻抗连续性增长，直至断开。如果$\boldsymbol{S}_1$为联络线上的潮流最小的运行工况，$\boldsymbol{S}_2$为联络线上的潮流最大的运行工况，那么（$1-\alpha$）$\boldsymbol{S}_1+\alpha\boldsymbol{S}_2$表示联络线上的潮流连续性增长，直至最大潮流。

3）基于摄动矩阵和凸多胞体的鲁棒 H_2/H_∞ 控制策略。

由状态反馈控制律可知

$$\boldsymbol{u}=\boldsymbol{K}\boldsymbol{x} \tag{10-127}$$

将式（10-127）代入式（10-122）可得闭环系统：

$$\begin{cases}\dot{\boldsymbol{x}}(t)=\overline{\boldsymbol{A}}_c x(t)+\boldsymbol{B}_1 w(t)\\ \boldsymbol{z}_\infty=\boldsymbol{C}_{\infty c}x(t)+\boldsymbol{E}_\infty w(t)\\ \boldsymbol{z}_2=\boldsymbol{C}_{2c}x(t)+\boldsymbol{E}_2 w(t)\end{cases} \tag{10-128}$$

其中$\overline{\boldsymbol{A}}_c=\boldsymbol{A}_c+\boldsymbol{HFE}_c$，$\boldsymbol{C}_{\infty c}=\boldsymbol{C}_\infty+\boldsymbol{D}_\infty\boldsymbol{K}$，$\boldsymbol{C}_{2c}=\boldsymbol{C}_2+\boldsymbol{D}_2\boldsymbol{K}$，$\boldsymbol{A}_c=\boldsymbol{A}+\boldsymbol{B}_2\boldsymbol{K}$，$\boldsymbol{E}_c=\boldsymbol{E}_1+\boldsymbol{E}_2\boldsymbol{K}$

记 $T_{wz\infty}(s)$ 是从扰动信号 w 到z_∞的闭环传递函数矩阵，记 $T_{wz2}(s)$ 是从扰动信号 w 到z_2的闭环传递函数矩阵，基于鲁棒 H_2/H_∞ 多胞体摄动模型的控制器要求闭环系统满足以下目标：

（a）H_∞性能：当 w 被看作是一个具有有限能量的扰动信号时，对给定的正常数 γ，$\|T_{wz\infty}(s)\|<\gamma$。以保证闭环系统具有鲁棒稳定性。

（b）H_2性能：当 w 被看作是一个具有单位谱密度的白噪声信号时，对给定的正常数 η，$\|T_{wz2}(s)\|<\eta$。以保证用 H_2范数度量的系统性能处于良好的水平。

（c）区域极点配置：要求闭环极点位于一个给定的 D 区域

$$D=\{s\in\boldsymbol{C}:\boldsymbol{L}+s\boldsymbol{M}+\bar{s}\boldsymbol{M}^{\mathrm{T}}<0\} \tag{10-129}$$

其中$\boldsymbol{L}=\boldsymbol{L}^{\mathrm{T}}$ 和 $\boldsymbol{M}$ 是给定的实矩阵。

上述三个约束条件均包含不确定性矩阵，因此需要先将其分离，再将各约束条件转化为线性不等式约束条件进行求解，此过程需要借助以下两个引理。

引理 3 给定适当维数矩阵$\boldsymbol{Y}_0$，$\boldsymbol{D}_0$和$\boldsymbol{E}_0$，其中$\boldsymbol{Y}_0$是对称的，则$\boldsymbol{Y}_0+\boldsymbol{D}_0\boldsymbol{F}_0\boldsymbol{E}_0+\boldsymbol{E}_0^{\mathrm{T}}\boldsymbol{F}_0^{\mathrm{T}}\boldsymbol{D}_0^{\mathrm{T}}<0$ 对所有满足$\boldsymbol{F}^{\mathrm{T}}\boldsymbol{F}<\boldsymbol{I}$ 的矩阵$\boldsymbol{F}$ 成立，当且仅当存在一个正的常数 $\mu>0$，使得

$$\boldsymbol{Y}_0+\boldsymbol{D}_0\boldsymbol{D}_0^{\mathrm{T}}+\mu^{-1}\boldsymbol{E}_0^{\mathrm{T}}\boldsymbol{E}_0<0 \tag{10-130}$$

引理 4 矩阵的 Schur 补性质：给定对称矩阵 $\boldsymbol{S}=\begin{bmatrix}\boldsymbol{S}_{11} & \boldsymbol{S}_{12}\\ \boldsymbol{S}_{21} & \boldsymbol{S}_{22}\end{bmatrix}$，其中$\boldsymbol{S}_{11}$是 $r\times r$ 维的矩阵，则以下条件是等价的。

①$\boldsymbol{S}<0$；②$\boldsymbol{S}_{11}<0$，$\boldsymbol{S}_{22}-\boldsymbol{S}_{12}^{\mathrm{T}}\boldsymbol{S}_{11}^{-1}\boldsymbol{S}_{12}<0$；③$\boldsymbol{S}_{22}<0$，$\boldsymbol{S}_{11}-\boldsymbol{S}_{12}^{\mathrm{T}}\boldsymbol{S}_{22}^{-1}\boldsymbol{S}_{12}<0$。

满足目标（a）的充要条件是存在正定对称矩阵 X 使得

$$\begin{bmatrix}\boldsymbol{A}_z+\boldsymbol{A}_z^{\mathrm{T}} & \boldsymbol{B}_1 & \boldsymbol{X}\boldsymbol{C}_\infty^{\mathrm{T}}+\boldsymbol{Y}^{\mathrm{T}}\boldsymbol{D}_\infty^{\mathrm{T}}\\ \boldsymbol{B}_1^{\mathrm{T}} & -\gamma\boldsymbol{I} & \boldsymbol{E}_\infty^{\mathrm{T}}\\ \boldsymbol{C}_\infty\boldsymbol{X}+\boldsymbol{D}_\infty\boldsymbol{Y} & \boldsymbol{E}_\infty & -\gamma\boldsymbol{I}\end{bmatrix}<0 \tag{10-131}$$

其中$\boldsymbol{A}_z=\boldsymbol{A}_c\boldsymbol{X}+\boldsymbol{HFE}_c\boldsymbol{X}$，$\boldsymbol{Y}=\boldsymbol{KX}$。

式（10-131）中包含了不确定性矩阵，由引理 3 可知，它对所有满足$\boldsymbol{F}^{\mathrm{T}}\boldsymbol{F}<I$ 的矩阵$\boldsymbol{F}$ 成立，当且仅当存在一个常数 $\mu>0$，使得

$$\begin{bmatrix} \boldsymbol{A}_c\boldsymbol{X}+\boldsymbol{X}\boldsymbol{A}_c^T+\mu\boldsymbol{H}\boldsymbol{H}^T+\mu^{-1}\boldsymbol{X}\boldsymbol{E}_c^T\boldsymbol{E}_c\boldsymbol{X} & \boldsymbol{C}_1 & \boldsymbol{X}_1\boldsymbol{C}_{\infty c}^T \\ \boldsymbol{B}_1^T & -\gamma\boldsymbol{I} & \boldsymbol{E}_\infty^T \\ \boldsymbol{C}_{\infty c}\boldsymbol{X}_1 & \boldsymbol{E}_\infty & -\gamma\boldsymbol{I} \end{bmatrix}<0 \tag{10-132}$$

式（10-132）的不等式中包含未知矩阵的二次项，根据引理4，可转化为线性不等式

$$\begin{bmatrix} \boldsymbol{A}_c\boldsymbol{X}+\boldsymbol{X}\boldsymbol{A}_c^T & \boldsymbol{B}_1 & \boldsymbol{X}\boldsymbol{C}_{\infty c}^T & \boldsymbol{H} & \boldsymbol{X}\boldsymbol{E}_c^T \\ \boldsymbol{B}_1 & -\boldsymbol{I} & \boldsymbol{E}_\infty^T & 0 & 0 \\ \boldsymbol{C}_{\infty c}\boldsymbol{X} & \boldsymbol{E}_\infty & -\gamma^2\boldsymbol{I} & 0 & 0 \\ \boldsymbol{H}^T & 0 & 0 & -\mu^{-1}I & 0 \\ \boldsymbol{E}_c\boldsymbol{X} & 0 & 0 & 0 & -\mu\boldsymbol{I} \end{bmatrix}<0 \tag{10-133}$$

满足目标（b）的充要条件是存在正定对称矩阵 $\boldsymbol{X}$ 和 $\boldsymbol{Q}$，使得

$$\begin{bmatrix} \overline{\boldsymbol{A}}_c\boldsymbol{X}+\boldsymbol{X}\overline{\boldsymbol{A}}_c^T & \boldsymbol{B}_1 \\ \boldsymbol{B}_1^T & -\boldsymbol{I} \end{bmatrix}<0 \tag{10-134}$$

$$\begin{bmatrix} \boldsymbol{Q} & \boldsymbol{C}_{2c}\boldsymbol{X} \\ \boldsymbol{X}\boldsymbol{C}_{2c}^T & \boldsymbol{X} \end{bmatrix}<0 \tag{10-135}$$

$$T_r(\boldsymbol{Q})<\eta^2 \tag{10-136}$$

式（10-134）中也包含不确定性矩阵。

满足目标（c）的充要条件为存在正定对称矩阵 X 使得

$$\boldsymbol{L}\otimes\boldsymbol{X}+\boldsymbol{M}\otimes\boldsymbol{A}_z+\boldsymbol{M}^T\otimes\boldsymbol{A}_z^T<0 \tag{10-137}$$

其中⊗为 Kronecker 乘积。

对给定的标量 $\gamma>0$ 和 $\mu>0$，可将鲁棒 H_2/H_∞ 控制问题转换为式（10-138）的线性不等式组的优化问题，其指标 $\alpha\gamma+\beta T_r$（$\boldsymbol{Q}$）为 H_2 性能和 H_∞ 性能的加权组合，α 和 β 分别表示性能指标中 H_2 性能和 H_∞ 性能的权重。

$$\min_{\gamma,X,Y,Q} \alpha\gamma+\beta T_r(\boldsymbol{Q})$$

$$\begin{bmatrix} \boldsymbol{A}_c\boldsymbol{X}+\boldsymbol{X}\boldsymbol{A}_c^T & \boldsymbol{B}_1 & \boldsymbol{X}\boldsymbol{C}_{\infty c}^T & \boldsymbol{H} & \boldsymbol{X}\boldsymbol{E}_c^T \\ \boldsymbol{B}_1 & -\boldsymbol{I} & \boldsymbol{E}_\infty^T & 0 & 0 \\ \boldsymbol{C}_{\infty c}\boldsymbol{X} & \boldsymbol{E}_\infty & -\gamma^2\boldsymbol{I} & 0 & 0 \\ \boldsymbol{H}^T & 0 & 0 & -\mu^{-1}\boldsymbol{I} & 0 \\ \boldsymbol{E}_c\boldsymbol{X} & 0 & 0 & 0 & -\mu\boldsymbol{I} \end{bmatrix}<0$$

$$\begin{bmatrix} \boldsymbol{Q} & C_{2c}\boldsymbol{X} \\ \boldsymbol{X}C_{2c}^T & \boldsymbol{X} \end{bmatrix}<0 \tag{10-138}$$

$$\boldsymbol{L}\otimes\boldsymbol{X}+\boldsymbol{M}\otimes\boldsymbol{A}_z+\boldsymbol{M}^T\otimes\boldsymbol{A}_z^T<0$$

$$T_r(\boldsymbol{Q})<\eta^2$$

通过求解式（10-138）可以计算出 $\boldsymbol{X}$ 阵和 $\boldsymbol{Y}$ 阵，进而可以得到控制器的状态反馈矩阵 $\boldsymbol{K}=\boldsymbol{Y}\boldsymbol{X}^{-1}$，将 $\boldsymbol{K}$ 代入式（10-127），最终可推导出状态反馈控制器为 $\boldsymbol{u}=\boldsymbol{Y}\boldsymbol{X}^{-1}\boldsymbol{x}$。

10.9.2 强迫振荡的控制措施

10.9.2.1 强迫振荡源的定位方法

（1）基于行波传播延时时间的方法。利用多点采样数据的波形相似度来提取扰动行波在电网中输电线路上传播延时时间的方法，解决了传统行波定位法因难以检测突变量小、变化平缓的电压或电流行波而无法用于低频振荡扰动源定位的问题。该方法利用定义的顺序相关函数提取低频振荡扰动行波通过各相邻测点间的时差和先后次序，再利用各测点间已知的线路长度计算扰动行波波速并确定低频振荡扰动源的位置。

当电网中发生低频振荡扰动时，低频振荡源所在点的电压发生畸变，该畸变中具有特殊形状的电压行波便会沿着输电线路四处传播。由于中国电网规模庞大，该具有特殊形状的扰动行波在长距离输电线路上的传播将会产生一定的时间延时，同时，在电网中不同地点测量的扰动行波还具有相似的特点。通过比较 2 个不同测量点的电压波形相似度以计算扰动行波在两测量点之间线路上传播延时时间的方法如下。

如果在电网中不同地点安装的 2 个测量单元分别为 A 和 B，当电网中发生低频振荡扰动时，测量单元 A 和 B 在设定的时长 t 内，同时测得的电压数据分别为$f_{\mathrm{VA}}(\tau)$和$f_{\mathrm{VB}}(\tau)$（$\tau\in[0,\ t]$），在测量单元 A 和 B 内，分别对测得的电压数据进行 HT 变换（希尔伯特—黄变换），提取得到对应的低频振荡扰动分量分别为$f_{\mathrm{HVA}}(\tau)$和$f_{\mathrm{HVB}}(\tau)$，并分别将数据发送到监控单元，在监控单元内，定义顺序相关度函数如下

$$\begin{cases} R_{\mathrm{AB}}(x)=\int_0^t f_{\mathrm{HVA}}(\tau-x)f_{\mathrm{HVB}}(\tau)\mathrm{d}\tau \\ R_{\mathrm{BA}}(x)=\int_0^t f_{\mathrm{HVB}}(\tau-x)f_{\mathrm{HVA}}(\tau)\mathrm{d}\tau \end{cases} \tag{10 - 139}$$

在时间段$[0,\ t]$内，令$R_{\mathrm{AB-max}}$为$R_{\mathrm{AB}}(x)$ 中的最大值，$R_{\mathrm{BA-max}}$为$R_{\mathrm{BA}}(x)$ 中的最大值；如果$R_{\mathrm{AB-max}}>R_{\mathrm{BA-max}}$，则扰动行波先到达测量单元 A，然后到达测量单元 B，在$R_{\mathrm{AB}}(x)$ 中，$R_{\mathrm{AB-max}}$对应的$x_{\max(R_{\mathrm{AB}})}$值乘以采样间隔时间即为扰动行波在测量单元 B 和 A 之间的传播延时时间 ΔT_{AB}，即扰动行波在电网中 A 点和 B 点之间的传播延时时间为

$$\Delta T_{\mathrm{AB}}=x_{\max(R_{\mathrm{AB}})}\frac{1}{f_{\mathrm{s}}} \tag{10 - 140}$$

式中：f_{s}为采样频率。

反之，若$R_{\mathrm{AB-max}}<R_{\mathrm{BA-max}}$，则扰动行波先到达测量单元 B，然后到达测量单元 A。

如果在电网中安装多个测量单元，利用式（10 - 139）、式（10 - 140），分别计算各测量单元提取的扰动行波之间的顺序相关度函数，便可在众多的测量单元中确定扰动行波最先到达的测量单元，该测量单元便是距离低频振荡扰动源最近的区域。

理想情况下，如果可以获得扰动行波到达各测量点的准确延时以及实际波速，该方法获取的振荡源结果应该是准确的。但实际行波测量装置、振荡提取算法以及行波波速测量都存在误差，同时测量装置的安装位置需要针对不同的电网结构进行设计，若电网中不同位置的扰动行波波速差距较大或测量设备距扰动点过近，也可能造成扰动源位置的误报。

（2）基于能量函数的方法。简单分析单机无穷大系统强迫功率振荡共振稳态情况下的能量转换关系，发电机采用2阶经典模型，则线性化的转子运动方程为

$$\begin{cases}\dfrac{\mathrm{d}\Delta\delta}{\mathrm{d}t}=\omega_0\Delta\omega\\ T_\mathrm{J}\dfrac{\mathrm{d}\Delta\omega}{\mathrm{d}t}=\Delta P_\mathrm{T}-\Delta P_\mathrm{e}-D\Delta\omega\end{cases}\tag{10-141}$$

借鉴暂态能量函数建立的方法，对式（10-141）进行首次积分，则有

$$\int_0^t T_\mathrm{J}\Delta\dot{\omega}\Delta\omega\omega_0\mathrm{d}\tau+\int_0^t\Delta P_\mathrm{e}\Delta\omega\omega_0\mathrm{d}\tau=\int_0^t\Delta P_\mathrm{T}\Delta\omega\omega_0\mathrm{d}\tau-\int_0^t D\Delta\omega\Delta\omega\omega_0\mathrm{d}\tau\tag{10-142}$$

由式（10-142）可以定义线性化系统下能量函数的动能函数为

$$\Delta V_\mathrm{KE}=\int_0^t T_\mathrm{J}\Delta\dot{\omega}\Delta\omega\omega_0\mathrm{d}\tau\tag{10-143}$$

势能函数

$$\Delta V_\mathrm{PE}=\int_0^t\Delta P_\mathrm{e}\Delta\omega\omega_0\mathrm{d}\tau\tag{10-144}$$

外施扰动注入能量函数为

$$\Delta V_\mathrm{T}=\int_0^t\Delta P_\mathrm{T}\Delta\omega\omega_0\mathrm{d}\tau\tag{10-145}$$

阻尼耗散能量函数为

$$\Delta V_\mathrm{D}=\int_0^t-D\Delta\omega\Delta\omega\omega_0\mathrm{d}\tau\tag{10-146}$$

假设将上述能量函数对时间的导数 $\Delta\dot{V}$，即能量变化率，仍作为“功率”。

设 $\Delta P_\mathrm{T}=\Delta P_\mathrm{Tm}\sin\omega t$ 为持续的周期性机械功率扰动，ω 为扰动频率，ω_n 为固有振荡频率，$\upsilon=\omega/\omega_n$ 为频率比，则转子角偏差稳态解为 $\Delta\delta=\Delta\delta_\mathrm{m}\sin(\omega t-\varphi_\delta)$，电磁功率变化量 $\Delta P_\mathrm{e}=K_\mathrm{s}\Delta\delta$，转速偏差 $\Delta\omega=\Delta\dot{\delta}/\omega_0$。将上述 $\Delta\delta$、ΔP_e、$\Delta\omega$ 稳态解代入式（10-143）、式（10-146），可得系统净功率为

$$\begin{aligned}\Delta\dot{V}&=\Delta\dot{V}_\mathrm{T}+\Delta\dot{V}_\mathrm{D}=\Delta\dot{V}_\mathrm{PE}+\Delta\dot{V}_\mathrm{KE}\\&=\frac{K_\mathrm{s}\Delta\delta_\mathrm{m}\Delta\omega_\mathrm{m}\omega_0\sin(2\omega t-2\varphi_\delta)}{2}-\frac{T_\mathrm{J}\Delta\omega_\mathrm{m}^2\omega\omega_0\sin(2\omega t-2\varphi_\delta)}{2}\\&=\frac{T_\mathrm{J}\omega_n^2\omega_0\Delta\omega_\mathrm{m}^2\sin(2\omega t-\omega\varphi_\delta)}{2\omega}(1-\upsilon^2)\end{aligned}\tag{10-147}$$

弱阻尼共振情况下，$\upsilon\approx1$，即有 $\Delta\dot{V}_\mathrm{T}\approx-\dot{V}_\mathrm{D}$，$\Delta\dot{V}_\mathrm{PE}\approx-\Delta\dot{V}_\mathrm{KE}$。因此，强迫功率振荡共振稳态情况下，系统外施扰动注入功率等于阻尼耗散功率，即扰动注入的能量与阻尼耗散的能量相等，动能和势能完全转换。由于外施扰动做功产生的能量完全抵消了系统阻尼耗散的能量，动能和势能相互转换，总能量保持守恒，系统表现类似于无阻尼自由振荡形式。多机系统强迫功率振荡具有明确的扰动源，外施扰动持续做功产生的能量必然只有通过扰动源所在机组才能注入系统，而系统阻尼耗散的能量，则是所有机组和网络的阻尼共同作用的结果，即扰动源所在机组的能量变化与系统中其他机组的能量变化肯定不同，因此通过观察各机组的能量变化情况，便可以区分出扰动源所在的

机组。

（3）混合仿真法。考虑到 PMU 能够得到电网运行方式实时数据的特点，提出了利用混合动态仿真进行扰动源定位的方法。该方法将所分析电网划分为若干区域，利用 PMU 实时监测数据，对所选定区域电网外系统进行等值，并比较等值前后振荡曲线，若等值前后振荡曲线基本重合，则扰动源不在该区域电网内；若曲线差别较大，则扰动源位于该区域电网内。

（4）人工智能法。近年来有学者提出基于广域测量系统的空间特征椭球（Characteristic Ellipsoid，CELL）和决策树混合定位扰动源的新方法。通过对比分析不同强迫功率振荡信号，将实测的不同受扰轨迹信息映射到多维特征椭球，通过计算椭球的空间形状及其形态参数变化，实现强迫功率振荡态势的定量化描述；在抽取空间椭球特征参数的基础上，将不同扰动下强迫振荡瞬态阶段的特征椭球参数形成决策树样本集，通过对特征椭球参数离线训练，在线匹配以快速分类定位扰动源。

10.9.2.2 振荡源定位方法的对比分析

行波法是一种快速自动定位算法，其结合电网结构需要安装的测量单元数量很少，可以节省大量的投资；仅针对提取的特殊形状的扰动变量进行存储和分析，提高了数据的有效利用价值。但实际行波测量装置、振荡提取算法以及行波波速测量都存在误差，同时测量装置的安装位置需要针对不同的电网结构进行设计，若电网中不同位置的扰动行波波速差距较大或测量设备距扰动点过近，也可能造成扰动源位置的误报。

能量函数是分析大电网稳定性的有力工具，简单、直观，物理意义易于理解。目前能量函数在构建、稳定域的求解方法等方面取得了很大的进展，并趋于实用化，但分析结果仍存在一定误差。传统的基于惯量中心的能量函数需要对系统进行等值、分群，以求取等效惯量中心时间常数，而实际互联电网规模大给分群带来了困难。同时，基于线性化模型推导的并且对负荷和网络中损耗部分的假设太强，其实用性有待于检验。

混合动态仿真法没有明确的理论支撑，对振荡曲线的重合程度没有给出明确的定义，同时关于等值前后振荡曲线不重合是否一定是由强迫振荡引起没有做进一步的分析。同时混合动态仿真法等值过程本身需要较大的计算量，且如何将大系统分解为子系统是靠 PMU 布点位置决定的，该方法严重依赖于 PMU 布点，距实用仍有很大的空间，难以应用于实际电网。

人工智能法方法将状态参数变换为形态参数，简化了受扰信息，提高了系统全局动态可视化能力，有利于调度员在线感知强迫功率振荡态势。其次，CELL 理论可凸显强迫振荡瞬态阶段信号的特征，提取关键特征量，能够很好地反映不同扰动源引起强迫功率振荡的特性，为决策树在瞬态阶段定位扰动源提供保障，有力地缩短了故障定位时间。但实际情况中，很难获取系统的精确模型，给训练决策树的过程带来了很大的误差。

振荡源定位方法优缺点对比见表 10-1。

表 10-1　振荡源定位方法优缺点对比

方法名称	原理	优势	劣势
行波延时法	扰动行波最先到达距离振荡源最近的测量单元	定位速度快	测量存在误差，行波波速差距大会造成误差
暂态能量法	振荡外施扰动产生的能量通过扰动源注入系统	简单，直观	基于线性化模型推导，理论的假设性太强
混合仿真法	等值前后差别较大，则扰动源位于该区域电网内	直观	没有明确的理论支撑，受 PMU 布点影响，难以获得实际系统精确模型
人工智能法	基于模型仿真训练决策树用于实测数据	定位速度快	难以获得实际系统精确模型

由上述振荡源定位方法的优缺点对比，总结以下几个对解决振荡源定位问题有着重要意义的研究方向及需要注意的问题：

（1）振荡源的定义和特征目前还没有一种数学意义上的严格描述，而一个数学意义上的严格描述是各种定位方法的共同基础。

（2）大部分现有的振荡源定位方法都在很大程度上是基于电力系统线性化的模型，但是本身是非线性的电力系统中的振荡有时是非线性的，所以发展能够考虑非线性、非正弦振荡的定位方法将是一种研究趋势。

（3）随着越来越多的新能源和电力电子设备接入电网，获得精确的系统动态模型将会越来越困难，从而基于模型的定位方法的使用也会受限。所以，发展基于量测数据的振荡源定位方法也将会是一个研究趋势。

（4）准确地评估一个振荡源定位方法的性能和使用条件，是将其用于实际电网之前的必要步骤。因此，可以通过发展一个尽可能包含各类典型电力系统振荡的案例库，用于评估各种不同的振荡源定位方法。

10.10　本 章 小 结

本章给出了动态电力系统稳定性的基本概念，重点介绍了分析小干扰稳定性的李雅普诺第一法。在此基础上，详细推导了线性化后系统矩阵的特征行为，包括模态、灵敏度、参与因子、模态可观测性和可控性。介绍了复杂多机电力系统小干扰功角稳定性分析的步骤。除了上述自由振荡以外，还给出了电力系统强迫振荡的概念，分析了原动机和负荷的周期性扰动引发强迫振荡的机理。最后，提出了电力系统小干扰稳定性的提升措施。

第 11 章

电力系统大干扰功角稳定性分析与控制

11.1 引　言

电力系统暂态稳定分析的主要目的是检查系统在大扰动下（如故障、切机、切负荷、重合闸操作等情况），各发电机组间能否保持同步运行，如果能保持同步运行，并具有可以接受的电压和频率水平，则称该系统在这一大扰动下是暂态稳定的。在电力系统规划设计、运行等工作中都要进行大量的暂态稳定分析，因为系统一旦失去暂态稳定就可能造成大面积停电，给国民经济带来巨大损失。通过暂态稳定分析还可以研究和考察各种稳定措施的效果以及稳定控制的性能。

电力系统暂态稳定分析主要有三种方法，即时域仿真法（又称逐步积分法）、直接法和人工智能法。时域仿真法将电力系统各元件模型根据元件间拓扑关系形成全系统模型，形成一组微分代数方程组，然后以稳态工况或潮流解为初值，求扰动下的数值解即逐步求得系统状态量和代数量随时间的变化曲线，并根据发电机转子摇摆曲线来判别系统在大扰动下能否保持暂态稳定。直接法从系统能量角度去认识稳定问题，故可快速作稳定判断，而不必计算整个系统运动轨迹，即不必逐步积分计算。人工智能法一般会结合时域仿真法或者直接法使用。

11.2　大干扰功角稳定性基本概念

大干扰功角稳定又称为暂态稳定，是指电力系统受到大干扰后，各同步发电机保持同步运行并过渡到新的或恢复到原来稳态运行方式的能力。通常指保持第一、第二摆不失步的功角稳定。

暂态功角稳定计算分析的目的在于：①复杂和严重事故的事后分析，通过再现事故后系统的动态响应，分析稳定破坏的原因，并研究正确的反事故措施；②在规划设计阶段，校核系统承受大扰动故障的能力，研究减少超出正常设计标准的严重故障发生的概率和防止发生恶性事故的措施；③对电力系统暂态功角稳定性和电压稳定性的相互影响进行分析评估；④从系统承受故障能力的角度，分析 $N-1$、$N-2$ 故障下的临界切除时间和系统传输功率极限；⑤分析动态元件对暂态功角稳定的影响。

在分析暂态稳定计算的相对角度摇摆曲线时，遇到如下情况，应认为主系统是稳定的。

（1）多机复杂系统在摇摆过程中，任两机组间的相对角度超过180°，但仍能恢复到同步衰减而逐渐稳定。

（2）在系统振荡过程中，只是某一个别小机组或终端地区小电源失去稳定，而主系统和大机组不失稳，这时若自动解列失稳的小机组或终端地区小电源，仍然认为主系统是稳定的。

（3）受端系统的中、小型同步调相机失去稳定，而系统中各主要机组之间不失去稳定，则应认为主系统是稳定的。对调相机则可根据失稳时调相机出口的最低电压（振荡时电压的最低值）处理。如该电压过低，调相机不易再同步，应采取解列措施，如该电压较高，则调相机可能对系统再同步成功。

11.3　大干扰功角稳定性分析方法

11.3.1　时域仿真法

电力系统模型可以用一组微分—代数方程表示

$$\begin{aligned}\frac{\mathrm{d}x}{\mathrm{d}t}&=f(x,y)\\0&=g(x,y)\end{aligned}\tag{11-1}$$

时域仿真法也被称为数值积分法，主要利用数值积分求取受扰系统全过程微分—代数方程组的时间解，得到发电机的功角曲线，通过分析发电机之间的功角差评估电力系统受扰后的暂态稳定性。对于式（11-1）表示的微分—代数方程组的数值解法有很多，主要包括欧拉法、改进欧拉法、龙格库塔法等。时域仿真法的基本计算流程如图11-1所示。

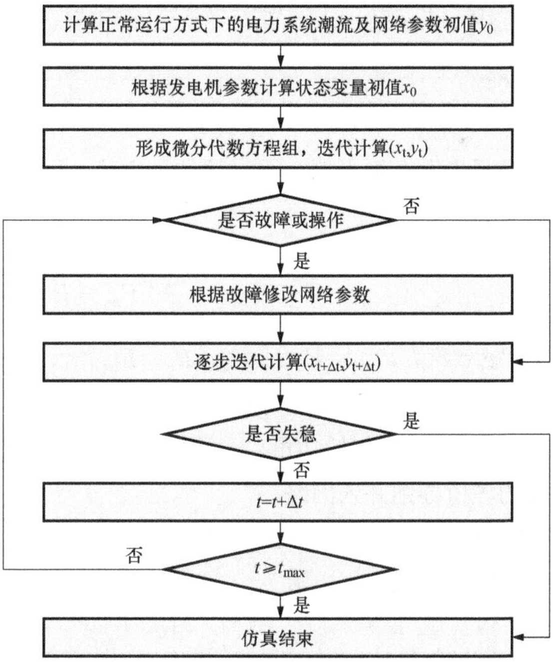

图11-1　时域仿真法的基本计算流程图

时域仿真法的发展已经非常成熟，其可以充分考虑励磁系统、调速系统，并且对于任意复杂的网络及元件模型，时域仿真法都可以通过求解微分—代数方程组得到发电机功角曲线，直观地评估电力系统的暂态稳定性，评估效果准确。但是，时域仿真法也具有一定的缺点，当网络及元件模型较为复杂，微分方程的阶数较高时，计算过程往往需要消耗大量的时间。同时，在判别系统稳定性时，需要工作人员根据经验进行判断，并且传统意义的时域仿真法无法给出电力系统的暂态稳定裕度。因此，时域仿真法多用于离线阶段的电力系统暂态稳定性校验。但是，这并不意味着时域仿真法完全无法应用于在线的暂态稳定裕度评估中。目前一些学者致力于改进的时域仿真方法研究中，降低了方法的计算成本，取得了可观的效果。

应用改进欧拉法求解微分方程，有如下微分方程

$$\begin{aligned}&\frac{\mathrm{d}x}{\mathrm{d}t}=f(x,t)\\&t_0=0,x(t_0)=x_0\end{aligned}\tag{11-2}$$

为了求 t_1时的函数值 x_1，首先用欧拉法求 x_1的近似值，有

$$\begin{aligned}&x_1^{(0)}=x_0+\frac{\mathrm{d}x}{\mathrm{d}t}\Big|_0 h\\&\frac{\mathrm{d}x}{\mathrm{d}t}\Big|_0=f(x_0,t_0)\end{aligned}\tag{11-3}$$

式中：h 为计算步长。

可求得该时间段末导数的近似值为

$$\frac{\mathrm{d}x}{\mathrm{d}t}\Big|_1^{(0)}=f(x_1^{(0)},t_1)\tag{11-4}$$

用$\left.\frac{\mathrm{d}x}{\mathrm{d}t}\right|_0$和$\left.\frac{\mathrm{d}x}{\mathrm{d}t}\right|_1^{(0)}$平均值求得 x_1的改进值为

$$x_1^{(1)}=x_0+\frac{\frac{\mathrm{d}x}{\mathrm{d}t}\Big|_0+\frac{\mathrm{d}x}{\mathrm{d}t}\Big|_1^{(0)}}{2}h\tag{11-5}$$

以同步发电机为例介绍时域仿真方法，同步机二阶状态方程如下

$$\begin{aligned}&\dot{\delta}=\omega_0(\omega-1)\\&\dot{\omega}=\frac{1}{T_\mathrm{J}}[P_\mathrm{m}-P_\mathrm{e}-D(\omega-1)]\end{aligned}\tag{11-6}$$

式中，$v_\mathrm{d}=x_\mathrm{q}i_\mathrm{q}$，$v_\mathrm{q}=E'_\mathrm{q}-x_\mathrm{d}i_\mathrm{d}$，$P_\mathrm{e}=E'_\mathrm{q}i_\mathrm{q}-(x'_\mathrm{d}-x_\mathrm{q})i_\mathrm{d}$。

电力系统时域仿真的计算迭代步骤如下：

1）初值求解包括功角δ_0、暂态电势$E'_{\mathrm{q}0}$、电磁功率 $P_{\mathrm{e}0}=P_{\mathrm{m}0}=P_0+$（$I_{x0}^2+I_{y0}^2$），求负荷的等值导纳并入网络。

2）求解网络方程。

发电机节点注入电流为

$$\begin{bmatrix}I_{xi}\\I_{yi}\end{bmatrix}=\begin{bmatrix}b_{xi}\\g_{yi}\end{bmatrix}E'_{\mathrm{q}i}-\begin{pmatrix}G_{xi}&B_{xi}\\B_{yi}&G_{yi}\end{pmatrix}\begin{bmatrix}V_{xi}\\V_{yi}\end{bmatrix}\tag{11-7}$$

式中：$E_{\mathrm{q}i}$为节点 i 的暂态电势；I_{xi}、I_{yi}为发电机节点 i 注入电流的实部和虚部；V_{xi}、V_{yi}为节点 i 的电压实部和虚部；其余变量为中间变量。

具体形式为

$$b_{xi} = \frac{R_{ai}\cos\delta_i + X_{qi}\sin\delta_i}{R_{ai}^2 + X'_{di}X_q}, g_{yi} = \frac{R_{ai}\sin\delta_i - X_{qi}\cos\delta_i}{R_{ai}^2 + X'_{di}X_q}$$

$$G_{xi} = \frac{R_{ai} - (X'_{di} - X_{qi})\sin\delta_i\cos\delta_i}{R_{ai}^2 + X'_{di}X_{qi}}, B_{xi} = \frac{X'_{di}\cos^2\delta_i + X_{qi}\sin^2\delta_i}{R_{ai}^2 + X'_{di}X_{qi}}$$

$$B_{yi} = \frac{-X'_{di}\sin^2\delta_i - X_{qi}\cos^2\delta_i}{R_{ai}^2 + X'_{di}X_{qi}}, G_{yi} = \frac{R_{ai} + (X'_{di} - X_{qi})\sin\delta_i\cos\delta_i}{R_{ai}^2 + X'_{di}X_{qi}}$$

导纳矩阵第 i 个对角块变为

$$\begin{pmatrix} G_{xi} + G_{ii} & B_{xi} - B_{ii} \\ B_{yi} + B_{ii} & G_{yi} + G_{ii} \end{pmatrix} \tag{11-8}$$

发电机节点注入电流为

$$\begin{bmatrix} I'_{xi} \\ I'_{yi} \end{bmatrix} = \begin{bmatrix} b_{xi} \\ g_{yi} \end{bmatrix} E'_{qi} \tag{11-9}$$

其余节点注入电流为 0。则可解得 V_x、V_y求出发电机节点注入电流。

3）用改进欧拉法求解微分方程。

基于同步发电机的二阶状态方程，求 t 时刻导数值，有

$$\begin{aligned} \frac{d\delta_i}{dt}\Big|_t &= \omega_s[\omega_{i(t)} - 1] \\ \frac{d\omega_i}{dt}\Big|_t &= \frac{1}{T_J}[P_{mi} - P_{ei} - D(\omega_i - 1)] \end{aligned} \tag{11-10}$$

进而，求 $t+\Delta t$ 状态量的初值估计

$$\begin{aligned} \delta_{i(t+\Delta t)}^{(0)} &= \delta_{i(t)} + \frac{d\delta_i}{dt}\Big|_t \Delta t \\ \omega_{i(t+\Delta t)}^{(0)} &= \omega_{i(t)} + \frac{d\omega_i}{dt}\Big|_t \Delta t \end{aligned} \tag{11-11}$$

根据 $t+\Delta t$ 状态量的初值估计，求$V_{x(t+\Delta t)}^{(0)}$、$V_{y(t+\Delta t)}^{(0)}$、$I_{x(t+\Delta t)}^{(0)}$、$I_{y(t+\Delta t)}^{(0)}$。则可求出 $P_{e(t+\Delta t)}$，进而求得

$$\begin{aligned} \delta_{i(t+\Delta t)}^{(0)} &= \delta_{i(t)} + \frac{d\delta_i}{dt}\Big|_t \Delta t \\ \omega_{i(t+\Delta t)}^{(0)} &= \omega_{i(t)} + \frac{d\omega_i}{dt}\Big|_t \Delta t \end{aligned} \tag{11-12}$$

最后，可以求出 $t+\Delta t$ 时刻的数值

$$\begin{aligned} \delta_{i(t+\Delta t)} &= \delta_{i(t)} + \frac{\Delta t}{2}\left(\frac{d\delta_i}{dt}\Big|_t + \frac{d\delta_i^{[0]}}{dt}\Big|_{t+\Delta t}\right) \\ \omega_{i(t+\Delta t)} &= \omega_{i(t)} + \frac{\Delta t}{2}\left(\frac{d\omega_i}{dt}\Big|_t + \frac{d\omega_i^{[0]}}{dt}\Big|_{t+\Delta t}\right) \end{aligned} \tag{11-13}$$

11.3.2 直接法

直接法与时域仿真法都是从电力系统的微分—代数方程方程入手分析电力系统的暂态稳定性的，不同的是直接法不需要求解微分—代数方程组，而是通过构建辅助函数直接评估电力系统的暂态稳定性。直接法通常被分为扩展等面积准则（Extended Equal Area Criterion，EEAC）和暂态能量函数（Transient Energy Function，TEF）两

大类。

直接法数学思想来自李雅普诺夫（Lyapunov）稳定性定理，通过直接判断故障切除时刻电力系统状态是否处于稳定域内进而判断系统暂态稳定性，其关键点和难点在于确定状态空间稳定域边界。

用于分析电力系统暂态稳定性的数学模型是时不变非线性系统，也称为自治系统，表示为

$$\dot{\boldsymbol{x}} = \boldsymbol{f}(\boldsymbol{x}) \tag{11-14}$$

式中：$\boldsymbol{x}$，$\boldsymbol{f} \in \boldsymbol{R}^n$，状态向量 $\boldsymbol{x}$ 决定了系统在每个时刻的状态，$\boldsymbol{f}$ 是函数向量。

如果 $\boldsymbol{D} \rightarrow \boldsymbol{R}^n$ 是从域 $\boldsymbol{D} \subset \boldsymbol{R}^n$ 到 $\boldsymbol{R}^n$ 的局部利普希茨（Lipschitz）映射，则可以保证该系统解存在的唯一性。假设 $\bar{x} \in \boldsymbol{D}$ 是系统的平衡点；也就是说，$\boldsymbol{f}(\bar{\boldsymbol{x}})=0$。暂态稳定性分析需要分析系统在平衡点 $\bar{x}$ 附近的行为。一般情况下，可以通过坐标变换使系统的平衡点位于 $\boldsymbol{R}^n$ 的原点。因此，下文的平衡点都默认通过变换位于坐标原点。

对于系统的平衡点 $\boldsymbol{x}=\boldsymbol{0}$，如果对于任意 $\varepsilon>0$，存在 $\delta=\delta(\varepsilon)>0$ 满足式（11-15），则系统是稳定的

$$\| \boldsymbol{x}(0) \| < \delta \Rightarrow \| \boldsymbol{x}(t) \| < \varepsilon, \quad \forall t > 0 \tag{11-15}$$

如果存在 t_i 不满足 $\| \boldsymbol{x}(t_i) \| < \varepsilon$，则平衡点是不稳定的。特别地，如果平衡点是稳定的，并且 δ 满足式（11-16）则该平衡点为渐进稳定的。

$$\| \boldsymbol{x}(0) \| < \delta \Rightarrow \lim_{t \to \infty} \boldsymbol{x}(t) = \boldsymbol{0} \tag{11-16}$$

如果平衡点渐近稳定且存在区域 Ω，当且仅当足 $\| \boldsymbol{x}(0) \| \in \Omega$ 且 $\lim\limits_{t \to \infty} \boldsymbol{x}(t)=\boldsymbol{0}$，则将 Ω 称为稳定域或渐进吸引域。

上述不同类型的稳定性可在如图 11-2 所示的二维空间中表示。

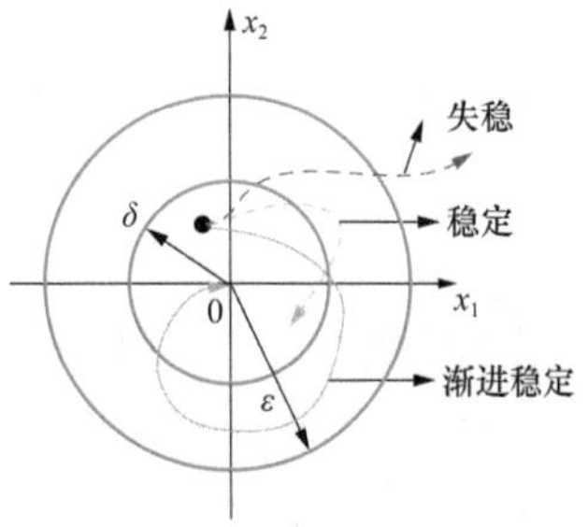

图 11-2　不同类型的稳定形式

根据上述定义，Lyapunov 稳定性定理提供了一种确定平衡点稳定性条件的方法。

假设 $D \subset R^n$ 是一个包含 $x=0$ 的区域，V：$D \rightarrow R$ 是一个连续可微函数，满足下列条件，则 $x=0$ 为稳定平衡点。

$$\begin{aligned} & V(0) = 0 \text{ and } V(x) > 0 \text{ in } D \\ & \dot{V}(x) \leqslant 0 \text{ in } D \end{aligned} \tag{11-17}$$

此外，如果满足下列条件。则 $x=0$ 是渐进稳定的。

$$\dot{V}(x) < 0 \text{ in } D \tag{11-18}$$

将满足式（11-17）的连续可微函数 $V(x)$ 可以称为 Lyapunov 函数。式（11-17）的直观描述是，当系统的状态轨迹进入集合 $\Omega_c=\{x \in R^n \mid V(x) \leqslant c\}$ 时，它永远不会从集合中出来。由式（11-18）可知，当 $\dot{V}<0$ 时，集合 Ω_c 收缩，轨迹将接近原点 $x=0$。在实际应用中，用直接法分析电力系统暂态稳定性的主要任务是找到满足式（11-17）或式（11-18）之一的 Lyapunov 函数。

（1）扩展等面积准则。EEAC 的基本思想是：电力系统受到扰动后，发电机会分为

两群，然后用各自的局部惯量中心等效为两机，再进一步等值为单机无穷大系统（OMIB），在OMIB中利用等面积准则进行稳定判断和决策。EEAC的优点是不仅能提供稳定性的量化信息，如稳定裕度，而且能识别临界失稳机群，这为紧急控制提供了前提条件。EEAC经历了3个发展阶段：SEEAC（静态EEAC）、DEEAC（动态EEAC）和IEEAC（集成EEAC）。SEEAC假设发电机群内完全同调，等值后参数只进行一次性凝聚；DEEAC考虑了群内发电机的不同调性，在扰动中和扰动清除后将其参数多次刷新；IEEAC则将数值积分与EEAC有机地结合起来。这3种方法速度依次下降，但精度却依次提高。在EEAC中，其难点和关键是临界机群的识别。

对于含n台同步发电机组的系统中，单台同步机组动态方程为：

$$\begin{cases}\dfrac{\mathrm{d}\delta_i}{\mathrm{d}t}=\omega_i\\ M_i\dfrac{\mathrm{d}\omega_i}{\mathrm{d}t}=M_i\ddot{\delta}_i=P_{\mathrm{m}i}-P_{\mathrm{e}i}\end{cases}\tag{11-19}$$

式中：ω_i为第i台同步机组的转子角速度，δ_i为第i台同步机组的功角，M_i为第i台同步机组的惯量时间常数，$P_{\mathrm{m}i}$为第i台同步机组输入的机械功率，$P_{\mathrm{e}i}$为第i台同步机组发出的电磁功率。

对于含n台同步机组的系统，只有$l=2^n-2$种方式将机组分为两个非空的互补机群，每种分群方式不同会造成不同的加权聚合轨迹，但是不论采用何种划分方法，两个分群的子集不会超过系统稳定界限，因此，将系统的n台同步机组分为两个互补机群，即受扰严重机群S群和余下机群A群，并且满足以下关系

$$\begin{cases}S\cup A=\{1,2,\cdots,n\},S\cap A=\varnothing\\ S\neq\varnothing,A\neq\varnothing\end{cases}\tag{11-20}$$

将受扰严重机群S群和余下机群A群的同步机组动态方程分别进行累加，可以得到系统同步机组的轨迹方程，分别为临界机群动态方程和余下机群动态方程，如式（11-21）所示

$$\begin{cases}\sum\limits_{i\in S}M_i\ddot{\delta}_i=\sum\limits_{i\in S}(P_{\mathrm{m}i}-P_{\mathrm{e}i})\\ \sum\limits_{j\in A}M_j\ddot{\delta}_j=\sum\limits_{j\in A}(P_{\mathrm{m}j}-P_{\mathrm{e}j})\end{cases}\tag{11-21}$$

式中：$\ddot{\delta}_i$和$\ddot{\delta}_j$分别为发电机节点i和j的功角的二阶导数。

应用广义惯量中心变换将上述方程加权变换，利用临界机群和余下机群的惯量中心轨迹来等值所有同步机组的轨迹，则实现了n机系统到两机系统的映射，变换公式为

$$\begin{cases}M_{\mathrm{s}}\ddot{\delta}_{\mathrm{s}}=P_{\mathrm{mS}}-P_{\mathrm{eS}}\\ M_{\mathrm{a}}\ddot{\delta}_{\mathrm{a}}=P_{\mathrm{mA}}-P_{\mathrm{eA}}\end{cases}\tag{11-22}$$

其中，

$$\begin{cases} M_S = \sum_{i\in S} M_i, M_A = \sum_{i\in A} M_j \\ \ddot{\delta}_S = \sum_{i\in S} M_i\delta_i / M_S, \ddot{\delta}_A = \sum_{j\in A} M_j\delta_j / M_A \\ P_{mS} = \sum_{i\in S} P_{mi}, P_{mA} = \sum_{j\in A} P_{mj} \\ P_{eS} = \sum_{i\in S} P_{ei}, P_{eA} = \sum_{j\in A} P_{ej} \end{cases} \tag{11-23}$$

式中：$\ddot{\delta}_s$、$\ddot{\delta}_a$分别为 S 机群、A 机群惯量中心的加速度；M_S、M_A分别为 S 机群、A 机群的等值惯量；P_{mS}、P_{mA}分别为 S 机群、A 机群的等值机械功率；P_{eS}、P_{eA}分别为 S 机群、A 机群的等值电磁功率。

根据同步机组的受扰轨迹分为两群，并分别求和、加权平均后得到两群的受扰轨迹，分别得到两群的惯量中心，通过这种变换将包含 n 台同步机系统等值为两机系统，实现了 n 维空间到平面的转换，即$R^n \to R^2$的降阶变换，称为互补群惯量中心变换。

为进一步对两机系统进行简化，将两机系统简化为单机无穷大系统，即实现 $R^2 \to R^1$的变换，系统运动方程为

$$\begin{cases} M\ddot{\delta} = P_m - P_e \\ \delta = \delta_s - \delta_a \end{cases} \tag{11-24}$$

式中：δ 为互补群距离；δ_s、δ_a分别为受扰严重群与余下群的等值转子角。

上述参数满足：$M=\dfrac{M_S M_A}{M_S+M_A}$，$P_m=\dfrac{M_A P_{mS}-M_S P_{mA}}{M_S+M_A}$，$P_e=\dfrac{M_A P_{eS}-M_S P_{eA}}{M_S+M_A}$。

该单机无穷大系统的运动方程可表示为

$$M\ddot{\delta} = \frac{M_A}{M_A+M_S}(P_{mS}-P_{eS}) - \frac{M_S}{M_A+M_S}(P_{mA}-P_{eA}) \tag{11-25}$$

应用等面积准则对系统的稳定性进行判断，若加速面积小于减速面积，则系统是稳定的；若加速面积等于减速面积，则系统是临界稳定的；若加速面积大于减速面积，则系统是不稳定的，在一定时间后系统内会发生失步。

（2）能量函数法。李雅普诺夫直接法（简称直接法）是从一个古典的力学概念发展而来的。该概念指出："对于一个自由的（无外力作用的）动态系统，若系统的总能量 V [$V(X)>0$]，X 为系统状态向量随时间的变化率恒为负，则系统总能量不断减少直到一个最小值，即平衡状态，则此系统是稳定的。"李雅普诺夫据此发展了一个严密的数学工具，即李雅普诺夫直接法来判别动态系统的稳定性。该方法不是从时域的系统运动轨迹去看稳定问题，而是从系统能量及其转化的角度去看稳定问题，可快速进行系统稳定性分析。

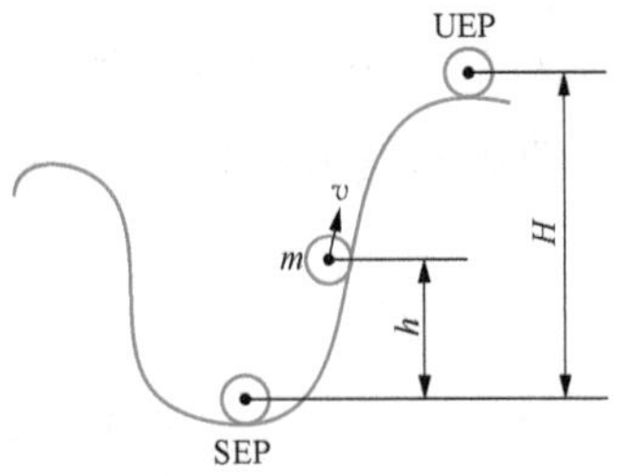

图 11-3 滚球系统

可以用一个简单的运动学例子来说明直接法的原理。图 11-3 所示的滚球系统在无扰动时球位于稳定平衡点

(Stable Equilibrium Point，SEP)，受扰后，设小球在扰动结束时位于高度处（以 SEP 为参考点)，并具有速度 v，则质量为 m 的小球总能量 V 由动能$\frac{1}{2}mv^2$及势能 mgh（g 为重力加速度）的和组成，即有

$$V=\frac{1}{2}mv^2+mgh>0 \tag{11-26}$$

若小球壁有摩擦力，则受扰后系统总能量在摩擦力作用下逐步减少。设小球所在容器的壁高为 H，也以 SEP 为参考点，则当小球位于壁沿上且速度为零时，即处于不稳定平衡状态时，相应的势能为 mgH，称此位置为不稳定平衡点（Unstable Equilibrium Point，UEP)。

根据运动学原理，若忽略容器壁的摩擦，在扰动结束时小球的总能量 V 大于临界能量，小球将最终滚出容器而失去稳定性；反之，若扰动结束时 $V<V_{cr}$（V_{cr}为临界能量)，则小球在摩擦力作用下能量逐步减少，最终静止于 SEP。显然在 $V=V_{cr}$时系统为临界状态。通常可根据（$V_{cr}-V$）的值判别稳定裕度。

$$V_{cr}=mgH \tag{11-27}$$

显然对于一个实际的动态系统，需要解决的两个关键问题是：如何构造或定义一个合理的李雅普诺夫函数，当其为能量型函数时，又称为暂态能量函数，如$V=\frac{1}{2}mv^2+mgh$，它的大小应能正确地反映系统失去稳定的严重性，如果确定和系统临界稳定相对应的李雅普诺夫函数临界值或暂态能量函数临界值，即临界能量，以便根据扰动结束时的李雅普诺夫函数值$\left(\text{即 } V=\frac{1}{2}mv^2+mgh\right)$和临界值（即 mgH）的差来判别系统的稳定性。这种判别稳定的方法统称为直接法或暂态能量函数。它的特点是从能量的观点来判别稳定性，而不是从系统的运动轨迹或者系统中物理量随时间的变化曲线来判别稳定性，所以计算量小、速度快，还可获得稳定裕度或者说能量裕度的定量信息。

能量函数法通过构造系统状态量表征的暂态能量函数来评估系统是否失稳。暂态能量由故障激发，在故障持续过程中形成，包含动能和势能两个分量。在故障切除后，系统的全部能量是守恒的（计入阻尼则将逐渐衰减），自故障切除时刻起系统将经历由动能转换为势能的过程，如果动能能够被系统完全吸收，则系统将保持暂态稳定，反之系统将失稳。能量函数法通过将故障清除时刻的系统暂态能量与临界能量进行比较，直接评定系统的暂态稳定性，无需对故障后系统进行积分，因而可实现暂态稳定的快速判断。

令 θ_i和ω_i分别代表第 i 台机组在惯性中心坐标下的转子角度和角速度，P_{mi}代表机组的机械功率，一个 N 机电力系统的受扰轨迹可用如下所示的经典模型描述。

$$\begin{cases}\dfrac{\mathrm{d}\theta_i}{\mathrm{d}t}=\omega_i\\ M_i\dfrac{\mathrm{d}\omega_i}{\mathrm{d}t}=P_{mi}-P_{ei}-\dfrac{M_i}{M_T}P_{COI}\end{cases} \tag{11-28}$$

式中：M_i 为第 i 台发电机的惯性时间常数；P_{ei}为第 i 台发电机的电磁功率。

其余变量为 $M_T=\sum_{i=1}^{N}M_i$，$P_{COI}=\sum_{i=1}^{N}(P_{mi}-P_{ei})$，$P_{ei}=\sum_{j=1}^{N}[C_{ij}\sin(\theta_i-\theta_j)+D_{ij}\cos(\theta_i-\theta_j)]$，$C_{ij}=E_i'E_j'B_{ij}$，$D_{ij}=E_i'E_j'G_{ij}$。$G_{ij}$、$B_{ij}$ 分别为 i 节点和 j 节点间的电导和导纳；E_i'、E_j' 分别为发电机 i 和 j 的暂态电势。

对于上述电力系统经典模型，定义暂态能量函数 V 为

$$V(\omega,\theta)=\sum_{i=1}^{N}\frac{1}{2}M_i\omega_i^2-\sum_{i=1}^{N}\int_{\tilde{\theta}_i}^{\theta}\left(P_{mi}-P_{ei}-\frac{M_i}{M_T}P_{COI}\right)d\theta_i \tag{11-29}$$

式中：$\tilde{\theta}_i$ 为第 i 台机组在故障后稳定平衡点处的转子角度。

令 θ_c 和 ω_c 分别代表机组在故障切除时刻转子角度向量和转子角速度向量。根据能量函数法，如果在故障切除时刻系统暂态能量 $V(\omega_c,\theta_c)$ 小于某个门槛值 V_{cr}，则系统是稳定的；否则系统失去稳定。即：如果 $V(\omega_c,\theta_c)<V_{cr}$，则系统稳定；如果 $V(\omega_c,\theta_c)>V_{cr}$，则系统失稳。

确定暂态能量函数门槛值 V_{cr} 有两种常见方法，一种是取故障后相关不稳定平衡点 θ_{cuep} 处的能量函数值，即 $V_{cr}=V(0,\theta_{cuep})$，是基于相关不稳定平衡点的暂态能量函数法；另一种取持续故障轨迹系统穿越势能界面点 θ_{PEBS} 的暂态能量函数值，即 $V_{cr}=V(0,\theta_{cuep})$，是基于势能界面的暂态能量函数法。显然，$\Delta V=V_c-V(\omega_c,\theta_c)$ 可以视作稳定裕度（称能量裕度），由此根据灵敏度 $\partial\Delta V/\partial u$ 就可以进行稳定分析与控制。

11.4 单机无穷大系统大干扰功角稳定性分析

11.4.1 基于等面积准则的单机无穷大系统暂态稳定分析

对于单机无穷大系统，设在其中一回输电线上任一点发生短路故障，故障、操作的时间序列如下：

（1）故障前的稳态，$t=0^-$。

（2）故障发生时刻，$t=0^+$。

（3）线路保护装置在 $t=t_c$ 将故障线路两侧开关跳开，清除故障。

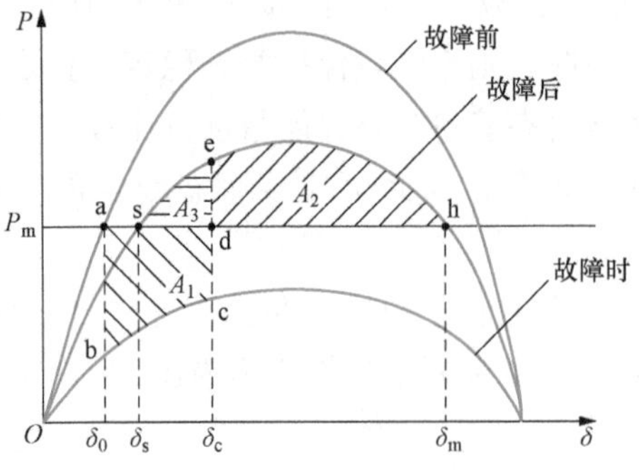

图 11-4　等面积准则

该系统故障前、故障时及故障后的功角特性如图 11-4 所示。等值阻抗 X_Σ 在扰动前、扰动时及扰动后的具体数值不同，故相应的发电机电磁功率 P_e 与转子角 δ 间的功角特性也不同。图 11-4 中表示故障前的功角特性，稳态时 $P_m=P_e^{(1)}$，$P_e^{(1)}$ 为故障前发电机电磁功率。设 $t=0$ 时，线路上发生三相故障扰动，功角特性变为 $P_e^{(2)}$（故障时发电机电磁功率），此时由于 $P_m>P_e^{(2)}$，发电机转子加速，转子角 δ 增加，直到 $\delta=\delta_c$ 处将故障线路切除，功角特性变为 $P_e^{(3)}$（故障后发电机电磁功率）。

在故障发生后，从初始功角 δ_0 到故障清除时刻的功角 δ_c。故障持续期间，机械功率大于故障时的电磁功率，发电机转子受到过剩转矩的作用而加速。过剩转矩对转子相对角位移所做的功可用加速面积 A_1 表示。在故障清除以后，机械功率小于故障后的电磁功率，发电机转子受到制动转矩的作用而减速。制动转矩对转子相对角位移所做的功可用减速面积表示，如图 11 - 4 所示的最大可能的减速面积为 A_2。

等面积准则表明：若系统稳定，则加速面积必小于最大可能的减速面积，即

$$A_1 < A_2 \tag{11-30}$$

实际上，当加速面积等于减速面积时，转子角速度即恢复到同步转速，转子相对角位移达到最大后并开始减小。

11.4.2 基于暂态能量函数的单机无穷大系统暂态稳定分析

针对单机无穷大系统建立其暂态能量函数，发电机采用经典二阶模型，设发电机暂态电抗 X'_d 后的内电动势 E' 为恒定值，并设机械功率 P_m 为恒定值，则系统的标幺值数学模型为

$$\left.\begin{aligned} M\frac{d\omega}{dt} &= P_m - P_e \\ \frac{d\delta}{dt} &= \omega \\ P_e &= \frac{E'U}{X_\Sigma}\sin\delta \end{aligned}\right\} \tag{11-31}$$

式中：ω 为转子角速度和同步速的偏差，稳态时值为零；δ 为发电机转子角；M 为发电机惯性时间常数；P_m 为发电机机械功率；P_e 为电磁功率；$E'\angle 0$ 为发电机内电势；$U\angle 0$ 为无穷大母线参考电压；X_Σ 为等值电抗，假设等值电阻近似为零。

下面利用能量函数法判别故障切除后系统的第一摇摆稳定性，并与等面积准则进行比较。对于故障切除后的系统，设其稳定平衡点为 s 点，相应转子角为 δ_s，不稳定平衡点为 h 点，相应转子角为 δ_h，在这两点上发电机机械功率和电磁功率平衡，即 $P_e^{(3)} = P_m$。

首先定义系统的暂态能量函数，设系统动能 V_k 为

$$V_k \overset{\text{def}}{=} \frac{1}{2}M\omega^2 \tag{11-32}$$

式中：ω 为发电机角速度与同步速之偏差，稳态时 $V_k = 0$。

对于故障切除时系统的动能 $V_{k|c}$，可通过对式（11 - 31）的加速度方程两边对 $\dot{\delta}$ 积分而求得，即 $\int_{\dot{\delta}_0}^{\dot{\delta}_c} \omega d\omega = \frac{1}{2}\omega_c^2$ 及 $\frac{d\delta}{dt} = \omega$，有

$$V_{k|c} = \frac{1}{2}M\omega_c^2 = \int_{\delta_0}^{\delta_c} M\frac{d\omega}{dt}d\delta = \int_{\delta_0}^{\delta_c}(P_m - P_c^{(2)})d\delta = S_A \tag{11-33}$$

式中：S_A 为加速面积。

若定义系统的势能 V_p 为以故障切除后系统的稳定平衡点 s 为参考点的减速面积，它反映了系统吸收转子动能的性能，则故障切除时的系统的势能为

$$V_{p|c}=\int_{\delta_0}^{\delta_c}(P_e^{(3)}-\dot{P}_m)d\delta=S_B \tag{11-34}$$

从而系统在扰动结束时的总暂态能量为

$$V_c=V_{k|c}+V_{p|c}=\frac{1}{2}M\omega_c^2+\int_{\delta_0}^{\delta_c}(P_e^{(3)}-P_m)d\delta=S_{(A+B)} \tag{11-35}$$

式中：$S_{(A+B)}$为面积S_A与面积S_B之和，此值相当于前述滚球系统例中的暂态能量$\frac{1}{2}mv^2+mgH$。

若将系统处于不稳定平衡点 UEP 时的势能设为临界能量，则有

$$V_{cr}=\int_{\delta_s}^{\delta_u}(P_e^{(3)}-P_m)d\delta=S_{(B+C)} \tag{11-36}$$

此值相当于滚球系统中的$V_{cr}=mgH$和滚球系统相似，可以对故障切除后的系统暂态稳定性判别如下：若$V_c<V_{cr}$即$S_{(A+B)}<S_{(B+C)}$，或者说$S_A<S_C$时，则系统是稳定的；反之，若$V_c>V_{cr}$则系统是不稳定的；若$V_c=V_{cr}$，则系统为临界状态。这里假定系统有足够的阻尼，若发电机转子第一摇摆稳定，则以后将作衰减振荡，趋于 S 点。

11.4.3 等面积准则和能量函数的一致性分析

等面积准则是不同暂态时段系统暂态能量的一种图形表示。A_1是故障时注入系统的动能，故障后的系统经历动能向位能转换的过程，A_2是故障后系统吸收的位能。下面将说明等面积定则与能量函数方法的一致性。

由式（11-30），两端同加上A_3，则有

$$A_1+A_3<A_2+A_3 \tag{11-37}$$

式中

$$A_1=\int_{\delta_0}^{\delta_c}(P_M-P_{em2}\sin\delta)d\delta=\int_{\delta_0}^{\delta_c}M\frac{d\delta}{dt}d\delta=\int_{\delta_0}^{\delta_c}M\frac{d\dot{\delta}}{\delta}dt$$
$$=\int_{\delta_0}^{\delta_c}M\dot{\delta}d\dot{\delta}=\frac{1}{2}M(\dot{\delta}_c)^2$$

$$A_3=\int_{\delta_s}^{\delta_c}(P_{em3}\sin\delta-P_M)d\delta=-P_M(\delta_c-\delta_s)-P_{em3}(\cos\delta_c-\cos\delta_s)$$

在A_1及A_3中用δ、$\dot{\delta}$代换δ_c，$\dot{\delta}_c$则有

$$A_1+A_3=\frac{1}{2}M\dot{\delta}^2-P_M(\delta-\delta_s)-P_{em3}(\cos\delta-\cos\delta_s)=V(\delta,\dot{\delta}) \tag{11-38}$$

$$\begin{aligned}A_1+A_3&=\frac{1}{2}M\dot{\delta}^2-P_M(\delta-\delta_s)-P_{em3}(\cos\delta-\cos\delta_s)\\&=V(\delta,\dot{\delta})=P_{em3}[2\cos\delta_s-(\pi-2\delta_s)\sin\delta_s]=V_{cr}\end{aligned} \tag{11-39}$$

11.5 复杂多机系统大干扰功角稳定性分析

11.5.1 基于扩展等面积准则的多机系统暂态稳定分析

扩展等面积准则是在单机无穷大等值条件下进行稳定分析。发电机仍选择为经典二

阶模型，忽略原动机、调速系统及励磁系统动态。设系统导纳阵收缩到只剩发电机内节点，用扩展等面积准则分析系统发生简单故障后的暂态稳定性。

EEAC分析假定系统失稳为双机模式，设系统主导UEP或失稳模式已知，把受扰严重的机群称为S，其余机群称为A，在同步坐标基础上定义S及A机群的等值角度及速度为

$$\begin{cases}\omega_{\mathrm{S}}=\left(\sum_{i\in S}M_i\omega_i\right)/M_{\mathrm{S}}\\ \delta_{\mathrm{S}}=\left(\sum_{i\in S}M_i\delta_i\right)/M_{\mathrm{S}}\\ M_{\mathrm{S}}=\sum_{i\in S}M_i\end{cases}\tag{11-40}$$

式中：ω_{S}为S群的等值角速度；δ_{S}为S群的等值功角；M_{S}为S群的等值惯性时间常数。

$$\begin{cases}\omega_{\mathrm{A}}=\left(\sum_{j\in A}M_j\omega_j\right)/M_{\mathrm{A}}\\ \delta_{\mathrm{A}}=\left(\sum_{j\in A}M_j\delta_j\right)/M_{\mathrm{A}}\\ M_{\mathrm{A}}=\sum_{j\in A}M_j\end{cases}\tag{11-41}$$

式中：ω_{A}为A群的等值角速度；δ_{A}为A群的等值功角；M_{A}为A群的等值惯性时间常数。

设S机群中各机组的转子角间无相对摆动，A机群类相同，即

$$\begin{cases}\delta_i-\delta_{i0}=\delta_{\mathrm{S}}-\delta_{\mathrm{S0}}\\ \delta_j-\delta_{j0}=\delta_{\mathrm{A}}-\delta_{\mathrm{A0}}\end{cases}\text{或}\begin{cases}\delta_i=\delta_{\mathrm{S}}+\delta_{i\mathrm{S},0}\quad(i\in S)\\ \delta_j=\delta_{\mathrm{A}}+\delta_{j\mathrm{A},0}\quad(j\in A)\end{cases}\tag{11-42}$$

式中：i为S群中的第i台发电机；j为A群中的第j台发电机。

在此假定上，对全系统作双机等值，并最终化为单机无穷大系统，用等面积准则判别稳定。

在双机等值系统中，S群和A群的运动方程为

$$\begin{cases}M_{\mathrm{S}}\ddot{\delta}+C\dot{X}_{\mathrm{S}}=\sum_{i\in S}(P_{\mathrm{m}i}-P_{\mathrm{e}i})\\ M_{\mathrm{A}}\ddot{\delta}+C\dot{X}_{\mathrm{A}}=\sum_{j\in A}(P_{\mathrm{m}j}-P_{\mathrm{e}j})\end{cases}\tag{11-43}$$

若再进一步简化，设$\delta_i\approx\delta_{\mathrm{S}}$，$\delta_j\approx\delta_{\mathrm{A}}$，可知

$$P_{\mathrm{e}i}\big|_{i\in S}=E_i^2G_{ii}+E_i\sum_{k\in S,k\neq i}E_kG_{ik}+E_i\sum_{l\in A}E_l\left[B_{il}\sin(\delta_{\mathrm{S}}-\delta_{\mathrm{A}})+G_{il}\cos(\delta_{\mathrm{S}}-\delta_{\mathrm{A}})\right]\tag{11-44}$$

同理

$$P_{\mathrm{e}j}\big|_{j\in A}=E_j^2G_{jj}+E_j\sum_{l\in A,l\neq j}E_lG_{jl}+E_j\sum_{k\in S}^{n}E_k\left[B_{jk}\sin(\delta_{\mathrm{A}}-\delta_{\mathrm{S}})+G_{jk}\cos(\delta_{\mathrm{A}}-\delta_{\mathrm{S}})\right]\tag{11-45}$$

式中，$G_{ij}+\mathrm{j}B_{ij}=Y_{ij}$，为$Y$阵中元素。

进一步作单机无穷大系统等值，取单机转子角 δ 为（无穷大系统转子角恒为零，作参考点）$\delta=\delta_S-\delta_A$，由式（11-43）可知

$$\ddot{\delta}+C\dot{X}=\ddot{\delta}+C\dot{X}_S-\ddot{\delta}+C\dot{X}_A=\frac{1}{M_S}\sum_{i\in S}(P_{mi}-P_{ei})-\frac{1}{M_A}\sum_{j\in A}(P_{mj}-P_{ej}) \tag{11-46}$$

若定义单机惯性时间常数

$$M=\frac{M_S M_A}{M_T}\quad (M_T=M_S+M_A) \tag{11-47}$$

则式（11-46）改写为

$$M\ddot{\delta}+C\dot{X}=\frac{M_A}{M_T}\sum_{i\in S}(P_{mi}-P_{ei})-\frac{M_S}{M_T}\sum_{j\in A}(P_{mj}-P_{ej})\overset{\text{def}}{=}P_m-P_e \tag{11-48}$$

式中
$$\begin{cases}P_m=\dfrac{1}{M_T}(M_A\sum\limits_{i\in S}P_{mi}-M_S\sum\limits_{j\in A}P_{mj})\\ P_e=\dfrac{1}{M_T}(M_A\sum\limits_{i\in S}P_{ei}-M_S\sum\limits_{j\in A}P_{ej})\end{cases}$$

将式（11-47）、式（11-48）代入 P_e 表达式，并经整理化简，可得 P_e 表达式为

$$P_e=P_C+P_{max}\sin(\delta-\gamma) \tag{11-49}$$

式中
$$\begin{cases}P_C=\dfrac{M_A}{M_T}\sum\limits_{i\in S}\sum\limits_{k\in S}E_iE_kG_{ik}-\dfrac{M_S}{M_T}\sum\limits_{j\in A}\sum\limits_{i\in A}E_jE_lG_{ji}\\ P_{max}=(C^2+D^2)^{\frac{1}{2}};\ \gamma=-\tan^{-1}\dfrac{C}{D}\\ C=\dfrac{M_A-M_S}{M_T}\sum\limits_{i\in S}\sum\limits_{j\in A}E_iE_jG_{ij};\ D=\sum\limits_{j\in A}\sum\limits_{i\in S}E_iE_jB_{ij}\end{cases}$$

从而系统的单机无穷大等值数学模型为

$$M\ddot{\delta}+C\dot{X}=P_m-P_e=P_m-P_C-P_{max}\sin(\delta-\gamma) \tag{11-50}$$

式中，$M=\dfrac{M_AM_S}{M_T}$；$\delta=\delta_S-\delta_A$；$M_T=M_A+M_S$；$P_m=\dfrac{1}{M_T}(M_A\sum_{i\in S}P_{mi}-M_S\sum_{j\in A}P_{mj})=\text{const}$；$P_C$、$P_{max}$、$\gamma$ 计算式见式（11-49）。

若设故障前系统的功角特性为 P_e，故障时为 P_{eD}，故障后为 P_{eP}，相应的功角特性表达式为

$$\begin{cases}P_{e0}=P_{C0}+P_{max0}\sin(\delta-\gamma_0),\ (\delta=\delta_0)\\ P_{eD}=P_{CD}+P_{maxD}\sin(\delta-\gamma_D),\ \delta\in(\delta_0,\delta_\tau)\\ P_{eP}=P_{CP}+P_{maxP}\sin(\delta-\gamma_P),(\text{故障切除后})\end{cases} \tag{11-51}$$

各时段 P_C、P_{max} 及 γ 可由式（11-49）及相应节点导纳阵参数确定。

可推导故障前稳定平衡点为

$$\delta_0=\sin^{-1}\frac{P_m-P_{C0}}{P_{max0}}+\gamma_0 \tag{11-52a}$$

故障后稳定平衡点为

$$\delta_p=\sin^{-1}\frac{P_m-P_{CP}}{P_{maxP}}+\gamma_P \tag{11-52b}$$

故障后不稳定平衡点转子角为 $\pi-\delta_{\mathrm{p}}+2\gamma_{\mathrm{p}}$。从而系统加速面积 A_{acc} 及最大减速面积 A_{dec} 分别为

$$\begin{cases} A_{\mathrm{acc}} = \int_{\delta_0}^{\delta_\tau} [P_{\mathrm{m}} - P_{\mathrm{CD}} - P_{\mathrm{maxD}}\sin(\delta-\gamma_{\mathrm{D}})]\mathrm{d}\delta \\ \quad = (P_{\mathrm{m}} - P_{\mathrm{CD}})(\delta_{\mathrm{r}} - \gamma_0) + P_{\mathrm{maxD}}[\cos(\delta_\tau - \gamma_{\mathrm{D}}) - \cos(\delta_0 - \gamma_{\mathrm{D}})] \\ A_{\mathrm{dec}} = \int_{\delta_\tau}^{\pi-\delta_{\mathrm{P}}+2\gamma_{\mathrm{P}}} [P_{\mathrm{CP}} + P_{\mathrm{maxP}}\sin(\delta-\gamma_{\mathrm{P}}) - P_{\mathrm{m}}]\mathrm{d}\delta \\ \quad = (P_{\mathrm{CP}} - P_{\mathrm{m}})(\pi - \delta_\tau - \delta_{\mathrm{P}} + 2\gamma_{\mathrm{P}}) + P_{\mathrm{maxP}}[\cos(\delta_\tau - \gamma_{\mathrm{P}}) + \cos(\delta_{\mathrm{P}} - \gamma_{\mathrm{P}})] \end{cases} \tag{11-53}$$

式中：δ_τ 为故障切除时等值转子角。

则可据式（11-53）用等面积准则判别第一摇摆稳定性，并可相似地定义稳定度为

$$\Delta V_{\mathrm{n}} = \frac{A_{\mathrm{dec}} - A_{\mathrm{ace}}}{A_{\mathrm{ace}}} \tag{11-54}$$

为计算 A_{dec} 及 A_{acc}，需要计算故障切除时单机无穷大等值系统的发电机转子角 δ_τ，由于实际分析中已知的是故障切除时间 t_τ，因此要根据单机无穷大等值转子运动方程式（11-50）计算 δ_τ，其中的 P_{e} 与系统故障时功角特性即式（11-51）的第二式相对应。则对于

$$\begin{cases} \dot{\delta} = \omega \\ M\dot{\omega} = P_{\mathrm{m}} - [P_{\mathrm{CD}} + P_{\mathrm{maxD}}\sin(\delta-\gamma_{\mathrm{D}})] \end{cases} \tag{11-55}$$

可将区间［0，t_τ］分为若干时步，当 t_τ 小时可取作一步，用高阶泰勒级数法快速计算 t_τ 时刻对应的 δ_τ。也可在多机系统下，用高阶泰勒级数法计算 t_τ 对应的发电机转速和转子角，再作单机无穷大等值得 δ_τ，则更为准确。

设计算步长为 Δt，而计算区间为 $[t_n,\ t_{n+1}]$ $t_{n+1}-t_n=t_n-t_{n-1}=\Delta t$。若记 $\delta^{(m)}$ 为 δ 对时间的 m 阶导数，并设 t_n 时刻的 δ_n 已知，则 $\delta_n^{(1)}$，$\delta_n^{(2)}$，$\delta_n^{(3)}$，$\delta_n^{(4)}$ 的计算式由式（11-55）导出（ω 为与同步速偏差）。

由梯形积分法则，当 $t_n \neq 0$ 时

$$\delta_n^{(1)} = \omega_{n-1} + \{[P_{\mathrm{m}} - P_{\mathrm{CD}} - P_{\mathrm{maxD}}\sin(\delta_{n-1}-\gamma_{\mathrm{D}})] + [P_{\mathrm{m}} - P_{\mathrm{CD}} - P_{\mathrm{maxD}}\sin(\delta_n-\gamma_{\mathrm{D}})]\}\frac{\Delta t}{2M}$$

$$= \delta_{n-1}^{(1)} + \frac{\Delta t}{2M}\{2P_{\mathrm{m}} - 2P_{\mathrm{CD}} - P_{\mathrm{maxD}}[\sin(\delta_{n-1}-\gamma_{\mathrm{D}}) + \sin(\delta_n-\gamma_{\mathrm{D}})]\} \tag{11-56a}$$

当 $t_n=0$ 时，$\delta_n^{(1)}=\omega_n=\omega_0=0$ 不必计算。

$$\delta_n^{(2)} = \left.\frac{\mathrm{d}\omega}{\mathrm{d}t}\right|_{t_n} = [P_{\mathrm{m}} - P_{\mathrm{CD}} - P_{\mathrm{maxD}}\sin(\delta_n-\gamma_{\mathrm{D}})]/M \tag{11-56b}$$

$$\delta_n^{(3)} = \left.\frac{\mathrm{d}^2\omega}{\mathrm{d}t^2}\right|_{t_n} = -\frac{1}{M}I(P_{\mathrm{maxD}}\cos[\delta_n-\gamma_{\mathrm{D}})]\delta_n^{(1)} \tag{11-56c}$$

当 $t_n=0$ 时，$\delta_n^{(1)}=\omega_0=0$，则 $\delta_n^{(3)}=0$ 不必计算。

$$\delta_n^{(4)} = \left.\frac{\mathrm{d}^3\omega}{\mathrm{d}t^3}\right|_{t_n} = -\frac{P_{\mathrm{maxD}}}{M}[-\sin(\delta_n-\gamma_{\mathrm{D}})(\delta_n^{(1)})^2 + \cos(\delta_n-\gamma_{\mathrm{D}})\delta_n^{(2)}] \tag{11-56d}$$

当 $t_n=0$，$\delta_n^{(1)}=\omega_0=0$，则

$$\delta_n^{(4)} = \left.\frac{\mathrm{d}^3\omega}{\mathrm{d}t^3}\right|_{t_n} = -\frac{P_{\mathrm{maxD}}}{M}\cos(\delta_n-\gamma_{\mathrm{D}})\delta_n^{(2)}$$

根据式（11-56），可用四阶泰勒级数近似计算δ_{n+1}（也可导出更高阶泰勒级数计算δ_{n+1}）

$$\delta_{n+1} \approx \delta_n + \delta_n^{(1)}\Delta t + \frac{1}{2}\delta_n^{(2)}\Delta t^2 + \frac{1}{3!}\delta_n^{(3)}\Delta t^3 + \frac{1}{4!}\delta_n^{(4)}\Delta t^4 \tag{11-57a}$$

当$t_n=0$时，因$\delta_0^{(1)}=\delta_0^{(3)}=0$时，故式（11-57a）可简化为

$$\delta_1 = \delta_0 + \frac{1}{2}\delta_0^{(2)}\Delta t^2 + \frac{1}{24}\delta_0^{(4)}\Delta t^4 \tag{11-57b}$$

若取$\Delta t=t_\tau$，则

$$\delta_\tau = \delta_0 + \frac{1}{2}\delta_0^{(2)}t_\tau^2 + \frac{1}{24}\delta_0^{(4)}t_\tau^4 \tag{11-58}$$

对式（11-58）引入修正因子α_1和α_2，以便在t_τ较大时修正用四阶泰勒级数计算引起的误差，则式（11-58）可改为

$$\delta_\tau = \delta_0 + \alpha_1^{-1}\left[\frac{1}{2}\delta_0^{(2)}\ (\alpha_2^{-1}t_\tau)^2 + \frac{1}{24}\delta_0^{(4)}\ (\alpha_2^{-1}t_\tau)^4\right] \tag{11-59}$$

式中，α_1和α_2为经验性修正因子，通常取$\alpha_1=0.3\sim0.6$，另外有$\alpha_1\alpha_2^2=1$。当系统发生简单故障，故障切除时间不长时，用式（11-59）计算δ_τ是十分方便的。

若要计算t_{cr}，则只要据式（11-53）求解δ_τ使$A_{acc}=A_{dec}$，然后据式（11-59）求解δ_τ相应的t_τ即为t_{cr}可用迭代法或插值法求解。

在简单模型及简单故障条件下用EEAC进行暂态稳定分析的步骤如下。

（1）输入潮流计算结果，计算初始值。

（2）形成系统故障前、故障时、故障切除后的节点导纳阵，分别追加负荷阻抗及发电机X_d'支路并收缩到发电机内节点。

（3）根据扰动计算$t=0^+$时各台机的加速功率和惯性时间常数之比$P_{acc,i}/M_i$，据此排队，决定可能的失稳模式。

（4）对每一种可能的失稳模式作如下计算：

1）据式（11-49）及式（11-50）分别计算式（11-51）中的参数。

2）据式（11-52）计算故障前稳定平衡点δ_0及故障后稳定平衡点δ_p和故障后不稳定平衡点$(\pi-\delta_p+2\gamma_p)$。

3）据式（11-50）和式（11-51）用多步泰勒级数计算或据式（11-50）和式（11-58）或式（11-59）用单步泰勒级数计算故障切除时的等值转子角δ_τ，由式（11-53）和式（11-54）计算ΔV_n进行稳定分析。若计算t_{cr}可由$A_{acc}=A_{dec}$求解δ_{cr}，再据高阶泰勒级数展开式由δ_{cr}求解相应的t_{cr}。

（5）对上述各种可能的失稳模式中以ΔV_n最小值或t_{cr}最小值相应的失稳模式为最终的失稳模式，相应的ΔV_n及t_{cr}为该故障下系统的稳定裕度及临界切除时间。

11.5.2 基于暂态能量函数法的多机系统暂态稳定分析

利用暂态能量函数法分析多机系统的暂态稳定性大多在经典模型下进行，下面将给出在经典模型下以系统惯性中心作为参考时各发电机转子运动方程和相应的其他方程，然后导出多机系统的暂态能量函数并给出一些临界能量的求取方法。

各发电机的转子运动方程如式（11-31）所示。各发电机电势可以表示为 $R_a+jX'_d$ 后的电压源 $\dot{E}'=E'\angle\delta$，将其接入电力网络，将各负荷的等值导纳并入网络，形成电力网络方程。在网络方程中消去除发电机内节点外的所有其他节点，得

$$\boldsymbol{Y}_R\boldsymbol{E}_G=\boldsymbol{I}_G \tag{11-60}$$

式中：$\boldsymbol{Y}_R$为收缩后的网络导纳矩阵；$\boldsymbol{E}_G$为各发电机暂态电势$\boldsymbol{E}'$组成的向量；$\boldsymbol{I}_G$为发电机注入电流组成的向量。

如果系统中有 m 台发电机，则各发电机的电磁功率可表示为

$$P_{ei}=\mathrm{Re}(\dot{E}'_i\hat{\dot{I}}_i)=\mathrm{Re}(\hat{\dot{E}}'_i\sum_{j=1}^{m}\hat{Y}_{ij}\dot{E}'_j)=E'^2_iG_{ii}+\sum_{m}(C_{ij}\sin\delta_{ij}+D_{ij}\cos\delta_{ij})$$

式中

$$\left.\begin{aligned}Y_{ij}&=Y_{ji}=G_{ij}+jB_{ij}\\C_{ij}&=C_{ji}=E'_iE'_jB_{ij}\\D_{ij}&=D_{ji}=E'_iE'_jG_{ij}\end{aligned}\right\}\quad(i,j=1、2、\cdots、m;j\neq i) \tag{11-61}$$

注意，C_{ij}、D_{ij} 在故障期间和故障后为不同的常数。

在暂态能量函数法中，常取系统的惯性中心（Center of Inertia，COI）作为参考。COI 的定义如下

$$\left.\begin{aligned}\delta_{COI}&=\frac{1}{T_{JCOI}}\sum_{i=1}^{m}T_{Ji}\delta_i\\\omega_{COI}&=\frac{1}{T_{JCOI}}\sum_{i=1}^{m}T_{Ji}\omega_i\\T_{JCOI}&=\sum_{i=1}^{m}T_{Ji}\end{aligned}\right\} \tag{11-62}$$

各发电机相对于惯性中心的运动可表示为

$$\left.\begin{aligned}\tilde{\delta}_i&=\delta_i-\delta_{COI}\\\tilde{\omega}_i&=\omega_i-\omega_{COI}\end{aligned}\right\} \tag{11-63}$$

显然，δ_{COI}和ω_{COI}在暂态过程中将随时间发生变化。根据式（11-62）、式（11-63）、式（11-31）容易推得

$$\left.\begin{aligned}\frac{d\delta_{COI}}{dt}&=\omega_s(\omega_{COI}-1)\\T_{JCOI}\frac{d\omega_{COI}}{dt}&=P_{COI}\end{aligned}\right\} \tag{11-64}$$

式中

$$\left.\begin{aligned}P_{COI}&=\sum_{i=1}^{m}(P'_{mi}-P_i)\\P'_{mi}&=P_{mi}-E'^2_iG_{ii}\\P_i&=\sum_{m}(C_{ij}\sin\tilde{\delta}_{ij}+D_{ij}\cos\tilde{\delta}_{ij})\end{aligned}\right\} \tag{11-65}$$

由式（11 - 31）、式（11 - 63）、式（11 - 64）可导出以 COI 作为参考时各发电机的转子运动方程

$$\left.\begin{aligned}\frac{\mathrm{d}\tilde{\delta}_i}{\mathrm{d}t}&=\omega_s\tilde{\omega}_i\\ T_{\mathrm{J}i}\frac{\mathrm{d}\tilde{\omega}_i}{\mathrm{d}t}&=P'_{mi}-P_i-\frac{T_{\mathrm{J}i}}{T_{\mathrm{JCOI}}}P_{\mathrm{COI}}\end{aligned}\right\}\tag{11 - 66}$$

将变量$\tilde{\delta}_1$，$\tilde{\delta}_2$，…，$\tilde{\delta}_m$和变量$\tilde{\omega}_1$，$\tilde{\omega}_2$，…，$\tilde{\omega}_m$组成的向量表示为$(\tilde{\delta},\ \tilde{\omega})$。令式（11 - 66）左端为零，即得到求解故障后系统平衡点的非线性方程组

$$\left.\begin{aligned}&f_i(\tilde{\delta})=P'_{\mathrm{m}i}-P_i-\frac{T_{\mathrm{J}i}}{T_{\mathrm{JCOI}}}P_{\mathrm{COI}}=0\\&\tilde{\omega}_i=0\end{aligned}\right\}\quad(i=1、2、\cdots、m)\tag{11 - 67}$$

式（11 - 68）可能有多个解，其中一个解为 SEP，其他解为不稳定平衡点 UEP。由于平衡点处的$\tilde{\omega}=0$，因此系统的 SEP 和 UEP 可分别表示为$(\tilde{\delta}^s,\ 0)$和$(\tilde{\delta}^u,\ 0)$。

根据式（11 - 66），在第二式的左右两端分别乘以$\omega_s\tilde{\omega}_i\mathrm{d}t$和$\mathrm{d}\tilde{\delta}_i$，再对所有发电机求和得

$$\sum_{i=1}^{m}T_{\mathrm{J}i}\omega_s\tilde{\omega}_i\mathrm{d}\tilde{\omega}_i=\sum_{i=1}^{m}P'_{\mathrm{m}i}\mathrm{d}\tilde{\delta}_i-\sum_{i=1}^{m}\sum_{m}C_{ij}\sin\tilde{\delta}_{ij}\mathrm{d}\tilde{\delta}_i-\sum_{i=1}^{m}\sum_{m}D_{ij}\cos\tilde{\delta}_{ij}\mathrm{d}\tilde{\delta}_i-\sum_{i=1}^{m}\frac{T_{\mathrm{J}i}}{T_{\mathrm{JCOI}}}P_{\mathrm{COI}}\mathrm{d}\tilde{\delta}_i\tag{11 - 68}$$

上式中右端的第二和第三项可另行表示，第四项为零，有

$$\left.\begin{aligned}&\sum_{i=1}^{m}\sum_{m}C_{ij}\sin\tilde{\delta}_{ij}\mathrm{d}\tilde{\delta}_i=\sum_{i=1}^{m-1}\sum_{j=i+1}^{m}C_{ij}\sin\tilde{\delta}_{ij}\mathrm{d}\tilde{\delta}_{ij}\\&\sum_{i=1}^{m}\sum_{m}D_{ij}\cos\tilde{\delta}_{ij}\mathrm{d}\tilde{\delta}_i=\sum_{i=1}^{m-1}\sum_{j=i+1}^{m}D_{ij}\cos\tilde{\delta}_{ij}\mathrm{d}(\tilde{\delta}_i+\tilde{\delta}_j)\\&\sum_{i=1}^{m}\frac{T_{\mathrm{J}i}}{T_{\mathrm{JCOI}}}P_{\mathrm{COI}}\mathrm{d}\tilde{\delta}_i=P_{\mathrm{COI}}\sum_{i=1}^{m}\frac{T_{\mathrm{J}i}}{T_{\mathrm{JCOI}}}\omega_s\tilde{\omega}_i\mathrm{d}t=P_{\mathrm{COI}}\sum_{i=1}^{m}\frac{T_{\mathrm{J}i}}{T_{\mathrm{JCOI}}}\omega_s(\omega_i-\omega_{\mathrm{COI}})\mathrm{d}t=0\end{aligned}\right\}\tag{11 - 69}$$

利用式（11 - 69），积分式（11 - 68），得

$$\frac{\omega_s}{2}\sum_{i=1}^{m}T_{\mathrm{J}i}\tilde{\omega}_i^2-\sum_{i=1}^{m}P'_{\mathrm{m}i}\tilde{\delta}_i-\sum_{i=1}^{m-1}\sum_{j=i+1}^{m}C_{ij}\cos\tilde{\delta}_{ij}+\sum_{i=1}^{m-1}\sum_{j=i+1}^{m}D_{ij}\int\cos\tilde{\delta}_{ij}\mathrm{d}(\tilde{\delta}_i+\tilde{\delta}_j)=C\tag{11 - 70}$$

式中：C为积分常数。

上式说明沿着同一条轨迹，系统的总能量保持不变。因此，可以定义故障后系统在运动轨迹上的任意一点$(\tilde{\delta},\ \tilde{\omega})$相对于 SEP$(\tilde{\delta}^s,\ 0)$的暂态能量函数为

$$\begin{aligned}V=&\frac{\omega_s}{2}\sum_{i=1}^{m}T_{\mathrm{J}i}\tilde{\omega}_i^2-\sum_{i=1}^{m}P'_{\mathrm{m}i}(\tilde{\delta}_i-\tilde{\delta}_i^s)\\&-\sum_{i=1}^{m-1}\sum_{j=i+1}^{m}C_{ij}(\cos\tilde{\delta}_{ij}-\cos\tilde{\delta}_{ij}^s)+\sum_{i=1}^{m-1}\sum_{j=i+1}^{m}\int_{\tilde{\delta}_i^s+\tilde{\delta}_j^s}^{\tilde{\delta}_i+\tilde{\delta}_j}D_{ij}\cos\tilde{\delta}_{ij}\mathrm{d}(\tilde{\delta}_i+\tilde{\delta}_j)\end{aligned}\tag{11 - 71}$$

式中：第一项是动能；第二项是位能；第三项是磁能，它是网络中所有支路存储的能量；第四项是耗散能量，它是网络中所有支路消耗的能量。后三项统一称为势能。显然，动能仅是各发电机转速的函数，而势能仅是各发电机功角的函数。

值得注意的是，式（11-71）中最后一项仅在已知系统的运动轨线后才可计算，而直接法又恰好希望避免对运动轨线的计算。因此，在势能计算时不得不做近似处理，一种简单的处理方法是取积分路径为从$\tilde{\delta}^s$到$\tilde{\delta}$的直线，即

$$\tilde{\delta}_i = \tilde{\delta}_i^s + K_i t \qquad (i = 1、2、\cdots、m) \tag{11-72}$$

式中：K_i 为从 $\tilde{\delta}_i^s$ 到 $\tilde{\delta}_i$ 的直线斜率。

根据以上假设，得到

$$\left.\begin{aligned} \mathrm{d}(\tilde{\delta}_i + \tilde{\delta}_j) &= (K_i + K_j)\mathrm{d}t \\ \mathrm{d}(\tilde{\delta}_i - \tilde{\delta}_j) &= \mathrm{d}\tilde{\delta}_{ij} = (K_i - K_j)\mathrm{d}t \end{aligned}\right\} \tag{11-73}$$

式中：K_j 为从 $\tilde{\delta}_j^s$ 到 $\tilde{\delta}_j$ 的直线斜率。

由式（11-73），并利用式（11-72），得

$$\mathrm{d}(\tilde{\delta}_i + \tilde{\delta}_j) = \frac{K_i + K_j}{K_i - K_j}\mathrm{d}\tilde{\delta}_{ij} = \frac{\tilde{\delta}_i + \tilde{\delta}_j - (\tilde{\delta}_i^s + \tilde{\delta}_j^s)}{\tilde{\delta}_{ij} - \tilde{\delta}_{ij}^s}\mathrm{d}\tilde{\delta}_{ij} \tag{11-74}$$

得到如下近似表达式

$$\int_{\tilde{\delta}_i^s + \tilde{\delta}_j^s}^{\tilde{\delta}_i + \tilde{\delta}_j} D_{ij}\cos\tilde{\delta}_{ij}\,\mathrm{d}(\tilde{\delta}_i + \tilde{\delta}_j) = D_{ij}\frac{\tilde{\delta}_i + \tilde{\delta}_j - (\tilde{\delta}_i^s + \tilde{\delta}_j^s)}{\tilde{\delta}_{ij} - \tilde{\delta}_{ij}^s}(\sin\tilde{\delta}_{ij} - \sin\tilde{\delta}_{ij}^s) \tag{11-75}$$

将式（11-75）代入式（11-71），即得到目前比较广泛使用的暂态能量表达式

$$\begin{aligned} V = {} & \frac{\omega_s}{2}\sum_{i=1}^{m} T_{Ji}\tilde{\omega}_i^2 - \sum_{i=1}^{m} P'_{mi}(\tilde{\delta}_i - \tilde{\delta}_i^s) - \sum_{i=1}^{m-1}\sum_{j=i+1}^{m} C_{ij}(\cos\tilde{\delta}_{ij} - \cos\tilde{\delta}_{ij}^s) + \\ & \sum_{i=1}^{m-1}\sum_{j=i+1}^{m} D_{ij}\frac{\tilde{\delta}_i + \tilde{\delta}_j - (\tilde{\delta}_i^s + \tilde{\delta}_j^s)}{\tilde{\delta}_{ij} - \tilde{\delta}_{ij}^s}(\sin\tilde{\delta}_{ij} - \sin\tilde{\delta}_{ij}^s) \end{aligned} \tag{11-76}$$

暂态稳定评估的直接法包含以下步骤：

（1）将$(\tilde{\delta}^u, 0)$代入式（11-76）计算故障后的临界能量V_{cr}。

（2）将$(\tilde{\delta}_{cl}, \tilde{\omega}_{cl})$代入式（11-76）计算故障切除时刻系统的暂态能量V_{cl}。

（3）计算能量裕度$V_{tem}=V_{cr}-V_{cl}$。如果$V_{tem}>0$，则系统是暂态稳定的。

可以应用数值积分方法计算出故障切除时刻各发电机的状态$(\tilde{\delta}_{cl}, \tilde{\omega}_{cl})$。

V_{cr}为系统 UEP 相对于 SEP 的势能，它的计算是 TEF 法中最困难的工作，下面介绍几种求取V_{cr}的方法。

（1）最近不稳定平衡点法（The Closest UEP Approach）。TEF 用于暂态稳定分析的早期，大多用以下方法确定系统最小的V_{cr}：

1）计算出所有的 UEP。

2）计算与每一个 UEP 有关的系统势能。

3）用最小的势能作为系统的V_{cr}。

对系统稳定性的分析结果过于保守。

显然，这样得到的V_{cr}与系统中发生的故障类型和地点无关，即与故障轨迹无关，造成对系统稳定性的分析结果过于保守。

（2）控制不稳定平衡点法（The Controlling UEP Approach，CUEP）。用这种方法计算V_{cr}时考虑故障的类型和发生的地点，因而对最近不稳定平衡点法的保守性有很大程度的改进。这种方法的依据是观察所有临界稳定情况的系统故障轨线到达那些与系统分离边界有关的 UEP 附近。CUEP 的本质是用通过 CUEP 的恒定能量界面去近似故障轨迹指向的稳定边界（控制不稳定平衡点的稳定流形）的相关部分。因此，该方法也称为相关不稳定平衡点法（The Relevant UEP Approach）。这种方法的计算过程大致分为两步进行，即干扰模态的识别和 CUEP 的计算。

干扰模态（Mode of Disturbance，MOD）的识别是指辨识在给定干扰下受扰严重的发电机。如果干扰严重到足以使系统失稳，那么相对于其他发电机来说，这些发电机更容易失去同步。识别干扰模态的一种简单方法是进行数值积分，找出率先失去同步的发电机。

可以通过求解如下极小化问题，计算系统的 CUEP。

$$\min_{\tilde{\delta}} = \sum_{i=1}^{m}\left(P'_{mi} - P_i - \frac{T_{Ji}}{T_{JCOI}P_{COI}}\right)^2 \tag{11 - 77}$$

其中，用基于干扰模态的近似 UEP 作为初值。

（3）BCU 法（The Boundary of Stability - region - based Controlling UEP Method）。CUEP 在求解 UEP 时面临严重的收敛性问题，特别是当初值不很接近 CUEP 时。BCU 法能够发现与故障轨线有关的、准确的 CUEP，并且具有可靠的理论基础。此外，这种方法的计算速度也较快。

在 BCU 法中，SEP 的稳定域对于暂态稳定分析是非常重要的。假设x_s是系统的一个渐近 SEP［即在x_s处 $f(x)$的雅可比矩阵的所有特征值都具有负实部］，那么存在一个包含x_s的域 $A(x_s)$，在这个域内出发的任意轨线随着时间的推移将收敛于x_s。称域$A(x_s)$为x_s的稳定域。$A(x_s)$的边界，表示为 $\partial A(x_s)$，称为x_s的稳定边界。

BCU 法是基于原始电力系统的稳定域边界与一个简化系统（或梯度系统）的稳定域边界之间的关系来实现的。它把稳定域边界定义为边界上所有 UEP 稳定流形的交集，从边界上一点出发的任何轨线，随着时间的推移将收敛于某一个 UEP。利用这个性质，BCU 法通过计算相关简化系统的 CUEP 来计算原始系统的 CUEP，简化系统的 CUEP 计算起来相对容易且计算量小。对于经典的电力系统模型，其简化系统（故障后）被定义为

$$\frac{d\tilde{\delta}_i}{dt} = P'_{mi} - P_i - \frac{T_{Ji}}{T_{JCOI}}P_{COI} = f_i \tag{11 - 78}$$

显然，简化后系统式（11 - 78）的平衡点与原始系统式（11 - 31）的平衡点相同。BCU 法计算 CUEP 的基本步骤如下：

1）对于给定的系统和预想事故，沿着持续故障轨线$(\tilde{\delta}(t), \tilde{\dot{\delta}}(t))$寻找离开简化

系统稳定域边界的点$\tilde{\delta}^*$，即逸出点（Exit Point）。其有效的计算方法是，用数值积分方法计算系统的故障轨线$(\tilde{\delta}(t),\ \tilde{\omega}(t))$，直到投影轨线$\tilde{\delta}(t)$使得$V_p(\cdot)$出现首次局部最大。

2）把逸出点$\tilde{\delta}^*$作为初始条件，用数值积分方法求解故障后的简化系统，找到使得$\sum_{i-1}^{m}\|f_i\|$到达首次局部最小的点$\tilde{\delta}_o^*$。

3）以$\tilde{\delta}_o^*$为初值，用鲁棒性好的数值方法求解方程 $\sum_{i-1}^{m}\|f_i\|=0$，得到$\tilde{\delta}_{co}^*$。

4）把$(\tilde{\delta}_{co}^*,\ 0)$作为原始系统关于故障轨线的 CUEP。

11.5.3 基于时域仿真法的多机系统暂态稳定分析

在进行暂态稳定的时域仿真分析前，首先应根据潮流程序算出的干扰前系统运行状态确定微分方程求解所需的初值。在简单模型下的暂态稳定分析中，初值的计算包括干扰前瞬间发电机的暂态电势、转子角度、原动机的机械功率以及综合负荷电动机的滑差、等值电纳等。以下各变量的下标（0）表示初值。

由潮流计算可得到干扰前各发电机的端电压$\dot{V}_{(0)}=V_{x(0)}+\mathrm{j}V_{y(0)}$和各发电机注入网络的功率$S_{(0)}=P_{(0)}+\mathrm{j}Q_{(0)}$，进而可以计算出发电机注入网络的电流为

$$\dot{I}_{(0)}=I_{x(0)}+\mathrm{j}I_{y(0)}=\frac{\hat{S}_{(0)}}{\hat{V}_{(0)}} \tag{11-79}$$

发电机虚构电势$\dot{E}_{Q(0)}$为

$$\dot{E}_{Q(0)}=E_{Qx(0)}+\mathrm{j}E_{Qy(0)}=\dot{V}_{(0)}+(R_a+\mathrm{j}X_q)\dot{I}_{(0)} \tag{11-80}$$

依此就可以确定发电机转子角度的初值

$$\delta_{(0)}=\arctan(E_{Qy(0)}/E_{Qx(0)}) \tag{11-81}$$

在系统稳态运行时，发电机转子以同步转速旋转，于是有

$$\omega_{(0)}=1 \tag{11-82}$$

利用坐标变换公式，可以求出发电机定子电压和电流的d、q分量

$$\left.\begin{aligned}\begin{bmatrix}V_{d(0)}\\V_{q(0)}\end{bmatrix}&=\begin{bmatrix}\sin\delta_{(0)} & -\cos\delta_{(0)}\\ \cos\delta_{(0)} & \sin\delta_{(0)}\end{bmatrix}\begin{bmatrix}V_{x(0)}\\V_{x(0)}\end{bmatrix}\\ \begin{bmatrix}I_{d(0)}\\I_{q(0)}\end{bmatrix}&=\begin{bmatrix}\sin\delta_{(0)} & -\cos\delta_{(0)}\\ \cos\delta_{(0)} & \sin\delta_{(0)}\end{bmatrix}\begin{bmatrix}I_{x(0)}\\I_{x(0)}\end{bmatrix}\end{aligned}\right\} \tag{11-83}$$

然后可以算出暂态电势的值

$$E'_{q(0)}=V_{q(0)}+R_aI_{q(0)}+X'_dI_{d(0)} \tag{11-84}$$

另外，稳态运行时发电机的电磁功率$P_{e(0)}$等于原动机的机械功率$P_{(0)}$，即有

$$P_{m(0)}=P_{e(0)}=P_{(0)}+(I_{x(0)}^2+I_{y(0)}^2)R_a \tag{11-85}$$

负荷初值的计算比较简单。

由潮流计算结果可知干扰前各负荷节点电压$\dot{V}_{(0)}$和负荷所吸收的功率$S_{(0)}$，据此得

到负荷的等值导纳

$$Y_{(0)}=\frac{\hat{S}_{(0)}}{V_{(0)}^2} \tag{11-86}$$

当按恒定阻抗模拟负荷时，其等值导纳在整个暂态过程中保持不变，可以将它包括在网络导纳矩阵里。对于考虑综合负荷电动机机械暂态过程的负荷，由于在扰动瞬间电动机的滑差不能突变，因此负荷的等值导纳也不应突变，即扰动后瞬间负荷的等值导纳与正常运行情况下的等值导纳相同。

进行机电暂态过程计算前，对于用恒定阻抗模拟的负荷，应首先将其等值导纳并入电力网络，从而得到考虑了恒定阻抗负荷后的电力网络方程，它在整个暂态过程中是保持不变的。

设发电机接在网络中的节点 i。当发电机采用 E'_q变化的模型时，可取$\overline{E}_{di}=0$，$\overline{E}_{qi}=E'_{qi}$，$\overline{X}_{di}=X'_{di}$，$\overline{X}_{qi}=X_q$得到发电机节点注入电流的表达式

$$\begin{bmatrix}I_{xi}\\I_{yi}\end{bmatrix}=\begin{bmatrix}b_{xi}\\g_{yi}\end{bmatrix}E'_{qi}-\begin{bmatrix}G_{xi} & B_{xi}\\B_{yi} & G_{yi}\end{bmatrix}[V_{xi}V_{yi}] \tag{11-87}$$

其中的元素为

$$\left.\begin{aligned}
b_{xi}&=\frac{R_{ai}\cos\delta_i+X_{qi}\sin\delta_i}{R_{ai}^2+X'_{di}X_{qi}} & g_{yi}&=\frac{R_{ai}\sin d_iX_{qi}\cos d_i}{R_{ai}^2+X'_{di}X_{qi}}\\
G_{xi}&=\frac{R_{ai}-(X'_{di}-X_{qi})\sin\delta_i\cos\delta_i}{R_{ai}^2+X'_{di}X_{qi}} & B_{xi}&=\frac{R_{ai}\sin d_iX_{qi}\cos d_i}{R_{ai}^2+X'_{di}X_{qi}}\\
B_{yi}&=\frac{-X'_{di}\sin^2\delta_i-X_{qi}\cos^2\delta_i}{R_{ai}^2+X'_{di}X_{qi}} & G_{yi}&=\frac{R_{ai}+(X'_{di}X_{qi})\sin d_i\cos d_i}{R_{ai}^2+X'_{di}X_{qi}}
\end{aligned}\right\} \tag{11-88}$$

将发电机节点注入电流的表达式（11-87）代入考虑了恒定阻抗负荷后的电力网络方程，即得到新的网络方程。很明显，新的网络方程只是对原网络方程的简单修改，导纳矩阵的相应对角块发生变化，电流向量中仅发电机节点有虚拟注入电流，其余节点的注入电流为零，即：

导纳矩阵的第 i 个对角块变为

$$\begin{bmatrix}G_{xi}+G_{ii} & B_{xi}-B_{ii}\\B_{yi}+B_{ii} & G_{yi}+G_{ii}\end{bmatrix} \tag{11-89}$$

第 j 个对角块变为

$$\begin{bmatrix}G_{Mj}+G_{jj} & -B_{Mj}-B_{jj}\\B_{Mj}+B_{jj} & G_{Mj}+G_{jj}\end{bmatrix} \tag{11-90}$$

发电机节点的虚拟注入电流为

$$\begin{bmatrix}I'_{xi}\\I'_{yi}\end{bmatrix}=\begin{bmatrix}b_{xi}\\g_{yi}\end{bmatrix}E'_{qi} \tag{11-91}$$

这样在每个积分步得到的线性方程组可以用高斯消去法或三角分解法直接求解，从而解出此时刻网络各节点电压的实部和虚部V_x、V_y。在得到发电机节点的电压后，即可按式（11-87）算出发电机节点的注入电流I_x、I_y。

在经典模型下的暂态稳定分析中，全系统的微分方程式如下

$$\begin{aligned} \frac{\mathrm{d}\delta_i}{\mathrm{d}t} &= \omega_{\mathrm{s}}(\omega_i - 1) \\ \frac{\mathrm{d}\omega_i}{\mathrm{d}t} &= \frac{1}{T_{\mathrm{J}i}}(P_{\mathrm{m}i} - P_{\mathrm{e}i}) \end{aligned} \tag{11-92}$$

假设电力系统的机电暂态过程已经计算到 t 时刻，现在围绕微分方程的求解方法来讨论 $t+\Delta t$ 时刻系统运行状态的计算过程。新的时段计算前总是先判断系统在 t 时刻有无故障或操作发生。若无故障或操作发生，则直接以 t 时刻系统状态作为初值求解微分方程；否则需要计算出故障或操作后电力网络的运行参数，用它和 t 时刻的状态变量作为初值求解微分方程。用改进欧拉法求解微分方程的步骤如下。

（1）由 t 时刻各发电机的 $\delta_{i(\mathrm{t})}$ 按上述的方法计算出系统所有节点的电压 $V_{\mathrm{x(t)}}$、$V_{\mathrm{y(t)}}$ 和发电机节点的注入电流 $I_{\mathrm{x}i(\mathrm{t})}$、$I_{\mathrm{y}i(\mathrm{t})}$。

（2）求出状态量在 t 时刻的导数值，即

$$\begin{aligned} \left.\frac{\mathrm{d}\delta_i}{\mathrm{d}t}\right|_t &= \omega(\omega_{i(\mathrm{t})} - 1) \\ \left.\frac{\mathrm{d}\omega_i}{\mathrm{d}t}\right|_t &= \frac{1}{T_{\mathrm{J}i}}(P_{\mathrm{m}i} - P_{\mathrm{e}i(\mathrm{t})}) \end{aligned} \tag{11-93}$$

其中，各发电机的电磁功率 $P_{\mathrm{e}i(\mathrm{t})}$ 按下式计算

$$P_{\mathrm{e}i(\mathrm{t})} = (V_{\mathrm{x}i(\mathrm{t})} I_{\mathrm{x}i(\mathrm{t})} + V_{\mathrm{y}i(\mathrm{t})} I_{\mathrm{y}i(\mathrm{t})}) + (I_{\mathrm{x}i(\mathrm{t})}^2 + I_{\mathrm{y}i(\mathrm{t})}^2) R_{\mathrm{a}i} \tag{11-94}$$

式中：$V_{\mathrm{x}j(0)}$、$V_{\mathrm{y}j(0)}$ 分别为节点 j 在干扰前正常运行状态下电压的实部和虚部。

（3）然后求出 $t+\Delta t$ 时刻状态量的初值估计

$$\begin{aligned} \delta_{i(\mathrm{t}+\Delta\mathrm{t})}^{[0]} &= \delta_{i(\mathrm{t})} + \left.\frac{\mathrm{d}_{\delta_i}}{\mathrm{d}t}\right|_t \Delta t \\ \omega_{i(\mathrm{t}+\Delta\mathrm{t})}^{[0]} &= \omega_{i(\mathrm{t})} + \left.\frac{\mathrm{d}_{\omega_i}}{\mathrm{d}t}\right|_t \Delta t \end{aligned} \tag{11-95}$$

（4）类似第（1）步，由各发电机的 $\delta_{i(\mathrm{t}+\Delta\mathrm{t})}^{[0]}$ 计算出系统所有节点的电压 $V_{x(\mathrm{t}+\Delta\mathrm{t})}^{[0]}$、$V_{\mathrm{y}(\mathrm{t}+\Delta\mathrm{t})}^{[0]}$ 和发电机节点的注入电流 $I_{\mathrm{x}i(\mathrm{t}+\Delta\mathrm{t})}^{[0]}$、$I_{\mathrm{y}i(\mathrm{t}+\Delta\mathrm{t})}^{[0]}$。

（5）类似第（2）步，应求出在 $t+\Delta t$ 时刻状态量初值估计的导数值 $\left.\frac{\mathrm{d}\delta_i^{[0]}}{\mathrm{d}t}\right|_{\mathrm{t}+\Delta\mathrm{t}}$、$\left.\frac{\mathrm{d}\omega_i^{[0]}}{\mathrm{d}t}\right|_{t+\Delta t}$。对此，只需在式（11 - 94）、式（11 - 95）中将 $\omega_{i(\mathrm{t})}$、$P_{\mathrm{e}i(\mathrm{t})}$ 分别换成 $\omega_{i(\mathrm{t}+\Delta\mathrm{t})}^{[0]}$、$P_{\mathrm{e}i(\mathrm{t}+\Delta\mathrm{t})}^{[0]}$ 即可。

（6）最后，求出各状态量在 $t+\Delta t$ 时刻的数值，即

$$\begin{aligned} \delta_{i(\mathrm{t}+\Delta\mathrm{t})} &= \delta_{i(\mathrm{t})} + \frac{\Delta t}{2}\left[\left.\frac{\mathrm{d}\delta_i}{\mathrm{d}t}\right|_t + \left.\frac{\mathrm{d}\delta_i^{[0]}}{\mathrm{d}t}\right|_{t+\Delta t}\right] \\ \omega_{i(\mathrm{t}+\Delta\mathrm{t})} &= \omega_{i(\mathrm{t})} + \frac{\Delta t}{2}\left[\left.\frac{\mathrm{d}\omega_i}{\mathrm{d}t}\right|_t + \left.\frac{\mathrm{d}\omega_i^{[0]}}{\mathrm{d}t}\right|_{t+\Delta t}\right] \end{aligned} \tag{11-96}$$

11.6　大干扰功角稳定控制方法

当系统受到大干扰时，通过采取适当的控制措施，可以提高电力系统功角稳定性，改善其动态响应，提升静态稳定性的措施对大干扰功角稳定性能均有效。

11.6.1　快关汽门控制

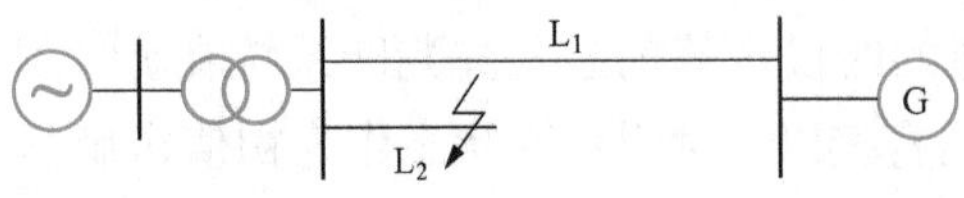

图 11-5　单机—无穷大母线系统接线图

以图 11-5 所示单机—无穷大母线系统为例，假设线路L_2在故障发生前开路，且该故障导致输电线路在一定故障时间后被切掉且不自动重合。系统故障导致发电机输出电磁功率突然下降，发电机转子加速，此时可通过迅速降低原动机输入机械功率，进而减小发电机加速面积，增大其减速面积。假设图 11-6（a）中加速面积 1-2-3-4 大于最大减速面积 4-5-7，则故障后系统将失去稳定。现假设发生故障后系统输入机械功率 P_m立即减小，由图 11-6（b）可知，首摆过程中 P_m的减小将使得加速面积1-2-3-4减小，减速面积 4-5-6-6′增大，故障后系统保持稳定，且稳定裕度与面积6-7-6′呈正比。当 P_m减小的时间越早，速度越快，则提升故障后系统稳定性效果越好。图 11-6（c）给出了发电机反向摇摆过程中的动态特性，可得发电机转子先做减速运动，再做加速运动，且转子角持续减小。在该过程中，输入机械功率 P_m进一步下降，如实线 6′-8-10 所示。深入分析可知此时的 P_m下降对系统的动态特性有负面影响，因为在反向摇摆过程中的减速面

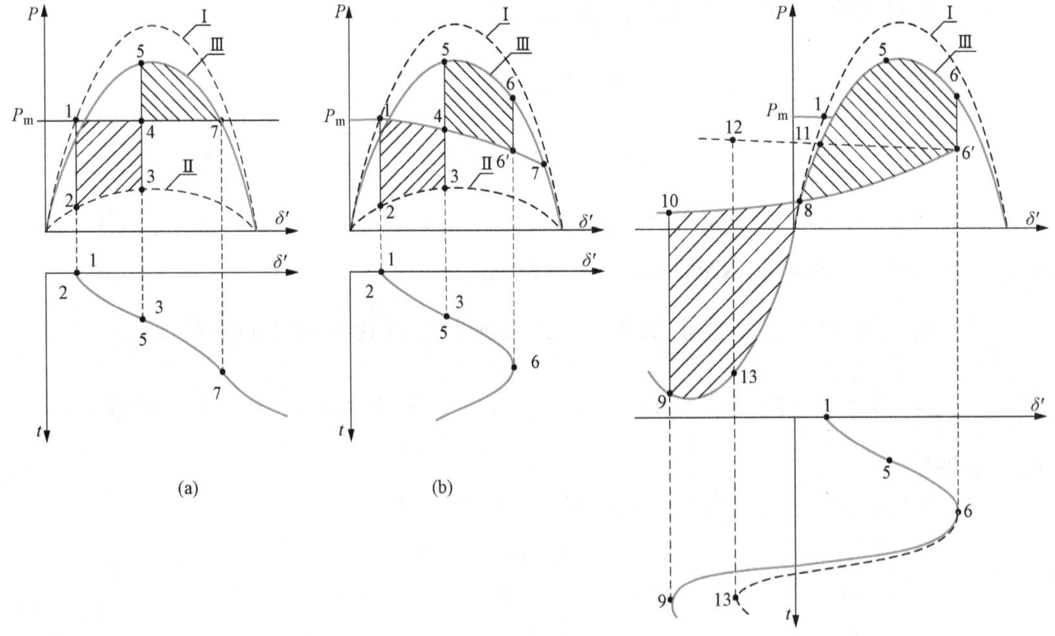

图 11-6　故障期间降低 P_m示意图

（a）恒定机械功率；（b）正向摇摆过程中 P_m下降；（c）反向摇摆过程中 P_m下降

积 6′-6-5-8 只能由一个大的加速面积 8-9-10 来抵消，且反向摇摆过程的幅度随着 P_{m}的下降而增大。如图 11-6（c）中的虚线所示，若在反向摇摆过程中增大 P_{m}，这将减小减速面积 6′-6-5-11，从而可由较小的加速面积11-13-12 来抵消减速面积，故降低了反向摇摆过程的幅度。

如图 11-6（c）所示的故障后系统输入机械功率 P_{m}恢复到故障前的值，而当系统运行在其稳态稳定运行极限附近时，可能出现故障切除导致系统等效电抗增大，使得故障后系统 P_{m}稳态值大于其功角特性曲线最大值的场景，故障后系统将失去稳定。为了避免这种情况的出现，需降低故障后 P_{m}的稳态值。如图 11-7（a）所示，故障清除时，故障后的功角特性位于虚线 P_{m0}下方，即使故障瞬时切除，故障后系统也将失去稳定，通过将故障后系统输入机械功率降低到 $P_{\mathrm{m}\infty}$，从而保障了故障后系统的功角稳定性，如图 11-7（b）所示。

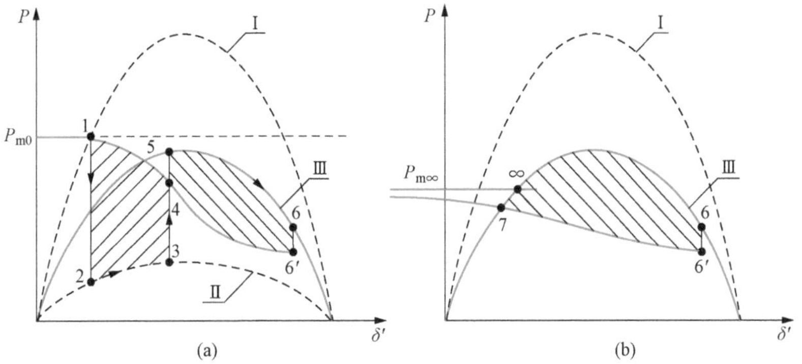

图 11-7　故障后 P_{m}稳态值变化示意图

（a）故障前后 P_{m}相同；（b）故障前后 P_{m}不同

如图 11-7 和图 11-8 所示输入机械功率的快速变化需要涡轮机具有非常快的响应特性。水轮机的水锤效应限制了这种快速控制的应用，而汽轮机可以几乎按要求快速响应，则称汽轮机快速响应控制为快关汽门控制（Fast Valving，FV）。进一步，当故障后输入机械功率稳态值等于故障前的值时，称其为短期快关汽门，如图 11-8 中曲线 1 所示；而当故障后输入机械功率稳态值小于故障前的值时，称其为长期快关汽门，如图 11-8 中曲线 2 所示。

通常，FV 控制使用一组预设的控制参数运行，而这些参数是基于大量的电力系统仿真离线准备的，并考虑：

（1）故障前的网络参数。

（2）故障前负荷情况。

（3）故障情况。

（4）是否自动重合闸等。

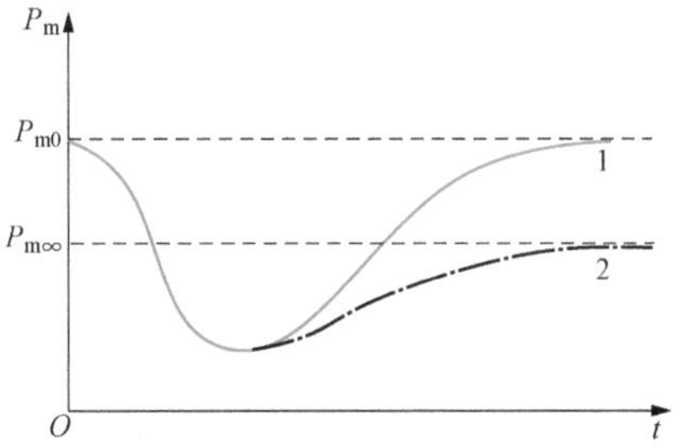

图 11-8　不同快关汽门控制方案示意图

最后针对大量可能的故障场景离线准备控

制策略。当故障发生时，FV 控制器基于系统实时运行状态和故障信息，从离线制定的策略表中匹配最接近实际故障情况的控制策略。虽然实施快关汽门的成本通常很低，但对涡轮机和锅炉的不利影响可能是严重的。一般来说，快关汽门用于只采用 AVR 和 PSS 时不能保障故障后系统功角稳定的严重故障场景。

11.6.2 制动电阻控制

制动电阻控制（Braking Resistor，BR）是一种相对廉价且有效防止大扰动后系统功角失稳的措施，可用于水力发电厂由于水锤效应等因素导致控制策略不适用的场景。一般在发电厂或变电站端安装 BR，其投入时相当于对加速中的发电机转子进行电气制动。单机—无穷大母线系统中连接 BR 的示意图如图 11 - 9（a）所示。假设不投入 BR 时故障后系统是不稳定的，如图 11 - 9（b）所示。当投入 BR 时，故障后系统的功角特性曲线性 $P(\delta')$向上移动，且此时的功角特性曲线与δ'轴的交点左移，如图 11 - 9（c）中虚线所示。

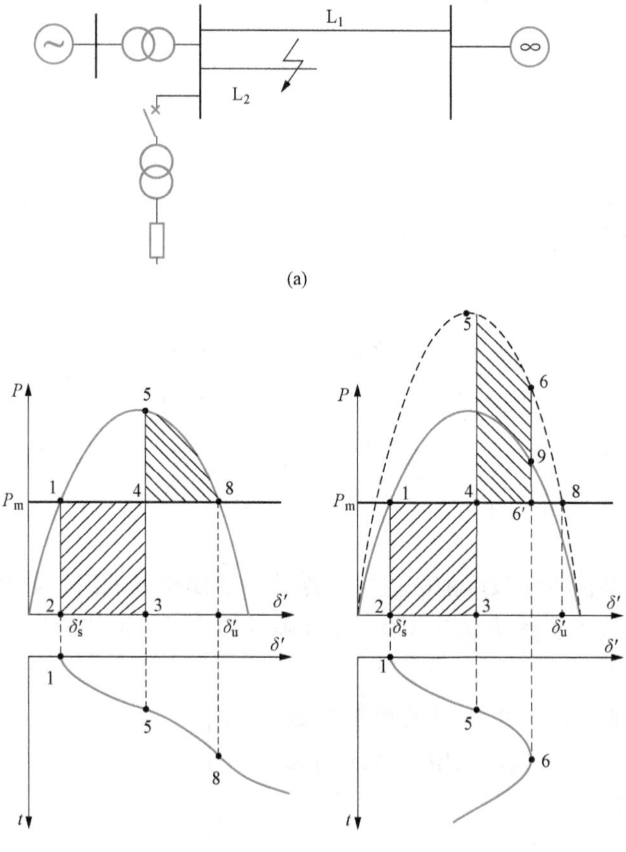

图 11 - 9　制动电阻作用示意图

（a）带制动电阻系统接线示意图；（b）未投入制动电阻；（c）投入制动电阻

从输电线路保护得到投入 BR 的信号，该信号触发跳开故障线路断路器并闭合 BR 断路器。如图 11 - 9（c）所示，BR 在故障线路被切除瞬间投入，对应于点 5，此时发电机功率大于无 BR 时的值。发电机转子正向摇摆至点 6，此时减速面积 4-5-6-6′等于加速面积 1-2-3-4，故障后系统稳定，稳定裕度对应于面积 6′-6-8。类似于快关汽门，在发电机转子反向摇摆过程中保持 BR 投入是不合适的。若该过程中保持 BR 投入，发电机转子的减速面积将增大，导致其反向摇摆过程中的幅度增大，给故障后系统带来负面影响。为了避免这种情况的出现，当发电机转子角速度偏差符号由正变负时，应切掉 BR，即对应着图 11-9（c）中的点 6。切掉 BR 后，故障后系统的运行点对应着图 11-9（c）中点 9，然后在减速面积 9-1-6′作用下往平衡点方向运动。

在第二摆期间，当转子角转速偏差再次变为正值时，可再次投入 BR。这种控制属于 Bang-Bang（起停式）控制类型，即当角速度偏差为正时投入 BR；当角速度偏差为负时切掉 BR。为了避免断路器的反复开断造成的其工作寿命缩短，通常在故障后投切 BR 最多 2 到 3 次。

11.6.3 切机控制

从一组在母线上并联运行的发电机中切掉一台或多台发电机，是快速改变发电机转矩平衡状态最简单、最有效的手段。从历史上看，切机仅限于不能使用快关汽门的水电厂，但现在已将其扩展应用到化石燃料和核电机组，以防止严重故障后的系统失稳。切机控制可分为以下两种不同类别：①预防性切机；②恢复性切机。预防性切机是指在切机与故障切除相协调的情况下，保证剩余运行机组的同步性。恢复性切机是指将一台或多台发电机从一组已经失去同步性的发电机中切掉，以使得剩余发电机更容易再同步。

（1）预防性切机。预防性切机示意如图 11-10 所示。以图 11-10（a）系统为例，假设两台发电机G_1和G_2是相同的，由于并列运行，故可等值为一台发电机。这意味着等值发电机电抗为单台发电机的 1/2，但输入、输出功率为单台发电机的两倍。将故障前、故障中和故障后功角特性分别记为Ⅰ、Ⅱ和Ⅲ，在不切机情况下，如图 11-10（b）所示，加速面积 1-2-3-4 大于最大减速面积 4-5-6，则故障后系统不稳定。

如图 11-10（c）所示，假设G_2在故障切除时被切除，由于G_2被切除增加了系统等值电抗，故障后功角特性Ⅲ比图 11-10（b）有更小的幅值，但G_1的机械功率变为等值发电机的 1/2，因此G_1对应的加速区域为图 11-10（b）中加速面积 1-2-3-4 的 1/2。当减速面积 8-5-6-7 为加速面积 1-2-3-4 的 1/2 时，G_1的转子在点 6 处减小为同步转速（角速度偏差为零），故障后系统保持稳定，稳定裕度等于面积 6-9-7。新的稳定平衡点 A 点对应于故障后功角特性Ⅲ与机械功率 P_m的交点。在该系统中，故障后G_1的同步稳定运行以切除G_2为代价实现。

切机的目的是维持多台发电机在同一母线上并联运行稳定性，因此可能出现单台切机不足，需要多次切机的情况。必须切除的发电机数量取决于多方面因素，包括故障前的负荷情况、故障类型和位置以及故障切除时间等。执行切机的控制策略必须能够充分考虑到各方面因素，以防止异步运行，同时尽可能减少切机台数。

广义上，有两种控制策略可用于实现上述目标。第一种为在对系统进行详尽稳定性分析的基础上制定事故的离线策略表，通过获得关于故障的实时信息，并基于故障信息匹配需要采取的切机策略。由于不能总是准确地评估实际故障情况，故可能做出过于保

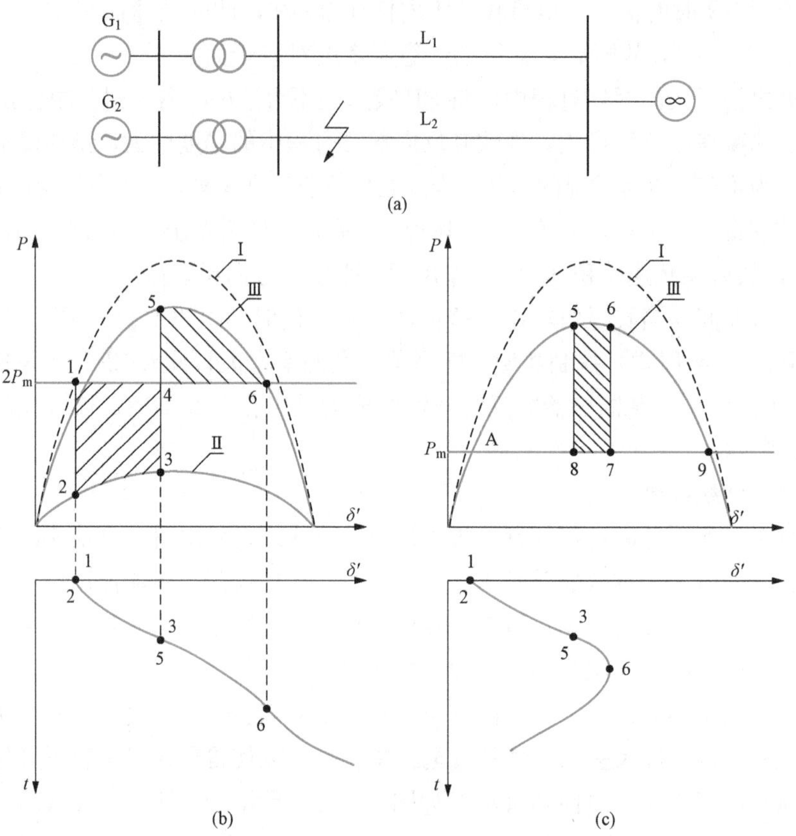

图 11-10　预防性切机示意图

（a）发电机并联运行接线图；（b）没有切机时的加速和减速面积；（c）切机时的减速面积

守的评估，导致非必要的发电机被切除。第二种为超实时仿真，基于从发电厂获得的实时量测量和故障信息，然后通过比实时更快的速度模拟动态过程，以预测不稳定，并计算维持稳定所必须切除的最小发电机台数。

（2）恢复性切机。预防性切机可能过于保守，导致不必要的发电机被切除。替代方案是使用恢复性切机，同时利用失步继电器的信号。当同一条母线上并列运行的发电机组失去同步时，跳开其中一台发电机，使剩余发电机更加容易再同步。但是，如果经过一定时间的异步运行后，再同步失败，则继续切除并联运行中的另一台发电机，重复此过程，直到再同步成功。

恢复性切机的主要缺点是允许短期异步运行。与预防性切机相比，其主要优点是不会切掉不必要的发电机。如图 11-11 所示，点 6 后方的加速面积（阴影部分）因 P_m的突变而减小，分析可知发电机转子角通过不稳定平衡点是恢复性切机的最佳时刻。进一步由图 11-11 可得，不稳定平衡点接近 $\pi/2$，因此当故障后系统轨迹经过它时，失步继电器的测量阻抗将与继电器的透镜或偏移特性相交，故可利用失步继电器发出的信号触发恢复性切机。

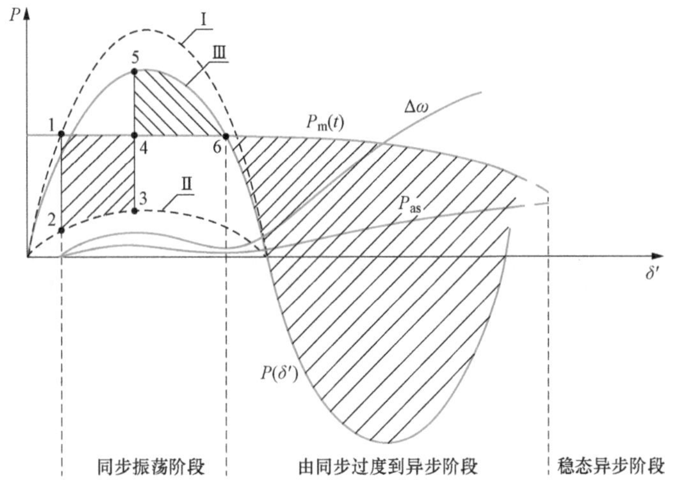

图 11-11　同步发电机异步运行状态

11.7 本 章 小 结

本章介绍了暂态稳定分析的时域仿真法和直接法。在单机无穷大系统的直接法暂态稳定分析中，暂态能量函数法和等面积准则是完全等价。在多机系统的直接法暂态稳定分析中，暂态能量函数法通过构造系统能量函数和临界能量判别系统的暂态稳定性，EEAC 将多机系统等值为单机系统，利用等面积准则判别系统的暂态稳定性。时域仿真法相比直接法计算量大，主要通过求解微分方程的数值解，从时域的角度判别系统的暂态稳定性。最后，介绍了提升大干扰功角稳定性的控制方法。

第 12 章

电力系统次同步振荡与轴系扭振

12.1 引　　言

火电厂与核电厂均采用汽轮发电机组，在电力系统中占有相当大的比重。汽轮发电机组转子结构复杂，包括汽轮机转子、发电机转子、励磁机转子三个部分，它们之间通过联轴器连接，形成一个很长的轴系。当发生扰动时，会引起汽轮发电机转子不同轴段之间的扭转振荡，简称轴系扭振。

早在 20 世纪 30 年代，人们就发现同步发电机在带容性负载或经串联电容补偿的线路接入系统时，在一定的条件下会发生自励磁，也称为自激现象。相对于谐振频率而言，同步发电机相当于一台异步发电机，它提供了振荡时需要的能量，故称为“异步发电机效应”或者“感应发电机效应”（Induction Generator Effect，IGE）。自励磁是一种单纯的电气振荡，造成的危害不大，而且该问题很快得到了解决，因此并没有得到广泛关注。

1970 年和 1971 年，美国 Mohave 电厂（莫哈维电厂）发生两次汽轮发电机组大轴损坏的严重事故，研究表明线路串联电容补偿的电气谐振频率与汽轮发电机组轴系的扭振频率互补，导致机电扭振相互作用，从而造成汽轮发电机组大轴的扭振破坏。由于这种机电耦合振荡的频率明显高于电力系统低频振荡的频率，但又低于系统的同步频率，因此学术界称为次同步谐振（Subsynchrous Resonance，SSR）。

1977 年，美国的 Square Butte 电厂（斯魁尔比尤特电厂）在系统投入高压直流输电（HVDC）线路时，汽轮发电机组轴系发生扭振，此时即使将附近的串联电容补偿切除，轴系扭振现象依然存在。研究表明，轴系扭振是由于 HVDC 及其控制系统引起的，由于不存在谐振电路，因此不再称为次同步谐振，而称为次同步振荡（Subsynchronous Oscillation，SSO）。不仅是 HVDC，其他的有源快速控制装置，例如电力系统稳定器（PSS）、电液调速器等，在一定条件下也可能引发次同步振荡。

电力系统在运行中进行各种操作或者有故障发生时，如短路故障、自动重合闸、非同期并网都可能会激发严重的轴系扭振。轴系可能由于过度的扭振疲劳寿命损耗而产生裂纹、损伤。在某些严重的故障或操作下，联轴器的法兰盘连接螺栓可能会被巨大的剪切应力剪断，造成轴系断裂。通常，将这种轴系扭振现象称为暂态扭矩放大。电力系统中 SSO 问题属于系统机电耦合方面的振荡失稳问题，对汽轮机的转子轴系具有严重的破坏性，甚至影响整个电力系统的安全运行。

目前，人们研究了次同步振荡的机理、影响因素、分析方法等方面，这对于次同步振荡的抑制，电力设备的保护，电力系统的安全稳定运行具有重大理论意义与实用价值。IEEE 次同步谐振工作小组在研究 SSO 和总结研究成果方面做出大量贡献，给出了两个 SSO 分析计算标准模型以及分享了关于 SSO 建模、分析手段，这也进一步促进了 SSO 问题的控制与解决。

本章将从分析汽轮发电机组的轴系扭振特性出发，研究输电线路串联电容补偿引起的次同步谐振和高压直流输电装置引起的次同步振荡，最后给出抑制汽轮发电机组次同步振荡的有关措施。

12.2　汽轮发电机组轴系扭振特性

汽轮发电机组转子的机械结构极其复杂，它包括一根细长的轴体，总长度可达 50 多米，重量可达几百吨。汽轮机转子由主轴、叶轮、叶片组成，沿蒸汽流动方向依次为高压转子、中压转子、低压转子，各个转子间通过联轴器连接，有的汽轮机高中压转子一体锻造，称为高中压转子。汽轮机转子与发电机转子通过联轴器连接，如果发电机是旋转励磁，则还包括励磁机转子。常用的轴系模型有详细的连续质量弹簧模型和分段集中质量弹簧模型两种。分段集中质量弹簧模型又可以分为多段集中质量弹簧模型和简单集中质量弹簧模型。前者可能达到上百个质量块，后者约六个质量块，这里只讨论后者。典型的大型汽轮发电机转子包含有高压转子 HP、中压转子 IP、低压转子 LPA、低压转子 LPB，发电机转子 GEN 和励磁机转子 EXC，如图 12-1 所示。

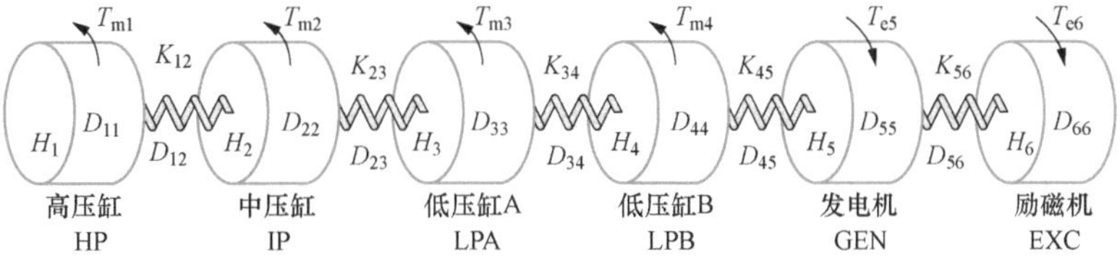

图 12-1　汽轮发电机组六质量块模型

六个质量块的轴系方程为

$$
\begin{cases}
\dfrac{d\delta_i}{dt} = \omega_i - \omega_0, i = 1、2、3、\cdots、6 \\
2H_1\dfrac{d\omega_1}{dt} + D_{11}\omega_1 + D_{12}(\omega_2 - \omega_1) + k_{12}(\delta_1 - \delta_2) = T_{m1} \\
2H_i\dfrac{d\omega_i}{dt} + D_{ii}\omega_i + \sum\limits_{i+1}[D_{ij}(\omega_i - \omega_j) + k_{ij}(\delta_i - \delta_j)] = T_{mi} - T_{ei}, i = 2、3、4、5 \\
2H_6\dfrac{d\omega_6}{dt} + D_{66}\omega_6 + D_{65}(\omega_6 - \omega_5) + k_{65}(\delta_6 - \delta_5) = -T_{e6}
\end{cases}
\tag{12-1}
$$

式中：δ_i为轴系第i个质量块相对于参考轴的电气角位移；ω_i为第i个质量块的电气角速度；T_{mi}为轴系第i个质量块的原动转矩；T_{ei}为第i个质量块的电磁转矩；H_i为第i个质量块的惯性时间常数，有时也用T_J来表示，一般认为$T_J=2H$；k_{ij}为第i和第j两个相邻块之间刚度系数的标幺值；D_i为第i个质量块的自阻尼系数；D_{ij}为第i和第j两个相邻块之间互阻尼系数。

对于N质量块，将轴系方程写为矩阵形式，有

$$\begin{pmatrix} 2H_1 & & & \\ & 2H_2 & & \\ & & \ddots & \\ & & & 2H_N \end{pmatrix}\begin{pmatrix} \Delta\ddot{\delta}_1 \\ \Delta\ddot{\delta}_2 \\ \vdots \\ \Delta\ddot{\delta}_N \end{pmatrix}+\begin{pmatrix} D_1 & & & \\ & D_2 & & \\ & & \ddots & \\ & & & D_N \end{pmatrix}\begin{pmatrix} \Delta\dot{\delta}_1 \\ \Delta\dot{\delta}_2 \\ \vdots \\ \Delta\dot{\delta}_N \end{pmatrix}$$

$$+\begin{pmatrix} K_{12} & -K_{12} & & \\ -K_{12} & K_{12}+K_{23} & & \\ & & & \ddots \\ & \ddots & \ddots & -K_{N-1,N} \\ & & -K_{N-1,N} & K_{N-1,N} \end{pmatrix}\begin{pmatrix} \Delta\delta_1 \\ \Delta\delta_2 \\ \vdots \\ \Delta\delta_N \end{pmatrix}=\begin{pmatrix} \Delta T_{m1}-\Delta T_{e1} \\ \Delta T_{m2}-\Delta T_{e2} \\ \vdots \\ \Delta T_{mN}-\Delta T_{eN} \end{pmatrix} \tag{12-2}$$

可记作

$$(2\boldsymbol{H}p^2+\boldsymbol{D}p+\boldsymbol{K})\Delta\boldsymbol{\delta}=\Delta\boldsymbol{T}_m-\Delta\boldsymbol{T}_e=\Delta\boldsymbol{T} \tag{12-3}$$

式中：p为微分算子。

忽略机械阻尼，将式（12-3）解耦。令$\boldsymbol{A}=(2\boldsymbol{H})^{-0.5}$，定义$\boldsymbol{P}=\boldsymbol{AKA}$，$\boldsymbol{\Lambda}$为$\boldsymbol{P}$的特征根形成的对角阵，$\boldsymbol{K}$为相邻质块间弹性常数矩阵，定义线性变换矩阵$\boldsymbol{Q}=\boldsymbol{AUS}$，其中$\boldsymbol{S}$为对角阵，$\boldsymbol{S}$的取值是要使发电机刚体对应的$\boldsymbol{Q}$阵行元素都等于1，$\boldsymbol{U}$为$\boldsymbol{P}$的特征向量矩阵，由于$\boldsymbol{P}$对称，可取$\boldsymbol{U}^{-1}=\boldsymbol{U}^T$，作如下变换

$$\Delta\boldsymbol{\delta}=\boldsymbol{Q}\Delta\boldsymbol{\delta}^m \tag{12-4}$$

式中：上角标m为解耦模式。

先将式（12-3）左乘Q^T，再将式（12-4）代入，可得

$$\boldsymbol{Q}^T 2\boldsymbol{HQ}p^2\Delta\boldsymbol{\delta}^m+\boldsymbol{Q}^T\boldsymbol{KQ}\Delta\boldsymbol{\delta}^m=\boldsymbol{Q}^T\Delta\boldsymbol{T} \tag{12-5}$$

忽略机械转矩增量时，进一步改写为

$$2\boldsymbol{H}^m p^2\Delta\boldsymbol{\delta}^m+\boldsymbol{K}^m\Delta\boldsymbol{\delta}^m=-\Delta\boldsymbol{T}_e^m \tag{12-6}$$

式中：$\boldsymbol{H}^m=\boldsymbol{Q}^T\boldsymbol{HQ}$为对角阵，其元素称为等值惯性时间常数；$\boldsymbol{K}^m=\boldsymbol{Q}^T\boldsymbol{KQ}$为对角阵，称为等值刚度；$-\Delta T_e^m=Q^T\Delta\boldsymbol{T}=[-\Delta\boldsymbol{T}_{e1},\cdots,-\Delta\boldsymbol{T}_{eN}]^T$，即等值电磁转矩均匀地作用在每个等效刚体上。

当考虑机械阻尼时，并不一定能实现解耦。一般认为模态阻尼矩阵$\boldsymbol{D}^m=\boldsymbol{Q}^T\boldsymbol{DQ}$非对角元素很小，近似认为解耦，考虑机械阻尼时

$$2\boldsymbol{H}^m p^2 \Delta\boldsymbol{\delta}^m + \boldsymbol{D}^m p \Delta\boldsymbol{\delta}^m + \boldsymbol{K}^m \Delta\boldsymbol{\delta}^m = -\Delta\boldsymbol{T}_e^m \tag{12-7}$$

转子轴系的自然扭振频率可由此求出。

12.3 次同步振荡分析方法

12.3.1 频率扫描法

频率扫描法是从发电机向电网看，把系统阻抗作为随频率变化的函数。通过在发电机端注入对称三相电流并记录电压，从而计算出从发电机向系统看进去的等值阻抗。阻抗发生突变的频率就是电网的谐振频率，当该频率与汽轮发电机组轴系扭振固有频率互补时就可能引起次同步谐振。频率扫描法是一个线性化的分析方法，分析 SSR 问题时非常有效。

12.3.2 复转矩系数法

复转矩系数法是一种专门分析次同步振荡问题的线性化分析方法。它通过在发电机转子上施加一系列次同步频率的强制振荡，通过计算发电机电磁力矩增量与转子角增量之比得到该发电机的复转矩系数，如果汽轮发电机轴系扭振固有频率下的机械与电气阻尼之和小于零，则可能出现轴系扭振不稳定。该方法的优点是可以获得阻尼系数随频率变化的曲线，便于分析影响阻尼的因素和制定抑制振荡的策略。

复转矩系数法的具体做法是先在发电机转子角度 δ 施加一个频率为 f 的小幅度强迫振荡，即

$$\Delta\delta = \Delta\delta_m e^{j\omega} \tag{12-8}$$

式中：$\omega=2\pi f$；$\Delta\delta_m$为振荡幅值。

计算可得电气复转矩增量与机械复转矩增量 ΔT_e和 ΔT_m，定义电气复转矩系数 $K_E(j\omega)=\Delta T_e/\Delta\delta$，机械复转矩系数$K_M(j\omega)=\Delta T_m/\Delta\delta$，则令

$$\begin{cases} K_E(j\omega) = K_e(\omega) + j\omega D_e(\omega) \\ K_M(j\omega) = K_m(\omega) + j\omega D_m(\omega) \end{cases} \tag{12-9}$$

式中：K_e与 K_m为电气弹性系数与机械弹性系数；D_e与 D_m为电气阻尼系数与机械阻尼系数，它们均为角频率 ω 的函数，当 $f=\omega/2\pi$ 变化时，可以得到这些系数的图像，发生次同步振荡的条件为当$K_e(\omega)+K_m(\omega)=0$ 时，$D_e(\omega)+D_m(\omega)<0$。实际中对转子轴系扭振自然振荡频率附近进行分析即可。

下面详细阐述复转矩系数法。设发电机转子角有以下形式的扰动

$$\Delta\delta_5 = \Delta\delta_{5m} e^{\sigma t}\cos(\Omega t + \varphi) = \mathrm{Re}[\Delta\delta_{5m} e^{j\varphi} e^{(\sigma+j\Omega)t}] = \mathrm{Re}[\Delta\dot{\delta}_{5m} e^{(\sigma+j\Omega)t}] \tag{12-10}$$

式中：$\Delta\delta$ 为转子角增量；σ 为衰减因子；Ω 为角频率。

将式（12-10）代入式（12-7），非自治系统在电磁力矩作用下表现为强迫振荡，响应的频率与扰动源的频率相同，第 i 个模态对应方程的复数向量形式为

$$(2H_i^m p^2 + D_i^m p + K_i^m)\mathrm{Re}[\Delta\dot{\delta}_{im}^m e^{(\sigma+j\Omega)t}] = -\mathrm{Re}\{[K_e + (\sigma + j\Omega)D_e]\Delta\dot{\delta}_{5m} e^{(\sigma+j\Omega)t}\} \tag{12-11}$$

式中：$p=\sigma+j\Omega$。

式（12-11）可以进一步简化为

$$(2H_i^m p^2 + D_i^m p + K_i^m)\Delta\dot{\delta}_{im}^m = -[K_e + (\sigma + j\Omega)D_e]\Delta\dot{\delta}_{5m} \tag{12-12}$$

当$\sigma+j\Omega$与第i个模态的频率非常接近时，有如下关系

$$(2H_i^m p^2 + D_i^m p + K_i^m)|_{p=\sigma+j\Omega} \approx 0 \tag{12-13}$$

即很小的发电机转子角位移增量扰动将引起第i个模态转子角位移增量很大幅值的振荡，这就是多刚体系统的共振机理。

而$\sigma+j\Omega$与其他模态的频率相差较远，因此它们的转子角位移增量幅值很小，再根据$\Delta\delta=\sum_i \Delta\delta_i^{(m)}$，有

$$\Delta\delta_5 \approx \Delta\delta_i^m \tag{12-14}$$

将式（12-14）代入式（12-12），整理得

$$[2H_i^m p^2 + (D_i^m + D_e)p + (K_i^m + K_e)]\Delta\dot{\delta}_{im}^m = 0 \tag{12-15}$$

当$D_i^m+D_e<0$时，$p=\sigma+j\Omega$具有正实部，即

$$\sigma = -\frac{D_i^m + D_e}{4H_i^m} \tag{12-16}$$

由式（12-16）可知，第i模态的振荡将发散，这是复数力矩系数分析法的理论基础。简化分析时常采用式（12-17）计算复数力矩系数

$$\frac{\Delta\dot{T}_{em}}{\Delta\dot{\delta}_{5m}} = K_e + j\Omega D_e \tag{12-17}$$

若在轴系各扭振自然频率处，$D_i^m+D_e>0$，则认为系统是稳定的。由上述汽轮机轴系特性推出扰动下的阻尼判据可以看出，复转矩系数法为判断是否发生次同步振荡提供了有效手段。

12.3.3 特征值法

特征值法通过建立系统线性化的状态方程，计算系数矩阵的特征值、特征向量、灵敏度和参与因子。由线性系统理论可以得知只有系统全部特征根的实部为负时，系统才是稳定的。特征值法是一种严格准确的线性方法。该方法的优点是理论严格，物理概念清楚，能够准确计算不同频率下轴系扭振与阻尼特性，同时也有利于进行控制器的研究；缺点是只能用于小扰动分析，不能用于暂态力矩放大研究；电力电子装置用近似的线性化模型表示，忽略了开关操作对系统行为的影响；只能得到若干孤立频率点的阻尼特性；电力系统规模大了以后会出现维数灾问题。

12.3.4 机组作用系数法

机组作用系数法（Unit Interaction Factor，UIF）最早于1982年由通用电气公司提出，1993年国际电工委员会将其作为评估发电机组轴系与高压直流输电相互作用强弱的方法。第i台发电机组的机组作用系数表示为

$$UIF_i = \frac{S_{HVDC}}{S_i}\left(1 - \frac{SC_i}{SC_r}\right)^2 \tag{12-18}$$

式中：S_{HVDC}为直流输电系统的额定容量；S_i为第i台发电机组的额定容量；SC_i为不包括第i台发电机组时整流站换流母线三相短路容量；SC_r为包括第i台发电机组时整流站换流

母线三相短路容量。若 $UIF_i < 0.1$，则可以认为该机组与直流系统没有显著的相互作用。需要注意的是，当同一母线上的机组相同时需要将它们等值为一台机再进行分析。

12.3.5　时域仿真法

时域仿真法是用数值积分的方法一步一步地求解描述整个系统的微分方程组。该方法采用的数学模型可以是线性的，也可以是非线性的，网络元件可以采用集中参数模型，也可采用分布参数模型，发电机组轴系的质量块—弹簧模型中的轴系可以划分得更细，甚至可以采用分布参数模型。时域仿真分析采用电磁暂态程序来计算暂态—时间响应，获得系统状态量和代数量随时间变化的曲线，是研究暂态力矩放大作用的最有效的工具。其优点是能够适应系统具有非线性元件，可以进行各种操作并得到各物理量直观的时域响应曲线，便于验证所设计的控制装置在各种运行方式下的有效性。时域仿真法的缺点是对振荡产生的原因和物理本质不能提供清楚有效的信息，因而难以用于振荡控制的研究。

12.4　串补输电引起的次同步谐振

在有串联电容补偿（串补）的电力系统中电气谐振频率 f_{er} 低于同步频率 f_0，在一定条件下机网相互作用会引起次同步谐振，分为以下三种表现形式：感应发电机效应、机电扭振相互作用、暂态力矩放大作用。

12.4.1　感应发电机效应

同步发电机经有串联电容补偿的输电线路接入系统中，在一定条件下会发生次同步谐振，SSR 的频率即为 LC 串联谐振频率。对于谐振频率而言，发电机相当于一台异步电机，且处于发电状态，为谐振提供能量，使得谐振得以持续。这一效应通常称为感应发电机效应，是一种单纯的电气现象，与轴系扭转振荡无关。

输电线路的串联电容补偿度为

$$k = \frac{1}{\omega_0 \sqrt{LC}} \tag{12-19}$$

式中：ω_0 为工频；L 为线路电感；C 为串补电容。

若发电机次暂态电抗远小于输电线路电抗，则发生谐振时的角频率近似为

$$\omega = \frac{1}{\sqrt{LC}} = k\omega_0 < \omega_0 \tag{12-20}$$

可以看出，串联谐振角频率小于工频。

由于同步发电机以ω_0同步速旋转，则谐振分量下的转差率 $s=(\omega_{er}-\omega_0)/\omega_{er}<0$。如图 12-2，当感应发电机转子电路的负电阻 R_r/s 与电网正电阻之和为负值时，形成具有负电阻的 RLC 电路，会导致发电机自励磁现象。

在实际中，可以先求出谐振频率，再判断此时系统电阻是否为负值。若是，则在此频率下可能产生感应发电机效应。

12.4.2　机电扭振相互作用

1970 年和 1971 年美国 Mohave 电厂 790MW 汽轮发电机组轴系两次发生严重损坏，

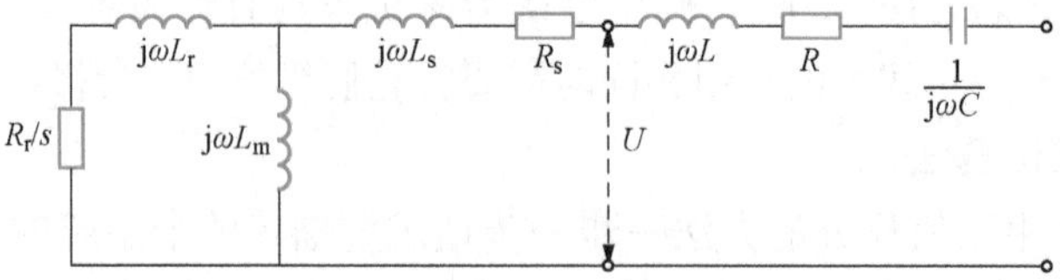

图 12 - 2　含有串补电容的 RLC 简化电路

通过研究发现，轴系损坏是由于扭振相互作用导致的。图 12 - 3 为机电耦合的单机无穷大系统模型，可以看出电气系统和机械系统之间是存在着紧密联系。对电气系统来说，在电气谐振频率下如果系统总阻尼为正，则电气系统是稳定的。对于发电机组轴系来说，由于轴系自身机械阻尼的存在，在发电机组没有接入电力系统时，机械系统也是稳定的。但是当发电机并网之后，如果在转子上出现一个频率为 f_m的微小振荡 $\Delta\omega$，将会在定子绕组中产生频率为（f_0+f_m）和（f_0-f_m）的电压和电流分量，这里 f_m为轴系的一个扭振频率。若轴系扭振频率 f_m与电气振荡频率 f_0互补（$f_0-f_m\approx f_{er}$）；电气和机械系统将产生相互作用，由频率为（f_0-f_m）的次同步电流分量产生的电磁转矩将可能会与转子振荡 $\Delta\omega$ 同相位，从而驱动这一振荡 $\Delta\omega$ 使之幅值不断增大。如果系统阻尼不能阻止这种机电扭振相互作用，将会造成发电机组轴系的损坏。

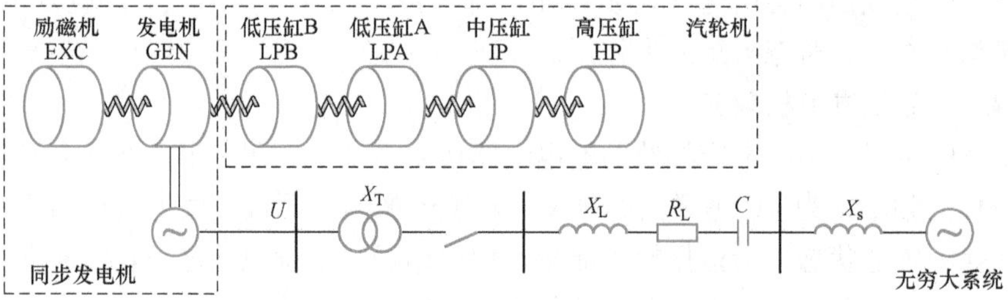

图 12 - 3　机电耦合的单机无穷大系统模型

现用复转矩系数法简单分析这种机械系统和电气振荡之间的相互作用。假设某一稳态运行情况下，机组轴系受到微小扰动，发电机转子产生频率为 ω_m幅值为 A 的角位移增量 $\Delta\theta$

$$\Delta\theta = A\sin\omega_m t \tag{12 - 21}$$

ω_m为轴系某一自然扭振频率的标幺值。由此扰动产生的角速度增量为

$$\Delta\omega = \frac{\mathrm{d}\Delta\omega}{\mathrm{d}t} = A\omega_m\cos\omega_m t \tag{12 - 22}$$

此时转子角速度 ω 为

$$\omega = \omega_0 + \Delta\omega = 1 + \Delta\omega \tag{12 - 23}$$

角速度的变化会引起机端电压和耦合磁链的变化，在 dq0 坐标系下，有

$$\begin{cases} u_d = u_{d0} + \Delta u_d \\ u_q = u_{q0} + \Delta u_q \\ \Psi_d = \Psi_{d0} + \Delta\Psi_d \\ \Psi_q = d_{q0} + \Delta\Psi_d \end{cases} \tag{12 - 24}$$

在这里忽略定子电阻，dq0 坐标系中忽略变压器电动势与零序分量且转子以同步速旋转，有

$$\begin{cases} u_{\mathrm{d}} = -\omega\Psi_{\mathrm{d}} \\ u_{\mathrm{q}} = \omega\Psi_{\mathrm{d}} \\ u_{\mathrm{d0}} = -\Psi_{\mathrm{q0}} \\ u_{\mathrm{q0}} = \Psi_{\mathrm{d0}} \end{cases} \tag{12-25}$$

忽略高阶增量 $\Delta\Psi\Delta\omega$ 得

$$\begin{cases} \Delta u_{\mathrm{d}} = -\Delta\Psi_{\mathrm{q}} - \Psi_{\mathrm{q}}\Delta\omega \approx -\Delta\Psi_{\mathrm{q}} - \Psi_{\mathrm{q0}}\Delta\omega \\ \Delta u_{\mathrm{q}} = \Delta\Psi_{\mathrm{d}} + \Psi_{\mathrm{d}}\Delta\omega \approx \Delta\Psi_{\mathrm{d}} + \Psi_{\mathrm{d0}}\Delta\omega \end{cases} \tag{12-26}$$

由于 $\theta=\omega t+\Delta\theta$，将 dq0 下的 u_{dq}转化为定子 abc 坐标下的 u_{abc}，设 $t=0$ 时，a 轴 d 轴夹角为零，计算出定子 a 相电压为

$$u_{\mathrm{a}} = u_{\mathrm{d}}\cos\theta - u_{\mathrm{q}}\sin\theta \tag{12-27}$$

其中

$$\begin{cases} \cos\theta = \cos(\omega t + \Delta\theta) \approx \cos t - \Delta\theta\sin t \\ \sin\theta = \sin(\omega t + \Delta\theta) \approx \sin t - \Delta\theta\cos t \end{cases} \tag{12-28}$$

现对 u_{a}进行计算，忽略高阶增量 $\Delta\Psi\Delta\omega$，得定子 a 相电压为

$$u_{\mathrm{a}} = (\Psi_{\mathrm{q0}}\sin t - \Psi_{\mathrm{d0}}\cos t)\Delta\theta - (\Psi_{\mathrm{q0}}\cos t + \Psi_{\mathrm{d0}}\sin t)\Delta\omega - (\Psi_{\mathrm{q}}\cos t + \Psi_{\mathrm{d}}\sin t) \tag{12-29}$$

将式（12-21）、式（12-22）带入式（12-29）。得到只考虑角度和角速度增量下自然频率 ω_{m}的转子角位移增量在定子 a 相电压上产生的电压增量为

$$\Delta u_{\mathrm{a}} = \Psi\left\{\frac{A}{2}(1-\omega_{\mathrm{m}})\sin[(1-\omega_{\mathrm{m}})t+\alpha] - \frac{A}{2}(1+\omega_{\mathrm{m}})\sin[(1+\omega_{\mathrm{m}})t+\alpha]\right\} \tag{12-30}$$

其中 $\alpha=\arctan(\Psi_{\mathrm{q0}}/\Psi_{\mathrm{d0}})$，$\Psi=\sqrt{\Psi_{\mathrm{q0}}^2+\Psi_{\mathrm{d0}}^2}$，若将 α 加上或减去 $2\pi/3$，即 b、c 相电压增量。

由式（12-30）看来，当轴系扭振的频率为 ω_{m}，发电机定子会产生次同步频率（$1-\omega_{\mathrm{m}}$）和超同步频率（$1+\omega_{\mathrm{m}}$）的电压分量。

对于含有串联电容补偿的电路，a 相电压增量会在 a 相中产生频率为（$1-\omega_{\mathrm{m}}$）的电流分量，且相位十分接近，由于三相电路对称，产生的三相电路在空间形成了一个转速为（$1-\omega_{\mathrm{m}}$）的旋转磁场，幅值为

$$\Delta I = \Psi\frac{A(1-\omega_{\mathrm{m}})}{2R} \tag{12-31}$$

式中：R 为定子回路电阻。

三相电流的 d、q 增量为

$$\begin{cases} \Delta i_d = -\Delta I\sin(\omega_{\mathrm{m}}t-\alpha) \\ \Delta i_{\mathrm{q}} = -\Delta I\cos(\omega_{\mathrm{m}}t-\alpha) \end{cases} \tag{12-32}$$

可以求出该增量电流产生的增量电磁转矩为

$$\Delta T_e = \Psi_{d0}\Delta i_q - \Psi_{q0}\Delta i_d = -\Psi\Delta I\cos\omega_m t \quad (12-33)$$

式（12-31）代入式（12-34）得

$$\begin{aligned}\Delta T_e &= -\Psi^2 \times \frac{A(1-\omega_m)}{2R} \times \cos\omega_m t \\ &= -\Psi^2 \times \frac{(1-\omega_m)}{2R\omega_m} \times \Delta\omega\end{aligned} \quad (12-34)$$

因此当谐振频率与某一自然扭振频率互补时，次同步频率为（$1-\omega_m$）的电流分量会产生与扰动同相位的驱动电磁转矩，同时产生负阻尼作用，若系统因此整体仍是负阻尼，振荡就会维持甚至会发散，造成严重的次同步谐振。同时，超同步分量形成的转矩一般为正阻尼作用，且电路很少有大于同步频率的分量与之对应，因此超同步谐振很难发生。

次同步谐振的机理是当定子回路的电磁振荡频率 ω_e 与轴系的某一阶自然扭振频率 ω_m 互补时，转子频率为 ω_e 的振荡分量在定子绕组中所引起的次同步频率（$1-\omega_e$）的电流分量，该电流分量反过来在转子上产生一个交变的电磁转矩，并且与转子上原振荡分量同相位，因而对其产生负阻尼作用，从而形成机械与电气间的相互激励，使得原振荡分量趋于增大。

现举一道算例以便更好理解频率互补所带来的机电扭振相互作用。以 IEEE 第一基准模型为例，系统结构如图 12-4 所示。该系统由一台 892.4MVA、26kV、3600r/min 的汽轮发电机通过一条串联电容补偿输电线路向无限大母线送电。

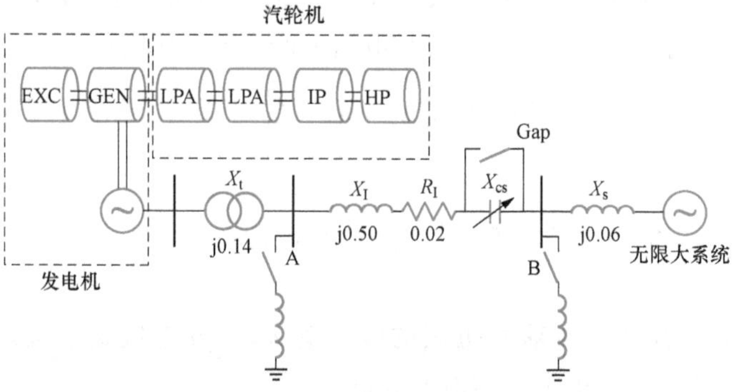

图 12-4　IEEE 第一基准模型系统结构

发电机组参数如下：$x_d=1.79$，$x_q=1.71$，$x_p=0.13$，$x'_d=0.169$，$x'_q=0.228$，$x''_d=0.135$，$x''_q=0.2$，$R_a=0$，$T'_{d0}=4.3s$，$T'_{q0}=0.85s$，$T''_{d0}=0.032s$，$T''_{q0}=0.05s$，$F_{HP}=0.3$，$F_{IP}=0.26$，$F_{LPA}=0.22$，$F_{LPB}=0.22$，$\cos\varphi=0.9$，$P_0=0.9$。变压器电抗 $X_t=j0.14$，线路阻抗为 $R_l+X_l=0.02+j0.5$，X_{CS} 为串补电容，无穷大系统内电抗 $X_S=j0.06$。机组的轴系参数见表 12-1，六质量块轴系形成的状态矩阵如式（12-35）。

表 12-1　　转子质量弹簧模型参数

质量块	惯性时间常数 H（s）	轴段	刚度 K（p.u.）
HP（H_1）	0.09289	HP-IP（K12）	7277

续表

质量块	惯性时间常数 H (s)	轴段	刚度 K (p. u.)
IP (H_2)	0.1556	IP - LPA (K23)	13168
LPA (H_3)	0.8587	LPA - LPB (K34)	19618
LPB (H_4)	0.8842	LPB - GEN (K45)	26713
GEN (H_5)	0.8685	GEN - EXC (K56)	1064
EXC (H_6)	0.0342		

$$\mathbf{A}=\begin{bmatrix} -\frac{K_{12}}{2H_1} & \frac{K_{12}}{2H_1} & & & & \\ \frac{K_{12}}{2H_2} & -\frac{K_{12}+K_{23}}{2H_2} & \frac{K_{23}}{2H_2} & & & \\ & \frac{K_{23}}{2H_3} & -\frac{K_{23}+K_{34}}{2H_3} & \frac{K_{34}}{2H_3} & & \\ & & \frac{K_{34}}{2H_4} & -\frac{K_{34}+K_{45}}{2H_4} & \frac{K_{45}}{2H_4} & \\ & & & \frac{K_{45}}{2H_5} & -\frac{K_{45}+K_{56}}{2H_5} & \frac{K_{56}}{2H_5} \\ & & & & \frac{K_{56}}{2H_6} & -\frac{K_{56}}{2H_6} \end{bmatrix} \tag{12-35}$$

代入表 12-1 中的数据，计算得到轴系扭振模态如图 12-5 所示。

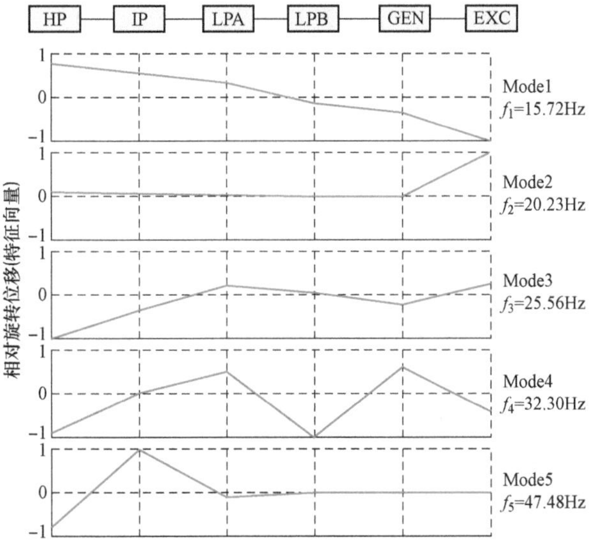

图 12-5　扭转自然振荡频率和模态

IEEE 第一基准模型中，串补电容的数值设置为使电气谐振频率约为 40Hz，恰好与轴系第二阶扭振固有频率 20.23Hz 互补，从而发生次同步谐振。从图 12-5 可以看出，转子第二阶扭振模态属于发电机—励磁机模式，即当该模态被激起时发电机与励磁机之间的扭矩表现最为明显。在 1.5s 时，图 12-4 中 B 点发生瞬时三相短路，持续时间 0.075s，发电机与励磁机之间的扭矩如图 12-6 所示。

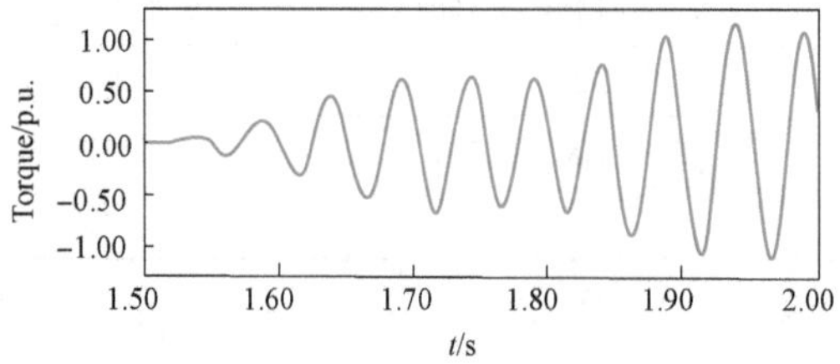

图 12-6　发电机与励磁机间转矩

从图 12-6 可以看出，发电机与励磁机之间的扭矩振荡频率大约为 20Hz，且转矩有发散趋势。

12.4.3　暂态力矩放大作用

在扰动频率接近于轴系自然振荡频率过程时，由扰动分量引起的扭振幅度会逐渐增大。当自然振荡频率的阻尼很小时，会出现衰减非常缓慢、幅度很大的振荡，该过程称为轴系扭矩放大作用引发的次同步振荡。

当电气系统发生线路开关操作或各种故障时，会出现严重的过渡过程。当系统没有加入串联补偿电容时，扰动后各电气分量会以指数规律衰减至零；当加入串联电容器后，系统受到扰动后将会产生频率为 f_0-f_e的暂态电磁转矩，如果的 f_0-f_e频率接近某一阶轴系扭振频率，将会导致轴系扭矩迅速增大，进而损坏机组的轴系。通常称这一现象为“暂态力矩放大作用”。由于暂态过程瞬间产生的转矩很大，即使马上切除发电机，也将会造成轴系疲劳损伤。暂态力矩放大作用通常发生在系统大扰动后，短时间内产生很大的暂态力矩会造成发电机轴系损伤；而机电扭振相互作用是指由于阻尼不足造成的长时间增幅振荡。与机电扭振相互作用相比，暂态力矩放大作用产生的危害更大，需要予以特别的关注。

决定暂态力矩放大作用严重程度的因素主要是暂态力矩峰值和故障后暂态期间的波形，可以通过轴系的疲劳寿命损耗来评估一次故障引起的暂态力矩放大作用对轴系造成的损伤。

12.5　装置引起的次同步振荡

电力系统中电力电子装置的应用会产生谐波，在一定条件下会与汽轮发电机组转子轴系相互作用；若采用的电力电子装置控制策略不当，会激发机组的轴系扭振，称为装置引起的次同步振荡。

次同步振荡的发生具有突发性，除串联补偿装置和高压直流输电等原因外，很多其他的装置也会诱发次同步振荡，如电力系统稳定器、调速器、交流输电系统中电力电子设备等，这些装置都有可与发电机组轴系相互作用，导致次同步振荡的发生，即使小幅值的次同步振荡也有可能在其他诱因的共同作用下发生严重的共振。事实上，任何在次同步频率范围内，对发电机的功率转速变化具备快速响应或控制能力的电力电子装置都有可能成为次同步振荡激发源。

12.5.1　高压直流输电引发的次同步振荡

图 12-7 为高压直流输电系统示意图，升压的交流电经整流器变为直流运输，另一

侧直流电逆变为交流电流向降压变压器。高压直流输电引发次同步振荡的原理如图 12-8 所示，当汽轮发电机组处在 HVDC 的整流侧附近时，机组的大部分发电功率会采用高压直流输电方式输送到电力系统中，此时高压直流输电系统与该发电机联系紧密。转子的机械扰动会引起机端电压发生改变，也就导致触发角发生偏移，最后导致直流侧电流（功率）发生偏移。定电流（功率）控制器会迅速响应电流（功率）变化只是不能完全消除，导致了电磁转矩出现扰动。若该扰动与转速偏移量相角差大于 90°，会产生负阻尼。过大的负阻尼可能会引起严重的轴系扭振，其本质属于机电耦合作用，但是与次同步谐振的原理略有不同。HVDC 控制系统引发的次同步振荡也受多种因素的影响，如系统运行状态、与整流站相连的发电机组轴系扭振的阻尼特性、控制参数、触发方式、整流侧控制方式、直流系统参数、直流输电系统换流站无功功率补偿和逆变侧控制方式等，这些因素也都会改变轴系扭振状态而诱发次同步振荡下轴系扭振。

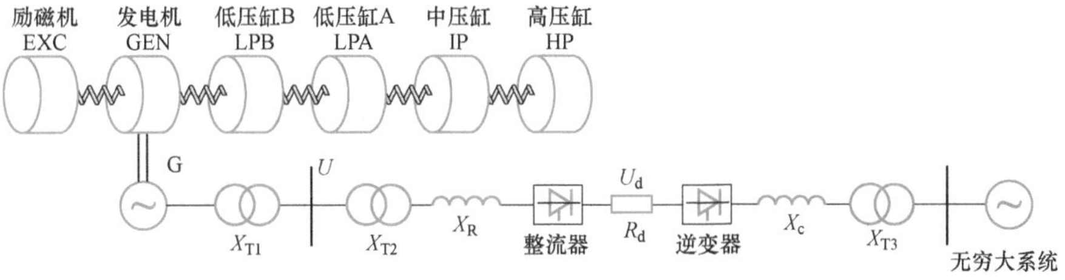

图 12-7 HVDC 系统图

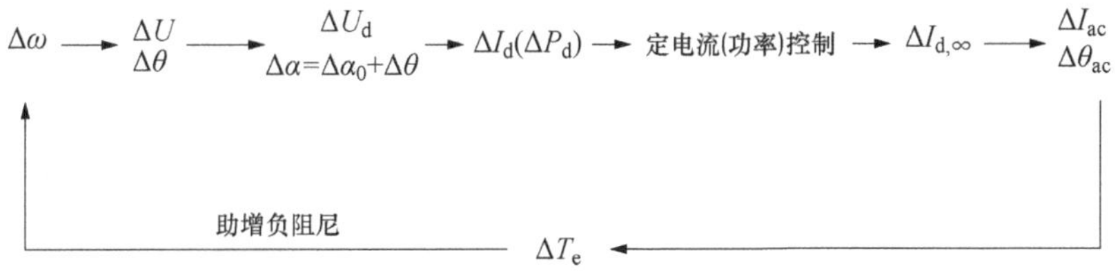

图 12-8 HVDC 引发次同步振荡的原理图

详细分析 HVDC 对电力系统次同步振荡的影响需要用到复转矩系数法，这里不再赘述。

2015 年末在我国西北电网中很多机组发生了次同步振荡现象，并且一台机组的次同步振荡引发附近的机组发生共振，多次振荡都是由于高压直流输电引起的。因此在研究直流输电的次同步振荡时，根据以上内容来整定系统相关运行方式与参数，避免次同步振荡造成严重的轴系扭振现象。

为直观看出 HVDC 导致的扭振情况，现应用 PSCAD/EMTDC 建立发电机组轴系与 HVDC 相互作用的机网耦合模型，如图 12-9 所示。

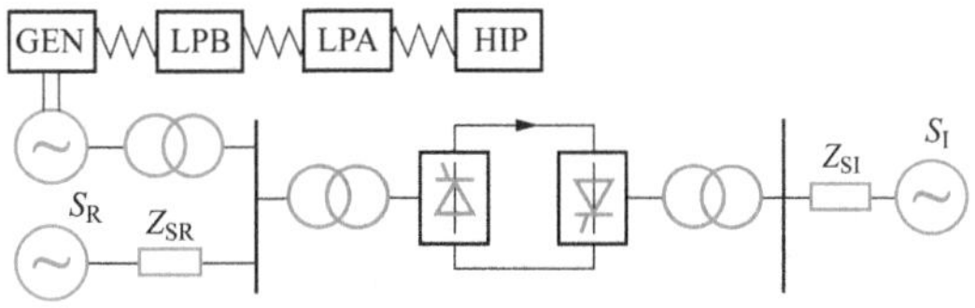

图 12-9 交直流系统耦合模型

图中直流系统额定输送功率 1000MW，额定电压 500kV。直流系统为双极 12 脉动系统，整流侧采用定电流控制，逆变侧采用定熄弧角控制。S_R和 Z_{SR}表示送端等值电网，S_I和 Z_{SI}表示受端等值电网。发电机额定容量为 667MVA，额定电压 20kV，机组作用系数设定为 0.321。

由 12.2 节线性化的汽轮发电机组轴系多质量块弹簧模型表示如下

$$\begin{aligned} \Delta\dot{\delta}_i &= \Delta\omega_i \quad i = 1,2\cdots n \\ 2H_i\Delta\dot{\omega}_i &= -\Delta T_{ei} - D_{ii}\Delta\omega_i - K_{i,i+1}(\Delta\delta_i - \Delta\delta_{i+1}) - K_{i,i-1}(\Delta\delta_i - \Delta\delta_{i-1}) \end{aligned} \tag{12-36}$$

复转矩系数法的基本思想是轴系机械系统与电气系统之间仅通过发电机转子角和电磁转矩相联系，因此可以分开考虑。将式（12-36）中除了发电机转矩和转子角以外的量均消去，为表述方便假设汽轮发电机轴系由高中压转子、低压转子 A、低压转子 B 和发电机转子 4 个质量块组成，发电机转子为第 4 个质量块，可以得到

$$[M_4(p) - K_3(p)A_4(p)]\Delta\delta_4 = -\Delta T_e \tag{12-37}$$

式中 $M_i(p)=2H_ip^2+D_{ii}p+K_{i-1,i}+K_{i,i+1}$，$K_i(p)=K_{i,i+1}$，$K_{01}=K_{45}=0$。

$A_4(p)$可以用递推公式计算

$$A_i(p) = \frac{K_{i-1}(p)}{M_{i-1}(p) - K_{i-2}(p)A_{i-1}(p)} \tag{12-38}$$

式（12-37）中记 $K_M(p)=M_4(p)-K_3(p)A_4(p)$，为机械复转矩系数，其数值为零对应的频率即为轴系扭振频率。

若应用特征值法，将式（12-36）写成状态空间的形式，有

$$\begin{aligned} \Delta\dot{x} &= \boldsymbol{A}\Delta\boldsymbol{x} + \boldsymbol{B}\Delta\boldsymbol{u} \\ \Delta y &= \boldsymbol{C}\Delta\boldsymbol{x} + \boldsymbol{D}\Delta\boldsymbol{u} \end{aligned} \tag{12-39}$$

其中状态向量 $\Delta\boldsymbol{x}$ 为 $[\Delta\delta_1\Delta\omega_1\cdots\Delta\delta_n\Delta\omega_n]^T$，输入向量 Δu 为 ΔT_{ei}，输出向量通常为发电机转子角速度增量。通过求取矩阵 $\boldsymbol{A}$ 的特征值和特征向量，可以获得轴系扭振频率和模态。应用复转矩系数法和特征值分析法计算轴系扭振特性如图 12-10、图 12-11 所示。

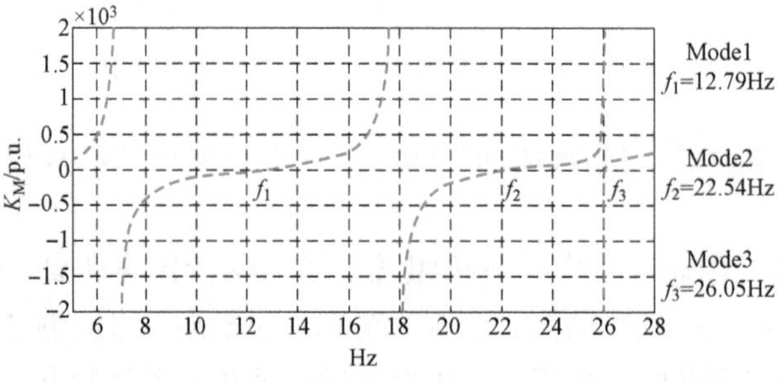

图 12-10 复转矩系数法计算的轴系扭振自然频率

可以看出复转矩系数法与特征值分析法计算得出的扭振频率非常接近，完全可以用特征值法取代复转矩系数法对轴系机械部分进行计算，而且应用特征值法还能得到复转矩系数法无法获得的重要信息。

采用复转矩系数法计算得出的系统电气阻尼系数如图 12-12 所示。

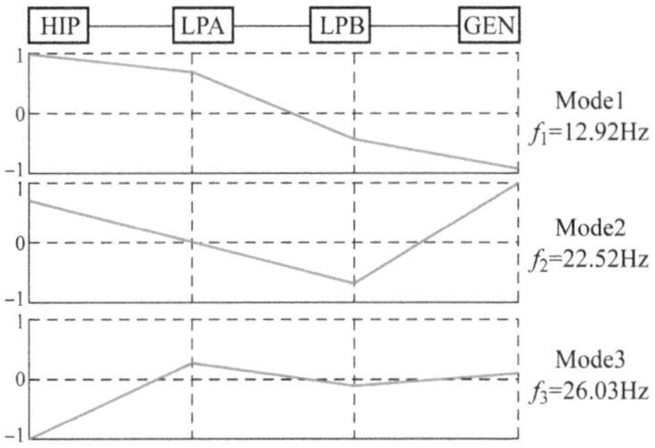

图 12-11　特征值法计算的轴系扭振频率与模态

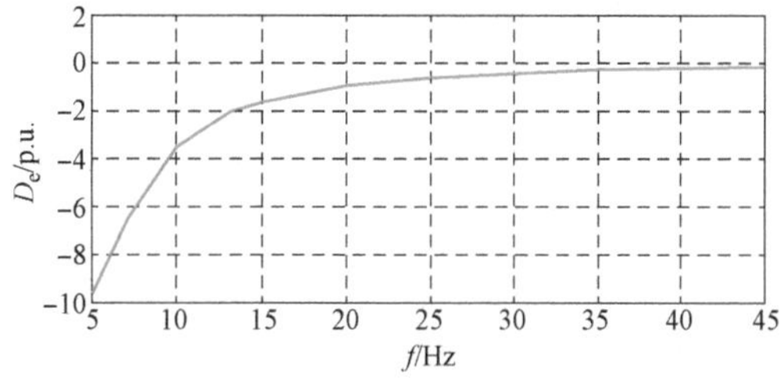

图 12-12　电气阻尼系数

由图 12-12 可见，含有高压直流的电气系统阻尼系数在整个次同步频率范围内为负值。在轴系的第一阶扭振频率处 $D_e=-2.03$p. u.，第二阶扭振频率处 $D_e=-0.78$p. u.，第三阶扭振频率处 $D_e=-0.56$p. u.，机械阻尼为 0 的情况下总阻尼将是负值。送端换流母线在 10s 时发生瞬时三相短路，持续时间 0.05s，仿真结果如图 12-13 所示。

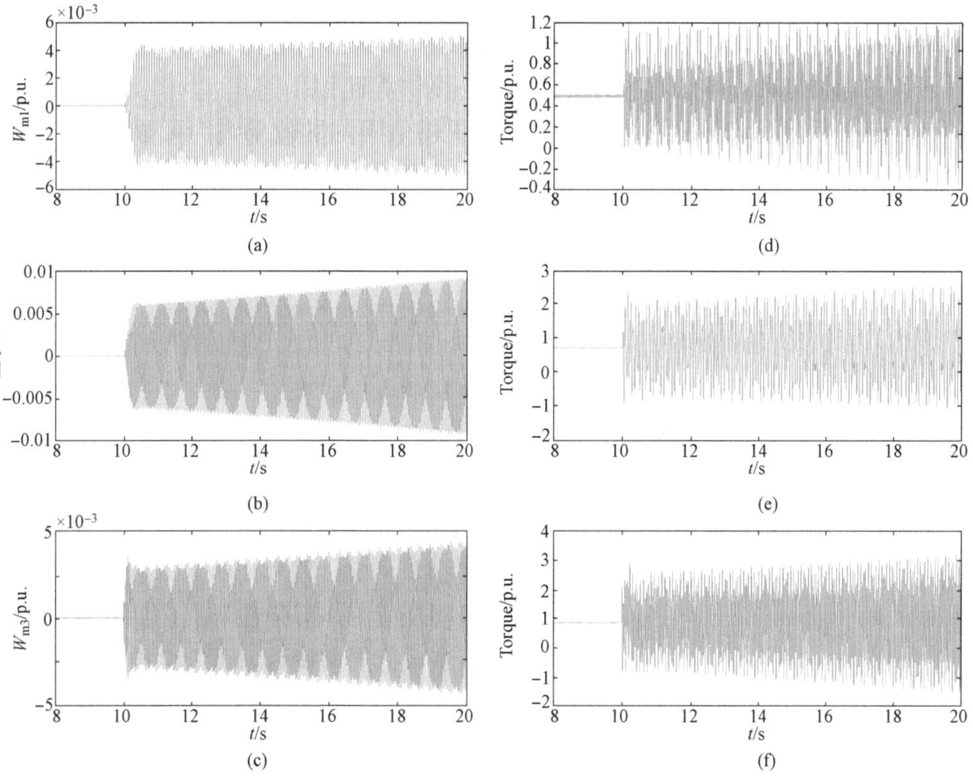

图 12-13　仿真结果

(a) 模态 1 转速 12.92Hz；(b) 模态 2 转速 22.52Hz；(c) 模态 3 转速 26.03Hz；(d) 高中压与低压转子之间的扭矩；(e) 两个低压转子之间的扭矩；(f) 低压与发电机转子之间的扭矩

从图 12-13 可见，扰动后发电机各模态转速出现增幅振荡，各个转子之间的扭矩也呈现发散趋势，说明 HVDC 引发了多模态次同步振荡。

12.5.2 电力系统稳定器引发的次同步振荡

电力系统稳定器（PSS）的设计初衷是一台发电机励磁的附加控制器，通过引入角速度或者转速等电气量进行相位补偿，综合放大后加入励磁控制系统，对电力系统低频振荡起到有效的抑制作用。然而，某些调节情况下 PSS 参数整定不当，在为机组低频振荡模式提供良好阻尼时会向次同步振荡模式提供负阻尼，进而将会引发机组轴系扭振。即 PSS 在对低频振荡进行相位补偿时，对次同步振荡信号可能引起不希望的放大作用，导致机组轴系产生次同步振荡。当然，该种振荡也会受 PSS 参数和反馈信号的影响。

从简单电力系统的经典六系数模型出发，将轴系模型解耦，建立研究轴系扭振和低频振荡的统一扩展六系数模型，并研究 PSS 对轴系扭振的影响。经过计算可以看出：

（1）速度反馈型、功率反馈型和速度加功率反馈型三种 PSS 在次同步频率下可能会提供正的同步转矩和负的阻尼转矩，负阻尼转矩的大小和 PSS 的结构参数、振型分布及模态惯量都有关系。并且负阻尼转矩的幅值随着发电机输出功率的增大而增大。

（2）PSS 传递函数和系统前向传递函数在扭振模态频率下的相位情况会影响 PSS 提供附加阻尼转矩的正负性。在次同步扭振模态中，PSS 传递函数的相位不能补偿前向传递函数的相位滞后，导致对次同步扭振模态提供负阻尼。

（3）速度反馈型 PSS 对次同步振荡模态提供负阻尼的效果最为明显，速度加功率反馈型 PSS 次之，功率反馈型最小。因而推荐采用功率反馈型 PSS，既利于抑制低频振荡，又不易引起严重的轴系扭振。

12.6 电网投切引起的轴系扭振

在工程中，材料的“疲劳”定义为：在材料的一点或者若干点上受到冲击性应力和应变的情况下，或者在受到足够大的多次冲击以后，最后使材料产生裂痕甚至完全断裂的条件下，所出现的局部累积性永久结构的改变过程。也就是说，材料本身具有自己的疲劳寿命，每次冲击都会消耗材料的疲劳寿命，这种消耗是累积性的。当疲劳寿命被消耗殆尽，就会出现裂纹甚至断裂的现象。对于轴系来说，如果存在大量低幅值冲击则会造成轴系的高周期疲劳，即弹性形变；如果存在少量大幅值冲击则会造成低周期疲劳，可能会导致轴系的塑性形变。如图 12-14 所示，汽轮发电机轴系所能承受的应力与循环次数之间的关系称为应力—循环次数曲线，即 S-N 曲线，当应力小于疲劳极限时，轴系可以经历无限多次应力循环。随着应力的增大，轴系所能承受的应力循环次数下降。工程中每台发电机都有自己的参数，实际计算应力循环次数需要参考。

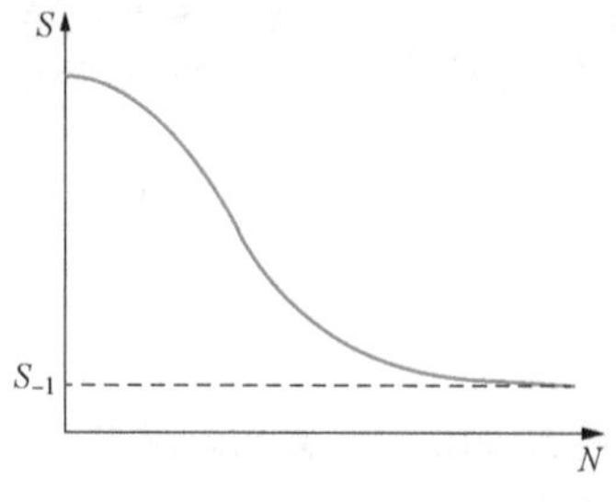

图 12-14 应力—循环次数曲线

对于一台发电机来说，次同步振荡会严重损耗转轴的寿命，甚至引发事故。但是，电网设备或系统的投切所带来的冲击也可能会造成轴系扭振事故。因此控制电网投切带来的冲击，是保护轴系疲劳寿命的重要关注点。

在电力系统的运行中，有时为了改变运行方式满足负荷需求，需要跳开或闭合断路器来重新控制潮流，但是跳开闭合断路器会产生过渡分量。同时若系统发生故障会产生很大的暂态分量，故障的消除与线路重新投切是如此。这些分量由于“暂态力矩放大作用”会对发电机转子产生巨大的暂态力矩，大幅消耗了转子轴系的疲劳寿命。

这种电网扰动和投切事件虽然和次同步振荡产生的原理看似毫不相关，但是会相似地对轴系扭振现象和疲劳寿命产生影响。

12.6.1 稳态投切

对于计划性投切，例如简单的线路恢复，投切开关应不引起明显的累积性轴系疲劳损耗，这意味着，包括平均应力影响在内的周期性轴系应力应当保持在高周期疲劳极限以内。这时轴系疲劳寿命几乎可以得到完全的保留，并可以经受非计划性冲击和意外的扰动，例如故障或故障消除的影响。

理论上讲，研究断路器操作对发电机轴系扭振的影响应详细分析系统中所有可能操作的断路器，但十分困难。因此可以通过筛选投切断路器对轴系扭振疲劳寿命影响的方法来确定哪些断路器是需要研究的。

断路器两端电压相角和线路阻抗都会影响断路器投切的严重性。因此可使用发电机功率突变量（ΔP）的大小来衡量对轴系扭振的严重程度，ΔP 的允许范围是发电机额定范围的 0.5p.u.，这样可使每次正常运行操作造成的轴系疲劳损耗不大于 0.001%。当超过该允许范围，则投切带来的影响是必须校验的。

12.6.2 连续电网投切

类似故障后自动重合闸的操作会产生很大的暂态扭矩，在这种情况下，应考虑此过程中系统的所有连续的扰动带来的影响，如故障出现，故障消除与成功或失败的重合闸。一般使用电磁暂态程序模拟定子与电网的暂态过程来分析轴系扭振与疲劳寿命的消耗。

在 IEEE 工作组提供的参考文献中，给出了对各种电网扰动造成疲劳寿命消耗量预测范围的总结，包括不同类型故障、故障清除、成功重合闸和不成功重合闸等。一般来讲，三相短路对轴系的冲击在所有短路故障中是最严重的，但是也有文献提到两相短路接地对轴系的冲击比三相短路更为严重。非同期并网中，120°误并列对轴系的冲击最为严重。在重合闸中，发生在发电厂附近多重故障的线路快速重合闸，是造成轴系疲劳寿命消耗量最严重的情况。在计划采用快速重合闸措施的时候，应该对系统疲劳负载能力进行认真的评估。

减少轴系损坏的部分重合闸措施有：

（1）延迟重合闸时间到 10s 或者更长的时间。

（2）顺序重合闸，即先在远离发电厂的一端实现自动重合闸，然后在发电厂端经同步检查后进行重合。

（3）有选择的重合闸操作，即将快速自动重合闸的使用限制于单相接地故障和相间故障。

12.7 次同步振荡的控制措施

12.7.1 增设滤波器

次同步振荡是由电气部分与电机部分共同耦合作用的结果，所以可以通过在两者间增设装置阻断联系有效抑制次同步振荡。滤波器就是采用这种原理，它与次同步频率相作用，在路径上“阻断”或是引出“旁路”来隔绝耦合作用。下面介绍几种在实际情况中已得到广泛应用的滤波器。

（1）静态阻塞滤波器主要利用LC电路的并联谐振而制成，静态阻塞滤波器是将LC并联振荡电路串联到变压器升压侧，在正常运行状态下它不会产生不利影响，而在次同步振荡下发生谐振，对外表现为高电阻，有效隔绝电气与机械的联系，抑制机电耦合作用与暂态力矩放大作用。由于一组滤波器只有一个谐振频率，而次同步谐振频率不止一个，故需要设计多个滤波器串联到系统中，且其对环境因素敏感、占地大、投资高。

（2）线路电容器是指在串联补偿的电容直接并联一个电抗器，调整参数使在次同步振荡频率下电抗器与电容发生谐振，来隔绝次同步电流。但是电抗器的参数十分固定，只适用于某一运行方式的补偿度。因此若系统十分庞大，其无法适应电网络的变化发展，有效性大大降低。

（3）旁路滤波器在利用LC并联谐振电路的基础上又串联了一个阻尼电阻，对工频呈现高阻抗，而在次同步频率下阻抗很小，形成很大的正阻尼来抵消负阻尼作用，有效抑制了次同步振荡中的感应发电机作用，从而抑制次同步电流。但参数整定困难，容易失谐。

（4）动态滤波器是一种串联在发电机中的有源滤波器。原理是通过测量由转子扭振在系统中产生的次同步谐振电压，产生一个大小相同，相位相反的电压来抵消原先的电压来抑制次同步谐振。但是其控制系统复杂且需独立源，故价格昂贵。

12.7.2 避开谐振点

当转子扭振频率与电气谐振频率互补时会发生次同步谐振，故也可采用避开谐振点的方式来抑制。

（1）改变系统运行方式。在次同步谐振可能发生时，可控制开关将串联电容补偿移出系统，使其与发电机组失去联系。严重时可使发电机组跳闸，避免次同步振荡引发的轴系扭振造成巨大危害。这种方法投资成本低，但是不能完全解决系统中次同步振荡的问题。

（2）串联型FACTS。当线路串联补偿度较高时，可以通过在串联电容器两端并联由晶闸管控制的电抗器将一定比例的电容改成晶闸管控制串联电容器（TCSC），从而对等效补偿电容值进行调节，能够明显改变整体的次同步阻抗特性，避免次同步振荡。但这种方式与 TCSC 导通角的大小、同步方式密切相关。当控制运行点不合适时，仍可能引起次同步振荡。其他串联 FACTS 装置，如门极关断晶闸管控制串联电容器（GCSC）、静止同步串联补偿器（SSSC）等也可以帮助系统避开谐振点，但这些装置造价更高，投资大。

12.7.3 提高系统阻尼

次同步振荡是一种典型的振荡失稳现象，可以通过增加对振荡模态的阻尼，实现对次同步振荡现象的缓解和抑制。附加励磁阻尼控制器（SEDC）、高压直流附加次同步阻尼控制器（SSDC）等都属于此类控制装置，通过检测次同步振荡信号，经过适当的移相和综合放大后，利用装置本身调节或注入相应的电气量，在发电机转子上产生阻尼转矩，抑制次同步振荡。

（1）附加励磁阻尼控制器。附加励磁阻尼控制器在抑制次同步振荡方面具有针对性强、经济性良好、安装维护方便、配置灵活等优点，受到了国内外学者的广泛关注。美国通用（GE）公司在 20 世纪 70 年代中后期分别在 Navajo（纳瓦霍）电厂和 Jim Bridger（吉姆布里杰）电厂实施了两例工程。北方电力公司、清华大学、四方公司合作，自主研发了国产附加励磁阻尼控制装置，并于 2008 年 10 月 31 日在华能北方公司上都电厂试验成功。SEDC 在抑制次同步振荡方面具有良好的应用前景。SEDC 的基本结构示意图如图 12 - 15 所示。

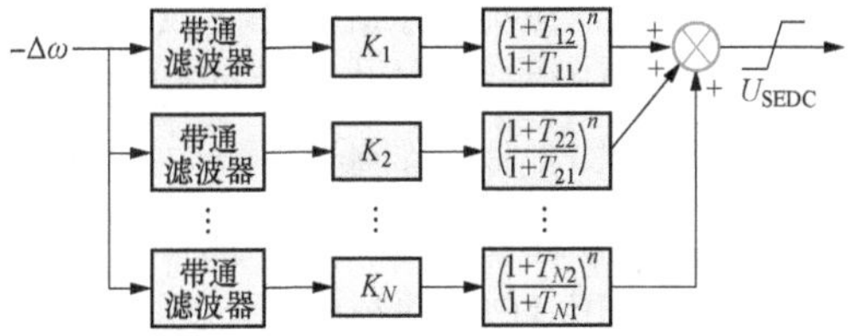

图 12 - 15　SEDC 的基本结构示意图

SEDC 抑制次同步振荡原理和 PSS 抑制低频振荡原理基本相似。电磁转矩变化量可以表示为

$$\Delta T_e = K_e\Delta\delta + D_e\Delta\omega \tag{12-40}$$

式中：K_e为同步力矩系数；$\Delta\delta$ 为电气角位移偏差；D_e为电气阻尼力矩系数；$\Delta\omega$ 为角速度偏差。

若通过改变励磁机的输出，引入一个附加转矩 $\Delta T'_e$，使 $\Delta T'_e$在 $\Delta\omega$ 方向上的投影为正，则该附加转矩将提供正阻尼，起到抑制振荡的作用。

SEDC 输出信号加在 AVR 的输入端，设 SEDC 输出信号为 U_{SEDC}，U_{SEDC}的输入将引起电磁转矩 T_e的变化，设 U_{SEDC}与 T_e之间的传递函数为$G_s\angle\varphi_s$，则

$$\Delta T_e = G_s\angle\varphi_s U_{SEDC} \tag{12-41}$$

若 SEDC 采用转速信号 $\Delta\omega$ 作为输入量，设 SEDC 的传递函数为$G_{SEDC}\angle\varphi_{SEDC}$，则 SEDC 的输出可表示为

$$U_{SEDC} = G_{SEDC}\angle\varphi_{SEDC}\Delta\omega \tag{12-42}$$

可得附加阻尼转矩

$$\Delta T'_e = G_s\angle\varphi_s G_{SEDC}\angle\varphi_{SEDC}\Delta\omega \tag{12-43}$$

可见，若$\angle\varphi_s$与$\angle\varphi_{SEDC}$正好反向，则引入的 $\Delta T'_e$将产生纯的正阻尼作用，起到抑制次同步振荡的目的。

（2）TCSC 附加次同步振荡阻尼控制器。晶闸管控制的串联电容补偿器（Thyristor

Controlled Series Capacitor，TCSC）附加控制对次同步振荡的影响一直受到学术界的关注。TCSC所提供的阻尼随运行条件的不同而不同，在一定条件下对系统次同步谐振起正阻尼作用，而在另一些条件下起负阻尼作用。TCSC的次同步电抗和电阻特性能起到抑制次同步振荡的作用，但在TCSC导通角较小时，不能完全抑制次同步振荡。相对于固定电容串补，TCSC都能大大减小谐振点附近的电气负阻尼，导通角对阻尼特性有很大影响，运行在较大导通角时可有效减小谐振点附近的电气负阻尼。但文献中的阻尼曲线结果可以看出，TCSC工作在容性区时，次同步振荡阻尼依然是负值，存在SSO风险。TCSC并不改变系统总阻尼，随着导通角的变化使阻尼分布发生改变，并验证了TCSC激发次同步振荡的可能性。综上所述，TCSC虽然相对于固定串联补偿，对次同步振荡有一定的抑制作用，但在很多情况下，并不能完全抑制次同步振荡，甚至有可能激发次同步振荡。

由于TCSC具有快速可控性，利用TCSC抑制SSO也成为研究的热点。利用TCSC抑制次同步振荡时，研究表明TCSC运行在导通角44°～56°时能有效抑制次同步振荡，但TCSC的运行范围大大受到限制。若采用发电机转速偏差$\Delta\omega$作为TCSC附加阻尼控制的输入信号，在实际系统中由于发电厂和TCSC之间有一定的距离，考虑到通信延时和设备成本的因素，这种设计在实际工程应用中会受到很大的限制。若采用P_e信号作为TCSC附加阻尼控制的输入，由于仅考虑了系统单一的运行模式，当系统的运行状态改变时，其鲁棒性往往难以得到保证。

可见，采用TCSC抑制次同步振荡时，可能会因为抑制次同步振荡问题而缩小TCSC的安全工作范围，限制了TCSC的灵活性。

(3) 高压直流附加次同步阻尼控制器。高压直流附加次同步阻尼控制器是应用于直流系统提高系统阻尼来抑制次同步振荡的手段。发电机转子机械扰动在直流输电及其控制系统的作用下产生的发电机电气转矩增量与该模态的转速偏差的相位差超过90°时，就会产生负阻尼作用，如图12-16中$\Delta T_e'$所示。当电气负阻尼数值超过机械模态阻尼时，就会产生增幅的次同步振荡。

次同步振荡会对汽轮发电机组轴系产生危害，可以通过改变HVDC定电流调节器的频率特性来防止SSO的发生，更普遍的措施是采用次同步阻尼控制器（Subsynchronous Damping Controller，SSDC）进行抑制。次同步阻尼控制器通过将发电机转速偏差信号引入HVDC定电流控制器的输入端，通过模态滤波、相位补偿和比例放大环节，产生一个附加正阻尼转矩，如图12-16中$\Delta T_e''$所示，使总的电气转矩与转速偏差的相位差在90°以内，从而达到抑制次同步振荡的目的。由于发电机与整流站距离不远，可采用发电机转速偏差作为SSDC的输入信号，SSDC的输出信号加在HVDC整流侧定电流控制器的输入端，SSDC控制结构如图12-17所示。

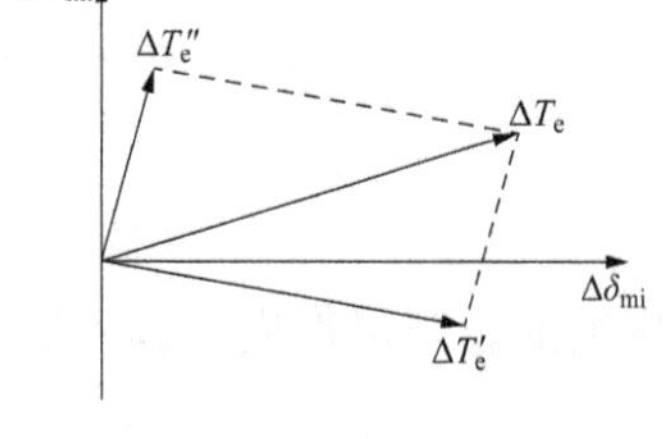

图12-16　发电机电气转矩图

图中T_w为隔直环节时间常数；K为放大倍数；T_1和T_2为超前滞后环节时间常数。投入SSDC的情况下，系统的阻尼特性会得到显著的改善，如图12-18所示。

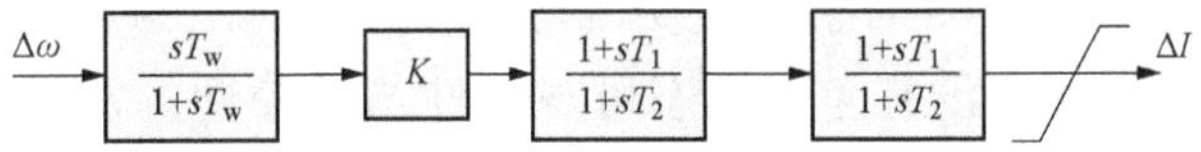

图 12-17 SSDC 控制结构

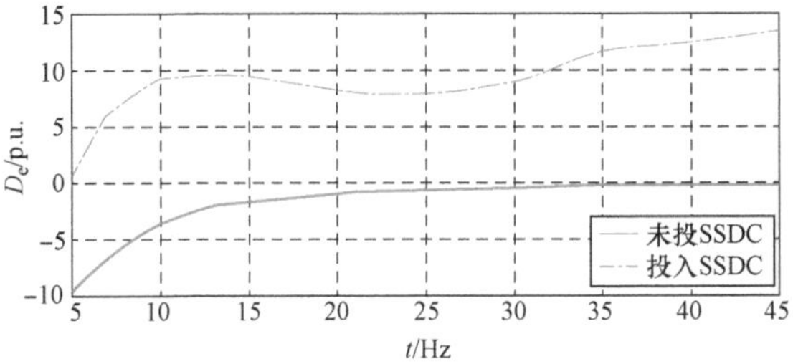

图 12-18 SSDC 对阻尼特性的改善

图中显示了 SSDC 投入前后的电气阻尼系数曲线，可见在整个次同步频率范围内投入 SSDC 后电气阻尼为正值。轴系第一阶扭振频率处 D_e=9.7p.u.，第二阶扭振频率处 D_e=7.8p.u.，第三阶扭振频率处 D_e=8.2p.u.，这样总的阻尼系数肯定是正值。

SSDC 的结构可以分为单通道和多通道两种形式，多通道 SSDC 结构如图 12-19 所示。SSDC 的特点是容量大，响应速度快，在实际工程中取得了较为广泛的应用。

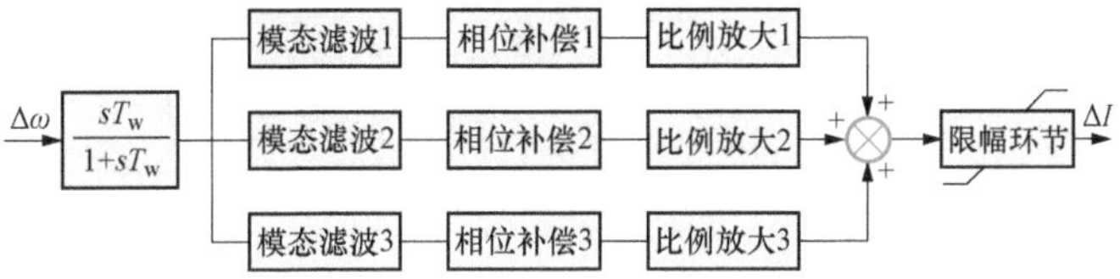

图 12-19 多模态次同步阻尼控制器结构图

为研究 SSDC 的抑制作用，引入可控度和可观测度的概念。概念定义及推导见 10.5.4 节内容，以伊敏三期电厂机组轴系为例，各模态的可控度与可观测度见表 12-2。

表 12-2 次同步振荡的可观测度与可控度

模态	f_1（12.92Hz）	f_2（22.52Hz）	f_3（26.03Hz）
b_{ci}	0.5697	0.6918	0.1839
c_{oj}	0.7983	1.0000	0.1175

从表 12-2 可以看出，模态 3 的可观测度和可控度较低，模态 2 的可观测度和可控度较高，模态 1 的可观测度和可控度居中。

SSDC 补偿阻尼的手段通常是将发电机转速偏差信号 Δω 经过隔直环节、模态滤波环节获得各模态分量，各模态相位补偿通过测试信号法在高压直流定电流控制器输入端施加各模态频率小值正弦信号，观察各模态发电机电气转矩，计算得出相位滞后数值，选择超前环节进行补偿。常规的 SSDC 在确定比例放大环节系数时没有计及模态的可观测与可控度。

对于图 12-9 的系统，10s 时整流侧换流母线发生瞬时三相接地短路，持续时间为 0.05s，机械阻尼设置为 0。没有考虑模态可观测性与可控性的常规 SSDC 控制器作用下，发电机各个转子间的扭矩如图 12-20 所示。

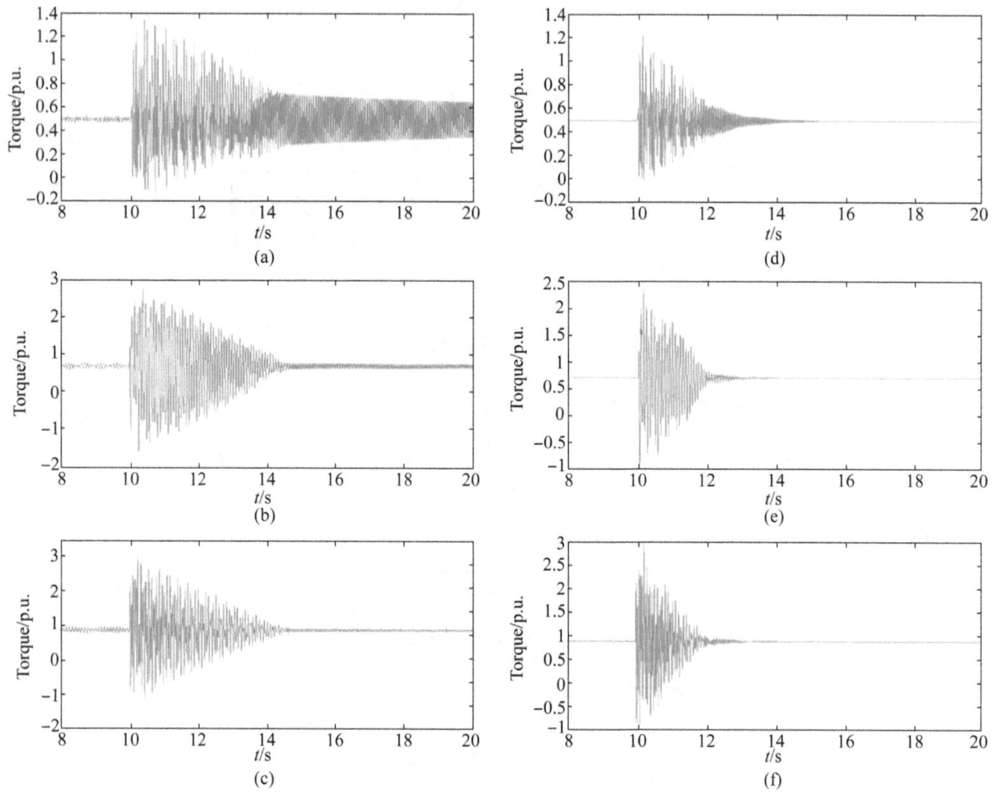

图 12-20　发电机组转矩图

(a) 高中压与低压转子间的扭矩；(b) 两个低压转子间的扭矩；(c) 低压与发电机转子间的扭矩；(d) 高中压与低压转子间的扭矩；(e) 两个低压转子间的扭矩；(f) 低压与发电机转子间的扭矩

从图 12-20 (a) ～ (c) 可以看出，高中压与低压转子之间的扭矩在 14s 之后衰减较慢，其振荡频率为 26Hz，即为模态 3 的扭转振荡。SSDC 对该模态扭振不能有效抑制的原因是其可控度与可观测度较低。采用计及可控度与可观测度的 SSDC 控制器后，各转子间扭矩如图 12-20 (d) ～ (f) 所示。

由图 12-20 (d) ～ (f) 可以看出，采用基于模态可观测与可控度的次同步阻尼控制器后，各个转子间扭转振荡均得到有效抑制，在 10～14s 振荡衰减更快，在 14s 后振荡基本衰减为零。

此外还可以应用发电机轴系扭振继电装置来在次同步振荡发生时避免事故扩大而断开系统。一般可以采用扭振继电器或是电枢电流 SSR 继电器。前者一般根据机械扭振应力来判断，因为输入机械量一般要和昂贵复杂的测速系统搭配。后者检测系统中的次同步电流，一旦电流中的次同步分量过大，就会立即解列发动机组防止扭振的破坏。

12.8 本章小结

本章首先介绍了次同步振荡的研究发展历程和主要研究方法，其中复转矩系数法是一种专门分析次同步振荡问题的线性化分析方法。然后，分析汽轮发电机组轴系的扭振特性。阐述了次同步谐振的原理，包括感应发电机效应、机电耦合扭振作用、暂态力矩放大作用，以及装置引起次同步振荡的基本原理。简要讨论了电网投切这一暂态过程对于轴系扭振的影响。最后，对次同步振荡的控制措施进行了简要论述。

第 13 章

新型电力系统次/超同步振荡分析与控制

13.1 引　　言

近年来电源侧风电、光伏等新能源发电技术发展迅速，新能源装机容量占比日益提高。新能源的开发利用主要有两种形式，一种是新能源的大规模集中开发，直接并入大电网运行；另一种是新能源分布式开发，并入配电网运行。伴随着新能源比例的快速提升，电网运行特性已发生深刻变化。新能源大规模集中并网在一定条件下可能会产生次同步振荡或者同时发生次同步、超同步振荡（简称次/超同步振荡）现象。

2009 年，输电线路跳闸使得多个双馈风力发电机（Doubly Fed Induction Generator，DFIG）辐射状接入美国得克萨斯州南部的 345kV 串联补偿（串补）输电线路，引起了约 20Hz 的次同步振荡，造成大量风机的撬棒电路受损、风机脱网和串联电容器损坏。研究表明，DFIG 转子侧换流器（Rotor Side Converter，RSC）与输电线路串补电容之间的次同步控制相互作用（Sub - Synchronous Control Interactions，SSCI）是引发次同步振荡的原因。我国河北沽源地区双馈风电场自 2010 年以来，多次产生了 DFIG 与输电线路串补之间的相互作用，引发 3～10Hz 次同步振荡，造成变压器异常振动和大量风机脱网。

2015 年，我国新疆哈密地区直驱风电场发生了频率为 20、80Hz 的次/超同步振荡，谐波经交流输电网络传到花园电厂，造成 3 台 660MW 火电机组跳机，最终导致天中特高压直流降功率运行。在当时，直驱风电场经无串补交流输电系统出现次/超同步振荡属于国内外首例。研究表明弱电网和直驱风机换流器控制参数不合理设置是导致直驱风机发生次/超同步振荡的原因。2017 年，我国新疆哈密地区某双馈风电场经无串补线路送出系统发生了次同步振荡，造成大量风机脱网，研究表明 STATCOM 对该风电场的次同步振荡具有重要影响。

13.2 新型电力系统次/超同步振荡分析方法

特征值法和时域仿真法可以用来分析新型电力系统次/超同步振荡，这两种方法已经分别在第 10 章和第 11 章进行了详细阐述。特征值法的流程可概括如下：首先需要建立描述系统动态特性的微分代数方程；其次在运行点处对系统的微分代数方程进行线性化，得到线性化的状态空间矩阵；最后求解系数矩阵的特征值、特征向量、参与因子等，并用于次同步振荡特性分析。特征值法具有严格的理论基础，可以深入剖析系统的次同步振荡模态，了解与次同步振荡强相关的环节和因素，以及这些因素对系统稳定性的影响趋势，从而为振荡抑制提供理论指导。时域仿真法的本质是对描述系统动态特性的微分代数方程进行数值迭代求解。时域仿真方法需要在电磁暂态仿真软件中对新能源电力系统进行较为详细的建模，并利用数值分析方法来获取系统变量关于时间的动态响应曲线。时域仿真法可以分析电力系统中各种非线性环节的影响，更为接近电力系统实际情况，一般用于对次同步振荡现象的复现和验证次同步振荡抑制措施的有效性。

除了特征值分析法和时域仿真法以外，新型电力系统的次/超同步振荡分析也可以采用谐波响应分析法、阻抗分析法、基于盖尔原理的稳定性分析方法和基于描述函数—广义奈奎斯特判据的分析方法。

13.2.1 谐波响应分析法

新能源机组发生次同步振荡时并网点存在谐波电流，假设谐波电流为幅值 δ、频率 ω_s的三相对称正弦波，同时网侧的 A 相扰动电流初始相位为零，则扰动电流可以表示为

$$\Delta i_a = \delta\cos(\omega_s t) \tag{13-1}$$

在不计及输电网络电阻的情况下，由式（13 - 1）引起的新能源机组端口处的 A 相电压波动为

$$\Delta u_a = \omega_s L_g \delta\cos\left(\omega_s t + \frac{\pi}{2}\right) \tag{13-2}$$

电网侧频率为ω_s的扰动经网侧换流器和锁相环等控制环节作用，使得扰动电气量发生变换，最终导致新能源机组端口处产生谐波响应分量 Δu_{as}。将谐波响应分量和原始扰动量进行叠加，如图 13 - 1 所示。当谐波响应分量与原始扰动分量的相位关系小于 90°时，二者将会相互助增放大，从而形成正反馈，使得该谐波分量和两倍频互补的频率分量得以持续，从而产生频率为 ω_s的次同步分量和 $2\omega_0-\omega_s$的超同步分量。

13.2.2 阻抗分析法

阻抗分析法通过建立新能源并网系统的阻抗模型，并结合奈奎斯特判据研究系统在稳定运行点的小干扰稳定性。新能源经逆变器并入电网，逆变器可以建模为电流源并联阻抗（或导纳），电网用一个理想电压源串联阻抗来等效，如图 13 - 2 所示。$\boldsymbol{U}_g(s)$ 为并网点的电压，$\boldsymbol{I}_g(s)$ 为并网电流，逆变器等效为理想电流源$\boldsymbol{I}_{eq}(s)$ 并联输出导纳$\boldsymbol{Y}_{WT}(s)$，电网等效为理想电压源$\boldsymbol{E}_{eq}(s)$ 串联电网阻抗$\boldsymbol{Z}_g(s)$。

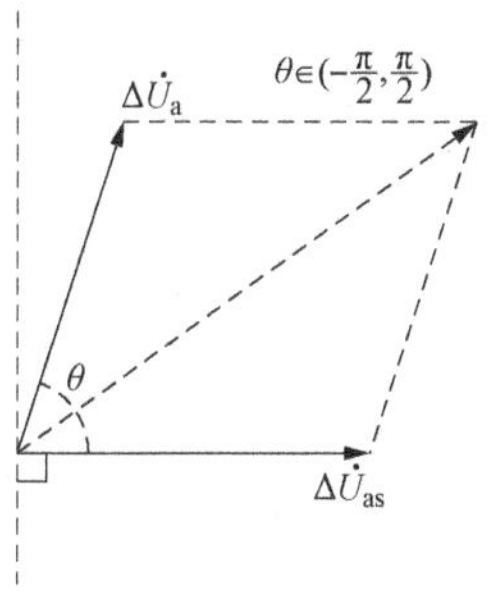

图 13 - 1 谐波响应分析法原理

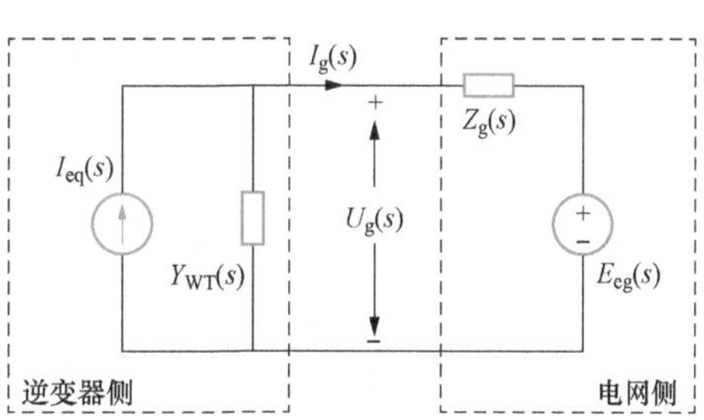

图 13 - 2 逆变器并网系统的小信号等效电路

基于等值电路可以得到逆变器注入电网的电流为

$$\boldsymbol{I}_{g}(s)=[\boldsymbol{I}_{2}+\boldsymbol{Y}_{WT}(s)\boldsymbol{Z}_{g}(s)]^{-1}[\boldsymbol{I}_{eq}(s)-\boldsymbol{Y}_{WT}(s)\boldsymbol{E}_{eq}(s)] \tag{13-3}$$

式中：$\boldsymbol{I}_2$为 2×2 单元矩阵；$\boldsymbol{I}_{eq}(s)=[I_{eq}^{d}(s)\quad I_{eq}^{q}(s)]^{T}$，$\boldsymbol{E}_{eq}(s)=[E_{eq}^{d}(s)\quad E_{eq}^{q}(s)]^{T}$。

风电场的注入电流和母线电压在 dq 坐标系中分解为

$$\boldsymbol{I}_{g}(s)=[I_{g}^{d}(s)\quad I_{g}^{q}(s)]^{T} \tag{13-4}$$

$$\boldsymbol{U}_{g}(s)=[U_{g}^{d}(s)\quad U_{g}^{q}(s)]^{T} \tag{13-5}$$

其中电网侧输入阻抗$\boldsymbol{Z}_g(s)$为

$$\boldsymbol{Z}_{g}(s)=\begin{bmatrix} R_{g}+sL_{g} & -\omega_{1}L_{g} \\ \omega_{1}L_{g} & R_{g}+sL_{g} \end{bmatrix} \tag{13-6}$$

定义回率矩阵$\boldsymbol{L}(s)$为

$$\boldsymbol{L}(s)=\begin{bmatrix} L_{dd}(s) & L_{dq}(s) \\ L_{qd}(s) & L_{qq}(s) \end{bmatrix} \stackrel{\text{def}}{=} Y_{WT}(s)Z_{g}(s) \tag{13-7}$$

假设风电场和电网在单独运行时稳定，则$\boldsymbol{I}_g(s)$的稳定性取决于式（13-3）右侧第一项$[\boldsymbol{I}_2+\boldsymbol{Y}_{WT}(s)\boldsymbol{Z}_g(s)]^{-1}$的稳定性，其与负反馈控制系统的闭环传递函数类似。因此，逆变器并网系统稳定的条件是，当且仅当电网阻抗与并网逆变器输出导纳乘积$\boldsymbol{Y}_{WT}(s)\boldsymbol{Z}_g(s)$满足广义奈奎斯特判据（Generalized Nyquist Stability Criterion，GNSC）。

根据广义奈奎斯特稳定性判据，回率矩阵$\boldsymbol{L}(s)$的两个特征值$\lambda_1(s)$和$\lambda_2(s)$在任意频率s下围绕临界点（−1，j0）逆时针包围的净和等于风电场导纳矩阵$\boldsymbol{Y}_{WT}(s)$和电网阻抗矩阵$\boldsymbol{Z}_g(s)$的右半平面极数总和时，系统才稳定。由于风电场和电网子系统在独自运行时一般是稳定的，即不存在右半平面极点。因此，可以认为 GNSC 曲线逆时针包围（−1，j0）点是逆变器并网系统发生失稳的判据。

通过系统阻抗—频率特性曲线也可以判断系统的稳定性。获取系统阻抗频率特性曲线的方法是在工频分量上注入次同步频率分量，根据电压电流的响应关系推导系统等值阻抗。常用的注入方式包括：注入单个正弦频率分量，注入包含多个频率分量的脉冲信号，注入包含多个频率分量的白噪声信号。在进行非线性和有源器件的频率扫描时，最好采用白噪声注入法，以最大限度地保证元件近似线性运行，同时可以减少电磁暂态仿真程序的运行次数。通过采取以下措施可以形成白噪声效应：同时注入多个间隔均匀、幅值相同的频率分量；不同频率分量之间设置相位差；在 FFT 或者 DFT 分析过程中进行对称分量变换，以排除混叠信号的干扰等。

基于阻抗—频率特性曲线的伯德图分析新能源并网系统稳定性的流程如下。在不考虑稳定裕度的情况下，当环路增益的相位在幅穿频率处大于−180°时，系统是稳定的。当风电场阻抗和电网阻抗在幅频图交点处的相位差小于 180°时，系统也是稳定的。然而，当应用于多输入多输出（Multiple Input Multiple Output，MIMO）系统时，伯德图有一定的局限性，只有在风电场阻抗和电网阻抗都是对角线主导的条件下才具备有效性。假设风电场阻抗和电网阻抗是对角线主导的，回率矩阵的特征值λ_1和λ_2是其对角线元素，此时可以根据矩阵对角线的伯德图直接评估稳定性。如果风电场阻抗和电网阻抗不是对角线主导，利用伯德图分析会导致结果不准确。

13.2.3 基于盖尔原理的稳定性分析方法

由于 GNSC 在实际应用中较为复杂，学者们提出了该判据的简化方法，例如基于盖尔原理的稳定性判据：范数判据（Normal Criterion，NC）、左半平面禁区判据（Forbidden Region Based Criterion，FRBC）、最小禁区稳定性判据（Minimum Forbidden Stability Criterion，MFSC）等。这些基于盖尔原理的稳定性判据可以用于指导控制参数设计，为逆变器并网系统稳定性的快速准确在线分析和预警提供了重要手段。三相交流逆变器并网系统的阻抗是在同步 dq 坐标系下的二阶矩阵，其稳定性取决于源子系统和负载子系统两个矩阵之间的关系。因此可以利用盖尔原理来估计交流系统二阶矩阵的特征值，当计算得到的每一个盖尔圆盘均位于复平面的稳定区内，系统是稳定的。作为并网系统稳定的充分条件，稳定性判据一般都存在一定的保守性。

13.2.3.1 盖尔原理

为了简化稳定性分析，回率矩阵 $\boldsymbol{L}(s)$ 的特征值可以用盖尔原理来估计：$\boldsymbol{A}$ 是一个 $n\times n$ 矩阵，$r_i(\boldsymbol{A})=\sum_{i\neq j}|a_{ij}|$ 为第 i 行的非对角元素幅值之和。盖尔圆盘是以a_{ii}为圆心，$r_i(\boldsymbol{A})$为半径的圆。

回率矩阵 $\boldsymbol{L}(s)$ 的特征值满足式（13-8）

$$\begin{cases}|\lambda_i - L_{\mathrm{dd}}| < |L_{\mathrm{dq}}| \\ |\lambda_i - L_{\mathrm{qq}}| < |L_{\mathrm{qd}}|\end{cases} \tag{13-8}$$

在此基础上可以通过使用两个具有相同特征值的回率矩阵来提高特征值估计的准确性，即回率矩阵 $\boldsymbol{L}(s)$ 和 $\boldsymbol{L}_2(s)$。

$$\boldsymbol{L}_2(s)=\begin{bmatrix}L_{\mathrm{dd2}}(s) & L_{\mathrm{dq2}}(s)\\ L_{\mathrm{qd2}}(s) & L_{\mathrm{qq2}}(s)\end{bmatrix}\stackrel{\mathrm{def}}{=}\boldsymbol{Z}_{\mathrm{g}}(s)\boldsymbol{Y}_{\mathrm{WT}}(s) \tag{13-9}$$

基于矩阵论知识，矩阵的乘法不满足乘法交换律。因此得到的两个系统回率矩阵 $\boldsymbol{L}(s)$和 $\boldsymbol{L}_2(s)$ 互不相同，除非$\boldsymbol{Z}_{\mathrm{g}}(s)$和$\boldsymbol{Y}_{\mathrm{WT}}(s)$矩阵完全相同。于是根据 $\boldsymbol{L}(s)$和 $\boldsymbol{L}_2(s)$所得到的盖尔圆盘也各不相同。但是，即使两个系统回率矩阵 $\boldsymbol{L}(s)$和 $\boldsymbol{L}_2(s)$互不相同，其特征值仍然相同。根据这个性质可知，特征值$\lambda_1(s)$和$\lambda_2(s)$会位于两个回率矩阵$\boldsymbol{L}(s)$和 $\boldsymbol{L}_2(s)$所得到的盖尔圆盘的相交部分，如图 13-3 所示。所以，通过两个形式不同但特征值相同的两个系统回率矩阵可以提高对系统特征值位置范围的估计准确度，进而减小系统稳定性判据的保守性。

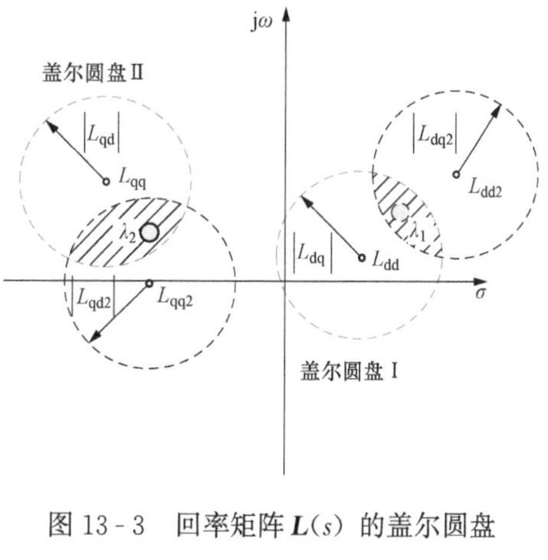

图 13-3 回率矩阵 $\boldsymbol{L}(s)$ 的盖尔圆盘

如图 13-4 所示，以回率矩阵 $\boldsymbol{L}(s)$ 对角线元素为圆心，非对角线元素幅值为半径，不同频率下在复平面上将形成蓝色圆带；同理以回率矩阵$\boldsymbol{L}_2(s)$对角线元素为圆心，非对角线元素幅值为半径，在复平面上将形成黑色圆带。

图 13-4 中黑色轨迹是特征值轨迹，即广义奈奎斯特曲线，位于两个盖尔圆带的相交部

分。根据两个盖尔圆带相交部分和（−1，j0）的位置关系可以确定系统稳定性。根据圆带是否围绕（−1，j0），有两种不同的稳定性评估结果。若圆带不包围（−1，j0）点，如图 13-4（a）所示，则系统稳定。反之，圆带包围（−1，j0）点，如图 13-4（b）所示，则系统不稳定。

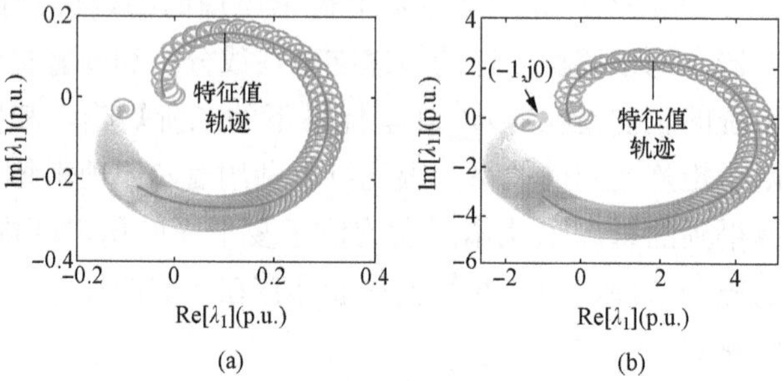

图 13-4　回率矩阵 $\boldsymbol{L}(s)$ 的圆带轨迹示意图

（a）稳定系统；（b）不稳定系统

13.2.3.2　范数判据

风电场和电网单独运行时，不存在右半平面极点。因此，回率矩阵 $\boldsymbol{L}(s)$ 在任意频率下的特征值被范数判据限制在半径为 1 的圆内从而避免包围（−1，j0）点，进而保证了系统的稳定性，如图 13-4（a）所示。稳定系统的范数判据满足式（13-10）或式（13-11）

$$NC_1 = \|\boldsymbol{Y}_{\mathrm{WT}}\|_{\mathrm{G}}\|\boldsymbol{Z}_{\mathrm{g}}\|_{\mathrm{sum}} < 1 \tag{13-10}$$

$$NC_2 = \|\boldsymbol{Z}_{\mathrm{g}}\|_{\mathrm{G}}\|\boldsymbol{Y}_{\mathrm{WT}}\|_{\mathrm{sum}} < 1 \tag{13-11}$$

13.2.3.3　左半平面禁区判据

在图 13-5（a）中，单位圆外的区域被视为回率矩阵 $\boldsymbol{L}(s)$ 特征值的禁区（也称不稳定区），可以通过缩小禁区来降低保守性。左半平面禁区判据将禁区缩小到左侧，如图13-5（b）所示。与 NC 相比，FRBC 的禁区有所减小。稳定系统的 FRBC，满足式（13-12）或式（13-13）

$$\begin{cases} FRBC_1 > 0 \\ FRBC_2 > 0 \end{cases} \tag{13-12}$$

$$\begin{cases} FRBC_3 > 0 \\ FRBC_4 > 0 \end{cases} \tag{13-13}$$

其中 $FRBC_1$、$FRBC_2$、$FRBC_3$、$FRBC_4$ 分别为

$$FRBC_1 = \mathrm{Re}[L_{\mathrm{dd}}] - |L_{\mathrm{dq}}| + 1 \tag{13-14}$$

$$FRBC_2 = \mathrm{Re}[L_{\mathrm{qq}}] - |L_{\mathrm{qd}}| + 1 \tag{13-15}$$

$$FRBC_3 = \mathrm{Re}[L_{\mathrm{dd}}] - |L_{\mathrm{qd}}| + 1 \tag{13-16}$$

$$FRBC_4 = \mathrm{Re}[L_{\mathrm{qq}}] - |L_{\mathrm{dq}}| + 1 \tag{13-17}$$

13.2.3.4　最小禁区稳定性判据

最小禁区稳定性判据。可进一步减小不稳定区和保守性。与 FRBC 相比，MFSC 的

不稳定区进一步减小到−1 的左侧实轴上，如图 13 - 5（c）所示。只要回率矩阵 $\boldsymbol{L}(s)$ 的两个特征值 $\lambda_1(s)$ 和 $\lambda_2(s)$ 在任意频率 s 下的特征根轨迹不进入如图 13 - 5（c）所示的不稳定区，就可以保证特征根轨迹不穿越−1 的左实轴，从而不包围临界点（−1+j0）。

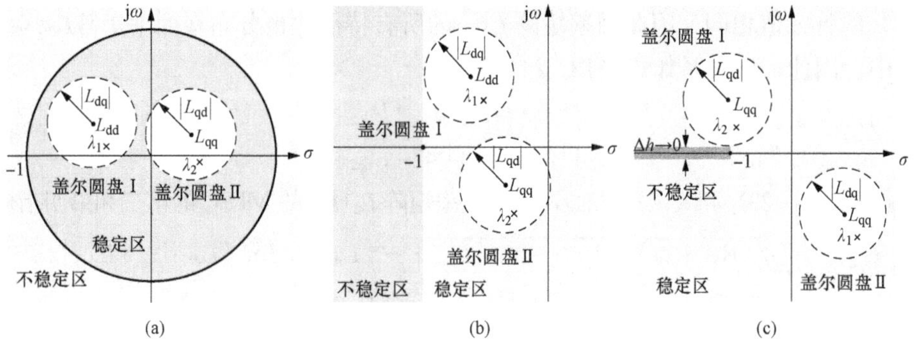

图 13 - 5　三种稳定性判据下回率矩阵 $\boldsymbol{L}(s)$ 特征值的禁区范围

（a）NC；（b）FRBC；（c）MFSC

如图 13 - 6 所示，盖尔圆盘与实轴不相交的条件为

$$\mathrm{Im}^2[L_{dd}] - |L_{dq}|^2 > 0 \tag{13 - 18}$$

根据 GNSC，回率矩阵 $\boldsymbol{L}(s)$ 的特征轨迹越接近临界点，系统稳定性裕度越低。因此，从临界点到盖尔圆盘上最接近点的距离可以作为系统的稳定裕度评估标准。

$$\Delta s_{\mathrm{I}} = \sqrt{(\mathrm{Re}[L_{dd}]+1)^2 + \mathrm{Im}^2[L_{dd}]} - |L_{dq}| \tag{13 - 19}$$

如图 13 - 7 所示，当盖尔圆盘与实轴相交时，条件为

$$\mathrm{Im}^2[L_{dd}] - |L_{dq}|^2 \leqslant 0 \tag{13 - 20}$$

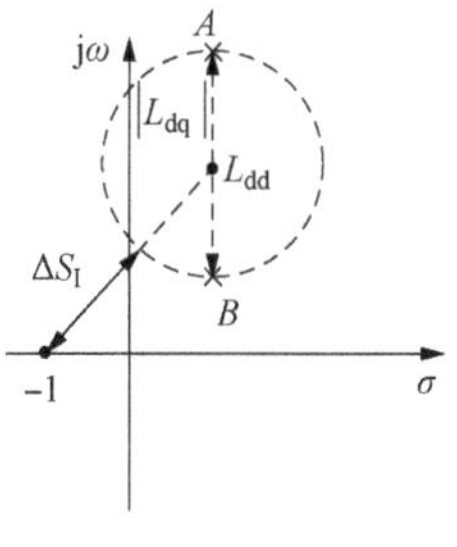

图 13 - 6　从（−1，j0）到盖尔圆盘的最短距离

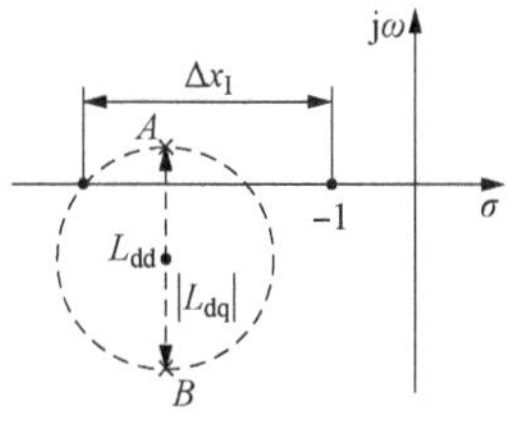

图 13 - 7　交点横坐标的最小值与−1 之差

盖尔圆盘与实轴交点的位置可以用于判断系统的稳定性。如果横坐标交点的值小于或等于−1，则系统不稳定。否则，系统稳定。

$$\Delta x_{\mathrm{I}} = \mathrm{Re}[L_{dd}] + 1 - \sqrt{|L_{dq}|^2 - \mathrm{Im}^2[L_{dd}]} \tag{13 - 21}$$

MFSC 的第一个指标是

$$MFSC_1 = \begin{cases} \Delta s_{\mathrm{I}}, \mathrm{Im}^2[L_{dd}] - |L_{dq}|^2 > 0 \\ \Delta x_{\mathrm{I}}, \mathrm{Im}^2[L_{dd}] - |L_{dq}|^2 \leqslant 0 \end{cases} \tag{13 - 22}$$

MFSC 的第二个指标是

$$MFSC_2 = \begin{cases} \sqrt{(\mathrm{Re}[L_{qq}]+1)^2+\mathrm{Im}^2[L_{qq}]} - |L_{qd}|, & \mathrm{Im}^2[L_{qq}] - |L_{qd}|^2 > 0 \\ \mathrm{Re}[L_{qq}]+1-\sqrt{|L_{qd}|^2-\mathrm{Im}^2[L_{qq}]}, & \mathrm{Im}^2[L_{qq}] - |L_{qd}|^2 \leqslant 0 \end{cases} \tag{13-23}$$

稳定条件是 $MFSC_1$ 和 $MFSC_2$ 在任意频率下均为正。由于回率矩阵 $\boldsymbol{L}(s)$ 和回率矩阵 $\boldsymbol{L}_2(s)$ 的特征值相同，因此回率矩阵 $\boldsymbol{L}(s)$ 的所有特征值也分布在回率矩阵 $\boldsymbol{L}_2(s)$ 的盖尔圆盘中。因此，该关系如式（13-24）所示

$$\begin{cases} |\lambda_i - L_{dd2}| < |L_{dq2}| \\ |\lambda_i - L_{qq2}| < |L_{qd2}| \end{cases} \tag{13-24}$$

根据式（13-23）和式（13-24），基于回率矩阵 $\boldsymbol{L}_2(s)$ 的 MFSC 的第三和第四指标为

$$MFSC_3 = \begin{cases} \sqrt{(\mathrm{Re}[L_{dd2}]+1)^2+\mathrm{Im}^2[L_{dd2}]} - |L_{dq2}|, & \mathrm{Im}^2[L_{dd2}] - |L_{dq2}|^2 > 0 \\ \mathrm{Re}[L_{dd2}]+1-\sqrt{|L_{dq2}|^2-\mathrm{Im}^2[L_{dd2}]}, & \mathrm{Im}^2[L_{dd2}] - |L_{dq2}|^2 \leqslant 0 \end{cases} \tag{13-25}$$

$$MFSC_4 = \begin{cases} \sqrt{(\mathrm{Re}[L_{qq2}]+1)^2+\mathrm{Im}^2[L_{qq2}]} - |L_{qd2}|, & \mathrm{Im}^2[L_{qq2}] - |L_{qd2}|^2 > 0 \\ \mathrm{Re}[L_{qq2}]+1-\sqrt{|L_{qd2}|^2-\mathrm{Im}^2[L_{qq2}]}, & \mathrm{Im}^2[L_{qq2}] - |L_{qd2}|^2 \leqslant 0 \end{cases} \tag{13-26}$$

所有特征值都位于回率矩阵 $\boldsymbol{L}(s)$ 与回率矩阵 $\boldsymbol{L}_2(s)$ 的盖尔圆盘的相交处。设两个事件 A 和 B 分别指回率矩阵 $\boldsymbol{L}(s)$ 的盖尔圆盘和 $\boldsymbol{L}_2(s)$ 的盖尔圆盘在稳定区（肯定域）。它们的概率分别是 $P(A)$ 和 $P(B)$，$P(\overline{A})$ 和 $P(\overline{B})$ 是它们相反事件的概率。系统稳定性的否定域可以减小到 $\overline{A}\cap\overline{B}$，则

$$P(\overline{A}\cap\overline{B}) \leqslant \min[P(\overline{A}),P(\overline{B})] \tag{13-27}$$

因此，可以将稳定系统的肯定域扩展为事件 A 和事件 B 的并集。

$$1-P(\overline{A}\cap\overline{B}) = P(A\cup B) \tag{13-28}$$

否定域的减小可以进一步降低 MFSC 的保守性。事件 A 满足式（13-29），事件 B 满足式（13-30）。根据式（13-28），肯定域应满足式（13-29）或式（13-30），这也是 MFSC 判据的稳定条件。

$$\begin{cases} MFSC_1 > 0 \\ MFSC_2 > 0 \end{cases} \tag{13-29}$$

$$\begin{cases} MFSC_3 > 0 \\ MFSC_4 > 0 \end{cases} \tag{13-30}$$

MFSC 判断逆变器并网系统的振荡风险流程图如图 13-8 所示，图中 GDⅠ和 GDⅡ为 Gershgorin 圆盘Ⅰ和Ⅱ。

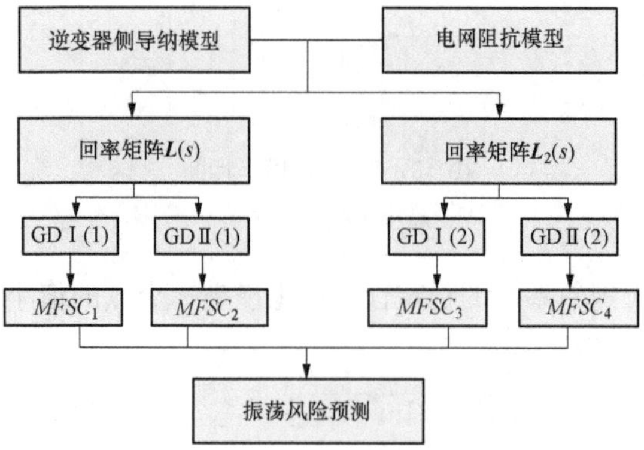

图 13-8 MFSC 判断逆变器并网系统的振荡风险流程图

MFSC 是对系统特征值所在范围进行快速估计而非具体的特征值计算，能够提升稳定域构建效率。它不仅比 GNSC 的计算时间大大降低，而且比 NC 和 FRBC 的保守性更小。MFSC 是基于盖尔原理和广义

奈奎斯特判据推导而得，通过计算 $MFSC_1$、$MFSC_2$、$MFSC_3$ 和 $MFSC_4$ 四个指标来判定系统的稳定性。这些指标量化了每个控制参数对系统稳定性的影响。

13.2.4　基于描述函数—广义奈奎斯特判据的分析方法

特征值（本书也称特征根）分析与阻抗分析法均基于线性化模型，与时域仿真模型和实际系统的非线性模型之间仍然存在理论研究的空白。本节将介绍基于描述函数—广义奈奎斯特判据（Describing Function - Generalized Nyquist Criterion，DF - GNC）的非线性分析方法，可对系统中存在的非线性环节进行建模。

新能源并网系统的动态特性可以表示为一组非线性微分方程和代数方程

$$\begin{cases} \dot{\boldsymbol{x}} = \boldsymbol{f}(\boldsymbol{x},\boldsymbol{y}) \\ \boldsymbol{0} = \boldsymbol{g}(\boldsymbol{x},\boldsymbol{y}) \end{cases} \tag{13 - 31}$$

式中：$\boldsymbol{x}\in\boldsymbol{R}^{n_x}$ 表示状态变量，例如，风力机的转子转速，转子、定子电流以及控制系统中的中间变量等。$\boldsymbol{y}\in\boldsymbol{R}^{n_y}$ 表示代数变量，例如，母线电压幅值、相角等，$\boldsymbol{f}$：$\boldsymbol{R}^{n_x}\times\boldsymbol{R}^{n_y}$ 表示微分方程组，$\boldsymbol{g}$：$\boldsymbol{R}^{n_x}\times\boldsymbol{R}^{n_y}$ 表示代数方程组。

为了分析系统次同步振荡特性，传统分析方法是直接将式（13 - 31）进行线性化处理，并利用特征根法或奈奎斯特判据分析。但是，许多非线性元件（例如饱和或死区环节）无法被轻松地线性化，它们的存在会明显地改变振荡特性。基于 DF - GNC 的非线性分析方法可以刻画非线性环节动态特性，以更准确地分析 SSO 特性，分析思路如图 13 - 9 所示。

首先，动态系统被划分为两个部分：线性部分与非线性部分。考虑到如饱和等非线性环节可用代数方程描述，将式（13 - 31）分为线性代数方程 $\boldsymbol{g}_1$ 和非线性代数方程 $\boldsymbol{g}_2$

$$\begin{cases} \dot{\boldsymbol{x}} = \boldsymbol{f}(\boldsymbol{x},\boldsymbol{y}) \\ \boldsymbol{0} = \boldsymbol{g}_1(\boldsymbol{x},\boldsymbol{y}) \end{cases} \tag{13 - 32}$$

$$\boldsymbol{0} = \boldsymbol{g}_2(\boldsymbol{x},\boldsymbol{y}) \tag{13 - 33}$$

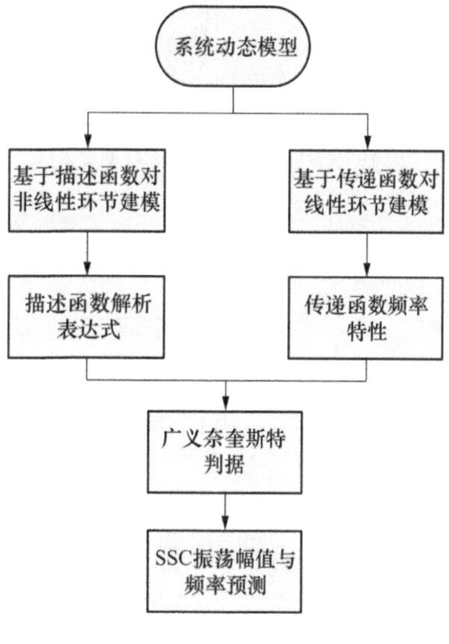

图 13 - 9　DF - GNC 分析方法流程图

非线性部分是稳定性分析中的关键困难。为了简化分析，使用称为“描述函数”的数学工具对非线性部分进行建模，在此基础上，可以获得描述函数的解析表达式。同时，利用传递函数对线性部分进行建模，并且通过传递函数获得系统频率特性。最后，使用分析非线性系统稳定性的广义奈奎斯特判据预测次同步振荡的幅值和频率。

13.2.4.1　描述函数法

描述函数法是非线性控制系统分析和设计的经典方法，通常用于稳定性分析和非线性系统的频率和振幅等振荡特性预测，并已成功应用于振荡器的设计和分析，近年来已广泛应用于电力电子领域。许多研究和工程实践表明，描述函数方法可以简洁有效地分析各种非线性控制系统的稳定性。

对于特性不随时间变化的非线性元件 $y=f(x)$，正弦输入不一定导致正弦输出，但能保证输出是具有与输入信号相同周期的周期函数。如果输入 $x(t)=A\sin\omega t$，则输出 $y(t)=f(A\sin\omega t)$ 可以被分解为傅里叶级数，以便获得基频 $\omega/2\pi$ 处的系数，用 $Y(A)$ 表示。该非线性元素的描述函数定义为

$$N(A)=Y(A)/A \tag{13-34}$$

在数学上，可以将 $N(A)$ 写为

$$N(A)=\frac{1}{A}(a_1+\mathrm{j}b_1) \tag{13-35}$$

$$\begin{cases} a_1=+\dfrac{1}{\pi}\displaystyle\int_0^{2\pi} f(A\sin\omega t)\sin\omega t\,\mathrm{d}\omega t \\ b_1=-\dfrac{1}{\pi}\displaystyle\int_0^{2\pi} f(A\sin\omega t)\cos\omega t\,\mathrm{d}\omega t \end{cases} \tag{13-36}$$

因此，非线性元素可以用线性元素代替，线性元素的特征在于描述函数 $N(A)$，它是输入正弦函数幅度 A 的复函数。它与角频率 ω 无关，因为 $f(x)$ 是无记忆代数函数。

式（13-35）和式（13-36）提供了用于计算的直接方法。以饱和非线性环节为例

$$f(x)=\begin{cases} -k\delta,\ x\leqslant-\delta \\ kx,\ -\delta<x<\delta \\ k\delta,\ x\geqslant\delta \end{cases} \tag{13-37}$$

当输入为 $x(A,t)=A\sin\omega t$，可得到输出 $y(A,t)$ 为

$$y(A,t)=\begin{cases} k\delta,\ 2k\pi+\phi<\omega t<(2k+1)\pi-\phi \\ -k\delta,\ (2k+1)\pi+\phi<\omega t<(2k+2)\pi-\phi \\ kA\sin(\omega t)，其他 \end{cases} \tag{13-38}$$

式中：$k\in Z$（Z 为整数集），$\phi=\arcsin(\delta/A)$。

假设 $A\geqslant\delta$，可以得到

$$a_1=\frac{2kA}{\pi}\left[\arcsin\left(\frac{\delta}{A}\right)+\frac{\delta}{A}\sqrt{1-\left(\frac{\delta}{A}\right)^2}\right] \tag{13-39}$$

类似地

$$b_1=-\frac{1}{\pi}\int_0^{2\pi} f[A\sin(\omega t)]\cos\omega t\,\mathrm{d}\omega t=0 \tag{13-40}$$

最后，可以计算出饱和非线性环节的解析表达式为

$$N(A)=\frac{2k}{\pi}\left[\arcsin\left(\frac{\delta}{A}\right)+\frac{\delta}{A}\sqrt{1-\left(\frac{\delta}{A}\right)^2}\right],A\geqslant\delta \tag{13-41}$$

除此之外，电力系统中常见非线性环节的描述函数见表 13-1。

表 13-1　常见非线性环节的描述函数

名称	图例	描述函数
饱和特性	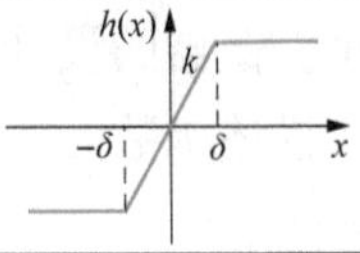	$N(A)=\frac{2k}{\pi}\left[\arcsin\left(\frac{\delta}{A}\right)+\frac{\delta}{A}\sqrt{1-\left(\frac{\delta}{A}\right)^2}\right]$，$A\geqslant\delta$

续表

名称	图例	描述函数
理想继电器特性	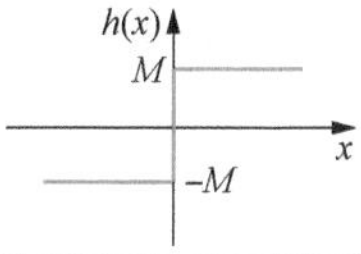	$N(A)=\frac{4M}{\pi A}$
磁滞继电器特性	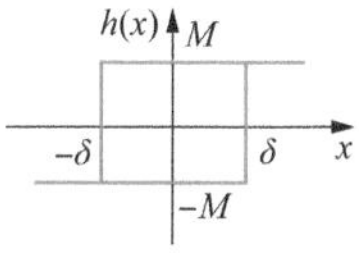	$N(A)=\frac{4M}{\pi A}\sqrt{1-\left(\frac{\delta}{A}\right)^2}-\mathrm{j}\frac{4M\delta}{\pi A^2}$，$A\geqslant\delta$
死区特性	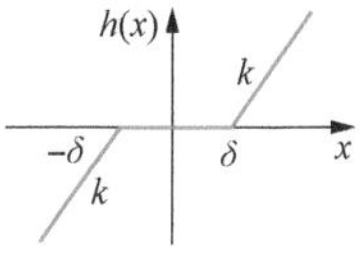	$N(A)=\frac{2k}{\pi}\left[\frac{\pi}{2}-\arcsin\left(\frac{\delta}{A}\right)-\frac{\delta}{A}\sqrt{1-\left(\frac{\delta}{A}\right)^2}\right]$，$A\geqslant\delta$

在电力系统中，主要的非线性元素包括火电机组调速器中的死区环节，电压源换流器（Voltege Source Converter，VSC）控制系统中的饱和环节。应用描述函数对式（13-33）中的非线性环节建模，并利用传递函数对式（13-32）中的线性环节进行建模。这样，系统模型可以完成搭建，从而可以利用广义奈奎斯特判据来分析系统的振荡特性。

13.2.4.2 广义奈奎斯特判据

对于一个单输入单输出（Single-Input Single-Output，SISO）系统，经过数学推导与化简后，该非线性系统可以用图13-10表示。

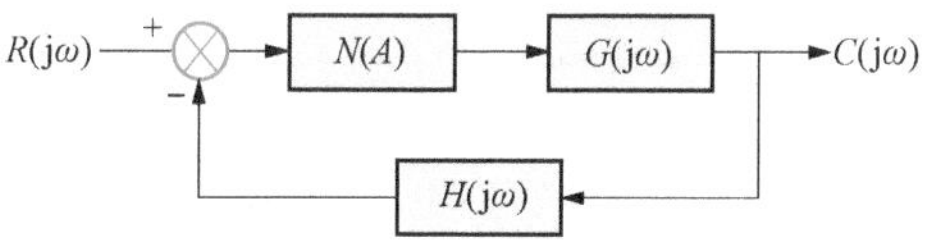

图13-10 非线性系统典型控制框图

其中 $R(\mathrm{j}\omega)$ 和 $C(\mathrm{j}\omega)$ 是输入与输出信号，$N(A)$ 是非线性环节描述函数，$G(\mathrm{j}\omega)$ 包含所有线性环节元素。由图可知，系统闭环传递函数的特性方程为

$$1+N(A)G_0(\mathrm{j}\omega) \qquad (13-42)$$

式中：开环传递函数 $G_0(\mathrm{j}\omega)=G(\mathrm{j}\omega)H(\mathrm{j}\omega)$。

线性系统的奈奎斯特准则包括：

（1）如果系统稳定，这意味着开环传递函数在右半复平面内没有极点，闭环系统稳定性的充分必要条件是 $G_0(\mathrm{j}\omega)$ 的奈奎斯特图不包围点（-1，j0）。

（2）如果系统不稳定，这意味着开环传递函数在右半复平面上存在 P 个极点，闭环系统稳定性的充分必要条件是 $G_0(\mathrm{j}\omega)$ 的奈奎斯特图需要以逆时针方向环绕点（-1，j0）P 次。

$G_0(\mathrm{j}\omega)$ 围绕线性系统中的点（-1，j0）的情况可以扩展为 $G_0(\mathrm{j}\omega)$ 围绕非线性系统中的曲线 $-1/N(A)$ 的情况，这被称为广义奈奎斯特准则。可以推导出在这种特定条件下的两个引理。

引理1：如果非线性系统的线性部分是稳定的，这意味着线性部分的传递函数在右半复平面上没有极点，则闭环系统稳定性的充分必要条件是 $G_0(\mathrm{j}\omega)$ 的奈奎斯特图不围绕

$-1/N(A)$ 曲线。

引理 2：如果非线性系统的线性部分不稳定，这意味着线性部分的传递函数在右半复平面上有 P 个极点，闭环系统稳定性的充分必要条件是$G_0(\mathrm{j}\omega)$的奈奎斯特图需要沿逆时针方向环绕$-1/N(A)$ 曲线 P 次。

如果$G_0(\mathrm{j}\omega)$在所选参数下的右半平面中没有任何极点，系统临界稳定的条件为

$$G_0(\mathrm{j}\omega)=-\frac{1}{N(A)} \tag{13-43}$$

上述条件仅当复数平面上图形的$-1/N(A)$ 的与$G_0(\mathrm{j}\omega)$的奈奎斯特曲线图交叉时，才可满足。通过计算交点所对应的幅值 A 与频率 ω 可以估计振荡频率和振荡幅值。

13.3 风电场并网系统次/超同步振荡算例分析

13.3.1 风电并网系统次同步振荡频率及影响因素分析

典型的双馈风电场经串联补偿并网系统拓扑结构如图 13-11 所示。

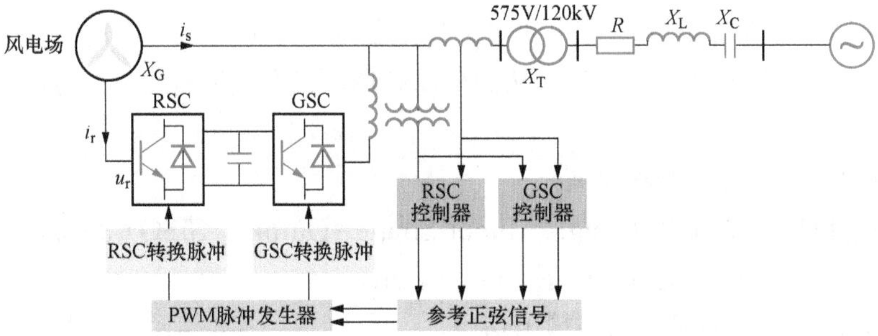

图 13-11 双馈风电场经串联补偿并网系统

串补度定义为

$$k_c=\frac{X_C}{X_L}\times 100\% \tag{13-44}$$

式中：X_C为串联电容的容抗；X_L为传输线路的电抗。

理论上，串补度可以达到 100%，然而实际的补偿一般限制在 80%，因为高串补度会加大继电保护配置的难度。

在图 13-11 所示的串联补偿系统中，电气谐振频率为

$$f_{er}=f_s\sqrt{\frac{X_C}{X_{L\Sigma}}} \tag{13-45}$$

式中：f_s为同步频率；$X_{L\Sigma}$为风电场、变压器以及传输线路等效电抗之和。

等效串补度定义为

$$k_{ec}=\frac{X_C}{X_{L\Sigma}} \tag{13-46}$$

由于发电机和变压器的电抗大于传输线路的电抗，因此等效串补度远低于 80%。

对于由相同 DFIG 组成的风电场，如果忽略集电网络，电气谐振频率可表示为

$$f_{er}=f_s\sqrt{\frac{k_c X_L}{X_G/n+X_T+X_L}} \tag{13-47}$$

式中：n 为 DFIG 的数量；X_G为一台 DFIG 的电抗；X_T 为变压器电抗。

通过旋转发电机理论，有功功率的振荡频率与定子电流的谐振频率互补，则

$$f_p=f_s-f_{er} \tag{13-48}$$

式中：f_p为 DFIG 有功功率的振荡频率。

对于感应发电机效应，上述的频率关系是有效的。然而，次同步控制相互作用比感应发电机效应要更为复杂。SSCI 主要是由于 DFIG 风机控制器和串联补偿线路之间的相互作用。SSCI 的机理为：当系统发生扰动时，包含电气谐振频率分量的失真电压和电流被检测出来并反馈到控制器中。RSC 和网侧变换器（Grid Side Converter，GSC）控制器处理失真信息，并调整控制器的输出信号。上述包含次同步扰动信息的输出信号被反馈到 PWM 脉冲发生器中，可能加剧定子中的次同步分量。包含串联补偿线路、RSC、GSC 及 DFIG 的闭环系统发生响应，导致了 SSCI 的发生。

根据以上分析，次同步振荡的频率不仅取决于串补线路和感应发电机的参数，还取决于风机控制器的配置和参数。以图 13 - 11 所示的双馈风电场串联补偿并网系统为例，分析串补度、风机数量以及 RSC、GSC 比例增益对次同步振荡频率的影响，如图 13 - 12 所示。

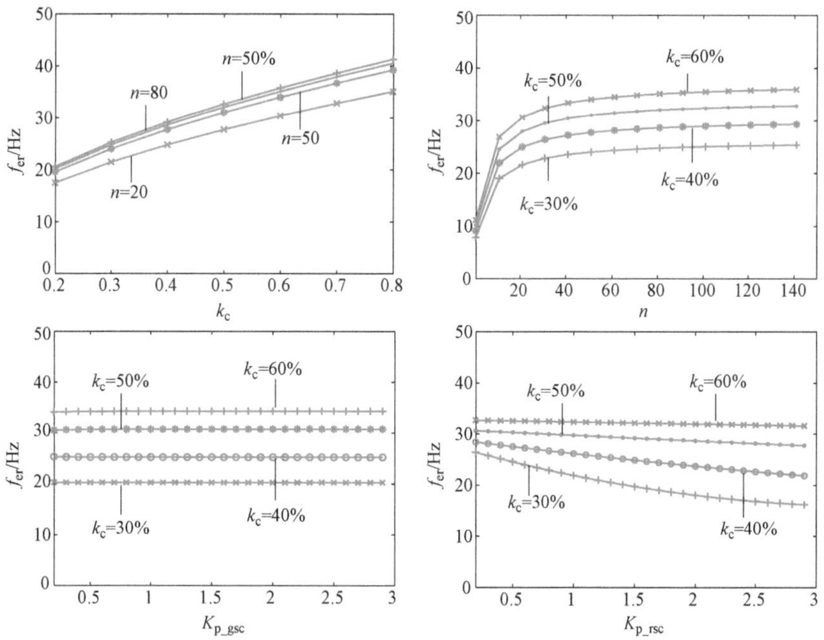

图 13 - 12　次同步振荡频率和风机、电网参数的关系

SSCI 没有固定的频率，因为 SSCI 的振荡频率不仅取决于串联补偿输电线路的结构配置和感应发电机的参数，也取决于风电机组控制器参数和结构配置。实际上，不仅风电机组会引发 SSCI，其他的 FACTS 控制器（如 SVC、STATCOM 等）与系统的相互

作用也可能引发 SSCI。研究表明，在常见的几种风机类型里，SSCI 问题在 DFIG 中最为严重，应引起足够的重视。

13.3.2 基于谐波响应法的次/超同步振荡分析

13.3.2.1 双馈风电场并网系统

具有代表性的风电并网简化系统模型如图 13-13 所示，其包含一个大型双馈风电场、STATCOM 和与主电网相连的等效输电线路。

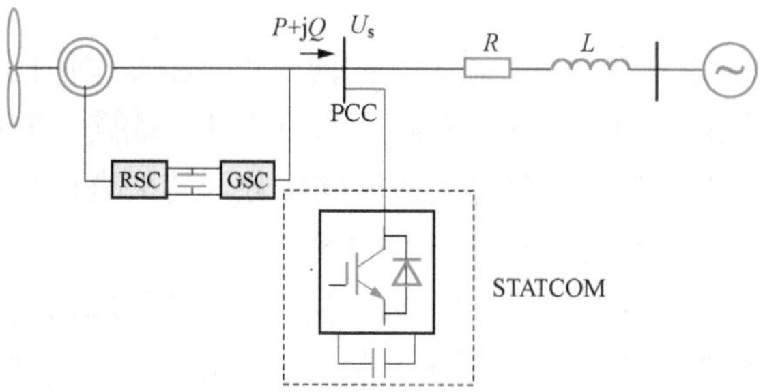

图 13-13 风电等效系统

图中，PCC（Point of Common Coupling）是公共连接点的缩写，U_s是 PCC 的电压，R 和 L 分别是传输线的等效电阻和等效电感，P 和 Q 代表风电场输出的有功功率和无功功率。DFIG 通过 RSC 实现有功和无功功率的解耦控制，其控制框图如图 13-14 所示。

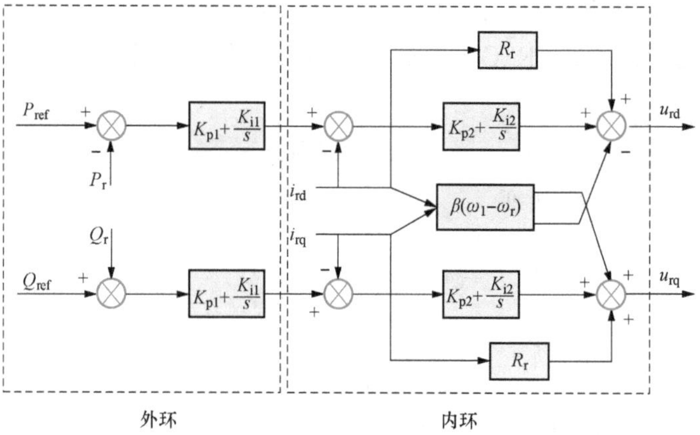

图 13-14 RSC 控制框图

其中，K_{p1}是外环功率控制的比例系数，K_{i1}是其积分系数；K_{p2}是内环电流控制的比例系数，K_{i2}是其积分系数；ω_1是系统的同步角频率，ω_r是转子的角速度；P_{ref}和Q_{ref}是分别提供给 RSC 功率控制器的有功和无功功率参考，P_r和Q_r是实际值；u_{rd}和u_{rq}是 RSC 的输出电压；i_{rd}和i_{rq}是转子的电流；R_r是转子的等效电阻；设 $\beta=L_r-L_m^2/L_s$，其中L_s和L_r分别是定子和转子的自感，L_m是定子和转子之间的互感。

STATCOM 的典型电流－电压双回路控制系统如图 13-15 所示。

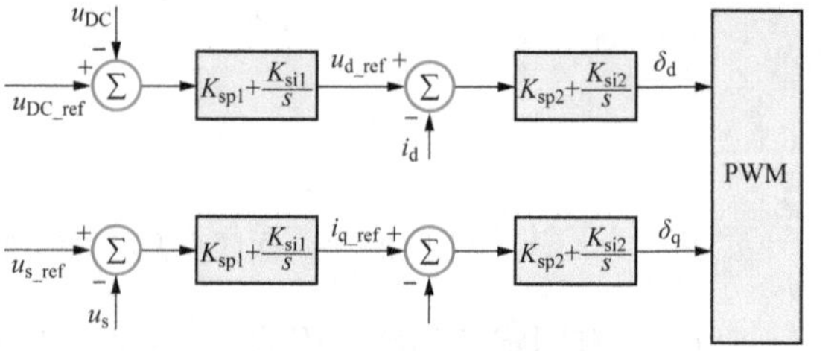

图 13-15 STATCOM 的典型电流—电压双回控制系统框图

AC 和 DC 电压控制回路分别用于控制交流电压和直流母线电压的恒定。

u_{DC}和u_s分别是测量的直流母线电压和交流母线电压，而u_{DC_ref}和u_{s_ref}是其参考值。i_d和i_q是 STATCOM 的电流。K_{sp1}和K_{si1}是外环电压控制的比例系数和积分系数。K_{sp2}是内环电流控制的比例系数，K_{si2}是其积分系数，δ_d和δ_q分别是用于控制直流电压和交流电压的触发脉冲信号。由于直流母线电压相对稳定，对干扰的响应较弱，因此在理论推导中不考虑直流电压环路。

(1) DFIG 和 STATCOM 相互作用发生 SSO 的机理研究。当发生干扰时，在 DFIG 的定子中存在各种频率的分量。假设在基频分量上叠加了一个次同步分量，DFIG 的定子电压和电流可以表示为

$$\begin{cases} u_{sa}=\sqrt{2}U_s\sin(\omega_1 t+\varphi_u)+\sqrt{2}U_{er}\sin(\omega_{er}t+\varphi_{uer}) \\ i_{sa}=\sqrt{2}I_s\sin(\omega_1 t+\varphi_i)+\sqrt{2}I_{er}\sin(\omega_{er}t+\varphi_{ier}) \end{cases} \tag{13-49}$$

式中：ω_{er}为次同步分量的角频率；ω_1为基频分量的角频率；U_s、φ_u为基频电压的有效值和初始相位；I_s、φ_i为基频电流的有效值和初始相位；U_{er}、φ_{uer}为同步分量电压的有效值和初始相位；I_{er}、φ_{ier}为次同步分量电流的有效值和初始相位。

经派克变换到同步旋转的 dq 坐标系下，则为

$$\begin{cases} u_{sd}=0+\sqrt{2}U_{er}\sin[(\omega_1-\omega_{er})t+\varphi_u-\varphi_{uer}]=u_{sd\_s}+u_{sd\_er} \\ u_{sq}=\sqrt{2}U_s+\sqrt{2}U_{er}\cos[(\omega_1-\omega_{er})t+\varphi_u-\varphi_{uer}]=u_{sq\_s}+u_{sq\_er} \end{cases} \tag{13-50}$$

$$\begin{cases} i_{sd}=\sqrt{2}I_s\sin(\varphi_u-\varphi_i)+\sqrt{2}I_{er}\sin[(\omega_1-\omega_{er})t+\varphi_u-\varphi_{ier}]=i_{sd\_s}+i_{sd\_er} \\ i_{sq}=\sqrt{2}I_s\cos(\varphi_u-\varphi_i)+\sqrt{2}I_{er}\cos[(\omega_1-\omega_{er})t+\varphi_u-\varphi_{ier}]=i_{sq\_s}+i_{sq\_er} \end{cases} \tag{13-51}$$

相应的，功率变化量为

$$\begin{cases} \Delta P=\dfrac{3\sqrt{2}}{2}U_s[i_{sq\_er}+\cos(\varphi_u-\varphi_i)i_{sq\_er}+\sin(\varphi_u-\varphi_i)i_{sd\_er}] \\ \Delta Q=\dfrac{3\sqrt{2}}{2}U_s[i_{sd\_er}-\cos(\varphi_u-\varphi_i)i_{sd\_er}+\sin(\varphi_u-\varphi_i)i_{sq\_er}] \end{cases} \tag{13-52}$$

DFIG 控制器测量到变化的电压、电流和功率，进而使转子电压、电流发生变化，其变化量为

$$\begin{cases} \Delta u_{rd\_er}=R_r\Delta i_{rd\_er}+\beta\dfrac{d\Delta i_{rd\_er}}{dt}-s\omega_s\beta\Delta i_{rq\_er} \\ \Delta u_{rq\_er}=R_r\Delta i_{rq\_er}+\beta\dfrac{d\Delta i_{rq\_er}}{dt}+s\omega_s\beta\Delta i_{rd\_er} \end{cases} \tag{13-53}$$

可以得到转子电压对次同步分量的响应为

$$\begin{cases} \Delta u_{rd\_er}=R_r\Delta i_{rd\_er}-s\omega_s\beta\Delta i_{rq\_er}+\left(K_{p2}+\dfrac{K_{i2}}{s}\right)\left[\left(K_{p1}+\dfrac{K_{i1}}{s}\right)\Delta P-\Delta i_{rd\_er}\right] \\ \Delta u_{rq\_er}=R_r\Delta i_{rq\_er}+s\omega_s\beta\Delta i_{rd\_er}+\left(K_{p2}+\dfrac{K_{i2}}{s}\right)\left[\left(K_{p1}+\dfrac{K_{i1}}{s}\right)\Delta Q-\Delta i_{rq\_er}\right] \end{cases} \tag{13-54}$$

定转子电流之间的关系为

$$\begin{cases}\Delta i_{sd\_er}=-\alpha\Delta i_{rd\_er}\\ \Delta i_{sq\_er}=-\alpha\Delta i_{rq\_er}\end{cases}\tag{13-55}$$

联立式（13-52）～式（13-55），可得

$$\begin{cases}\beta\dfrac{d\Delta i_{rd\_er}}{dt}=[K_1K_2\sin(\varphi_u-\varphi_i)-K_2]\Delta i_{rd\_er}+\\ \qquad K_1K_2[1+\cos(\varphi_u-\varphi_i)]\Delta i_{rq\_er}\\ \beta\dfrac{d\Delta i_{rq\_er}}{dt}=K_1K_2[1+\cos(\varphi_u-\varphi_i)]\Delta i_{rd\_er}-\\ \qquad [K_1K_2\sin(\varphi_u-\varphi_i)+K_2]\Delta i_{rq\_er}\end{cases}\tag{13-56}$$

其中$K_1=-\frac{3\sqrt{2}}{2}\alpha U_s\left(K_{p1}+\frac{K_{i1}}{s}\right)$，$K_2=\left(K_{p2}+\frac{K_{i2}}{s}\right)$。

可以解得转子电流的次同步分量，进而得到其感应的定子电流次同步分量为

$$\begin{cases}\Delta i_{sd\_er}=\Delta I_{sd\_er}\sin[(\omega_1-\omega_{er})t+\varphi_u-\varphi_{ier}+\Delta\varphi_{sd}]\\ \Delta i_{sq\_er}=\Delta I_{sq\_er}\sin[(\omega_1-\omega_{er})t+\varphi_u-\varphi_{ier}+\Delta\varphi_{sq}]\end{cases}\tag{13-57}$$

式中：ΔI_{sd_er}、ΔI_{sq_er}、$\Delta\varphi_{sd}$、$\Delta\varphi_{sq}$为定子 dq 轴感应电流与原始扰动谐振 dq 轴电流的幅值增益与相位偏差。

然后，通过定转子的耦合作用，定子感应的电压、电流将叠加在原始扰动上。

类似地，STATCOM 也会响应线路中的次同步分量，获得 dq 旋转坐标系下的交流母线电压和电流的 q 轴谐振分量。

$$\begin{cases}u_{q\_er}=\sqrt{2}U_{er}\cos[(\omega_1-\omega_{er})t+\varphi_u-\varphi_{uer}]\\ i_{q\_er}=\sqrt{2}I_{er}\cos[(\omega_1-\omega_{er})t+\varphi_u-\varphi_{ier}]\end{cases}\tag{13-58}$$

在 STATCOM 控制器的动作下，可得到触发信号的次同步分量为

$$\Delta\delta_{q\_er}=\left[\left(K_{sp1}+\frac{K_{si1}}{s}\right)u_{q\_er}-i_{q\_er}\right]\left(K_{sp2}+\frac{K_{si2}}{s}\right)\tag{13-59}$$

STATCOM 发出的电流与触发脉冲的关系可表示为

$$\Delta i_{q\_er}=\frac{U_s}{2R}\sin2\Delta\delta_{q\_er}\tag{13-60}$$

因此可以计算得到感应电流的次同步振荡分量为

$$\Delta i_{q\_er}=\Delta I_{q\_er}\cos[(\omega_1-\omega_{er})t+\varphi_u-\varphi_{ier}+\Delta\varphi_q]\tag{13-61}$$

式中：ΔI_{q_er}、$\Delta\varphi_q$为 dq 坐标系下 STATCOM 输出感应电流与原始扰动谐振电流的幅值增益与相位偏差。

STATCOM 的控制系统检测出 PCC 的变化电压并通过交流电压控制回路感应出次同步电流，并叠加在原始干扰上。最后，DFIG 和 STATCOM 的感应电流叠加在一起，如式（13-62）所示。

$$\begin{aligned}\Delta i=&\Delta I_{sq\_er}\cos[(\omega_1-\omega_{er})t+\varphi_u-\varphi_{ier}+\Delta\varphi_{sq}]+\Delta I_{q\_er}\cos[(\omega_1-\omega_{er})t+\varphi_u-\varphi_{ier}+\Delta\varphi_q]\\ =&-(\Delta I_{sq\_er}\sin\Delta\varphi_{sq}+\Delta I_{q\_er}\sin\Delta\varphi_q)\sin[(\omega_1-\omega_{er})t+\varphi_u-\varphi_{ier}]+\\ &(\Delta I_{sq\_er}\cos\Delta\varphi_{sq}+\Delta I_{q\_er}\cos\Delta\varphi_q)\cos[(\omega_1-\omega_{er})t+\varphi_u-\varphi_{ier}]\end{aligned}\tag{13-62}$$

令

$$\begin{cases} A = -\left(\Delta I_{\mathrm{sq\_er}}\sin\Delta\varphi_{\mathrm{sq}} + \Delta I_{\mathrm{q\_er}}\sin\Delta\varphi_{\mathrm{q}}\right) \\ B = \Delta I_{\mathrm{sq\_er}}\cos\Delta\varphi_{\mathrm{sq}} + \Delta I_{\mathrm{q\_er}}\cos\Delta\varphi_{\mathrm{q}} \end{cases} \tag{13-63}$$

则
$$\begin{cases} \Delta i = \sqrt{A^2 + B^2}\cos\left[(\omega_1 - \omega_{\mathrm{er}})t + \varphi_{\mathrm{u}} - \varphi_{\mathrm{ier}} - \varphi\right] \\ \tan\varphi = A/B \end{cases} \tag{13-64}$$

DFIG 和 STATCOM 的响应分量叠加在 PCC 的原始扰动上。根据谐波响应法，如果两个分量之间的角度小于 90°时，振荡将会被加强，会导致持续的 SSO。

$$-\varphi = \xi \subset \left(-\frac{\pi}{2}, \frac{\pi}{2}\right) \tag{13-65}$$

通过式（13-65），可以写为

$$\cos\varphi = \frac{B}{\sqrt{A^2 + B^2}} > 0 \tag{13-66}$$

由于 φ 的角度在 $-90° \sim 90°$，则相应的余弦值大于 0，分母的根号部分也大于 0，这等同于 B 大于 0。因此将其定义为 B 判据，B 判据可用于确定是否将会发生 SSO。在 DFIG 和 STATCOM 的某些控制器参数下，如果 B 值在某些频率点为正，则意味着在这些频率点存在 SSO 的风险。而且，B 值越大，SSO 的风险越高。

基于图 13-16 所示的系统模型，可以绘制 B 值随频率变化的曲线。

从图中可以看出，B 值表现出振荡状态而不是单调函数。B 值大于零的频率段包括 $7.3 \sim 12.8\mathrm{Hz}$，$14.8 \sim 17.7\mathrm{Hz}$，$21.6 \sim 25.8\mathrm{Hz}$ 和 $32.6 \sim 43.3\mathrm{Hz}$，这说明在这些频率区段容易产生 SSO。对应于四个峰值点的频率是 9.5、16.6、23.4Hz 和 37.4Hz，这意味着 SSO 最有可能在这些点发生，因为在这些频率点，DFIG 和 STATCOM 控制器的响应分量对原始分量具有更强的助增作用。

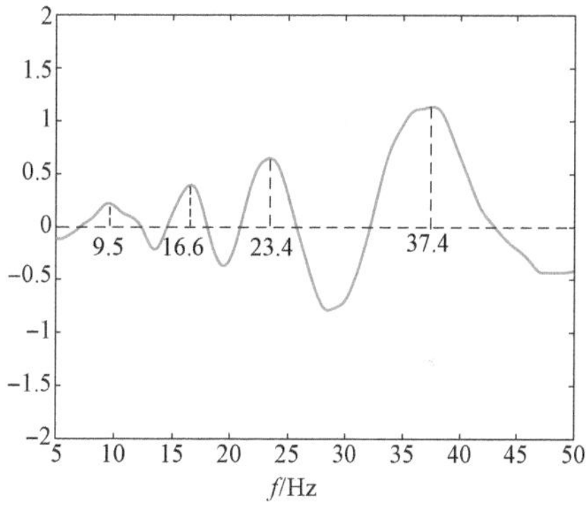

图 13-16 B 值随频率变化的曲线

（2）时域仿真和频谱分析。为了验证上述理论分析，使用 Matlab/Simulink 进行时域仿真，在小扰动的作用下线路电流波形和频谱分析结果如图 13-17 所示。

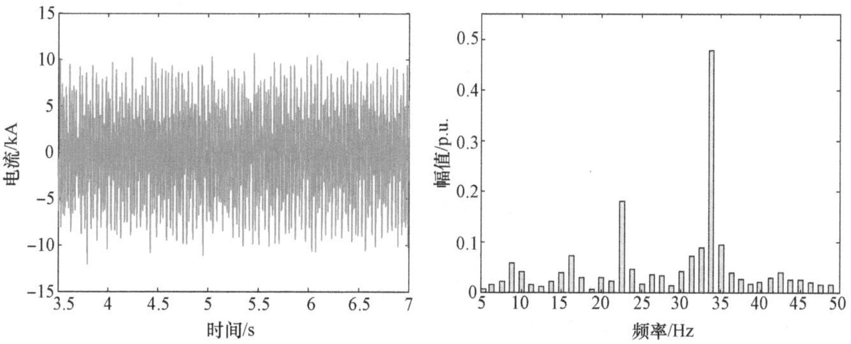

图 13-17 线路电流波形和频谱分析

频谱分析可以看出主要振荡频率为 37Hz，其余显著谐波分量为 9、17Hz 和 23Hz，与 B 判据的分析基本一致。

1）RSC 控制参数对 SSO 的影响。RSC 电流内环比例系数k_{p2}和 RSC 电流内环积分系数k_{i2}改变时，DFIG 的 SSO 变化如图 13 - 18 和图 13 - 19 所示。

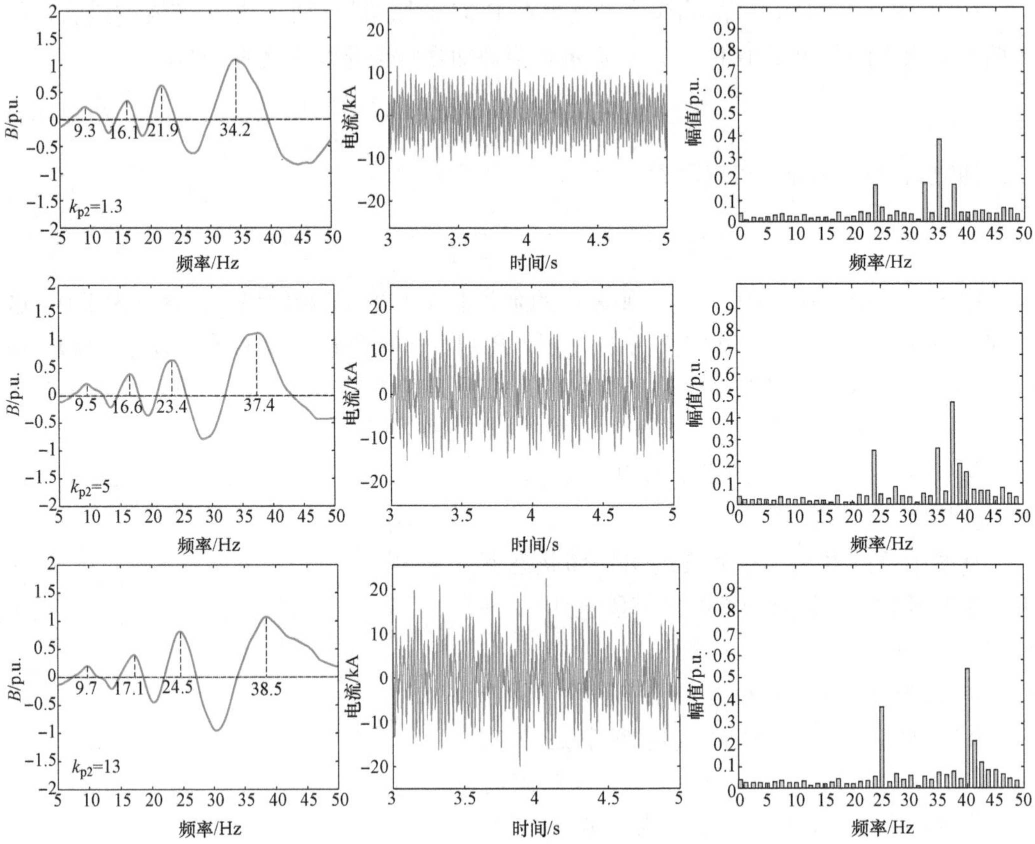

图 13 - 18　不同k_{p2}下的 B 曲线、线路电流波形及其频谱分析

可以看出，随着k_{p2}增加，B 的峰值略微增加，并且频谱分量的幅值增加，振荡频率增大。

可以看出，振荡频率随k_{i2}的增加而增加，但影响程度不如k_{p2}强，振荡幅度也有相应的变化。

2）STATCOM 对双馈风电场 SSO 的影响。当 STATCOM 电流内环比例系数k_{sp2}和电流内环积分系数k_{si2}改变时，DFIG 的 SSO 变化如图 13 - 20 和图 13 - 21 所示。

可见，随着k_{sp2}的增加，B 的最大值增加，这与频谱分析的结果一致。

同时，主要振荡频率，振荡幅值基本保持不变。然而，低频范围的幅度随k_{si2}的变化而有明显的变化。

仿真分析表明，B 判据可以准确估计线路电流中谐波分量的幅值。

13.3.2.2　直驱风电场并网系统

直驱风机主要由风机、永磁同步发电机（Permanent Magnet Synchronous Genera-

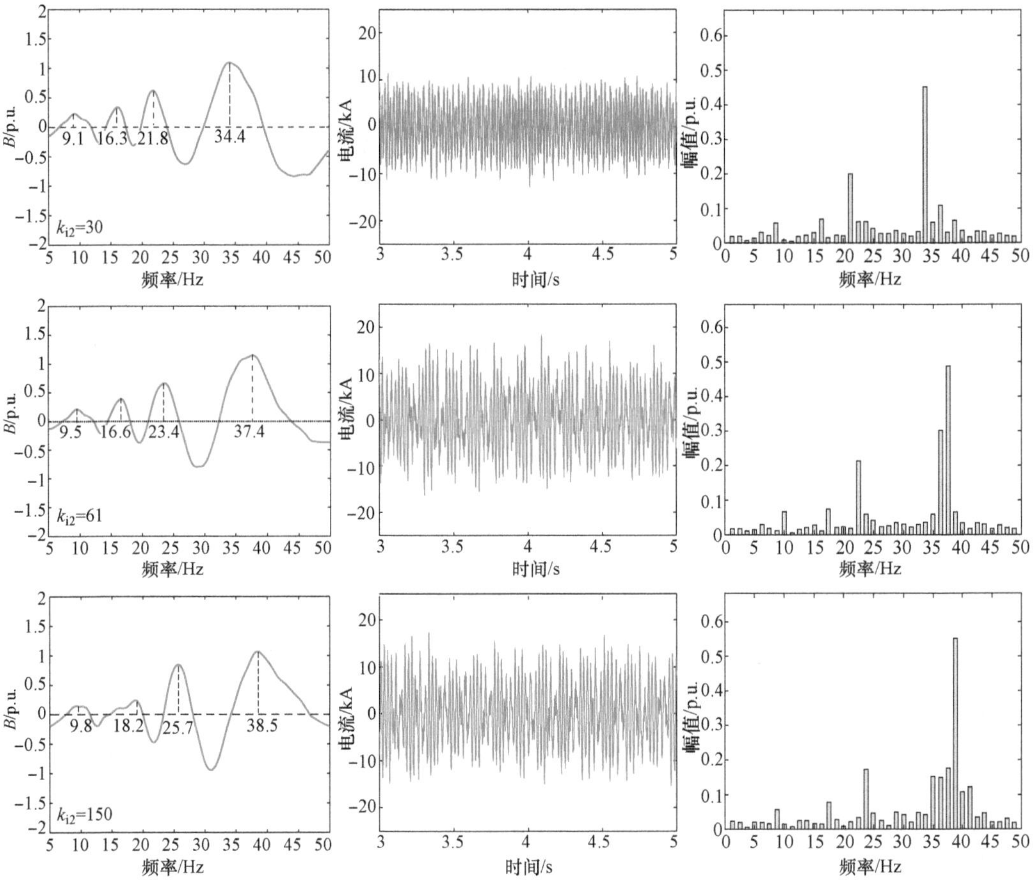

图 13-19 不同k_{i2}下的 B 曲线、线路电流波形及其频谱分析

tor，PMSG)、机侧换流器（Machine - Side Converter，MSC）和网侧换流器（Grid - Side Converter，GSC）组成，如图 13 - 22 所示。

根据前文分析，机组的扭振模式对次同步频率下风电并网系统的稳定性影响较小，可以不计。因此，机械部分及机侧换流器及其控制系统可以等效成简单的可控电压源以模拟原动机部分的有功输入。为了便于分析，不计零序分量对电路问题的影响，认为系统处于对称的运行状态。

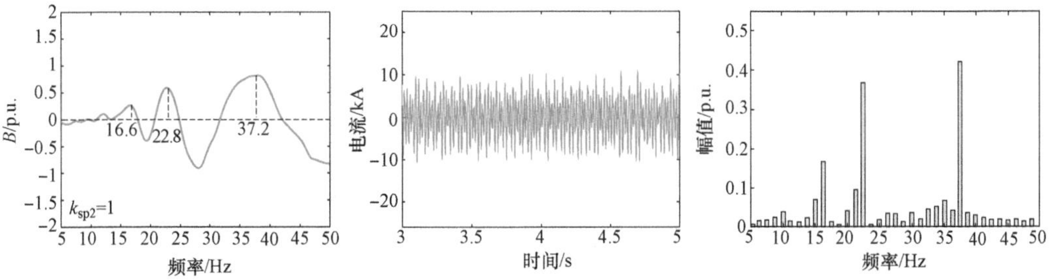

图 13-20 不同 k_{sp2} 下的 B 曲线、线路电流波形及其频谱分析（一）

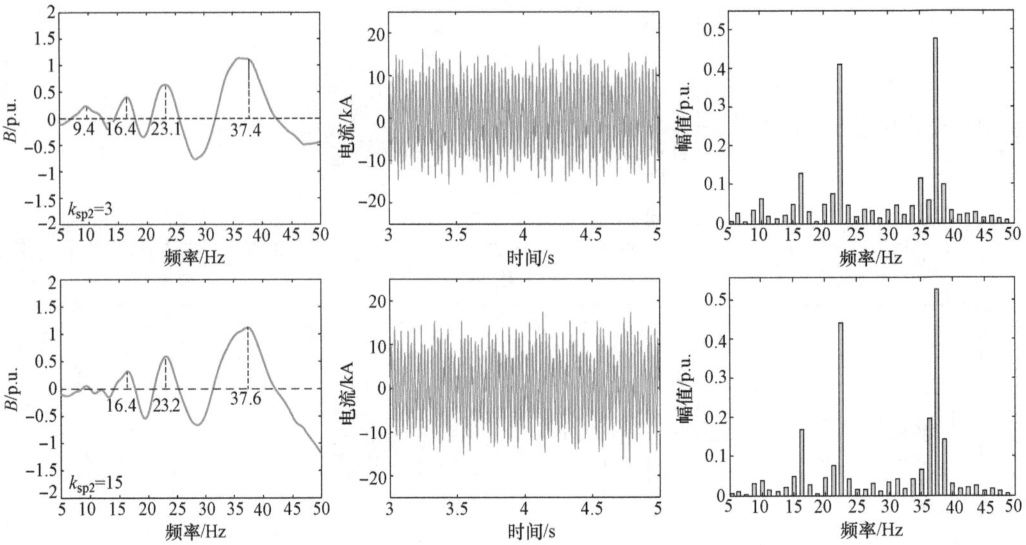

图 13-20　不同 k_{sp2} 下的 B 曲线、线路电流波形及其频谱分析（二）

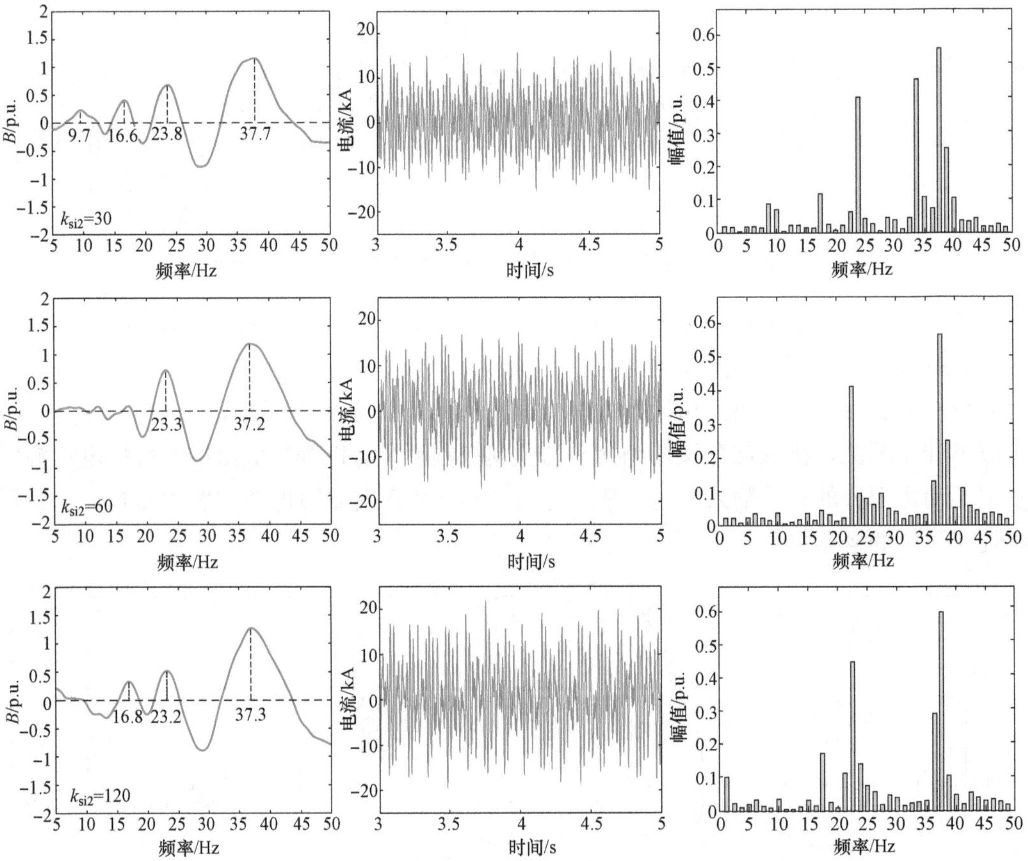

图 13-21　不同 k_{si2} 下的 B 曲线、线路电流波形及其频谱分析

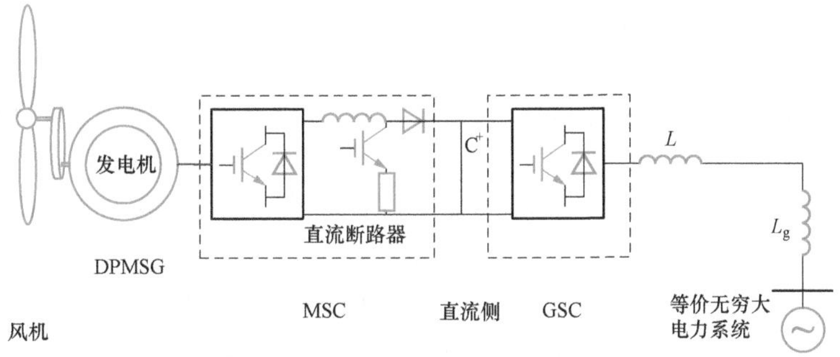

图 13-22 直驱风机的并网结构图

GSC 的控制原理图如图 13-23 所示。

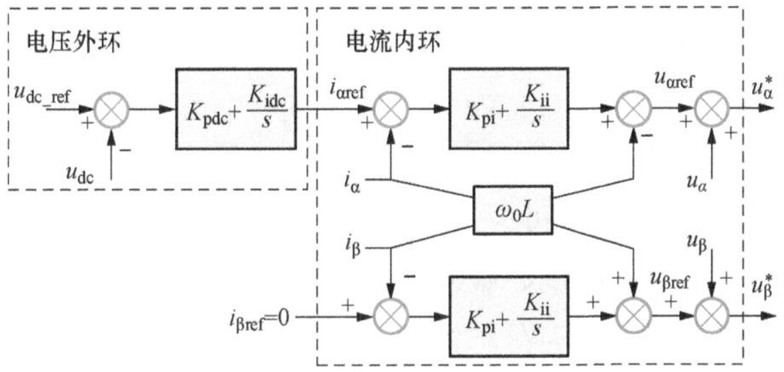

图 13-23 直驱风机网侧换流器控制框图

图中，u_α^*、u_β^* 为量测的机组出口电压；u_α、u_β为换流器输出电压；$u_{\alpha ref}$、$u_{\beta ref}$为电压指令值；i_α、i_β为输入控制器的电流；$i_{\alpha ref}$、$i_{\beta ref}$为电流指令值；u_{dc}、u_{dc_ref}为直流电压、直流电压指令值；K_{pdc}、K_{idc}为电压外环比例、积分系数；K_{pi}、K_{ii}为电流内环比例、积分系数；L 网侧换流器连接电感。

工程上为实现风电机组的电压控制外环与电流控制内环动态过程解耦，通常将电压控制外环的带宽设置为电流控制环的 0.1 左右。同时电流控制内环的带宽设计仅相当于开关器件的 0.1 左右。在这样的设计下控制系统在动作过程中具有多时间尺度特征。电压外环控制系统时间常数较大，相比于电流内环而言在小扰动情况下反应速度迟缓，调节过程有明显的延时。计及时间尺度的不同，将使系统模型变得复杂化，并且较高的阶数不适用于机理分析。相比于电压外环，电流内环和 PLL 直接参与控制系统的动作。所以控制器的动态过程主要受电流内环与 PLL 影响，故电流控制内环的小信号方程为

$$\begin{aligned}\Delta u_{\alpha ref} &= (i_{\alpha ref}-\Delta i_\alpha)(K_{pi}+K_{ii}/s)-\omega_0 L\Delta i_\beta \\ \Delta u_{\beta ref} &= -\Delta i_\beta(K_{pi}+K_{ii}/s)-\omega_0 L\Delta i_\alpha\end{aligned} \tag{13-67}$$

写成矩阵形式为

$$\begin{bmatrix}\Delta u_{\alpha ref}\\ \Delta u_{\beta ref}\end{bmatrix}=G_{\alpha\beta}(s)\begin{bmatrix}\Delta i_\alpha\\ \Delta i_\beta\end{bmatrix}+\begin{bmatrix}\Delta u_\alpha\\ \Delta u_\beta\end{bmatrix} \tag{13-68}$$

其中

$$G_{\alpha\beta}(s)=\begin{bmatrix}-G_{ii}(s) & -\omega_0 L\\ \omega_0 L & -G_{ii}(s)\end{bmatrix},G_{ii}(s)=K_{pi}+K_{ii}/s \tag{13-69}$$

式中：$G_{\alpha\beta}(s)$为换流器控制系统传递函数。

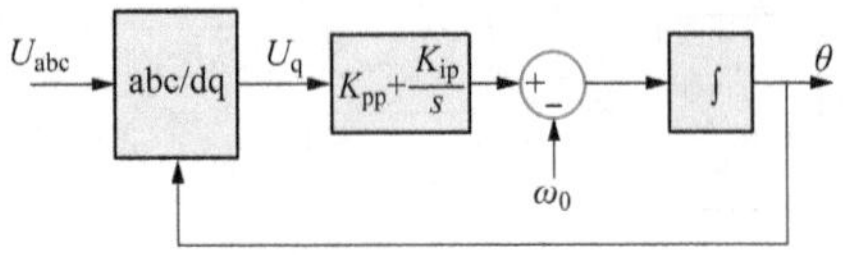

图 13 - 24　锁相环控制系统框图

锁相环控制系统框图如图 13 - 24 所示，矢量控制策略下，通过跟踪 q 轴电压来确定坐标轴的相位。

锁相环的动态方程为

$$\begin{cases}\omega=(K_{pp}+K_{ip}/s)(0-\theta_c)\\ \theta=\omega/s\end{cases} \tag{13-70}$$

式中：dq 为风电并网系统的参考坐标系，K_{pp}、K_{ip}为 PLL 比例、积分系数，ω、θ_c、θ为电网的同步角速度、同步旋转速度、PLL 量测到的同步坐标角度。

式（13 - 70）中，q 轴矢量控制下

$$\theta_c=-u_q/U_{t0} \tag{13-71}$$

式中：U_{t0}为系统电压的幅值。

机组利用 PLL 来判断系统的同步坐标相位。在采用 d 轴定向的矢量控制方式下认为有$U_{t0}=U_{d0}=1$。因此，通过将式（13 - 71）线性化可以得到锁相环的小信号模型

$$\Delta\theta_c=-\Delta u_q/U_{t0}+\Delta\theta \tag{13-72}$$

将式（13 - 69）线性化后代入式（13 - 72）中得到因交流侧电压波动引起的锁相环量测相位差值

$$\begin{gathered}\Delta\theta=G_{PLL}(s)\Delta u_q\\ G_{PLL}(s)=\frac{sK_{pp}+K_{ip}}{s^2+sK_{pp}+K_{ip}}\end{gathered} \tag{13-73}$$

从式（13 - 73）可知，若网侧换流器能够通过 PLL 实时定位电网同步坐标的位置，则直驱风机控制系统的参考坐标轴 αβ 会因电网侧存在扰动量而变化，从而导致量测得到的同步坐标 αβ 与电网侧系统实际的参考坐标同步坐标 dq 间存在相位差。图 13 - 25 表示 αβ 轴与 dq 轴坐标间的相位关系。

由图 13 - 25 可以得到 αβ 坐标与 dq 坐标下同单位的电气量之间转换关系。这一转换关系表达成矩阵形式为

$$\begin{bmatrix}X_d\\ X_q\end{bmatrix}=\begin{bmatrix}\cos\Delta\theta & -\sin\Delta\theta\\ \sin\Delta\theta & \cos\Delta\theta\end{bmatrix}\begin{bmatrix}X_\alpha\\ X_\beta\end{bmatrix}=T\begin{bmatrix}X_\alpha\\ X_\beta\end{bmatrix} \tag{13-74}$$

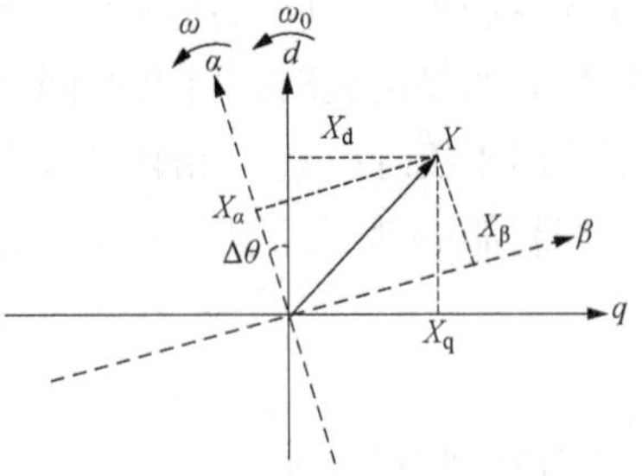

图 13 - 25　dq 坐标系与 αβ 坐标系关系

T 是一个可逆矩阵，其元素的值由扰动引起的相位差决定。当扰动不存在时即 $\Delta\theta=0$，**T** 为单位矩阵。此时，从式（13 - 74）可知两个坐标系之间等价。当网侧扰动传入机组时，由式（13 - 69）和式（13 - 74）可以得到 dq 轴下的网侧控制器的矩阵形式的小信号方程

$$\begin{bmatrix}\Delta u_{\mathrm{d}}\\ \Delta u_{\mathrm{q}}\end{bmatrix}=\begin{bmatrix}\Delta u_{\mathrm{dref}}\\ \Delta u_{\mathrm{qref}}\end{bmatrix}+\begin{bmatrix}\Delta u_{\mathrm{q}}\\ \Delta u_{\mathrm{d}}\end{bmatrix}$$
$$\begin{bmatrix}\Delta u_{\mathrm{dref}}\\ \Delta u_{\mathrm{qref}}\end{bmatrix}=\boldsymbol{T}\boldsymbol{G}_{\alpha\beta}(\mathrm{s})\boldsymbol{T}^{-1}\begin{bmatrix}\Delta u_{\mathrm{d}}\\ \Delta u_{\mathrm{q}}\end{bmatrix} \tag{13-75}$$

令$\boldsymbol{G}_{\mathrm{dq}}(s)=\boldsymbol{T}\boldsymbol{G}_{\alpha\beta}(s)\boldsymbol{T}^{-1}$，当$\Delta\theta$足够小时，可以利用$\sin x\sim x$对式（13-74）中三角函数形式的电气量进行替换，有

$$\boldsymbol{G}_{\mathrm{dq}}(s)=\begin{bmatrix}1 & -\Delta\theta\\ \Delta\theta & 1\end{bmatrix}\begin{bmatrix}-G_{\mathrm{ii}}(\mathrm{s}) & -\omega_0 L\\ \omega_0 L & -G_{\mathrm{ii}}(s)\end{bmatrix}\begin{bmatrix}1 & \Delta\theta\\ -\Delta\theta & 1\end{bmatrix} \tag{13-76}$$

由式（13-75）、式（13-76）可以得到在小扰动下dq坐标系下的DPMSG网侧换流器和PLL的模型。其等价的控制系统如图13-26所示。

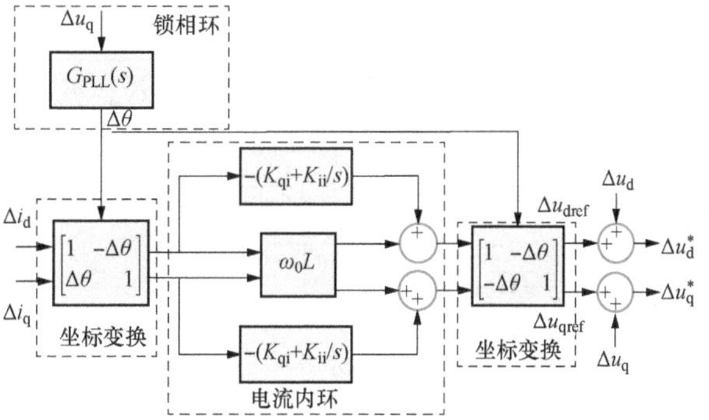

图13-26 dq坐标系下的直驱风机控制器等效框图

当电网侧不存在扰动时，直驱风机网侧换流器控制的坐标和电网同步坐标无相位差并且能够保持相对静止，即不存在图中前后两个坐标变换模块，此时其与原来的控制器完全等价。而当电网侧存在扰动时，锁相环量测到的旋转坐标系角度与实际同步坐标间会出现相位差，使得αβ与dq两坐标下的电气量间不再准确对应，从而使直驱风机对外部扰动的响应特性发生变化。

（1）对次同步频率扰动的响应过程。假设存在某扰动电流，从母线节点向直驱风机处传递，其为幅值δ，频率ω_{s}的三相对称正弦波。假设网侧的A相扰动电流初始相位为零，则扰动电流可以表示为

$$\Delta i_{\mathrm{a}}=\delta\cos(\omega_{\mathrm{s}}t) \tag{13-77}$$

在不计及输电网络电阻的情况下，由式（13-77）引起的直驱风机端口处A相电压波动为

$$\Delta u_{\mathrm{a}}=\omega_{\mathrm{s}}L_{\mathrm{g}}\delta\cos\left(\omega_{\mathrm{s}}t+\frac{\pi}{2}\right) \tag{13-78}$$

将式（13-78）变换到dq坐标系下，其电压和电流可以分别表示成

$$\begin{cases}\Delta i_{\mathrm{d}}=\dfrac{3\delta}{2}\cos(\omega_0-\omega_{\mathrm{s}})t\\ \Delta i_{\mathrm{q}}=-\dfrac{3\delta}{2}\sin(\omega_0-\omega_{\mathrm{s}})t\end{cases} \tag{13-79}$$

$$\begin{cases}\Delta u_{\mathrm{d}}=\dfrac{3\omega_{\mathrm{s}}L_{\mathrm{g}}\delta}{2}\cos\left[(\omega_0-\omega_{\mathrm{s}})t+\dfrac{\pi}{2}\right]\\ \Delta u_{\mathrm{q}}=-\dfrac{3\omega_{\mathrm{s}}L_{\mathrm{g}}\delta}{2}\sin\left[(\omega_0-\omega_{\mathrm{s}})t+\dfrac{\pi}{2}\right]\end{cases} \tag{13-80}$$

将式（13 - 80）中 Δu_q代入式（13 - 72）中时，设

$$\Delta\theta = A_1\sin[(\omega_0-\omega_s)t+\pi/2+\lambda] \tag{13-81}$$

可以得到待解方程

$$\begin{aligned}&(s^2+sK_{pp}+K_{ip})\{A_1\sin[(\omega_0-\omega_s)t+\pi/2+\lambda]\}=\\&\frac{-3\omega_s L_g\delta}{2}(sK_{pp}+K_{ip})\sin[(\omega_0-\omega_s)t+\pi/2]\end{aligned} \tag{13-82}$$

解式（13 - 82）可以得到

$$\begin{aligned}A_1 &= -\frac{3\omega_s L_g\delta}{2}\left|\frac{sK_{pp}+K_{ip}}{s^2+sK_{pp}+K_{ip}}\right|_{s=j(\omega_0-\omega_s)}\\ \lambda &= \arccos\frac{K_{pi}-(\omega_0-\omega_s)^2}{\sqrt{[K_{pi}-(\omega_0-\omega_s)^2]^2+[K_{pp}(\omega_0-\omega_s)]^2}}-\\&\quad\arccos\frac{-K_{pp}(\omega_0-\omega_s)}{\sqrt{(K_{pi})^2+[K_{pp}(\omega_0-\omega_s)]^2}}\end{aligned} \tag{13-83}$$

式（13 - 81）代入式（13 - 76），可以解出传递函数矩阵$\boldsymbol{G}_{dq}(s)$。再将$\boldsymbol{G}_{dq}(s)$代入式（13 - 75）中后可以得到 dq 坐标下的机组端口的电压指令值，即

$$\begin{aligned}\begin{bmatrix}\Delta u_{dref}\\ \Delta u_{qref}\end{bmatrix} &= \boldsymbol{T}\boldsymbol{G}_{\alpha\beta}(s)\boldsymbol{T}^{-1}\begin{bmatrix}\Delta i_d\\ \Delta i_q\end{bmatrix}\\
&= \boldsymbol{T}\boldsymbol{G}_{\alpha\beta}(s)\boldsymbol{T}^{-1}\begin{bmatrix}\frac{3\delta}{2}\cos(\omega_0-\omega_s)t\\ -\frac{3\delta}{2}\sin(\omega_0-\omega_s)t\end{bmatrix}\\
&= \frac{3\delta}{2}\boldsymbol{T}\boldsymbol{G}_{\alpha\beta}(s)\begin{bmatrix}\cos(\omega_0-\omega_s)t-\frac{A}{2}\sin[2(\omega_0-\omega_s)t+\lambda]+\frac{A}{2}\sin\lambda\\ -\sin(\omega_0-\omega_s)t-\frac{A}{2}\cos[2(\omega_0-\omega_s)t+\lambda]-\frac{A}{2}\cos\lambda\end{bmatrix}\\
&= \frac{3\delta}{2}\boldsymbol{T}\begin{bmatrix}B_1\cos(\omega_0-\omega_s)t+\theta_1-\frac{AB_2}{2}\sin[2(\omega_0-\omega_s)t+\lambda+\varphi_1]+C_1t+D_1\\ B_1\sin(\omega_0-\omega_s)t+\theta_2+\frac{AB_2}{2}\cos[2(\omega_0-\omega_s)t+\lambda+\varphi_2]+C_2t+D_2\end{bmatrix}\\
&= \frac{3\delta}{2}\begin{bmatrix}E_{11}\cos[(\omega_0-\omega_s)t+\alpha_{11}]\\ E_{21}\sin[(\omega_0-\omega_s)t+\alpha_{21}]\end{bmatrix}+\begin{bmatrix}E_{12}\cos[2(\omega_0-\omega_s)t+\alpha_{12}]\\ E_{22}\sin[2(\omega_0-\omega_s)t+\alpha_{22}]\end{bmatrix}+\\
&\quad\begin{bmatrix}E_{13}\cos[3(\omega_0-\omega_s)t+\alpha_{13}]\\ E_{23}\sin[3(\omega_0-\omega_s)t+\alpha_{23}]\end{bmatrix}+\begin{bmatrix}f_1(t)\\ f_2(t)\end{bmatrix}\end{aligned} \tag{13-84}$$

式中：$f_1(t)$、$f_2(t)$为高阶量，在扰动足够小时可以忽略。

其中各中间代换量为

$$
\begin{aligned}
&B_1 = \sqrt{K_{pi}^2 + \left[\omega_0 L - \frac{K_{ii}}{\omega_0 - \omega_s}\right]^2} \\
&B_2 = \sqrt{K_{pi}^2 + \left[\omega_0 L - \frac{K_{ii}}{2(\omega_0 - \omega_s)}\right]^2} \\
&\theta_1 = \arccos(-K_{pi}/B_1),\ \theta_2 = \arcsin(K_{pi}/B_1) \\
&\varphi_1 = \arccos(-K_{pi}/B_2),\ \varphi_2 = \arcsin(K_{pi}/B_2) \\
&C_1 = \frac{AK_{ii}}{2}\cos\left(\frac{\pi}{2}+\lambda\right),\ C_2 = \frac{AK_{ii}}{2}\sin\left(\frac{\pi}{2}+\lambda\right) \\
&D_1 = \frac{AK_{pi}}{2}\cos\left(\frac{\pi}{2}+\lambda\right) + \frac{A\omega_0 L}{2}\sin\left(\frac{\pi}{2}+\lambda\right) \\
&D_2 = \frac{AK_{pi}}{2}\sin\left(\frac{\pi}{2}+\lambda\right) - \frac{A\omega_0 L}{2}\cos\left(\frac{\pi}{2}+\lambda\right) \\
&E_{11} = \sqrt{\left(B_1\cos\theta_1 - \frac{A^2B_2}{4}\cos\varphi_2 + AD_2\cos\lambda\right)^2 + \left(-B_1\sin\theta_1 - \frac{A^2B_2}{4}\sin\varphi_2 - AD_2\sin\lambda\right)^2} \\
&E_{21} = \sqrt{\left(B_1\cos\theta_2 - \frac{A^2B_2}{4}\cos\varphi_1 - AD_2\sin\lambda\right)^2 + \left(B_1\sin\theta_2 - \frac{A^2B_2}{4}\sin\varphi_1 + AD_2\cos\lambda\right)^2} \\
&\alpha_{11} = \arccos\left[\left(B_1\cos\theta_1 - \frac{A^2B_2}{4}\cos\varphi_2 + AD_2\cos\lambda\right)/E_{11}\right] \\
&\alpha_{21} = \arcsin\left[\left(B_1\sin\theta_2 - \frac{A^2B_2}{4}\sin\varphi_1 + AD_1\cos\lambda\right)/E_{21}\right]
\end{aligned}
\tag{13-85}
$$

将式（13-84）表示的 dq 坐标下的电压参考值变换到三相坐标系下，得到包含三相电压指令值的待解方程

$$
\begin{aligned}
&\frac{3\delta}{2}\{E_{11}\cos[(\omega_0-\omega_s)t+\alpha_{11}]\cos\omega_0 t + E_{21}\sin[(\omega_0-\omega_s)t+\alpha_{21}]\sin\omega_0 t\} \\
&= \frac{1}{2}K_1\cos(\omega_s t+\gamma_1) + \frac{1}{2}K_2\cos[(2\omega_0-\omega_s)t+\gamma_2]
\end{aligned}
\tag{13-86}
$$

解式（13-86）得到

$$
\begin{aligned}
\Delta u_{as} &= \Delta u_{dref}\cos\omega_0 t + \Delta u_{qref}\sin\omega_0 t \\
&= \frac{K_1}{2}\cos(\omega_s t+\gamma_1) + \frac{K_2}{2}\cos[(2\omega_0-\omega_s)t+\gamma_2] + \\
&\quad \frac{K_2}{2}\cos[(3\omega_0-2\omega_s)t+\gamma_3] + \frac{K_3}{2}\cos[(\omega_0-2\omega_s)t+\gamma_4] + \\
&\quad \frac{K_2}{2}\cos[(4\omega_0-3\omega_s)t+\gamma_5] + \frac{K_3}{2}\cos[(2\omega_0-3\omega_s)t+\gamma_6]
\end{aligned}
\tag{13-87}
$$

其中 K_1、K_2、γ_1 和 γ_2 为

$$
\begin{aligned}
K_1 &= \sqrt{(E_{11}\cos\alpha_{11}+E_{21}\cos\alpha_{21})^2 + (-E_{11}\sin\alpha_{11}+E_{21}\sin\alpha_{21})^2} \\
\gamma_1 &= \arccos[(E_{11}\cos\alpha_{11}+E_{21}\cos\alpha_{21})/K_1] \\
K_2 &= \sqrt{(E_{11}\cos\alpha_{11}-E_{21}\cos\alpha_{21})^2 + (-E_{11}\sin\alpha_{11}+E_{21}\sin\alpha_{21})^2} \\
\gamma_2 &= \arccos[(E_{11}\cos\alpha_{11}-E_{21}\cos\alpha_{21})/K_1]
\end{aligned}
\tag{13-88}
$$

(2) 发生次同步振荡判据。利用上一节推导的直驱风机次同步振荡的产生过程和机理，可以得到直驱风机并网系统稳定性判据为

$$Q = \sin\gamma_1 > 0 \tag{13-89}$$

即当 Q 取得正值时，系统会因为直驱风机换流器控制系统的作用，使得输出的谐波分量和原有扰动分量形成正反馈，进而导致次同步振荡的产生。

当振荡发生时，式（13-87）会作为新的扰动输入给直驱风机，根据式（13-85）～式（13-89）的推导过程，将新的扰动不断迭代进行计算，最终可以得到直驱风机出口处输出电压波形的表达式为

$$\begin{aligned}\Delta u_a = & P_{n1}\sum_{k=1}^{\infty}\cos[k(\omega_0-\omega_s)t+\omega_0 t+\gamma_{n1}]+ \\ & P_{n2}\sum_{k=1}^{\infty}\cos[k(\omega_0-\omega_s)t-\omega_0 t+\gamma_{n2}]\ (k=1、2、3\cdots)\end{aligned} \tag{13-90}$$

由式（13-90）可知，当频率为 ω_s 的振荡发生时，系统交流侧不仅包含有振荡分量，还含有频率为 $k(\omega_0-\omega_s)\pm\omega_0$ 的谐波分量。

(3) 时域仿真验证。根据图 13-22 和图 13-23，在 Matlab/Simulink 中搭建直驱风机并网系统，主要参数见表 13-2。

表 13-2　　系 统 主 要 参 数

符号	数值	符号	数值
S_b/MVA	6×1.5	K_{pp}	50
V_t/V	575	K_{ip}	15000
U_{dc_ref}/V	1175	K_{pi}	20
L_g/mH	0.8	K_{ii}	40
L/mH	1	K_{pdc}	5
C/mF	1.2	K_{idc}	20

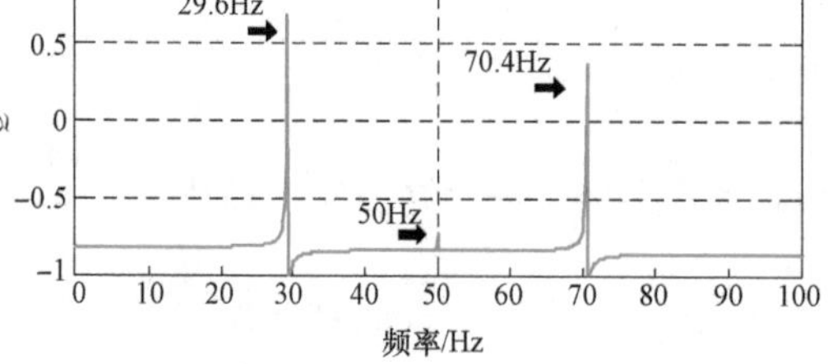

图 13-27　Q 值随频率变化曲线

绘制的 Q 值随频率变化曲线如图 13-27所示。可以看出，29.6、70.4Hz 下的 Q 值大于零。根据式（13-89）可知，系统在此频率下会出现不稳定，具有发生次/超同步振荡的风险；除包含频率为 29.6Hz 和 70.4Hz 的间谐波外，还会产生其他频率的间谐波。这些谐波分量频率位于 0～100Hz 范围内的有 9.2、19.4、29.6、39.8、60.2、70.4、80.6Hz 以及 90.8Hz。

直驱风机出口处母线的有功功率和无功功率的振荡波形如图 13-28 所示。图 13-29 为直驱风机出口处电压的频谱分析。频谱分析中滤除了 50Hz 的工频分量，以便于观测。

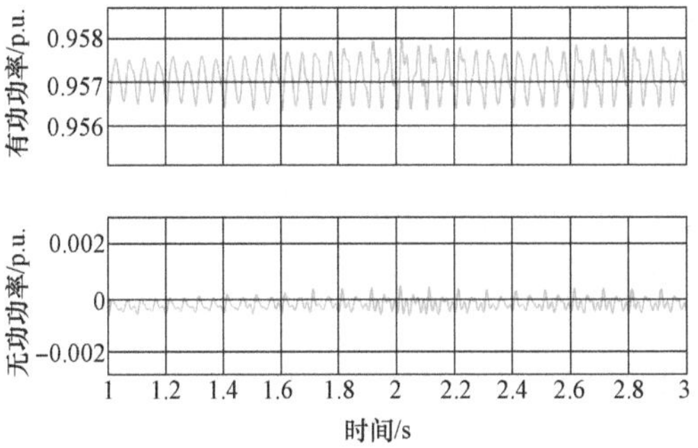

图 13-28　直驱风机出口功率振荡波形

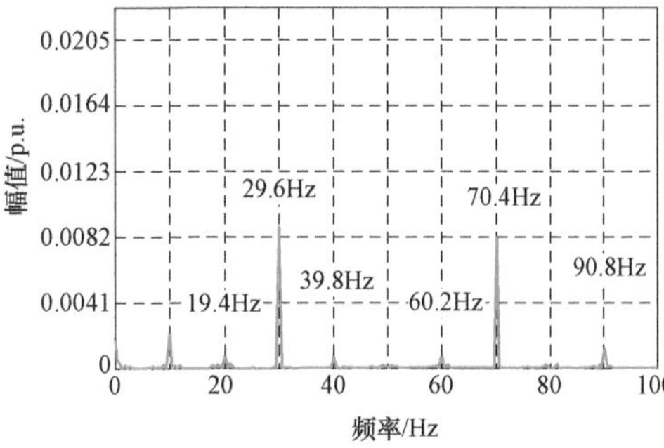

图 13-29　直驱风机出口电压频谱分析结果

从频谱分析结果可以看出，电压中包含 29.6Hz 与 70.4Hz 两个幅值较大且关于工频对称的分量。除了这两个分量外，频谱分析中的其他分量结果也证明了上述理论分析的正确性。

（4）SSO 影响因素分析。弱电网发生 SSO 时，直驱风机并网过程中动态特性主要由 GSC 及其控制系统体现。因此有必要分析 GSC 控制器参数、PLL 参数及电网强度对 SSO 特性的影响。通过理论分析加仿真验证的方法，对直驱风机控制器参数、锁相环参数和电网强度对次同步振荡的影响进行分析。

1）PLL 控制器参数。锁相环比例系数 K_{pp}变化时直驱风机次/超同步振荡变化情况如图 13-30 所示。图中随着 K_{pp}减小，Q 随频率变化的曲线中两个大于零的峰值减小，频谱分析结果中各谐波分量幅值降低，意味着振荡风险减小。

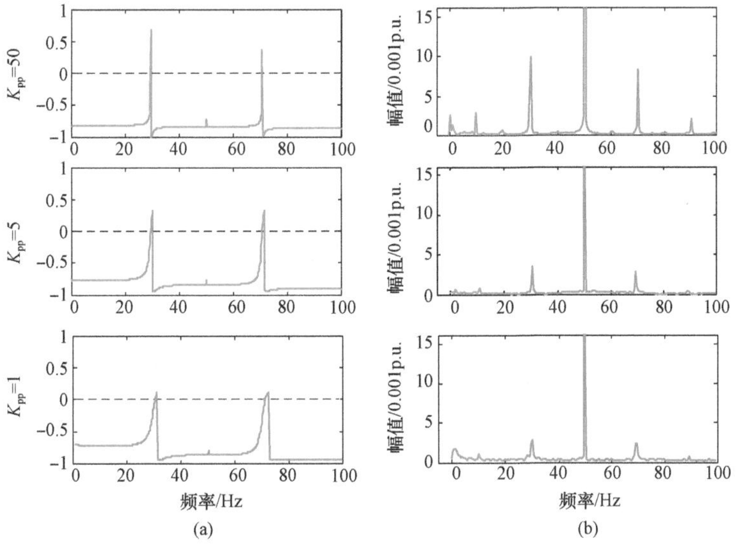

图 13-30　不同 PLL 比例系数下的 Q-f 曲线与 PMSG 出口电压频谱分析结果

PLL 的积分系数 K_{ip}变化时振荡变化情况如图 13-31 所示，可以看出，随着 K_{ip}减小，Q 随频率变化的曲线中两个大于零的点向工频靠近，频谱分析结果中各谐波幅值降低。

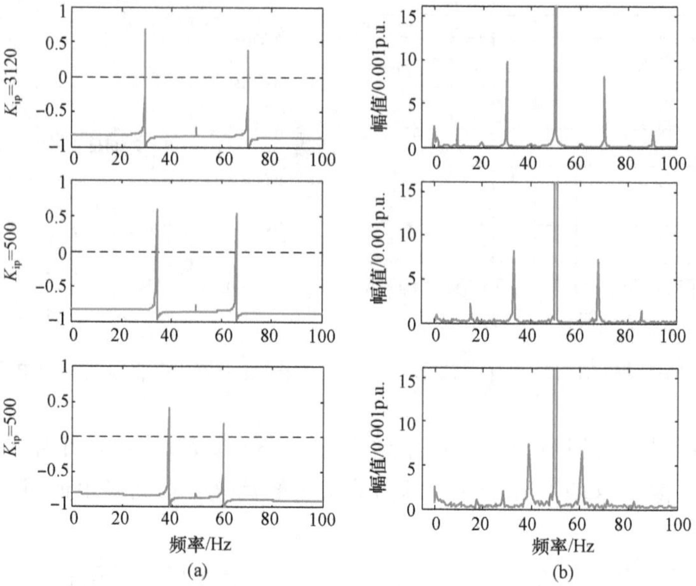

图 13-31　不同 PLL 比例系数下的 Q-f 曲线与 PMSG 出口电压频谱分析结果

2）电流内环控制器参数。电流内环比例系数 K_{pi}变化时直驱风机次/超同步振荡变化情况如图 13-32 所示。从图中可以看出，随着 K_{pi}减小 Q 随频率变化曲线整体上升，频谱分析中各谐波分量幅值增大，振荡风险增大。

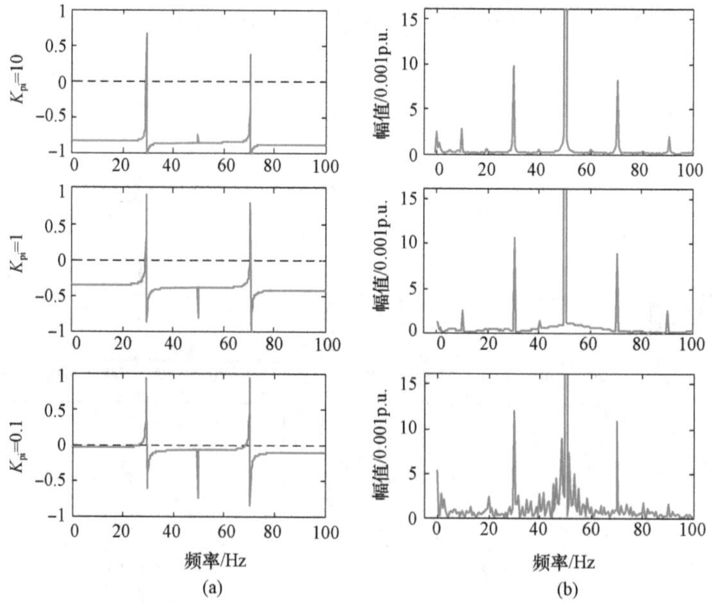

图 13-32　不同电流内环比例系数下的 Q-f 曲线与 PMSG 出口电压频谱分析结果

而改变电流内环积分系数 K_{ii}，无论是理论计算还是仿真结果均表明对振荡几乎没有影响。

3）电网强度。L_g为输电网络等值电感，L_g减小时机一网间电气距离减小，电网强度增大。L_g变化时直驱风机次/超同步振荡变化情况如图 13-33 所示。

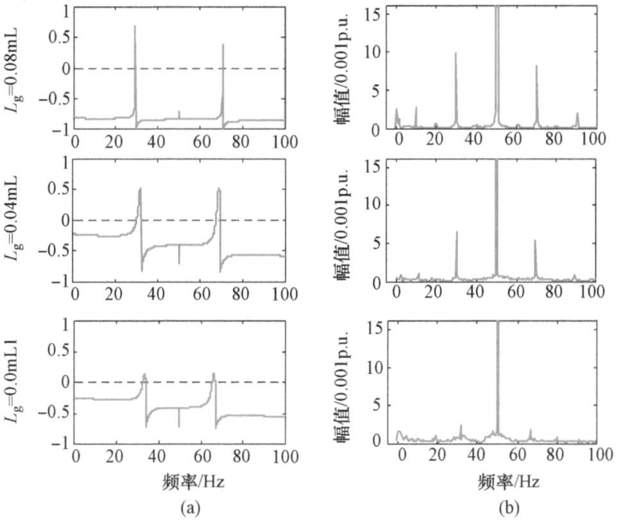

图 13-33 不同电网强度下的 Q-f 曲线与 PMSG 出口电压频谱分析结果

图中随着 L_g减小 Q 随频率变化曲线中两个大于零的峰值向工频趋近，振荡频率对应 Q 值减小。电压频谱中振荡频率分量减小，其他谐波含量略有增加。说明随着电网强度增大振荡频率趋近工频，同时振荡幅度减弱。

13.3.3 基于盖尔原理的次同步振荡分析

为研究方便，采用如图 13-34 所示的等值系统模型，其中大型风电场包括 100 台型号相同、控制参数与运行状态一致的 1.5MW 直驱风机，它们连接于同一条母线上。单台直驱风机经机端箱式变压器（0.69kV/35kV）升压后汇集到汇流站母线，然后经 35kV 线路输送至 110kV 变电站，经升压变压器（110kV/220kV）升压后接入交流主网。

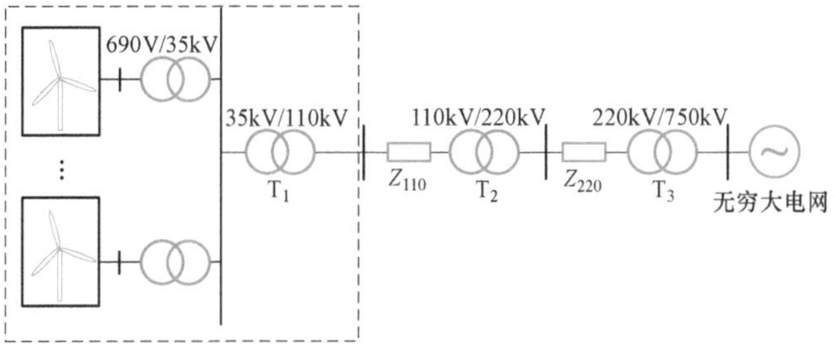

图 13-34 直驱风电场并网模型

我国的风能资源主要集中在低风速区，大力发展直驱永磁式风机更符合我国国情。理论上，基于盖尔原理的最小禁区稳定性判据可用于分析电力系统各种稳定性问题。以直驱风电场的 SSO 问题为例，验证基于盖尔原理的最小禁区稳定性判据在 SSO 问题分析方面的有效性。

（1）直驱风机并网系统阻抗建模。直驱风机并网系统引起的 SSO 主要与 GSC 有关，而且由于 GSC 与 MSC 之间存在直流电容，因此可以将风力机、PMSG 及 MSC 等效为电流源，如图 13－35 所示，调节电流源的电流可以控制风电机组输出功率的大小。

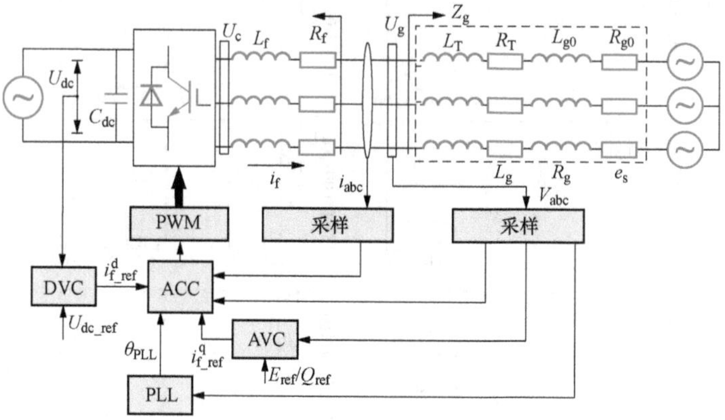

图 13－35　直驱风机并网系统的主电路及控制

图中，主电路中 U_g 为公共连接点 PCC 处电压，GSC 的输出电压为 U_c，流经滤波器的电流为 i_f，滤波器的等值电感和等值电阻分别为 L_f 和 R_f，直流电容值为 C_{dc}，直流电容两端电压为 U_{dc}，直驱风电机组并网系统连接到一个等效电压为 e_s 的无穷大电网。为便于阻抗建模与稳定性分析，将变压器阻抗和电网阻抗折算到低压侧，根据变压器等效参数（L_T、R_T）和电网阻抗等效参数（L_{g0}、R_{g0}）可得网侧集总参数（L_g、R_g），阻抗建模时可将图 13－35 中滤波电感右侧视为并网点，由 PCC 点向逆变器看可得逆变侧导纳 Y_{WT}，由 PCC 点向电网看可得电网侧阻抗 Z_g。控制系统主要包括四部分，一是电流控制器（AC Current Controller，ACC），二是直流电压控制器（DC Voltage Control，DVC），三是交流电压—无功功率控制器（AC Voltage Controller，AVC），四是锁相环。

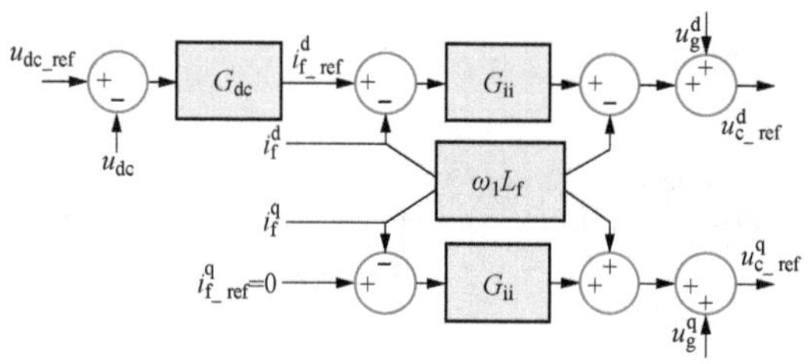

图 13－36　GSC 控制框图

GSC 控制框图如图 13－36 所示，由于离散时间控制器的离散化和计算时间的影响，并网系统会受到延时的影响。可用传递函数来表示时延影响即 $H_d = e^{-sT_d}$，其中 T_d 表示时间延迟。

（2）电流控制器模型。GSC 的控制结构包括内环电流控制器和外环直流电压控制器，电流控制器输出的参考电压 $u^{dq}_{c\_ref}$ 表示为

$$u^{dq}_{c\_ref} = u^{dq}_g + j\omega_1 L_f i^{dq}_f + G_{ii}(i^{dq}_{f\_ref} - i^{dq}_f) \tag{13-91}$$

传递函数

$$G_{ii} = K_{pi} + \frac{K_{ii}}{s}$$

式中：K_{pi}、K_{ii}为电流内环比例和积分系数。

可以推导出u_c^{dq}和u_g^{dq}之间的关系为

$$u_c^{dq} = (R_f + sL_f)i_f^{dq} + u_g^{dq} \tag{13-92}$$

考虑到时间延迟，GSC 输出电压为

$$u_c^{dq} = H_d u_{c\_ref}^{dq} \tag{13-93}$$

在 dq 参考坐标系下，电流控制器模型可以用动态公式表示为

$$\begin{bmatrix} i_f^d \\ i_f^q \end{bmatrix} = G_{c,mat} \begin{bmatrix} i_{f\_ref}^d \\ i_{f\_ref}^q \end{bmatrix} + Y_{i,mat} \begin{bmatrix} u_g^d \\ u_g^q \end{bmatrix} \tag{13-94}$$

式中：$G_{c,mat}$为从参考电流到实际电流的传递矩阵；$Y_{i,mat}$为输入导纳矩阵。

$$\begin{aligned} G_{c,mat} &= \frac{G_{ii}H_d \begin{bmatrix} sL_f + R_f + G_{ii}H_d & \omega_1 L_f(1-H_d) \\ -\omega_1 L_f(1-H_d) & sL_f + R_f + G_{ii}H_d \end{bmatrix}}{[sL_f + R_f + G_{ii}H_d]^2 + [\omega_1 L_f(1-H_d)]^2} \\ Y_{i,mat} &= \frac{(H_d - 1)\begin{bmatrix} sL_f + R_f + G_{ii}H_d & \omega_1 L_f(1-H_d) \\ -\omega_1 L_f(1-H_d) & sL_f + R_f + G_{ii}H_d \end{bmatrix}}{[sL_f + R_f + G_{ii}H_d]^2 + [\omega_1 L_f(1-H_d)]^2} \end{aligned} \tag{13-95}$$

(3) 外环电压控制器模型。现阶段大多数的外环电压控制器一般都忽略无功功率控制，直接将无功电流参考分量$i_{f_ref}^q$默认为零输入电流内环

$$i_{f\_ref}^q = 0 \tag{13-96}$$

直流电压控制器中的有功电流参考分量可以表示为

$$i_{f\_ref}^d = G_{dc}(u_{dc\_ref} - u_{dc}) \tag{13-97}$$

其中 $G_{dc} = K_{pdc} + \frac{K_{idc}}{s}$

在忽略换流器损耗，而且电流内环控制回路比直流外环控制回路快得多的前提下，直流电压动态公式可以表示为

$$C_{dc}u_{dc}\frac{du_{dc}}{dt} = p_m - p_c \tag{13-98}$$

式中：p_m为直流侧注入功率；p_c为直驱风机输出功率。

假定直流侧注入功率p_m是恒定的，在受到小干扰电压扰动时，其模型为

$$C_{dc}u_{dc0}\frac{d\Delta u_{dc}}{dt} = -\Delta p_c \tag{13-99}$$

式中：Δp_c为风机输出功率的变化量；u_{dc0}为稳态时直流母线电压。

$$\Delta p_c = \frac{3}{2}(\Delta u_c^d i_{f0}^d + u_{c0}^d \Delta i_f^d + \Delta u_c^q i_{f0}^q + u_{c0}^q \Delta i_f^q) \tag{13-100}$$

式中：u_{c0}^d和u_{c0}^q为稳态时 GSC 出口电压 dq 轴分量；i_{f0}^d和i_{f0}^q为稳态时 GSC 输出电流 dq 轴分量。

当$i_{f0}^q = \Delta i_f^q = 0$时，$\Delta p_c$为

$$\Delta p_c = \frac{3}{2}(\Delta u_c^d i_{f0}^d + u_{c0}^d \Delta i_f^d) \tag{13-101}$$

利用式（13-92）、式（13-99）、式（13-101）得到直流侧电压扰动量Δu_{dc}为

$$\Delta u_{dc}=-\frac{3[(R_f+L_f)\Delta i_f^d i_{f0}^d+\Delta u_g^d i_{f0}^d+u_{c0}^d\Delta i_f^d]}{2C_{dc}u_{dc0}s} \tag{13-102}$$

联立式（13-96）、式（13-97）、式（13-102）得到有功、无功参考电流的小信号模型为

$$\begin{bmatrix}\Delta i_{f\_ref}^d\\ \Delta i_{f\_ref}^q\end{bmatrix}=G_{oc}\begin{bmatrix}\Delta i_f^d\\ \Delta i_f^q\end{bmatrix}+Y_{oc}\begin{bmatrix}\Delta u_g^d\\ \Delta u_g^q\end{bmatrix} \tag{13-103}$$

其中传递矩阵G_{oc}和Y_{oc}为

$$\begin{aligned}G_{oc}&=\begin{bmatrix}\dfrac{3G_{dc}[(R_f+sL_f)i_{f0}^d+u_{c0}^d]}{2C_{dc}u_{dc0}s} & 0\\ 0 & 0\end{bmatrix}\\ Y_{oc}&=\begin{bmatrix}\dfrac{3G_{dc}i_{f0}^d}{2C_{dc}u_{dc0}s} & 0\\ 0 & 0\end{bmatrix}\end{aligned} \tag{13-104}$$

通过式（13-94）和式（13-103）可以推导出考虑电流内环控制器和电压外环控制器的电流动态关系式为

$$\begin{bmatrix}\Delta i_f^d\\ \Delta i_f^q\end{bmatrix}=Y_{i,oc}\begin{bmatrix}\Delta u_g^d\\ \Delta u_g^q\end{bmatrix} \tag{13-105}$$

式中：$Y_{i,oc}$为修正的导纳矩阵

$$Y_{i,oc}=\frac{Y_{oc}G_{c,mat}+Y_{i,mat}}{I-G_{oc}G_{c,mat}} \tag{13-106}$$

（4）锁相环控制模型。直驱风电机组并网逆变器所采用的锁相环为静止坐标系锁相环（Synchronous Reference Frame Phase Locked Loop，SRF—PLL）。直驱风电机组的输入导纳矩阵是建立在旋转 dq 坐标系下的，利用锁相环测量的同步坐标旋转角度为θ_{PLL}，同步旋转角度θ_1，锁相环小扰动 $\Delta\theta=\theta_{PLL}-\theta_1$。对于一般矢量（电压或电流），给出换流器在 dq 轴坐标系和同步电网 dq 轴坐标系下对应矢量的关系式

$$x^{dq}=x_s^{dq}e^{-j\Delta\theta} \tag{13-107}$$

式中：x^{dq}表示在控制系统下的同步坐标系，x_s^{dq}表示在交流电网下的 dq 轴坐标系。

由欧拉公式可知

$$e^{-j\Delta\theta}=\cos(\Delta\theta)-j\sin(\Delta\theta)\approx 1-j\Delta\theta \tag{13-108}$$

其中θ_{PLL}的线性化小信号模型可以表示为

$$s\Delta\theta=\Delta\omega=\frac{K_{p,PLL}s+K_{i,PLL}}{s}\Delta u_g^q \tag{13-109}$$

式中：$K_{p,PLL}$和$K_{i,PLL}$分别为 SRF-PLL 中 PI 调节器的比例系数和积分系数。

$$\begin{cases}K_{p,PLL}=2\zeta\omega_{PLL}\\ K_{i,PLL}=\omega_{PLL}^2\end{cases} \tag{13-110}$$

式中：取 $\zeta=1/\sqrt{2}$为最佳的阻尼特性，ω_{PLL}为自然频率。自然频率 ω_{PLL}越大，调整时间越短，响应速度越快，但较大的 ω_{PLL}影响滤波能力。

PLL 控制框图如图 13-37 所示，利用式（13-107）、式（13-109），可以得到

$$\begin{cases}\Delta u_{g}^{d}=\Delta u_{g,s}^{d}+\Delta\theta u_{g0}^{q}\\ \Delta u_{g}^{q}=\Delta u_{g,s}^{q}-\Delta\theta u_{g0}^{d}\end{cases} \tag{13-111}$$

在定电压控制下，其 dq 坐标系的静态工作点$u_{g0}^{q}=0$。

$$\begin{cases}\Delta u_{g}^{d}=\Delta u_{g,s}^{d}\\ \Delta u_{g}^{q}=\Delta u_{g,s}^{q}-\Delta\theta u_{g0}^{d}\end{cases} \tag{13-112}$$

$$\Delta\theta=\frac{G_{PLL}}{1+G_{PLL}u_{g0}^{d}}\Delta u_{g,s}^{q}=G_{PLL,s}\Delta u_{g,s}^{q} \tag{13-113}$$

其中传递函数G_{PLL}表示

$$G_{PLL}=\frac{1}{s}\left(K_{p,PLL}+\frac{K_{i,PLL}}{s}\right) \tag{13-114}$$

通过式（13-107）～式（13-112），将流器参考坐标系下的电压和电流转换为电网下 dq 轴坐标系。考虑到 PLL 的影响，电流动态公式为

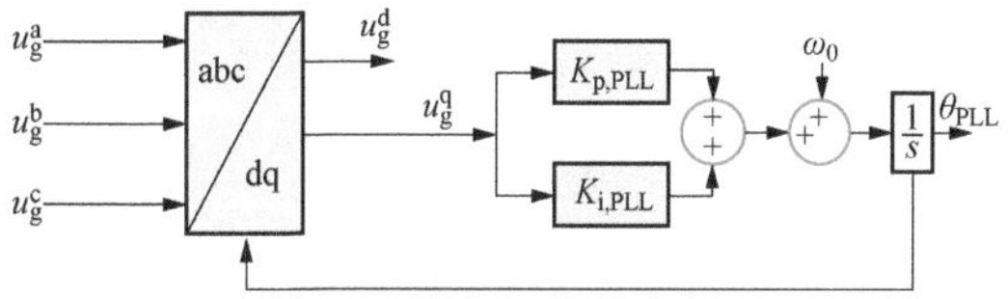

图 13-37　PLL 控制框图

$$\begin{bmatrix}\Delta i_{f,s}^{d}\\ \Delta i_{f,s}^{q}\end{bmatrix}=Y_{WT}\begin{bmatrix}\Delta u_{g,s}^{d}\\ \Delta u_{g,s}^{q}\end{bmatrix} \tag{13-115}$$

直驱风电机组最终的输入导纳矩阵$\boldsymbol{Y}_{WT}$为

$$\boldsymbol{Y}_{WT}=\begin{bmatrix}0 & -i_{f0}^{q}G_{PLL,s}\\ 0 & i_{f0}^{d}G_{PLL,s}\end{bmatrix}+Y_{i,oc}\begin{bmatrix}1 & 0\\ 0 & 1-u_{g0}^{d}G_{PLL,s}\end{bmatrix} \tag{13-116}$$

为实现基于盖尔原理的直驱风电并网系统稳定性分析，推导出直驱风电场等效导纳矩阵为

$$\boldsymbol{Y}_{WT}(s)=\begin{bmatrix}Y_{dd}(s) & Y_{dq}(s)\\ Y_{qd}(s) & Y_{qq}(s)\end{bmatrix} \tag{13-117}$$

假设等值风电机群里风电机组型号相同，以表 13-3 参数测试不同稳定性判据对同一工况的影响。

表 13-3　逆变器并网系统的主要参数

符号	数值	符号	数值
风机台数	100	单机容量 P_N/MW	1.5
内环比例系数 k_{pi}	5	内环积分系数 k_{ii}	20
外环比例系数 k_{pu}	4	外环积分系数 k_{iu}	300
滤波电阻 R_f/p. u.	0.003	滤波电抗 L_f（p. u.）	0.3
电网侧电阻 R_g/p. u.	0.01	电网侧电抗 L_g（p. u.）	0.73
直流电容 U_{dc}/V	1175	自然频率ω_{PLL}	270

（5）范数判据和左半平面禁区判据。经研究发现大型直驱风电场接入弱交流系统情况下，配置较大带宽的锁相环可能激发 SSO。基础情况下的参数选择见表 13-3。设置

系统连接电抗为 0.65p.u.、0.73p.u. 和 0.80p.u.，其他参数保持不变，即由工况 A 调整为工况 B，再调整为工况 C。利用范数判据和左半平面禁区判据分别对上面的工况进行判定，如图 13-38 所示。图 13-38（a）中，NC1 存在小于 1 部分，系统在 NC 判据下为稳定。在图 13-39（a）中，NC1、NC2 均存在大于 1 部分，系统在 NC 判据下为不稳定。而在工况 C 的图 13-40（a）中，系统在 NC 判据下也为不稳定。在图 13-38（b）中，FRBC1～FRBC4 均大于零，系统在 FRBC 判据下为稳定。在图 13-39（b）中，FRBC2 和 FRBC4 均存在小于零部分，左半平面禁区判据 FRBC 稳定条件是曲线均大于零，系统在 FRBC 判定为不稳定。在工况 C 的图 13-40（b）中，系统在 FRBC 判据下也为不稳定。

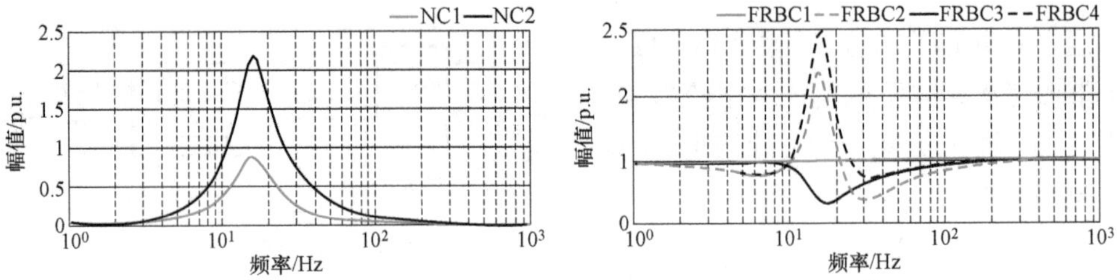

(a)　(b)

图 13-38　工况 A 下稳定性分析

（a）NC；（b）FRBC

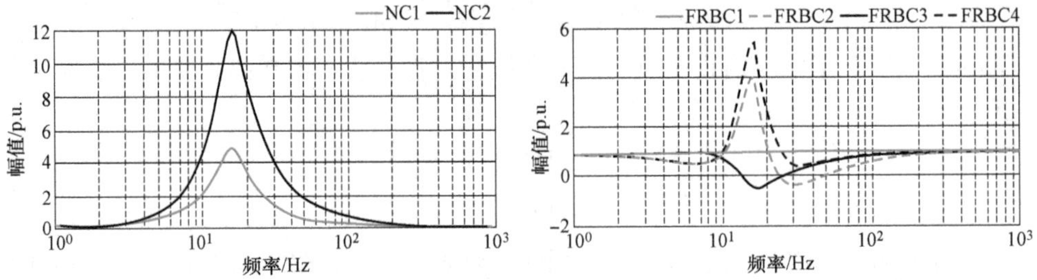

(a)　(b)

图 13-39　工况 B 下稳定性分析

（a）NC；（b）FRBC

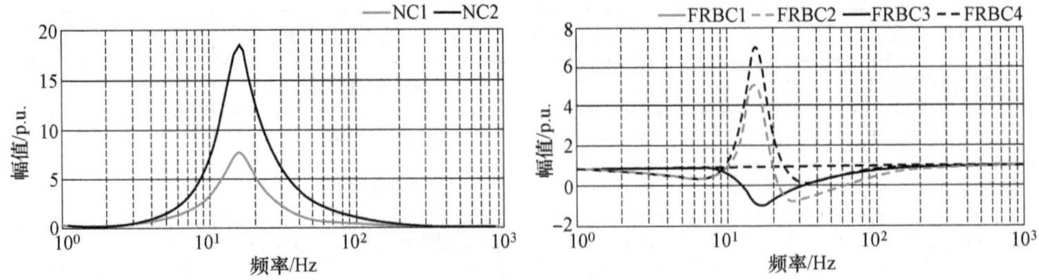

(a)　(b)

图 13-40　工况 C 下稳定性分析

（a）NC；（b）FRBC

将锁相环频率 ω_{PLL} 由 300rad/s 变为 400rad/s，其他参数保持不变，即由工况 D 调整为工况 E。利用 NC 和 FRBC 分别进行稳定性判定。在图 13-41（a）中，蓝线 NC1、黑线 NC2 均存在大于 1 部分，系统在 NC 判据下为不稳定。同理在工况 E 的图 13-42（a）中，系统在 NC 判据下也为不稳定。在图 13-41（b）中，黑色实线和蓝色虚线均存在小于零部分，系统在 FRBC 判定为不稳定。同理在工况 E 的图 13-42（b）中，系统在 FRBC 判据下也为不稳定。

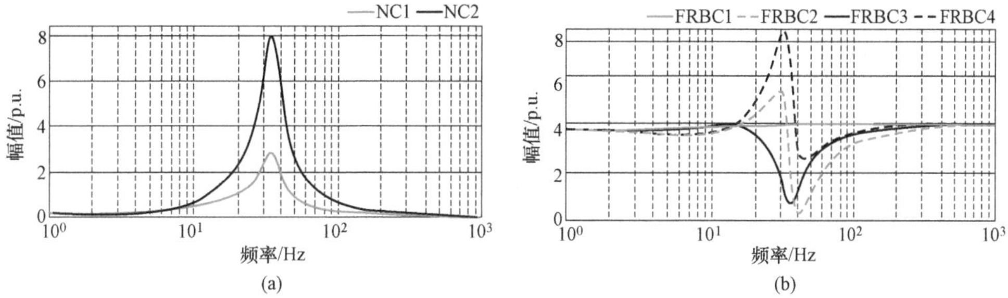

图 13-41　工况 D 下稳定性分析

（a）NC；（b）FRBC

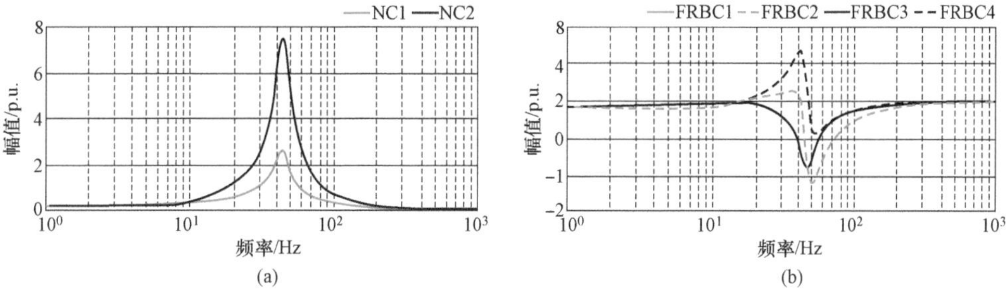

图 13-42　工况 E 下稳定性分析

（a）NC；（b）FRBC

（6）广义奈奎斯特稳定性判据。设置系统连接电抗为 0.65p.u.、0.73p.u. 和 0.80p.u.，其他参数保持不变，即由工况 A 调整为工况 B，再调整为工况 C。在图 13-43（a）、（b）中，广义奈奎斯特曲线不包围（−1，j0）点，所以系统在 GNSC 判据下为稳定。在图 13-43（c）中，广义奈奎斯特曲线包围（−1，j0）点，所以系统在 GNSC 判据下为不稳定。

将锁相环频率 ω_{PLL} 由 300rad/s 变为 400rad/s，其他参数保持不变，即由工况 D 调整为工况 E。在图 13-44（a）中，广义奈奎斯特曲线不包围（−1，j0）点，所以系统在 GNSC 判据下为稳定。在图 13-44（b）中，广义奈奎斯特曲线包围（−1，j0）点，所以系统在 GNSC 判据下为不稳定。

（7）基于盖尔原理的最小禁区稳定性判据。设置系统连接电抗为 0.65p.u.、0.73p.u. 和 0.80p.u.，其他参数保持不变，即由工况 A 调整为工况 B，再调整为工况 C。利用基于盖尔原理的最小禁区稳定性判据对上面的工况进行判定。在图 13-45（a）工

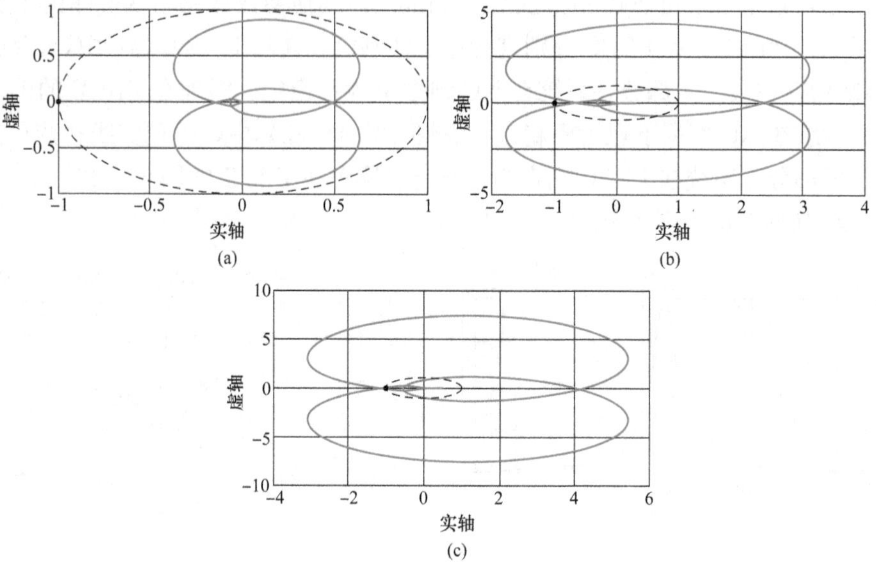

图 13 - 43　不同工况下奈奎斯特稳定性分析

（a）工况 A；（b）工况 B；（c）工况 C

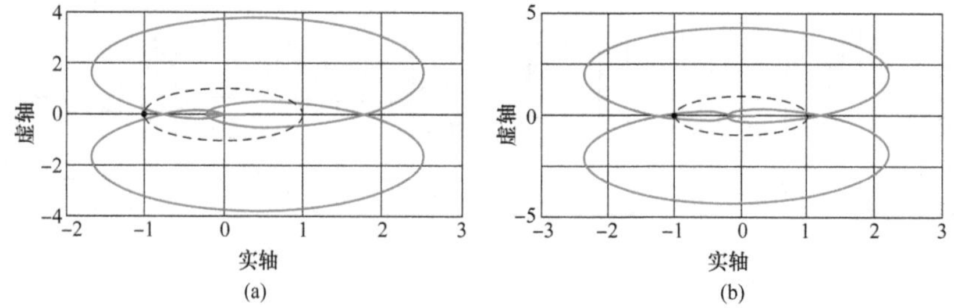

图 13 - 44　不同工况下奈奎斯特稳定性分析

（a）工况 D；（b）工况 E

况 A 中，存在两条蓝线或两条黑线均大于零，系统在 MFSC 判据下为稳定。在图 13 - 45（b）工况 B 中，存在两条蓝线均大于零，系统在 MFSC 判据下也稳定。在图 13 - 45（c）中，黑色实线和蓝色虚线均存在小于零部分，最小禁区稳定性判据 MFSC 稳定条件是两条蓝线或两条黑线均大于零，系统在 MFSC 判定为不稳定。

将锁相环的自然频率 ω_{PLL} 由 300rad/s 变为 400rad/s，其他参数保持不变，即由工况 D 调整为工况 E。在工况 D 的图 13 - 46（a）中，存在两条蓝线均大于零，系统在 MFSC 判据下也稳定。在工况 E 图 13 - 46（b）中，黑色实线和蓝线均存在小于零部分，而最小禁区稳定性判据 MFSC 稳定条件是两条蓝线或两条黑线均大于零，因此系统在 MFSC 判定为不稳定。

（8）各判据对比分析。影响并网逆变器稳定性的主要因素是逆变器 PLL 参数和电网侧电抗，现测试这两组参数的稳定域。首先，调整系统连接电抗 X_g 和逆变器 PLL 参数的自然频率 ω_{PLL}，其他参数固定以获得不同的工况。对于每种工况，系统的稳定性均由 GN-

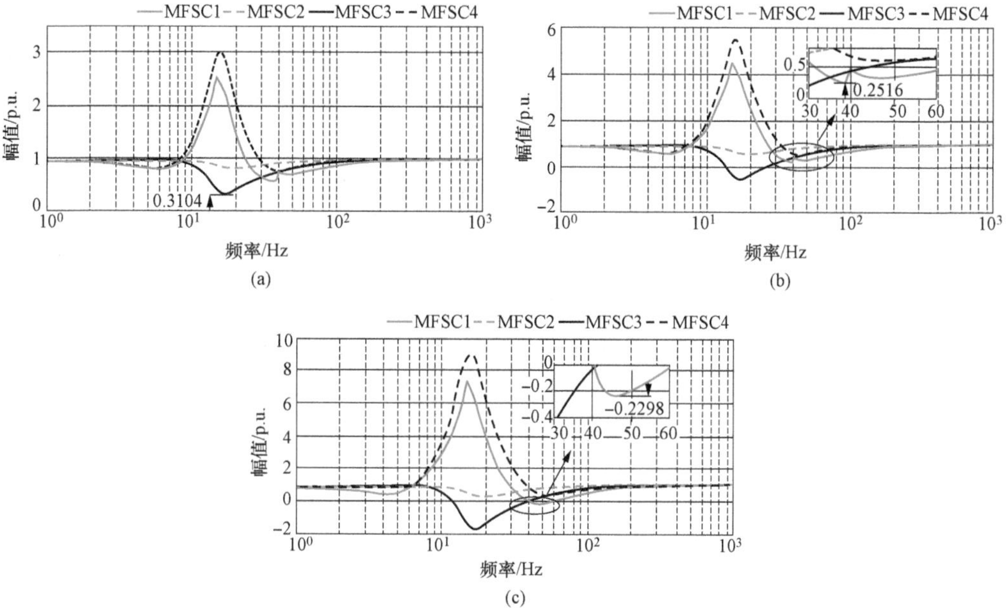

图 13-45 不同工况下奈奎斯特稳定性分析

(a) 工况 A；(b) 工况 B；(c) 工况 C

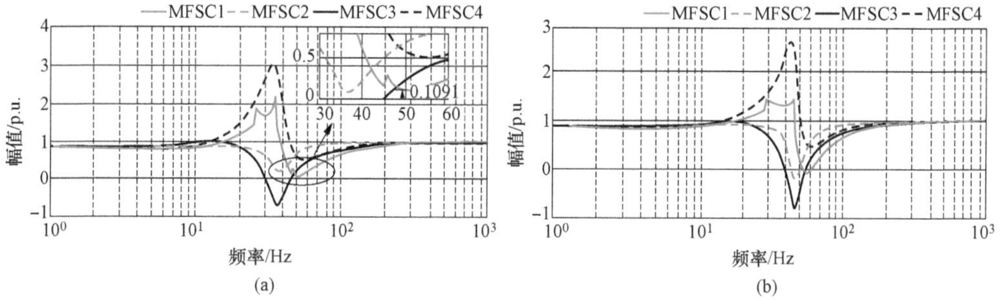

图 13-46 不同工况下奈奎斯特稳定性分析

(a) 工况 D；(b) 工况 E

SC、MFSC、FRBC、NC 稳定性判据进行评估。不同判据的稳定域如图 13-47 所示。结果表明，接入系统强度是直驱风电 SSO 主要影响因素，接入弱系统时，即系统连接电抗 X_g 较大时振荡风险更大。同时，逆变器 PLL 参数的自然频率 ω_{PLL} 增大可能会激发 SSO。

图 13-47 中阴影部分表示稳定域。可以看出 NC 和 FRBC 的稳定域过于保守，可能会出现系统稳定而被误判为不稳定的情况；相比于已有判据 MFSC 的稳定域更大，保守性大大降低。

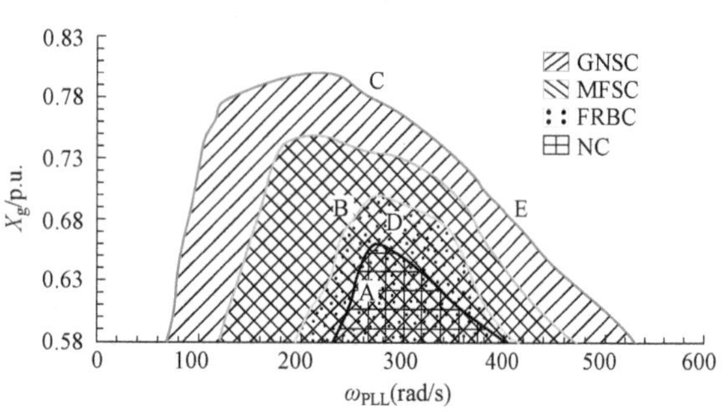

图 13-47 不同判据的稳定域

NC、FRBC、MFSC 和 GNSC 的稳定性分析与仿真结果见表 13-4。可以看出，MFSC 与 GNSC 的分析结果和仿真结果在所有情况下都是一致的。MFSC 比 NC 和 FRBC 的稳定性分析更准确。由于 MFSC 的禁区比 NC 或 FRBC 小，所以它的稳定性分析的保守性最小。

表 13-4　典型工况的稳定性分析与仿真结果

工况	稳定性判据				时域仿真
	NC	FRBC	MFSC	GNSC	
A	稳定	稳定	稳定	稳定	稳定
B	失稳	失稳	稳定	稳定	稳定
C	失稳	失稳	失稳	失稳	失稳
D	失稳	失稳	稳定	稳定	稳定
E	失稳	失稳	失稳	失稳	失稳

表 13-5 为稳定性判据的计算时间，测试了不同判据的程序运行时间。MFSC 约为 0.6s，GNSC 约为 3.9s。由于 GNSC 需要连续求解矩阵的特征值，所以运行 GNSC 的时间较长。计算机处理器为 Intel（R）Core（TM）i5-6440HQ CPU @2.60GHz。

表 13-5　稳定性判据的计算时间

工况	稳定性判据	
	MFSC	GNSC
A	0.605s	3.90s
B	0.613s	3.945s
C	0.587s	3.907s
D	0.617s	3.953s
E	0.599s	3.934s

（9）时域仿真验证。为了验证 MFSC 判据的有效性，在 PSCAD/EMTDC 中搭建了直驱风电场并网仿真模型，基础情况下的参数选择如表 13-3 所示。在 2s 时刻，将系统连接电抗从 0.65p.u. 提高到 0.73p.u.，即由图 13-48 中的工况 A 变为工况 B，显示风电场出口电流最终稳定。在 3s 时刻，将系统连接电抗从 0.73p.u. 提高到 0.80p.u.，即由图 13-48 中工况 B 变为工况 C，风电场的出口电流开始振荡，频谱分析结果如图 13-49 所示，这与 MFSC 的分析结果一致。

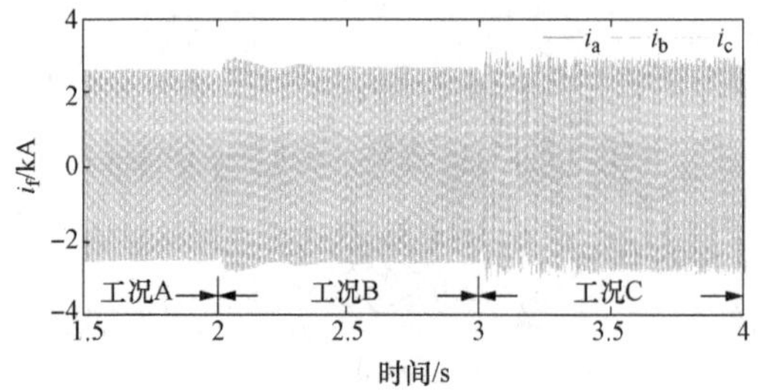

图 13-48　工况 A、B、C 下的时域仿真结果

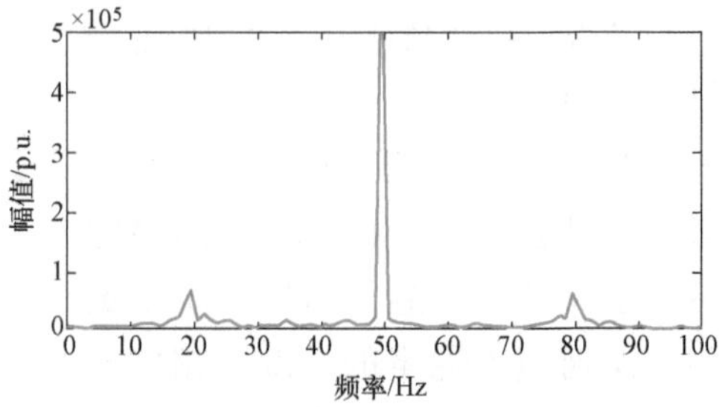

图 13-49　工况 C 下 A 相输出电流频谱图

在2.5s时刻，锁相环的自然频率ω_{PLL}由300rad/s变为400rad/s，由图13-50中的工况D变为工况E，风电场出口电流开始振荡，如图13-51所示。

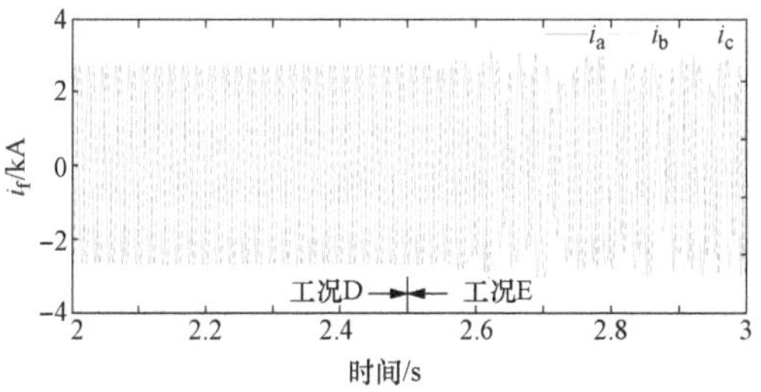

图13-50 工况D、E下的时域模拟

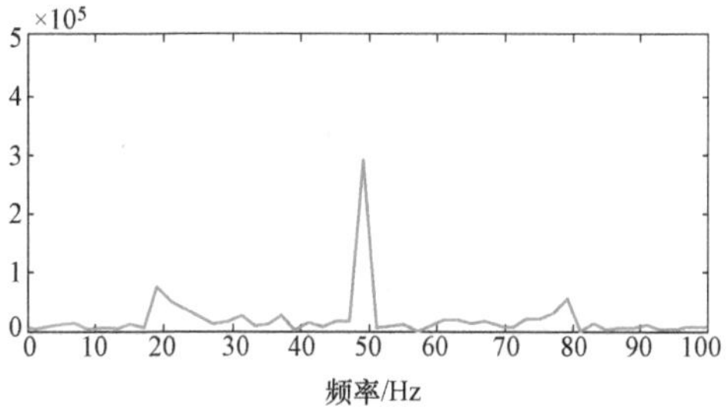

图13-51 工况E下A相输出电流频谱图

对比MFSC判据与现有判据的时域仿真结果，可得出以下结论：

1）最小禁区稳定性判据MFSC可以有效判断逆变器并网系统的稳定性，为预测SSO提供理论支撑。

2）最小禁区稳定性判据MFSC比范数判据NC和左半平面禁区判据FRBC具有更小的保守性，从而得到更准确的稳定性分析结果。

3）与广义奈奎斯特判据GNSC相比，最小禁区稳定性判据MFSC的计算时间更短，为SSO的快速准确在线分析和预警提供了重要手段。

13.3.4 基于描述函数—广义奈氏判据的次同步振荡分析

理论上，基于DF-GNC的非线性分析方法可用于电力系统各种振荡问题的分析。如今，我国主要使用的风机类型为双馈感应型风力发电机和直驱永磁同步风力发电机。虽然前者已经成为我国风机市场的主流，直驱永磁型风机在结构上不需要齿轮箱的连接从而降低了后续的维修开销，且耗能较少。因此，以直驱永磁风电场的次同步振荡问题为例，验证DF-GNC方法在次同步振荡特性分析方面的有效性。

（1）直驱永磁风机并网模型。

1）主电路模型。图13-52为一个基于直驱永磁同步电机的风力发电机并入弱交流电网的等效模型。风电场假设有N台相同的4型风力涡轮发电机，每台发电机的功率均为千兆瓦级，每台发电机由一台风力涡轮机、一台永磁同步发电机、一台机侧变换器（MSC）、直流环节和一台网侧变换器组成（忽略VSC的桥臂电阻和电感）。

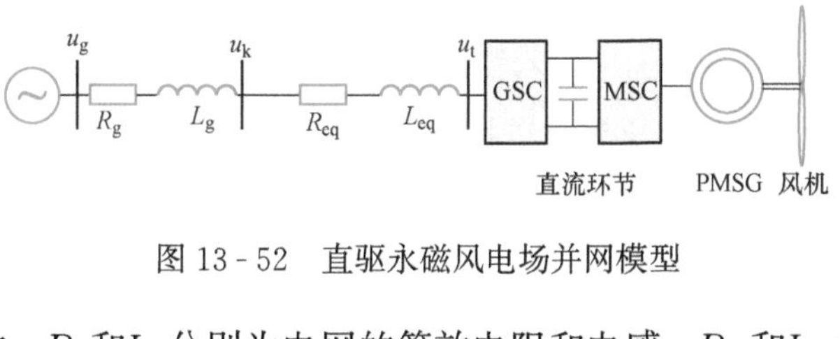

图13-52 直驱永磁风电场并网模型

在图13-52中，R_g和L_g分别为电网的等效电阻和电感，R_{eq}和L_{eq}为变压器和滤波器的等效电阻和电感，u_g为无限大母线电压，u_k为公共耦合点PCC电压，u_t为GSC的端电压。主电路在xy正交参考系中建模，该参考系以同步角速度ω_0逆时针旋转。

$$\begin{cases} sL_{\mathrm{eq}}i_{\mathrm{xg}}=-R_{\mathrm{eq}}i_{\mathrm{xg}}+\omega_0L_{\mathrm{eq}}i_{\mathrm{yg}}+u_{\mathrm{xt}}-u_{\mathrm{xk}} \\ sL_{\mathrm{eq}}i_{\mathrm{yg}}=-R_{\mathrm{eq}}i_{\mathrm{yg}}-\omega_0L_{\mathrm{eq}}i_{\mathrm{xg}}+u_{\mathrm{yt}}-u_{\mathrm{yk}} \end{cases} \tag{13-118}$$

$$\begin{cases} sL_{\mathrm{g}}i_{\mathrm{xg}}=-R_{\mathrm{g}}i_{\mathrm{xg}}+\omega_0L_{\mathrm{g}}i_{\mathrm{yg}}+u_{\mathrm{xk}}-u_{\mathrm{xg}} \\ sL_{\mathrm{g}}i_{\mathrm{yg}}=-R_{\mathrm{g}}i_{\mathrm{yg}}-\omega_0L_{\mathrm{g}}i_{\mathrm{xg}}+u_{\mathrm{yk}}-u_{\mathrm{yg}} \end{cases} \tag{13-119}$$

式中：i_{xg}和i_{yg}为主电路的 x 轴和 y 轴的线电流；u_{xt}和u_{yt}为 GSC 的 x 轴和 y 轴端电压；u_{xk}和u_{yk}为 PCC 的 x 轴和 y 轴电压；u_{xg}和u_{yg}为无限大母线 x 轴和 y 轴的线电压。

2）逆变器控制模型。除主电路外，风电场中最重要的部分是其控制系统，该系统主要由 PLL 和 VSC 控制系统组成。由于 PMSG 中的 SSO 主要受 GSC 的控制策略影响，因此，主要关注 GSC 控制参数。比例积分控制器的输出通常带有非线性限幅环节，可以利用描述函数对饱和非线性环节进行建模，如图 13 - 53 所示。

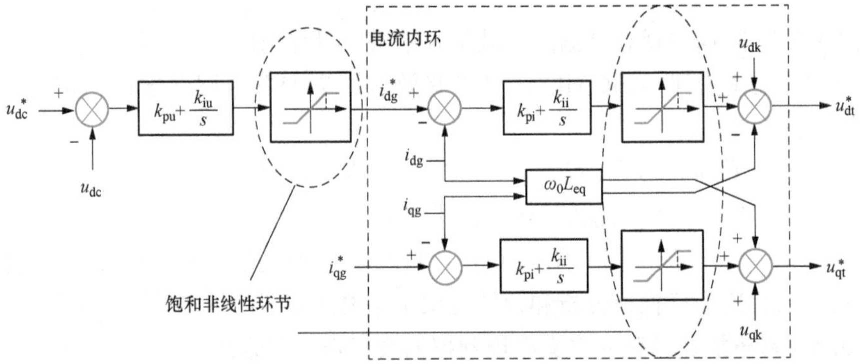

图 13 - 53 网侧逆变器控制框图

其中u_{dc}为直流总线电容器电压，i_{dg}和i_{qg}是 dq 参考坐标系中的线电流，这些电流是通过使用坐标变换从网络电流获得的，u_{dk}和u_{qk}为 PCC 的线电压，u_{dt}和u_{qt}为 GSC 在 dq 参考坐标系中的端电压，上标“ * ”表示每个参数的参考值，k_{pu}和k_{iu}分别为电压外环控制的比例增益和积分增益，k_{pi}和k_{ii}分别为电流内环的比例和积分增益。对如图13 - 53 所示的饱和非线性环节进行建模后，GSC 控制系统的动态方程为

$$\begin{gathered} i_{\mathrm{dg}}^*=G_{\mathrm{u}}N_{\mathrm{u}}(A)(u_{\mathrm{dc}}^*-u_{\mathrm{dc}}) \\ \begin{cases} u_{\mathrm{dt}}^*=u_{\mathrm{dk}}+G_{\mathrm{i}}N_i(A)(i_{\mathrm{dg}}^*-i_{\mathrm{dg}})-\omega_0L_{\mathrm{eq}}i_{\mathrm{qg}} \\ u_{\mathrm{qt}}^*=u_{\mathrm{qk}}+G_{\mathrm{i}}N_i(A)(i_{\mathrm{qg}}^*-i_{\mathrm{qg}})+\omega_0L_{\mathrm{eq}}i_{\mathrm{dg}} \end{cases} \\ G_{\mathrm{u}}=k_{\mathrm{pu}}+k_{\mathrm{iu}}/s \\ G_{\mathrm{i}}=k_{\mathrm{pi}}+k_{\mathrm{ii}}/s \end{gathered} \tag{13-120}$$

式中：$N_{\mathrm{u}}(A)$ 和$N_{\mathrm{i}}(A)$ 是电压和电流控制回路的描述函数。

考虑到整个 VSC 控制系统的时间时延仅为 400～500μs，可以忽略该延时，认为

$$\begin{cases} u_{\mathrm{dt}}^*=u_{\mathrm{dt}} \\ u_{\mathrm{qt}}^*=u_{\mathrm{qt}} \end{cases} \tag{13-121}$$

3）锁相环模型。锁相环模型包括 xy 到dq参考坐标系的转换。dq 坐标系以同步角速度ω_0逆时针旋转。xy 和 dq 参考坐标系的空间关系如图 13 - 54 所示。

其中，θ 为 PLL 输出角和同步旋转角的相角差。f_x和f_y为 f 在 xy 坐标系的分量。f_d和f_q为 f 在 dq 坐标系的分量。f 代表电流i_g以及电压u_t、u_k、u_g。由图 13-54 可知，xy 和 dq 间的关系可表示为

$$\begin{bmatrix} f_d \\ f_q \end{bmatrix} = \begin{bmatrix} \cos\theta & \sin\theta \\ -\sin\theta & \cos\theta \end{bmatrix} \begin{bmatrix} f_x \\ f_y \end{bmatrix} \tag{13-122}$$

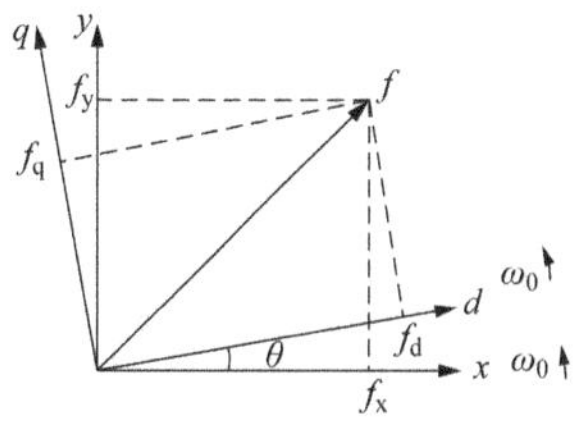

图 13-54 xy 和 dq 参考坐标系的空间关系

图 13-55 为 PLL 的控制框图。

其中，u_{abck}表示 PCC 的三相线电压，u_{qk}为 GSC 端电压的 q 轴分量，k_{pp}和k_{ip}分别为 PLL 的比例和积分增益，θ_p为 PLL 的输出相角。

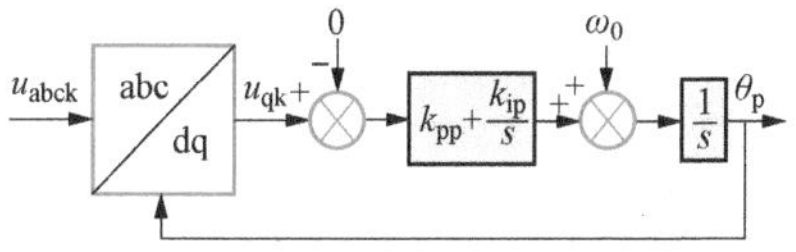

图 13-55 PLL 的控制框图

由图 13-55 可知 PLL 的数学模型为

$$\theta_p = \frac{\left(\frac{sk_{pp}+k_{ip}}{s}u_{qk}+\omega_0\right)}{s} = \theta + \omega_0 t \tag{13-123}$$

（2）考虑非线性环节的网侧换流器电流闭环控制模型。电力系统中的非线性通常可以被分为两类：“硬”非线性和“软”非线性。在 VSC 中，“硬”非线性是指如饱和非线性，“软”非线性包含如参考变换。同时考虑“硬”非线性和“软”非线性将增加模型的复杂性。与“硬”非线性相比，“软”非线性模型的小信号模型对结果的准确性影响比较小。因此，保留“硬”非线性环节，只将“软”非线性环节进行线性化，并且在方程式中使用了增量变量。为了得到线性部分的传递函数，选择将线路电流基准值作为输入，线路电流的实际值作为输出。为了分析电流控制环路的稳定性，忽略外环直流电压控制。由式（13-118）和式（13-120）～式（13-123）可得

$$\begin{cases} \Delta i_{xg} = G_i K_1 \Delta i_{dg}^* + K_2 G_{PLL} \Delta u_{yk} \\ \Delta i_{yg} = G_i K_1 \Delta i_{qg}^* + K_3 G_{PLL} \Delta u_{yk} \end{cases} \tag{13-124}$$

$$G_{PLL} = (sk_{pp}+k_{ip})/(s^2+sk_{pp}+k_{ip})$$

以直轴电流控制回路为例，其电流控制框图如图 13-56 所示。

其中，K_1到K_3的数学表达式为

$$K_1 = \frac{N_i(A)}{N_i(A)G_i + sL_{eq} + R_{eq}} \tag{13-125}$$

$$K_2 = \frac{u_{yk0} - u_{yt0} - N_i(A)G_i i_{yg0} + \omega_0 L_{eq} i_{xg0}}{N_i(A)G_i + sL_{eq} + R_{eq}} = -\frac{N_i(A)G_i i_{yg0}}{N_i(A)G_i + sL_{eq} + R_{eq}} \tag{13-126}$$

$$K_3 = \frac{u_{xt0} - u_{xk0} + N_i(A)G_i i_{xg0} + \omega_0 L_{eq} i_{xg0}}{N_i(A)G_i + sL_{eq} + R_{eq}} = \frac{N_i(A)G_i i_{xg0}}{N_i(A)G_i + sL_{eq} + R_{eq}} \tag{13-127}$$

式中，下标 0 表示每个运行参数的初始值。

从图 13-56 中可以看出，当考虑电网等效阻抗时，电流i_{xg}不仅受到电流参考值的影响，还受到并网电压u_{yk}的影响。并网点电压通过锁相环对网侧电流产生影响。由式

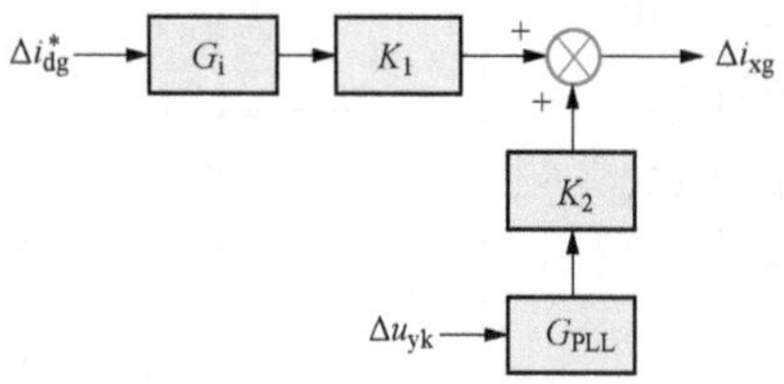

图 13-56　d/x 轴电流控制框图

(13-119) 可知当交流电网强度较大时，即$L_g \approx R_g \approx 0$时，$\Delta u_{yk} \approx \Delta u_{yg} \approx 0$，即使考虑 PLL，其参数对网侧电流的影响也相对较小。因此，锁相环参数在经弱电网并网时，会对系统稳定性产生影响。而电流内环控制参数在交流电网强度较大时，依然有可能因参数设置不当，对系统的稳定性构成威胁。

电压控制外环的带宽在工程应用中常被设计为电流控制环的 1/10，相比于电流内环，电压外环控制系统时间常数更大。为了分析电流控制环路的传递函数稳定性，忽略直流电压对直轴电流的控制作用。由式（13-119）和式（13-124），VSC 的闭环控制表达式可以推导为

$$\begin{cases}\Delta i_{xg} = \dfrac{K_1 G_i (1 - K_1 G_i J_1)}{1 - G_i K_1 J_1 + G_i K_1 J_2} \Delta i_{dg}^* + \dfrac{(K_1 G_i)^2 J_3}{1 - G_i K_1 J_1 + G_i K_1 J_2} \Delta i_{qg}^* \\ \Delta i_{yg} = \dfrac{(K_1 G_i)^2 J_4}{1 - G_i K_1 J_1 + G_i K_1 J_2} \Delta i_{dg}^* + \dfrac{K_1 G_i (1 - K_1 G_i J_2)}{1 - G_i K_1 J_1 + G_i K_1 J_2} \Delta i_{qg}^* \end{cases} \tag{13-128}$$

式中J_1到J_4的数学表达式为

$$J_1 = G_{PLL}(sL_g + R_g) i_{xg0} \tag{13-129}$$

$$J_2 = G_{PLL} \omega_0 L_g i_{yg0} \tag{13-130}$$

$$J_3 = G_{PLL}(sL_g + R_g) i_{yg0} \tag{13-131}$$

$$J_4 = G_{PLL} \omega_0 L_g i_{xg0} \tag{13-132}$$

定义一个新变量 I

$$I = \frac{G_i}{sL_{eq} + R_{eq}} \tag{13-133}$$

当控制系统应用恒定无功功率控制时，q 轴电流参考值i_{qg}^*为零。将式（13-128）～式（13-133）进行线性化并简化后，可以将电流控制表达式简化为

$$\begin{cases}\Delta i_{xg} = \dfrac{K_1 G_i [1 + N_i(A) I - N_i(A) J_1]}{1 + N_i(A)(I - IJ_1 + IJ_2)} \Delta i_{dg}^* \\ \Delta i_{yg} = \dfrac{(K_1 G_i)^2 J_4 [1 + N_i(A) I]}{1 + N_i(A)(I - IJ_1 + IJ_2)} \Delta i_{dg}^* \end{cases} \tag{13-134}$$

进而可得系统闭环传递函数的特性方程为

$$1 + N_i(A)(I - IJ_1 + IJ_2) = 0 \tag{13-135}$$

依然以直轴电流控制回路为例，系统电流闭环控制框图如图 13-57 所示。

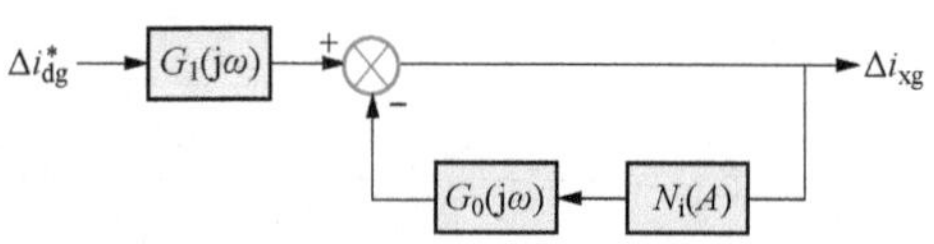

图 13-57　d/x 轴电流闭环控制框图

图中，$G_0(j\omega)$表示包含“软”非线性环节的线性部分传递函数频率特性。$G_0(j\omega)$和$G_1(j\omega)$的数学表达式为

$$G_0(j\omega) = I - IJ_1 + IJ_2 \tag{13-136}$$

$$G_1(j\omega) = K_1 G_i [1 + N_i(A) I - N_i(A) J_1] \tag{13-137}$$

(2) 次同步振荡幅值与频率预测。

1) 基于 DF - GNC 的 SSO 特性分析。直驱风机并网系统的主要参数见表 13 - 6，基准容量 S_B=1200MVA。它们是进行振荡幅值、频率预测以及仿真的基本算例参数。

表 13 - 6　　基本算例的主要参数

变量	数值	变量	数值
风机台数	800	单台风机容量 (MW)	1.5
R_g/p. u.	0	$k_{iu}(s^{-1})$	800
L_g/p. u.	0.855	k_{pi}	10
R_{eq}/p. u.	0.003	$k_{ii}(s^{-1})$	40
L_{eq}/p. u.	0.3	k_{pp}	50
k_{pu}	4	$k_{ip}(s^{-1})$	2500

由式 (13 - 135) 可知，系统闭环控制传递函数为

$$1+N_i(A)G_0(j\omega) \tag{13-138}$$

当系统的线性元件具有更好的低通滤波特性时，在正弦输入下非线性系统输出的高次谐波幅值将远小于基波的幅值，输出波形将更接近基波。在这种条件下用描述函数表征非线性部分将在理论上更为合理。选取了两组 VSC 控制器参数，见表 13 - 7，并且根据式 (13 - 138) 分别得到了两个传递函数G_0'和 G_0''。不同参数下的$G_0(s)$ 波特图如图 13 - 58所示。

表 13 - 7　　VSC 的其他两组参数

G_0'的参数	数值	G_0''的参数	数值
L_{eq}/mH	0.15	L_{eq}/mH	0.1
k_{pi}	0.9	k_{pi}	2
$k_{ii}(s^{-1})$	50	$k_{ii}(s^{-1})$	100
k_{pp}	50	k_{pp}	60
$k_{ip}(s^{-1})$	900	$k_{ip}(s^{-1})$	1400

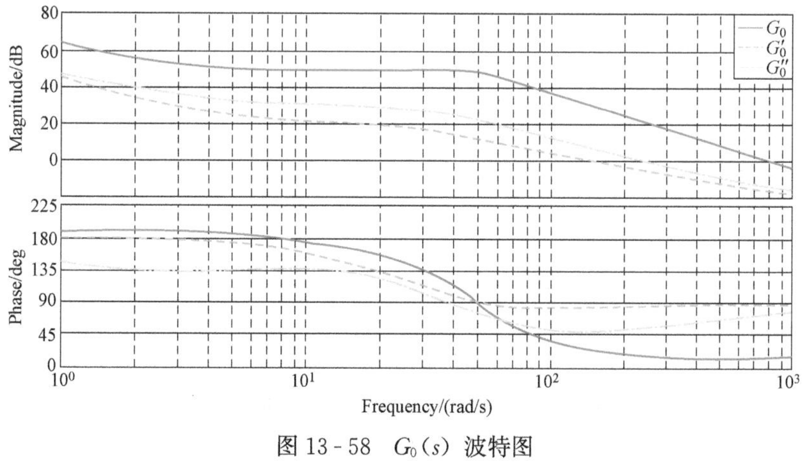

图 13 - 58　$G_0(s)$ 波特图

从图 13 - 58 中可以看到，$G_0(s)$ 的幅频和相频特性在不同的参数设置下，形状类似。因此，以表 13 - 9 中参数为基础的$G_0(j\omega)$为直驱风电场中换流器的典型特性。从幅频特性曲线可以看出，在低频范围内，曲线斜率的绝对值较小。高频范围内，斜率均为负值，且绝对值较大。不同参数下的线性部分均具有良好的低通滤波特性。因此，利用描述函数对非线性环节进行建模是合理的。对于当前的内环控制，该饱和非线性元件的描述函数为

$$N_{\mathrm{i}}(A)=\frac{2}{\pi}\left[\arcsin\left(\frac{0.05}{A}\right)+\frac{0.05}{A}\sqrt{1-\left(\frac{0.05}{A}\right)^2}\right],\ A\geqslant 0.05 \quad (13-139)$$

利用 DF - GNC 方法来预测不同电网强度，PLL 参数和电流内环控制参数下的 SSO 幅值和频率。基于表 13 - 9 所示的基本算例参数，分别改变电网强度L_g，PLL 比例增益k_{pp}和积分参数k_{ip}，电流内环比例增益k_{pi}与积分参数k_{ii}。在不同情况下，复平面上$G_0(j\omega)$的奈奎斯特曲线与$-1/N_{\mathrm{i}}(A)$ 曲线如图 13 - 59 所示。

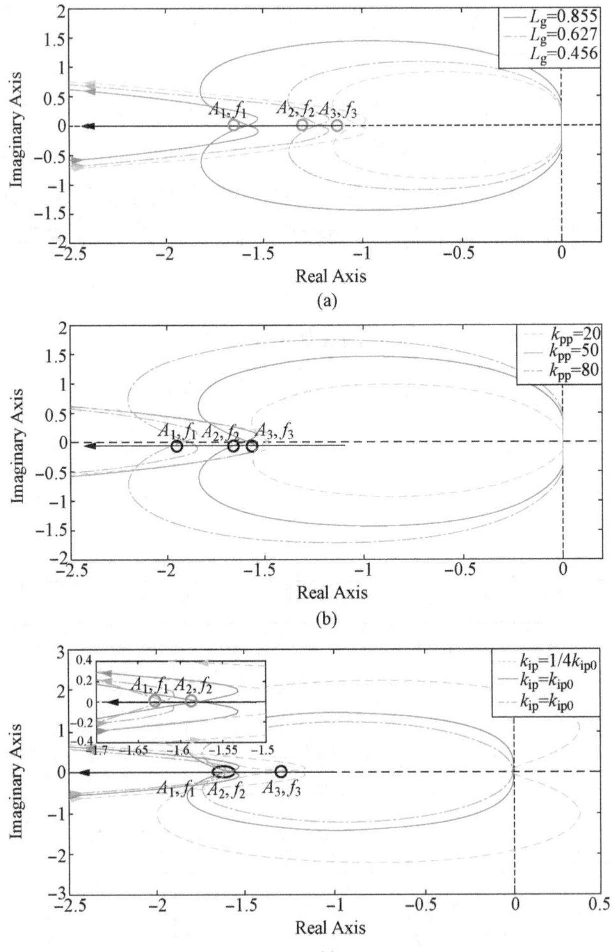

图 13 - 59　不同条件下的奈奎斯特曲线（一）

（a）不同L_g下的奈奎斯特曲线；（b）不同k_{pp}下的奈奎斯特曲线；

（c）不同k_{ip}下的奈奎斯特曲线

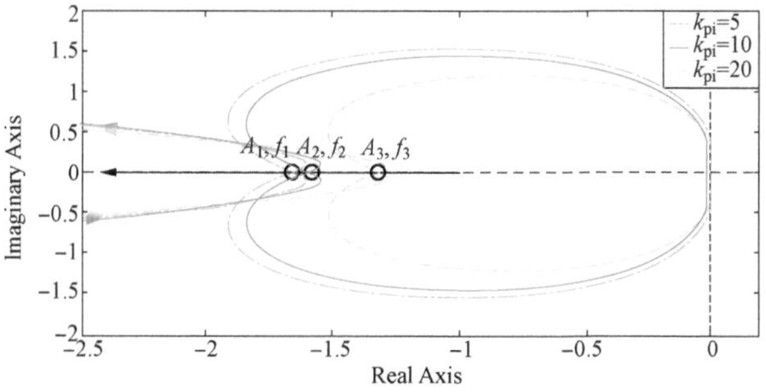

(d)

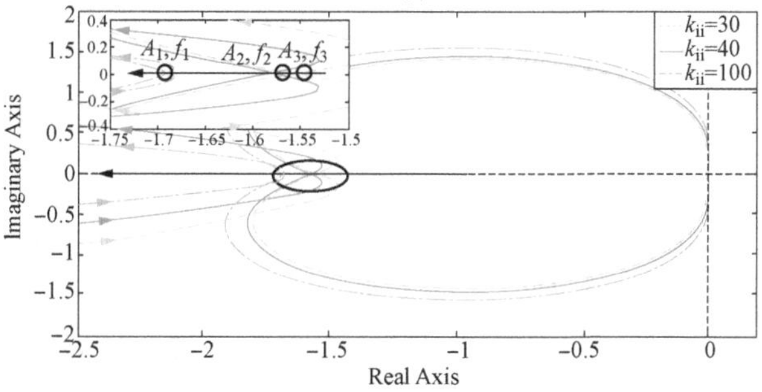

(e)

图 13-59 不同条件下的奈奎斯特曲线（二）

(d) 不同k_{pi}下的奈奎斯特曲线；(e) 不同k_{ii}下的奈奎斯特曲线

当奈奎斯特曲线$G_0(j\omega)$与曲线$-1/N(A)$相交于复平面上的一点时，意味着系统处于临界稳定状态，由此可以推测，风电场将出现持续等幅的次同步振荡现象。

此外，不同参数下的等幅次同步振荡幅值与频率可以由交点进行估测。估测结果见表 13-8。

表 13-8 由 DF-GNC 分析方法得到的次同步振荡幅值与频率

变量	L_g ↓	k_{pp} ↓	k_{ip} ↓	k_{pi} ↑	k_{ii} ↓
A_1/p. u.	0.0951	0.1204	0.0976	0.0991	0.1033
A_2/p. u.	0.0720	0.0951	0.0951	0.0951	0.0951
A_3/p. u.	0.0546	0.0881	0.0724	0.0769	0.0939
f_1/Hz	19.73	20.21	21.49	19.73	19.73
f_2/Hz	20.51	19.73	19.73	19.73	19.73
f_3/Hz	21.72	19.23	18.01	19.77	19.73

表中符号“↓”和“↑”分别表示变量增加和减少。从表 13-8 中可以发现，SSO 的幅度随着网络强度的降低而增加，随着 PLL 比例和积分增益的增加而增加，随电流内环积分增益的增加与比例增益的减少而降低。SSO 的频率随网络强度的增加、PLL 比例和积分增益的降低而增加。当电流内环比例和积分增益的变化时，SSO 的频率几乎是恒定的。

根据式（13-43），可以对振荡幅值进行预测。表 13-9 给出了不同 L_g 下，利用DF-GNC 方法求得的精确解。

表 13-9　　DF-GNC 法预测 SSO 振幅

L_g	幅值	DF-GNC	近似解析函数
0.855	A_1/p.u.	0.0951	0.0953
0.627	A_2/p.u.	0.0720	0.0726
0.456	A_3/p.u.	0.0546	0.0572

2）特征根分析。用 SSO 的特征根分析结果作为与 DF-GNC 方法的对比。图 13-52 中系统的线性化模型容易得到，在 dq 参考系中系统的状态方程为

$$
\begin{aligned}
\Delta\dot{\boldsymbol{X}} &= \boldsymbol{A}\Delta\boldsymbol{X} + \boldsymbol{B}\Delta\boldsymbol{U} \\
\Delta\boldsymbol{X} &= [\Delta x_1 \quad \Delta x_2 \quad \Delta x_3 \quad \Delta x_4 \quad \Delta i_{dg} \quad \Delta i_{qg} \quad \Delta\theta_p \quad \Delta u_{dc}]
\end{aligned} \tag{13-140}
$$

式中：$\Delta\boldsymbol{X}$ 和 $\Delta\boldsymbol{U}$ 分别为系统状态向量和控制向量；$\boldsymbol{A}$ 和 $\boldsymbol{B}$ 是系数矩阵。$\boldsymbol{x}_1$ 为 GSC 中电压外环控制的中间状态变量；$\boldsymbol{x}_2$ 和 $\boldsymbol{x}_3$ 为 GSC 中电流内环控制的中间状态变量；$\boldsymbol{x}_4$ 为 PLL 控制系统的中间状态变量。$\boldsymbol{x}_1$、$\boldsymbol{x}_2$、$\boldsymbol{x}_3$ 和 $\boldsymbol{x}_4$ 没有明确的物理意义，它们是利用数学方法构造状态空间方程的产物。将与 GSC 和交流电网密切相关的特征值列于表 13-10。

表 13-10　　系 统 特 征 值

模态/p.u.	特征根	频率/Hz
$\lambda_{1,2}$	$-465 \pm j689.22\times 2\pi$	689.22
λ_3	-452.36	0
λ_4	-88.71	0
$\lambda_{5,6}$	$1.81 \pm j19.67\times 2\pi$	19.67
$\lambda_{7,8}$	$-10.50 \pm j2.62\times 2\pi$	2.62

显然，系统存在一对共轭特征值，其频率位于 SSO 频率范围内，且该特征根实部大于零。对于该不稳定的 SSO 模态，状态变量的参与因子见表 13-11。

表 13-11　　状 态 变 量 参 与 因 子

状态变量	参与因子	状态变量	参与因子
x_1	0.0303	i_{dg}	0.1656
x_2	0.2317	i_{qg}	0.0021
x_3	0.0018	θ_p	0.3117
x_4	0.1415	u_{dc}	0.1153

该 SSO 模态存在一些高度参与的变量，例如 x_2、x_4、i_{dg}、θ_p 和 u_{dc}。在不同参数下，该 SSO 模态的特征根轨迹如图 13-60 所示。

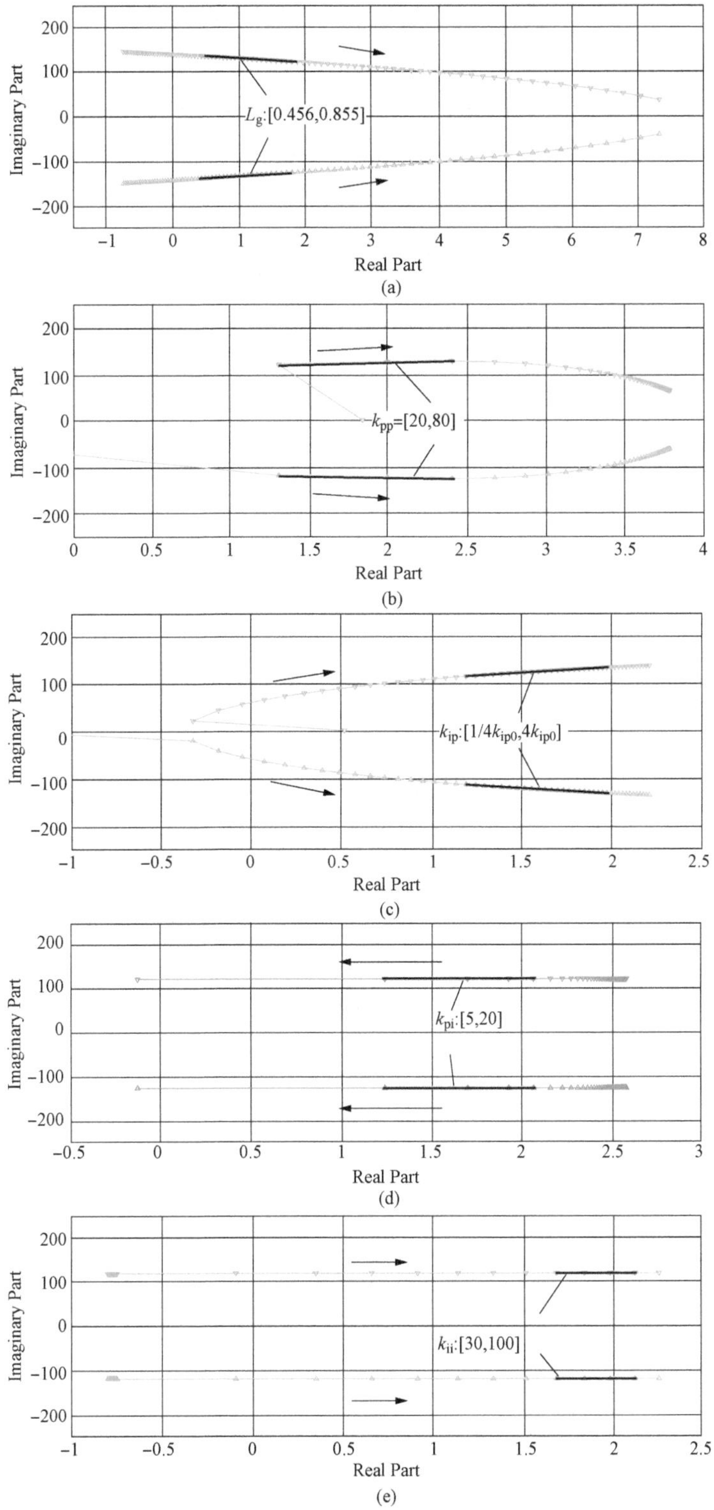

图 13 - 60　不同参数变化下 SSO 模态特征根轨迹（二）

(a) L_g：[0.285，1.710]；(b) k_{pp}：[10，200]；(c) k_{ip}：[0.1，10] k_{ipo}；

(d) k_{pi}：[0.1，30]；(e) k_{ii}：[4，120]

图 13-60 描绘了 SSO 的特征值如何随不同参数而变化。随着 L_g或 k_{ii}的增加，特征根向右半复平面移动，意味着随着网络强度的减弱和 k_{ii}的增加，系统稳定性减弱。当 k_{pp}或 k_{ip}的增加时，特征值首先向左半复平面移动，然后向右半复平面移动。然而，当 k_{pi}增加时，特征值的实部将减小，在临界值处越过虚轴。表 13-12 列出了在图 13-60 中黑色的 SSO 特征值的实部（σ_1、σ_2、σ_3）和频率（f_1、f_2、f_3）。

表 13-12　　SSO 模态的特征根实部与频率

变量	$L_g\downarrow$	$k_{pp}\downarrow$	$k_{ip}\downarrow$	$k_{pi}\uparrow$	$k_{ii}\downarrow$
σ_1	1.81	2.33	1.96	2.06	2.14
σ_2	1.16	1.81	1.81	1.81	1.81
σ_3	0.44	1.36	1.19	1.25	1.66
f_1/Hz	19.67	20.13	21.44	19.67	19.68
f_2/Hz	20.6	19.67	19.67	19.69	19.67
f_3/Hz	21.82	19.18	17.91	19.7	19.67

根据表 13-6 所示的基本算例，当 L_g为 0.855，0.627 和 0.456 时，特征根实部和频率分别列写在表 13-12 的第二列。同理，第 3～6 列分别是为当 k_{pp}为 80，50 和 20，k_{ip}为 $4k_{ip0}$，k_{ip0}和 $1/4k_{ip0}$，k_{pi}为 5，10 和 20，k_{ii}为 100，40 和 30 时的结果。表 13-12 中特征值的实部均为正值。通过特征根分析，只能得出系统将振荡发散直至失稳的结论，无法推断出系统将作持续等幅振荡。

3）时域仿真分析。利用 Matlab/Simulink 进行时域仿真，令并网电抗在某一时刻发生阶跃，基本参数设置如表 13-6 所示。当系统具有和不具有饱和非线性环节时，在阶跃扰动下系统的次同步振荡将呈现不同特性。以基本算例参数为基础，并将并网电抗初始值设置为 0.285p.u.。在 2s 时将并网电抗提升至 0.855p.u.，即电网强度减小。1.5～4.8s 时间段内的有功功率与电流 i_{xg}曲线如图 13-61 所示。由图可知，当系统中不存在饱和非线性环节时，电流与有功功率均呈现指数型发散次同步振荡，该结果与表 13-10 中利用特征根分析方法得到的不稳定次同步振荡模态 5、6 相呼应。与此结果不同的是，当系统中存在非线性饱和环节时，电流与有功功率均会因达到限幅而呈现等幅次同步振荡形态。图 13-61～图 13-66 为不同电网强度、PLL 比例与积分增益 k_{pp}和 k_{ip}、电流内环比例与积分增益 k_{pi}和 k_{ii}下的持续次同步振荡特性。参数的变化范围与利用 DF-GNC 和特征根进行分析的参数范围相同。

在图 13-61～图 13-66 中，风电场表现为持续等幅的次同步振荡，其次同步振荡频率和幅值见表 13-13。

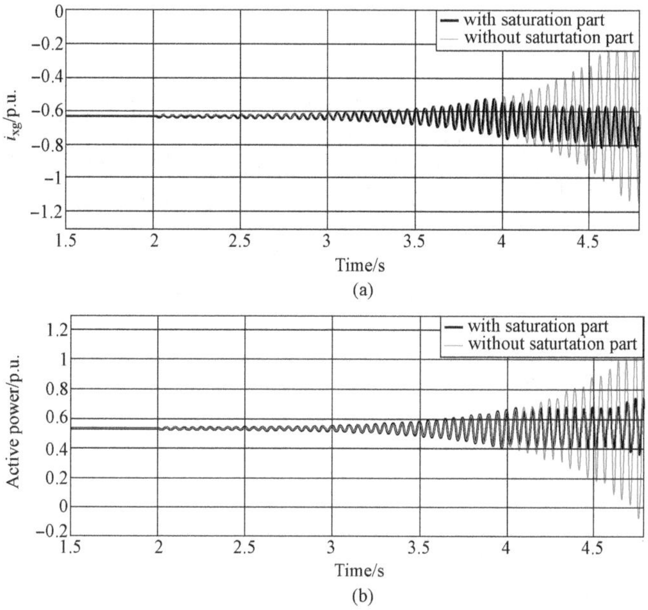

图 13-61 含（不含）饱和非线性环节的风电场动态特性

（a）电流i_{xg}的动态特性；（b）有功功率动态特性

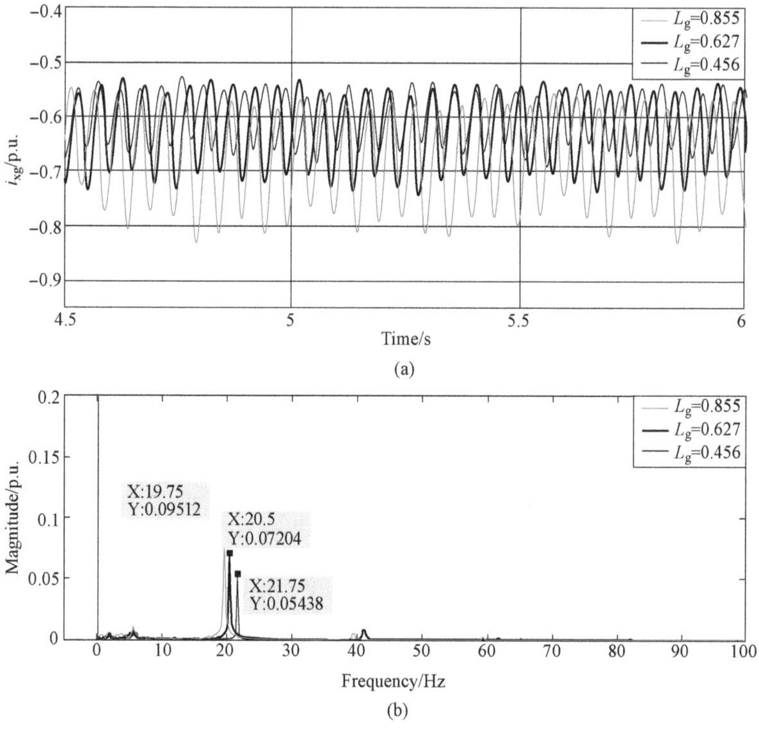

图 13-62 不同L_g下电流i_{xg}的动态响应与频谱

（a）电流i_{xg}动态响应；（b）频谱

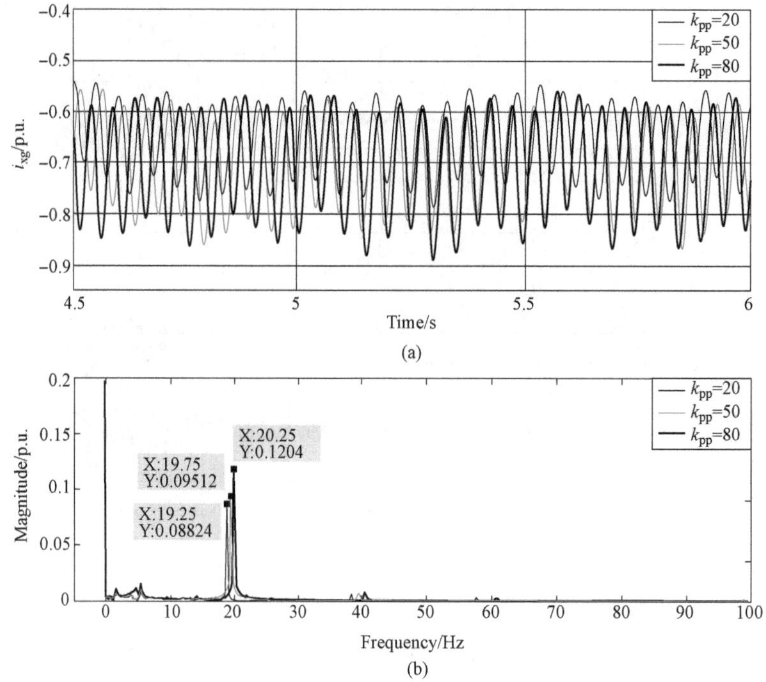

图 13 - 63　不同k_{pp}下电流i_{xg}的动态响应与频谱

（a）电流i_{xg}的动态特性；（b）频谱

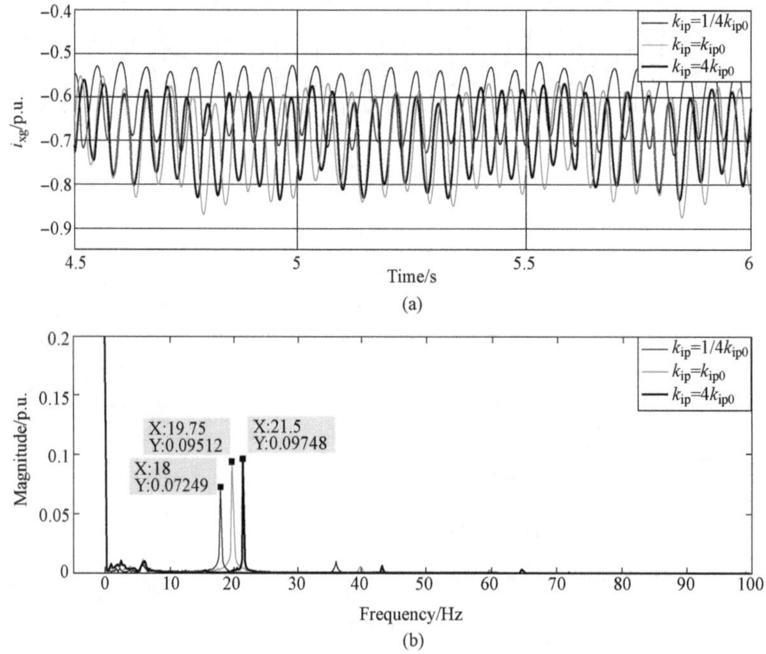

图 13 - 64　不同k_{ip}下电流i_{xg}的动态响应与频谱

（a）电流i_{xg}的动态特性；（b）频谱

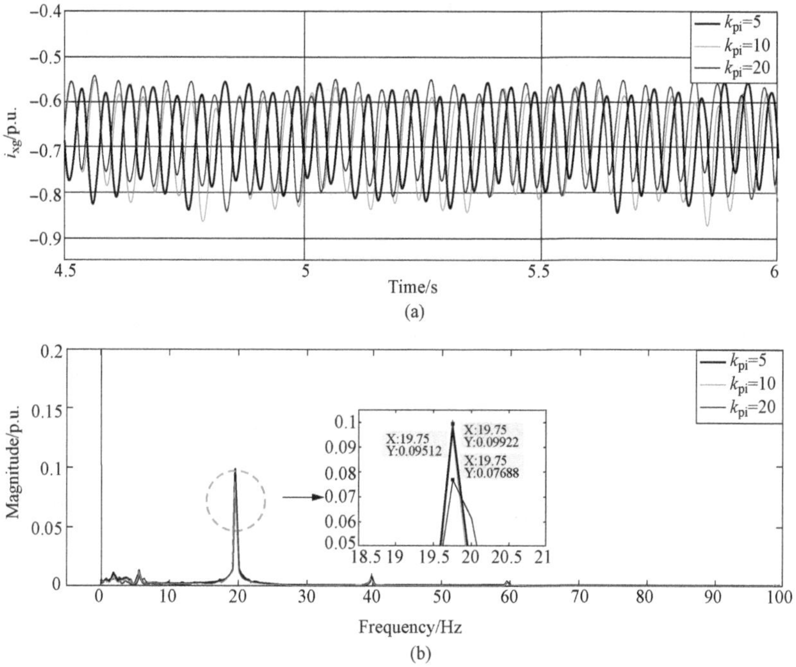

图 13-65 不同k_{pi}下电流i_{xg}的动态响应与频谱

(a) 电流i_{xg}的动态特性；(b) 频谱

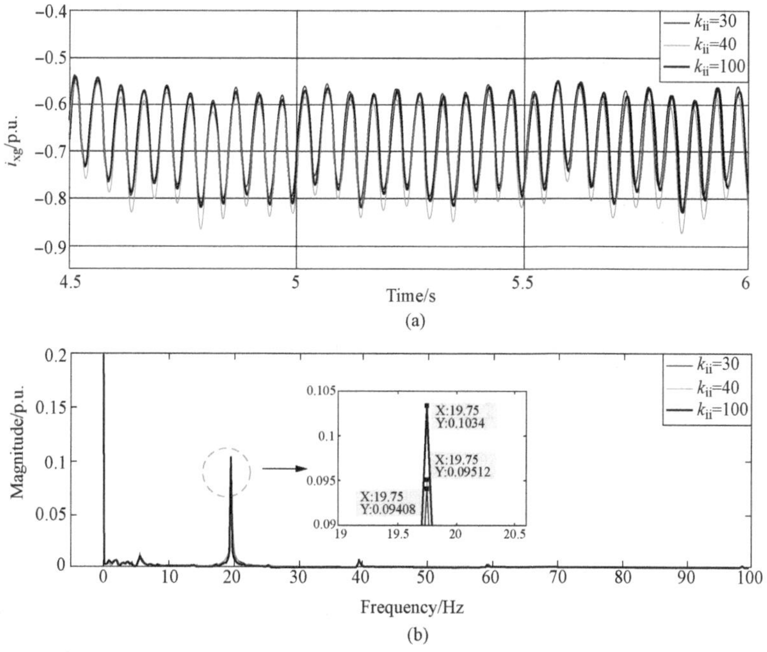

图 13-66 不同k_{ii}下电流i_{xg}的动态响应与频谱

(a) 电流i_{xg}的动态特性；(b) 频谱

表 13-13　振荡幅值与频率的仿真结果

变量	L_g↓	k_{pp}↓	k_{ip}↓	k_{pi}↑	k_{ii}↓
A_1/p. u.	0.0951	0.1204	0.0975	0.0992	0.1034
A_2/p. u.	0.0720	0.0951	0.0951	0.0951	0.0951
A_3/p. u.	0.0544	0.0882	0.0725	0.0769	0.0941
f_1/Hz	19.75	20.25	21.50	19.75	19.75
f_2/Hz	20.50	19.75	19.75	19.75	19.75
f_3/Hz	21.75	19.25	18.00	19.75	19.75

从表 13-8 与表 13-13 的结果可以看出，仿真结果与 DF-GNC 分析结果能够较好地吻合。为了对比特征根分析和 DF-GNC 分析方法的准确度，从表 13-8、表 13-12 与表 13-13 中选择了不同算例，并将结果列于表 13-14 与表 13-15 中。

表 13-14　不同方法所得振荡频率

算例	仿真/Hz	特征根/Hz	DF-GNC/Hz	E_E（%）	E_N（%）
基本算例	19.75	19.67	19.73	0.41	0.10
算例 1	21.75	21.82	21.72	0.32	0.14
算例 2	19.25	19.18	19.23	0.36	0.10
算例 3	18.00	17.91	18.01	0.5	0.06
算例 4	19.75	19.7	19.77	0.25	0.10
算例 5	19.75	19.67	19.73	0.41	0.10

注：算例 1，L_g=0.456；算例 2，k_{pp}=20；算例 3，k_{ip}=1/4k_{ip0}；算例 4，k_{pi}=20；算例 5，k_{ii}=30。

表 13-14 列出了 6 种算例参数设置下使用三种不同方法获得的振荡频率。基本算例见表 13-14 第一列。除基本算例外，其余算例均通过更改基本算例中的一个参数获得。第二到第四列分别是利用时域仿真、特征根分析和 DF-GNC 分析得到的结果。将时域仿真结果视为真值，E_E和 E_N分别是利用特征根分析和 DF-GNC 分析计算得到的误差。由表 13-14 可知，两种方法的误差均小于 1%，特征根分析的误差略大。当 PLL 比例增益增加到 110，120 和 130，结果见表 13-15。此时，特征根分析的结果误差将会增加，而 DF-GNC 分析的结果仍然较为准确。

表 13-15　不同方法所得振荡频率

算例	仿真/Hz	特征根/Hz	DF-GNC/Hz	E_E（%）	E_N（%）
k_{pp}=110	20.5	20.01	20.49	1.17	0.05
k_{pp}=120	20.5	19.97	20.53	2.59	0.15
k_{pp}=130	20.75	19.85	20.71	4.34	0.19

类似地，表 13-16 列出了使用上述三种方法得到的次同步振荡幅值。结果表明DF-GNC 分析方法的预测结果非常接近时域仿真结果。然而利用特征根分析只能得知系统的次同步振荡频率和稳定性。显然，本文中使用的 DF-GNC 分析方法不仅可以预测次同步振荡频率，还可以对振荡幅值进行有效判断。对于次同步振荡特性分析，DF-GNC 分析方法更加具有准确性和完备性。

表 13-16 不同方法所得振荡幅值

算例	仿真（p. u.）	特征根（p. u.）	DF-GNC（p. u.）	E_E（%）	E_N（%）
基本算例	0.0951	—	0.0951	—	0
算例 1	0.0544	—	0.0546	—	0.36
算例 2	0.0882	—	0.0881	—	0.11
算例 3	0.0725	—	0.0724	—	0.13
算例 4	0.0769	—	0.0769	—	0
算例 5	0.0941	—	0.0939	—	0.21

注：算例 1，L_g=0.456；算例 2，k_{pp}=20；算例 3，$k_{ip}=1/4k_{ip0}$；算例 4，k_{pi}=20；算例 5，k_{ii}=30。

图 13-67 和图 13-68 给出了不同饱和非线性极限值下的电流时域响应和相图。可以看出，随着饱和非线性环节的极限值增大，次同步振荡幅值也会增大。在饱和非线性环节的影响下，当前相量的轨迹最终接近极限环，极限值越大，极限环越大。

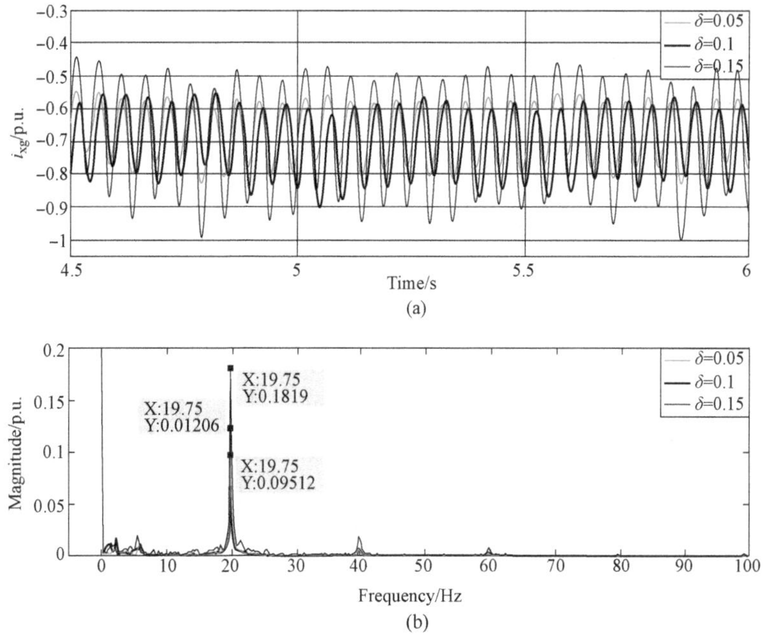

图 13-67 不同饱和非线性环节极限值下电流i_{xg}的动态响应与频谱

（a）电流i_{xg}的动态特性；（b）频谱

本节提出了基于 DF-GNC 的风电场次同步振荡特性分析方法。研究结果表明，DF-GNC 方法能够较好地预测持续次同步振荡的动态响应特性，所估算的振荡幅值与时域仿真的结果接近。用 DF-GNC 方法估计的 SSO 频率比传统的特征根分析具有更高的精度。本节通过不同电网强度、锁相环比例增益和积分增益、电流内环比例增益和积分增益条件下的算例，验证了该方法的可行性和正确性。

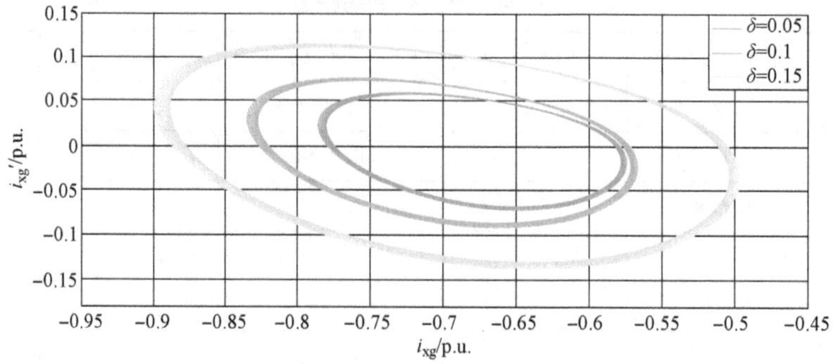

图 13-68　不同饱和非线性环节极限值下电流i_{xg}的相图

13.4　光伏并网系统次同步振荡算例分析

随着光伏发电技术研究的逐渐深入，光伏发电在能源战略中的地位日渐突出。与直驱风电场的并网结构类似，光伏发电单元同样经 VSC 型逆变器接入电网。前者采用两个背靠背 VSC，将交流电经过变频注入电网，后者则是将直流电逆变成交流电注入电网。尽管它们的 VSC 容量存在差异，但却具有相似的调制控制策略，例如均可采用定电压与定功率因数控制两种方法。由于光伏与直驱风机并网系统动态特性的一致性，光伏并网系统的次同步振荡问题同样值得关注。

13.4.1　光伏并网系统拓扑结构

（1）主电路模型。两级式光伏并网系统因为其控制相对灵活、简单，在国内被广泛应用。其模型主要包含光伏电池组件、Boost 斩波环节、储能电容器、逆变器及其控制器和滤波器，经过升压变压器和输电线路接入电网。其拓扑结构如图 13-69 所示。图中，C_{PV}、u_{PV}为光伏阵列出口侧稳压电容及出口侧电压，L、i_L为 Boost 电路储能电感及其电流，C_{dc}、u_{dc}为 Boost 电路的直流滤波电容及输出电压，L_g为变压器和滤波器等效电感，u_g为公共并网点电压，Z_s为电网等效阻抗，u_s为无限大母线电压。

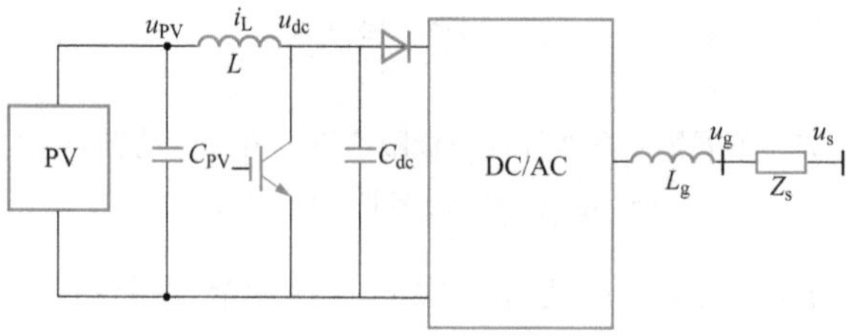

图 13-69　两级三相式光伏发电系统拓扑结构

在 xy 坐标下，对电网侧线路进行建模，得到

$$\begin{cases} sL_g i_{xg} = u_{xt} - u_{xg} + \omega L_g i_{yg} \\ sL_g i_{yg} = u_{yt} - u_{yg} - \omega L_g i_{xg} \end{cases} \tag{13-141}$$

$$\begin{cases} sL_{\mathrm{s}}i_{\mathrm{xg}} = u_{\mathrm{xg}} - u_{\mathrm{xs}} - R_{\mathrm{s}}i_{\mathrm{xg}} + \omega L_{\mathrm{s}}i_{\mathrm{yg}} \\ sL_{\mathrm{s}}i_{\mathrm{yg}} = u_{\mathrm{yg}} - u_{\mathrm{ys}} - R_{\mathrm{s}}i_{\mathrm{yg}} - \omega L_{\mathrm{s}}i_{\mathrm{xg}} \end{cases} \tag{13-142}$$

式中：u_{xt}、u_{yt}为逆变器端电压的 x、y 轴分量；i_{xg}、i_{yg}及u_{xg}、u_{yg}分别为主电路的电流和电压的 x、y 轴分量；u_{xs}、u_{ys}为无限大母线电压的 x、y 轴分量；ω 为交流电网的角频率。

（2）Boost 升压电路模型。两级三相式光伏发电系统采用 Boost 升压电路。列写 Boost 升压电路方程为

$$sC_{\mathrm{PV}}u_{\mathrm{PV}} = i_{\mathrm{PV}} - i_{\mathrm{L}} \tag{13-143}$$

$$sLi_{\mathrm{L}} = u_{\mathrm{PV}} - (1-D)u_{\mathrm{dc}} \tag{13-144}$$

$$sC_{\mathrm{dc}}u_{\mathrm{dc}} = (1-D)i_{\mathrm{L}} - \frac{u_{\mathrm{dc}}}{R_0} \tag{13-145}$$

式中：D 为 Boost 电路功率管的占空比。

（3）逆变器控制模型。光伏并网系统的逆变器控制模型与直驱风电场相同，利用状态方程表示为

$$\begin{aligned} i_{\mathrm{dg\_ref}} &= N_u(\mathrm{A})(K_{\mathrm{P1}} + K_{\mathrm{I1}}/s)(u_{\mathrm{dc\_ref}} - u_{\mathrm{dc}}) \\ u_{\mathrm{dt\_ref}} &= (K_{\mathrm{P2}} + K_{\mathrm{I2}}/s)N_{\mathrm{i}}(\mathrm{A})(i_{\mathrm{dg\_ref}} - i_{\mathrm{dg}}) + u_{\mathrm{dg}} - \omega L_{\mathrm{f}}i_{\mathrm{qg}} \\ u_{\mathrm{qt\_ref}} &= (K_{\mathrm{P3}} + K_{\mathrm{I3}}/s)N_{\mathrm{i}}(\mathrm{A})(i_{\mathrm{qg\_ref}} - i_{\mathrm{qg}}) + u_{\mathrm{qg}} + \omega L_{\mathrm{f}}i_{\mathrm{dg}} \end{aligned} \tag{13-146}$$

式中：K_{P1}、K_{I1}为电压外环控制参数；K_{P2}、K_{I2}和K_{P3}、K_{I3}为电流内环控制参数，$K_{\mathrm{P2}}=K_{\mathrm{P3}}$，$K_{\mathrm{I2}}=K_{\mathrm{I3}}$；$i_{\mathrm{dg}}$、$i_{\mathrm{qg}}$及$u_{\mathrm{dg}}$、$u_{\mathrm{qg}}$分别为电网电压和电流在 dq 坐标下的分量；下标 ref 表示变量的参考值。

（4）MPPT 控制模型。为了实现光能的有效利用，通过控制 Boost 电路开关管的通断来实现最大功率点的跟踪

$$D = (K_{\mathrm{P4}} + K_{\mathrm{I4}}/s)(U_{\mathrm{m}} - U_{\mathrm{PV}}) \tag{13-147}$$

式中：K_{P4}、K_{I4}为锁相环控制参数。

（5）锁相环模型。与直驱风电场中的锁相环模型类似，光伏并网系统锁相环模型也包含两部分，即坐标变换和控制模型，均与前述直驱风电场锁相环模型相似，在此不再赘述。

13.4.2 光伏并网系统次同步振荡分析

在计算系统特征值时，忽略逆变器控制系统中的饱和非线性环节。在附加控制分析中，为了使结果直观可见，移去仿真模型中的饱和非线性环节。

（1）参与因子分析。综合式（13-141）～式（13-147），即可得到用于稳定性分析的两级三相式光伏电站并网系统的整体模型

$$\frac{\mathrm{d}\Delta \boldsymbol{x}}{\mathrm{d}t} = \boldsymbol{A}\Delta \boldsymbol{x} + \boldsymbol{B}\Delta \boldsymbol{u} \tag{13-148}$$

式中：矩阵 $\boldsymbol{A}$ 为状态矩阵；$\Delta \boldsymbol{x}$ 为状态变量；矩阵 $\boldsymbol{B}$ 为输入矩阵；$\Delta \boldsymbol{u}$ 为输入变量。系统的稳定性取决于矩阵 $\boldsymbol{A}$ 的特征根。

状态变量为

$$\Delta \boldsymbol{x} = [\Delta x_1 \quad \Delta x_2 \quad \Delta x_3 \quad \Delta x_4 \quad \Delta x_5 \quad \Delta i_{\mathrm{dg}} \quad \Delta i_{\mathrm{qg}} \quad \Delta i_{\mathrm{L}} \quad \Delta U_{\mathrm{PV}} \quad \Delta U_{\mathrm{dc}} \quad \Delta\theta_{\mathrm{P}}]^{\mathrm{T}} \tag{13-149}$$

式中：$x_1 \sim x_5$均为中间状态变量；θ_P 为锁相环输出相角。基于图 13 - 69 所示的拓扑结构进行光伏发电系统稳定性分析。基本算例参数见表 13 - 17。

表 13 - 17 基本算例参数

参数	数值	参数	数值
K_{P1}	7	D_0	0.5
K_{I1}	800	C_{dc}/mF	6
K_{P2}	0.3	u_{dc}/V	500
K_{I2}	20	L/mH	5
K_{P4}	0.00001	C_{PV}/mF	0.1
K_{I4}	7	L_{g}/p. u.	0.1762
K_{PPLL}	15	Z_{s}/p. u.	0.2
K_{IPLL}	1400	L_{s}/p. u.	0.412

注：K_{PPLL}、K_{IPLL}为锁相环的比例、积分系数。

系统的初值在光照照度 $S=1000\mathrm{W/m^2}$、温度 $T=25$℃的条件下获取。据此计算出系统状态矩阵的特征值见表 13 - 18。由表 13 - 18 可知，系统有三个振荡模态，其中振荡模态 1 为高频振荡，频率为 169.00Hz，振荡模态 2 和振荡模态 3 为次同步振荡模态，频率分别为 41.35、10.22Hz，三个振荡模态的阻尼比分别为 0.0812、0.1052 和 −0.1003，次同步振荡模态 3 出现负阻尼，即系统可能出现该模态的次同步振荡现象。

表 13 - 18 系统振荡模态

振荡模态	特征值	振荡频率/Hz	阻尼比
$\lambda_{3,4}$	−86.55±1061.88i	169.00	0.0812
$\lambda_{5,6}$	−27.48±259.82i	41.35	0.1052
$\lambda_{10,11}$	6.47±64.19i	10.22	−0.1003

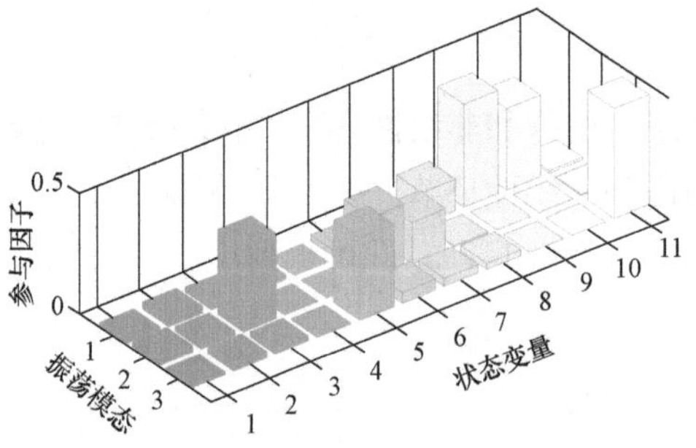

图 13 - 70 振荡模态下参与因子分析

为了研究系统状态变量和振荡模态之间的关系，计算各模态的参与因子。将式(13 - 149) 中的 11 个状态变量编号为 1～11，仅得出参与因子的幅值如图 13 - 70 所示。

振荡模态 1 至 3 分别表示$\lambda_{3,4}$、$\lambda_{5,6}$和$\lambda_{10,11}$模态。图中，振荡模态 1 主要由状态变量 Δi_{L}、Δu_{PV}和 Δu_{dc}参与，与 MPPT 控制参数 K_{P4}、K_{I4} 有关。其大小分别为 0.3411、0.4295 和 0.1300；振荡模态 2 主要由状态变量 Δx_3、Δi_{dg} 和 Δi_{qg} 参与，与逆变

器控制参数有关，其参与因子大小分别为 0.3528、0.2619 和 0.1722；振荡模态 3 主要由状态变量 Δx_5 和 $\Delta\theta_P$ 参与，与锁相环控制参数 K_{PPLL} 和 K_{IPLL} 有关，其参与因子大小分别为 0.3429 和 0.4570。

（2）系统振荡特性影响规律。短路比 K_{SCR} 表征交流系统的强弱。定义为

$$K_{SCR}=\frac{U_{sN}}{\sqrt{3}\,|Z_s|\,I_{sN}}=\frac{U_{sN}^2}{|Z_s|\,S_{sN}} \tag{13-150}$$

式中：U_{sN}、I_{sN}、S_{sN} 分别为光伏并网点的额定电压、额定电流以及光伏发电站额定容量的标幺值；Z_s 为光伏电站并网点与交流系统间的等效阻抗。

根据 IEEE 1204 - 1997 IEEE Guide for Planning DC Links Terminating at AC Locations Having Low Short - Circuit Capacities 的定义，规定短路比 $K_{SCR}<3$ 的电网为弱交流电网。本节中，光伏电站额定装机容量为 1p.u.，令线路连接阻抗由 $Z_s=0.0216+$j0.231 逐步变为 $Z_s=0.3862+$j0.8075，系统短路比由 4.8 逐步变为 1.2。在不同短路比下，计算系统的特征根（仅上半平面）并记录特征根变化规律如图 13 - 71（a）所示。

由图 13 - 71（a）可知，随着光伏电站并网点短路比不断降低，振荡模态 1 与模态 2 下的特征值均向右半复平面移动，但始终处于左半复平面中。而振荡模态 3 的特征根不断向右平面靠近，直至越过纵轴，出现不稳定特征根，此时系统短路比为 2.2。当电网强度减弱时，振荡模态 3 成为首个发生失步的振荡模态，故而在弱电网条件下的光伏并网系统稳定性分析中应将该振荡模式作为主要分析对象。

令 K_{P4}、K_{I4} 分别在 $1\times10^{-9}\sim1\times10^{-3}$、$1\times10^{-2}\sim1\times10^{2}$ 发生变化，其他参数保持不变，电网短路比为 2.4 时各模态下的特征根（仅上半平面）变化规律如图 13 - 71（b）、（c）所示。由图可知，无论是 K_{P4} 还是 K_{I4}，对振荡模态 2 影响都较小，对振荡模态 3 几乎没有影响。而随着 K_{P4} 或 K_{I4} 的增大，振荡模态 1 的特征根逐渐向右半复平面移动，即系统阻尼减弱，不利于系统稳定。但考虑到此次分析中 MPPT 控制参数的变化范围较大，因而可以认为在常规参数设置下，MPPT 控制参数对系统稳定性的影响较小。

为了模拟弱电网下锁相环参数对振荡的影响，将短路比设置为 2.4，锁相环参数 K_{PPLL}、K_{IPLL} 分别在 1～60、400～3000 范围内变化，其他参数保持不变，系统特征根的变化规律如图 13 - 71（d）、（e）所示。由图可见，随着锁相环参数 K_{PPLL} 的增加，三个振荡模态下的特征根均向左半复平面移动，其中振荡模态 3 在 $K_{PPLL}=14$ 时越过纵轴。而随着参数 K_{IPLL} 的增加，振荡模态 2 和模态 3 下的特征根均向右半复平面移动，振荡模态 1 几乎不受该参数影响。同时，比例系数 K_{IPLL} 和积分系数 K_{PPLL}，对三种振荡模式的影响较小。

可行域指能使系统稳定输出功率的锁相环控制器参数变化范围。由于锁相环控制参数 K_{IPLL} 与 K_{PPLL} 相比影响较小，将 K_{IPLL} 固定为 1400，主要研究控制参数 K_{PPLL} 在不同短路比设置下的可行域，如图 13 - 72 所示。

图 13 - 72 中的蓝色部分是不稳定区域。图中点（1.2，21）表示当交流系统短路比 $K_{SCR}=1.2$ 时，锁相环控制参数 K_{PPLL} 可行域为 $K_{PPLL}\geqslant21$。同理可得其他点坐标含义。结合稳定性分析，锁相环参数 K_{PPLL} 过小将恶化系统的动态特性；而随着短路比 K_{SCR} 减小，会进

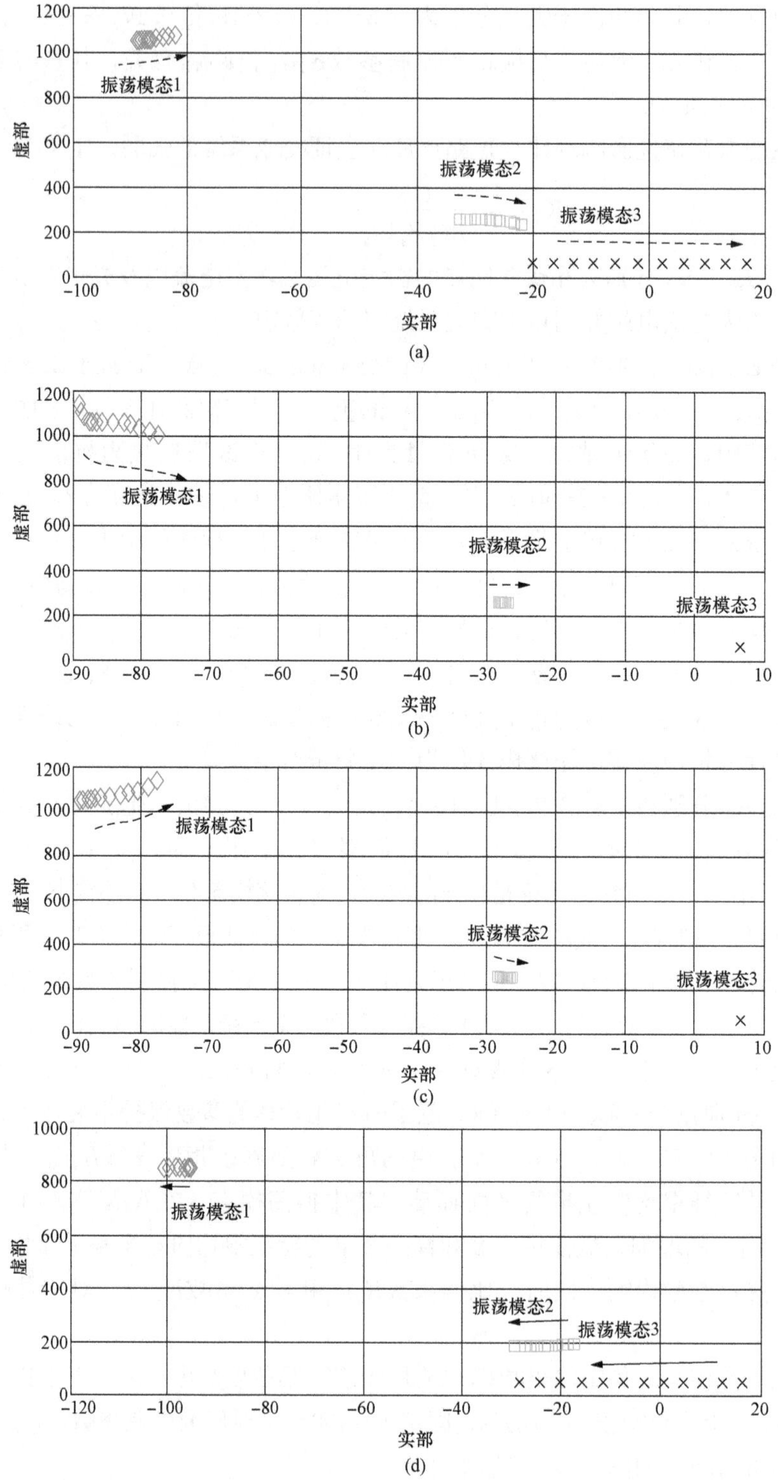

图 13-71　不同参数对振荡模态的影响规律（一）

（a）电网强度对振荡模态的影响；（b）K_{P4}对振荡模态的影响；（c）K_{I4}对振荡模态的影响；（d）K_{PPLL}对振荡模态的影响

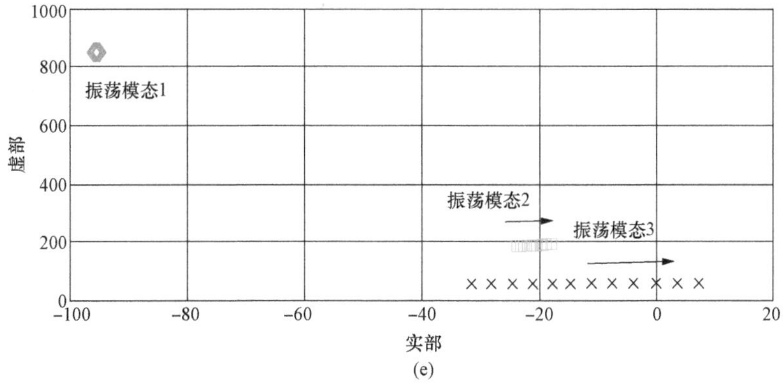

图 13-71 不同参数对振荡模态的影响规律（二）

（e）K_{IPLL}对振荡模态的影响

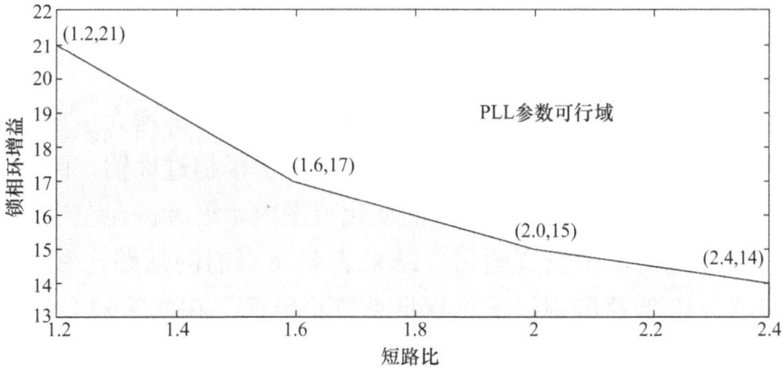

图 13-72 K_{PPLL}随短路比的变化规律

一步限制锁相环参数K_{PPLL}的可行域，当短路比较大时，K_{PPLL}的下限值变化较为缓慢。

（3）引入电流内环附加控制的系统稳定性分析。基于上文分析，在弱电网条件下，光伏发电系统中次同步振荡模态为主振荡模态，其与锁相环控制参数直接相关。而弱电网条件下电流内环控制和锁相环控制的相互作用对系统稳定性有较大的影响。因此电流内环控制的附加控制环节可以解决由锁相环参数设置不合理而引发的系统失稳问题。附加控制的控制框图如图 13-73 所示。

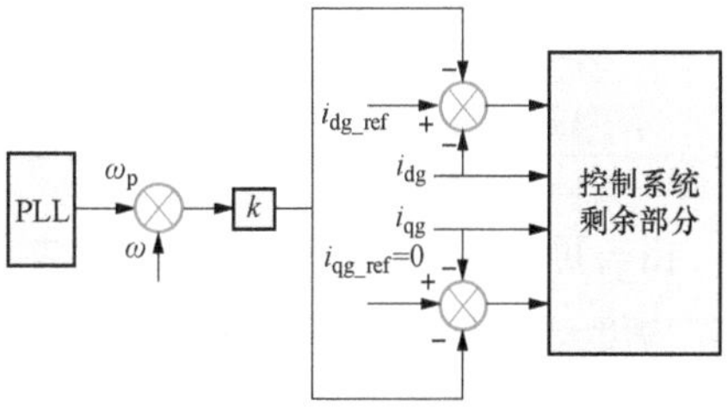

图 13-73 附加控制的控制框图

基于图 13-74 将电流内环控制的状态方程修正为

$$\begin{cases} \dfrac{\mathrm{d}x_2}{\mathrm{d}t} = i_{\mathrm{dg\_ref}} - i_{\mathrm{dg}} - k(\omega_{\mathrm{P}} - \omega) \\ \dfrac{\mathrm{d}x_3}{\mathrm{d}t} = i_{\mathrm{qg\_ref}} - i_{\mathrm{qg}} - k(\omega_{\mathrm{P}} - \omega) \end{cases} \tag{13-151}$$

式中：k 为附加控制系数。

将修正后的状态空间方程线性化可以得到含附加控制的系统小信号模型。

为探究系数 k 对系统稳定性的影响，令短路比$K_{SCR}=2.4$，$K_{PPLL}=14$，系统其他参数均为初始值，观察当加入附加控制后，模态 3 下的特征值随系数 k 在 0～10 范围内变化的轨迹，结果如图 13-74 所示。

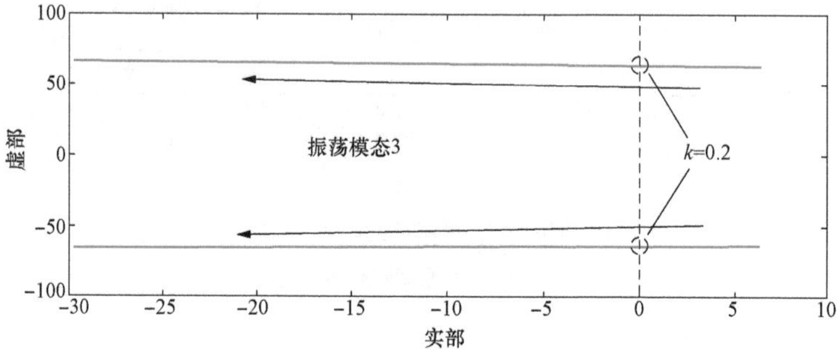

图 13-74　k 对振荡模态 3 下特征值的影响

由图 13-74 可知，当短路比$K_{SCR}=2.4$ 时，随着系数 k 的增大，振荡模态 3 下的特征值逐渐向左半平面移动，且当 k 增大到 0.2 时，特征根越过虚轴，而后系统进入稳定状态。其他模式下的特征根在 k 从 0～10 的变化范围内始终维持在左半复平面，没有威胁到系统的稳定性，因此图中没有画出。结果表明在当前的短路比和锁相环参数设置下，系数 k 在 0.2～10 的范围内取值可保证系统稳定性。在此基础上进行特征根分析。令$k=1$，计算加入附加控制的特征值，结果见表 13-19。

表 13-19　　$k=1$ 时的系统振荡模态

振荡模态	特征值	振荡频率/Hz	阻尼比
$\lambda_{3,4}$	$-83.98\pm j1048.56$	166.88	0.0798
$\lambda_{5,6}$	$-24.20\pm j265.37$	42.23	0.0908
$\lambda_{10,11}$	$-10.03\pm j60.24$	9.59	0.1642

由表可知，振荡模态 3 在以上参数设置下由原来的负阻尼变为正阻尼，且阻尼较大。为进一步阐明附加控制对系统阻尼的作用，令附加控制系数 $k=1$，$K_{SCR}=2.4$，$K_{PPLL}=15$，对比模态 3 下的特征值在控制加入前后的位置，如图 13-75 所示。

由图可知，附加控制加入后，次同步振荡模态的阻尼明显增加，阻尼比由 0.0186 变为 0.1669，系统发生次同步振荡的风险减少。

除此之外，在不同的K_{PPLL}设置下，系数 k 可行域的下限值随之变化，其变化规律如图 13-76 所示。

图中的灰色区域为不稳定区域，白色区域为稳定区域，各点意义不再赘述。可见，随着锁相环控制参数K_{PPLL}的增大，阻尼系数 k 的可行域随之增大。

为了验证上述分析结果的正确性，基于 Matlab/Simulink 搭建三相光伏电站并网系统的时域仿真模型。系统在$K_{SCR}=2.4$，$K_{PPLL}=15$ 的初始状态下运行。此时系统处于稳

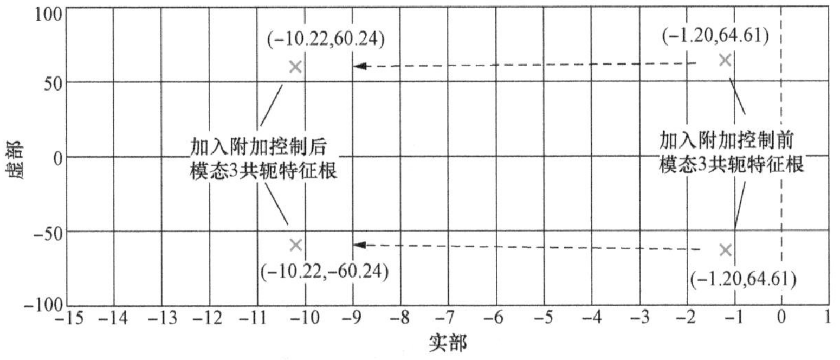

图 13-75　附加控制前后次同步振荡模态下的特征根

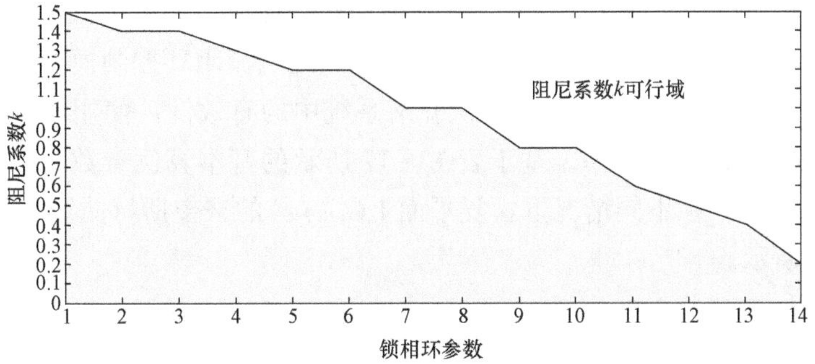

图 13-76　k 随 K_{PPLL} 的变化规律

定运行状态但阻尼较差。设置在 1s 时光伏电站并网点处发生三相短路接地故障，故障持续时间为 0.05s。仿真结果如图 13-77 所示。由图可知，光伏并网系统发生振荡失稳，截取 5～6s 并网点有功功率波形可得振荡频率约为 9.9Hz。仿真结果与频域稳定性分析结果一致。

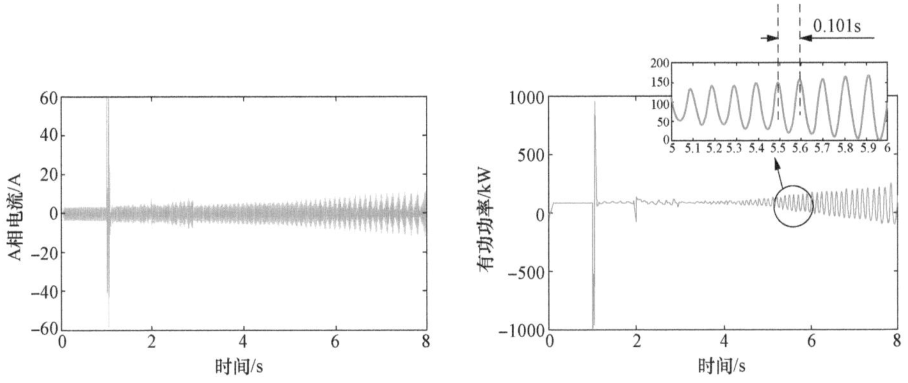

图 13-77　无附加控制时系统仿真结果

在系统中增加附加控制，并设置附加控制系数 $k=1$，系统依然在上述条件下运行，故障设置同上。仿真结果如图 13-78 所示。由图可知，加入附加控制后，系统受到扰动仍能保持稳定运行，与上文频域分析结果相符。

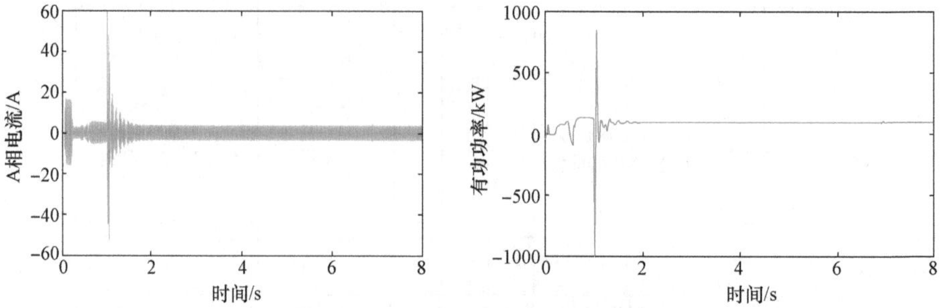

图 13 - 78　加入附加控制后系统仿真结果

（4）基于 DF - GNC 的次同步振荡分析。当控制系统含有饱和非线性环节时，光伏并网系统次同步振荡也应为等幅振荡。设置饱和非线性环节参数与式（13 - 139）相同。由于光伏并网控制系统与直驱风电场结构相同，因此电流闭环控制模型也与之相同，在此不再赘述。为了验证 DF - GNC 在光伏并网系统中的有效性，使用该方法来预测不同 PLL 参数下 SSO 的幅值和频率。基于表 13 - 17 所示的基本算例参数，改变电网强度和 PLL 比例增益K_{PPLL}。在不同情况下，复平面上$G_0(j\omega)$的奈奎斯特曲线与$-1/N_i(A)$曲线如图 13 - 79 所示。

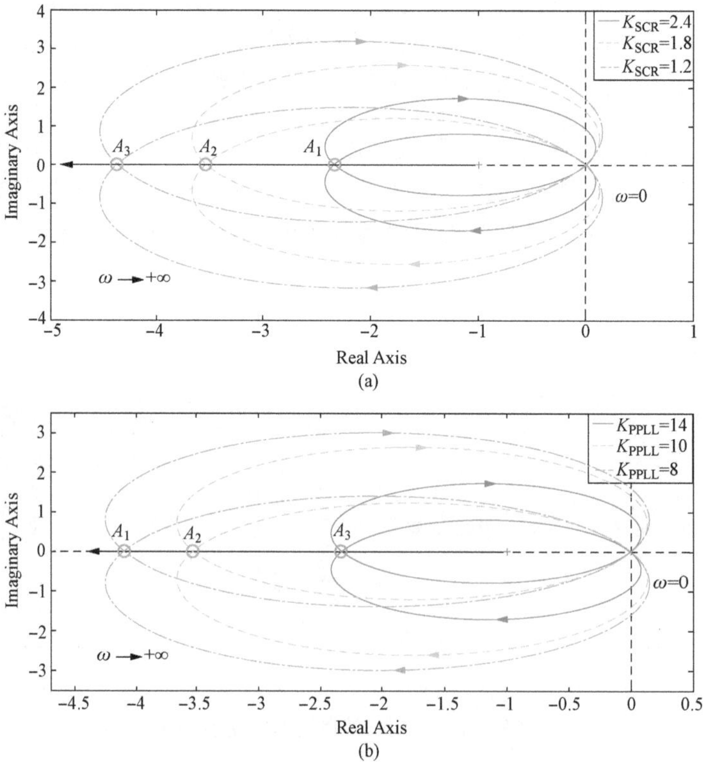

图 13 - 79　不同条件下的奈奎斯特曲线

(a) 不同电网强度下的奈奎斯特曲线；(b) 不同K_{PPLL}下的奈奎斯特曲线

当奈奎斯特曲线$G_0(j\omega)$与曲线$-1/N(A)$相交于复平面上的一点时，意味着系统处于临界稳定状态，由此可以推测，系统将出现持续等幅的次同步振荡现象。此外，不同参数下的振荡幅值与频率可以由交点进行预测。由于不同参数下的频率特性相差不大，因此仅列出幅值结果，见表13-20。

表13-20　由DF-GNC分析方法得到的次同步振荡幅值

变量/p.u.	K_{SCR}↓	K_{PPLL}↑
A_1	0.1462	0.2593
A_2	0.2224	0.2229
A_3	0.2771	0.1462

注：表中符号“↓”和“↑”分别表示变量增加和减少，可以发现SSO的幅值随着电网强度的降低而增加，随着PLL比例增加而降低。

（5）时域仿真验证。利用Matlab/Simulink进行时域仿真，基本参数设置见表13-17，并更改锁相环比例增益K_{PPLL}为14，短路比设置为4.8。令并网电抗在2s时发生阶跃，短路比降低至2.4。1～5.5s时间段内的有功功率与电流i_{xg}曲线如图13-80所示。由图可知，当系统中不存在饱和非线性环节时，电流与有功功率均呈现指数型发散次同步振荡，该结果与表13-18中利用特征根分析方法得到的不稳定次同步振荡模态10、11相符。而当系统中存在非线性饱和环节时，电流与有功功率均会达到限幅，系统呈现等幅次同步振荡。图13-81、图13-82分别为不同电网强度和PLL比例参数下的次同步振荡动态响应特性。当电网强度和PLL比例系数K_{PPLL}减小时，次同步振荡幅值将增大。

仿真结果如表13-21所示，从表中可以发现SSO的幅值随短路比的降低而增加，随着PLL比例系数的增加而降低。

表13-21　由时域仿真得到的次同步振荡幅值

变量/p.u.	K_{SCR}↓	K_{PPLL}↑
A_1	0.1460	0.2593
A_2	0.2220	0.2230
A_3	0.2768	0.1460

从表13-20与表13-21的结果可以看出，仿真结果与DF-GNC分析结果能够较好地吻合。为了对比特征根分析和DF-GNC分析方法的准确度，从表13-20与表13-21中挑选数据，并将结果列于表13-22中。

表13-22列出了三种算例参数设置下使用三种不同方法所得的振荡幅值。基本算例中更改K_{PPLL}为14，短路比设置为2.4。除基本算例外，剩余算例通过更改基本算例中的一个参数获得。第二到第四列分别是利用时域仿真、特征根分析和DF-GNC分析得到的结果。将时域仿真结果视为真值，E_E和E_N分别是利用特征根分析和DF-GNC分析计算得到的误差。结果表明DF-GNC分析方法的预测结果非常接近时域仿真结果，

DF - GNC 法可以对振荡幅值进行有效判断。

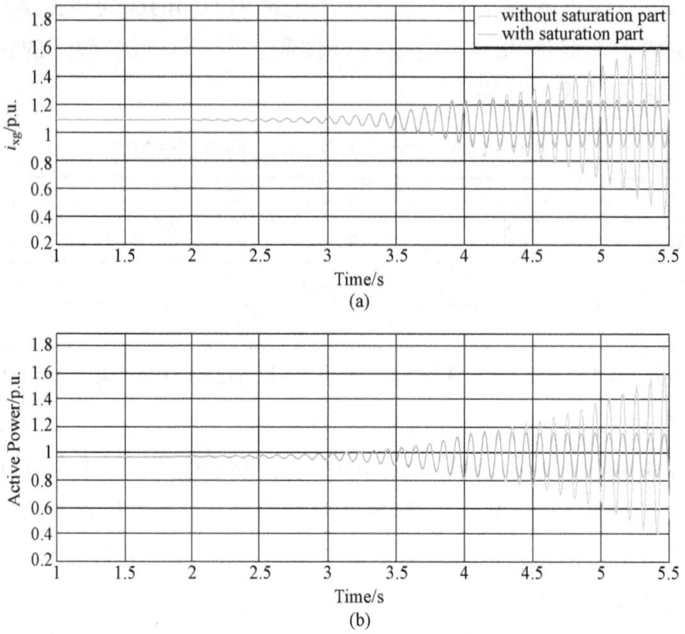

图 13 - 80　含（不含）饱和非线性环节的光伏并网动态特性

（a）电流i_{xg}的动态特性；（b）有功功率动态特性

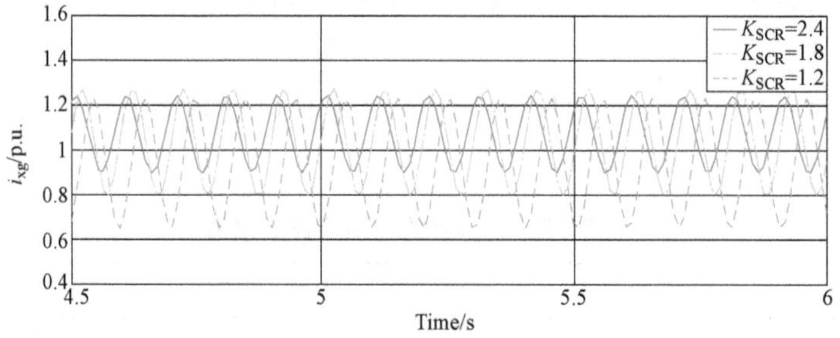

图 13 - 81　不同K_{SCR}下电流i_{xg}的动态响应

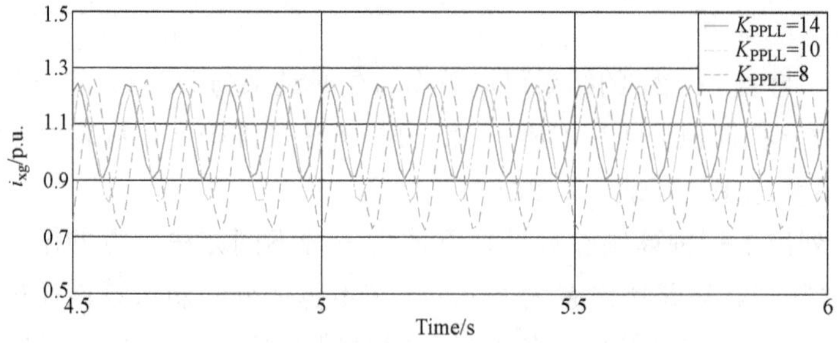

图 13 - 82　不同K_{PPLL}下电流i_{xg}的动态响应

表 13-22　不同方法所得振荡幅值

算例	仿真/p. u.	特征根/p. u.	DF-GNC/p. u.	E_E（%）	E_N（%）
基本算例	0.1460	—	0.1462	—	0.14
算例1	0.2768	—	0.2771	—	0.11
算例2	0.2593	—	0.2593	—	0

注：算例1，$K_{SCR}=1.2$；算例2，$K_{PPLL}=8$

图 13-83 和图 13-84 给出了不同饱和非线性极限值下的电流时域响应和相图。可以看出，随着饱和非线性环节的极限值增大，次同步振荡幅值也会增大。在饱和非线性环节的影响下，当前相量的轨迹最终接近极限环，极限值越大，极限环越大。

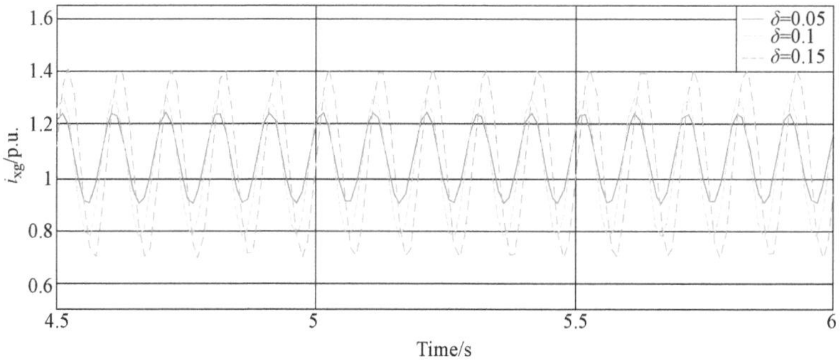

图 13-83　不同饱和非线性环节极限值下电流i_{xg}的动态响应

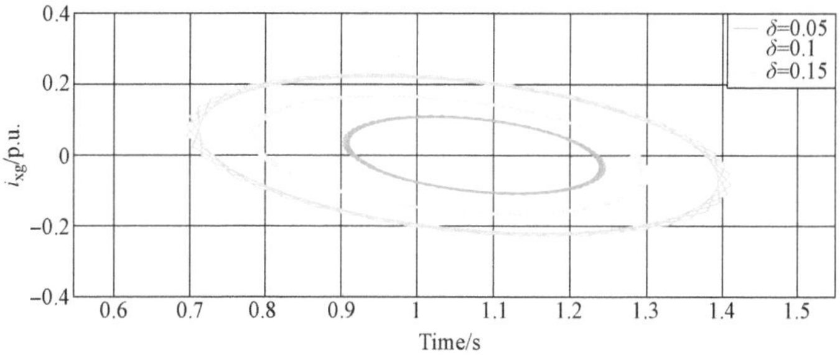

图 13-84　不同饱和非线性环节极限值下电流i_{xg}的相图

本节分析了光伏发电系统并入弱电网情况下发生次同步振荡的可能性，建立了含锁相环回路的光伏并网动态模型，利用特征值法分析最大功率追踪控制参数、电网强弱和锁相环控制参数对系统各振荡模态特性的影响，确定系统在并入弱电网时的主导振荡模态为次同步振荡模态。此外，当系统含有饱和非线性环节时，利用 DF-GNC 分析方法对系统振荡的振荡特性进行了预测。主要结论如下：

（1）最大功率追踪控制参数对系统稳定性的影响相对较小，弱电网条件下的主导次同步振荡模态受锁相环控制参数影响较大。

（2）在不同短路比情况下锁相环控制参数可行域范围不同，随着短路比K_{SCR}增大，锁相环参数K_{PPLL}的可行域随之增大。

(3) 分析了加入附加控制后系统主导次同步振荡模态的特征根轨迹，并利用时域仿真进行验证，证明其可以有效提高系统稳定性。在不同锁相环参数设置下，附加控制系数 k 的可行域不同。随着锁相环控制参数 K_{PPLL} 的增大，附加控制系数 k 的可行域会随之增大。

当系统中含有饱和非线性环节时，次同步振荡为等幅振荡。DF - GNC 方法能够较好地预测非线性系统的次同步振荡特性，所估算的振荡幅值与时域仿真的结果接近。通过不同电网强度和锁相环比例增益条件下的算例，验证了该方法的可行性和正确性。

13.5 新型电力系统次/超同步振荡的控制

HVDC 和串联补偿电容技术是大型风电基地远距离输送电能时采用的主要技术手段。风机并网导致的次同步振荡问题会影响整个电网运行的安全性与稳定性，然而风电并网的方式有差异，风电机组的种类和控制参数也有很大不同，加上各种 FACTS 装置接入电网，使得现有振荡控制措施更加难以适应复杂多变的运行工况。机组级和场站级的次同步振荡控制措施取得了一定的效果，但适用范围有限。

因此，亟须研究兼具工程实用性和经济性的风电场次同步振荡抑制措施。

13.5.1 次/超同步振荡的机组侧控制

附加阻尼控制基本以机组轴系的转速、转子电流作为控制信号。当转子电流控制信号时，在 RSC 中的转子电流会流经高通滤波器、比例微分控制器和限幅器环节，最后加至电流环的输出电压，从而实现次同步振荡的有效抑制。当转速是控制信号时，将附加控制引入风机变流器后，会产生一个附加转矩，附加转矩和风机转速增量的相位相反，从而为系统提供正阻尼。在双馈风机的变流器中，RSC 通过定子电流采样来实现机组控制，GSC 通过对网侧变换器电流采样以实现对电流的控制。

根据双馈风电变换器控制结构的特点，在 RSC 上采用定子电流扰动反馈，能很好改善双馈风电机组负阻抗特性，有效抑制次同步振荡。串补电容投入后，DFIG 等效阻抗与电网阻抗可能出现不匹配，由此会引发次同步振荡。因此，为了抑制次同步振荡的产生以及提高风电串补系统稳定性，双馈风电机组输出阻抗在次同步频率范围内都应该呈现正阻抗特性。当发生次同步振荡时，控制信号跟踪次同步电流的变化，使得附加阻尼控制快速地给出对应的电压校正控制命令，从而快速调节转子侧变流器输出的次同步电压，保证电压能够跟随次同步电流的变化，使得变流器会在次同步频率下为正电阻特性，确保了次同步振荡现象不会产生。

当发生次同步振荡时，DFIG 定子电流会伴随有振荡现象。通过提取定子电流的扰动分量，将其反馈到转子侧控制器中，可以使系统由原先的负阻抗特性变为正阻抗特性。为了消除稳态直流分量的影响，可采用高通滤波器，图 13 - 85 为在 DFIG 转子侧附加阻尼控制的原理图。由于在工频下，dq 坐标输出为直流分量，经高通滤波后，工频分量无输出，因此附加阻尼控制不会影响工频传递函数。

其中，K_{ssr}^{s} 为阻尼比例系数，G_{HPF} 表示二阶高通滤波器传递函数，ω_n 表示自然角频率，

二阶高通滤波器传递函数如式（13-152）所示

$$G_{\mathrm{HPF}}=\frac{s^2}{s^2+2\xi\omega_{\mathrm{n}}s+\omega_{\mathrm{n}}^2} \tag{13-152}$$

为了验证附加阻尼控制的有效性，建立DFIG经串补并网系统的仿真模型，系统和控制器参数见表13-23。为了验证抑制措施的有效性，系统串补度为40%，对比引入阻尼控制前后输出有功和无功功率波形，如图13-86、图13-87所示。附加阻尼控制投入前，输出功率出现振荡，引入转子侧阻尼控制，并取阻尼比 $K_{\mathrm{ssr}}^{\mathrm{s}}$ 为2，波形由持续振荡变为振荡收敛。仿真结果显示，系统的稳定性在引入附加阻尼控制后得到提高。

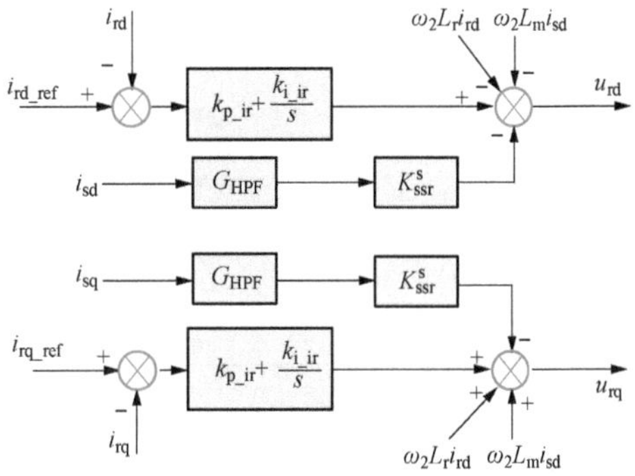

图13-85 DFIG转子侧附加阻尼控制原理图

表13-23　　DFIG经串补并网系统主要参数

参数名称	有名值/标幺值	参数名称	有名值/标幺值
额定功率	1.5MW	定子漏电抗	0.18p.u.
额定电压	575V	转子漏电抗	0.16p.u.
额定频率	50Hz	定转子互感	2.90p.u.
额定风速	12m/s	转子惯性时间常数	0.685s
定子电阻	0.023p.u.	发电机阻尼系数	0.01p.u.
转子电阻	0.016p.u.	极对数	3

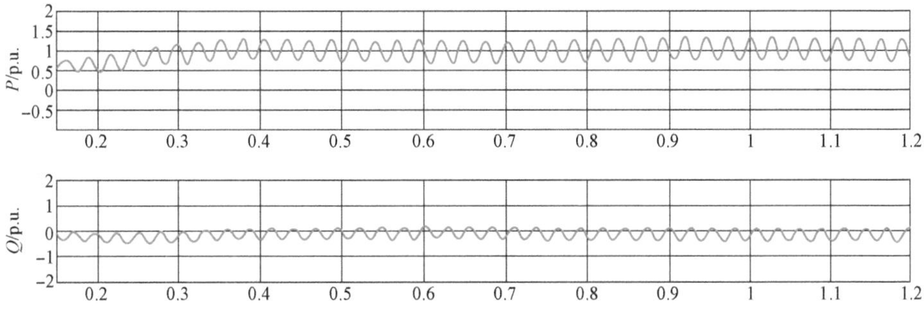

图13-86 附加阻尼控制投入前的仿真结果

13.5.2 次/超同步振荡的电网侧控制

13.5.2.1 应用STATCOM抑制SSO的控制策略

STATCOM抑制次同步振荡的原理与静止无功补偿器非常类似，其结构示意图如图13-88。作为一种并联补偿装置，它在设计上基于电压源型变流器，在SVC基础上进行了更新。在抑制次同步振荡方面，SVC调节次同步分量的能力会在一定程度上受到限制。而STATCOM采用全控型器件和PWM调制技术，因此调制能力强且响应速度快，具有输出特性良好、年静态损耗小、连续可控能力好、占地面积小等优点。次同

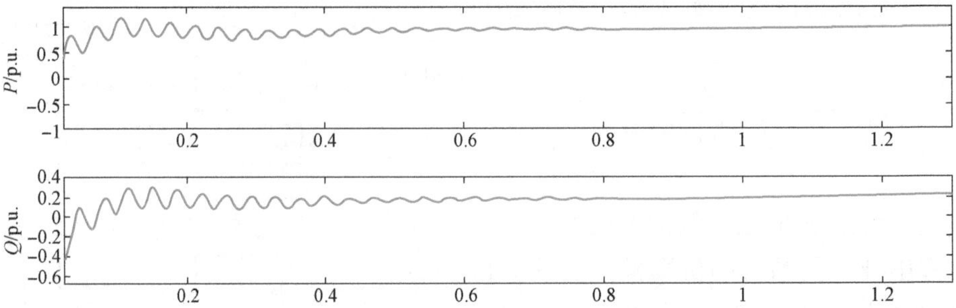

图 13-87　附加阻尼控制后的仿真结果

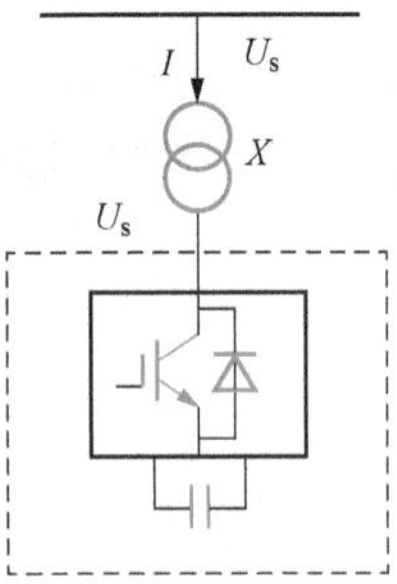

STATCOM

图 13-88　STATCOM 结构示意图

步振荡发生后，受扰电气量输入到控制器，使用控制算法进行计算后，使得注入系统中次同步电流的大小发生改变，这样在转子上会产生电磁转矩，起到阻尼 SSO 的效果。STATCOM 装置可以在输电系统中维持电压稳定、调节系统中的潮流、保证电网的安全稳定；在配电系统不仅可以起到补偿无功的作用，还可以消除电网中的谐波分量。然而 STATCOM 在次同步振荡抑制的应用研究还相对较少。

STATCOM 装置可以吸收和产生无功功率，是一种并联无功补偿装置。它由三个主要部分组成：直流侧带有电容器的电压源变流器、自耦变压器和控制系统。它可以利用交流侧电压和交流系统电压之间的相互作用来控制无功功率。当 STATCOM 输出的电压幅值大于系统的电压幅值时，起到电容器的作用，向系统中注入无功；而当输出的电压幅值低于系统电压幅值时，相当于一个电感元件，无功功率可以从系统转移到 STATCOM。在正常运行条件下，装置的端电压与系统电压一致，在系统和 STATCOM 之间不存在功率的交换。

STATCOM 在 dq 坐标系下的方程如式（13 - 153）。

$$
\begin{aligned}
\frac{\mathrm{d}i_{sd}}{\mathrm{d}t} &= -\frac{R_s\omega_0}{X_s}i_{sd} - \omega_0 i_{sq} + \frac{\omega_0}{X_s}(u_{sd} - u_{1d}) \\
\frac{di_{sq}}{\mathrm{d}t} &= \omega_0 i_{sd} - \frac{R_s\omega_0}{X_s}i_{sq} + \frac{\omega_0}{X_s}(u_{sq} - u_{1q}) \\
\frac{\mathrm{d}u_{dc}}{\mathrm{d}t} &= -\frac{P_s}{Cu_{dc}} - \frac{u_{dc}}{R_c C}
\end{aligned}
\tag{13 - 153}
$$

式中：ω_0为角频率；R_s为自耦变压器的漏电抗和泄漏电阻；i_{sd}和i_{sq}分别为 dq 坐标系下的电流分量；u_{dc}为电容器电压。

补偿器的无功功率输出可以在容许的电压范围内变化，从而控制联接点处的电压。STATCOM 装置可以控制逆变器的触发角，从而实现快速调制无功功率。

为了验证 STATCOM 的有效性，建立的研究模型如图 13 - 89 所示，并在 Simulink 中进行仿真验证。

通过复转矩系数法对装置投入前后系统的电气阻尼特性进行分析，设置系统的串补

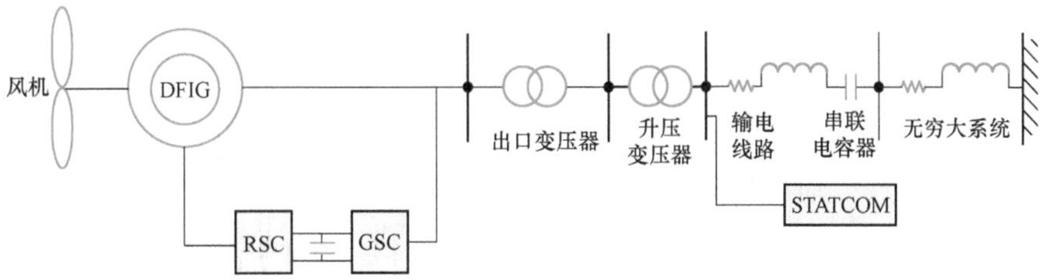

图 13 - 89 STATCOM 抑制次同步振荡结构示意图

度为 60%，其余参数设置与初始参数相同。图 13 - 90 中实线和虚线分别为补偿装置投入运行前后的电气阻尼特性曲线。研究表明，在没有使用抑制装置的情况下，系统在频率 20Hz 附近存在很大的负阻尼，投入补偿装置后，电气阻尼有了一定的提高，系统的电气阻尼特性得到改善。

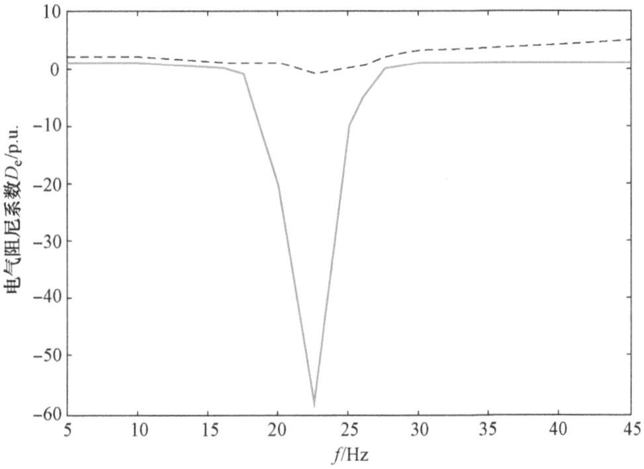

图 13 - 90 投入前后电气阻尼特性曲线对比

对比串补度为 60%情况下加入 STATCOM 前后的功率波形及频谱结果，如图 13 - 91、图 13 - 92 所示。由图可知，加入 STATCOM 后有功功率振荡程度明显降低。

13.5.2.2 应用 SSSC 抑制次同步振荡的措施

SSSC 是串联在输电线路上的补偿装置，是以直流电容器作为能量存储单元的 DC/AC 电压源变换器，一般通过耦合变压器串联至线路上。它不仅可以提高输电线路传输能力，而且还可以改变线路有功功率的流向，调整电力网络的潮流、电压分布，改善电力系统的静态和暂态稳定性。SSSC 装置的基本原理是向线路注入一个与线路电流相差 90°的可控电压，通过控制线路阻抗，实现系统的有效控制。

SSSC 一般由电压型变换器、耦合变压器、直流环节以及控制系统组成，变压器串联接入电力系统，直流环节可以是电容器、直流电容、储能器等。图 13 - 93 给出了 SSSC 结构示意图。U_1 是系统端电压，U_2 是负荷端电压，U_s 是 SSSC 的注入补偿电压，I 是线电流。SSSC 产生一个幅值和相角可控的三相正弦电压（它的相位在 0°～360°之间可调），其电压大小不受线路电流或系统阻抗影响，且与线路电抗压降相位相反（容

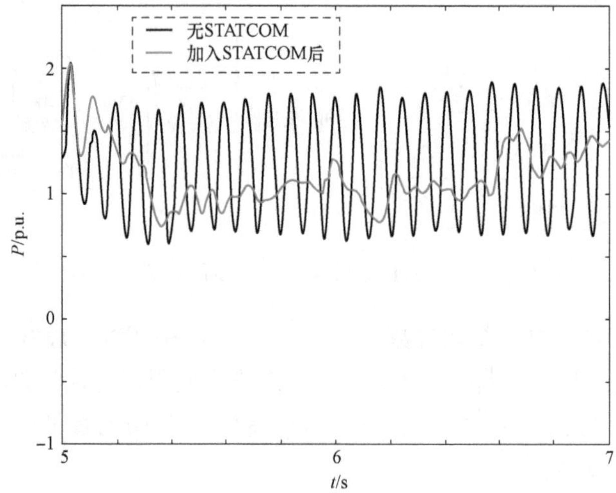

图 13 - 91　STATCOM 加入前后输出功率波形

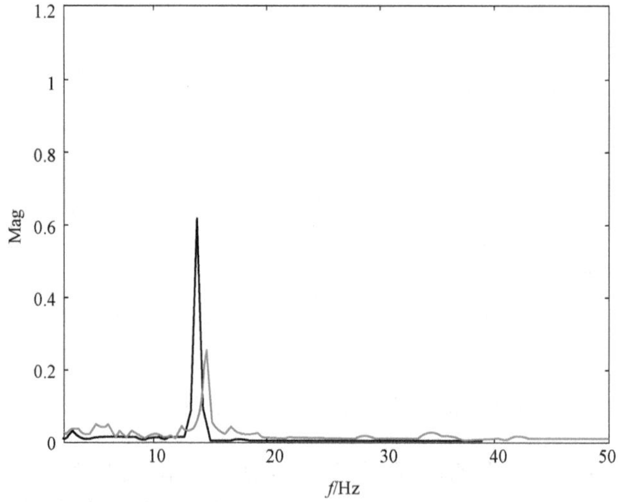

图 13 - 92　STATCOM 加入前后输出功率频谱分析图

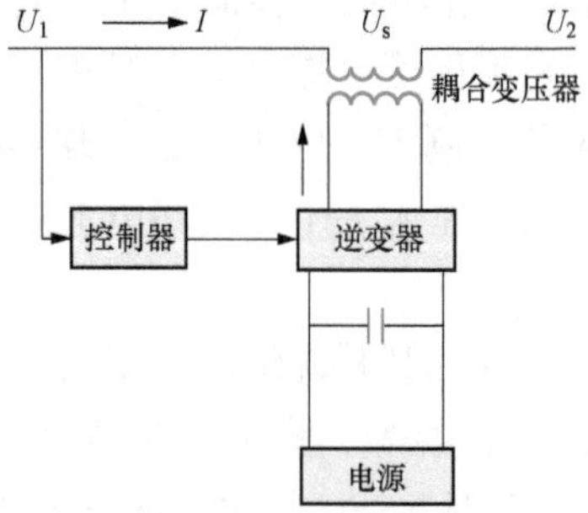

图 13 - 93　SSSC 结构示意图

性调节）或相同（感性调节），从而起到类似串联电容或串联电感的作用。容性补偿时，注入电压滞后线路电流 90°，使得线路输送功率能力提高；感性补偿时，注入电压超前线路电流 90°，可以减小线路输送功率。

SSSC 拓扑采用 H 桥级联型星接结构，拓扑结构如图 13 - 94 所示。SSSC 经耦合变压器（Y/Y）串接于线路中。L、C 分别为滤波电感和滤波电容；R 为装置损耗。每相链节由 N 个 H 桥模块构成。

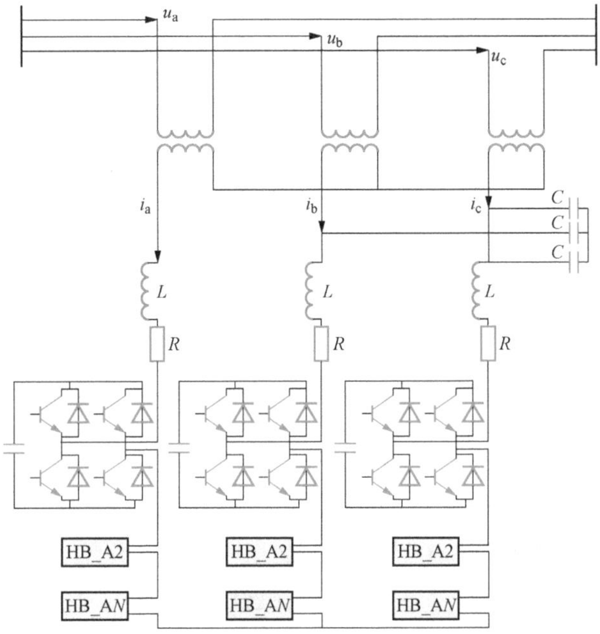

图 13 - 94　H 桥级联型 SSSC 拓扑结构

SSSC 在 dq 坐标系下的数学模型如式（13 - 154）、式（13 - 155）所示。

$$\begin{cases}\dfrac{\mathrm{d}i_{Ld}}{\mathrm{d}t}=-\dfrac{R}{L}i_{Ld}+\omega_0 i_{Lq}+\dfrac{1}{L}(u_d-u_{cd})\\ \dfrac{\mathrm{d}i_{Lq}}{\mathrm{d}t}=-\dfrac{R}{L}i_{Lq}+\omega_0 i_{Ld}+\dfrac{1}{L}(u_q-u_{cq})\end{cases}\tag{13 - 154}$$

$$\begin{cases}\dfrac{\mathrm{d}u_d}{\mathrm{d}t}=\omega_0 u_q+\dfrac{1}{C}(i_d-i_{Ld})\\ \dfrac{\mathrm{d}u_q}{\mathrm{d}t}=-\omega_0 u_d+\dfrac{1}{C}(i_q-i_{Lq})\end{cases}\tag{13 - 155}$$

SSSC 输出电压及滤波电感电流的 dq 轴分量之间存在复杂的耦合关系。为使 SSSC 具有良好的动态调节特性，SSSC 控制方式采用 dq 解耦的双环直接控制，控制框图如图 13 - 95 所示。图中，u_d^*、u_q^* 参考值分别由全局均压控制、SSSC 定阻抗控制给定；θ_i 为锁相环输出的线路电流相位。

（1）SSSC 抑制 SSCI 的原理。SSSC 装置接入风电外送汇集线路中，当系统发生 SSCI 时，SSSC 输出与线路中次同步电流相位一致、幅值可控的次同步电压，此时 SSSC 等效为振荡频率下的正电阻，从而把R_{eq}抬升至正值区域。

图 13 - 96 所示为含 SSSC 的风电场并网系统模型。接入 SSSC 后，线路有功功率 P 经滤波环节提取到次同步功率分量，再经增益 K 及限幅等环节即可得到抑制 SSCI 的电压参考指令$u_{q_er}^*$。该指令输入至 SSSC 后使其输出次同步电压u_q，并叠加至 SSSC 主调制波，使得 SSSC 等效为串入系统中的电阻R_{series}。此时 R_{eq}如式（13 - 156）所示。为有

效抑制 SSCI，R_{series}的大小应保证$R_{eq}>0$。K 增加可使R_{series}增大，系统稳定性增强。

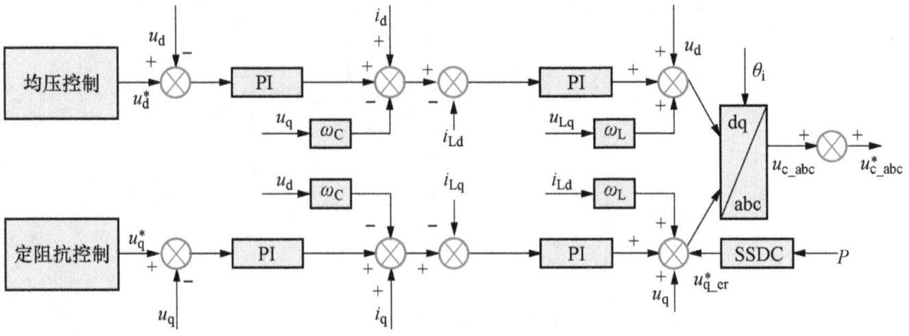

图 13－95　SSSC 控制框图

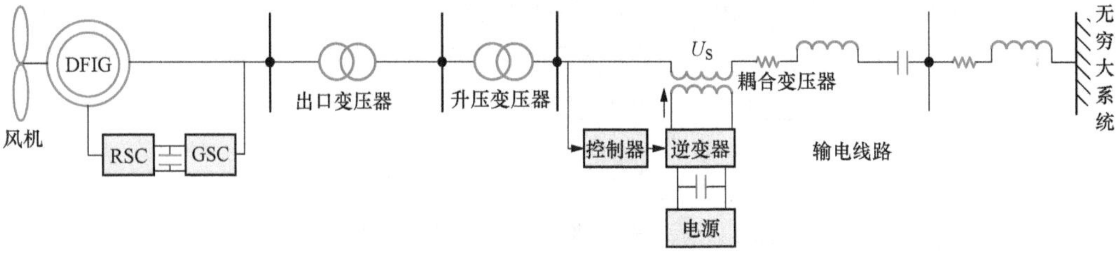

图 13－96　SSSC 抑制次同步振荡结构示意图

$$R_{eq}=\frac{R_r+R_{RSC}}{s}+R_s+R_{series}+R \tag{13-156}$$

式中：R_r 为转子电阻；R_{RSC}为 RSC 等效电阻；R_s 为定子漏电阻；R 为输电线路电阻。

（2）SSSC 抑制次同步振荡的附加阻尼控制策略。

1）附加阻尼控制器 SSDC 结构。SSSC 附加阻尼控制通过引入反映系统振荡的变量来增加系统阻尼，选择合适的附加信号是提高阻尼效果的关键。风电次同步振荡问题中的次同步分量无法像传统的火电机组一样从轴系模态上提取，只能从电网侧的各电气量中提取。而大型风电基地经交流送出的系统中，往往包含成百上千台风机，其并网模式组合复杂，使得系统中次同步振荡的频率具有显著的宽频带与时变特性。因此，在风电场并网系统中，不适合选取转子角速度差作为 SSDC 的输入信号。SSDC 的输入信号应选取 SSSC 的安装位置处和与电网的耦合点处的易测量局部信号。本节选择有功功率作为附加阻尼控制器的输入信号，并输出电压信号以实现电压控制，最后利用粒子群优化算法（Paticle Swarm Optimization，PSO）进行参数整定。

附加阻尼控制器的基本结构由隔直环节、系统增益环节、移相（相位补偿）环节和限幅环节等部分组成。其中信号测量环节对输入信号进行收集和测算；隔直环节可以避免电力系统在稳态平稳运行的情况下附加阻尼控制器对电网和其他控制器的干扰；增益环节可以实现控制信号的放大；移相环节又称相位补偿环节，可以完成超前或者滞后的相位调节，实现对功率的调控；限幅环节对附加阻尼控制器输出的信号的上下限进行了限定，使信号幅值不会超出限制范围。

附加阻尼控制器的基本原理是在注入 SSSC 的电压参考值u_q上叠加调制信号$u^*_{q_er}$，从而改变 SSSC 的输出量，此时 SSSC 等效为次同步振荡频率下的正电阻，使R_{eq}抬升至正值区域，达到抑制 SSCI 的目的。含附加阻尼控制器的 SSSC 控制器结构如图 13-97 所示，$\frac{sT_w}{1+sT_w}$为滤波器传递函数，$\frac{1+sT_1}{1+sT_2}$及$\frac{1+sT_3}{1+sT_4}$为相位校正模块，即为阻尼控制器的超前一滞后补偿环节，能提供超前的相位角度以补偿输入相位与输出相位之间的相位滞后，可实现最大 60°的相位补偿。

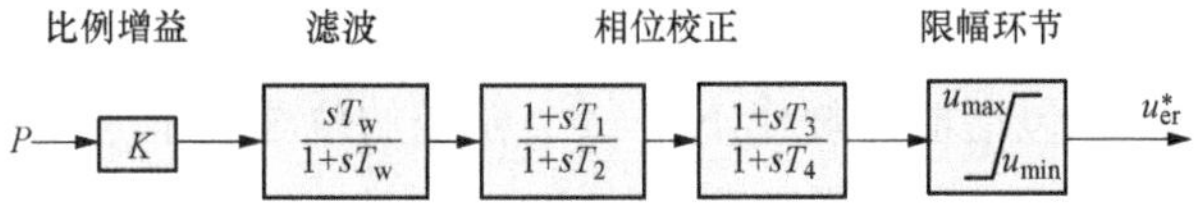

图 13-97 SSDC 结构图

2）参数整定。

a. 抑制增益。

SSSC 等效正电阻的大小由 SSDC 中的增益 K 决定。增益 K 越大，R_{series}越大，SSO 的抑制时间越短，对设备的安全运行越有利。但 K 取值过大后，抑制初始时刻 SSSC 与系统交换的瞬时有功功率会很大，会造成 H 桥直流电容电压波动剧烈，导致稳压控制环节达到限幅设定值。

b. 滤波器。

T_w为高通滤波器的时间常数，一般给定 T_w的取值范围为 1～20s，本节仿真中取 $T_w=5s$，此滤波环节允许与次同步振荡相关的信号无阻尼地通过。

c. 相位补偿环节。

为保证 SSSC 实际输出电压与线路中次同步电流相位基本一致，需增加相位补偿环节。应用经验法和利用公式计算，难以得出精确的控制器参数，也难以实现根据电力系统的动态需求而求出适应的参数。因此为快速、准确地求取式中的最优参数，需使用优化算法。

(3) SSDC 参数优化。PSO 模拟鸟群的捕食行为，不断优化搜索到的个体最优值和附近同伴的最优值，最终实现全局最优。为解决 PSO 在搜索过程中因早熟而陷入局部最优的问题，可以利用早熟收敛判断机制，使粒子跳出局部最优进行全局搜索。同时，为提高收敛速度，减少计算过程中出现重复的适宜度向量，可以引入排重操作以达到更好的寻优效果。SSSC K、T_1、T_2、T_3、T_4均可由 PSO 来计算求取。

邻域：假设在一个 D 维的目标搜索空间中，有 N 个粒子组成一个群落，其中第 i 个粒子表示为一个 D 维的向量$\boldsymbol{X}_i=(x_{i1}, x_{i2}, \cdots, x_{iD})$，$i=1$、2、…、$N$。第 i 个粒子的“飞行”速度也是一个 D 维的向量，记为$\boldsymbol{V}_i=(v_{i1}, v_{i2}, \cdots, v_{iD})$，$i=1$、2、…、$N$。

个体极值：第 i 个粒子可以搜索到的最优位置，记为

$$\boldsymbol{p}_{best}=(p_{i1}, p_{i2}, \cdots, p_{iD}), i=1、2、\cdots、N$$

全局极值：整个粒子群可以搜索到的最优位置，记为

$$\boldsymbol{g}_{\text{best}}=(p_{g1},p_{g2},\cdots,p_{gD})$$

更新方式：在找到这两个最优值时，粒子根据式（13-157）、式（13-158）来更新自己的速度和位置

$$v_{id}=wv_{id}+c_1r_1(p_{id}-x_{id})+c_2r_2(p_{gd}-x_{id}) \tag{13-157}$$

$$x_{id}=x_{id}+v_{id} \tag{13-158}$$

式中：c_1和c_2为学习因子，也称加速常数；w为惯性权重；r_1和r_2为［0，1］范围内的随机数；$i=1$、2、…、D；v_{id}为粒子的速度，$v_{id}\in[-v_{\max},v_{\max}]$。

优化流程如下：

1）初始化粒子群，包括群体规模N，每个粒子的位置X_i和速度V_i。

2）计算每个粒子的适应度值$F_{it}[i]$。

在次同步频率下，系统若具有负阻尼值，即电气阻尼特性为负值，则表明在电网系统中会出现次同步振荡现象。因此，设置适应度函数为

$$F=\sum_{\lambda=5}^{45}[D_e(\lambda)+\Delta\omega_\lambda] \tag{13-159}$$

式中：$D_e(\lambda)$为电气阻尼转矩系数，$D_e(\lambda)=Re(\Delta\dot{T}_e/\Delta\dot{\omega}_\lambda)$，$T_e$为电磁转矩，$\omega_\lambda$为角速度。

3）对于每个粒子，若$F_{it}[i]>p_{\text{best}}(i)$，则用$F_{it}[i]$替换掉$p_{\text{best}}(i)$；若$F_{it}[i]>g_{\text{best}}(i)$，则$F_{it}[i]$用替代$\boldsymbol{g}_{\text{best}}$。

4）根据式（13-157）、式（13-158）更新粒子的速度$\boldsymbol{V}_i$和位置$\boldsymbol{X}_i$。

5）若满足结束条件（误差足够好或到达最大迭代次数），则退出迭代，否则转到步骤2）。

依据上述PSO算法的流程迭代搜索控制参数。首先对控制参数$\boldsymbol{X}=[K,T_1,T_2,T_3,T_4]$初始化，即$\boldsymbol{X}_0=[1,1,1,1,1]$，$\boldsymbol{V}_i=[v_{i1},v_{i2},\cdots,v_{iD}]$，并依据各参数的取值范围确定搜索上下限，即$\boldsymbol{X}_u=[100,50,50,50,50]$，$\boldsymbol{X}_l=[0,0,0,0,0]$。设置PSO算法参数如下：搜索空间维数$D=5$，群体规模$N=200$，学习因子$c_1=c_2=2$，惯性权重$w=0.6$，$v_{\max}=10$，最大迭代次数为1000。最终输出全局最优值$\boldsymbol{X}_{\text{best}}=[12.5,0.35,0.24,0.43,0.25]$。

（4）仿真算例。在Matlab/simulink中建立如图13-96所示的风电经串补并网的电磁暂态模型。其中，20台额定电压575V、容量1.5MW的DFIG经箱变及线路变压器升压，并入串补度为30%的220kV输电线路。级联H桥型SSSC装置串联接入35kV输电线路中，其额定容量为100MVA，总等效电容为3.75×10^{-4}F。

设置初始参数为：风速15m/s，并网风机20台，保持其他参数不变，仅仅改变线路串补度。在5s时，投入未加附加阻尼控制器的SSSC，图13-98（a）、图13-99（a）、图13-100（a）分别为串补度为40%、50%、65%时的风电场输出有功、无功功率波形，图13-98（b）、图13-99（b）、图13-100（b）为在不同串补度下，投入SSSC前后的有功功率频谱分析结果。可以发现，随着串补的增加振荡程度越来越强，在投入SSSC后，串补度较低时输出功率波形由振荡变为收敛，系统稳定性得到提高。但串补

度为 65%时 SSSC 无法抑制次同步振荡。

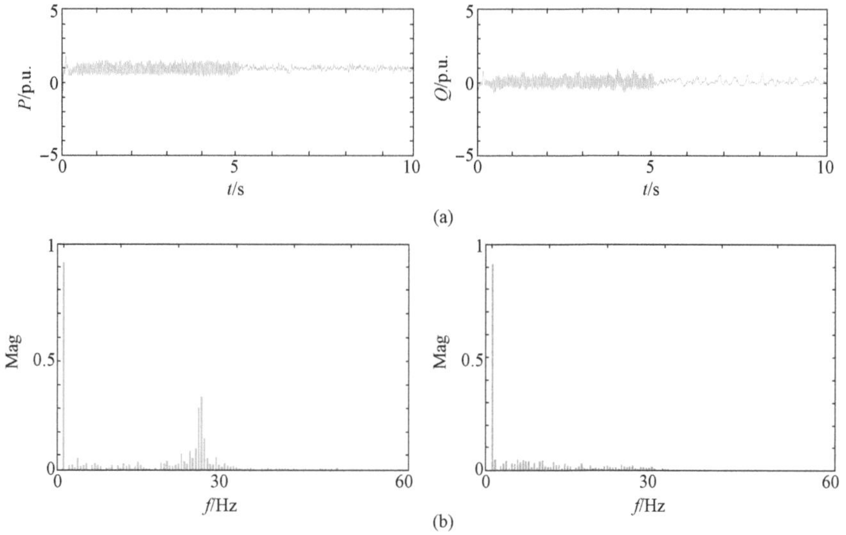

图 13-98　40%串补度下时域仿真结果

(a) 风电场输出功率波形图；(b) 有功功率频谱分析

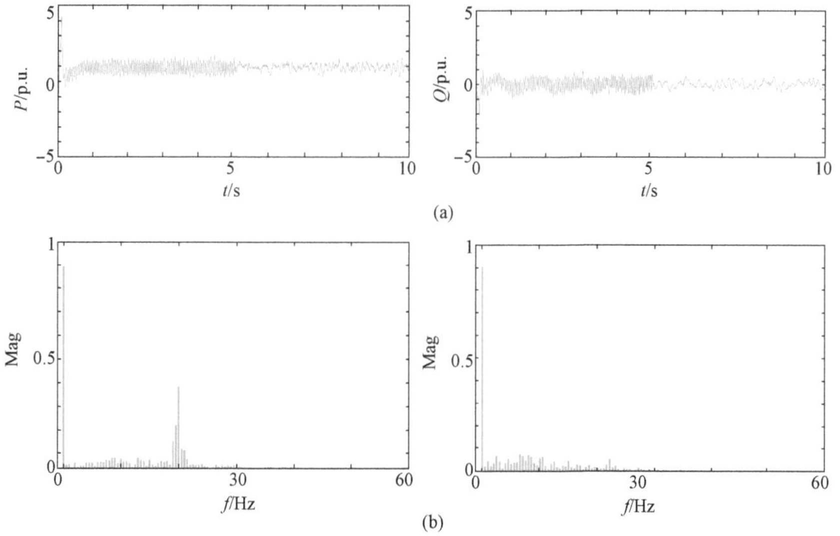

图 13-99　50%串补度下时域仿真结果

(a) 风电场输出功率波形图；(b) 有功功率频谱分析

为验证 SSSC 附加阻尼控制抑制次同步振荡的有效性，利用时域仿真法研究在串补度变化工况下，SSDC 投入后系统的运行情况。对此串补度为 40%、50%、65%情况下引入 SSDC 前后波形输出有功和无功功率波形如图 13-101～图 13-103 所示。未投入 SSDC 前输出功率出现振荡，引入 SSDC 后，功率的振荡幅值更低，输出波形由振荡变为收敛，且收敛速度比无附加阻尼控制时更快。仿真结果显示，系统的稳定性会在引入

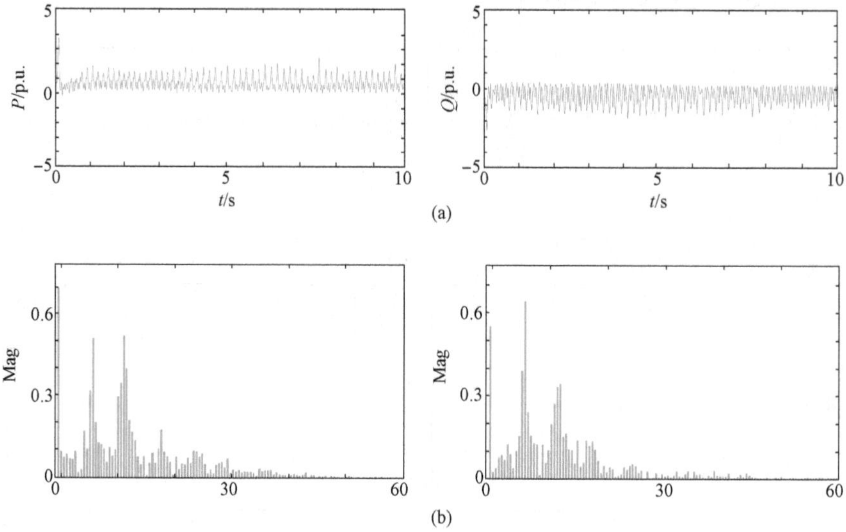

图 13-100　65％串补度下时域仿真结果

(a) 风电场输出功率波形图；(b) 有功功率频谱分析

SSDC 后得到提高。与不采用附加阻尼控制的 SSSC 相比，加入 SSSC 后对 SSO 有一定的抑制效果，同时利用优化算法对 SSSC 附加阻尼控制器进行参数优化后抑制效果进一步改善。

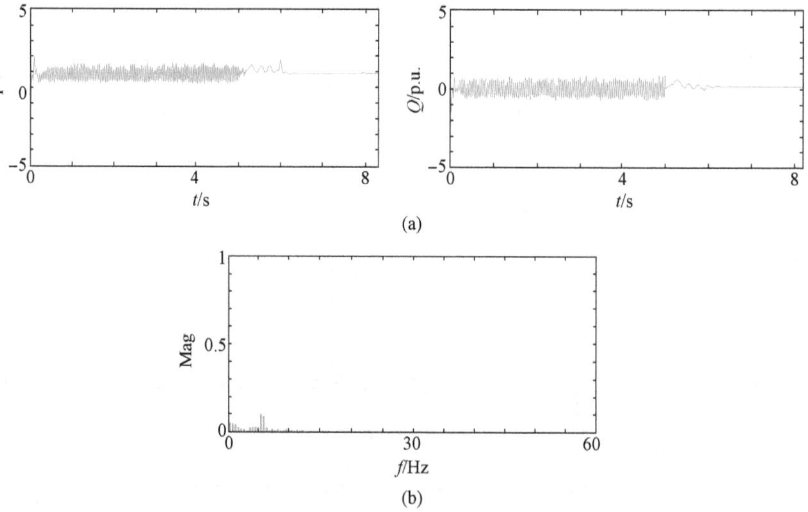

图 13-101　优化后 40％串补度下时域仿真结果

(a) 风电场输出功率波形图；(b) 有功功率频谱分析

本节介绍了用于抑制风电 SSO 问题的 SSSC 结构及附加阻尼控制策略，采用粒子群算法实现了附加阻尼控制器的参数优化，在 Matlab/Simulink 中验证了抑制方法的有效性。频域及时域仿真结果表明，基于粒子群算法优化设计的 SSSC 附加阻尼控制器能有效抑制次同步振荡。

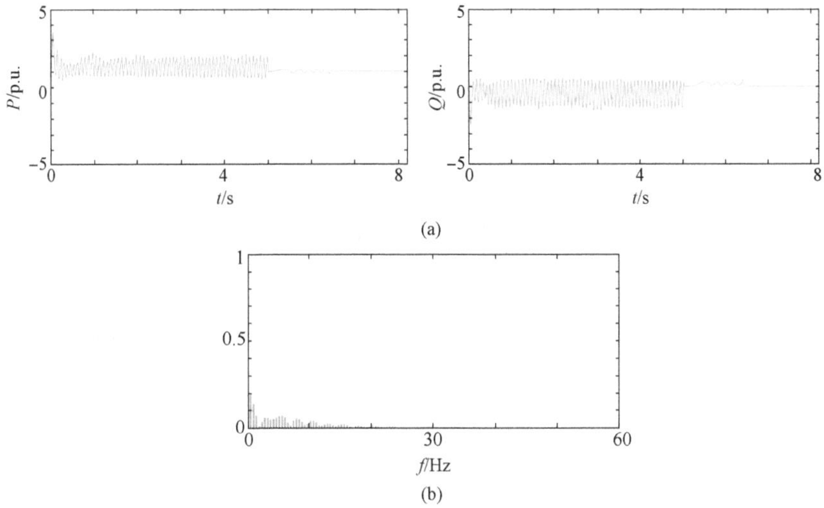

图 13 - 102　优化后 50%串补度下时域仿真结果

(a) 风电场输出功率波形图；(b) 有功功率频谱分析

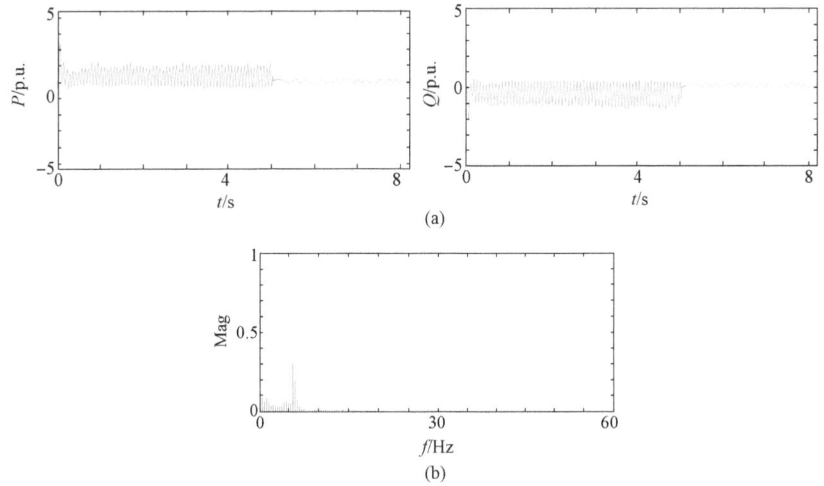

图 13 - 103　优化后 65%串补度下时域仿真结果

(a) 风电场输出功率波形图；(b) 有功功率频谱分析

13.5.2.3　源网协同控制策略

源网协同控制策略包括网侧的静止同步补偿器装置和机组侧的附加阻尼控制装置，如图 13 - 104 所示。选择以下控制参数作为待优化参数：风机转子侧附加阻尼控制参数、静止同步补偿器直流电压控制器 PI 控制环节参数和交流电压控制器 PI 控制环节参数。未采用、采用源网协同抑制策略仿真结果如图 13 - 105、图 13 - 106 所示。

用 PSO 进行参数协调优化最终输出全局最优值。在控制参数经过协调优化后，系统抑制次同步振荡的能力得到提升。

电网侧装置与机组侧控制的联合优化可以用于抑制次同步振荡。本节采用了

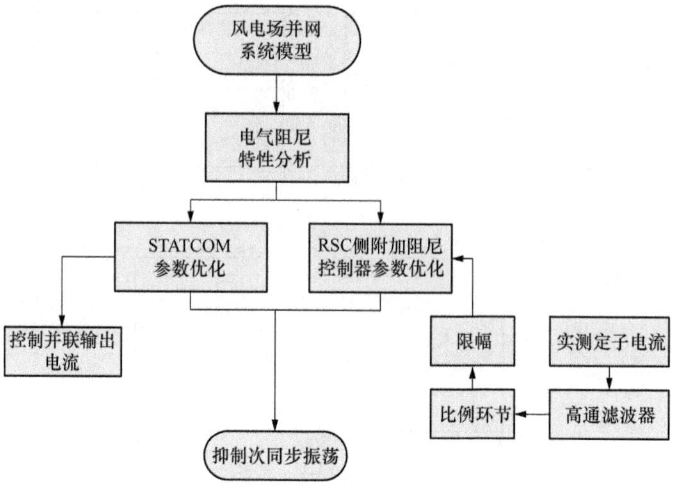

图 13-104　源网协同抑制策略

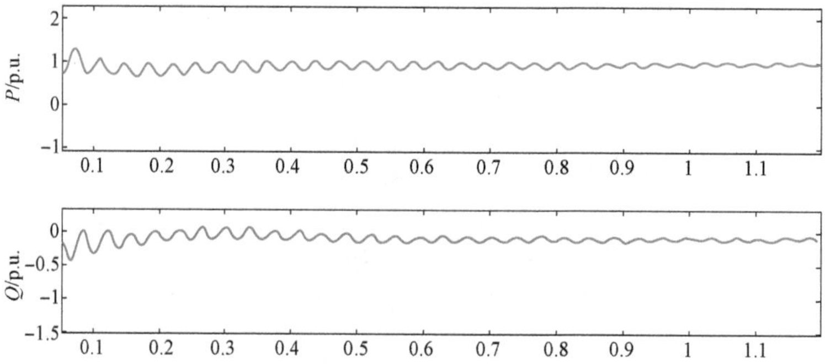

图 13-105　未采用源网协同抑制策略仿真结果

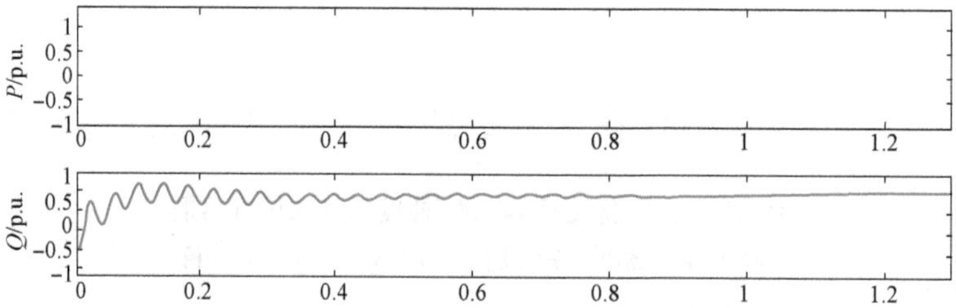

图 13-106　采用源网系统抑制策略仿真结果

STATCOM、SSSC 以及附加阻尼控制的抑制措施，提出适用于风电并网系统次同步振荡的源网协同抑制策略，并通过仿真验证了源网协同抑制措施的有效性。

13.6 本章小结

本章介绍了新能源电力系统次/超同步振荡的稳定性分析方法，包括谐波响应分析法、阻抗分析法、基于盖尔原理的稳定性判别方法和描述函数—广义奈奎斯特判据，并结合风电和光伏并网系统算例进行了仿真验证。最后，提出了新能源机组侧、电网侧和源网协调控制策略，并对比分析了控制策略的有效性。

第 14 章

变流器并网系统大扰动同步稳定性分析

14.1 引　言

风电机组和光伏发电机组大部分通过电力电子变流器接入电网，在物理结构和控制策略方面均与传统的同步发电机组特性迥异：同步发电机的电压动态由大惯量转子的运动方程以及励磁绕组主导，称为“物理同步”；电力电子变流器没有物理的转子，其电压动态由相应的控制策略主导，称为“控制同步”。风电和光伏发电的非同步机属性，对大电网的同步稳定性理论和实践构成了重大挑战。

与同步机电源固有同步机制不同，为了突出非同步机电源的同步稳定性特征，相关文献提出了“广义同步稳定性”的概念，以区别于纯同步机电源电网中同步机之间的传统“同步稳定性”（又称为功角稳定性）的概念。广义同步稳定性具体包括 3 个方面：①传统的同步机电源之间的同步稳定性；②同步机电源与非同步机电源之间的同步稳定性；③非同步机电源之间的同步稳定性。

本章将对同步稳定性的基本概念和研究方法进行初步的介绍：首先介绍同步稳定性的基本概念和物理本质，其次结合当前电力电子变流器最常用的两种并网控制策略，分别介绍采用不同控制策略下变流器的大扰动同步稳定问题分析方法。

14.2 同步稳定性的基本概念

14.2.1 含变流器系统同步稳定问题的提出

当电力系统中电力电子装备主导了系统的同步特性后，系统母线电压的相角和频率由电力电子装备的输出频率以及同步发电机的转速共同决定。在当前及未来相当长的时间内，电力系统仍以交流同步电网形态为主，所有电源与电网保持同步是新型电力系统正常运行的必要条件。

近年来，由于新能源电源与电网失去同步，引发的大停电事故常有发生。2016 年和 2017 年，美国南加州山火引起短路故障后，多个光伏电站因锁相环频率失步而退出运行，造成数十万户居民停电。北美电力可靠性协会（NERC）的报告指出，光伏电站并网变流器输出电流与并网点电压动态存在耦合，故障导致电网电压完全失去或者突然波动造成了锁相环与交流电网失去同步。2017 年英国国家电网也发布报告称，变流器锁相环可能失去对输电网络的角度跟踪，其原因既可能是因为电网故障期间参考电压极弱，也可能由于电网故障清除时刻存在相位跳变。

在电网故障期间，能够观测到变流器并网点电压的功角发散、锁相环频率完全偏离电网频率等现象，并且即使故障后电压恢复，这种失稳现象依然可能持续。这种失稳现象与传统同步发电机的功角失稳具有相似特征，体现为变流器与所连交流电网之间失去同步。为了更直观地表现这种新的失稳形式，可通过仿真展示变流器的同步失稳现象，仿真模型如图 14-1 所示。变流器外环采用直流电压控制，内环在 dq 轴下进行电流控制，利用锁相环获得并网点电压相角；直流侧始终保持 0.5p.u. 的有功输出，卸荷电路最大功率为 1.5p.u.，交流系统短路比为 2。

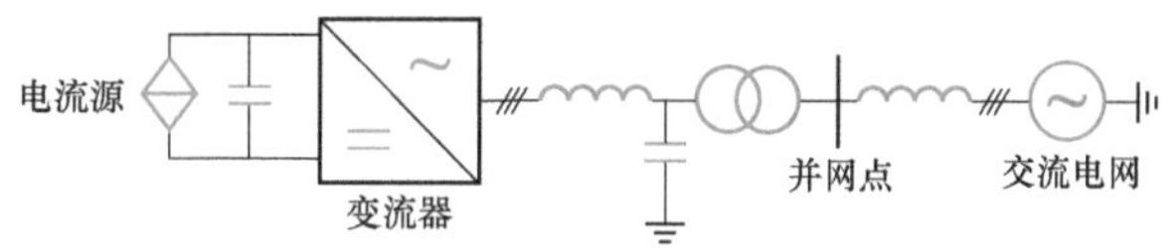

图 14-1 变流器同步失稳验证的主电路模型

仿真结果如图 14-2 所示，图中变量均为标幺值。其中，$|U_s|$ 为交流电网电压幅值，$U_{s,a}$ 为并网点 a 相电压，$I_{s,dq}$ 为变流器交流侧 dq 轴电流，$U_{s,dq}$ 为变流器交流侧 dq 轴电压，U_{dc} 为直流侧电压，P、Q 分别为交流侧有功和无功功率，ω_{pll} 为锁相环频率。从仿真波形中可以观察到，第一阶段，电网低电压（0.2p.u.）故障期间，锁相环频率迅速上升，变流器无法与电网保持同步；第二阶段，电压恢复后，锁相环频率没有恢复，导致变流器依然处于失步状态，引发功率的大幅振荡；第三阶段，功率振荡传递至变流器直流侧造成直流侧电压上升，超过限幅将触发保护装置，造成变流器闭锁甚至停机。这种失稳现象的电压和电流既不发散，也不像宽频振荡那样出现严重畸变。从失稳后锁相环的频率来看，该问题更像同步机的功角失稳，关注的是变流器与交流系统之间是否保持“同步性”。

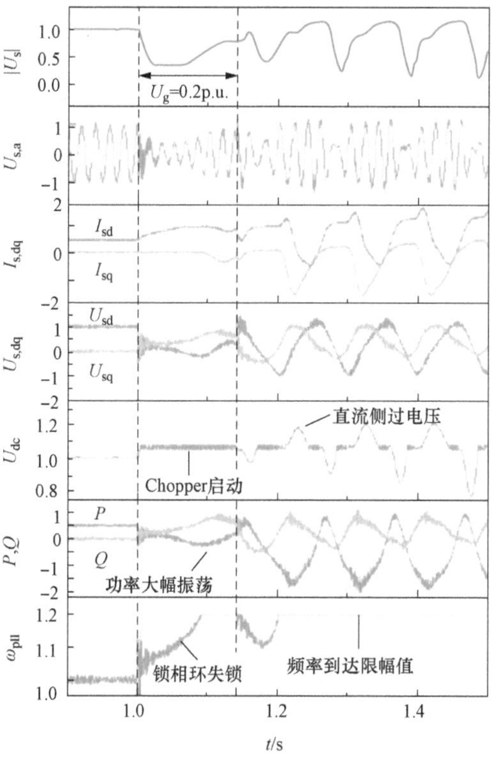

图 14-2 风电机组网侧变流器同步失稳波形

14.2.2 含变流器系统广义同步稳定性定义

尽管含变流器电力系统的同步失稳问题已经受到广泛关注，但当前未见有权威组织对此类稳定性问题进行定义。参考诸多学者的已有研究，本章尝试性地总结新型电力系统广义同步稳定的定义为：新型电力系统遭受扰动后系统内电源（包括同步机电源和非同步机电源）能够维持频率同步运行的能力。若某一（些）电源无法与其他电源保持同步，则称为同步失稳或者失步。

为研究新型电力系统的广义同步稳定问题，方法论上一般遵循从小系统到大系统的认识过程，即通常采用解析方法分析单机—无穷大系统同步失稳机理，然后分析两机系统中两台机相互作用对同步失稳的影响，最后再推广到多机大规模电力系统。

单机—无穷大系统的同步稳定问题关注单机装备能否与大电网保持同步，一般又称为装备级同步稳定性。在新型电力系统中，单机可能是同步机电源和非同步机电源。其中，同步机电源相对无穷大系统同步稳定性的研究已经非常成熟，最简单的模型为描述同步机受扰后功角—转速动态特性的二阶摇摆方程，其小扰动和大扰动同步稳定问题的失稳机理和研究方法在第 10、11 章已有详细论述，本章不再赘述。非同步机电源根据并网策略的不同，又可分为跟网型（Grid Following，GFL）变流器电源和构网型（Grid Forming，GFM）变流器电源，其同步稳定特性将在第 14.3 节和第 14.4 节分别讨论。

两机及多机系统的同步稳定问题针对的是系统内多装备相互作用的同步特性，一般又称为系统级同步稳定性。当两机都是同步机电源时，其之间相互影响的研究也较为成熟，本章不再赘述。当两机中一个是同步机电源，另一个是非同步机电源时，需要重点分析非同步机电源对同步机电源同步稳定特性的影响。目前一般认为，非同步机电源对电力系统同步稳定性的影响因素包括渗透率、装备类型、接入位置、系统强度、运行工况和控制策略及参数，统称为 PTLSOC，主要通过以下方式影响同步机电源的同步稳定：

（1）网络结构及联络线的潮流被改变，进而区域间的小信号振荡模态以及暂态功角稳定裕度被改变。

（2）系统惯量特性改变导致传统同步机电源的机电振荡模式以及系统暂态功角稳定裕度发生变化。

（3）电力电子装备自身的控制作用及其动态特性影响同步机电源的奇异点及结构稳定性。

上述影响方式中，前两点在分析过程中，假设非同步机电源的同步控制策略始终是成功的，研究方法与传统电力系统类似；第三点需要同时考虑同步机动态过程、非同步机动态过程及二者之间的相互影响。

14.2.3 含变流器系统同步失稳类型

非同步机电源与同步机电源在同步机制和失步现象方面存在一致性，因此在广义同步稳定性的框架内分析含非同步机电源电力系统的同步稳定性时，可以把传统电力系统中同步稳定性（功角稳定性）的分类方法和研究成果进行推广。在这个框架下，能较为清晰地对不同控制方式下变流器同步失稳的机理进行分析，并通过借鉴传统分析方法直接具备一定的研究基础。

根据传统单机系统的功角稳定性理论，失稳原因包括三个方面：缺乏同步转矩、缺乏阻尼转矩、故障后的加速面积超过减速面积。根据同步机制的内在一致性，在并网变流器中也存在三种对应的同步失稳类型。

(1) 静态失稳：故障后，电压下降导致同步单元缺乏静态工作点，引发功角单调发散，对应功角失稳中缺乏同步转矩的情况。

(2) 小扰动失稳：故障后，系统参数发生变化，导致静态工作点阻尼不足，引发功角周期性振荡，对应功角失稳中缺乏阻尼转矩的情况。

(3) 大扰动失稳：故障后，系统中存在稳定的静态工作点，但由于初始状态不在其吸引域的范围内，引发非周期性振荡，对应功角失稳中加速面积超过减速面积的情况。

小扰动失稳部分在第10.2.3节中已经有所涉及，后续章节将结合变流器不同的控制策略动态特性，结合动态方程具体解析静态和大扰动同步失稳在非同步机电源中的产生机理。

14.3 跟网型变流器并网系统大扰动同步稳定性分析

14.3.1 跟网型变流器的同步机制

跟网型变流器通过直接计算或闭环控制得到并网点电压的角度，作为变换器控制的参考角度，常见的主电路及主要控制系统框图如图14-3所示。锁相环采集到公共连接点PCC点电压v_{PCC}的相角，电流矢量被定向至dq坐标系。外环的直流电压控制（DVC）和交流电压控制（AVC）用于产生有功电流参考值i_{dref}和无功电流参考值i_{qref}，从而可以确定电流参考值的幅值和相角，用于内层电流控制。同时，电压前向控制（VFF）信号通常经过一个低通滤波器后叠加到电流控制的输出，可以增强变流器的动态性能。

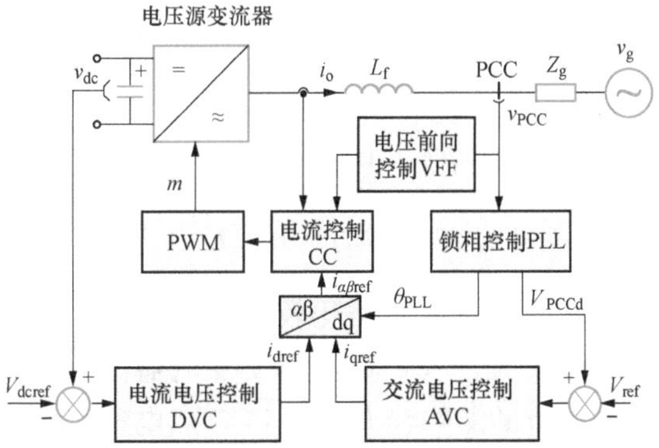

图14-3 跟网型变流器主电路及主要控制系统框图

跟网型变流器最核心的同步单元为锁相环，控制框图如图14-4所示。锁相环采集PCC点的三相电压v_{PCC}，经过派克变换到dq坐标系。然后将锁相问题处理为一个自动控制问题，通过PI环节和负反馈控制锁相环的输出θ_{PLL}，使v_{PCCq}跟踪其指令值$v_{PCCqref}=0$。对于锁相环，决定其性能的主要参数是PI控制器的参数K_{pPLL}和K_{iPLL}，当锁相环失去稳定时就意味着锁相环锁相失败，而锁相环锁相失败就意味着该非同步机电源与电网电源之间失去同步稳定性导致振荡。

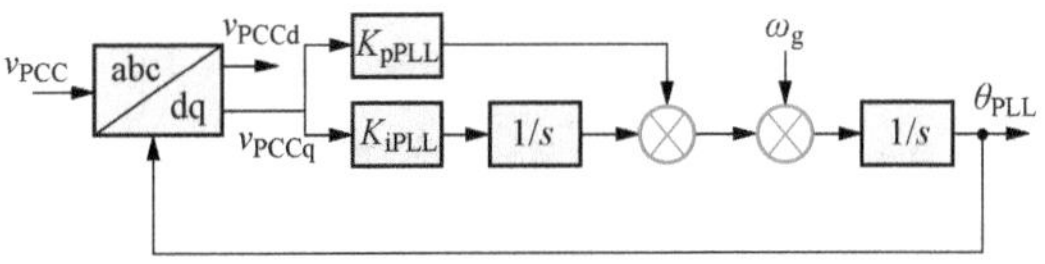

图14-4 锁相环PLL控制框图

跟网型变流器控制坐标系参考角度与并网点电压的矢量角重合，通过控制电流的分量可以实现有功和无功的解耦控制，此时变换器对于电网体现为受控电流源性质，故被称为电流控制型变换器。当基于锁相环并网同步时，变流器使用多个控制回路达到多个控制目标：锁相环用于并网同步，CC 用于输出电流的快速控制，APC/DVC 实现功率、直流电压的跟踪。该控制设计一般认为各控制回路可以独立完成各自的控制目标且相互之间弱耦合。但实际上，目前很多研究已经表明电网强度较低时，各个回路的动态存在强耦合，并严重影响变流器的小扰动和大扰动同步特性。

14.3.2 跟网型变流器闭环反馈回路与数学模型

跟网型变流器接入电网时，其不同控制回路的控制带宽通常有显著差别。为了实现电流的快速控制，其控制带宽取决于变流器的开关频率，通常高达数百赫兹甚至数千赫兹。而锁相环控制的带宽一般为数十赫兹，因此锁相环动作时可以认为电流控制已经完成，变流器输出电流已经调整至给定的参考值$I_{dq}^{*}=I_{d}^{*}+jI_{q}^{*}$，其 d 轴电流参考值和 q 轴电流参考值分别记为i_{d}^{*}和i_{q}^{*}。此时，变流器可看成一个由锁相环动态决定的受控电流源，其输出电流由参考值与锁相环输出的虚拟功角θ_{PLL}共同决定；电网可看成一个带电抗的电压源，其中感抗为$X_g=\frac{\omega_{PLL}}{\omega_g}L_g$，取决于线路电抗$L_g$与锁相环的虚拟转速$\omega_{PLL}$，$\omega_g$表示系统基准频率，简化电路如图 14 - 5 所示。

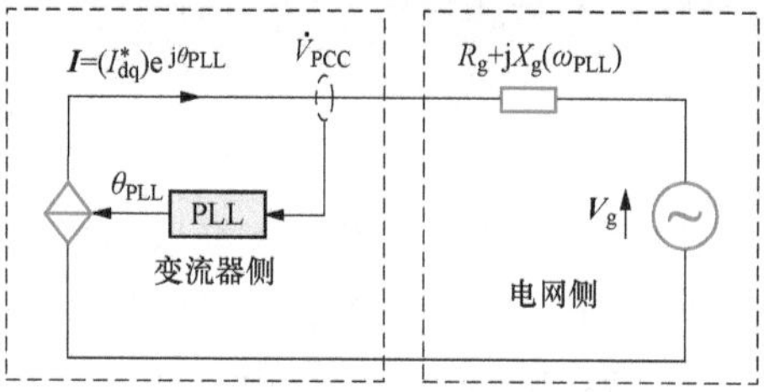

图 14 - 5 跟网型变流器接入电网简化电路

可写出 PCC 点电压的表达式为

$$
\begin{aligned}
\boldsymbol{V}_{PCC} &= \boldsymbol{V}_g + (R_G + jX_g)\boldsymbol{I} \\
&= V_g e^{j\theta_g} + (R_g + jX_g)(i_d^{*} + ji_q^{*})e^{j\theta_{PLL}}
\end{aligned}
\tag{14 - 1}
$$

由图 14 - 4 的锁相环控制框图可知，锁相环的虚拟功角和转速取决于锁相环坐标下 PCC 点电压的 q 轴分量，则

$$
\begin{aligned}
v_{PCCq} &= \mathrm{Imag}(\boldsymbol{v}_{PCC}e^{-j\theta_{PLL}}) \\
&= X_g i_d^{*} + R_g i_q^{*} + \frac{X_g i_g^{*}}{\omega_g}(\omega_{PLL}-\omega_g) - V_g\sin(\theta_{PLL}-\theta_g)
\end{aligned}
\tag{14 - 2}
$$

因此，当电网短路比较低时，网络等效电抗较大，PCC 点电压受变流器注入电网电流的影响较大，而 PCC 点电压又反过来通过锁相环虚拟功角影响注入电流，从而形成一个闭环的反馈回路。结合式（14 - 2）和图 14 - 4，可画出锁相环同步控制的闭环回路，如图 14 - 6 所示。图中 $\omega=\omega_{PLL}-\omega_g$表示锁相环虚拟功角转速与同步转速的差值，稳态情况下为零；$\delta=\theta_{PLL}-\theta_g$表示锁相环虚拟功角与无穷大电网的功角差，一般情况下不为零；$\frac{1}{s}$表示积分环节；x_{PLL}表示为方便列写方程而引入的中间变量。从图 14 - 6 可以看出，锁相环同步机制闭环回路的前向通道为线性控制器，反馈回路为非线性的正弦函数，这与同步机、采用虚拟同步控制的构网型变流器同

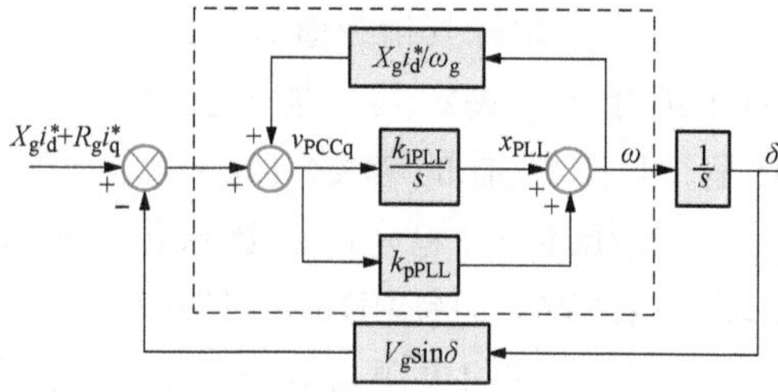

图 14 - 6 跟网型变流器锁相环同步控制的闭环回路

步控制是一致的。

由图14-6和式（14-2）可列写锁相环的动态方程如式（14-3）所示，为二阶动态方程

$$\begin{cases}\dot{\delta}=\omega\\ \dot{x}_{\mathrm{PLL}}=k_{\mathrm{iPLL}}\nu_{\mathrm{PCCq}}\\ \omega=k_{\mathrm{pPLL}}\nu_{\mathrm{PCCq}}+x_{\mathrm{PLL}}\\ \nu_{\mathrm{PCCq}}=X_{\mathrm{g}}i_{\mathrm{d}}^{*}+R_{\mathrm{g}}i_{\mathrm{q}}^{*}+\dfrac{X_{\mathrm{g}}i_{\mathrm{d}}^{*}}{\omega_{\mathrm{g}}}\omega-V_{\mathrm{g}}\sin(\delta)\end{cases} \tag{14-3}$$

整理式（14-3），消去中间变量x_{PLL}，将锁相环动态方程写成δ和ω的二阶微分方程

$$\begin{cases}\dot{\delta}=\omega\\ \dot{\omega}=\dfrac{1}{H_{\mathrm{PLL}}}[X_{\mathrm{g}}i_{\mathrm{d}}^{*}+R_{\mathrm{g}}i_{\mathrm{q}}^{*}-V_{\mathrm{g}}\sin\delta-(k_1V_{\mathrm{g}}\cos\delta-k_2)\omega]\end{cases} \tag{14-4}$$

进一步消去ω，可得

$$H_{\mathrm{PLL}}\ddot{\delta}+(k_1V_{\mathrm{g}}\cos\delta-k_2)\dot{\delta}+V_{\mathrm{g}}\sin\delta=X_{\mathrm{g}}i_{\mathrm{d}}^{*}+R_{\mathrm{g}}i_{\mathrm{q}}^{*} \tag{14-5}$$

其中，

$$k_1=\frac{k_{\mathrm{pPLL}}}{k_{\mathrm{iPLL}}},k_2=\frac{X_{\mathrm{g}}i_{\mathrm{d}}^{*}}{\omega_{\mathrm{g}}} \tag{14-6}$$

$$H_{\mathrm{PLL}}=\frac{1}{k_{\mathrm{iPLL}}}-k_1k_2 \tag{14-7}$$

14.3.3 跟网型变流器静态同步稳定性分析

当非同步机电源经跟网型变流器接入的交流电网较弱时，故障后由于电压下降，可能导致变流器输出功率超出了静态传输功率极限，即同步单元缺乏静态工作点，此种现象称为跟网型变流器的静态同步失稳。因此，故障后经跟网型变流器接入电网的非同步机电源与电网保持同步稳定的必要条件是存在静态工作点。准稳态时锁相环虚拟功角的转速与电网频率转速保持一致，因此由式（14-2）可得PCC点电压q轴分量的准稳态表达式为

$$\nu_{\mathrm{PCCq}}=(X_{\mathrm{g}}i_{\mathrm{d}}^{*}+R_{\mathrm{g}}i_{\mathrm{q}}^{*})-V_{\mathrm{g}}\sin(\delta) \tag{14-8}$$

稳态情况下，PCC点电压q轴分量的参考值为0，但是当系统较弱（无穷电网戴维南等效阻抗Z_{g}较大）或者故障较深（V_{g}较小）时，锁相环无法将ν_{PCCq}控制到0，从而造成锁相环失去同步稳定。令式（14-8）中ν_{PCCq}，静态工作点存在的条件可用不等式（14-9）表达

$$|X_{\mathrm{g}}i_{\mathrm{d}}^{*}+R_{\mathrm{g}}i_{\mathrm{q}}^{*}|\leqslant V_{\mathrm{g}} \tag{14-9}$$

式（14-9）表明，电网电压和锁相环输出电流参考值之间存在着不等式约束关系，如图14-7所示。

当电网电抗与锁相环电流参考值给定时，故障下电网电压若下跌较深，则锁相环会失去静态工作点而导致变流器失稳，且电网电抗值越大，电压允许的跌落值越小，

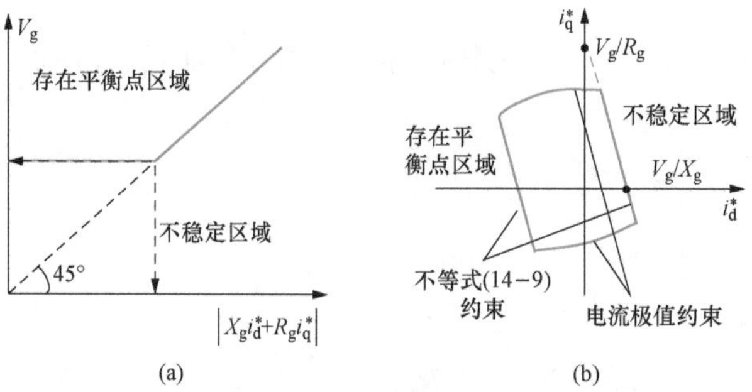

图 14 - 7　电网电压与锁相环电流参考值约束示意图

如图 14 - 7（a）所示。因此，故障期间 $|X_g i_d^* + R_g i_q^*|$ 越小系统越稳定，考虑到高压输电网中通常 $X_g \gg R_g$，适当降低 d 轴电流的参考值有助于提高变流器系统的稳定裕度。

当电网电抗与电压值给定时，d 轴电流参考值和 q 轴电流参考值之间也需要满足一定的约束关系，存在平衡点的区域由不等式（14 - 9）约束和变流器电流极值约束共同给出，如图 14 - 7（b）所示。电网电抗越大，或电压下降越大时，电流参考值可选取的空间就越小。

14.3.4　跟网型变流器大扰动同步稳定性分析

扰动发生之后，即使跟网型变流器存在静态工作点，仍然可能发生同步失稳，称为跟网型变流器大扰动同步失稳，主要原因是扰动后系统的状态不在其稳定域内。因此，需要估计式（14 - 4）所示的二阶微分方程组平衡点稳定域的范围，才能快速判断大扰动后跟网型变流器的同步稳定状态。然而，式（14 - 4）是一个非线性的微分方程组，目前缺乏解析方法判断该方程组解的性质。研究方法上，类比传统电力系统中的暂态功角失稳的研究，主要有数值仿真法、等面积法和李雅普诺夫直接法等方法。传统的机电暂态分析方法无法适用于包含变流器电力系统的数值仿真分析，需要采用电磁暂态分析方法，因此计算复杂度高，计算时间长。下面将利用等面积法说明跟网型变流器大扰动同步失稳的机理，利用数据驱动的李雅普诺夫直接法描绘其稳定域边界。

将式（14 - 4）重新写成如下形式

$$\begin{cases} \dot{\delta} = \omega \\ \dot{\omega} = \dfrac{1}{H_{PLL}}(T_m - T_e - D_{PLL}\omega) \end{cases} \tag{14 - 10}$$

式中：H_{PLL} 为等效惯性时间常数；$T_m = X_g i_d^* + R_g i_q^*$ 为等效机械转矩；$T_e = V_g \sin(\delta)$ 为等效电磁转矩；$D_{PLL} = k_1 V_g \cos(\delta) - k_2$ 为等效阻尼系数。式（14 - 10）与同步发电机转子运动方程形式相似，当忽略阻尼项时，可用等面积准则分析发生故障之后的虚拟功角的运动情况，如图 14 - 8 所示。

假设故障发生时刻虚拟功角为 δ_0，故障切除时为 δ_1，如果加速面积 S_I 不大于减速面积S_{II}，则系统大扰动稳定，否则就不稳定。图中φ_{f}是由于故障发生时刻等效电磁转矩 T_{e}相角变化造成的，与故障类型和强度相关，取值一般在$\left(-\frac{\pi}{2},\ 0\right)$之间，这也是与同步发电机转子运动方程不同之处。另一点不同之处在于锁相环动态方程存在一个非线性阻尼项，且阻尼系数与虚拟功角的余弦量相关。若直接将该阻尼项忽略，得到的稳定评估结果与实际偏差较大。有学者只计算正阻尼区间内的减速面积，得到了保守性较强的锁相环同步稳定判定方法。因此，等面积法无法分析阻尼项对系统大扰动同步稳定性的影响，不适用于定量分析。

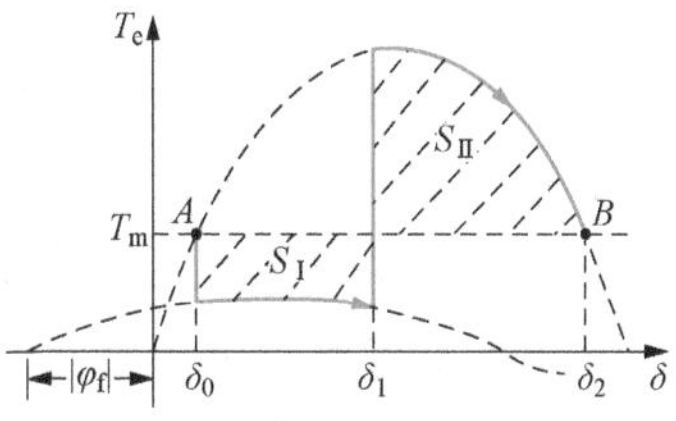

图 14-8 等面积法分析跟网型变流器锁相环大扰动失稳机理示意图

李雅普诺夫直接法是定量分析非线性系统稳定性的基础理论，难点在于如何构造能够反映新能源并网系统失步动态的李雅普诺夫函数。有学者类比传统能量函数的构造方法，得到了近似的李雅普诺夫函数，但只取正阻尼区间边界的能量作为临界能量，得到的结果较为保守。相关文献提出了一种故障期间变流器输出电流控制策略来抑制锁相环同步失稳，并基于该策略设计了李雅普诺夫函数，以证明所提的电流控制策略能够保证锁相环的同步稳定运行，但该李雅普诺夫函数仅适用于特殊的电流控制策略。针对锁相同步动态方程，有学者构造了解析的李雅普诺夫函数，结合耗散区间和最大临界等位面给出了稳定域的定量估计，保守性上相对于其他直接法更优。

传统的李雅普诺夫函数构造方法需要对非线性系统的特性有深刻认识，且并不是所有系统都能理论构造李雅普诺夫函数。基于库普曼（Koopman）算子的李雅普诺夫函数构造方法可以实现基于量测的李雅普诺夫函数数值构造，摆脱了模型依赖的束缚。图14-9展示了该方法构造的李雅普诺夫函数，可以准确定位稳定平衡点和鞍点在状态空间中的位置，同时辨识出保守性较小的稳定域边界。

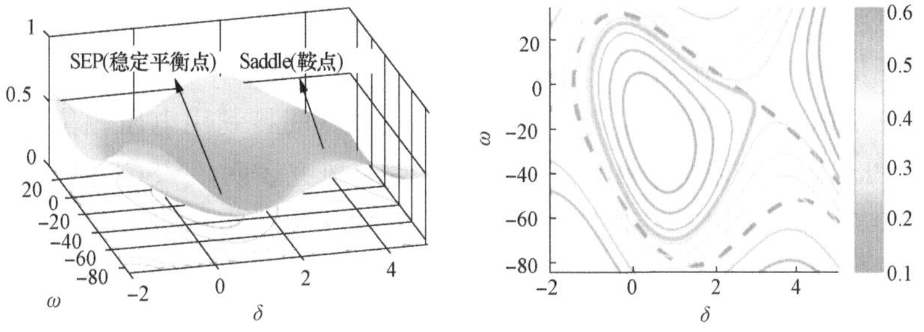

(a) (b)

图 14-9 变流器锁相环同步动态方程的李雅普诺夫函数与稳定域边界

(a) 李雅普诺夫函数；(b) 稳定域边界

14.4 构网型变流器并网系统同步稳定性分析

14.4.1 构网型变流器的同步机制

构网型变流器通过计算并网点功率，作为功率控制的输入，经过控制环节生成参考角度，常见的主电路及主要控制系统框图如图 14 - 10 所示。内环有功控制（Active Power Control，APC）和无功控制（Reactive Pouer Control，RPC）分别产生输出电压幅值和相角的参考值，与内环电压控制（Voltage Control，VC）一起控制变流器的输出电压。构网型变流器主要的控制回路还有内环电流控制（Current Control，CC），用于限制变流器的输出电流。

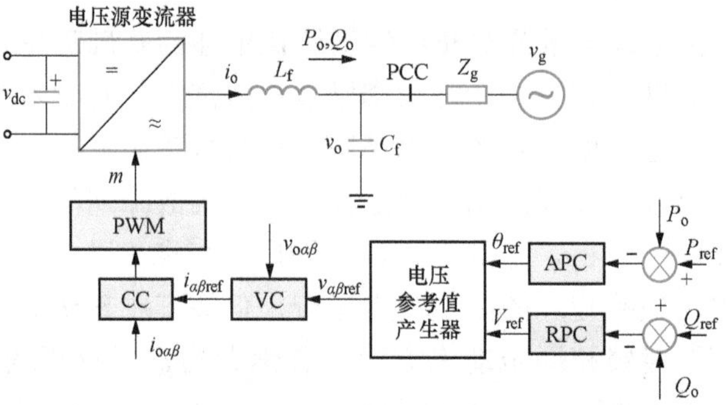

图 14 - 10 构网型变流器主电路及主要控制系统框图

构网型变流器核心的同步单元为 APC，常见的四种控制框图如图 14 - 11 所示。从控制框图中容易看出，PSC 和 PDC 相互等价，可以被归类为一阶功率控制。PDC 加入低通滤波环节之后，动态效果将会产生“虚拟惯量”，相关文献证明该种控制与 VSG 等效，都可以被归类为二阶功率控制。一阶功率控制可被看成是没有虚拟惯量的二阶功率控制的特殊形式。

构网型变流器的有功控制建立在功角反馈上，无功控制通常建立在电压反馈上，与同步机十分相似，此时变换器对于电网体现为受控电压源性质，故被称为电压控制型变换器。当基于 APC 并网同步时，直接利用功率信号（间接利用电压相位信号）实现同步，不同于 PLL 直接利用电压相位信号同步。现有研究表明，VSG 等同步控制策略在电网强度的鲁棒性方面优于 PLL 控制方式，但是简单地模拟同步发电机并非完美，因为传统电力系统中同步发电机也存在各种稳定问题，简单地模拟同步发电机也会使构网型变流器存在这些问题。

14.4.2 构网型变流器闭环反馈回路与数学模型

与跟网型变流器的同步机制类似，构网型变流器的同步机制也是建立在反馈上，同步单元反馈机制示意如图 14 - 12 所示。

其中，APC 即同步控制单元，常见的四种控制框图在图 14 - 11 中已有初步介绍。$G_{P\delta}$表示变流器注入交流电网的有功功率与虚拟功角 δ 之间的关系，由于构网型变流器

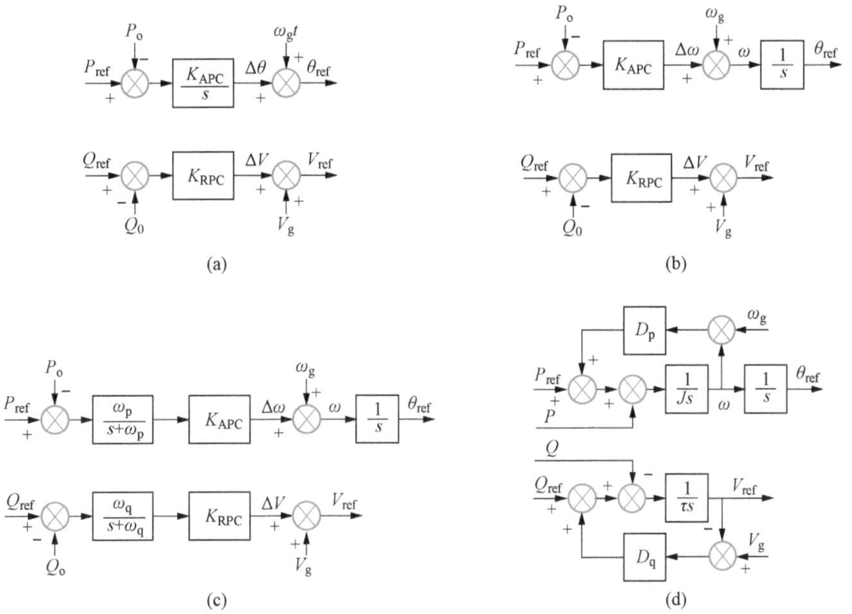

图 14-11　构网型变流器有功控制环节 APC 控制框图

(a) 功率同步控制 (Power Synchronization Control, PSC); (b) 功率下垂控制 (Power Droop Control, PDC); (c) 带低通滤波的功率下垂控制; (d) 虚拟同步控制 (Virtual Synchronous Generator, VSG)

通常模拟同步发电机的输出特性，则$G_{P\delta}$一般可用式 (14-11) 表示

$$P_o=\frac{3}{2}\frac{V_oV_g\sin\delta}{X_g}\qquad(14-11)$$

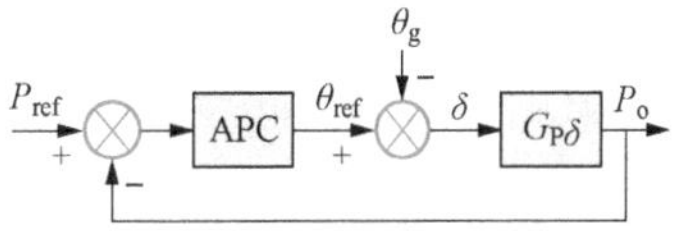

图 14-12　构网型变流器同步单元反馈机制示意图

为了研究构网型变流器的同步稳定问题，使用图 14-11 (d) 所示的 VSM 控制框图替换图 14-12 中的 APC 部分，并且整理图 14-12，将其画成输入为P_{ref}、输出为δ的控制框图，如图 14-13 所示。

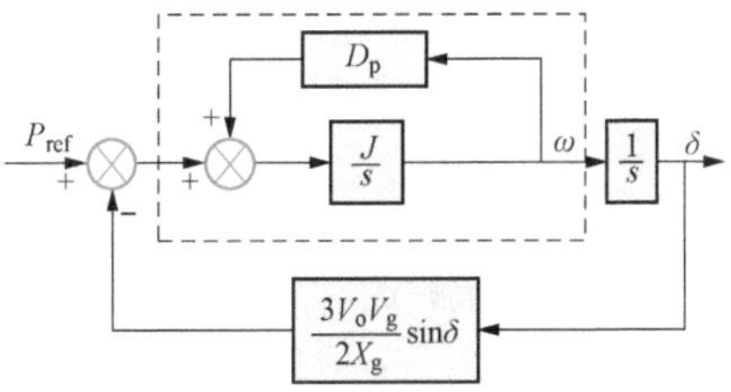

图 14-13　构网型变流器同步控制的闭环回路

对比图 14-6 和图 14-13，可以发现跟网型和构网型变流器同步机制的闭环回路的前向通道均为线性控制器，反馈回路均为非线性的正弦函数，可以统一由图 14-14 中的闭环回路表示。由于虚拟同步控制本质上模拟了同步机的转子运动方程，因此该统一闭环回路也能描述现有同步机电源与电网同步的一般模型。图 14-14 中，m为同步机机械转矩，$G(s)/s$为频域转子运动传函，$\phi\sin(\delta)$为交流系统功角方程，δ为功角，e为偏差量。因此，跟网型变流器、构网型变流器以及同步机电源的同步机制均是通过将偏差量控制至零而达到稳态，进而得到恒定的功角，实现同步过程。

由图 14-13 可列写构网型变流器同步单元的动态方程如式 (14-12) 所示，也为二阶动态方程。

$$\begin{cases}\dot{\delta}=\omega\\ \dot{\omega}=\dfrac{1}{J}\left(P_{\mathrm{ref}}-\dfrac{3V_{\mathrm{o}}V_{\mathrm{g}}\sin\delta}{2X_{\mathrm{g}}}-D_{\mathrm{p}}\omega\right)\end{cases}\tag{14-12}$$

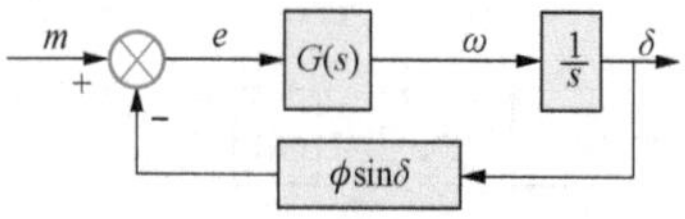

图 14-14　两种变流器同步机制的统一闭环回路

14.4.3　构网型变流器静态同步稳定性分析

与跟网型变流器一样，构网型变流器也存在静态同步失稳，对应系统不存在静态工作点的情况。静态工作点存在的条件可用不等式（14-13）表达

$$P_{\mathrm{ref}}\leqslant\frac{3V_{\mathrm{o}}V_{\mathrm{g}}}{2X_{\mathrm{g}}}\tag{14-13}$$

值得注意的是，由于构网型变流器具有电压源的特性，当电网电压由于故障突然降低时，构网型变流器的输出电流会瞬时升高。因此，为了保障变流器设备的安全，通常会有电流限幅环节。当变流器对输出电流限幅后，即使未超过功率传输极限，也可能由于电流限幅而发生静态失稳。变流器电流限幅方式一般包括轴电流比例限幅和轴电流动态限幅，常用的策略为 d 轴电流优先限幅方式，如式（14-14）所示。当电流参考幅值不大于$I_{\max}$时，该限幅策略不起作用；当电压外环给出的电流参考幅值大于$I_{\max}$时，实际给定到电流内环的电流参考幅值被限定在$I_{\max}$，且优先保证 d 轴电流的增大以满足输出有功功率。

$$\begin{cases}|I_{\mathrm{d}}^{\mathrm{ref}}|=\min(I_{\max},|I_{\mathrm{d}}^{\mathrm{ref}*}|)\\ |I_{\mathrm{q}}^{\mathrm{ref}}|=\min\left(\sqrt{(I_{\max})^2-(I_{\mathrm{d}}^{\mathrm{ref}})^2},|I_{\mathrm{q}}^{\mathrm{ref}*}|\right)\end{cases}\tag{14-14}$$

在该限幅策略下，变流器输出的等效模型如图 14-15 所示。

因此，变流器在电流饱和时的有功功率输出不再由式（14-11）决定，需要切换为式（14-15）的形式。需要注意的是，由于线路电抗值较小且变流器最大电流较小，一般有$V_0I_{\max}\ll V_0\dfrac{V_{\mathrm{g}}}{X_{\mathrm{g}}}$。

$$P_0=V_0I_{\max}=V_0I_{\max}\cos\delta\tag{14-15}$$

对比式（14-11）和式（14-15），在 P-δ 曲线上分别画出故障前后变流器输出曲线，如图 14-16 所示。

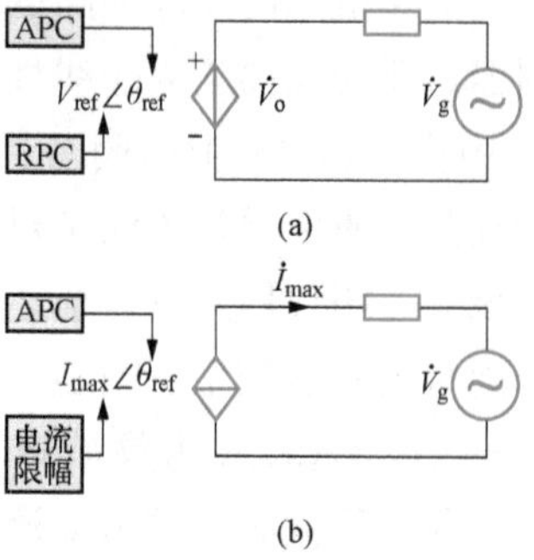

图 14-15　变流器电流不超限幅和超限幅情况下等效模型

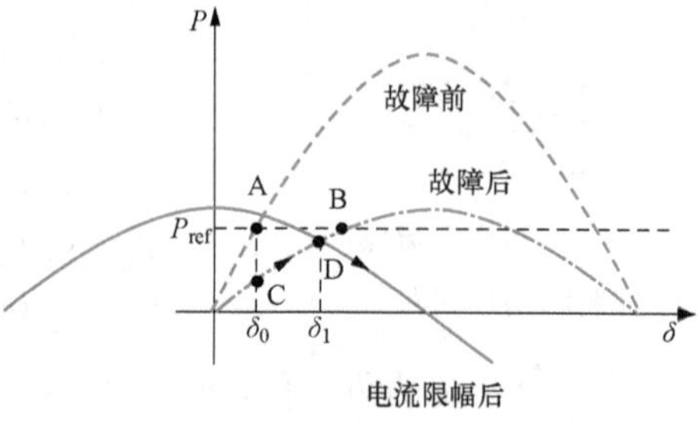

图 14-16　考虑电流限幅环节的变流器状态变化示意图

故障发生后，系统状态由 A 点跳到 C 点，此时输出功率小于参考值，变流器的功率控制会增大功角进行调节，变流器的状态由 C 点沿故障后曲线向 B 点移动。若无电流限幅的影响，则最终系统状态能够稳定在 B 点。考虑电流限幅环节时，当系统状态运行到 D 点之后，变流器的输出电流达到限幅值，此时输出功率依然小于参考值，功角会进一步增大。但由于此时变流器状态位于限幅后功角曲线的右半边，属于不稳定区域，因此系统状态将沿着曲线一直移动，变流器的功角不断增大，发生同步失稳。

14.4.4 构网型变流器大扰动同步稳定性分析

若不考虑电流限幅环节，构网型变流器大扰动同步失稳的动态过程与同步机类似，可以用等面积法、直接法等经典方法进行分析，这里不再赘述。若考虑电流限幅环节，其大扰动稳定特性则会发生变化。依然考虑故障导致电压跌落的情况，如图 14-17 所示。

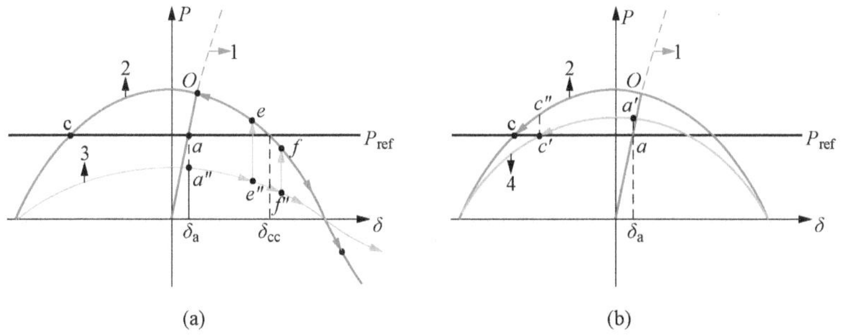

图 14-17 电压跌落下构网型变流虚拟功角的运动变化

1—不考虑电流限幅的虚拟功角曲线；2—考虑电流限幅的虚拟功角曲线（V=1.0p.u.）；3—考虑电流限幅的虚拟功角曲线（$V'<P_{ref}/I_{max}$）；4—考虑电流限幅的虚拟功角曲线（$V'>P_{ref}/I_{max}$）

电网电压跌落时，根据式（14-15）可知，变流器虚拟功角曲线的幅值也会发生变化，因此相应的失稳机理更加复杂。假设正常工作时变流器运行于点 a，为 P_{ref}和不考虑电流限幅的虚拟功角曲线 1 的交点。电压跌落时，由于电流限幅环节的存在，输出电流将饱和，则变流器工作点移至考虑电流限幅的虚拟功角曲线上。根据电压跌落后系统是否存在运行点，即式（14-25）是否有解，可分两种情况进行讨论：

（1）电网电压跌落满足$V'<P_{ref}/I_{max}$，考虑电流限幅的虚拟功角曲线上不存在稳定运行点，变流器暂态过程中将失步，如图 14-17（a）所示。电压跌落发生时，变流器工作点从 a 点突变至a''点，此时变流器输出功率仍小于参考值，故虚拟功角将持续增加，向着e''甚至f''移动。如果故障能够及时被清除，如在e''点故障清除，电网电压恢复到额定值，变流器的工作点突变至 e 点。e 点处变流器输出功率大于参考值，则虚拟功角将开始减小，工作点将沿着虚拟功角曲线 2 移动到 O 点，然后变流器退出电流限幅模式，并沿着不考虑限幅的虚拟功角曲线 1 移动到原始的稳定平衡点 a，变流器恢复原来的稳定运行状态。如果故障清除不及时，如在f''故障才被清除，变流器的工作点突变至 f 点。f 点处变流器输出功率依然小于参考值，则虚拟功角将持续增大，直至发生虚拟功角失稳。因此，这种情况下变流器存在临界故障切除角度δ_{cc}，满足

$$\delta_{cc} = \arccos(P_{ref}/VI_{max}) = \arccos(P_{ref}/I_{max}) \tag{14-16}$$

（2）电网电压跌落满足$V'>P_{ref}/I_{max}$，考虑电流限幅的虚拟功角曲线上存在稳定运行点，但此种情况下故障清除后变流器可能无法回到原来的稳定运行点，如图14-17（b）所示。当电压发生跌落时，变流器工作点从a点突变至a'点，此时变流器输出功率大于参考值，故虚拟功角将会减小，变流器运行点沿着考虑限幅的虚拟功角曲线4移动到稳定运行点c'点。故障清除后，变流器工作点从c'点突变至c''点，此时变流器输出功率仍大于参考值，虚拟功角将持续减小，工作点沿着考虑限幅的虚拟功角曲线2移动到c点，而不会回到原来的运行点a点。需要注意的是，c点虽然也是稳定平衡点，但是该点仍处于考虑限幅的虚拟功角曲线上，即变流器仍处于电压外环失效且电流限幅环节投入的状态，因此c点并非期望的运行点。这种运行状态是应该避免的，因此仍将其归类为虚拟功角失稳的状态。

14.5 本 章 小 结

本章介绍了新型电力系统中广义同步稳定性问题的提出、定义和基本现象，结合跟网型变流器和构网型变流器的同步机制和动态方程，详细分析了两种变流器接入交流电网时出现同步稳定性问题的机理。

电力电子设备自身的耐压、耐流度不高，发生故障时常常需要出现控制切换。控制切换情况下，描述系统行为的动态方程、边界条件等都会发生变化，如何在控制切换情况下分析系统的稳定性，是值得思考的问题。同时，现有研究主要采用解析方法分析单机—无穷大系统下同步失稳的机理，如何从大电网角度出发，考察所有电源之间的同步稳定性问题，仍是目前电力工程界面临的巨大挑战。

第 15 章

电压稳定性分析与控制

15.1 引　言

随着我国互联电网结构日趋复杂，跨区域长距离集中送电的交流输电通道或交直流并联输电通道越来越多，电压调控难度越来越大；在有些互联电网中受端负荷中心动态无功备用不足和送电通道过于集中的现象同时并存，这增加了电压崩溃事故的危险性，在输电通道上出现多重严重故障时，容易发展成为全网性的电压崩溃事故，并且国外发生的数起电压崩溃事故给我国电网发展以警示。因此，深入开展电网的电压安全稳定分析与控制，对于保证电网安全稳定运行具有重要意义。

15.2 电压稳定性的基本概念

静态电压稳定是指电力系统受到小扰动后，系统所有母线保持稳定电压的能力。它主要用以定义系统正常运行和事故后运行方式下的电压静稳定储备情况。静态电压稳定性分析方法一般通过计算各种电压稳定安全指标，对系统的电压稳定性做全面的评价，并可以确定系统的相对薄弱环节。

暂态电压稳定是指电力系统受到大扰动后，系统所有母线保持稳定电压的能力。暂态电压稳定属于大干扰电压稳定（电力系统受到大扰动后，系统不发生电压崩溃的能力）中的一种，主要用于分析快速的电压崩溃问题。如何准确判断暂态电压失稳仍然是一个需要解决的难题，其原因一方面是对电压失稳的机理仍然缺乏深刻的认识，研究方法和理论也不够完善；另一方面由于暂态电压稳定和功角稳定存在联系，电压崩溃和功角摆开常常同时发生，难以区别哪种是引发系统失稳的主导因素。由于暂态电压失稳过程中系统各个元件的状态变量变化剧烈，因而不考虑元件动态过程的电压稳定静态分析方法无法适用于暂态电压稳定的判别，要准确区分暂态过程中的电压失稳和功角失稳，需要采用相对更复杂的考虑元件动态过程的方法。在暂态电压稳定和功角稳定的判别问题上，已经有多种不同的方法被提出，但总体来说，所有的这些方法都还处于探索阶段，无法满足实际系统的需要。

中长期电压稳定属于大干扰电压稳定（电力系统受到大扰动后，系统不发生电压崩溃的能力中一种），主要用于分析系统在响应较慢的动态元件和控制装置作用下的电压稳定性，如有载调压变压器发电机定子和转子过流和低励限制、可操作并联电容器、电压和频率的二次控制、恒温负荷等。

本章主要介绍静态电压稳定分析方法。

15.3 电压稳定性分析方法

静态电压稳定分析方法主要研究手段是潮流仿真。主要仿真电力系统在元件开断后或负荷增长过程中各运行点的变化过程。除计算电力系统扰动后的潮流之外，还广泛应用两类基于潮流的分析方法：P-V 曲线法和 V-Q 曲线法，用于确定和电压稳定性有关的系统静态负荷极限。应用常规潮流计算程序可近似分析电压稳定性问题。

应用 P-V 曲线分析电压稳定问题，也可以应用于大型互联系统，这时 P 通常表示某区域的总负荷，也可代表系统传输断面或者区域联络线上的传送功率，V 为关键母线或具有代表性母线的电压，即可同时画出几个母线的电压曲线。此方法存在两个缺点，一是潮流计算在接近曲线拐点或者称为最大功率点处将会发散，二是当区域负荷增加时系统各发电机的出力必须按实际情况进行调整。

作为从概念上分析的一种方法，P-V 曲线法便于考虑负荷随电压变化而变化的特性。例如对一个电阻负荷，可以根据关系式 $P_{load}=V^2/R$ 来作出 P-V 曲线；一种极端情况为恒功率（和电压无关）负荷，在 P-V 曲线上表示为一条垂直线。

首先以恒阻抗负荷为例。由电路理论可知，当负荷阻抗与电源内阻抗的模相等时，线路传输功率最大。对于高阻抗（低导纳）负荷，系统运行在高电压、小电流区域；相反，对于低阻抗（高导纳）负荷，系统运行在低电压大电流区域。对于由一个电抗性网络和电阻负荷组成的最简单情况，图 15-1 给出了电压、电流和功率间的关系曲线，其中 $I_{sc}=E/X$ 为短路电流。当负荷阻抗与电源内阻抗的模相等时线路传输功率最大，功率最大点对应的电压称为临界电压。

当系统由空载变化到最大负荷时，电压 V 的数值由 E 降为 $E/2$。这表明在接近最大负荷功率时，如负荷功率有一微小增量，则需要送端增加相当大的无功来满足负荷要求。

对于简单模型，图 15-2 所示为恒功率负荷时 P-V 曲线。功率因数越超前（通过并联补偿来获得超前的负功率因数），最大功率值越大，相应的临界电压也越高，其中 $\tan\varphi=1.0$、0.75、0.5、0.25、0，对应的负荷功率因数分别为 0.707、0.8、0.894、0.97 和 1.0。这是电压稳定性问题中非常重要的一个因素。

根据图 15-2 所示的 P-V 曲线，可以得出系统相应的 V-Q 曲线。当 P 值恒定时，Q 和 V 之间对应的关系（每个功率因数对应两个点）如图 15-3 所示。由此图可以看出，高负荷水平下的临界电压值很高（当 $p=1$p. u. 时，临界电压在 1p. u. 以上）。曲线的右侧代表系统的正常运行区域，在此区域内应用电容器组可提高系统的电压水平。

对于大型电力系统 V-Q 曲线可通过一系列潮流计算求得。V-Q 曲线表示关键母线电压同该母线无功功率之间的关系。假设测试母线装有一台虚拟的同步调相机在潮流计

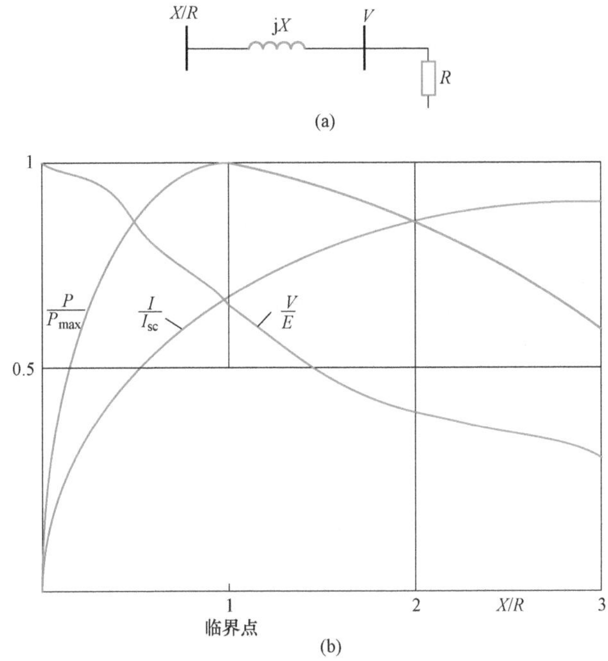

图 15-1 纯电阻负荷和纯电抗网络时的电压、电流和功率关系曲线

（a）等值电路；（b）电压、电流和功率曲线

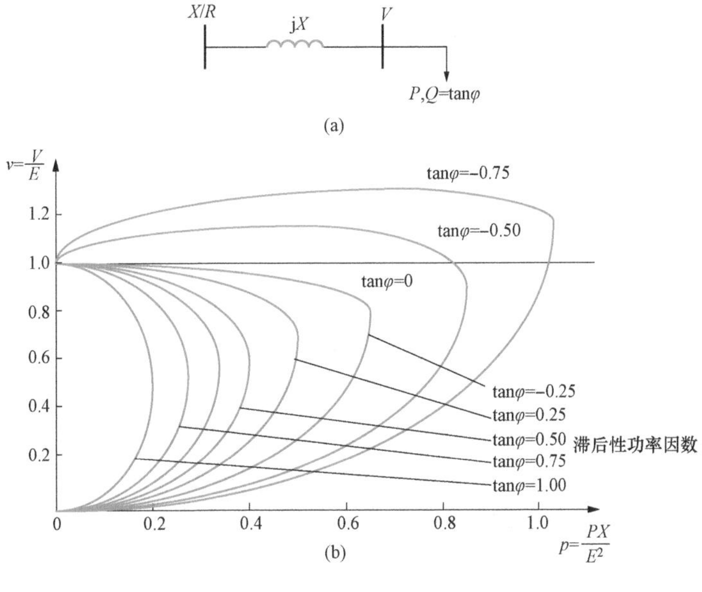

图 15-2 恒功率负荷时 P-V 曲线

（a）等值电路；（b）P-V 曲线

算程序中该母线不受无功限制，作为 PV 节点。这样在潮流计算中将同步调相机的端电压设为一系列值然后将其无功输出与电压值对应的点相连即得到 V-Q 曲线。这里电压为独立变量且作为横坐标无功功率作为纵坐标容性无功为正值。如果在测试母线没有并

联无功补偿装置，则移去虚拟的同步调相机，运行点对应的无功功率为零。

这些曲线通常被称作 Q-V 曲线而不是 V-Q 曲线，V-Q 曲线旨在强调电压而非无功负荷是独立变量，而 Q-V 曲线则是通过指定无功负荷而非电压来获得。V-Q 曲线具有下列优点：

（1）电压安全性同无功功率联系密切，而 V-Q 曲线则正好给出了测试的无功裕度。无功裕度用无功功率大小表示，且其可以分为两种，一种表示从当前运行点到 V-Q 曲线底部的距离；另一种表示从当前运行点到并联电容器特性曲线与 V-Q 曲线切点间的距离。测试母线可以代表“电压控制区域”内所有母线的情况（在该区域内电压幅值的变化具有一致性）。

（2）沿 P-V 曲线各点可以作出 V-Q 曲线以校验电力系统的鲁棒性。

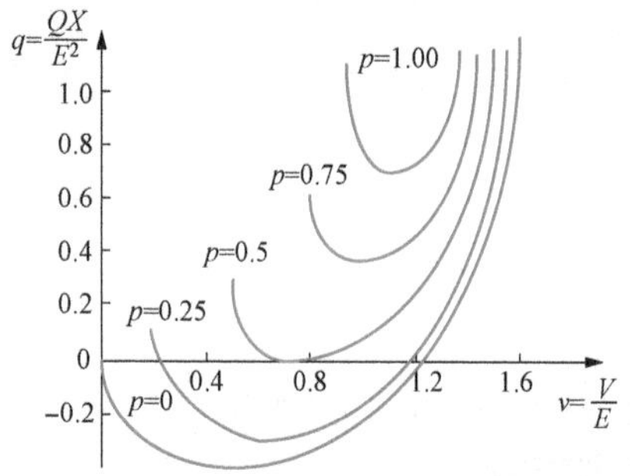

图 15-3　恒定电源（无穷大）和纯电抗

（3）测试母线处并联无功补偿装置（电容器、SVC 或同步调相机）的特性可以直接表示在 V-Q 曲线上。此时系统实际运行点为系统 V-Q 曲线与无功补偿装置特性曲线的交点。由于无功补偿装置是解决系统电压稳定问题的常用手段，因此这个特点非常有用。

（4）V-Q 曲线的斜率表明测试母线的强度。

（5）当邻近发电机的无功出力受到限制时，V-Q 曲线的斜率下降，运行点接近曲线的底部。

15.4　电压稳定控制措施

15.4.1　提升电压稳定性措施

电压稳定与发电系统、传输系统和负荷系统的特性有关。因此，应从这三方面寻找增强电压稳定的控制措施。

电压不稳定的根本原因是系统的功率传输能力和动态无功储备不足，造成系统的供电能力不能满足负荷功率的需求，采用并联电容器、TCR 型 SVC 和低压减载继电器切负荷三方面来提高电压稳定性。并联电容器的补偿量受端电压的影响较大，扰动前补偿量不足或扰动后投入速度不够时，不能阻止电压崩溃的发生；SVC 可以连续地对系统的无功缺额进行补偿，相比电容器良好的补偿效果，也受到最大补偿量和响应速度的影响。

负荷系统的控制目的应该是维持负荷的电压水平和满足负荷的需求。负荷节点的并联电容器可以减少负荷对系统的无功需求，其最大补偿量受电压水平的限制；有载调压开关在发生扰动后动作恢复其二次侧电压，从而恢复相应的负荷功率，被视为导致电压崩溃的一个重要原因，在此情况下，及时闭锁有载调压开关的分接头是保持系统电压稳定的重要手段；电压崩溃的根本原因是负荷的功率需求超出了系统的供应能力，因此切负荷是电压稳定控制的最根本、最有效的方法，但减载量大小和继电器动作时间对恢复电压稳定水平影响很大。

从发电系统看，应提高发电机的有功和无功输出能力以及运行备用。线路压降补偿装置和外层控制回路能够更好地调节发电机出口的高压侧电压，可以改善电力系统电压稳定性；在负荷慢速增长时发电机的调速系统可以自动调节汽门开度以提高输出功率；在故障等紧急情况下，发电机的热旋备用也可以在短时间内提高发电机的有功和无功输出，增强系统的稳定性；AVR 的调节可以维持机端电压水平，也有助于提高发电机的功率输出能力。

从输电系统考虑，电压崩溃常常发生在线路重负荷的情况下，其原因是网络电抗的大小不仅影响有功的传输，更制约着系统无功的传输能力，电压稳定控制应该尽量减少传输网络中的有功和无功损耗。增加输电线路是最可靠的办法，但其费用很高；可以通过应用分裂导线和紧凑型线路来实现，增加每相线路分裂导线的数目，可以减小电抗，其等价于对线路进行均匀分布的补偿；串联无功补偿可以减少线路的等值电抗，从而减少线路的无功传输损耗，且串联电容器发出的无功功率与电流的平方成正比，提高网络的功率传输能力；在枢纽节点增加并联电容器或者用 SVC 设备进行无功和电压调节，可以提高系统的电压稳定性；对于新建线路，采用高波阻抗功率值的线路可以提高电压稳定性。

15.4.2　实时稳定控制

(1) 低压减负荷。低压减负荷是目前最有效的解决电压稳定问题的措施之一，具有原理简单、可靠性高的特点，在国内外电力系统中都被广泛采用。低压减负荷可分为集中控制型和分散型两种，我国目前采用的基本都是分散型低压减负荷控制。

(2) 低压解列。低压解列的作用是在事故蔓延到整个电网之前，对地区性供电网络或区域电网实现解列，阻止事故范围的进一步扩展，避免全网性的崩溃性事故发生。

低压解列措施有一定的风险性，另外装置的参数整定也比较困难。在实际的工程中，要根据电网的具体情况进行整定和校核，以保证装置的可靠性。

(3) OLTC 分接头紧急控制。OLTC 是电力系统主要的电压控制设备之一。当负荷受到大扰动后，如果负荷侧电压水平偏低，OLTC 会自动调整分接头来恢复负荷侧电压水平，从而恢复相应的负荷功率，但是分接头调整只是调整了无功功率在不同电压等级的分配关系，并不能新增无功功率，提高负荷侧电压水平则必然会降低主网侧电压水平，从而又影响负荷侧电压，最终可能导致电压崩溃故障。为了避免和阻止电压崩溃，当分接头的变化不利于系统稳定的情况下，电源侧电压下降时需要闭锁变压器分接头，当电压恢复时解除闭锁。

(4) 直流输电快速控制。直流输电输送的有功功率和换流器消耗的无功功率均可由控制系统进行快速控制，这种快速可控性可以被用来改善交流系统的运行性能。例如，根据交流系统在运行中的要求，快速增加或减少直流输送的有功功率或者直流电流整定值，调节换流器吸收的无功功率，就可以达到改善交流系统电压稳定性的目的。

(5) 无功补偿装置自动投切。故障后，快速投入足够容量的机械投切或电力电子器件控制的电容器，可以有效地阻止电压的进一步下降，避免电压崩溃的发生。对于并联电抗器正常运行的系统，可以采用快速切除电抗器来代替电容器的投入。

（6）新技术应用。除上述措施外，还可以采用新型的电力电子设备或者对现有元件控制系统的控制方式进行改进来提高电力系统的安全稳定性。

1）安装 SVC、STATCOM、TCSC 等新型 FACTS 设备，研究和采用新的控制策略，为系统提供动态的无功支撑，改善系统的电压稳定性。

2）完善发电机励磁控制系统，使发电机能够从维持机端电压恒定变为维持升压变压器高压侧母线电压恒定。这相当于减小了输电环节的阻抗，提高了系统的传输能力。

15.4.3 低压减负荷控制

目前国外低压减负荷措施的特点包括：

（1）低压减负荷措施大部分以解决长期电压稳定性问题为主，主要通过静态分析方法研究，因而动作延时设置比较长，如加拿大魁北克的方案中，动作延时为 6～11s，太平洋电力公司皮吉特湾（PugetSopud）地区的方案中，动作延时为 3.5～8s。

（2）低压减负荷措施针对性很强，一般主要是针对少数能够引发电压稳定性问题的特定故障。

（3）动作电压的设置与系统的运行特性密切相关，不同的系统，电网结构和运行状态有很大差别，某些系统运行电压较低，扰动后电压下降较大，因而其门槛值比较低；而某些系统运行电压较高，扰动后电压下降不大，其门槛值相对则较高。因而，动作电压的设定应根据电网实际运行情况，结合其针对的故障电压特性具体分析。

（4）切负荷轮次有多有少，如加拿大魁北克的方案中设置了 3 个轮次，而加拿大安大略省配置了 9 个轮次。为避免过切负荷，应当设置多轮次。

（5）负荷模型对低压减负荷措施的配置有一定影响，对于感应电动机负荷较少地区，一般采用静态负荷模型，动作延迟时间可以设置较长，达到十几秒甚至更长。只有对于感应电动机负荷较多的工业区，为保证感应电动机负荷的正常运转，低压减负荷措施的动作延迟时间必须考虑尽可能短，可以考虑在 1.5s 左右。

我国对低压减负荷措施也早有重视，在 DL 755—2001《电力系统安全稳定导则》中对低电压减负荷的规定为：在负荷集中地区，如有必要应考虑当运行电压降低时，自动或手动切除部分负荷，或有计划解列，以防止发生电压崩溃。国内部分电网针对各自的情况配置了低压减负荷措施。

目前国内低压减负荷措施的特点包括：

（1）部分地区低压减负荷措施主要是针对单个母线的特定故障设置，考虑的是短路故障后引发的电压降低问题。低压减负荷措施本身具有识别短路故障的能力，其动作延迟时间是从短路故障消失后，电压恢复到一定水平后开始计时，因而动作延迟时间可以设置为很短。而另一些地区对故障考虑得比较复杂，故障后暂态过程比较复杂，单纯通过设备本身能力不足以判别电压是否恢复平稳状态，需通过增加动作延时来躲过暂态过程，动作延时设置较长。

（2）动作电压门槛值与电网运行特性相关，运行电压较高的地区动作电压门槛值较高，如青海的方案中动作电压门槛值为 0.90p.u.；而运行电压较低的地区，动作电压门槛值可以设置较低，如湖南方案中动作电压门槛值设置为 0.8p.u.。一般情况下，首轮动作电压门槛值在 0.85p.u. 左右。

（3）切负荷量取决于装置安装范围和节点电压对负荷灵敏度。对于全局性措施，在故障情况下需切除大量负荷，如广东方案中，需切除 11532MW；而对于单个节点的措施，切除量则很小，取决于切除负荷后电压恢复的效果，如吉林蛟河地区只需切除 15MW 就可以满足要求。

（4）切负荷轮次一般为多轮次，与国内低压减负荷措施装置有关。国内低压减负荷措施装置一般为 5 个轮次，其中 4 个基本轮次，1 个特殊轮次。但也有少数采用 1～2 轮次的。

低压减负荷措施配置方法：

1）需要考虑的故障类型及运行方式。

2）需要考虑的电压失稳类型。

3）低压减负荷措施配置应遵守的基本原则。

4）低压减负荷措施的配置方法。

15.5 本章小结

本章围绕电力系统电压稳定性分析与控制展开研究，首先介绍了电压稳定性的基本概念及定义，然后介绍了静态电压稳定性分析方法，最后从发电系统、传输系统和负荷系统三方面，介绍了增强电压稳定性的措施，也介绍了可以进行实时控制的措施和低电压减负荷控制措施。

第 16 章

频率稳定性分析与控制

16.1 引　言

频率稳定是指电力系统受到严重扰动后，发电和负荷需求出现大的不平衡，系统仍能保持稳定频率的能力。频率稳定可以是一种短期或长期现象。根据动态过程和时间尺度的不同，将频率稳定分为短期暂态频率稳定和长期频率稳定。短期暂态频率稳定主要评价暂态过程中系统频率变化是否满足系统和设备的短期安全稳定约束，关注频率是否会发生持续下降而引发频率崩溃。长期频率稳定主要评价系统暂态过程结束后系统的稳定频率是否满足系统长时间运行要求。为有效减少电网有功功率不平衡并维持系统频率稳定，可采取低频减载和高频切机等控制手段。

16.2 电力系统频率特性分析

16.2.1 传统发电机组频率特性

电力系统由于有功功率平衡遭到破坏，频率从正常状态过渡到另一个稳定值所经历的时间过程，称为电力系统频率动态特性。当系统中出现功率缺额时，系统中旋转机组的动能都为支持电网的能耗做出贡献，频率随时间变化的过程主要决定于有功功率缺额的大小与系统中所有转动部分的机械惯性。

电网中有很多发电机并联运行，把系统所有机组作为一台等值机组来考虑，系统的运动方程式为

$$M\frac{\mathrm{d}\omega}{\mathrm{d}t}=T_{\mathrm{M}}-T_{\mathrm{e}}=\frac{P_{\mathrm{M}}}{\omega}-\frac{P_{\mathrm{L}}}{\omega} \tag{16-1}$$

式中：T_{M}为发电机组的机械转矩；T_{e}为发电机组的电磁转矩；P_{M}为发电机组的输出电功率；P_{L}为负荷功率；ω 为发电机组的转子角速度。

在系统频率变化期间，负荷母线电压保持不变，负荷特性为

$$P_{\mathrm{L}}=P_0\left(\frac{f}{f_0}\right)^{K_{\mathrm{L}}} \tag{16-2}$$

在事故情况下，自动低频减载装置动作时，可认为系统中所有机组的功率已达最大值，系统完全没有旋转备用容量，功率缺额用 $P_{\mathrm{h}*}$ 表示，则可得

$$T_{xf}\frac{d\Delta f_*}{dt}+\Delta f_* = \frac{\Delta P_{h*}}{K_{L*}} \tag{16-3}$$

式中：T_{xf}为系统频率下降过程的时间常数；Δf_*为系统频率变化量的标幺值；K_{L*}为负荷调频系数的标幺值。

这是一个典型的一阶惯性环节的微分方程式。当系统中出现功率缺额或功率过剩时，系统频率 f_x的动态特性可用指数曲线来描述。如能及早切除负荷功率，可延缓系统频率下降过程。

由式（16-1）和式（16-2）可得

$$\frac{\Delta f}{f}=\frac{\Delta\omega}{\omega}=\frac{P_{M*}-P_{L*}}{P_{M*}+(K_L-1)P_{L*}}(1-e^{-At}) \tag{16-4}$$

$$A=\frac{P_{M*}+(K_L-1)P_{L*}}{\omega M} \tag{16-5}$$

式中：Δf 为系统频率的变化量；f 为计算阶段开始时的系统频率；P_{L*} 为在系统频率为额定频率时的负荷有功功率标幺值；P_{M*} 为保留在运行中的发电机输出有功功率标幺值；M 为以保留在运行中的发电机容量为基准的系统惯性常数。

可得频率的绝对变化，表达式为

$$\Delta f=\frac{T_a}{D_T}\left(1-e^{\frac{D_T}{M}t}\right)f \tag{16-6}$$

式中：D_T 为系统总阻尼因数，$D_T=\frac{P_{M*}}{\omega}+(K_L-1)\frac{P_{L*}}{\omega}$；$T_a$ 为保留在运行中的发电机力矩为基准的加速力矩标幺值；$T_a=\frac{P_{M*}}{\omega}-\frac{P_{L*}}{\omega}$；$t$ 为时间。

由式（16-1）可得频率变化率为

$$\left.\frac{df}{dt}\right|_f=\frac{1}{M}(fT_a+D_T\Delta f) \tag{16-7}$$

当考虑系统频率 $f=50\text{Hz}$，式（16-6）和式（16-7）可变为

$$\Delta f=\frac{50T_a}{D_T}\left(1-e^{-\frac{D_T}{M}t}\right) \tag{16-8}$$

$$\left.\frac{df}{dt}\right|_f=\frac{1}{M}(50T_a+D_T\Delta f) \tag{16-9}$$

式（16-8）和式（16-9）在自动低频减载整定计算中经常用到。

电网频率异常时，同步发电机组可瞬时分担扰动功率。电力系统发生功率缺额、盈余将直接体现在电磁功率的突然增大、减小，发电机旋转质块通过释放或吸收动能，响应系统功率偏差，支撑系统功率平衡，抑制频率波动。同步发电机组频率异常运行的主要限制因素是汽轮机叶片问题，电网频率过高、过低都可能使叶片振动频率进入共振区，产生共振而使叶片断裂。汽轮机叶片设计中避开了可能在叶片中造成过度机械应力的机械共振，频率偏移时会导致汽轮机叶片过应力激振，此时的振动应力可能比无共振运行方式下的应力大 300 倍。

《汽轮机叶片振动强度安全准则》规定调频叶片应能在 48.5～50.5Hz 情况下长

期运行，频率短时偏离时要求汽轮发电机允许维持运行时间与系统频率可能的恢复时间相协调。DL/T 1040—2007《电网运行准则》规定汽轮机允许频率异常运行时间，见表 16-1。

表 16-1　　我国汽轮机允许频率异常运行时间

系统频率/Hz	累计允许运行时间/min	每次允许运行时间/s
低于 46.5	与电力系统低频减载配置相配合	
46.5～47	2	5
47～47.5	10	20
47.5～48	60	60
48～48.5	300	300
48.5～50.5	连续运行	
50.5～51	180	180
51～51.5	30	30
高于 51.5	与电力系统高频切机配置相配合	

当每次频率异常引起的振动应力不至于使叶片断裂时，仍会使汽轮机叶片及其拉金产生材料疲劳。材料的疲劳是一个不可逆的累积过程，当这种疲劳达到不允许的程度时，就会使汽轮机叶片及其拉金发生断裂，造成汽轮发电机组的恶性事故，因此 DL/T 1040—2007 规定了频率异常累计允许运行时间。汽轮发电机频率异常每次允许运行时间、汽轮发电机频率异常允许累计运行时间分别如图 16-1 和图 16-2 所示。

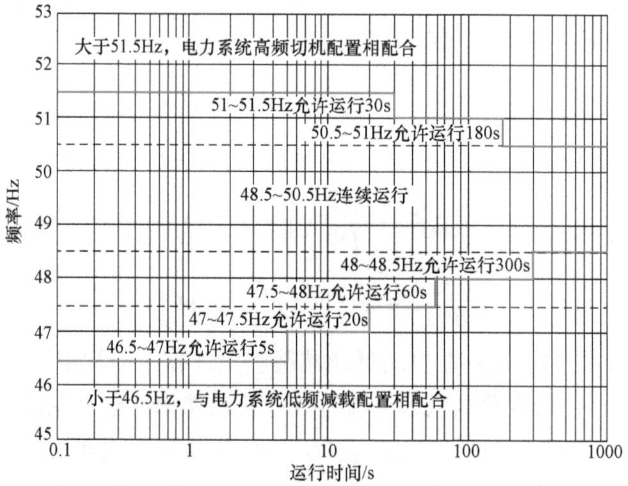

图 16-1　汽轮发电机频率异常每次允许运行时间

16.2.2　新能源机组频率特性

随着化石燃料的枯竭以及节能减排压力的增大，以风电为代表的新能源大量接入电网。GB/T 19963.1—2021《风电场接入电力系统技术规定　第 1 部分：陆上风电》对新能源风电场站以及分布式电源的频率耐受能力提出要求，与汽轮发电机频率异常允许

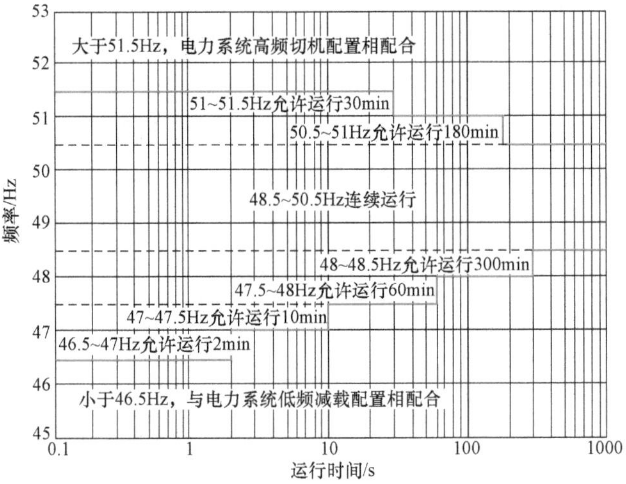

图 16-2 汽轮发电机频率异常允许累计运行时间

运行标准相比，仅48～48.5Hz存在不同，见表16-2。

表 16-2 风电场站频率耐受能力要求标准

电力系统频率范围	要求
低于46.5Hz	根据风电场内风电机组允许运行的最低频率而定
46.5～47Hz	每次频率低于47Hz高于46.5Hz时要求风电场至少运行5s
47～47.5Hz	每次频率低于47.5Hz高于47Hz时要求风电场至少运行20s
47.5～48Hz	每次频率低于48Hz高于47.5Hz时要求风电场至少运行60s
48～48.5Hz	每次频率低于48.5Hz高于48Hz时要求风电场至少运行30min
48.5～50.5Hz	连续运行
50.5～51Hz	每次频率高于50.5Hz，低于51Hz时要求风电场至少运行3min 并执行电力系统调度机构下达的降低功率或高周切机策略，不允许停机状态的风电机组并网
51～51.5Hz	每次频率高于51Hz，低于51.5Hz时要求风电场至少运行30s 并执行电力系统调度机构下达的降低功率或高周切机策略，不允许停机状态的风电机组并网
高于51.5Hz	根据风电场内风电机组允许运行的最高频率而定

风电机组对系统频率的影响与常规机组不同。常规火电、水电机组以及定速感应风电机组的机械功率与系统电磁功率耦合，具备快速释放转子动能以响应系统频率变化的能力。而风电机组其转子动能对电网转动惯量没有贡献，无法快速响应系统频率变化。因此，大量机组接入电网并替代常规机组后，系统转动惯量会显著降低，系统频率变化率增大。为改善机组对系统频率变化的响应特性，可在控制系统上增加虚拟惯性环节，能够在系统频率下降时快速释放风电机组转子动能，以达到改善系统频率响应目的。

对于风电机组而言，存在电流源型虚拟惯性控制与电压源型虚拟惯性控制，实现能量转换的储能元件分为机械旋转部件、直流电容、交流电感三类典型储能元件。通过对以上风电机组具备的典型储能元件运行的控制，实现风电机组不同能量尺度上的功率变换。由于直流电容、交流电感储存容量较小，为了较为可行地实现风电机组参与惯量响应进而调节频率，可通过控制策略控制风电机组机械旋转部件所储存的能量。

通过在正常运行及故障恢复期间通过软件设置控制机侧变流器调节发电机有功功率，实现风电机组在频率变化时产生惯量响应进行频率调整。根据风电机组的控制流程，主控制器根据设定的功率曲线，在特定的风速下获取风电机组功率指令，并将此指令发送至转子侧变流器，作为有功功率参考值输入，进而执行目标控制。机侧变流器通过调节发电机的励磁电压相位来控制风力发电机的有功功率。

根据上述过程，有两种方法可以完成风电机组的惯性响应。第一，改变风电机组主控中设定的有功功率输出曲线，实现风电机组减载运行；第二，改变风电变流器的执行流程，接收到主控功率指令后，与频率变化率相关的分支并联起来，将两者叠加，再创建一个新的功率指令。第一种方式惯量响应由风电机组主控完成，第二种方式惯量响应由风电机组变流器完成。图 16-3 为风电机组虚拟惯性控制框图。

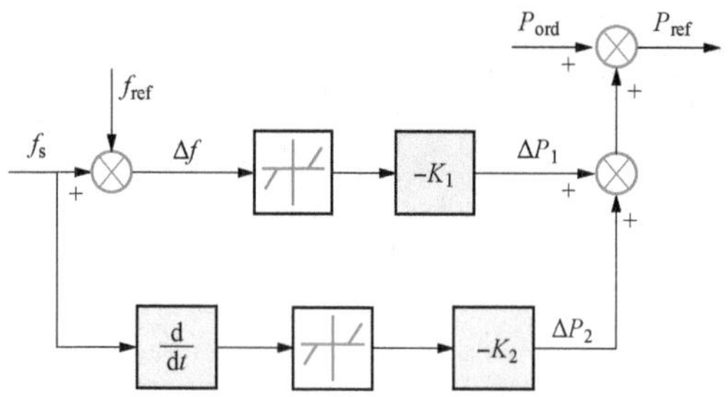

图 16-3　风电机组虚拟惯性控制框图

风电机组在系统频率变化率最大的初始时刻，通过虚拟惯性控制中的微分项系数 K_2，产生类似惯量特性响应而发出有功功率 ΔP_2，抑制系统频率的过快改变。而当频率偏移 Δf 超出死区阈值时，频率偏差通过偏差项系数 K_1 产生类似下垂特性响应而发出有功功率 ΔP_1，缩小系统频率稳态偏差。

16.3　电力系统频率稳定控制

电力系统的负荷时刻都在变化，系统负荷可以看作由以下三种具有不同变化规律的变动负荷所组成：

（1）一级负荷，突然中断对其供电将会造成人身伤亡或会引起周围环境严重污染、造成经济上的巨大损失、造成社会秩序严重混乱或在政治上产生严重影响，引起其变化的原因主要是工厂的作息制度、人民生活规律以及气象条件等。这类负荷变化缓慢、持续变化。

（2）二级负荷，突然中断对其供电会造成较大经济损失、造成社会秩序混乱或政治上产生较大影响，这类负荷的主要有电炉、延压机械、电气机车等。这类负荷变化幅度较大，变化周期较长（一般为 10s～3min）。

（3）三级负荷，即不属于上述一类和二类负荷的其他负荷。这类负荷变化幅度很小，变化周期较短（一般为 10s 以内）。

负荷的变化将引起频率的相应变化。其中，系统的第三种负荷复杂多变，其动态变化随机性强、无法预测，针对这种情况进行的调整通常称为频率的一次调整，即一次调频，定义如下：电网的频率一旦偏离额定值时，电网中机组的控制系统就自动地控制机组有功功率的增减，限制电网频率变化，使电网频率维持稳定的自动控制过程。传统电网中，一次调频通常由发电机组的调速器完成。电网为一个巨大的惯性系统，根据转子运动方程，当电网有功功率缺额时，发电机转子加速，电网频率升高，反之电网频率降低。因此，一次调频功能是动态地保证电网有功功率平衡的重要手段之一。

16.3.1 低频减载

当系统发生严重功率缺额时，自动低频减载装置的任务是迅速断开相应数量的用户负荷，使系统频率在不低于某一允许值的情况下，达到有功功率的平衡，以确保电力系统安全运行，是防止电力系统发生频率崩溃的系统性事故的保护装置。

在电力系统中，自动低频减载装置是用来对付严重功率缺额事故的重要措施之一，它通过切除负荷功率（通常是比较不重要的负荷）的办法来制止系统频率的大幅度下降，以逐步恢复系统正常工作。因此，必须考虑即使在系统发生最严重事故的情况下，即出现最大可能的功率缺额时，接至自动低频减载装置的用户功率量也能使系统频率恢复到可运行的水平，以避免系统事故的扩大。可见，确定系统事故情况下的最大可能功率缺额，以及接入自动低频减载装置的相应的功率值，是系统安全运行的重要保证。确定系统中可能发生的功率缺额涉及对系统事故的设想，为此应做具体分析。一般应根据最不利的运行方式下发生事故时，实际可能发生的最大功率缺额来考虑，例如按系统中断开最大机组或某一电厂来考虑。如果系统有可能解列成几个子系统（即几个部分）运行时，还必须考虑各子系统可能发生的最大功率缺额。

16.3.1.1 自动低频减载最大功率缺额

自动低频减载装置是针对事故情况的一种反事故措施，并不要求系统频率恢复至额定值，一般希望它的恢复频率 f_h 低于额定值，约为 49.5～50Hz，所以接到自动低频减载装置最大可能的断开功率 $\Delta P_{\mathrm{L,max}}$ 可小于最大功率缺额 $\Delta P_{\mathrm{h,max}}$。设正常运行时系统负荷为 P_{LN}，Δf 为额定频率与恢复频率 f_{h} 之差，可得

$$\begin{aligned}\frac{\Delta P_{\mathrm{h,max}}-\Delta P_{\mathrm{L,max}}}{P_{\mathrm{LN}}-\Delta P_{\mathrm{L,max}}}&=K_{\mathrm{L}}\Delta f_{\mathrm{L}}\\ \Delta P_{\mathrm{L,max}}&=\frac{\Delta P_{\mathrm{h,max}}-KP_{\mathrm{L}}\Delta f_{\mathrm{L}}}{1-K_{\mathrm{L}}\Delta f}\end{aligned}\tag{16-10}$$

式（16-10）表明，当系统负荷 P_{L}、系统最大功率缺额 $\Delta P_{\mathrm{h,max}}$ 已知后，只要系统恢复频率 f_{h} 确定，就可求得接到自动低频减载装置的功率总数。

16.3.1.2 自动低频减载装置的动作顺序

在电力系统发生事故的情况下，被迫采取断开部分负荷的办法确保系统的安全运行，这对于被切除的用户来说，无疑会造成不少困难，因此，应力求尽可能少地断开负荷。如上所述，接于自动低频减载装置的总功率是按系统最严重事故的情况来考虑的。然而，系统的运行方式很多，而且事故的严重程度也有很大差别，对于各种可能发生的事故，都要求自动低频减载装置能做出恰当的反应，切除相应数量的负荷功率，既不过多，又不能不少，只有分批断开负荷功率采用逐步修正的办法，才能取得较为满意的结

果。自动低频减载装置是在电力系统发生事故时，系统频率下降过程中，按照频率的不同数值按顺序地切除负荷。也就是将接至自动低频减载装置的总功率 $\Delta P_{L,max}$ 分配在不同启动频率值来分批地切除，以适应不同功率缺额的需要。根据启动频率的不同，低频减载可分为若干级，也称为若干轮。

为了确定自动低频减载装置的级数，首先应确定装置的动作频率范围，即选定第一级启动频率 f_1 和末级启动频率 f_n 的数值。

（1）第一级启动频率 f_1 的选择。由系统频率动态特性可知，在事故初期如能及早切除负荷功率，这对于延缓频率下降过程是有利的。因此第一级的启动频率值宜选择得高些，但又必须计及电力系统动启动备用容量所需的时间延迟。避免因暂时性频率下降而不必要地断开负荷的情况，所以一般第一级启动频率整定在 48.5～49Hz。在以水电厂为主的电力系统中，由于水轮机调速系统动作较慢，所以第一级启动频率宜取低值。

（2）末级启动频率 f_n 的选择。电力系统允许最低频率受"频率崩溃"或"电压崩溃"的限制，对于高温高压的火电厂，频率低于 46～46.5Hz 时，厂用电已不能正常工作。在频率低于 45Hz 时，就有"电压崩溃"的危险。因此，末级的启动频率以不低于 46Hz 为宜。

（3）频率级差。当 f_1 和 f_n 确定以后，就可在该频率范围内按频率级差 Δf 分成 n 级断开负荷，即级数 n 越大，每级断开的负荷越小，这样装置所切除的负荷量就越有可能接近于实际功率缺额，具有较好的适应性。

16.3.1.3　频率级差 Δf 的选择

各级动作的次序需考虑在前一级动作以后还不能制止频率下降的情况下，后一级才动作。

设频率测量元件的测量误差为 $\pm\Delta f$。最严重的情况是前一级启动频率具有最大负误差而本级的测频元件为最大正误差。设第 i 级在频率为 f_i-f_o 时启动，经 Δt 时间后断开负荷，这时频率已下降至 $f_i-f_o-f_t$。第 i 级断开负荷后如果频率不继续下降，则第 $i+1$ 级就不切除负荷，这才算是有选择性。这时考虑选择性的最小频率级差为

$$\Delta f = 2\Delta f_o + \Delta f_t + \Delta f_y \tag{16 - 11}$$

式中：Δf_o 为频率测量元件的最大误差频率；Δf_t 为对应于 Δt 时间内的频率变化，一般可取 0.15Hz；Δf_y 为频率裕度，一般可取 0.05Hz。

按照各级有选择的顺序切断负荷功率，级差 Δf 值主要取决于频率测量元件的最大误差 Δf_o 和 Δt 时间内频率的下降数值 Δf_t。模拟式频率继电器的频率测量元件的最大误差为 ±0.15Hz 时，选择性级差 Δf 一般取 0.5Hz，这样整个低频减载装置分成 3～8 级。

现在微机型频率继电器已在电力系统中广泛采用，其测量误差（0.015Hz 甚至更低）已大为减小且动作延时也已缩短，为此频率级差可相应减小 0.2～0.3Hz。

16.3.1.4　每级切除负荷 ΔP_{Li} 的限制

自动低频减载装置采用了分级切除负荷的办法，以适应各种事故条件下系统功率缺额大小不等的情况。在同一事故情况下，切除负荷越多，系统恢复频率就越高，可见每一级切除负荷的功率受到恢复频率的限制。但并不希望系统恢复频率过高，更不希望频

率恢复值高于额定值。

设第 i 级的动作频率为 f_i，它所切除的用户功率为 P_{Li}。电力系统频率 f_x下降特性是与功率缺额相对应的。显然它是随机的，是不确定的。如果特性曲线的稳态频率正好为 f_i，这是能使第 i 级启动的功率缺额为最小临界情况，因此当切除 ΔP_{Li}后，系统频率恢复值 f_h达最大值。在其他功率缺额较大的事故情况下也能使第 i 级启动，不过它们的恢复频率均低于 f_h。

如上所述，若系统恢复频率 f_h为已知，则第 i 级切除功率的限值就不难求得，即按第 $i-1$ 级动作切除负荷后，系统的稳定频率正好按第 i 级的启动频率 f_i来考虑。此时 $\Delta f_i=f_N-f_i\Delta f_i=f_N-f_i$，系统当时的功率缺额 ΔP_{i-1}，由负荷调节效应的减小功率来补偿，因此

$$\frac{\Delta P_{i-1}}{P_{LN}-\sum_{k=1}^{i-1}\Delta P_{Lk}}=K_L\frac{\Delta f_i}{f_N} \tag{16-12}$$

式中：P_{LN}为系统负荷；$\sum_{k=1}^{i-1}\Delta P_{Lk}$为低频减载装置前 $i-1$ 级断开的负荷总功率。

为了把所有功率都表示为系统负荷 P_{LN}的标幺值，则式（16 - 12）表示为

$$\Delta P_{i-1*}=(1-\sum_{k=1}^{i}\Delta P_{Lk*})K_{L*}\frac{1}{f_{i*}} \tag{16-13}$$

当第 i 级切除负荷 ΔP_{Li*}后，系统频率稳定在 f_h，同样这时系统的功率缺额相应地由负荷调节效应 ΔP_{hi}所补偿，即

$$\Delta P_{hi*}=(1-\sum_{k=1}^{i}\Delta P_{Lk*})K_{L*}\Delta f_{h*} \tag{16-14}$$

由于 i 级动作前的功率缺额等于第 i 级切除功率与动作后频率为 f_h时系统功率缺额之和，即

$$\Delta P_{i-1*}=\Delta P_{Li*}+\Delta P_{hi*} \tag{16-15}$$

所以 $\Delta P_{L*}=(1-\sum_{k=1}^{i-1}\Delta P_{L*})K_{L*}\Delta f_{i*}-(1-\sum_{k=1}^{i}\Delta P_{L*})K_{L*}\Delta f_{h*}$

整理后可得

$$\Delta P_{Li*}=(1-\sum_{k=1}^{i-1}\Delta P_{L*})\frac{K_{L*}(\Delta f_{i*}-\Delta f_{h*})}{1-K_{L*}\Delta f_{h*}} \tag{16-16}$$

一般希望各级切除功率小于按式（16 - 16）计算所求得的值，特别是在采用 n 增大、级差减小的系统中，每级切除功率值就更应小些。

在自动低频减载装置的工作过程中，当第 i 级启动切除负荷以后，如系统频率仍继续下降，下面各级则会相继动作，直到频率下降被制止。如果出现的情况是：第 i 级动作后，系统频率可能稳定在 f_{hi}，它低于恢复频率的极限值 f_h，但又不足以使下一级自动减载装置启动，因此要装设特殊轮，以便使频率能恢复到允许的限值 f_h以上。特殊轮的动作频率应不低于前面基本段第一级的启动频率，它是在系统频率已经比较稳定时动作的。因此其动作时限可以为系统时间常数 T_X的 2～3 倍，最小动作时间为 10～15s。特殊轮可按时间分为若干级，也就是其启动频率相同，但动作延时不一样，各级时间差

可不小于5s，按时间先后次序分批切除用户负荷，以适应功率缺额大小不等的需要。在分批切除负荷的过程中，一旦系统恢复频率高于特殊轮的返回频率，自动低频减载装置就停止切除负荷。特殊轮的功率总数应按最不利的情况来考虑，即自动低频减载装置切除负荷后系统频率稳定在可能最低的频率值，按此条件考虑特殊轮所切除用户功率总数的最大值，并且保证具有使系统频率恢复到 f_h 的能力。

16.3.1.5　自动低频减载装置的动作延时及防止误动作措施

自动低频减载装置动作时，原则上应尽可能快，这是延迟系统频率下降的最有效措施，但考虑到系统发生事故，电压急剧下降期间有可能引起频率继电器误动作，所以往往采用一个不大的时限（通常用0.1～0.2s）以躲过暂态过程可能出现的误动作。

自动低频减载装置是通过测量系统频率来判断系统是否发生功率缺额事故的，在系统实际运行中往往会出现装置误动作的例外情况，例如地区变电站某些操作，可能造成短时间供电中断，该地区的旋转机组如同步电动机、同步调相机和异步电动机等的动能仍短时反馈输送功率，且维持一个不低的电压水平，而频率则急剧下降，因而引起自动低频减载装置的错误启动。当该地区变电站很快恢复供电时，用户负荷已被错误地断开了。

当电力系统容量不大、系统中有很多冲击负荷时，系统频率将瞬时下跌，同样可能引起自动低频减载装置启动，错误地断开负荷。

在上述自动低频减载装置误动作的例子中，可引入其他信号进行闭锁，防止其误动作，如电压过低和频率急剧变化率闭锁等。

16.3.2　高频切机

当电力系统发生突然丢失电力负荷或区域联络线因故障退出运行等严重故障时，电网会出现较大过剩功率，为防止系统频率大幅上升，自动按频率的升高切除部分发电机组，来保证电力系统安全稳定运行的一种有效的紧急控制措施，称为高频切机。

16.3.2.1　高频切机的整定内容

高频切机的整定内容一般由轮级配置、各轮级频率定值的选择、切机地点的选择、各轮级切机容量的确定、延时选择五部分组成。

（1）轮级配置。高频切机措施动作后，要求能够迅速地使系统频率恢复到允许的稳定范围内，还要避免过切引起的低频减载误动作，所以，高频切机措施一般采用分轮级切机的方式。切机轮级配置得越多、单次切机量越少，稳态频率恢复效果越好；但频率的恢复速度与切机轮级多少反相关，轮级越多频率恢复速度越慢。综合这两方面考虑，依据工程实践经验，高频切机措施轮级一般不宜少于两轮，不宜多于五轮，以三轮配置居多。

（2）各轮级频率定值的选择。高频切机第一轮频率定值的选择最为重要，其频率定值不宜选择太高，但过低的频率定值会导致系统出现轻微高频故障时，还未充分发挥机组的一次调频作用，高频切机就解列了部分机组。水电机组耐高频能力较强，高频切机第一轮定值一般选取52.0Hz，由于风电机组各轮定值都必须低于51.5Hz，第一轮频率定值相对较低。高频切机的各轮级频率级差通常不宜大于0.5Hz，不宜小于0.2Hz，频率级差过大会使高频切机的动作时间延长，降低频率控制效果，过小的频率级差可能会使高频切机丧失选择性，出现越级动作。

(3) 切机地点的选择。一方面，切机地点的选择必须满足系统安全性的要求，即切除相应发电机后，在保证系统稳定的前提下明显降低系统中的过剩功率。另一方面，切机地点的选择应该满足经济性要求，水电机组启停较为简单，且启停速度较快，满足经济性要求。有文献指出高频切机电厂距离主节点电气距离越近频率控制效果越好。此外，切机地点应当均匀分散在系统当中，不宜选择得过于集中，避免因系统潮流大范围转移而出现电压问题。

(4) 各轮级切机量的确定。高频切机量的选择与高频切机的频率控制效果关系密切，如果每轮的切机量选择太大，在系统过剩功率较小时，高频切机措施可能会过切，致使低频减载误动作；如果各轮级的切机量选择太小，遇到较严重高频故障时，高频切机措施可能无法使频率恢复到允许范围内。在实际工程应用中，一般采用“最小欠切原则”进行切机量的选择。

(5) 延时选择。目前，还没有关于高频切机各轮级延时选择的统一规定，考虑到高频切机措施必须躲开由电压突增或系统振荡所引起的频率瞬时升高，工程上一般取0.2s或者0.5s。

16.3.2.2 高频切机的整定原则

高频切机措施的配置原则为：

(1) 我国电力系统的额定频率是50Hz，正常状态下频率偏差允许值为±0.2Hz，异常状态不得超过±0.5Hz，小容量系统正常状态可以放宽到±0.5Hz。因此，高频切机第一轮频率阈值应高于50.5Hz。

(2) 风电机组应优先于水电机组被切除，结合水电机组特点，水电机组高频切机第一轮阈值一般选取52Hz。根据风电场接入电网规定的要求，风电机组能承受的最高频率为51.5Hz，故风电机组高频切机的动作值应低于51.5Hz。

(3) 高频切机应遵循“最小欠切原则”，还需要与系统低频减载措施配合，保证不会引起地区电网出现低频问题，避免切机过量导致低频减载装置误动作。

(4) 应选择距离主节点电气距离较近的发电厂作为高频切机电厂。

(5) 为避免高频切机动作后系统潮流发生太大变化，原则上每个水电厂至少要保留一台机组不配置高频切机措施。

(6) 大机组的调频性能优于小机组，应优先切除小机组，保留大机组。

(7) 高频切机措施频率级差过小容易失去选择性，过大则频率控制效果变差，因此，一般将频差设定为0.2～0.5Hz。

(8) 已安排高频切机措施的电厂开机方式变化后，安排高频切机措施的机组应做必要的调整，保持切机总量保持不变，必要时对方案做校核。

高频切机措施的要求指标如下。

(1) 暂态过程最高频率：风电机组高频保护定值是51.5Hz，因此，风电机组被全部切除前的系统暂态最高频率应控制在51.5Hz以下。水电机组对频率允许偏差的范围比较宽泛，高频保护阈值为57.5Hz（仿真电网系统中个别机组参量），考虑到实际装置自动化采集可信区为45～55Hz，故应该将解列地区电网风电场被切除后的暂态最高频率控制在55Hz以下。

（2）暂态过程最低频率：地区电网低频减载措施第一轮频率阈值一般是49Hz。高频切机措施配置时，必须控制电网解列后暂态过程中最低频率大于49Hz。

（3）稳态恢复频率：高频切机配置时，控制电网解列运行恢复稳态后频率在50±0.5Hz之间。

（4）暂态过程最低电压：高频切机措施配置时，控制电网解列运行时不引起低压减载动作。

16.4 频率稳定分析控制方法展望

电网中新能源渗透率的不断提高，对电网而言既是机遇也是挑战，研究系统的频率特性应充分考虑新型电力系统的特点。为了满足新型电力系统对惯量的需求，越来越多地要求新能源机组或者场站具备相似的惯量和能够响应频率变化的能力。如何使风电更好地参与电网的频率调节，是未来需要研究的重点。

（1）新能源调频能力。新能源机组参与系统频率响应，无论是转子动能控制、超速控制，还是变桨控制，都会引起转子转速或转速变化率超出正常范围，桨叶频繁调节而导致的机械应力，是否会给机组的寿命带来较大影响，或波及机组的稳定运行等，需要进行系统的评估与界定。

（2）新能源惯量评估。新能源的惯量与火电机组不同，其惯量主要由控制主导，具有灵活可调控性，其时变性也给新能源场站的惯量在线评估带来了困难，因此亟须开展新能源最小惯性需求以及在线评估研究。

（3）充分利用新能源惯量的可调控性。新能源机组的惯量主要通过控制功能实现，不同于传统同步机的定常数惯量，在系统受绕过程中可以充分利用控制主导惯量的灵活性和可控性，从而使得系统频率控制能够有效发挥作用。

16.5 本章小结

本章围绕电力系统频率稳定性分析与控制展开研究，首先分析了短期频率稳定性和长期频率稳定性的概念及区别，并分别从传统发电机组和新能源机组两方面对短期暂态频率稳定性进行深入分析。其次介绍并分析了两种保证系统频率安全稳定的重要控制措施（低频减载和高频切机），并介绍了其算法及整定原则。最后对新型电力系统频率稳定分析控制方法进行了展望。

第 17 章

电力系统失步解列控制

17.1 引　言

电力系统长期的运行实践表明，对电力系统稳定性的要求越来越高，紧急控制措施也越来越完善，但总存在一些不可预料的扰动叠加导致电力系统暂态失稳，如若处理不当，将会造成巨大的经济损失。为了避免可能或已经失步的互联电网演化为不受控的崩溃，有必要在合适的断面和时机将系统解列成各自分别保持同步运行的分区电网。从现有研究来看，解列控制可分为失步解列与主动解列。

失步解列目前已在工程上得到了广泛应用。它是指当电力系统失步后，选择合适的解列点将系统解列，使由频率不等而发生振荡的两部分系统失去联系，因而也就消除了振荡，避免事故在全系统范围内扩大。系统失步时，失步中心落在失步机群之间的电气联系上，因此实际工程中解列点的选择一般是通过捕捉失步中心的位置，寻找其所在的一组失步断面联络线，确定失步断面后再实施解列的。当系统在失步断面处解列，振荡将得到平息，如果在其他地点解列，振荡将继续存在，事故将继续扩大。失步解列是电力系统稳定破坏后防止事故扩大的基本措施，在电网结构的规划中应遵循合理的分层分区原则，在电网的运行时应分析本电网各种可能的失步振荡模式，制定失步振荡解列方案，配置自动解列装置，远方大电厂与主网失去同步时可采用切除部分机组实现再同步的措施，但应具有规定时间内再同步无效进行解列的后备措施。

主动解列是近年来新兴的一种解列技术，由高速通信手段配合离散的失步解列装置所构成，能够实时、主动完成系统的解列控制。它涉及电力系统稳定控制领域的多方面问题，可以理解为在一定约束条件下，将网络进行最优平衡分割的过程。主动解列控制目标是保证以最小的负荷损失代价，使解列后各孤岛能稳定运行，从而获得最优的控制结果。

鉴于目前主动解列尚处于新兴的研究阶段，本章对此不做过多陈述，将重点介绍目前工程上已使用较为广泛的失步解列的基本原理与方法。

17.2 失步的概念

在介绍失步解列基本原理之前，先介绍失步的概念。两个同调机群惯量中心等值发电机转子之间的功角摆幅超过 180°时，认为系统失去同步，随后此功角差将在 0°～360°范围内周期变化，该过程称为失步振荡。在典型两机系统失步振荡过程中，随着联络线两侧系统功角差的周期性变化，联络线上各点的电压发生周期性振荡。在某一振荡模式下，功角振荡导致电压跌落最严重的点，称为振荡中心。在系统等值功角差达到 180°时，振荡中心处电压为零，该点称为失步振荡中心。

为了便于测量，通常将振荡中心两侧母线电压相量之间的相角差从正常运行角度值逐步增加并超过 180°作为系统已失去同步的判据。

17.3 失步解列判据及解列断面的选择

失步解列控制是指当系统发生失步振荡时，通过采取解列联络线的控制措施，以消除电网的异步运行状态，防止事故扩大。失步解列断面的选择方法主要有两种，一是在易于解列但不是振荡中心所在的断面进行解列。另一种最常用的方法是在失步中心处将失步机群解列，将解列断面选择问题转化为失步中心定位问题，目前，国内的解列控制多采用这种方法。因此识别系统是否发生失步是执行失步解列的首要前提。电力系统失步解列判据是在研究系统失步振荡过程中电气量变化规律的基础上，研究出基于单个或多个电气量的，能够判别系统失步特征的方法，并且要求在系统发生各种异常状态时能够正确判断系统失步的状态。判别系统失步较直观和较可靠的判据是失步中心两侧（或两部分）的相角差超过 180°，也可演变为基于系统异步运行过程中视在阻抗轨迹、视在阻抗角等电气量变化规律的失步解列判据。

目前大量应用于国内电力系统的失步解列判据主要有基于相位角的失步解列判据，基于视在阻抗角的失步解列判据，以及基于 $u\cos\varphi$ 轨迹的失步解列判据。下面将分别介绍各个常用判据的基本原理。

17.3.1 基于相位角的失步解列判据

推导失步期间相位角变化规律之前，先定义几个概念：正、反方向，振荡中心（见 17.2 节内容），送、受端。正、反方向是指振荡中心相对于装置安装处的落点。在图 17-1 中，以 A 为基准，当 $|AM|<|AC|$ 时，称振荡中心落在装置安装处的正方向；当 $|AM|>|AC|$ 时，称振荡中心落在装置安装处的反方向；而当 $|AM|\approx|AC|$ 时，称振荡中心落在装置安装处附近。

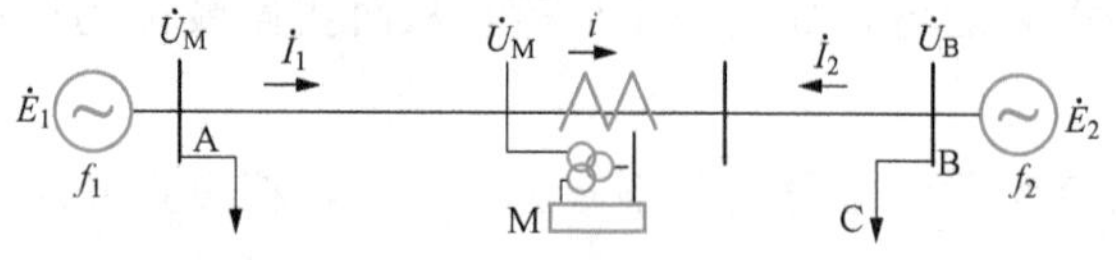

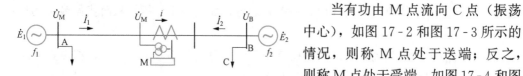

图 17-1　两机等值系统

当有功由 M 点流向 C 点（振荡中心），如图 17-2 和图 17-3 所示的情况，则称 M 点处于送端；反之，则称 M 点处于受端，如图 17-4 和图 17-5 所示的情况。

明确正、反方向和送、受端的概念后，便可以根据失步振荡过程中可能发生的实际情况，分五种情况对相位角进行分析，研究其在失步振荡过程中的变化规律。

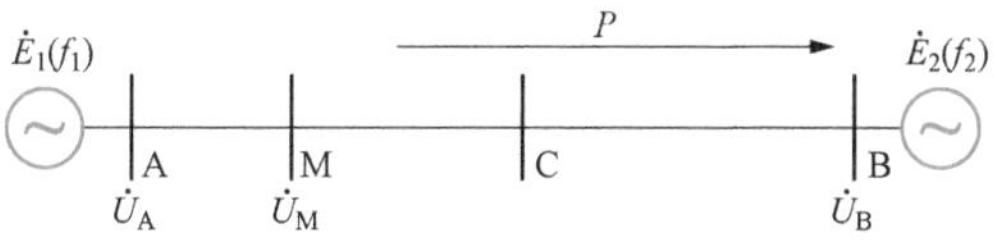

图 17-2　振荡中心落在装置安装处的正方向且 M 点处于送端位置

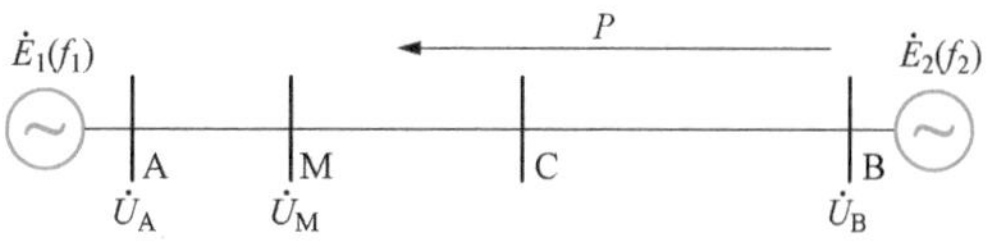

图 17-3　振荡中心落在装置安装处的正方向且 M 点处于受端位置

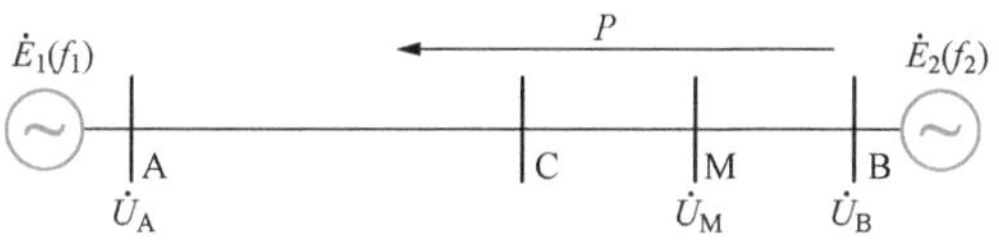

图 17-4　振荡中心落在装置安装处的反方向且 M 点处于送端位置

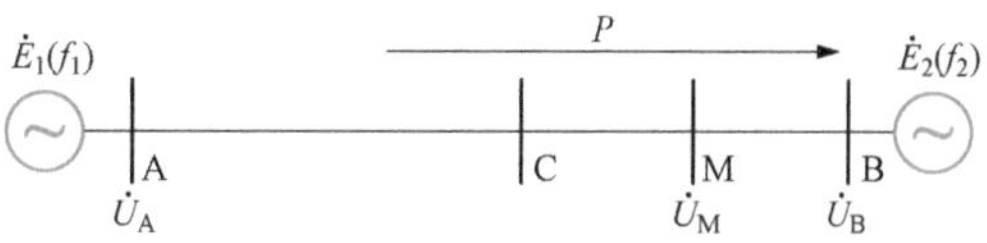

图 17-5　振荡中心落在装置安装处的反方向且 M 点处于受端位置

(1) 正方向、送端。该状态对应图 17-2，此时潮流由 $\dot{E}_1$ 沿着线路流向 $\dot{E}_2$。由于潮流方向为有功功率的流向，而频率反映了有功功率的大小，可以直观地认为 $\dot{E}_1$ 的频率 f_1 大于 $\dot{E}_2$ 的频率 f_2，即 $f_1>f_2$，二者之间就有了相对运动，引起 δ 的大小变化，进而引起 φ（线路的相位角，即电压与电流的夹角）变化。图 17-6 中示出失步过程中 $\dot{E}_1$、$\dot{E}_2$、$\dot{U}_M$ 和 $\dot{U}_C$ 的相量位置，视 $\dot{E}_2$ 不动，而 $\dot{E}_1$ 超前 $\dot{E}_2$ 做逆时针旋转，周期为 $T=1/|f_1-f_2|$。

(2) 正方向、受端。该状态对应图 17-3，此时潮流由 $\dot{E}_2$ 沿着线路流向 $\dot{E}_1$，而 $f_1<f_2$。图 17-7 中示出失步过程中 $\dot{E}_1$、$\dot{E}_2$、$\dot{U}_M$ 和 $\dot{U}_C$ 的相量位置。

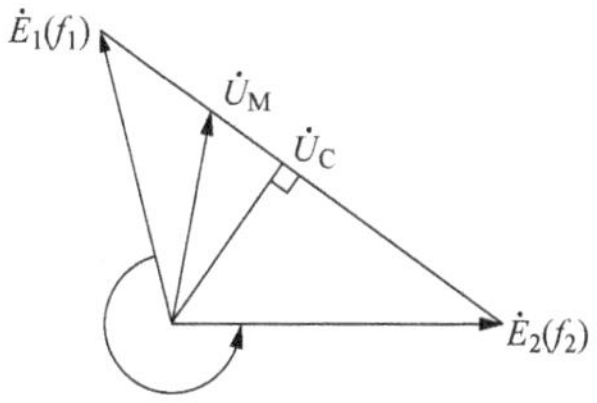

图 17-6　正方向、送端时的相量图

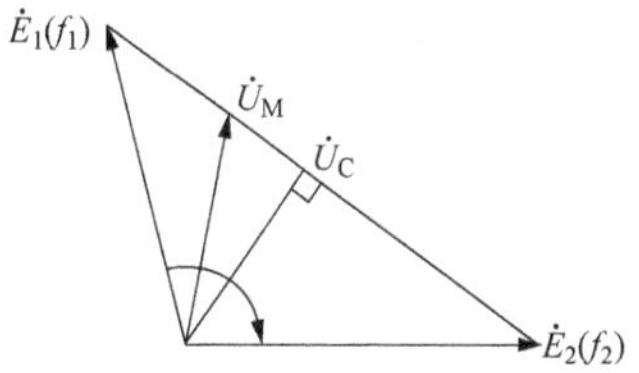

图 17-7　正方向、受端时的相量图

(3) 反方向、送端。该状态对应图 17-4，潮流方向及频率关系与 (2) 相同，只是装置安装处与振荡中心的位置关系不同。图 17-8 中示出失步过程中 $\dot{E}_1$、$\dot{E}_2$、$\dot{U}_M$ 和 $\dot{U}_C$ 的相量位置。

(4) 反方向、受端。该状态对应图 17-5，潮流方向及频率关系与 (1) 相同，只是装置安装处与振荡中心的位置关系不同。图 17-9 中示出失步过程中 $\dot{E}_1$、$\dot{E}_2$、$\dot{U}_M$ 和 $\dot{U}_C$ 的相量位置。

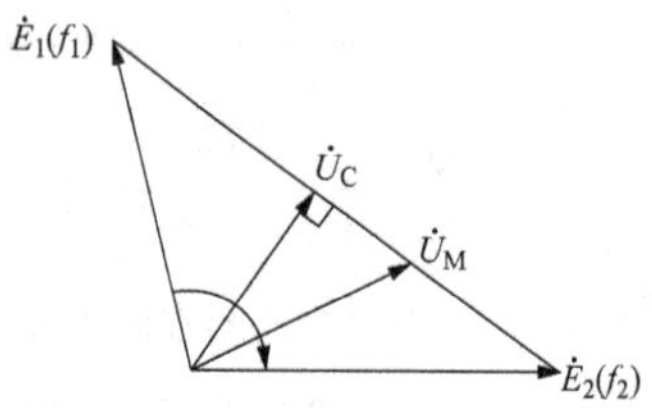

图 17-8　反方向、送端时的相量图

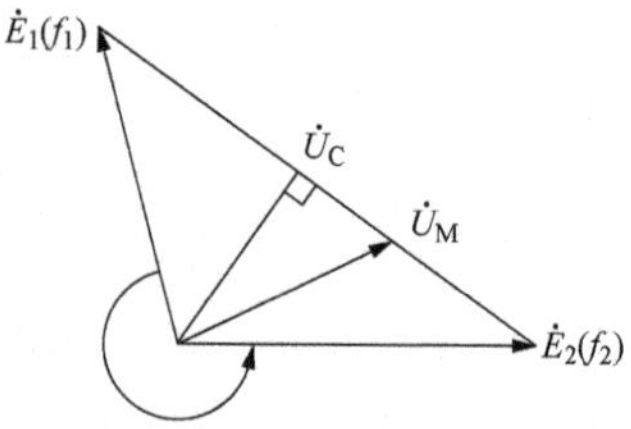

图 17-9　反方向、受端时的相量图

(5) 若振荡中心恰好落在装置安装处附近，该状态是前述四种状态的特殊情形，即 $\dot{U}_M$与$\dot{U}_C$接近重合。

图 17-10 中示出图 17-6 情况下相位角 φ 的变化规律，为便于分析，设负载为纯感性，即电流 $\dot{I}_M$角度落后于($\dot{E}_1-\dot{E}_2$)90°。显然在失步过程中相位角 φ 从 0°增加到 180°，即在Ⅰ、Ⅱ象限范围内周期变化。

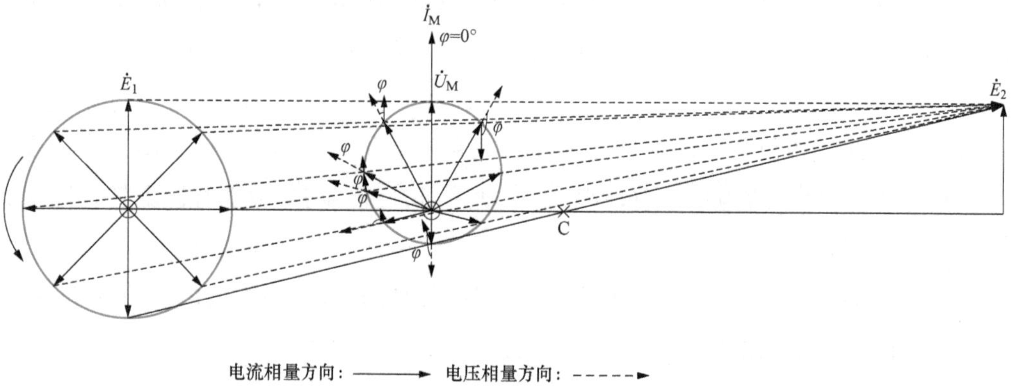

图 17-10　图 17-6 情况下相位角 φ 的变化规律

同理，可以推出在图 17-7 情况下，在失步过程中相位角 φ 从 180°减小到 0°，即在Ⅱ、Ⅰ象限范围内周期变化。

图 17-11 示出图 17-9 情况下相位角 φ 的变化规律，显然在失步过程中相位角 φ 从 360°减小到 180°，即在Ⅳ、Ⅲ象限范围内周期变化。

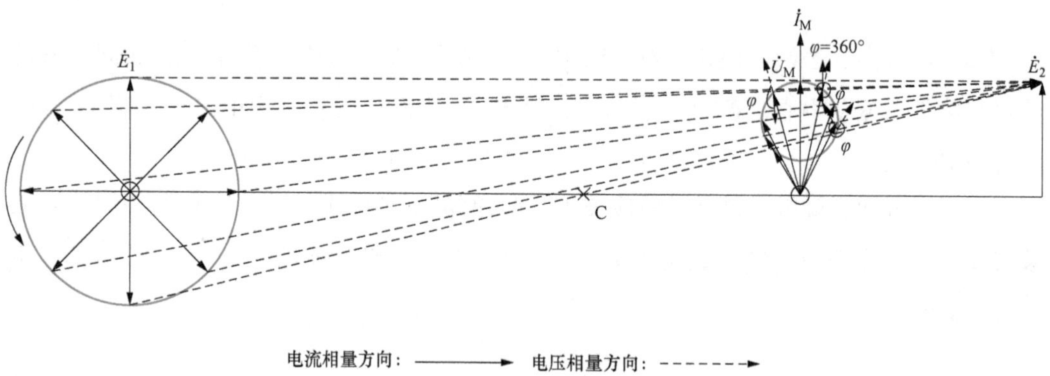

图 17-11　图 17-8 情况下相位角 φ 的变化规律

同理，可以推出在图 17-8 情况下，在失步过程中相位角 φ 从 180°增加到 360°，即在Ⅲ、Ⅳ象限范围内周期变化。

另外，若振荡中心恰好落在装置安装处附近，相位角 φ 在 0°与 180°两个状态之间来回翻转。上述分析时，假定线路为纯感性，线路阻抗角为 90°，实际系统中线路阻抗角并不是 90°，所以往往在分析过程中加上角度补偿（视不同的系统而不同），这样会更准确些。

17.3.2 基于视在阻抗角的失步解列判据

如图 17-12 所示的等值两机系统，两等值机电势分别为 $\dot{E}_1$、$\dot{E}_2$，为简化分析，假定两等值电势幅值相等，全系统总阻抗为 Z_{eq} 且全系统阻抗角 φ_{eq} 相同。振荡中心位置为 O 点，装置安装处 M 点（虚线框内 M 点表示振荡中心位于安装处反方向时的示意），装置安装处至振荡中心阻抗为 Z_{MO}。

如图 17-13 相量图所示，取电势 $\dot{E}_2$ 为参考矢量，两系统间的功角差为 δ，两侧电势与功角的关系为

$$\dot{E}_1 = \dot{E}_2 e^{j\delta} \tag{17-1}$$

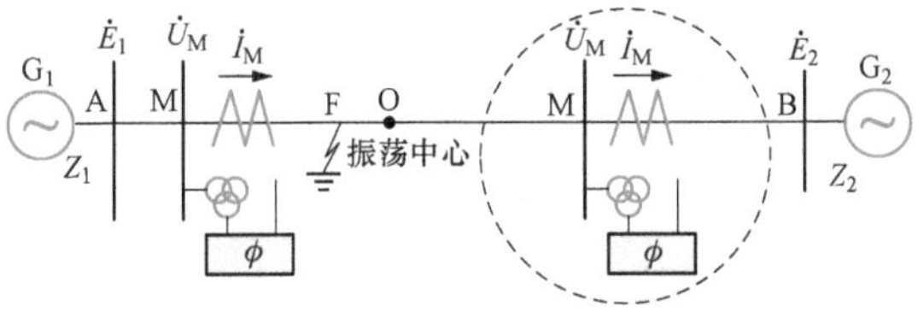

图 17-12 等值两机系统图

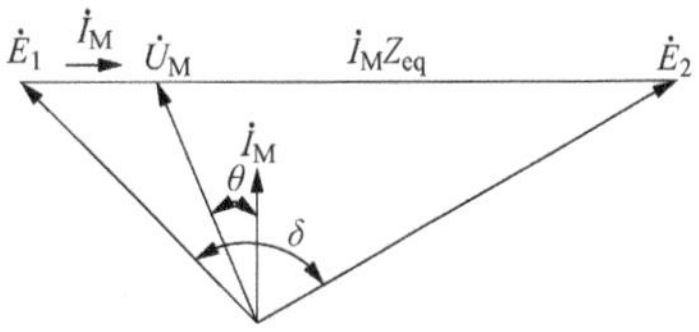

图 17-13 等值系统相量图

装置安装处电流为

$$\dot{I}_M = \frac{\dot{E}_2 - \dot{E}_1}{Z_{eq}} = \frac{2\dot{E}_2 \sin\left(\frac{\delta}{2}\right) e^{j\left(\frac{\pi}{2}+\frac{\delta}{2}-\varphi_{eq}\right)}}{|Z_{eq}|} \tag{17-2}$$

振荡中心在装置安装位置 M 点正方向时，装置安装处电压为

$$\dot{U}_M = \dot{E}_1 + \dot{I}_M\left(\frac{Z_{eq}}{2} - Z_{MO}\right) \tag{17-3}$$

将式（17-1）代入式（17-3），得

$$\dot{U}_M = \left[\left(\frac{1}{2} - \frac{Z_{MO}}{Z_{eq}}\right) + \left(\frac{1}{2} + \frac{Z_{MO}}{Z_{eq}}\right)e^{j\delta}\right]\dot{E}_2 \tag{17-4}$$

令 $m = \left(\frac{Z_{eq}}{2} + Z_{MO}\right) / \left(\frac{Z_{eq}}{2} - Z_{MO}\right)$ 并整理得

$$\dot{U}_M = \left(\frac{1}{2} + \frac{Z_{MO}}{Z_{eq}}\right)\left(\frac{1}{m} + \cos\delta + j\sin\delta\right)\dot{E}_2 \tag{17-5}$$

装置安装处视在阻抗角为

$$\theta = \arctan\frac{\sin\delta}{\frac{1}{m} + \cos\delta} - \frac{\pi}{2} - \frac{\delta}{2} + \varphi_{eq} \tag{17-6}$$

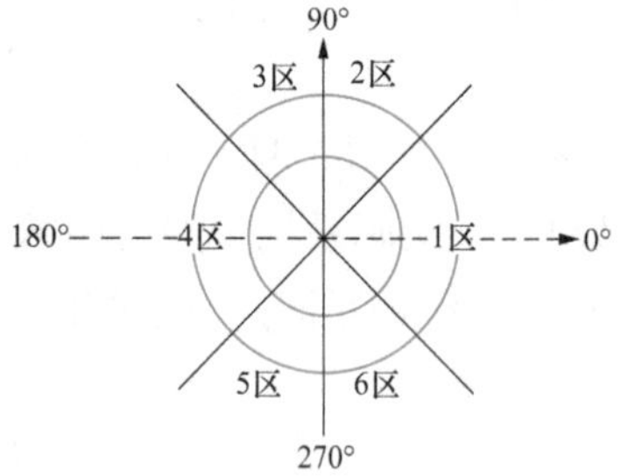

图 17-14　阻抗角判断区划分

因此，振荡中心位置确定时，装置安装处$\dot{U}_{M}$和$\dot{I}_{M}$的夹角θ是功角δ的函数，δ改变时，θ也随之而改变，视在阻抗角与功角之间的关系可近似表示为$\theta\approx\frac{\delta}{2}$。如图 17-14 所示，把阻抗角$\theta$在四个象限内划分为 6 个区。

视在阻抗角判据利用在装置安装处所测量到的阻抗角变化规律，判断区分系统失步、同步振荡及短路，表 17-1 为通过阻抗角穿越规律形成的具体判据。

表 17-1　视在阻抗角判据

阻抗角规律	判据结论
长期 1 区	正常运行送端
长期 4 区	正常运行受端
顺次经过 1-2-3-4	送端、正方向失步 1 个周期
顺次经过 4-3-2-1	受端、正方向失步 1 个周期
顺次经过 1-6-5-4	送端、反方向失步 1 个周期
顺次经过 4-5-6-1	受端、反方向失步 1 个周期
顺次经过 1-4-1 或 4-1-4	振荡中心附近失步 1 个周期
畸变后驻留在某区	短路故障

17.3.3　基于 $u\cos\varphi$ 轨迹的失步解列判据

电力系统失步时，一般可将所有机组分为两个机群，用两机等值系统分析其特性。图 17-15 所示为两机等值系统接线图。

在分析中采用下列假设条件：

(1) 两等值机电势分别为$\dot{E}_{M}$和$\dot{E}_{N}$，且假定两等值电势幅值相等。

(2) 系统等值阻抗角为 90°。

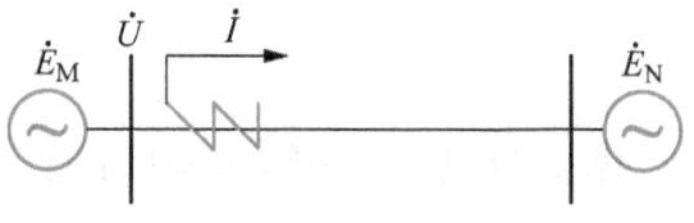

图 17-15　两机等值系统接线图

在分析中取$\dot{E}_{N}$为参考相量，使其相位角为 0°，幅值为 1；M 侧系统等值电势$\dot{E}_{M}$的初相角为α，则可得两侧电势为

$$e_{N}=\cos\omega t \tag{17-7}$$

$$e_{M}=\cos[(\omega+\Delta\omega)t+\alpha] \tag{17-8}$$

图 17-16 为图 17-15 所示等值系统的相量图。两系统功角为：$\delta=\Delta\omega t+\alpha$。

由图 17-16 可知$\dot{U}_{C}=\dot{U}\cos\varphi$，即为振荡中心的电压，由于测量$u\cos\varphi$是取$\dot{U}$在$\dot{I}$上的投影，故$u\cos\varphi$是反映振荡中心电压$\dot{U}_{C}$的标量。由图 17-16 可得出

$$U_{C}=u\cos\varphi=\cos\frac{\delta}{2}=\cos\left(\frac{\Delta\omega t+\alpha}{2}\right) \tag{17-9}$$

当系统失步运行时，$\Delta\omega\neq0$，振荡中心电压呈周期性变化，振荡周期 360°，即

$$U_C=\cos\left(\frac{\Delta\omega t+\alpha}{2}\right) \tag{17-10}$$

若 $\Delta\omega>0$，即加速失步，振荡中心电压 U_C 的变化曲线如图 17-17（a）所示；若 $\Delta\omega<0$，即减速失步，振荡中心电压 U_C 的变化曲线如图 17-17（b）所示。

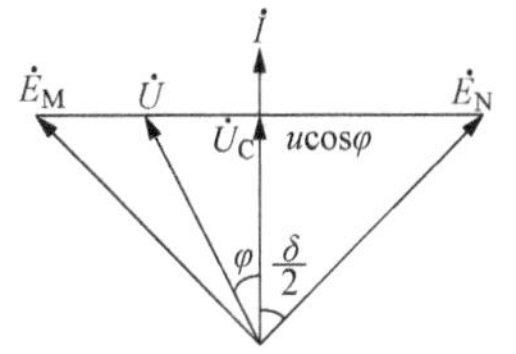

图 17-16 等值系统相量图

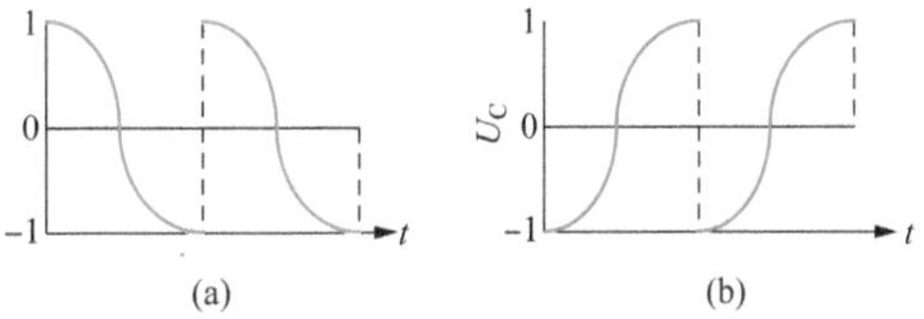

图 17-17 振荡中心电压 U_C 的变化曲线

（a）加速失步；（b）减速失步

由上述分析可以看出，振荡中心电压与功角 δ 之间存在确定的函数关系，因此可以利用振荡中心电压 $u\cos\varphi$ 的变化反映功角的变化。状态量的功角是连续变化的，因此在失步振荡时振荡中心的电压也是连续变化的，且过零；在短路故障及故障切除时振荡中心电压是不连续变化且有突变的；在同步振荡时，振荡中心电压是连续变化的，但振荡中心电压不过零。因此，可以通过振荡中心的电压变化来区分失步振荡、短路故障和同步振荡。

在振荡中心电压 $u\cos\varphi$ 的变化平面上，可将 $u\cos\varphi$ 的变化范围分为 7 个区，如图 17-18 所示。

根据前面的分析可得出振荡中心电压 $u\cos\varphi$ 在失步振荡时的变化规律为：

（1）加速失步时，$u\cos\varphi$ 的变化规律为 0-1-2-3-4-5-6-0。

（2）减速失步时，$u\cos\varphi$ 的变化规律为 0-6-5-4-3-2-1-0。

上述分析是假定线路阻抗角为 90°，但实际系统中线路阻抗角不是 90°，因而需要进行角度补偿。如图 17-19 所示，线路阻抗角为 90°时，$u\cos\varphi$ 就是振荡中心电压，但实际线路阻抗角小于 90°时，$u\cos\varphi$ 大于振荡中心电压。假定实际线路阻抗角为 82°，则将电流相位滞后 8°，这样用 $u\cos\varphi$ 代替振荡中心电压更为准确。

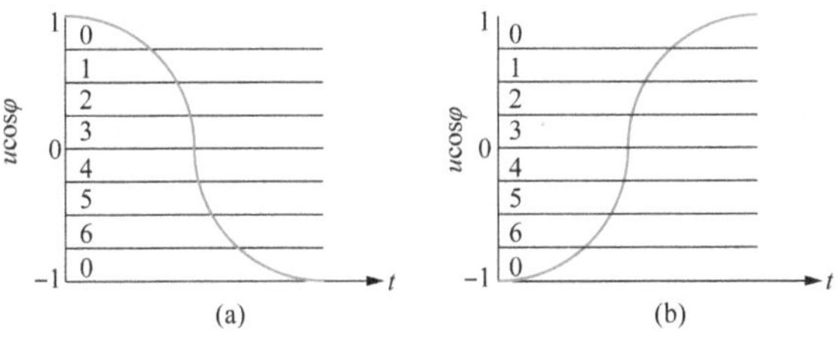

图 17-18 $u\cos\varphi$ 变化区域的划分

（a）加速失步；（b）减速失步

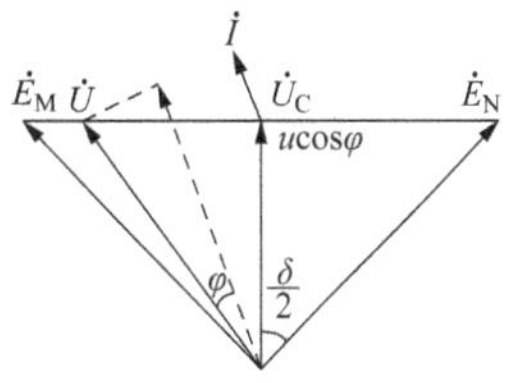

图 17-19 角度补偿

17.3.4 其他失步解列判据

下面介绍一些其他的失步解列判据。

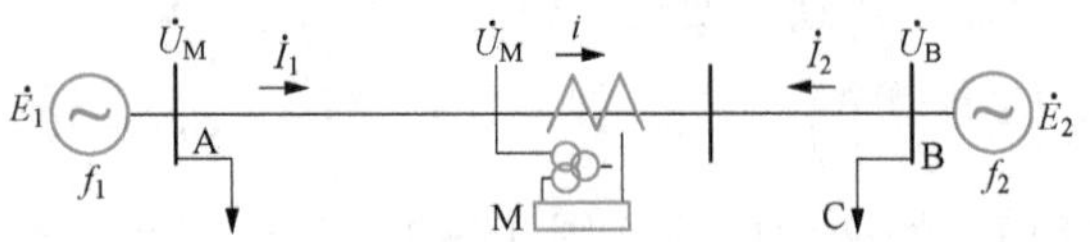

图 17-20　两机等值系统

(1) 基于电压、电流特性的失步解列判据。

考虑图 17-20 所示的两机等值系统，为分析方便，采用下列假设条件：

1) 两等值机电势分别为$\dot E_1$和$\dot E_2$。

2) 假定输电线路全线是均匀的，即等值阻抗的阻抗角全线相同，认为Z_{eq}值恒定不变。

3) 输电线路全线长度为 1，装置安装处$\dot U_M$到$\dot E_1$的距离为k_v。

利用叠加原理，由图 17-20 可得失步状态下电流相量（以相量$\dot E_2$为基准）为

$$\dot I_1=\frac{\dot E_1-\dot E_2}{Z_{eq}}=\frac{\dot E_2}{Z_{eq}}\times(k\mathrm{e}^{\mathrm{j}\delta}-1) \tag{17-11}$$

式中：$k=E_1-E_2$，δ为$\dot E_1$与$\dot E_2$之间夹角。

从而有

$$I=\sqrt{1-2k\cos\delta+k^2}\left|\frac{E_2}{Z_{eq}}\right| \tag{17-12}$$

显然，一个异步状态周期中电流的变化如图 17-21 所示。

可见，当两侧电势的夹角$\delta=180°$时，电流最大；$\delta=0°$时，电流最小；如果两侧电势幅值相等，即$k=1$，则$\delta=0°$时电流为零。由此可通过电流变化判断系统是否发生失步。

在失步过程中，装置安装处的电压$\dot U_M$的有效值总是在不断变化的，如图 17-22 所示。

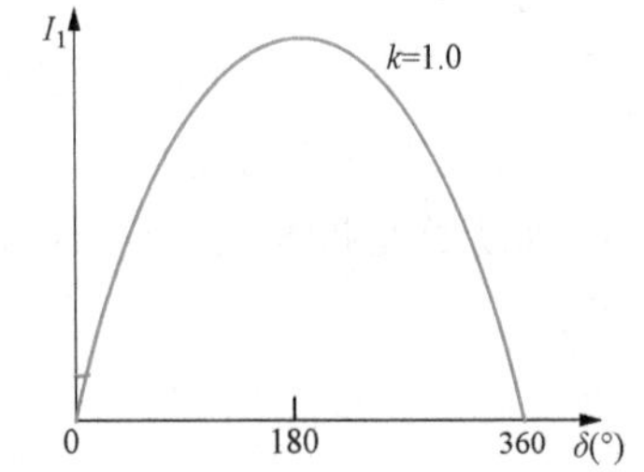

图 17-21　失步状态下电流变化图

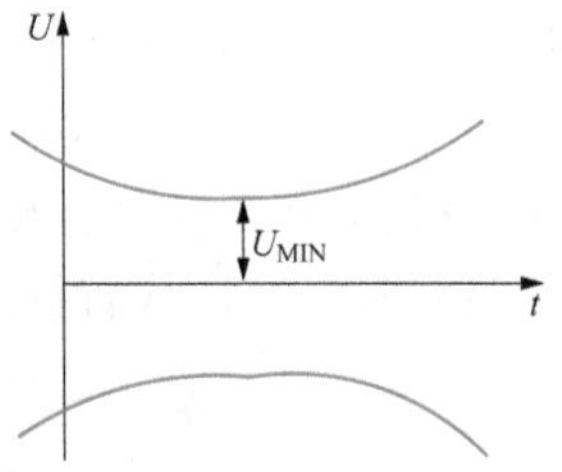

图 17-22　失步状态时装置安装处电压的变化情况

图 17-22 中，U_{MIN}为变化过程中的最低值，可以推导U_{MIN}，列出方程式

$$\dot E_1-\dot E_2=\dot I Z_{eq},\ \dot E_1-\dot U_M=k_v\dot I Z_{eq} \tag{17-13}$$

在设$\dot E_1=k\mathrm{e}^{\mathrm{j}\delta}\dot E_2$的前提下，有

$$\dot U_M=\dot E_1-k_v\dot I Z_{eq}=[(1-k_v)k\mathrm{e}^{\mathrm{j}\delta}+k_v]\dot E_2 \tag{17-14}$$

$$|\dot U_M|=\sqrt{(1-k_v)^2k^2+k_v^2+2k_v(1-k_v)k\cos\delta}\,|\dot E_2| \tag{17-15}$$

显然，当装置安装位置已定，在$\cos\delta=-1$即$\delta=180°$时，装置安装点电压的有效

值$\dot{U}_M$达到最小值。此时，$\dot{E}_1$、$\dot{E}_2$及$\dot{U}_M$的相量位置如图 17 - 23 所示。

由简单的比例关系可以得到：$\dot{U}_M=\dot{E}_M-k_v(\dot{E}_M+\dot{E}_M)$。可以得出，如果两侧电势幅值相等并且装置安装在输电线路的中点时，装置安装处的线路电压为零。

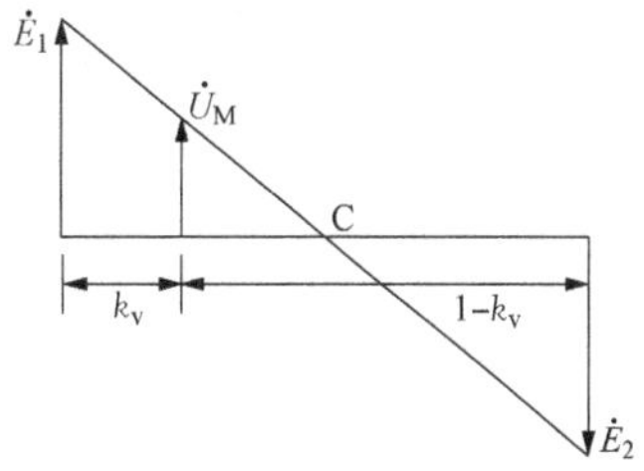

图 17 - 23　U_{MIN}达到最小值时的相量图

推导U_{MIN}的目的是将其作为解列动作区范围的判据。如果$U_{MIN}\geqslant ULS^*$（失步振荡解列动作区范围低电压定值），则装置偏离振荡中心过远，不再进行失步判断，反之则进行判断。这样，可以将系统在振荡中心处解列。

（2）基于视在阻抗轨迹的失步解列判据。异步运行，当线路无中间分支负荷时，测量阻抗可简化为

$$Z_P=\left(\frac{1}{1-\frac{1}{k}e^{-j\delta}}-\alpha\right)Z_{eq}=\left(-\alpha+\frac{k^2}{k^2-1}\right)Z_{eq}+\left(\frac{k}{k^2-1}\right)Z_{eq}e^{j\varphi} \tag{17-16}$$

$$\varphi=-\delta-2\arctan\frac{\sin\delta}{k-\cos\delta}$$

输入阻抗 Z_P 轨迹如图 17 - 24 所示。

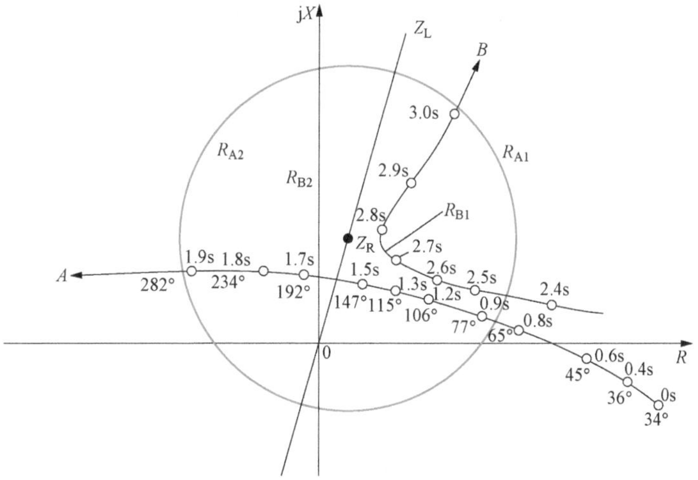

图 17 - 24　阻抗继电器及测量阻抗特性图

在监视点装设阻抗继电器，特性如图 17 - 24 的 R_A圆和 R_B圆所示。如果输入阻抗轨迹进入阻抗继电器范围，则继电器动作。作为异步运行检测元件，可以使用两个灵敏性不同的阻抗继电器 R_A和 R_B，采用阻抗变化速度来区别短路情况和异步运行。如果是异步运行，阻抗轨迹如图中曲线 A，变化较慢，将依次通过继电器边界 R_{A1}（R_A继电器动作）、R_{B1}（R_B继电器动作）、R_{B2}（R_B继电器返回）、R_{A2}（R_A继电器返回）。如果是短路，则测量阻抗将瞬时达到 Z_{PK}。为此，要求检测装置具有很高的时间分辨率，以区别各段阻抗继电器动作时间。通常要求异步振荡周期在 100～200ms 及以上时，检测装置

能正确区分短路和振荡。

利用阻抗变化轨迹还可以区别同步振荡和异步振荡。如图 17 - 24 中的轨迹 B 即为同步振荡轨迹，它经历的边界次序为 R_{A1}、R_{B1}、R_{B1} 和 R_{A1}。其特点是不穿越继电器，而从同一侧边界返回。

利用阻抗继电器的动作范围可以限定检测装置反应的区域，以便在区外振荡时（或振荡中心在区外时）不动作，而实现选择性动作。

阻抗继电器可以是各种形状的动作特性，如圆形、透镜形、矩形等。由于透镜形和矩形在确定动作范围时更方便。我国电力系统中的装置一般采用此种特性。

考虑在重合闸或转换性故障时，测量阻抗可能跳跃性变化，这种情况容易和异步运行混淆。为了防止误判，有的产品采用多级阻抗顺序动作来检测异步运行，如我国电力自动化研究院开发研制的 SBJ - 1A 型失步解列装置采用了 6 级阻抗圆，装置动作说明如图 17 - 25 所示。

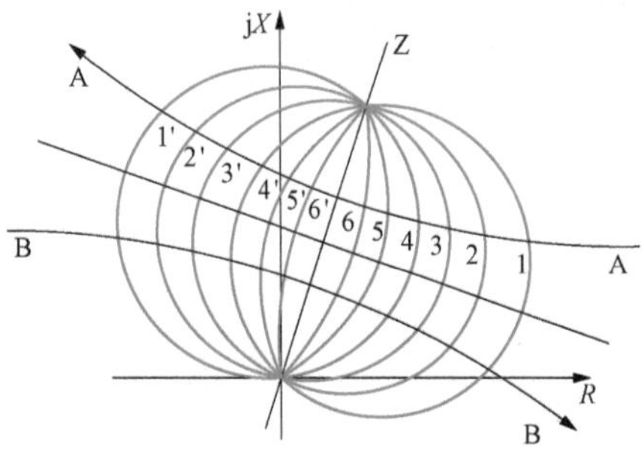

图 17 - 25　SBJ - 1A 装置动作说明图

利用阻抗轨迹的变化方向还可以判别系统失步时两侧的频率关系。如果阻抗轨迹逆时针方向旋转，见图 17 - 25 中轨迹 A，则本侧频率大于对侧，即为加速失步。反之，如轨迹 B，则为减速失步。

（3）国外常用失步解列判据。

加拿大安大略水电局和曼尼托巴水电局间联络线的继电器是通过监视联络线上潮流的突然变化和联络线在安大略省侧母线电压相位角的变化来判断系统稳定情况的。相位角变化元件监管潮流变化元件，继电器的整定值选择成当曼尼托巴省网中发生的干扰会造成安大略省网不稳定时，联络线就断开。美国研制的“R - Rdot”型失步检测和失步预测保护装置在美国太平洋交流电力网中正常运行了十多年无误动作。

在电力工程中应综合选择、灵活复用各种现有的失步解列判据。由于失步解列装置在保证电力系统安全稳定运行中的重要作用，研究新的具有高可靠性、良好选择性和适应性的失步解列判据依然是电力工作者关心的热点之一。目前失步解列判据研究的主要发展趋势体现在基于本地电气量的新型解列算法以及基于 PMU 技术和现代通信系统的自适应解列新型算法。

17.4　失步解列装置的协调配合

上述失步解列判据均基于群内同调的理想两机群振荡模式的假设，通过检测就地电气量轨迹穿越规律来识别系统失步，进而将系统解列。然而，在复杂大电网下，特别是非理想同调两机群振荡模式下，装设在相邻断面的多个解列装置可能同时检测到失步振荡，此时存在多个解列装置的协调配合问题。须从全局考虑解列装置的动作并保证只将振荡中心所在的断面被正确解列。电力系统的发展及近年来国外大停电的教训均突显了解列装置协调配合的重要性。目前主要的协调配合方法有如下四种：

（1）通过低电压判据确定装置保护区域。对于失步后的电力系统，当振荡中心确立后，系统各点的最低电压值就可计算出来。振荡中心处的电压包络线最低值为零，离振荡中心越远，包络线的最低电压也就越高。

对于一个确定的网络结构和运行方式，通过设定最低动作电压，通常可准确确定解列装置的保护范围。但在实际电网运行时，系统网络结构和运行方式具有多变性，导致在典型方式下整定的低电压动作定值，在不同运行方式下所确定的实际保护范围与原有的保护目标间通常存在一定误差。工程中大多采取扩大保护范围的方法，保证系统失步时能及时解列电网。

（2）利用不同失步周期数获得装置选择性。目前，当失步解列装置保护区域无法满足选择性时，工程上常利用在不同失步断面整定不同的失步振荡周期次数以获得装置间的选择性。但当采取利用不同失步周期获得选择性时，是通过延长动作时间避免装置间的无序动作，在某些情况下，必然要降低某些断面解列的快速性。当失步中心落在失步振荡周期次数整定值较大断面时，因不能快速解列失步机群，在某些情况下，甚至能导致电网演变为多群机组间的失步振荡。

（3）利用整定值配合实现装置的协调统一。通过整定值的配合以期达到解列装置动作快速性、选择性和可靠性的协调统一，这也是一种能使解列装置协调配合的常用方法。为保证解列装置的可靠性，可在断面两侧同时配置解列装置。利用解列装置对振荡中心方向的判断及低电压定值对保护区域范围的选择（考虑一定的误差）实现解列装置的选择性。通过双侧配置装置，并采取两级定值配置方案，实现快速解列和解列后备功能，其具体的配置原理如图17-26所示。

在图17-26中，每个解列装置具有两级定值，每级定值都包括装置保护方向、低电压动作定值和动作周期这3个参数。在两级配置方案中，每台装置只保护所监测的线路，即保护方向都设为正方向。

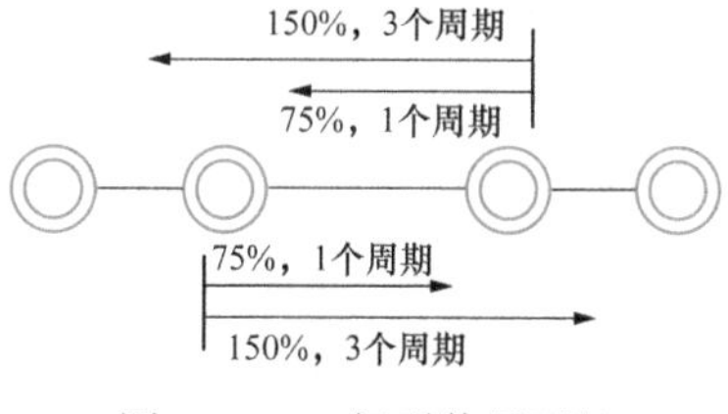

图17-26 解列装置两级定值整定示意图

第1级配置方案保护线路的75%（具体低电压动作定值，要结合线路参数以及电网实际情况加以整定），与之匹配的振荡周期动作定值为1。

第2级定值方案保护范围可延伸到下级线路，推荐与之匹配的振荡周期动作定值为3。

各级振荡周期定值可根据电网实际情况，遵循第1级动作周期定值小于第2级方案的原则，灵活配置。

若采用上述两级配置方案，当失步中心落在所保护断面时，可在失步后的1个周期时便能实现快速解列；即使第1级保护由于某种原因未动，第2级保护也可在第3个周期内解列所保护的断面，因而可实现解列功能的后备。

同时，鉴于所保护断面的第1级保护只保护线路的部分范围，且失步周期整定为

1，因而可实现与附近失步断面解列装置间的动作选择性，避免了各断面装置可能发生的无序解列。

（4）利用通信技术实现协调配合。随着通信技术的发展，根据实时检测信息，判断系统失稳模式，捕捉振荡中心，并在振荡中心将失步电网解列。利用通信技术实现解列装置间的协调配合虽为适应电网有序解列控制的需求提供一个很好的解决方案，但需要有很多系统信息的配合并依赖于安全和快速的系统通信。

17.5 失步解列控制系统

失步解列控制系统一般由就地判别的装置和通信系统组合而成，每一就地装置可在监视的断面或相邻断面进行监视。接下来简述目前国内外应用较为完整且成熟的失步解列系统。

日本东京电力公司（TEPCO）的稳控系统是一种比较典型的解列系统。东京市区及市郊的发电容量远远不能满足本地电力负荷的需求，因此在发生大故障时，TEPCO的目标是解列系统以保证重要用户的供电。该系统在1999年11月曾成功动作，当月22日13：42，一架飞机撞上了给东京供电的275kV线路，虽然损失负荷1610MW，但稳控系统的正确动作却保证了约40MW重要用户的供电。该系统按计算出的相角差来作为稳定判定的指标，中心计算机与9个变电站的控制采集设备RTU通过光纤等高速双通道通信。中心计算机在500ms内完成一次相角稳定计算，并且每2s计算一次，监视的模拟量为202个，开关量为271个，整个系统花费约200万美元。

俄罗斯工程师开发的集中紧急控制（CEPAC）系统是目前世界上功能较完善和先进的紧急预防自动控制系统，该系统综合考虑了解列等措施对失步系统的综合效果，具有预防失稳、消除振荡、修正电压和频率下降以及设备自动调剂等功能，曾一度被认为是世界上最先进的系统（因为2005年前莫斯科的最后一次大面积停电事故发生在1948年）。该系统包括多种自动化方案：①自动电压调节器；②自动潮流控制；③继电保护；④失步保护控制；⑤低频减载；⑥发电机启动和加载。当切机和甩负荷之后，还不能恢复稳定性，则将系统解列。

失步解列系统的缺点是花费代价很大，但是其能够较好地监视系统的稳定情况并基于全系统主要电气量去判稳、寻找失步断面，动作范围明确，利于合理地实现电力系统的解列及解列后通过切机、减载等辅助措施确保满意的解列后系统状态。随着计算机和现代通信技术在电力系统中的广泛应用，研究系统性的振荡检测和失步解列控制系统越来越受到人们的重视。

17.6 本 章 小 结

本章重点介绍了电力系统失步解列的基本原理。首先介绍了失步以及失步振荡的定义和基本概念；介绍了目前工程上使用较为广泛的多种失步解列判据，失步解列断面往往位于失步振荡中心，所以解列断面的选择问题就转化为失步振荡中心的定位问题；在定位失步解列断面后，由于失步解列存在多个解列装置的协调配合问题，因此介绍了目前工程上使用较为广泛的几种解列装置协调配合方法，通过装置间的协调配合，可避免各个装置发生无序解列。

参考文献

[1] 倪以信，陈寿孙，张宝霖．动态电力系统的理论和分析［M］．北京：清华大学出版社，2002.
[2] PRABHA KUNDUR. 电力系统稳定与控制［M］．北京：中国电力出版社，2002.
[3] 徐政，等．柔性直流输电系统［M］．北京：机械工业出版社，2016.
[4] 郭春义，王烨，赵成勇．直流输电系统的小信号稳定性［M］．北京：科学出版社，2019.
[5] 刘振亚．特高压交直流电网［M］．北京：中国电力出版社，2013.
[6] 汤涌．电力系统电压稳定性分析［M］．北京：科学出版社，2011.
[7] 鞠平，马大强．电力系统负荷建模［M］．北京：中国电力出版社，2008.
[8] 王锡凡，方万良，杜正春．现代电力系统分析［M］．北京：科学出版社，2003.
[9] 傅书逷，倪以信，薛禹胜．直接法稳定分析［M］．北京：中国电力出版社，1999.
[10] 江晓东，江宁强，吴浩，等．电力系统稳定分析直接法［M］．北京：科学出版社，2016.
[11] 刘笙，陈陈．电力系统暂态稳定的能量函数分析［M］．北京：科学出版社，2014.
[12] 高鹏，王建全，甘德强，等．电力系统失步解列综述［J］．电力系统自动化，2005（19）：90-96.
[13] 高鹏，王建全，周文平．视在阻抗角失步解列判据的改进［J］．电力系统自动化，2004，28（24）：36-40.
[14] 王梅义．电网继电保护应用［M］．北京：中国电力出版社，1999.
[15] 曹宇平．风电次同步振荡机理研究．华北电力大学硕士学位论文，2019.
[16] 谷铮．计及非线性的新能源并网次同步振荡机理及特性研究．华北电力大学硕士学位论文，2021.
[17] 赵诗萌．双馈风电场次同步振荡分析及自抗扰抑制措施研究．华北电力大学硕士学位论文，2021.
[18] 滕先浩．直驱风电场并网系统稳定性准则及机群间次同步振荡相互作用研究．华北电力大学硕士学位论文，2022.
[19] Guo C Y，Zhao C Y，Iravani R，et al. Impact of phase-locked loop on small-signal dynamics of the line commutated converter-based high-voltage direct-current station. IET Generation，Transmission and Distribution，2017，11（5）：1311-1318.
[20] 郭春义，宁琳如，王虹富，等．基于开关函数的 LCC-HVDC 换流站动态模型及小干扰稳定性．电网技术，2017，41（12）：3862-3870.
[21] Liu C，Bose A，Tian P. Modeling and Analysis of HVDC Converter by Three-Phase Dynamic Phasor. IEEE Transactions on Power Delivery，2014，29（1）：3-12.
[22] Szechtman M，Wess T，Thio C V. A benchmark model for HVDC system studies. in 1991 International Conference on AC and DC Power Transmission，1991：374-378.
[23] Friedrich K. Modern HVDC PLUS application of VSC in Modular Multilevel Converter Topology. Industrial Electronics（ISIE）．2010 IEEE International Symposium. Piscataway：IEEE，2010：3807-3810.
[24] Wang Y，Guo C Y，Zhao C Y. A novel supplementary frequency-based dual damping control for

VSC - HVDC system under weak AC grid. International Journal of Electrical Power and Energy Systems，2018（103）：212 - 223.

[25] Zhou J Z，Ding H，Fan S T，et al. Impact of Short - Circuit Ratio and Phase - Locked - Loop Parameter on the Small - Signal Behavior of VSC - HVDC Converter. IEEE Transactions on Power Delivery，2014，29（5）：2287 - 2296.

[26] T. Li，A. M. Gole，C. Zhao. Harmonic Instability in MMC - HVDC Converters Resulting From Internal Dynamics. IEEE Transactions on Power Delivery，2016，31（4）：1738 - 1747.

[27] 宋强，刘文华，李笑倩，等．模块化多电平换流器稳态运行特性的解析分析．电网技术，2012，36（11）：198 - 204.

[28] Tu Q R，Xu Z，Xu L. Reduced Switching - Frequency Modulation and Circulating Current Suppression for Modular Multilevel Converters. IEEE Transactions on Power Delivery，2011，26（3）：2009 - 2017.

[29] D Han，Ma J，He R M，et al. A Real Application of Measurement - Based Load Modeling in Large -Scale Power Grids and its Validation [J]．IEEE Transactions on Power Systems，2009，24（4）：1756 - 1764.

[30] 石景海，贺仁睦．动态负荷建模中的负荷时变性研究 [J]．中国电机工程学报，2004（04）：89 - 94.

[31] Dong H，He R，Xu Y，et al. Measurement - based Load Modeling Validation by Artificial Three - phase Short Circuit Tests in North East Power Grid [C] // Power Engineering Society General Meeting，2007. IEEE. IEEE，2007.

[32] He R，Jin M，Hill D J．Composite load modeling via measurement approach [J]．IEEE Transactions on Power Systems，2006，21（2）：663 - 672.

[33] Xu Y，He R，Dong H．Validation of measurement - based load modeling for large - scale power grid [C] // Power and Energy Society General Meeting - Conversion and Delivery of Electrical Energy in the 21st Century，2008 IEEE. IEEE，2008.

[34] 刘天琪．现代电力系统分析理论与方法 [M]．北京：中国电力出版社，2007.

[35] 李光琦．电力系统暂态分析 [M]．北京：中国电力出版社，2007.

[36] 孙华东，徐式蕴，许涛，等．电力系统安全稳定性的定义与分类探析 [J]．中国电机工程学报，2022，42（21）：7796 - 7809.

[37] 程汉湘．无功补偿理论及其应用 [M]．北京：机械工业出版社，2016.

[38] 王锡凡．现代电力系统分析 [M]．北京：科学出版社，2003.

[39] 程时杰，曹一家，江全元．电力系统次同步振荡的理论与方法 [M]．北京：科学出版社，2009.

[40] 王伟胜．电力系统电压稳定 [M]．北京：中国电力出版社，2002.